矿山地质选集

第二卷 实用矿山地质学理论与工作

主编　汪贻水
　　　彭　觥
　　　肖垂斌

中南大学出版社
www.csupress.com.cn

内容简介

《矿山地质选集》是值中国地质学会矿山地质专业委员会成立 35 周年之际，根据"国务院关于加强矿山地质工作的决定"，将我国各矿山地质工作者及中国地质学会矿山地质专业委员会 35 年来在做好矿山地质工作方面所取得的成绩、进展和突破，以其阶段性总结、著作、论文形式集结出版，以达到承前启后，促进提升的作用。选集共分十卷，内容包括矿山地质实用手册，实用矿山地质学理论与工作，六十四种有色金属及中国铂业，矿山地质与地球物理新进展，工艺矿物学研究与矿山深部找矿，3DMine 在矿山地质领域的研究和应用，尾矿库设计、施工、管理及尾矿资源开发利用技术手册，铅锌矿山找矿新成就，铜金矿山找矿新突破，矿山地质理论与实践创新。

本卷为《矿山地质选集第二卷：实用矿山地质学理论与工作》，是由《矿山地质选集》丛书主编汪贻水、彭觥、肖垂斌大部分选编自汪贻水、彭觥主编的《中国实用矿山地质学（上、下册）》（冶金工业出版社 2010 年出版），少数选编自公开出版的刊物所发表的论文。书中突出了老一辈中国著名地质学家对矿山地质发展的关心和支持，新中国矿山地质事业发展历程，中国地质学会矿山地质专业委员会为繁荣矿山地质学术活动及著作出版所作的努力；重点介绍了矿山地质工作任务与方法，生产矿区找矿与探矿，矿产补充资源与新资源观，生产矿区环境地质及生态恢复，矿山地质中的新技术、新方法，矿业法规及资源税费等，还附录了《中华人民共和国矿产资源法》等 6 个法规及规程，内容十分丰富。

本书主要供矿山地质工程师使用，对从事矿山地质领域的科研、设计、教学、矿山管理人员也是一部极为重要的参考书。

《矿山地质选集》编委会

前　言

　　今年是中国地质学会矿山地质专业委员会成立35周年。35年来，全国矿山地质找矿、勘探和开发取得了巨大成就，矿山地质学的理论研究和矿山地质找矿的新技术、新方法也有了长足的进展，发表的地质论著数以千计。此次就中国地质学会矿山地质专业委员会成立35周年之际，我们选择了部分论文著作编辑出版这套《矿山地质选集》，共分为十卷。第一卷为矿山地质实用手册，第二卷为实用矿山地质学理论与工作，第三卷为六十四种有色金属及中国铂业，第四卷为矿山地质与地球物理新进展，第五卷为工艺矿物学研究与矿山深部找矿，第六卷为3DMine在矿山地质领域的研究和应用，第七卷为尾矿库设计、施工、管理及尾矿资源开发利用技术手册，第八卷为铅锌矿山找矿新成就，第九卷为铜金矿山找矿新突破，第十卷为矿山地质理论与实践创新。

　　自中华人民共和国成立特别是改革开放30多年以来，广大地质工作者在全国范围内开展了大规模的矿产勘查工作，作出了巨大贡献，有力地为我国工农业生产及国民经济增长提供了矿产资源保障。矿业的发展，也给矿山地质工作带来了极为繁重的任务，但意义也极为重大。2006年1月20日国发[2006]4号文《国务院关于加强地质工作的决定》指出："矿山地质工作对合理开发利用资源、延长现有矿山服务年限意义重大。按照理论指导、技术优先、探边摸底、外围拓展的方针，搞好矿山地质工作。加强矿山生产过程的补充勘探，指导科学开采。加快危机矿山、现有油气田和资源枯竭城市接替资源勘查，大力推进深部和外围找矿工作。开展共伴生矿产和尾矿的综合评价、勘查和利用。做好矿山关闭和复垦的地质工作。"

　　为贯彻上述宗旨，中国地质学会矿山地质专业委员会及其有关矿山35年来，竭尽全力，将扩大矿山接替资源、延长矿山服务年限作为首要任务，为发展矿山地质工作作出了重要贡献，为许多大、中型矿山提供了大量的补充资源，例如中国铂业——金川大型铜镍（铂）硫化物矿床；中国古铜都——铜陵及周边地区找矿理论及实践；紫金矿业及山东玲珑金矿的找矿进展；戈壁明珠——锡铁山铅锌矿和西南麒麟——会泽铅锌矿以及广东凡口铅锌矿的深边部找矿突破，均使这些大矿山获得了新的生命，全国矿山地质工作也取得了宝贵的经验。

　　为适应建设资源节约型、环境友好型社会的总体要求，必须以科技进步为手段，以管理创新为基础，以矿产资源节约与综合利用为重要着力点，全面提高矿产资源开发利用效率和水平。多年实践证明，工艺矿物学研究在矿产资源评价和矿产综合利用过程中起到了极其重要的作用，尤其在低品位、共伴生、复杂难选等矿产资源及尾矿资源的开发利用过程中取得了明显的效果。许多矿山在这一方面取得了重要进展和可观的效益。

　　加强矿山管理和环境地质工作，合理规划地质资源的开采，防止乱挖滥采，提高采、选回收率，减少贫化损失和浪费，也是矿山地质的一项重要工作，要大力开发利用排弃物质，变废为宝，增加矿山收益。

　　矿产资源是矿业发展的基础，人才资源是矿业发展的保障。中国地质学会矿山地质专业委员会成立35年来，一直得到我国老一辈地质学家的关心和支持。一方面是他们对学会和对矿山地质发展的关心和支持，另一方面，在他们的培养和帮助下，大批年轻的矿山地质工作者不断成长、崛起。在大家共同努力下，开创出今天的矿山地质事业的大好局面。《矿山地质选集》所收录的部分论文著作，反映了我国老一辈和新一代地质工作者在矿山地质理论研究、矿山地质地球物理找矿新方法新技术、计算机技术和3DMine软件在矿山地质中的应用、矿山深边部找矿等方面的新进展、新突破。只是鉴于选集篇幅所限，无法将35年来矿山地质工作者的论文全部选入，敬请谅解！

　　展望未来，虽形势大好，但任务仍然艰巨。唯有以此为新的起点，努力攀登新的高峰！

　　让我们共同努力吧！

《矿山地质选集》编委会
2015年3月

目　录

六、生产矿区找矿与探矿

七、矿产补充资源与新资源观

八、生产矿区环境地质及生态恢复问题

九、矿山地质工作中的新技术、新方法

十、矿业法规、资源税及矿山地质经济

十一、论我国矿山地质的发展前景

十二、国外矿业开发及矿山地质工作

附　录

一、老一辈中国著名地质学家对矿山地质发展的关心与支持

我国著名地质学家，包括中国科学院和中国工程院院士涂光炽、陈裕淇、宋叔和、郭文魁、徐克勤、裴荣富、何继善、陈国达、翟裕生、孙枢、肖序常、李廷栋、王淀佐等及专家，长期以来关心和指导矿山地质工作。他们在《矿山地质》上发表文章，出席会议作学术报告，到生产矿山开展技术咨询服务工作，深受生产矿山地质工作者的欢迎。

关心生产矿山、关心矿山地质、关心矿山技术进步、关心矿山地质人员成长，是我国地质学前辈的美德，他们的精神永远值得我们崇敬和宣扬。

祝贺与希望[①]

涂光炽

（中国科学院地球化学研究所，贵阳，550002）

《矿山地质》已经出版了，这无疑是我国矿山开发事业和矿山地质科学的重要里程碑。

中华人民共和国成立后，我国矿山的开发和建设取得了快速的发展，为国家的社会主义事业做出了重要贡献。同时，也应看到由于"四人帮"的严重干扰，给我们并不十分完备的矿山事业带来了巨大损害，矿山开发的科学性、计划性被破坏，矿山科研被取消，矿山科技队伍受到各种冲击，有意义的科研成果无法推广。

"四人帮"被粉碎后，矿山的生产科研，包括矿山地质在内得以冲破恶浪，重整旗鼓，已逐渐涌现出一批新成果、新人才，矿山科技队伍在巩固和发展。

20世纪80年代的第一年，在向四个现代化进军的口号声中，《矿山地质》诞生了。它象征着我国矿山地质事业将出现人才辈出、欣欣向荣的景象。

预祝在"极大地提高整个民族科学文化水平"的奋斗中，《矿山地质》将起到它作为新型矿山事业的宣传者和鼓动者的作用。

---

① 1980年4月涂光炽院士在《矿山地质》第一期上发表的贺词。

祝　词[①]

——祝《矿山地质》更上一层楼

涂光炽

（中国科学院地球化学研究所，贵阳，550002）

　　由中国地质学会矿山地质专业委员会主办的、已在内部发行多年的《矿山地质》，从今年起改为国内公开发行，这是我国矿山地质界的一件大事。在过去的几年里，《矿山地质》已经为国家的矿业开拓起了良好的、积极的作用。今后随着发行方式的改变，它将更上一层楼，为祖国四个现代化作出更多贡献。

　　矿床地质工作理应由三个相互密切联系的部分组成：普查或地质调查中的矿产地质工作，勘探阶段的矿产地质工作及矿山开拓中的矿产地质工作。这三个部分互为补充，缺一不可。它们都是研究成矿规律和扩大远景的基础工作。另外，矿山地质还可以验证普查和勘探阶段建立起来的一些观点、看法是否正确。因为，普查阶段往往只能提供一面之见，勘探阶段则是"一孔"之见。只有在矿山开采阶段才能看到真正的三维成矿空间，提供较全面和系统的地质资料。经过矿山开拓阶段，细水长流地积累的经验和规律性看法，也十分有助于普查和勘探、教学和科研工作。

　　由于各种原因，我国矿山地质事业不如矿产普查和勘探事业发展，而且，前者成果也比较分散。在这种情况下，一个矿山地质刊物的公开问世便显得十分必要。它可以为矿山地质工作者提供广阔的交流经验和观点、理论的场所，有利于矿山地质界出成果、出人才。

　　祝《矿山地质》广开门路，更上一层楼。

---

①　涂光炽院士在《矿山地质》1987 年第一期上发表的祝词。

矿山地质要开创新局面[①]

涂光炽

（中国科学院地球化学研究所，贵阳 550002）

我国有古老的矿山开发历史，在地质学系统引进的两三千年间，我国劳动人民就有着丰富的、长期积累起来的、在开采过程中追索矿体的经验。解放后，矿山地质作为地质学与矿山开发的边缘学科在我国迅速发展起来。

随着社会主义建设事业的深入，我国已建立了上千个金属和非金属矿山。这些矿山的合理开发和储量扩大需要矿山地质的指导，而矿山地质水平的提高也依赖于矿山地质的蓬勃发展。

在 20 世纪末农业和工业年总产值翻两番的宏伟任务中，能源和其他矿产资源的开发无疑是关键。地下资源跟上去了，才谈得上四化建设有可靠的物质保证。因此，在开创新局面中，矿山地质工作者肩负着光荣而艰巨的任务。

总结经验是发展矿山地质学的重要方法。国外的好经验需要借鉴，土生土长的经验更有用。我国一些矿山总结的在开采中大幅度增加储量的经验是十分宝贵的。如万山汞矿在相当长一段时间内，每年新增储量抵消了开采量，这是扎实的矿山地质工作在起作用。把这方面的规律总结出来，使经验上升到理论高度，今后将会更好地指导矿产开拓。

细致的坑道素描、作图是矿山地质工作的重要方法。但是，也需要新理论、新技术。稳定同位素、气液包体成分和测温、成矿成岩试验、微量元素和数学地质等项研究将会丰富矿产地质的内容，使它能更好地服务于矿山开发事业。

矿山地质工作者的思路要更活跃一些，敢于解放思想、破除陈规，提出新设想、新看法，但也一定要扎扎实实，实事求是。实践出真知，在长期矿山地质实践的基础上加以融会贯通，去粗取精，总结提高，就一定会出现矿床学的新见解、新思想，而这些又与矿产的合理开发息息相关。

让我们总结经验，引进新理论、新方法，解放思想，实事求是，参加相关课题研究，提高矿山地质的水平，开创矿山地质的新局面。

[①]　1980 年 4 月涂光炽院士在《矿山地质》第一期上发表的文章。

两种成矿的作用[①]

涂光炽

（中国科学院地球化学研究所，贵阳，550002）

　　我在发言前，先谈感受。第一届全国矿山地质学术会议有 400 多名代表欢聚一堂，说明我国矿山地质工作呈现出欣欣向荣的局面。刚才郭文魁同志谈了我们的共同想法，我很同意他的意见，矿山地质工作很重要。矿山地质工作者中有许多无名英雄，为矿山开发作出了很大的贡献，为我国合理利用资源、深部找盲矿体、资源保护等方面做了许多工作，还有许多工作今后要进一步加强。我觉得，还要加强矿山地质的基础工作。虽然矿山地质与生产建设联系很紧密，但并不妨碍矿山地质方面加强基础理论研究。最近到澳大利亚花岗岩地区进行考察，到了几个矿山去看了一下，也和矿业公司的人士谈了一下。这些资本家的矿业公司也相当注意矿山地质基础理论，因为他们从中尝到了一些甜头。澳大利亚最近发现的矿床，并不是借助于新技术、新方法，如物探、遥感等，而是借助于地质基础理论研究，使一个老矿区找到了储量很大的镍矿。日本的黑矿找到的储量也很大。他们不是凭物探、化探，而是主要靠矿山地质人员日积月累的地质资料，然后进行地质分析、地质对比，如火山活动研究、构造分析等，即是靠矿山地质工作者的辛勤劳动，进行考察、分析阅读文献进行对比，然后利用这些新知识，提出新的点子、新的观点、新的建议。他们让矿山地质人员去参加国际会议和国内学术活动，到年底要提出自己对矿区找矿的新建议和新方案，如果提不出来，则要停止工作。这个措施很有效，当然我们不一定要采用。资本家开的矿山这样强调矿山地质的基础工作，我们更要加强矿山地质的基础工作。这个问题，我是作为建议，不一定合适。

　　我想要谈的两个问题，都是关于成矿作用的，一个叫做恰如其分地认识花岗岩的成矿作用，另一个是努力探索碳酸盐造成的成矿作用。为什么要谈这两个问题？是因为我觉得矿山地质工作的同志在这方面可作出很大的贡献。

1　恰如其分地认识花岗岩的成矿作用

　　为什么谈这个问题呢？过去相当长的时间内认为花岗岩的成矿是万能的。除了石油、煤及某些矿床如磷矿、铝土矿外，很多矿床如钨、锡、铋、钼、铌、钽、铅、锌、汞、锑、成因上都与花岗岩成矿有关，几十年前国外还有这种看法，中国也是这样。近些年，国外与国内认为花岗岩无能，认为它最多不过是带来一些热量，带来一点挥发成分，甚至什么金属矿产都没有花岗岩的份。从花岗岩成矿万能走向花岗岩无能，我认为这两种观点都过于极端。实际上这些都涉及地质学的思维方法，我们应恰如其分地认识花岗岩的成矿作用。

　　在湖南可以看到花岗岩与成矿的关系还是比较密切的，如郴州附近的东坡有色矿的钨、铍、钼、锡、铋都与花岗岩有密切关系，这些我就不用说了。我想从一个侧面来说一说花岗岩与成矿的关系。从哪个侧面呢？就是从花岗岩对于过去已经形成的一些沉积矿床的影响来看。有些地方早期已经形成了沉积矿床，后期又有花岗岩侵入，对早期形成的沉积矿床带来了影响。从这个影响来看它与花岗岩的成矿关系，在湖南至少可以看到三种：

　　（1）后期花岗岩侵入确实没有带来什么新的成矿物质，而是带来热量，这是有的。例如湘东南的茶陵、攸县一带的泥盆纪宁乡式鲕状赤铁矿，在它附近有印支、燕山期花岗岩侵入，结果使矿山产生变化，靠近岩体部分的菱铁矿和赤铁矿变成了磁铁矿，这是由于花岗岩侵入早期沉积矿床起到烘烤作用，使原来矿石受热变质。含铁比较高的氧化状态的赤铁矿变成磁铁矿，这主要是花岗岩的热力作用，没有什么新的成分参加。又如祁东铁矿，成矿时代老一点，属于震旦纪陡山沱组，矿石是颗粒很细的红铁矿，当受到花岗岩作用时，离岩体 500 m 之内的都变成磁铁矿，主要是花岗岩起烘烤作用，没有带来什么新的成矿物质。

---

　　①　1981 年 10 月 26 日涂光炽院士在第一届全国矿山地质学术会议上发表的学术报告。

（2）花岗岩的侵入，使早期形成的沉积矿床产生一些新的矿物组合。换句话说，矿物有重结晶或改组的现象。例如湖南宁乡的棠甘山有一个锰矿，这个锰矿本身就是沉积矿，与湘潭锰矿相似。但层位比湘潭锰矿还低一些，以碳酸锰矿（菱锰矿）为主。这个矿床东北部除了沉积菱锰矿外，还出现相当多的锰的硫化物，如硫锰矿（硫铁矿）、方锰矿（二硫化锰）。这两种矿物在沉积矿床刚形成时是非常少的，因为这两种锰的硫化物的形成需要还原条件，这在地壳、水圈、沉积圈是办不到的，所以在沉积锰矿床中一般见不到这种锰的硫化物，即使能见到，也是很少。但是在这个矿的偏东部有相当多的（约占矿石量的1/3）锰的硫化物。除了锰的硫化物外，还有一些锰的硅酸盐矿，含锰的石榴子石、闪石也比较多。这些锰的硅酸盐矿物在外生沉积条件下很难出现，那么，怎么解释矿床东部出现的含锰硫化物和硅酸盐矿物呢？主要原因是矿床东部有印支、燕山期花岗岩侵入体——维山岩体，这个岩体虽没有为震旦纪沉积锰矿带来新的成矿物质，但引起原沉积锰矿矿物之间的组合，形成一些新的矿物。比如硫化锰矿、方硫锰矿，它们形成于靠近花岗岩的接触带。为什么形成的锰矿处在比较深的还原层？分析一下锰和硫的来源，锰可能是就地形成，而硫有两种来源：一种是花岗岩浆带来的，另一种是来自沉积硫锰矿中的黄铁矿（这个矿床有很多的黄铁矿）的硫。从做的大量的同位素分析的结果来看，^{34}S很高，达千分之三十几，与黄铁矿中的^{34}S一样，说明与岩浆带来的硫没有关系。这些硫化物是怎样形成的呢？原来是沉积碳酸锰和黄铁矿，在受到印支、燕山期花岗岩侵入后，硫元素重新组合，硫与锰结合变成硫锰矿。矿石中的硅也比较高，硅与锰结合，变成含锰的角闪石、石榴子石。这个例子说明花岗岩确实带来影响，影响表现在花岗岩表面因岩浆带来的热量和挥发分，使元素产生重新组合，变成新的矿物、新的锰的硫化物、新的锰的硅酸盐矿物。这种情况比上面所说的宁乡式铁矿所受到的花岗岩的影响要复杂一些。

（3）花岗岩对已形成的沉积矿床，不仅带来了热量，还带来了挥发分和成矿物质。这方面的例子也有一些，以广西为例。大厂是我国有名的锡矿，长期以来一直认为是与花岗岩关系密切的锡石–硫化物矿床，这种看法有它合理的一面，但这个矿床不仅仅与花岗岩有关系，还与原来地层中所含的元素有关。大厂是一个很小的地区，在广西北部，河池南丹地区有相当多的泥盆纪层控矿床，包括很多砷矿（雄黄、雌黄），还包括一些铀矿、铅锌矿、汞矿、锑矿，都在中上泥盆纪地层中，分布很广，有好几百公里。这些地方没有花岗岩侵入，只是在大厂还能见到铜、锡、钨。这三种元素在河池南丹地区其他的层控矿床中没有看到。从大厂得到的许多硫同位素情况来看，这些硫不像从岩浆中带来的，很可能在沉积过程中就有大量的硫富集。另外，从不同的硫化物看，大厂矽卡岩中硫偏向从岩浆中来。再看锑这个元素，在大厂是大量存在的，其储量有几十万吨，但其他锡石硫化物矿床没有见到锑（如个旧）。另外大厂的毒砂含量比较高，当然锡石硫化物矿床也含毒砂，但像大厂这样高含量的毒砂是很少见的。现在有这种看法，和大厂的同志交换意见，认为是多成因矿床。原来泥盆纪沉积时，大厂地区就有沉积的汞、锑、铅、锌、砷（雄黄、雌黄矿床），这些矿产现在河池、南丹还有不少，属层控矿床。燕山晚期，这些矿床受到活化，同时在大厂有小岩株侵入，这个小岩株带来的成矿物质，包括铅、锌，还有钨、锡、铜。所以大厂的成矿起码有两步：原来就有沉积的汞、锑、铅、锌、砷，后来燕山期岩浆活动带来一部分铅、锌，还有钨、锡、铜。

从上面的例子来看，花岗岩至少有三种作用：一是地热作用；二是除了热力作用外，矿物发生改组；三是花岗岩浆带来一些新的成矿物质。通过这一侧面，即花岗岩与早期形成的沉积矿床的关系，可以看到应该怎样恰如其分地对待花岗岩的成矿作用。

2 努力探索碳酸盐建造中的成矿作用

长期以来，对碳酸盐建造中的成矿作用是被忽视的，为什么呢？主要是当时把碳酸盐建造只是当作一个很偶然的成矿因素，因为当时有一个岩浆成矿万能论，认为碳酸盐类岩石，如白云石、石灰岩与成矿的必然联系，过去研究得很不够，现在并不排除碳酸盐建造中还有不少矿床与岩浆作用关系密切，如矽卡岩矿床。但是在碳酸盐建造中还是有许多碳酸盐矿床确实与岩浆没有必然的联系，而是由碳酸盐建造本身所固有的规律所决定的。因此，要研究碳酸盐建造成矿的内在规律，而不是把它看成是一种介质。这个问题对我们国家特别重要。例如河南、广西、贵州、云南都有相当多的压电石英矿床产在泥盆纪、石炭纪、二叠纪、三叠纪的碳酸盐地层中，这种情况在其他国家很少见（其他国家的压电石英矿床大多不是产生在碳酸盐地层），这是一个例子。再看汞矿，湖南、贵州、陕西、甘肃都有大量分布。我国汞矿90%以上是产生于碳酸盐地层中。过去认为是低温热液矿床，现在看来很多是属于层控矿床，但是形成的温度还是适合的。最近苏联有一个分析，全世界的汞矿

70%产于碎屑岩中，20%产于碳酸盐地层中，10%产于其他岩石中。而我国的汞矿90%产于碳酸盐地层中，所以碳酸盐建造的汞矿对我国来说是相当重要的。再看铜矿，从层控铜矿来看，在前寒武纪形成的层控铜矿很多产于碳酸盐建造中，如东川铜矿狼山沉积变质铜矿，前寒武纪碳酸盐建造中的铜矿，这对我国是很重要的。大家都知道，东川铜矿是我国的主要铜矿之一。对于其他主要生产铜的国家，如智利、美国，主要是斑岩铜矿。最近听说扎伊尔、赞比亚他们的铜矿与我们的东川铜矿相似，也属于碳酸盐含铜建造。再如铀矿、国外的铀矿大量产于古砾岩，没有变质，铀与金共生在一起，如南非、加拿大的铀矿。美国大量的铀矿产于砂岩中。而我国主要的铀矿类型，第一种是花岗岩型，第二种是火山岩型，第三种就是碳酸盐建造形成的铀矿。这种含铀的碳酸盐建造中，在国外几乎没有报道过。在苏联有一点报道，但也不太多。

其他矿床如铅锌矿，碳酸盐成矿的例子也很多，如秦岭地区，广西、广东、湖南等地有很多。在南方有大量的黄铁矿产于碳酸盐建造中，如广东英德的黄铁矿产于泥盆纪东港灰岩中。还有许多重晶石、萤石也是产于碳酸盐地层中。

我国碳酸盐建造的时代长、分布广，在南方，从震旦纪直到三叠纪的碳酸盐建造都很发育，湘西、湘南、桂北、整个贵州、云南东部都有分布；北方也还有不少，如秦岭地区。说明碳酸盐建造分布的地区很广泛。对比一下世界上其他地区，像我国这样碳酸盐建造分布面积这么广、包括时代这么长，是很少见的。国外能找到的例子只有美国的密西西比和苏联的西伯利亚，澳大利亚、南美、非洲、西欧都很少看到。虽然我们的条件这么优越，但过去在成矿认识上只是偏重于偶然结合的观点来研究碳酸盐与成矿的关系。为什么大量的锑、铅、锌、铀、铜产于碳酸盐建造中？过去研究得很少，只认为是岩浆把它带来的，放在那里就完了，实际上不是那么简单，有它的内在规律性，而我们对这个内在的规律性掌握得还不够，矿山地质在这方面还需要做大量的工作，这是我国在成矿规律研究方面最薄弱的地方。过去对花岗岩、砂岩的成矿规律研究得比较多，而对碳酸盐建造成矿规律研究得很少。现在石油刚刚开始探讨，金属、非金属部分还注意得不够，今后还要努力探索。

初议铂族元素成矿及找矿问题[①]

涂光炽

（中国科学院地球化学研究所，贵阳，550002）

25 年来，我国黄金地质勘查和找矿已取得了长足进展（尽管存在问题），但在贵重金属研究中，铂族元素成矿与找矿，多年来停滞不前，成效甚微。近年来在西方国家及俄罗斯，特别在 20 世纪 90 年代，铂族元素资源的开拓与研究发展迅速，已经取得了一系列重要成果。

"他山之石，可以攻玉。"让我们继续在铂族元素找矿方面取得更多新成果。

1 已知独立铂元素矿床类型

1.1 矿床赋存于镁铁岩 – 超镁铁岩中

（1）层状杂岩型——南非 Bushwseld，美国 Stillwater。

（2）暗色岩型——俄罗斯 Norilsk。

（3）蛇纹岩型——乌拉尔、西南太平洋岛屿。

1.2 矿床赋存于非镁铁岩 – 超镁铁岩中

（1）黑色岩系——俄罗斯干谷。

（2）不整合脉型矿床——澳大利亚 Coronation Hill。

2 原生铂族矿床中铂族元素赋存状态

（1）铂族矿物主要与少量 Cu、Ni 硫化物或铬铁矿共生。

（2）铂族元素中 Pt 或 Pd 常占主要地位。

（3）铂族矿物主要是自然元素、金属固溶体、硫化物、碲化物、砷化物或硫盐等。

3 几个有关成矿与找矿思路讨论

（1）铂族成矿有无专属性。

（2）岩体与矿体。

（3）成矿流体、温度。

4 存在问题

（1）新类型铂族元素矿床的寻找与开拓。

（2）铂族矿物学。

（3）铂族元素分馏机制。

5 我国铂族元素找矿问题讨论

（1）首选地区及可能存在的铂族矿化类型，以川、黔、滇、三江、西北为例。

（2）层状杂岩问题。

（3）建议设立铂族元素找矿专项研究。

[①] 1999 年 10 月 16 –20 日涂光炽院士在昆明参加"全国矿山地质即 21 世纪可持续发展研究会"所做报告的提纲。

在矿山实践中发展矿山地质学[①]

宋叔和

（中国地质科学院，北京，100037）

　　搞地质科学的人，在头脑里要有经济观念，矿山地质人员更应该如此。

　　大家都知道，矿产在一定的意义上是商品。它是一次性资源，开采以后是不能再生的，所以研究矿产的学问莫不具有经济概念。矿床学这个词是外文翻译过来的，但美国常用的词是"经济地质学"。因此矿床学的概念既包括地质意义又包括经济技术意义。

　　如果说矿床地质学是普查勘探的必不可少的理论指导，那么矿山地质学就是保矿及合理开发利用矿产资源的重要基层科学，因此矿山地质学与矿床学一样是地质学的重要分支。

　　矿山地质不仅担负探矿和保矿研究工作，而且要参与矿山技术经济管理，为合理利用已知矿产资源如单独建厂或几个矿山联合建厂，建多大规模的矿山经济效益是最佳等出谋划策。一个国家为了长远的需要，不但要按一定的比例和标准储备矿产资源，而且要有计划地控制一些易采易选的、质量高的矿产地，以备急需时开发，这些不开发也就等于储备。哪些矿山具备这些条件，只有在矿山开发中，积累了经验，结合国内外矿产产销情况，通过详细的矿山地质研究，才能正确地做出判断。

　　国内外事例告诉我们，单是矿床储量规模，不能确定矿产的经济价值，矿山开发时会遇到许多地质问题，例如水文地质问题、选冶回收率中矿物问题等。同时还有一个污染问题，矿山地质人员不能不过问环境问题。矿山地质包括多种多样的现实内容，需要专门培训这方面的人才，除在矿山通过实践继续培养这方面的专家外，我们也呼吁教育部门在高等学校开设矿山地质专业，培养这方面的技术人才，同时为已从事这方面工作的中青年专家，创造更好的工作环境和生活条件。

　　有关领导指出："要把科学研究成果的推广应用提高到同科学研究本身同等重要的地位，他们的成绩应该同样受到表扬和奖励，克服轻视推广应用的倾向。"我们要贯彻这些方针，加强科学研究和成果推广。例如研究矿床的矿物，从中找出新矿物，或研究矿物晶体结构，探测矿物成因等虽很重要，但是结合我国一些重要矿山选矿出现困难的实际情况，加强矿物加工工艺性质研究，更是矿物学者的主要研究内容。矿物学家、矿山地质学家能与选冶工程技术人员密切合作，对解决目前存在的一些问题，会起到很好的作用。

　　总之我们矿山地质工作已做出了很大成绩，相信今后在开创矿山地质工作新局面中，会百尺竿头，更进一步，做出最大的成绩，努力在矿山开发实践中发展矿山地质学。

[①]　1980 年 4 月宋叔和院士在《矿山地质》第一期上发表的文章。

大力加强矿山地质工作①

宋叔和

（中国地质科学院，北京，100037）

我在发言以前，首先向筹备这次大会的同志表示感谢！

矿山地质不论是从科学意义上还是从经济意义上讲都是很重要的。我从 20 世纪 40 年代起就开始阅读这方面的书籍，近些年又参加了一些普查勘探工作，并到一些矿山学习，感到矿山地质是一门很有学问的科学。这次又有机会参加这个大会，听到各方面搞矿山地质工作的专家们的许多宝贵经验介绍，这是一次很难得的学习的好机会，所以表示感谢！我没有什么经验，但本着"双百方针"的精神，谈点这方面的感受、认识和希望。

这次会议的有关文件中提到，会议一方面要交流一下几十年来矿山地质工作的成果与经验，另一方面要讨论一下矿山地质学的发展方向。我仅就后一个问题，即矿山地质究竟做些什么工作和如何加强矿山地质工作，谈些不成熟的意见。

1　矿山地质学研究什么

概括地谈四个方面的内容：

（1）《矿山地质》发刊词提到，要在已有勘探工作的基础上，根据矿山开采部门的要求，进一步使矿量升级，为矿山开采做好准备。西北地区一些矿山，就是这样做的。但从十年来的经验看，其中还有些值得研究的问题，如矿山地质工作是在勘探报告上进行工作呢，还是矿山地质不包括勘探工作这个内容，像现在所做的一样，仅仅根据地质报告搞储量升级，就会出现不少问题。例如镜铁山这个矿山，普查勘探很早，有 20 年了，到现在开采规模有限，铁的质量也不高，建立这么大的矿山，其产品在经济上作用不大，每年要赔钱。问题在什么地方呢？主要是选矿的问题。当时勘探工作中，选矿试验也做了，设计所要的指标也提供了，当时储委审查也同意建厂。现在又出现了这个问题，能怨谁呢，主要原因是没有经验。其实勘探和建厂是紧密联系的。不管是冶炼部门还是勘探部门都不能各行其是，应该共同商定工业指标，然后在现有技术上进行开采，才不会出现这个问题。这类例子也不少。又如一个铜矿，含砷量很高，国外规定含砷 0.3% 以下才能使用，但我们的砷高达1%，抱怨勘探报告中砷的问题没有写清楚也罢，或是当时搞勘探的同志没有提出砷的指标也罢，不管怎样，造成矿山建设难以正常进行。又如金川，矿山地质也存在一些问题。从这里可以看出一个问题，矿山地质到底包不包括地质勘探工作？或者说矿山地质是否只是在勘探的基础上进行工作？这是一个问题，这个问题不解决，就会使资源开发出现问题，给国家造成损失，所以我认为，矿山地质工作应该包括地质勘探这个部分。

（2）矿山地质包括扩大矿山资源远景工作。在这个会上也有不少代表谈到这个问题，国外例子也很多，可是还存在这样的问题：是否每一个老矿山的储量都能翻一番，是不是所有矿山都能扩大找矿。我们的主观愿望是这样，但实际上矿山经过大量工作后，有的储量不可能大幅度增长，这是很现实的问题。我们从事科学技术工作的同志，对这个认识不存在什么问题，可是有的领导同志，希望矿山储量不断增长，这也是一个很现实的想法。所以一方面要关心扩大矿山资源，千方百计在矿山周围扩大找矿远景。另一方面也不要单从主观愿望出发，主要是做过硬的地质工作，首先在开发过程中，收集各种工程揭露的地质资料，但不完全都是收集采矿工程方面的资料，矿山有很多工程，如运输坑道、通风洞等，我看到很多这样的工程就没有进行地质编录。我们矿山开的公路，切开地质剖面也没有进行地质记录。这些都是很重要的地质资料，我们矿山应对这些工程进行编录、整理，然后对原普查勘探报告进行重新编写，提交有关部门作为一个很重要的成果来使用。我们将普查、区域地质调查、勘探报告都作为成果提交，而矿山在开发过程中，有那么多的地质资料，有那么多的新认识，但作为正式报告提交的还不够普遍。往往到矿山去看报告，还是过去的勘探报告，为什么不可以在矿山地质工作

---

①　1981 年 10 月 26 日宋叔和院士在第一届全国铜矿山地质学术会议上的报告。

基础上，重新修改、补充原来的勘探报告呢？这对扩大找矿有实际意义。另外对各方面的学习、研究也会起很大作用。目前我们矿山有价值的、有水平的资料还是不少的，但并未成文。我认为，矿山地质报告作为一个成果提交应形成一个制度。

（3）矿山资源保护方面，在目前可以说是矿山地质更突出的任务。对我国现已找到的矿产资源，怎样更合理地、更讲究经济实效地开发利用，是当务之急。有些地方，例如有的铅锌矿丢掉的矿石品位达3%，这样采富弃贫，时间长了尾矿就是一个大型矿床。有个地区没有经验，开采铅锌矿，采场都固定好了，矿石量6万5千吨，后来变成3万吨，当时经理认为不可能，但经核对后，实际上也是这样，主要原因也就是采富弃贫，丢了一半的贫矿。我认为保矿方面应采取有效措施。朱国平同志也谈了，我很同意他的意见，森林破坏了，会造成各方面的灾害，可是森林毁了，可以再生，但矿产不能再生，矿产不是再生资源，矿山毁了，就没有办法了。国家为了急速拿到产量，资源损失一点也没有关系，例如有的矿山为了加速深部采矿，将氧化带的矿石崩掉了一些，因为国家急需这种资源。但一般来说，资源都应充分利用。我们有的同志不知道资源的真正价值，广大地质工作者对一吨金属究竟值多少钱，花多少成本，各种矿产在国民经济上究竟起多大作用，不是很清楚。与外国人比较起来，我们不大熟悉经济。我们接待来参观的外国人很多，其中有的是搞同位素，有的是搞包体测温，都搞得比较专。他们来了，出乎意料地提出两个问题：要我们介绍一下我国的矿产情况；要我们安排几个矿给他们参观，如柿竹园。他们问那些矿石怎么开发、怎么选冶，提问的面很广。他们认为搞地质的都应具备这些方面的知识。我们搞矿山地质的同志确实也应该这样，应对采矿、选冶以及经济等方面的知识都有所了解。并要经常向领导反映，浪费一吨金属值多少钱。所以矿山地质的第三个任务，在当前是最重要的，就是怎样合理地、经济地利用我国已有的矿山资源。

（4）随着矿业的发展，矿山环境保护、工艺矿物学和矿山补充资源这些内容都越来越重要，但我们做得很少，应该迎头赶上。

通过学习、体会和经验交流，我认为矿山地质主要包括上述这四部分。

总之，矿山地质不同于矿床地质。比如说，矿山地质理论的应用比矿床地质更广一些，除去矿床学知识以外，一部分矿山地质工作者（不是全部）可能是地质经济学家，另一部分矿山地质工作者具有丰富的采冶知识，是名副其实的工程师。我认为矿山地质工作者就应分成这两个部分。20世纪40年代可以看到国外的材料，在矿山搞地质的人员叫做采矿地质师，也叫矿山地质工作者。希望搞矿山地质工作的同志知识面更广一些，有经济方面的，有开发利用方面的。我国解放以来在这方面培养的人才还不少，如在座的就有许多。当然在这方面今后还要逐步发展。

2 如何加强矿山地质工作

（1）在讨论自然科学问题时，经常从生产、教学、科研这三个方面来说明。实际上从地质工作范畴来说，是调查、生产、教学科研这三个方面，我认为这三个方面都是同等重要的，但分工有不同，这三个方面是我们国家现在从事地质工作的三个重要环节。

从国外来看，调查部门和生产部门所出的成果、报告，远远超过教学科研单位的数量，可是我们国家正相反，教学科研单位所出的资料较多。这就造成一种假象，使得现在有些人（特别是一些年轻人）认为，地质上要取得成就，非要从事微观或是以实验数据为主的实验研究，才有世界水平或国内先进水平。如要加强调查研究，做一些区域地质剖面，这好像不是科研人员做的，而是普查勘探部门人员做的。当然这只是少数人的看法。这样就使大量的实际有价值的资料，包括区域地质调查资料未能及时总结出来，交付大家使用。所以我呼吁，编辑出版部门和情报部门多出版一些介绍国内外的区域地质调查和矿山方面的有实际价值的地质研究成果。我们现在出版的刊物也要适当增加一些矿山地质方面的文章。美国《经济地质》杂志这几年有许多以实验数据为主的文章，也有一些反映矿山矿体开采方面最新认识的文章，有许多文章就是矿山地质工作者写出来的。这是一个意见。

（2）建议学会多召开一些小型专业性强的会议，围绕某一个矿山地质课题进行讨论，以便于大家充分交流，引向深入发展。小型专业会议可以进行讨论也可以安排参观，这样提高会快一些。

建议科协（及有关部门）安排一些矿山地质工作者去国外有名的矿山进行考察。目前我们出国考察的领导比较多，还有搞新技术、新方法的人也比较多，采选冶方面的人也出去了一些，但搞矿山地质工作的人出国的就很少。所以建议科协给我们一些从事矿山地质工作的人特别是中青年人到世界上著名矿山去参观、访问的机会，了解国外从普查勘探到开采阶段地质工作是怎么进行的，是怎么组织矿山地质工作的。

（3）第三点建议，是关于矿山地质人员业务提高方面的。矿山地质工作者除了经常注意的工作内容外，应加强矿物学和岩石学的研究。虽然在勘探阶段都做了矿石、矿物的鉴定工作，可是没有从矿石矿物这门学问来研究，没有重视这些矿物系列研究及成因方面的研究，对于还可能出现什么矿物、哪些矿物可以利用，也都没有进行研究。例如白银厂，开始认为该矿床矿物比较简单，认为是单硫化物，如黄铁矿、黄铜矿等。后来做了各种工作以后，发现有许多复硫化物。如果从矿物学系列的研究来看，出现复硫化物的元素是比较复杂的，出现汞的问题、金的问题就不稀奇了。当然在这方面的研究要配备许多微观设备。镜铁山有铜矿、铁矿，当时虽然查定了物质成分，但由于没有研究矿物的相互关系，以致造成冶炼上的问题。研究含砷很高的铜矿，做了系列研究以后，那就会注意到砷不是一个简单的问题，在很多矿物中都会出现。所以要加强矿物学的研究。

关于岩石学研究方面。为扩大找矿问题，国内外矿山都建立了矿山地质资源档案。从矿山发现历史过程看，哪一个国家最早发现矿床都是从地表就矿找矿发现的，然后再往深部勘探。而新矿的发现却都是加强岩石学研究的结果。涂光炽同志强调重视碳酸盐的研究，主要从层控、岩浆改造这样的角度来研究矿床。如果从沉积、层控来看，沉积岩石学就非常重要，光知道某一矿赋存在哪一个部位还是不够的，还要认识在区域纵向上、横向上究竟是什么沉积作用产物，根据这个研究来扩大找矿，收效会很大。与岩浆有关的矿床也是如此。所以必须研究岩石学，包括西北有些矿山，并不是岩石问题研究都解决了。岩石研究以后，用以进一步找矿，这个问题也没有解决。这部分过去是依赖普查勘探部门和研究单位，现在主要应依赖矿山的同志。从岩石学上进一步研究，也是扩大找矿途径之一。我们国家在大地构造方面形成的学派较多，矿床方面也能形成学派，而岩石学方面学派就很少，说明岩石学方面还有许多问题需要研究、需要解决。岩石学方面有很多的问题，从 20 世纪 30 年代、40 年代直到现在还有许多人认为，岩浆岩形成是由基性岩浆到酸性岩浆的演化，这对成矿是一个思路，现在这种认识不能说是错了。目前世界上还有许多人仍然这样认为。另外板块学说的引进，特别是从近几年国际上的资料看，岩浆岩的形成已经不是过去从基性岩浆演化来的这样一个简单的思路了。许多地区的矿床都是赋存在酸性岩浆岩中，可是它的早期并没有大量的基性岩浆活动，这与最早的概念不一样。概念不一样，对找矿的思路也不同。当然我不是说哪个对哪个不对，是说有这个情况，要结合矿区的具体情况进行分析。我国资源很丰富，有很多矿床类型与国外有不同的特点，各地区的矿床类型也不相同。例如我国西北的矿床与东南的矿床就有不同，东南出现的钨矿与西北的就不一样。我国在矿床成因方面，如果不加强矿物学、岩石学的研究，那么就容易受国际上提出的"类型"成因假说的影响。我们要从实际出发，提出我们自己的看法。我们国家有许多钨矿，可以建立我们自己的类型理论。这里有一个保密问题，有些人认为保密一不注意就容易出问题，所以不敢发表文章。实际上外国人来我国参观都掌握了，他们都发表了，可是我们没有发表。所以我们要共同呼吁：对待保密问题要实事求是，应该保密的就保，像资源问题，存在在哪个地方有什么密可保的呢，现在这个问题不解决，就要影响刊物出版，影响相互交流。《矿床地质》稿件很多，并不是没有好的稿件，就是怕出问题。所以借这个机会，我提出要加强矿山地质资料交流，使大家所取得的成果资料能被广泛利用，也请各个部门向上呼吁！保密制度要实事求是，使资料能及时公开交流。

我谈的意见就这些，都很肤浅，占用了大家的时间。最后祝大会圆满成功！祝代表们身体健康！

加强矿山地质学的研究[①]

宋叔和

（中国地质科学院，北京，100037）

作为担负矿床详细勘探和矿产综合开发双重任务的矿山地质科技工作，随着地球科学的日益发展，涉及的内容愈来愈繁复，需要严格的科学分工和协作，介乎矿床地质学和矿冶学之间的矿山地质学就形成了一门专门学科。如果说矿床地质学的发展趋势是通过区域成矿作用和矿床的时空分布规律的研究指导普查找矿，并进一步地探讨地球特别是地壳的发展史，那么矿山地质学的发展趋势可能就是对已知矿区内的工业矿床进行典型矿床成因模式特别是经济模式的调查研究，指导本区就矿找矿、深部找矿、扩大储量，延长矿山服务年限，并且在不断完善矿山地质基础资料的基础上，配合采、选、冶作业不断提高矿石和金属的回收率，改善矿山环境保护工作等，使矿山开发取得最好的经济效益。

中华人民共和国成立30余年来，我国矿山地质工作有了很大的发展，取得了很大成绩。1980年出版了专门报道矿山地质的《矿山地质》期刊，1981年还召开了第一届全国矿山地质学术会议，此后探讨矿山地质的论文甚多，学术研究非常活跃。涉及的内容扩大到生产矿山资源管理、矿产资源经济等方面。随着目前的科技改革和《矿产资源法》的颁布，相信我国的矿山地质学会得到更好的发展，我国的宝贵矿产资源也会得到更有效、更合理的开发和保护。

我国是一个矿产资源潜力比较大的国家，许多矿产正在开发，今后还将有更多的矿床被发现、被开采，以往和以后积累的矿山地质资料一定很多，如何系统地总结这些宝贵的地质资料，不断研究，上升到理论，建立可与国外对比的、我国独具特色的矿床经济模式、成因模式和发展我国矿山地质学体系是非常必要的。为了进一步扩大矿山地质学术交流，促进矿山地质学科的发展，预祝《矿山地质》季刊，在获准公开发行之后越办越好。

[①]　1987年宋叔和院士在《矿山地质》第一期上发表的文章。

开辟矿山地质新局面之我见[①]

郭文魁

（中国地质科学院，北京，100037）

开辟矿山地质新局面的思想基础是"实践是检验真理的唯一标准"。只要相信与坚持这一颠扑不破的真理，随时地贯彻到矿山地质工作中，就能争取到新局面。

近几十年来，由于科学技术不断创新与发展，人们对于作为天体之一的地球认识，领域扩大了，内容更加深入细致了，所获得的许多新资料不断地充实着或冲击着有关地质学的许多假设、理论，矿床学当然也不例外。

现在逐渐增多的实际资料，不仅充实了对地球形体的总体概况和认识，而且已经开始了解月球的岩石；不仅充实了对陆壳组分与构造的认识，而且初步认识了不同于陆壳组分与构造的洋壳；不仅进一步了解海水中许多有益元素来自大陆，而且知道洋脊或海沟的火山或热泉从洋壳深处甚至地幔带来相当可观的金属元素；不仅在大陆架浅海有底栖生物，而且在水面下两三千米的深海底之特定条件下也有底栖生物如盲蟹等；不仅有机化合物存在于大陆、浅海，而且从深海沟洋壳中也喷溢出简单的碳氢化合物；不仅深入认识了单矿物的成分与结构，而且对有的矿物（如锆英石）也知道了其核心与边缘的形成年龄，相差惊人的数值；不仅取得了岩体形成的相对年龄，而且也初步认识了一个岩体从边缘到核心的形成年龄可相差几百万、几千万甚至上亿年；不仅了解矿物岩石的稳定同位素，而且也知道稳定同位素受时间、物理环境、介质等特定条件的制约并随条件变化而变化。列举以上这些明显的例子，说明人们对地球的认识仍然处于探索阶段，地质学与矿床学的有关理论，无论是传统的或是创新的，其相对性远远没有超过绝对性，其区域性仍然大于普遍性，只要牢牢记住这一点，才不至于被流行的"假话"、"理论"所左右、迷惑甚至俘虏，才能如实地反映矿山开采中不断揭露出来的新地质资料，使之在经济建设中接受检验，逐步形成中国矿山地质的新认识、新假设与新理论。

矿山地质的任务概括说来有两方面：一方面是当前开采的需要，逐日逐月要划分出矿体与非矿体的界限，这是大量的日常工作；另一方面是为延长矿山寿命的矿山找矿工作，实质上是一种调查研究工作。这要求博览国内外的有关新、旧文献，主要学习其研究的方法、途径、思路与所用的新技术，对于那些所谓"模式"、"假说"、"理论"，一定要以矿山已有的实际资料为标准，加以批判地吸收，该吸收的吸收，该扬弃的扬弃。这样就会从矿山地质中创出适合有关矿山的新认识，在探求新矿体、新矿石组合、新有用元素等方面，加以验证，使之不断完善充实，而逐步形成新理论。

世界上通过矿山地质而发现的新类型、新矿体是不乏其例的。如20世纪30—40年代美国莫伦西在教科书上描述矽卡岩型矿床的开采，通过矿山研究，逐渐转变为开采岩体内的矿石，即矿床变为大型的斑岩铜矿。又如美国毕由特原为世界知名的脉状矿，近十几年又转向以开采大脉旁侧细脉浸染型矿石为主，成为细脉浸染型矿床。但近一两年来由于国际铜价格的下跌，变得没有经济价值，矿山弃置，原来的巨型矿床又变为非矿了。国内这方面例子更为生动。

上述实例，一方面说明矿山地质工作确实可以发现矿床的新类型，同时也说明矿床本身就有经济的内涵。有用元素随着地质条件变迁也存在分散、迁移、浓集等地球化学演化，从无经济意义的地质体，经过某些作用而变为可开采利用的矿床，这就是一般所说的成矿作用。这种作用虽可能有多种因素控制，但其中必有主次之分，人们将主要因素代表成矿作用，看来也并非不合理，因此就分出了不同类型的矿床。

老矿床学家冯景兰先生在讨论矿床成因时，曾风趣地说："既说火成又水成，水成火成大不同，不识矿床真面目，只缘不在矿床中。"矿山地质工作者及长期在矿山的研究人员，面对不可多得的大量人工地质露头，只要仔细地观察、科学地记载，如实反映客观实际，加上分析对比及综合研究，就会创出新的认识，从而为矿山开创新局面。矿山地质工作是大有可为的。

---

① 1980年4月郭文魁院士在《矿山地质》第一期上发表的文章。

谈矿山地质工作的重要性[①]

郭文魁

（中国地质科学院，北京，100037）

我们的矿山地质工作，取得了许多成果，但还应该进一步加强。我建议过，研究部门应向各个矿山派出专门地质研究小组，长期住在那里，并带有地质研究所应该有的仪器，包括简单实验室，这样可以把矿山开采过程中所能取得的实际资料，及时地进行研究。

矿床是根据各国不同的工业水平，在技术可能的条件下，能够经济利用的地质体。许多元素在自然界是分散的，经过不同的地质作用（如沉积作用、岩浆作用、造山运动等）和在不同时期中所发生的矿化作用（如热水作用、地下水作用），使有用元素最终由分散而聚集成可以经济利用的矿床。从不可利用到可以利用，是根据不同条件来决定的，如储量边界品位就是根据我们自己的情况确定的。矿床形成的作用是多种多样的，就工业矿体而言，成矿作用总是主导的。不同类型矿床主导的成矿作用不同，应从各个角度来收集资料进行研究，加深对矿床成因的认识。要加深对矿床成因的认识，最重要的环节，就是长期在矿山进行实际的调查与研究，进行如实的科学记录。我们在座的搞地质工作的同志都知道，要认识一些地质现象，一般要从区域调查开始，经过矿床普查、勘探（包括物、化探等），通过野外与室内相结合的方法，不断开阔与加深对整个矿床周围地质条件的认识。通过野外观察，根据地表的产状推断地下的情况，这样的推断具有多解性，所以难于把矿床搞清楚。在普查、勘探过程中，施工了许多山地工程之后，又比地表调查进了一步。通过这些工程可以验证推断的正确性，但这还是一孔之见或数孔之见，就是把各见矿孔连成矿体，也会遇到多解性的问题。如果矿山建设建立在这个基础上那还是不行的，要通过开发工作，才能了解矿体的情况，才能更有把握地编制开采设计、计划，把我国有限的投资合理地利用起来，这就牵涉到加强矿山地质工作的问题。

在开采过程中，要不断地、详细地、如实地记录、描绘我们所看到的地质体及其他构造变化情况，这样才能取得立体的、反映客观实际的科学记载。这些记载是我们矿山地质工作了不起的成果。我们国家对矿山的投资，主要是为了开采可以利用的矿产，增加社会主义经济价值。除此之外，矿山地质工作所取得的这些科学记载，就我个人所见，也是我们国家宝贵的财富，它不仅能综合出理论性见解，而且也将为后代子孙留下矿床开采过程中的真正的地质面貌的记载。我感觉到，许多关键性的地质现象，如果不及时记载下来，描绘下来，等到开采完了，那些珍贵的资料就再也见不到，再也无法收集了。从这方面来说，矿山地质工作者是开发该矿床的真正见证人。这个说法不过分，好多矿床学家都是在矿山做了大量工作后，才总结出一套理论（当然有的矿床开采完了，它的成因还有争论）。我们每个矿山地质工作者也应该有这样的科学记载，把这些记载综合起来，把矿山地质全貌完整地反映出来，进行综合研究，提出我们的见解，丰富科学理论，也是一个极大的贡献。就像湖南、江西一些钨矿，大家总结的"几层楼"模式，在江西开钨矿会议时，一个英国人，他看到我们的材料后，感到很惊讶。这就是我们矿山地质工作做出来的成就。这说明矿山地质工作很重要，应该加强。这样才能拿出我们中国式的矿床样板，也为世界上的矿床研究提供模式。

一个多世纪来，地质学家会同物理学家、化学家想把在地质方面观察到的问题，进行室内的实验研究，并对许多想像的可能性进行实验，通过实验，建立许多理论。但是由于地球经历了难以想像的长久历史，以及在地球深部所存在的极其巨大的压力与温度，和难以模拟的组分的复杂性与不均一性，虽然世界各国都在实验研究，但这些研究对地质学来讲，只能作为推断的依据，还得不到最终的答案。随着测试技术的改进，过去我们许多肉眼和显微镜都观察不到的，现在都能深入了解了。但是这些测试、鉴定和室内的实验研究，只有在与仔细观察研究矿床的基础地质相结合的情况下，才能得到合理的解释。所以既要提高我们的测试技术，又要加强对基础地质的仔细观察，只有这样才能得到正确的结果。在对矿床地质的研究过程中，矿山地质工作者要比我

---

①　1981 年 10 月 26 日郭文魁院士在第一届全国矿山地质学术会议上的报告。

们研究人员更能直接地体验到实际存在的基础地质问题。

矿山地质工作对矿床的深入研究是一个不可缺少的环节。在地表或钻孔中很难见到坑道中的地质现象，如一条矿脉中有一个晶洞，它的形状特点等只有搞矿山地质工作的同志才能见到。从这方面说，矿山地质工作也是十分重要的，需要加强。

再一方面，我们国家的现代化建设，需要找到更多的矿山基地，当然，普查、勘探、物探、化探等都是不可缺少的方面，而通过矿山地质研究，能更清楚地掌握有关矿床的形成条件、赋存部位，这也是我们矿山地质工作者能够从工作中体会到的。就矿找矿比开发新区远景更为现实。目前国内外建立的矿床成矿模式，到现在为止，还没有一个矿床完全相同，即使同一矿种、同一个成矿地区所形成的矿床也是不完全相同的。像宁芜地区，提出一个玢岩铁矿模式，实际上宁芜地区有几个矿床就很不相同，如海山、凤凰山、龙虎山、向山、钟山都是属于这个模式的矿床，各有其特点，差异性很大。在一个矿山住久了，摸清矿床本身的规律后，就能用以指导寻找新的矿床。谁能了解与掌握这些矿床的差异？那就是搞矿山地质工作的同志，他们更清楚一些。只有长年累月地在矿山工作的同志，才能更了解和掌握矿床的特定规律。根据他们研究的成矿规律，已在不少矿山周围找到或开拓出新的矿床。如德兴的银山、西华山、瑶岗仙、黄沙坪、水口山、柿竹园等，做了大量的矿山地质工作以后，根据他们对矿床的认识，并用工程加以证实，结果发现和增加了矿床储量，有的找到新的矿体或新的矿床，延长了矿山寿命，为我国矿产资源提供了后备基地。我们矿山地质工作者肩负着就矿找矿的任务，从 20 世纪 50 年代以来，地质队所提交的储量，经矿山生产探矿后，大多数有增长，甚至找到新的矿床，这是矿山地质工作者的贡献，从这方面讲，矿山地质是极其重要的，也必须大力加强。

最后一点，找到矿后，如何合理利用，怎样把我们所找到的矿床的物质成分及其赋存状态搞清楚，这是一个很重要的方面，解决好才能合理建立选厂、冶炼厂。我们在这方面做了一定工作，但还有一些问题，还要对物质成分加强研究，这样才能合理地开采利用。一个矿山要尽量能做到物尽其用，这也是矿山地质工作的一个重要方面，要为选厂、冶炼厂的发展服务，通过这样的服务，更能了解自然界中物质组分与分布状态的变化情况，从这一方面讲，整个矿山地质工作也是极其重要的，应该大力加强。

从以上四个方面来看，只有把矿山地质工作真正做好了，掌握了矿床的实际的基础资料以后，自然而然地就能得出一些正确概念，这些概念是在大量的基础资料基础上建立的，是有科学价值的。所以说，矿山地质工作是十分重要的，应该加强。矿山地质工作者是光荣的。

华南花岗岩与成矿问题[①]

徐克勤

（南京大学地球科学系，南京，210044）

我正在参加岭南花岗岩学术会议，今天来到全国矿山地质学术会议，谨向大家表示祝贺，并就华南成矿有利条件——花岗岩与成矿问题谈些看法。

在我国华南广泛分布着花岗岩类岩石，又有丰富的矿产。多期和多类型的花岗岩活动是该区域成矿的有利条件。

根据：①形成花岗岩的物质来源、②形成的主导方式、③大地构造部位、④岩石学和成矿作用的特征，可将花岗岩类划分为三个成因系列。由于在华南尚无典型幔源型花岗岩体的报道资料，故仅就陆壳改造型和过渡型地壳同熔型两个系列花岗岩类简介如下。

1　两类花岗岩

（1）陆壳改造型花岗岩类：由于地槽或凹陷的堆积物经混合岩化或花岗岩化以及与其有成因联系的重熔—再生岩浆作用而形成的花岗岩类。这类花岗岩与地幔岩浆无成因上的直接联系，因此，在这类花岗岩分布的地区没有见到它们与基性侵入岩或喷发岩（玄武岩）、中性侵入岩或喷发岩（安山岩）的共生关系。这一成因系列的花岗岩类中以一般正常花岗岩为主，但有时也出现非正常系列的二长花岗岩、富斜花岗岩、富石英的花岗闪长岩、斜长花岗岩和英云闪长岩等。石英二长岩、花岗闪长岩和石英闪长岩则较少见。几乎没有或很少有相对应的火山岩发育。在华南不论江南地背斜带、后加里东隆起地区，还是湘、桂、粤的海西－印支凹陷区等广大地区内的花岗岩，皆属于这一成因系列。此一类型我们称之为陆壳改造型花岗岩。

（2）过渡类型地壳同熔型花岗岩类：由于地幔中来的岩浆（中性的安山岩浆或基性的玄武岩浆）侵入到地槽或凹陷堆积物中，使热流增大，地热梯度急骤升高，引起了同熔作用，局部也伴有花岗岩化作用，以及地幔中来的岩浆混染作用、同化作用等形成的花岗岩类。这一类花岗岩类往往是从中基性到酸性的花岗岩，如从闪长岩→石英闪长岩→花岗闪长岩→钾长岩。大陆上的深断裂带，活动大陆边缘和岛孤区的侵入岩，常是这样的一套岩石，伴生的也有少量基性岩石。我国华南浙、闽、粤沿海火山活动带、长江中下游断陷带以及江西德兴、四会—婺川等地的深断裂带上均有此成因系列的花岗岩类发育。与其对应的火山岩是安山岩（玄武安山岩）→英安岩→流纹岩（部分为粗面岩、响岩）。这一系列花岗岩类分布地区一般属于过渡型地壳，所以称之为过渡型地壳同熔型花岗岩。

两个成因系列花岗岩类特征的概括比较见表1。

表 1　两个成因系列花岗岩类特征比较

比较项目	陆壳改造型	过渡型地壳同熔型
构造部位	大陆板块内部	大陆板块边缘活动带（板块交换带）和大陆板块内部深断裂带
成岩作用	地壳物质分异调整，经花岗岩化作用和部分重熔再生岩浆	由上地幔派生的岩浆上升使侵壳物质发生同熔和混染，形成岩浆喷出或侵入，故有同源火山作用，在动力变质带也有花岗岩化作用
岩性特征	（1）以正常花岗岩为主 （2）从钾质演化为富钠质 （3）岩石斑杂构造、残余、交代结构、残余体等发育，岩相结合复杂 （4）钾长石三斜度一般较大 （5）副矿物成分中磁铁矿、钛铁矿等较少，锆石有磨圆现象 （6）矿物包裹体比较复杂，有的有熔浆包裹体 （7）（$^{87}Sr/^{86}Sr$）较大	常是从基性岩→花岗闪长岩→石英二长岩→花岗岩。总成分为中性从钠质演化为富钾质 岩性比较均一，晶体调和纹边缓缘相结构发育。细粒边缓相较发育，少数岩体边部有花岗岩化作用，都很小 磁铁矿、钛铁矿和锆石等丰富。都有熔浆包裹体 一般（$^{87}Sr/^{86}Sr$）在 0.705～0.710
矿化特征	以 W、Sn、Be、Nb、Ta、TR 等矿化为主	以斑岩型铜、钼矿及其他类型 Fe、Cu 矿床为主

[①]　1981 年 10 月 26 日徐克勤院士在第一届矿山地质学术会议上的报告。

2　与内生金属矿床的关系

（1）与两个系列花岗岩类有关的矿产种类有很大的差别。陆壳改造型花岗岩广泛分布在华南震旦—加里东地槽皱褶区，形成于不同的年代，而不同时代花岗岩其成矿特征又各不相同。金矿主要与雪峰期花岗岩类有关，加里东期次之，到海西—印支期以后取向分散。但 W、Sn、Be、Nb、Ta、$\Sigma Y(\Sigma Ce)$ 和 U 等相反，在海西—印支期初步集中，至燕山期才形成许多规模巨大的矿体。

过渡型地壳同熔型花岗岩类，主要形成于燕山晚期，特征性矿产和前者有很大的不同。W、Sn 等矿化很不发育，仅 Nb、Ta（Be）有个别不很重要的矿化，但却能形成一些重要的斑岩铜矿、斑岩钼矿、沉积（或火山沉积）—热液叠加铁铜矿床，以及各种类型的铅锌矿体。

（2）两者的成矿过程不十分一致。陆壳改造型花岗岩的形成主要通过交代作用，即广义的花岗岩化作用。在华南漫长的地质历史中，花岗岩一次一次地形成，有关的成矿元素不断地活化转移，逐步富集。此过程可称之为花岗岩建造作用的活化转移，其结果导致这些成矿元素在年轻的花岗岩中有明显的富集，见表2。

表 2　成矿元素活化转移

元　素	雪峰期	加里东早期	加里东晚期	海西—印支期	燕山早期
W	1.9×10^{-6}(3)	1.3×10^{-6}(6)	2.1×10^{-6}(20)	2.5×10^{-6}(5)	$7.6 \times 10^{-6} \sim 8 \times 10^{-6}$(25)
S	7.4×10^{-6}(19)	5.4×10^{-6}(26)	9.7×10^{-6}(34)	8.7×10^{-6}(34)	$20 \times 10^{-6} \sim 25 \times 10^{-6}$(56)
B	1.55×10^{-6}(5)	1.3×10^{-6}(6)	4.0×10^{-6}(6)	7.4×10^{-6}(13)	$9.8 \times 10^{-6} \sim 13.1 \times 10^{-6}$(15)

注：1. 括弧内为样品数；2. 光谱定量分析。

单纯的花岗岩形成作用的活化转移还不足以导致有关矿床的形成，还必须有热液过程中的碱交代活化转移作用。在富集了成矿元素的年轻花岗岩中，由于分散在造岩矿物中的成矿元素的转移浸出，可进一步富集形成矿床。

花岗岩形成作用的活化转移是指这样一种地质过程：早先形成的沉积—变质岩系被改造、被交代而形成花岗岩，使分散在沉积—变质岩系中成矿元素活化转移。所以沉积—变质岩系的含矿性就特别重要，即矿源层的存在是十分必要的。例如华南地区震旦—寒武系、泥盆系中钨的矿源层（已有资料表明都含 30×10^{-6} 左右的钨）的存在就是本区钨矿床特别集中的重要原因。对于此类成矿过程我们可以简单地概括为：

矿源层→花岗岩形成作用的活化转移→热液过程中的碱交代活化转移→工业矿床形成

过渡型地壳同熔型花岗岩类的形成过程相对比较简单，是在上地幔派生岩浆及构造摩擦热的影响下，由地壳物质的熔化以及安山岩浆的混染而成的。这就不能使丰度较低的元素经历一个逐步富集的过程形成矿床。由于这些地区常是火山活动带，因此和火山作用有关的铁、铜、硫富集层位（矿源层）的存在同样也是重要的。

（3）两个成因系列花岗岩类成矿特征上的显著不同，是因为他们各自代表地壳发展的不同程度，和上地幔联系程度的不同，这一点可以通过分析这些成矿元素在地壳和上地幔中的分布来论证之。

我们讨论的成矿元素可分为 3 类：

①Fe、V、Cr、Ni、Au；

②Cu、Pb、Zn（Mo）；

③W、Sn、Be、Ta（Nb）、$\Sigma Y(\Sigma Ce)$（Mo）。

这 3 类成矿元素在地壳和上地幔中的丰度见表3（据南京大学地质系新编《地球化学》）。

表3　成矿元素在地壳和上地幔中的丰度

类别	元素	地壳中的丰度	上地幔中的丰度	类别	元素	地壳中的丰度	上地幔中的丰度
①	Fe	58000×10^{-6}	95000×10^{-6}	③	W	1.1×10^{-6}	0.3×10^{-6}
	V	140×10^{-6}	80×10^{-6}		Sn	1.7×10^{-6}	0.8×10^{-6}
	Cr	110×10^{-6}	1600×10^{-6}		Be	1.3×10^{-6}	0.2×10^{-6}
	Ni	89×10^{-6}	1500×10^{-6}		Ta	1.6×10^{-6}	0.1×10^{-6}
	Au	0.004×10^{-6}	0.005×10^{-6}		ΣY	0.8×10^{-6}	$n \times 0.1 \times 10^{-6}$
②	Cu	63×10^{-6}	40×10^{-6}		ΣCe	$n \times 10 \times 10^{-6}$	
	Pb	12×10^{-6}	2.1×10^{-6}		Nb	19×10^{-6}	6×10^{-6}
	Zn	94×10^{-6}	60×10^{-6}				
	（Mo）	1.3×10^{-6}	0.6×10^{-6}				

　　三类成矿元素在地壳和上地幔中丰度差异的比较见表4。

表4　丰度差异的比较

类别	地壳中丰度数量级	地壳中富集程度	成矿要求富集程度
①	$>100 \times 10^{-6}$（Au为10^{-9}）	贫化	100倍
②	$n \times 10 \times 10^{-6}$	富集$0.5 \sim 1$倍	1000倍
③	Nb、ΣCe　$n \times 10 \times 10^{-6}$，其他$\pm 1$	富集$(1 \sim 10) \sim n \times 10$倍	数千倍至上万倍

　　不言而喻，成矿作用是发生在地壳范围内的元素的富集作用，从表4可以作出下面几点推论：

　　1）第①类元素，其成矿不需要通过地壳过程，因为地壳过程总体上说是使其贫化，所以成矿作用可以直接和上地幔联系；

　　2）第②类元素，地壳形成过程富集作用不明显，所以可直接从上地幔分异物中富集成矿；

　　3）第③类元素，除铌和稀土类似第②类外，其他元素一般丰度低，要构成工业矿床要求的富集程度更高，而地壳活动过程却能使其富集。所以它们的成矿看来直接与上地幔相关是困难的，而需要在地壳形成过程中的中间富集，这样显而易见沉积分异富集和花岗岩形成作用活化转移，就是十分必要的了。

　　4）从上所述，3类元素在地壳上的分布的确应该是：

　　第①类，是在地壳发育的初级阶段和上地幔物质有直接联系的地区；

　　第②类，是在地壳发育中等和上地幔分异物有关的地区；

　　第③类，应是在地壳发育程度最高和上地幔无直接联系、地壳分异程度较高的地区。

　　以上分析对解释三个成因系列花岗岩类的成矿特征是十分合适的，陆壳改造型应和第③类成矿元素有关；过渡型地壳同熔型应和第①、②类成矿元素有关；幔源型应和第②类和第③类的铌、稀土有关。

　　这里以金为例说明之，金在华南与较老的花岗岩有关，这是为什么呢？我们认为这是因为它在地壳过程中属贫化元素，故而和上地幔有联系，产在地壳发育程度较低的地区和时代。华南地区的金矿分布区，都有震旦纪的变质火山岩系，且原岩都属于基性、超基性岩，而老的花岗岩即是含这些火山岩系的地层花岗岩化的结果，这就造成了金的活化转移富集成矿。

　　以上的讨论，在成矿时代上还可以说明第①类和第②类成矿元素的工业矿量主要集中在较老的地质年代，如前寒武纪变质铁矿占世界铁矿总储量的60%，第3类成矿元素的工业矿量主要集中在较年轻的地质年代，如我国钨矿70%形成在燕山期。

　　上面的讨论，还能说明空间上（横向）成矿的特征。如环太平洋带，其内带是大洋板块的交接带，上地幔物质使地壳物质同熔和混染，是过渡型地壳，所以是第①、②类成矿元素的成矿带，而外带则是大陆板块内部，地壳演化比较成熟，多期多阶段花岗岩发育，陆壳改造型花岗岩类广泛分布，所以是第③类成矿元素的成矿带。

应该强调指出：在大陆板块内部也还存在着深断裂带。这些深断裂带常常是下部地壳物质和上地幔物质向上运移的通道，形成一些中基性的火山岩和侵入岩，该地区的"地壳"受到了混染，故而形成了第①、②类元素的成矿区。在华南这个现象是十分明显的。据我研究，在华南确实存在有这样的断裂带（或断裂凹陷带），形成数量众多的沉积（或火山岩沉积）—热液叠加铁、铜矿床和斑岩铜、钼矿床。如长江中下游的马鞍山地区、铜陵地区、鄂东南的铁铜矿床。大平山、沙溪、城门山、安基山、德兴、大宝山等地的斑岩铜、钼矿床都属于这一类型。

3　结论

（1）华南存在着陆壳改造型和过渡型地壳同熔型两个成因系列的花岗岩类。两个系列花岗岩有许多差异。在成因上陆壳改造型是陆壳内地槽或凹陷堆积物的调整分异的产物，是通过改造、交代等花岗岩化形成的；过渡型地壳同熔型花岗岩在浙、闽、粤沿海与日本同带花岗岩类比较，许多性质都有自东向西的变化，这些变化具体显示了地幔物质的影响逐渐减少，故推断其形成和中生代时期大洋板块向中国东南部大陆的俯冲有关。

（2）成矿特征和花岗岩的成因系列都与地壳的成熟程度有关联，见表5。

表 5　成矿特征和花岗岩类型与地壳发育程度的关系

地壳发育程度	花岗岩类型	成矿特征
成　熟	陆壳改造型	W、Sn、Ta 等
中　等	过渡型地壳同熔型	Fe、Cu、Mo 等
低　级	幔源型	ΣCe、Nb 等

祝贺与期望①

程裕淇

（中国地质科学院，北京，100037）

中国地质学会矿山地质专业委员会，在学会和各有关部门的赞助、支持下，主办的《矿山地质》杂志，对促进矿山地质学术交流、提高学术水平方面起了积极作用。值此刊公开发行之际，谨以我个人名义并代表中国地质学会表示热烈祝贺！希望《矿山地质》今后为我国矿山地质科技事业作出新的贡献。

矿山地质学是地质科学的一个重要分支。其重要特点之一就是实用性强，并直接为矿山企业生产建设服务。1946 年我在《采矿地质述略》一文中曾大致谈到：矿山采矿地质工作对于矿山的采、探是有实际贡献的。它的主要任务是测制矿产地表和地下坑道等地质类图件，支持或制定矿山勘探，计算储量，采集矿石及其围岩样品并鉴定和研究其物质成分，为勘探、采矿设计提供可靠地质依据，为选冶加工利用提供地质资料，并为保证不同级别矿石的品位要求，提出具体的采掘方案等等。矿山地质工作虽然以实用为主，但是，不可忽视矿床生成条件和成矿地质背景等理论性研究。因为矿山地质工作人员经常在现场，观察机会多、记录详细、资料充足，可不断进行室内研究，结合矿区地质情况的全面了解，经过一段时期的工作，对矿床成因可以提出更接近客观实际的解释，对于矿床学与区域地质理论均有重要贡献。而只在矿区进行短期或阶段性研究的人是难以掌握矿床全面情况的。因而也可以说，搞矿床研究也是矿山地质人员应尽的学术义务和责无旁贷的任务。再者，理论上探讨的结果，往往即为实践的起点，矿山地质研究更是这样，可以说研究愈深入、详细，应用时效果也愈大，因而进行这方面理论研究的目的之一，是在于有所应用。

中华人民共和国成立以来，我国矿山地质学和矿山地质工作，随着整个地质事业和采矿业的发展而得到迅速的发展。目前全国八百多个大中型国有矿山企业，绝大多数都建立了矿山地质机构。数以千计的矿山地质人员活跃在矿山生产第一线，并取得了显著成绩：首先是进行了矿山深部和外围的找矿、探矿，增加了新的储量，延长了矿山服务年限，提高了矿山资源保证程度；其次是开展了对开采过程中的矿石损失、贫化的计算和监督工作等。为减少资源损失浪费，提高资源利用程度，做出了成绩。

应当指出：当前矿山地质工作还不适应矿业发展需要。例如：矿山地质人员数量不足、素质不高，技术装备和测试手段亟待更新和补充。

为了进一步繁荣我国矿山地质事业和办好《矿山地质》杂志，提出几点希望：

第一，提高矿山地质队伍素质。首先是现有人员要不断学习，接受教育、补充新的知识、学习新理论、掌握新技术；通过大专院校培养后备力量，不断输送人才。还可采取矿山与科研单位、大专院校科技合作和横向联系，或者通过聘请顾问等方式来解决本矿山的地质科技问题，这在国外的一些矿山也是有效办法。

第二，充分发挥矿山地质的监督作用，要千方百计减少开采过程中矿石的直接损失。其中一项措施就是做好采矿设计和施工的地质监督管理，对同类型、同品级矿石要按比例配矿，不能混级、降级，保证出矿的合格率。并与采矿人员通力合作，共同完成提高矿山资源开发利用水平的任务。对违反《矿产资源法》和有关规章规定，破坏、浪费矿山资源的行为，必须制止。希望有关部门和领导支持这方面的工作，做好矿山资源的合理开发和保护工作。

第三，积极开展矿山资源查定，为综合利用和提高选矿、冶炼回收率提供依据。我国矿产资源中单一矿种的矿床较少，多数是两种有用矿产或组分共生在同一地质建造、或伴生在一个矿体中。为了最大限度地合理利用资源，要在深入查定矿石品位、品级的同时，研究加工特性，尤其要注意对非金属矿产的物理性质研究，以不断扩大已知非金属矿产的用途，并发现新的矿藏资源（新材料）。在国外，非金属矿业发展很迅速，其产值已超过金属矿，如美国 1980 年至 1982 年非金属矿产值为 467.15 亿美元，金属矿产值为 230.07 亿美元，前者高出后

---

① 1980 年 4 月程裕淇院士在《矿山地质》第一期发表的文章。

者一倍多。

第四，加强生产矿区的找矿、探矿工作，寻找新的矿体，增加保有储量。这项工作搞得好还可以减少矿区进一步探矿的工作量，缩短下一步勘探的周期。例如：瑞典的基鲁纳铁矿，1937年即已露天开采，当时钻探深度只有140 m，它的深部勘探是随着开采逐渐转入地下和随着开采深度的增加而逐步部署的，并不是一次性探明最终开采下限境界以后才开采的。这些经验值得重视。施工力量也可因矿制宜，有钻机的矿山由自己施工，缺少设备的也可以委托其他单位进行找矿勘探，不必在装备手段方面追求齐全。

第五，以"双百方针"为指导，办好《矿山地质》。地质科学同其他科学一样，是在争鸣中发展起来的。由于地质环境和演化的复杂性，有些矿床成因甚至到了矿已采完，争论依然存在。因此，在办刊物、进行学术交流中，要发扬"百家争鸣"精神，不同的学术观点通过讨论可以相互启发，共同进步。一个好的刊物要有自己的特色，明确的专业范围。希望《矿山地质》在传播、交流有关矿山地质学的理论与实践经验等方面，做出新的努力，成为名副其实的全国性的矿山地质学术交流园地。

二、我国矿业和地质学发展述略

古代矿业与地质知识溯源

彭　觥

（中国地质学会矿山地质专业委员会，北京 100814）

在地质年代的第四纪更新世即迄今二三百万年至一万年的旧石器时代出现人类。所用石器打制粗糙。按人类体质发育变化和石器制造进步程度以及艺术品产生等，将旧石器时代划分为早、中、晚期（直立人）。在我国发现的元谋人（距今 170 万年）、北京猿人（距今 46 万—23 万年）属早期，丁村人属中期（距今 26400 年），周口店山顶洞人属晚期（距今 18865 年 ±420 年）。山顶洞人文化遗存中出土有石器、骨角器（骨针），佩戴用的穿孔砾石、石珠、用赤铁矿粉末染色与鱼骨兽牙鹿角做成串饰品。说明当时人们掌握了制造石器和矿物颜料的技能与审美观念。在死尸上及周围摆放赤铁矿粉末，则表明是一种原始宗教的意识。

大约在距今一万年左右的第四纪全新世开始，中国旧石器时代结束进入中石器时代。中石器时代，典型细石器盛行，也有个别磨制石器，人们仍然过着采集渔猎生活。在陕西大荔、河南许昌和山东临沂等地发现有此时期遗址，其下限距今 8000 年左右。随着农业和畜牧业的出现，而进入新石器时代。在距今 8000 年的裴李岗文化、磁山文化和大地湾文化都已出现了以农业经济为基础的聚落遗址，继而兴起的仰韶文化和龙山文化，农业经济更加发达，聚落日趋密集。石器以磨制石器最发达，最具特色的是带圆弧刃的落石铲和带锯齿刃的石镰，这些石制农具反映出当时识石、用石的进步。开始采用黏土制作陶器，多为素面，少数有纹篦纹、绳纹及交叉绳纹和曲折纹的彩陶片（磁山文化）和三足钵、三足罐和壶、碗等。

新石器时代中晚期出现于距今约 6000 多年以前，为石器和玉器、红铜器并用阶段，有人主张称为石器－玉器时代，尚未被公认。中国境内有 7000 多处新石器时代文化遗址，其中发掘者发现的只有 400 余处。在辽河流域的红山文化和长江下游的太湖和浙江流域良渚文化发现的大批精美玉器，引起了全国考古界、玉石界和美术史人士的关注，据此有人主张另划分出"玉器时代"。笔者认为新石器时代生产出大量美轮美奂的各类用途不同的玉器，开采玉石种类繁多，产地之广在世界范围实属罕见，是我国石器文化独特现象，也为中国玉文化奠定了基础，影响深远，是中国传统文化渊源之一。关于"玉器时代"可能性是存在的，必须进一步深入系统地进行研究，现在尚不宜笼统地称为"玉器时代"。

为了进一步认识古玉文化，仅将红山玉器和良渚文化遗址出土的精品等相关古玉概况简述如下。

1　关于良渚玉器

良渚玉器，它和红山文化玉器并称为我国新石器时代两大玉器。均以各自独特的材质、器型、纹饰、治玉工艺及其强烈的地域文明色彩而著称于世。

良渚文化分布在我国东南的钱塘江沿岸至江苏常州太湖流域地区。年代约为公元前 3300 年至公元前 2200 年，在其文化的分布空间与存在时间中，均有玉器发现。据鉴定，良渚玉器的用材，多为透闪石－阳起石系列的软玉，相同的玉材在现代该地区的小梅岭也有所发现。器型丰富，依器类分，有琮、璧、璜等礼器；有环、镯、串饰、珠、管、坠、带钩等佩饰器；有钺、斧、刀、纺轮等工具；有柱形器、冠形器、三叉形器、锥形器、牌饰及玉人和动物玉雕等其他器物。不仅器型丰富，且独具特色，尤其是纹饰，常见有一种已成定制的羽人图案，作披羽冠，蹲踞爪足而双手捧兽面状，被普遍认为是良渚文化的族徽或神徽，宗教色彩显著，而其具有权力象征的琮、璧、璜等礼器的大量出现和殓葬，则被学界公认为是我国文明曙光出现的重要象征。当时，虽无金属工具，人们却十分科学地根据玉的物性，或采取"他山之石，可以攻玉"的原理，以硬度较玉大的石英石或燧石来磋琢玉器；或采取"以柔克刚"的方法，以兽皮或树皮，加砂添水来解剖玉器，其主要治玉方法大致有四种：（1）拉锯，用于解刻玉器，以线锯或圆锯（即转砣）加砂添水而将玉慢慢切开。（2）钻燧，用于穿孔玉器，方法有二：一是用硬度较大的石英钻或燧石钻，钻燧取孔；二是以竹木钻加砂添水钻孔。（3）磨减，用于雕刻玉器纹饰，以石钻或木砣加砂添水琢磨玉器表面，磨削出所需线纹。（4）磨光，用于磨光玉器，以兽皮或树皮加砂添水琢磨玉器表面使之磨光。

良渚玉器出土主要集中在浙江、上海和江苏三地，其重大发现遗址有：草鞋山（江苏吴县）、寺墩（江苏武进）、张陵山（江苏吴县）、花厅（江苏新沂）、福泉山（上海青浦）、瑶山（浙江余杭）和反山（浙江余杭）等。由于这些遗址所处地区的地质条件比较特别，所出土玉器常有沁呈鸡骨白等特征，从而形成了良渚玉器一个显著特征。

2 红山玉器

红山文化，在中华文明发展史上占有重要的地位及其影响。在红山文化深厚的文化积淀中，有一个耀眼的亮点，那就是红山古玉。

20世纪60年代，红山文化玉器已陆续出土，但当时人们并不知其为何年何代的玉器，有的被视为商周玉或更晚期的遗物，而未能得到应有的重视。

1971年春天，内蒙古翁牛特旗三星他拉村村民在北山岗植树造林时，从地表以下50～60 cm处挖出一件大型玉龙。该玉龙墨绿色，高26 cm，龙体蜷曲，呈"C"字形。吻部前伸，略向上弯曲，嘴紧闭。鼻端截平，上端起锐利的棱线，端面近椭圆形，其上有对称的双圆洞，为鼻孔。双眼凸起，呈梭形，前眼角圆而起棱，眼尾细长上翘。额及颚底皆刻细密的方格网状纹，网格突起作规整的小菱形。颈脊起长鬣，长21 cm。鬣呈扁薄片状，通磨出不显著的浅凹槽纹，边缘磨薄似刃，弯曲上卷，末端尖锐。龙体横截面略呈椭圆形，直径2.3～2.9 cm。龙尾内卷，龙背有对穿的单孔。经试验，以绳系孔悬挂，龙的头尾恰好处于一个水平面上。

这件大型"C"形龙，是用一整块玉料圆雕而成，细部运用浅雕手法表现，通体磨光，器表光洁圆润。玉龙出土地点为一大片红山文化遗址，许多专家学者曾多次到该地考察勘探，经研究确认该玉龙为红山文化晚期遗物，距今应当不晚于5000年。

5000年的尘封沙盖，玉龙依然圆润晶莹，那蜷曲的身躯，像张弛自如的强弓，展现出腾跃宇宙、震慑八极的力量；那流畅的曲线、诡异的纹理，蕴含着远古的奥秘和祖先的智慧。

玉龙的出土，引起文物、考古和玉学界人士极大关注，纷纷把目光投向辽海大地，每一次红山文化遗址的调查、发掘工作都牵动他们的心。每一次重大发现，都使他们激动不已。

1973年，阜新蒙古族自治县化石戈公社台吉营大队胡头沟村附近，发现两座红山文化石棺墓。阜新文化局、辽宁省博物馆文物队对此二墓进行了清理。其中M1是一座中心大墓，没清理之前已经遭到破坏，清理时收集到勾云形玉器以及龟、鸟、璧、环、珠、棒形器等15件玉器。M3为一小型多室石棺墓，出土鱼形坠、三联璧等三件玉器。

1979年6月辽宁省文物普查训练班，在凌源市开展文物普查工作时，在三官甸子大河下村的西山坡上发现包含红山文化和夏家店下层文化的城子山遗址。遗址中发现了3座红山文化墓葬，其中M1是一座土圹石棺墓，在墓葬西侧的土层中，发现一件双猪首环形玉器。M2是一座保存较好的大型土圹石棺墓，出土勾云形玉器、钺、竹节状器、环、马蹄式箍形器等9件玉器。

1981年，在凌源与建平两县交界处牛河梁发现包括女神庙、积石冢在内的红山文化超大型祭祀遗址。后经多次发掘，在多座积石冢不同级别的墓葬中出土勾云形器、马蹄式箍形器、兽面形器及玉猪龙、玉璧、双联璧、双猪首形器、龟、鸮、鱼形饰、三联璧、坠饰、斧、纺瓜、管等100多件玉器。

1982年，辽宁省喀左县东山嘴大型祭坛遗址方形基址南墙内出土一件玉璜。

1991年，克什克腾旗南台子红山文化墓葬出土两件环形玉玦。

1994年，巴林左旗博物馆王未想在《辽海文物学刊》上发表文章，介绍了1964年在巴林左旗杨家营子镇葛家营子大阴坡出土的两件马蹄式箍形器。1976年，在巴林左旗十三敖包乡尖山子村刘家屯东山出土的一件在背刻有符号的玉猪龙。这三种玉器的材料发表虽然滞后，但起到了乌力吉沐沦河流域出土红山古玉的标志作用。

通过多年考古发掘研究，对红山文化玉器来龙去脉的探索取得了突破性进展。1992年7—10月，中国社会科学院考古研究所内蒙古工作队，对敖汉旗兴隆洼文化遗址进行第五次挖掘时，在F76、M117居室墓中出土两件玉玦，找到了红山古玉的直接源头。

红山文化之后向夏家店下层文化转变。夏家店下层文化是我国北方一种发达的青铜文化，因最初发现于赤峰市松山区王家店乡夏家店村而得名，其年代在公元前2000年至前1500年。夏家店下层文化已经包括了高度发达的早期农业，青铜业和制陶业都达到了相当高的水平。社会成员贫富分化明显，而且等级森严。当时夏家店下层文化时期表现为多种类型文化趋于统一，这也是夏家店下层文化出现全面繁荣稳定的历史背景。夏家店下层文化的陶器中，有一种极为精美的彩绘陶，彩绘的龙纹和基本装饰形式与红山文化较为一致，而夏家店下层文化彩绘陶器的纹饰与商代青铜器纹饰有着因袭关系，说明夏家店下层文化与先商文化的起源关系十分密切。

20世纪70年代，敖汉旗大甸子夏家店下层文化墓葬出土的玉斧、玉钺、玉玦、钩形器、马蹄式箍形器与红山古玉几乎一致，明确地为我们指明了红山文化玉器的发展方向。夏家店下层文化与先商文化的因袭关系，也说明了红山文化对商文化的重要影响。

经考古工作者长期的辛勤劳动，在西辽河流域广大地区采集、发掘取得了数百件红山文化玉器，刘国祥先生依据造型题材和使用功能的不同将它们分为五大类：（1）装饰类玉器，主要器种有玉环、玉玦、珠、曲面牌饰、菱形饰等。（2）工具类玉器，主要器种有斧、钺、棒形器、钩形器、纺瓜等。（3）动物类玉器，主要器种有玉雕龙、双猪首环形器、双猪首玉璜、兽面形器、鸟、鸮、龟、鱼、蚕等。（4）人物类玉器，主要器种有玉人面、玉人像和变形人物像等。（5）特殊类玉器，主要器种有勾云形器、马蹄式箍形器、璧、双联璧、三联璧等。

同时，广大群众在长期的生产劳动和日常生活中偶尔发现、收藏的红山古玉，目前所知亦有数百件之多，大大丰富了红山文化玉器的数量和器种，大型"C"字形玉龙出世30多年的今天，红山古玉出现了一个百宝生辉的大好局面，为今后的研究工作奠定了雄厚的实物基础。（摘自刘振峰等，《红山古玉藏珍》，2005）

新华社记者丁铭2007年10月9日在"北京参考"报写道：自1971年发现"C"形玉龙之后30多年来，在内蒙古和辽宁等地又发现了10多件玉雕龙。专家说，龙形玉雕形体酷似甲骨文中形象的"龙"字，是已发现的最早定型之龙。

3　关于古玉产地与古矿山

玉，是中国从古至今贵重的石材，其产地之广，品种之多，藏量之丰富，质地之优良，作器历史之悠久，都是名列世界前茅的。浙江省余姚河姆遗址考古发掘即实例之一。在距今6000年前的新石器时期，我们的祖先就能用珍贵的玉石材料制作工具和佩饰物。

安阳殷墟"妇好"墓和四川西周时期的广汉古墓、安徽省寿县春秋晚期"蔡侯"墓、陕西等地的秦墓、河北满城西汉中山靖王刘胜墓等，在同一时代，同一文化层。同一墓葬和遗址，其玉质材料，不属同一产地。本文仅就从出土玉器、文献资料记载及现在已知玉材产地等方面，对古玉产地作些考证和探讨。

20世纪20年代，我国地质学家章鸿钊，在其著《石雅》一书中，列为古玉类者，多达百种，这些玉类名称，据查，有些是玉器名而不是玉料名。其中有的玉料《说文》玉类中未见，按今矿石分类似玉非玉；有些材料属玉以外的珍贵石料古名，如玛瑙、碧玺、松石等古名，是否归入玉是值得商榷的。近百种玉料显然包括玉石类。

中国玉料，主要有白、青、黄、碧、黑五色，但具体到某一色的块玉或璞而言，它又要求"色纯而净""表里如一"，可知古玉是不包括含有不同色泽的玛瑙、绿松石等杂色贵重石料的。

　　商、周以后，随着交通贸易的发展，中华民族大家庭地域的扩大和交往，边远地区的玉料，如新疆的和田玉、辽宁的岫岩玉，也源源不断地运进内地作器。据检测证明，河南殷墟"妇好"墓出土玉器中，有很大部分是新疆玉做的器件，湖南发现商代窑藏玉器，也是用新疆玉制作的。

　　关于陶瓷起源，旧石器时代晚期出现了陶器，恩格斯说，陶器制造属于在木质器物上涂抹黏土，煅烧使之耐火并逐渐脱去内胎成形为陶器，进一步发明制陶转动的轮台和彩绘。在我国制陶和使用陶器的历史悠久，在仰韶文化期半坡遗址都发现了彩陶。花纹精美，陶土一般是就地取材，但是当时已经懂得选择含 CaO 低而含 Fe_2O_3 高的土质有黑土、红土、沉积土而不用黄土。应该指出，比黄河流域更早出现陶片的地方是江西仙人洞遗址，属早期新石器文化堆积层，距今 1.2 万年前，比仰韶期陶器出现早 3000 年。由于烧窑技术和对黏土（瓷土）识别知识的提高又发明了瓷器。

　　自西周至春秋战国，官府重视铜器和玉器生产及使用管理。《周礼·地官》：矿（卝）人：中士二人，下士四人，府二人，史二人，胥四人，徒四十人，矿人是国家矿业的机构，其职责是"周代视玉（器）高于铜器"，设玉府掌"玉瑞，玉器"。用玉做出器兴礼天地四方，苍璧礼天、黄琮礼地。章鸿钊先生在《宝石说》中指出，玉"系于吾民族之声教文物至深且巨，仅以玩物之属目之，犹未尽玉之本未焉"可谓对中华文化影响深远。

　　战国时采矿业扩展是与识矿找矿分不开的。《山海经·五藏山经》（春秋末年，即公元前 5 世纪成书）和《书·禹贡》（战国后期，即公元前 3 世纪成书）是总结中国从石器时代到早期铁器时代关于识矿与用矿资料的两种古文献。前者所记矿物达 89 种，其中金、银、铜、铁、锡等 10 种金属矿物产地有 170 多处，包括非金属矿物的玉石、怪石、垩土等则共有 309 处；并从找矿提出了"赤铜—金""黄金—银""铁—文石"等许多近代矿床学上的共生现象。后者记录了全国某些矿产，对土壤的分类研究已具科学雏形。中国古人在这两本书中，对矿物岩石进行的系统研究远比外国早一两千年。关于我国社会自古至今使用矿产品的先后次序是石材、装饰矿物（包括玉石和颜料矿物）、燧石、陶土、铜、金、铁、煤、石油及其他矿种。

　　中国采矿有文字可考的历史始于商代（公元前 16 世纪至前 11 世纪），但中国之有采矿活动还要早很多。

　　迄今发现最早的采矿遗址，是山西怀仁镇鹅毛口石器制作场和广东南海区西樵山采石加工场，分别为自凝灰岩煌斑岩夹层挖采和从石洞帮壁撬掘石材，其年代据考古判定最迟在新石器时代早期，距今已历万年。

　　我国青铜时代始于五帝，商周两朝达到鼎盛。生产中心在中原，矿石原料来自晋南中条山和长江中下游等地。按青铜成分有锡铜合金和铅铜合金，早期入炉原料为共生金属矿石，其后采取分别冶炼，再按配比混合熔炼。兹将湖北省黄石市境内著名的古矿冶遗址铜录山发掘资料摘要如下。

　　铜录山矿冶遗址是中国已发现的规模最大、保存最完整的古代矿冶遗址。遗址在湖北省大冶县境内，南北长约 2 km，东西宽约 1 km，遗留的炼铜炉渣 40 万吨以上，占地 14 万 m^2 左右，推算累计产铜不少于 8~12 万吨。1973 年开始发掘和研究，发掘出土地下采区 7 处，采矿井巷近 400 条，古冶炼场 3 处，发现了一批炼铜炉。出土有用于采掘、装载、提升、排水、照明等的铜、铁、木、竹、石制的多种生产工具以及陶器、铜锭、铜兵器等遗物。遗址的年代，经 ^{14}C 测定，最迟始于西周末年，经春秋、战国时期延续到汉代。遗址也发现有隋唐时期的文化遗物和宋代的冶炼场。就遗迹考察，古代探矿方法，多采用浅井工程和重砂测量。重砂测量工具的形状与近代相似，为船形、元宝形等大小不一的淘砂盘。

　　铜录山的古代地下开采早期，井巷掘进过程基本上就是采矿过程。到战国晚期，开拓、采掘、回采等步骤才渐趋明显。与之相应的是井筒支护、分级提升、排水、选别、充填采矿等工艺相继出现和完善。

　　井巷开拓和支护由露天开采转入坑采之初，开采规模小、巷短、井多、巷少。到春秋晚期，开采系统则已相当完整。战国至西汉时期地下开采深度已达 60 余米，并延伸到潜水面以下 23 m。

　　铜录山古矿区的地下开采系统的发展大致为：地表（最大洪水位以上）或露天采场底（潜水面以上）→立井（群井）或斜井→盲井或平巷与盲斜井→平巷（或组成采场）。

　　立井（包括盲立井）：断面一般为正方形，少数为矩形。西周时期立井的净断面约为 500 mm × 500 mm 左右。井壁为木支护，方框支架间隔排列，间距在 400 mm 左右。井壁框为榫卯套接方式，井框与围岩间楔有一层木板，用来围护井筒四壁。到战国时期完全采用经过加工的方木（或圆木）密集式垛盘支护，井口净断面最大者达 1.3 m × 1.3 m，接头为单平面亲口接榫，加工整齐，尺寸划一，架设后稳固持久，同近代的木结构井架相似。

　　斜井（包括盲斜井）：西周、春秋时期的斜井为普通形式的斜井，其支护结构与同期立井的支护结构一样。

战国时期发展到阶梯式斜井，由净断面 900 mm × 900 mm 的"马头门"和 900 mm × 1000 mm 的短巷组成。支护方式有两种：一种井框支架垂直于斜井的底板，一种井框支架沿铅直方向敷设，后者较多。两种支护方式表明当时对斜井的支护已有了多方面的经验。

平巷：西周、春秋时期的平巷支护与同期立井的支护结构相同。春秋时期平巷的净断面一般为 800 mm × 1000 mm。战国至西汉时期的平巷断面较大（净断面最大者为 1600 mm × 1650 mm），距离较长，人可直立行走。与平巷相通的立井底部均设马头门结构。战国至西汉时期的马头门高度一般为平巷净高的 1 倍。

采掘工具：有石、木和金属工具。西周至春秋时期的金属工具为铜制，战国以后为铁制。出土的工具有石锤，木制的铲（锹）、槌、耙，铜制的凿、镢，铁制的凿、锤、锄、斧、耙等。

地下采矿方法：同近代的支柱和支柱充填法基本相似。有五种具体方案：群井开采，后演变为方框支柱开采（分为单框竖分条开采——下向式，单层小方框开采——进路式），再演变为水平分层棚子支柱充填开采——上向式，此外还有横撑支柱开采。

群井开采：用垂直井筒直接进行回采。井筒打入矿体，下掘井筒就是回采过程。掘进终了即开采完毕。在西周时期的发掘点内，有由 48 个立井组成的井群。

单框竖井分条开采：由地表下掘一个或数个井筒，边掘边采边支护，视矿体赋存情况，立井掘到一定深度后开掘井巷。为了追踪富矿再下掘盲井。

单层小方框开采：在井底掘进平巷或斜巷，追踪富矿，边掘边采边支护，为独头巷道式开采，一般是进路式的开采方法。

水平分层棚子支柱充填开采：采区分成若干水平分层，自下而上开采，分层随回采的推进而用密集棚子支撑。支柱与充填配合使用，采空区用手选出的废石（夹石等）和低品位的铜矿石局部或全部充填。上下层支护的关系是下层棚子的顶梁即上层棚子的底梁，下层棚子的底梁敷设在底板的沟槽中。战国至西汉的支护中，下层棚子的断面比上层棚子的断面宽，增加了稳固性。

横撑支柱开采：由地表下掘立井进入富矿带，再由井底向四周扩大，作上向梯段式回采。最大采幅约 5 m。采空区由水平撑木和撑木间的垂直顶木支撑，呈多个"Π"形结构，造成人工平台，落矿、出矿、提升均在平台上进行。

矿井提升和排水：矿井提升，出土的提升工具有木钩、绳索、平衡石、辘轳轴等。战国至西汉时期的木辘轳轴长 2500 mm、直径 260 mm，可以横架在井口。轴木的两端砍成轴头，以便安放在井口两侧的支架上。出土的装载工具为竹筐、竹篓和藤篓。

矿井排水：春秋时期的地下矿井就已经有比较完整的排水系统。水道有两种：一种是利用废弃的巷道或专设泄水巷道；另一种是贴平巷一侧的背板铺成排水木槽，彼此连接，置于地梁上。泄水巷道和木槽以一定的高差通向水仓或排水井，水由那里提升到地面。

炼铜：从发掘的炼铜遗址看，铜录山早在 2700 多年前已经采用鼓风竖炉炼铜。

炼铜竖炉：春秋早期的炼铜竖炉由炉基、炉缸、炉身三部分组成，各个炉子结构相近，尺寸大体相同。经过研究复原，竖炉的外形为竖立的腰鼓形，高 2.7 m，最大直径 1.6 m。为了适应高温熔炼，竖炉的不同部位配制不同的耐火材料夯筑而成。主要材料为红色黏土、高岭土、石英砂、火成岩碎屑、铁矿粉、铁矿粒、木岩粉等。

冶炼辅助设施：竖炉两侧垒土墩作工作台。竖炉周围有碎料台、筛分场、泥池和渣坑等辅助设施。碎料台中间留有石砧和石球。石砧形状一般近椭圆形，有的石砧周围筑有高岭土台面。石砧的大小不等，小的长 45 cm，大的长 70 cm。砧面经长期使用，均呈凹形。石球大小相近，直径 8 cm 左右。石砧、石球是碎矿或碾磨筑炉料的工具，质地坚硬（为花岗闪长岩）。可知古代已经将大块矿石破碎、筛分出粒度均匀（一般为 2 ~ 3 cm）的矿石，入炉冶炼。

冶炼技术水平：（1）原料和燃料。铜矿石主要采用品位较高的氧化矿，如孔雀石、硅孔雀石、赤铜矿等。燃料为木炭。（2）造渣和配料。炉渣均呈黑色的薄片状，表面光滑，经化学检验，渣的酸度合适，pH 大多在 1.0 ~ 1.3 之间，成分稳定，渣中含铜大部分小于 0.7%，熔点大多在 1100℃ ~ 1200℃ 之间，密度为 3.5 ~ 4.0 g/cm³，1280℃ 时的黏度为 0.2 Pa·s，流动性良好。铜录山古矿井中的铜矿石可分三类：碱性矿石（含铜、二氧化硅低，含铁高）；酸性矿石（含铜、二氧化硅高，含铁低）；富铜矿石（主要是孔雀石）。然而，用其中任何一种矿石单独冶炼都不能得到古代炼渣的成分，说明当时已掌握了配料技术，用不同种类的矿石相互搭配。（3）铜锭成分。古代遗留的铜锭和粗铜，含铜量 94% 左右。

4 秦汉至唐宋：矿业发展，赏石文化发达

史书记载，秦朝在商鞅变法后，政府为了控制冶铁业，设置主管机构——铁官，在睡虎地秦代墓中出土的竹简中有"左采铁""右采铁"的官职。当时四川卓氏、程氏和南阳孔氏等铁业生产规模巨大，劳动力达千人之多。西汉有诸侯王国如齐、吴、赵等，自行经营采矿冶炼业，邓通曾将文帝赐予的全国铁矿山转包给大铁商卓王孙经营。在中央由大司农属下主管在各地方设铁官主采矿鼓铸。《汉书·地理志》写道，全国有铁官机构49处，分布于40个郡国。官营冶铁业优于私营的"家人合会"的小作坊，官营矿冶业规模大、资金多、设备齐全，还有技术熟练的采矿、冶炼工人。如河南巩县古冶遗址有鼓风炉18座，熔炉、锻炉各1座，铁矿山开采的竖井和矿石加工破碎和配料场地就在厂区之内。西汉中期在古荥阳镇及生铁沟炼铁燃料用木炭和煤混合，汉代经济发展较快，铜质钱币铸造的数量剧增，据专家推算从武帝至平帝的100多年中五铢钱，铸造的数量达280亿枚。每枚新五铢钱重3.5 g。

汉代主要产铜地区：丹阳郡设铜署，管辖郡属17县为今之当涂县至宣城一带，正是铜陵及周边产铜区。四川西部也是当时另一个重要产铜地区，范围包括今四川和云南两省的雅安、荥经、会理、东川、会泽南至蒙自县达700多千米。

秦汉是我国早期金属矿产生产兴盛时期，除铜铁之外，金、银、锡、"连"、丹砂，已开发利用。在1968年发掘的河北满城西汉中山靖王刘胜及其妻窦官的墓，出土的两套金缕玉衣，编缀玉片的金丝炼制达到很高技术水平。奖赏黄金和收藏黄金盛行。《史记·平准书》记载："大将军卫青率10万余击胡，斩捕首虏之士受赐黄金20余万斤"。又《史书·梁孝王世家》记载："藏府金黄金尚40余万斤"。王莽死时"省中黄金万斤者为一匮，尚有60匮"。以70匮计算，计70万斤，与当时罗马帝国的黄金储量相等，反映出当时采金之盛。有学者也指出真相如何尚待探讨。关于"连"是何种金属，也有疑问，化学家张子高在《中国化学史稿》中提出"连"是高含量的锌合金。隋唐时矿业仍很繁荣，隋初设冶官，掌管铜铁矿冶业。在延安郡金明（今陕西安塞县北），河南郡新安（今河南渑池县东），隆山邵隆山（今四川彭山县），蜀郡绵竹（今四川德阳县北）等四处设立冶官。唐代置监铁使，管理盐业专卖和铜铁锡银的采冶，只管税收不直接经营矿冶业。唐晚期，交由州县管理。有关铜器和铁器的更迭问题，可参阅以下资料。

唐代铁矿产地有104处，其中四川、山西两省最多。元和初年（公元806年）最高产量为207万斤。铜矿有62处，产量由26.6万斤增至65.5万斤。《新唐书·地理志》记载：宣州、当涂、南陵、青阳（即今铜陵一带）产铜，由于关联铸钱事务设监钱官。

天宝13年（公元754年）大诗人李白游历时写下《秋浦歌》17首，其中第14首生动描写炼铜场月夜情景。"炉火照天地，红星乱紫烟，赧郎明月夜，歌曲动寒川"。这也是我国古诗歌中描写矿冶劳作的佳篇。同年李白在另一首《答杜秀才五松山见赠》中写道：铜井炎炉歌九天，赫如铸鼎荆山前，陶公矍铄可赤电，回禄睢盱扬紫烟。可谓为铜文化弘扬再添浓墨彩一笔。

唐代银矿冶业主要分布以下几个重要矿区：

（1）饶州，今江西德兴县银山。自贞观10年"银大发"至仪凤二年"山颓"，唐初开采达40多年。饶州银山每年出银10余万两，收税山银7000两。

（2）信州，今江西上饶县弋阳银矿，在唐代有八九十年的开采历史。

（3）宣州，今安徽南陵、宁国县，采炼银矿设银冶官。衢州、韶州、陵州也有银产地。唐代黄金产地主要分布在南路省以湖南境内最多。宋代矿业继续发展，王安石变法促进民营铁冶扩大，实行"二八抽分"税率。其后把利国、莱芜两处收为官营。对于采金银矿业，如山东登州、莱州金矿实施扶持政策，对于生产困难和资源危机矿山免除税赋对于定州（河北）、凤州（陕西）等地银矿、铜矿也只设官署管理而不收归官办。

据《中国古代矿业开发史》引自《宋史·食货志》记载：北宋治平年间（公元1064—1067），全国共有金属矿的坑冶总数有171处，其中铁冶77处，分布在24州、二军，铜冶46处，分布在9州、一军，银冶84处，分布在23州、三军、一监，金冶11处，分布在6州。这一时期以江西、福建、广东最发达，超过唐代。

到了南宋王朝晚期社会凋零、版图缩小，长江以北已由金王朝管辖。如北宋生铁产量从500多万斤到南宋绍兴年间降为50万斤。如铜产量统计，南宋乾道32年前全国总收入胆铜产量占81%，胆铜法是中国古代一种湿法冶铜工艺。把铁放在胆水（硫化铜水溶液）中，铜离子即被铁所取代而使铜沉淀。早在汉唐时已发明，但是

应用于生产则始于宋代。用胆铜法生产铜的矿场有江西饶州兴利场、信州铅山场、韶州、岑水场、潭州永兴场等 11 处。宋代地方矿冶管理机构分为监、务、场、坑、冶等，"监"即主监官（监钱官）、"务"为数税或矿产品收购站，场、坑、冶是生产单位。这个时期有关矿业和地学知识大有进步，如沈括《梦溪笔谈》介绍地质矿物常识、古生物化石成因、海陆变迁，尤为重要发现的是对陕西延长石油产状和利用的记载。

唐宋赏石文化发达，如对端砚评述和石玩收藏并出版一批"石谱"分类，著名的杜绾《云林石谱》关于产地和分类分别进行了介绍（见表 1）。书中云：于阗石（和田玉）一品，色深碧有光泽，谓翡翠。

表 1 产地和分类

产　地	石　名	今　名	声　音	硬　度
宿　州	灵璧石	石灰岩	铿然有声	
青　州	青州石	页　岩	有　声	
青　州	红丝石	页　岩	无　声	稍　软
相　州	林虑石	石钟乳	有　声	
相　州	梨园石	含锰石灰岩		颇　坚
四川灌县	永康石	页　岩	声清越	利刀不能刻
潭　州	鱼龙石①	化石（页岩）		
明州奉化县	奉化石	页　岩	无　声	
江西上饶县	石　绿	孔雀石		不甚坚
杭　州	排牙石	化　石		坚
建　州	建州石	页　岩	有　声	坚
袭庆府	峄山石	石英岩		坚矿不容斧凿
衡　州	耒阳石	石钟乳	有　声	稍　坚
西　蜀	墨玉石	云　母		轻　软
稊　州	稊　石	叶蜡石		甚　软
阶　州	阶　石	叶蜡石	或有声	甚　软
莱　州	莱　石	叶蜡石		最　软
于　阗	于阗石	玉　石	无　声	正可屑金
石　州	石州石	滑　石		甚　软
杭　州	杭　石	水　晶	无　声	
贵州清溪县	清溪石	石灰岩	声韵清越	
平江府	太湖石	石灰岩	微有声	
衢　州	常山石	石灰岩	有　声	

①平如板，面上如铺纸一层，重重揭取，两边石面有鱼形，凡击取之，即有平面石。

杜绾的《云林石谱》讲述岩石、矿物 116 种，著名书画家米芾著《砚史》记述砚石 32 种；朱熹在《朱子全书·天地》中讲述地质变迁"下者变而为高，柔者变而为刚"观点。对于当时学者颇有影响。据《日本近代地学思想史》记述对日本地学进步也有帮助。1606 年传入日本后，幕府大力普及，学者山鹿素行（1622—1685）信奉朱子学。这个学派说，"金由君出，木自土生，先有石后有金……"。

沈括在书中还谈到，息石产于丹穴，色赤，重如金锡，体内含丹砂，形不规则似马蹄。后人有说为马蹄金。又说夜明珠：士人宋述有一珠，大如鸡卵，凝翠，其上色渐浅……谓之滴翠珠，今释为湖蓝色莹石球。英国学者李约瑟博士说 11 世纪开始（宋代）岩石玉石研究分类方面领先 200 年。

5　元、明至晚清：矿业繁荣，生产技术提高

元、明、清三朝疆域辽阔，海外贸易及交流扩大，地质矿物和矿山采冶炼知识皆有提高。如元代朝廷重视对新疆和田玉石矿的开发，元世祖忽必烈，为宴请群臣，在大都特制盛酒的渎山大玉海——"玉酒瓮"，重

3500 kg，口径 1.35～1.82 m，最大周长 4.95 m，膛深 0.55 m，高 0.70 m，是由一个整块青白（带黑）玉石制成，现存北京北海公园之团城上供游客观赏。由于氧化钴矿物颜料在瓷器绘画的应用，产生青花瓷器新品种，在元代之前瓷器是单色，因此，元青花瓷的出现具有划时代意义。含钴矿物（如土状钴矿 $CoMnO_5 \cdot 4H_2O$）含钴高低有差别，烧出的青花瓷有深浅之不同，一般说从波斯（伊朗）进口的"回青料"色佳，畅销。现存国内外的数量极少，业界估计仅数百件，价格年年飙升。如 2005 年 12 月英国伦敦佳士得拍卖公司拍出的一件中国元代"鬼谷子青花大罐"，为 1568.8 万英镑（按照当时汇率折合人民币 2.3 亿元）。陶宗仪在《辍耕录》中对绿松石不同产地的特征做了描述，如襄阳甸子，回回甸子（西域）等。

开采矿种增多。如石油，《中国古代矿业开发史》记载：延川县南近河有凿开石油一井，其油可燃，岁纳 110 斤；延川县西北 80 里平村有一井，岁纳 110 斤；延川县永平村有一井，岁纳 400 斤。《元史·食货志》载天历元年的额外课税中有"煤炭课"总计钞二千六百一十五锭二十六两四钱，内大同路一百二十九锭一两九钱。此外铁、铜、铅、锡、金、银等生产也在波动发展（见表2）。在至元四年（公元1267年）发布矿管条条画（条例）其目的是保护矿场生产和恢复洞冶税收。这是我国最早的成文矿法。

表 2　元代全国金属矿分布地区

今省	铁	铜	锡、铅	银	金	汞
河北	顺德（邢台）、擅州（密云）、景州（景县）			大都（北京市）、真定（正定）、保定、擅州奉先洞、蓟州丰山、云州（赤城）望云、聚阳山、惠州（平泉）	擅州、景州	
山西	河东（永济）、西京（大同）、交城					
吉林					开元（农安）	
辽宁		锦州、瑞州（兴城）鸡山、巴山			大宁（宁城）、龙山县（凌源南）胡碧峪、双城（铁岭）	北京（凌源吉思迷）
山东	济南	益都临朐县七宝山		般阳（淄川）、济南宁海（牟平）	益都、淄州（淄川）、莱州（掖县）登州（蓬莱）栖霞县	
安徽	颖州（阜阳）、徽州（歙县）、宁国（宣城）			霍邱县豹子崖	徽州、池州（贵池）	
浙江	庆元、台州（临海）、衢州、处州（丽水）		［铅］台州、处州	处州		
江西	饶州（波阳）、信州（上饶）、龙兴（南昌）、吉安、抚州（临川）、袁州（宜春）、瑞州（高安）、赣州、临江（清江）		［铅］铅山	抚州、瑞州蒙山	饶州、信州、龙兴、抚州乐安县	
福建	建宁（建瓯）、兴化（蒲田）、邵武、漳州（龙溪）、福州、泉州		［铅］建宁、延平（南平）邵武	建宁、延平、南剑（南平）		
河南				汴京（开封）、安丰（寿县）、汝宁（汝南）、罗山县	怀州（沁阳）孟州	
湖北	光化			兴国（阳新）	江陵、襄阳	
湖南	沅州（藏江）、潭州（长沙）、衡州、武岗、宝庆（邵阳）、永州（零陵）、全州、常宁、道州		［锡］潭州	郴州	岳州、澧州、沅州、靖州、辰州、潭州、武岗、宝庆	潭州安化县，沅州五寨、罗管寨
广东	桂阳（连县）		［铅］韶州、［锡］桂阳	韶州曲江县		

续表2

今省	铁	铜	锡、铅	银	金	汞
陕西	兴元（南郑）			商州		
新疆						
四川	罗罗（西昌东）、建昌（西昌）				成都、嘉定、罗罗、会川（会理）、建昌、德昌、柏兴（盐源）	
贵州						思州（德江）
云南	中庆（昆明）、大理、金齿（保山）、临安（通海）、曲靖、澄江	大理、澄江萨矣山		威楚（楚雄）、大理、金齿、临安、元江	威楚、丽江、大理、金齿、临安、曲靖、元江、乌撒（镇雄）、东川、乌蒙（昭通）	

明代社会经济繁荣，在史书和文学（如"三言两拍"）都有充分反映，在科技和地学知识方面也有领先成就，如《天工开物》（宋应星）和《徐霞客游记》。《本草纲目》（李时珍）代表了当时中国科技医药学的发达。如果不是明朝政府腐败及政治经济制度制约，当时中国可能全面出现资本主义萌芽。

河北遵化铁厂是明代重要铁产地之一。在永乐年间每年有民工1366名，军夫942名，匠270名。正德4年开大竖炉10座共产生铁486000斤。

广东佛山铁厂是仅次于遵化铁厂的南方最大铁厂。用炉者200余人，采矿者300余人。

煤矿开采遍布全国各地，分为官窑和民窑。山西、山东、河南、河北、陕西、甘肃、湖南最多（见表3）。宋应星的《天工开物》一书从农业、食品、纺织、印染、服装、造纸、陶瓷、车船、兵器、五金矿产和珠宝玉器等18个方面论述了基本科技知识，对于我们了解中国矿业与地质学术沿革颇有帮助，摘要如下。

表3　明代全国金属矿分布地区

今省	铁	铜	锡	铅	银	金	汞	锌（炉甘石）
河北	遵化、卢龙、迁安	渤海守御千户所（昌平东北）	［滦州（滦县）］		蓟镇、永平（卢龙）麻谷山、涞水、房山	迁安	滦州（滦县）	
山西	吉州（吉县）、太原、泽州（晋城）、潞州（长治）、交城、平阳（临汾）、汾西、绛县、怀仁、孝义、高平、阳城	五台、绛州、孟县、垣曲、闻喜、保德州、曲沃、翼城	［交城、平阳、阳城］		夏县	忻州		太原、泽州、阳城、高平、灵丘、平顺
辽宁	辽东都司三万卫（开原）、辽阳					黑山、双城		
山东	莱芜、登州（蓬莱）、栖霞、莱阳、文登、即墨	莱芜	［兖州（峄县）、胶州］	济南、青州、莱州	沂州（临沂）宝山	沂州宝山、栖霞、莱阳、胶州、招远		
江苏	徐州（彭城）					宝应		
安徽	铜陵	繁昌、南陵、铜陵	［铜陵］	铜陵	宁国、池州（贵池）			
浙江	龙泉、绍兴、台州府（临海、黄岩、仙居、宁海）、永嘉	武康、安吉、长兴、金华、龙泉、平阳、绍兴	［安吉］	龙泉	温州、处州丽水岩泉山、平阳、青田、景宁（鹤溪镇）、泰顺等七县		余姚（龙泉山）	
江西	进贤、新喻、分宜、丰城、上饶			上饶、乐平	安福	乐平、新建		

续表3

今省	铁	铜	锡	铅	银	金	汞	锌(炉甘石)
福建	建宁（建瓯）、延平（南平）、沙县、龙溪、泉州（晋江）、福州（闽清、福清）、光泽、邵武、宁德、上杭、长汀、宁化	长汀、邵武	［长汀］		龙溪银屏山、浦城马鞍山、政和、松溪、南平、宁化、将乐、沙县	长汀、福安、宁德、浦城马鞍山		
河南	钧州（禹县）、新安、涉县济源、巩县、宜阳、登封、嵩县、南阳、内乡、汝州（临汝）	涉县、镇平	［武安、淇县、与县、嵩县露宝山、永安、灵宝、嵩县、临汝、伊阳筛子朵山］		宜阳赵宝山、永宁（洛宁）秋树坡、卢氏高嘴儿、嵩县马槽山	蔡州（汝南）、巩县		
湖北	兴国（阳新）、武昌（鄂城）、大冶、黄梅、蕲水、广济	武昌（鄂城）	［通城、郧县］		德安（安陆）	南漳、宜城、建始		
湖南	茶陵、巴陵、石门、浏阳、攸县、安化、宁乡、醴陵、衡阳、耒阳、常宁、卢溪、辰溪、溆浦、郴州、永兴、宜章、桂阳、零陵、祁阳、江华、永明、汀远	衡州（衡阳）、辰溪、郴州、宜章	衡州、永州（零陵）、江华、宜章、耒阳、常宁	桂阳州、醴陵	桂阳州、郴州、辰州、宜章	武陵（常德）等十二县、辰州宝庆（邵阳）、沅陵、溆浦、全州	安化、沅陵、卢溪、麻阳、永顺、保靖	
广东	阳山、归善（惠阳）、清溪、番禺、清远、连山、程乡、梅县、高要、阳江	阳山、曲江、英德	新会、海阳、程乡、德庆州、泷水（罗定）	番禺、翁源、乐昌、仁化、阳春	连州（连县）、番禺、清远、东莞、阳山、连山、曲江、翁源、乐昌、英德、四会、高要、化州、石城、电白、信宜、钦州	廉州府（灵山县林冶山）	连州、高要	
广西	融县宝积山	贺县	临贺（贺县）、南丹、河池、富州	上林、藤县、贵县	庆远府（宜山）南丹、浔州府（桂平、平南、贵县）	宣化（邕宁）	北流县铜石山、容县、博白	融县积宝山
陕西	蓝田、咸宁、周至长安、勉县、城固	宁强、略阳、蓝田、咸宁、周至、长安			商县凤凰山、蓝田、咸田、咸宁、周至、长安	蓝田、咸宁、周至、长安、西乡、兴安州	宁强、略阳、洵阳	
甘肃	巩昌（陇西）、宁远（武山）				秦州（天山）、山丹大黄山			
四川	龙州（平武）、浦江、井研、合州、盐亭、射洪	梁山（梁平）、会川（会理）	［龙安附（平武）］	嘉州（乐山）、利州（广元）、剑（剑阁）、雅州	会理密勒山、建昌（西昌）、叙州府（宜宾）	合县、忠县大足、万县、潼川（三台）广元、涪陵、巴州（巴中）、龙安府（平武）、保宁府（阆中）剑州（剑阁）	梁山、彭水、龙安府（平武）	

续表3

今省	铁	铜	锡	铅	银	金	汞	锌(炉甘石)
贵州	贵阳府(贵筑)、思州府(岑巩)、思南府(思南)、石阡府(石阡)、铜仁、省溪、溪平、普安州(盘县)			思州府(岑巩)	铜仁	铜仁太平溪、省溪、提溪(江口)	万山、思南、石阡、普安、施溪(岑巩)铜仁、省溪	
云南	昆明县、河西、峨眉山、保山、新兴州(玉溪)、蒙化、陆良、会泽、沾益、乌撒	东川、路南、罗次、乌撒(镇雄)、永宁、保山、会泽	大理、楚雄、罗次	新兴(玉溪)	大理、楚雄、永昌(保山)、东川、曲靖、姚安、镇沅、南安州(双柏)	南安长宫司(文山)、金沙江、永宁、澜沧江、姚安		宁州(华宁)水角甸山

节译《天工开物》之一：五金篇

【原文】

宋子曰：人有十等，自王公至于舆、台，缺一焉而人纪不立矣。大地生五金以利用天下与后世，其义亦犹是也。贵者千里一生，促①亦五六百里而生；贱者舟车稍艰之国，其土必广生焉。黄金美者，其值去黑铁一万六千倍，然使釜、鬵②、斤、斧不呈效于日用之间，即得黄金，值高而无民耳。贸迁有无，货居《周官》泉府，万物司命系焉。其分别美恶而指点重轻，孰开其先而使相须于不朽焉？

【注释】

①促：近。②鬵：古代的炊具，相当于现在的锅。

【译文】

宋子说：人有十等，从高贵的王公，到低贱的舆、台，其中缺少一个等级，人类的纲纪就难以建立了。大地产生出有贵有贱的五金，供人类及其子孙后代使用，其意义和人分成十等是一样的。五金中最贵重的，大概千里之内才有一处出产，近的也要五六百里之内才有。五金中最贱的，在交通稍微不便的地方，往往会有大量的蕴藏。最好的黄金，价值比黑铁高一万六千倍。然而如果没有铁制的锅、刀、斧等器皿在日常生活中广泛应用，即使有了黄金，也不过好像只有高官而没有老百姓一样。金属的另一作用是铸成货币，在贸易往来中作为流通手段。由《周礼》记载的"泉府"一类官员掌握，牢牢地控制一切货物的命脉。至于是谁首先区分金属的好坏、指出它们价值高低，从而使得它们相辅相成而长远地起作用呢？

黄　金

凡黄金为五金之长，熔化成形之后，住世永无变更。白银入烘炉虽无折耗，但火候足时，鼓鞲而金花闪烁，一现即没，再鼓则沉而不现。惟黄金则竭力鼓鞲，一扇一花，愈烈愈现，其质所以贵也。凡中国产金之区，大约百余处，难以枚举。山石中所出，大者名马蹄金，中者名橄榄金、带胯金，小者名瓜子金。水沙中所出，大者名狗头金，小者名麸麦金、糠金。平地掘井得者，名面沙金，大者名豆粒金。皆待先淘洗后，冶炼而成颗块。

金多出西南，取者穴山至十余丈见伴金石，即可见金。其石褐色，一头如火烧黑状。水金多者出云南金沙江（古名丽水），此水源出吐蕃，绕流丽江府，至北胜州，回环五百余里，出金者有数截。又川北潼川等州邑，与湖广沅陵、溆浦等，皆于江沙水中淘沃取金。千百中间有获狗头金一块者，名曰金母，其余皆麸麦形。

入冶煎炼，初出色浅黄，再炼而后转赤也。儋、崖有金田，金杂沙土之中，不必深求而得，取太频则不复产，经年淘炼，若有则限。然岭南夷獠洞穴中，金初出如黑铁落，深挖数丈得之黑焦石下。初得时咬之柔软，夫匠有吞窃腹中者亦不伤人。河南蔡、巩等州邑，江西乐平、新建等邑，皆平地掘深井取细沙淘炼成，但酬答人功所获亦无几耳。大抵赤县之内隔千里而一生。《岭表录》云："居民有从鹅鸭屎中淘出片屑者，或日得一两，或空无所获。"此恐妄记①也。

凡金质至重，每铜方寸重一两者，银照依其则，寸增重三钱。银方寸重一两者，金照依其则，寸增重二钱。凡金性又柔，可屈折如枝柳。其高下色，分七青、八黄、九紫、十赤。登试金石上（此石广信郡河中甚多，大者如斗，小者如拳，入鹅汤中一煮，光黑如漆）立见分明。凡足色金参和伪售者，惟银可入，余物无望焉。欲去银存金，则将其金打成薄片剪碎，每块以土泥裹涂，入坩埚中硼砂熔化，其银即吸入土内，让金流出以成足色。然后入铅少许，另入坩埚内，勾出土内银，亦毫厘具在也。

凡色至于金，为人间华美贵重，故人工成箔而后施之。凡金箔每金七厘，造方寸金一千片，黏铺物面，可盖纵横三尺。凡造金箔，既成薄片后，包入乌金纸内，竭力挥椎打成（打金椎，短柄，约重八斤）。凡乌金纸由苏、杭造成，其纸用东海巨竹膜为质。用豆油点灯，闭塞周围，只留针孔通气，熏染烟光而成此纸。每纸一张打金箔五十度，然后弃去，为药铺包朱用，尚未破损，盖人巧造成异物也。

凡纸内打成箔后，先用硝熟猫皮，绷急为小方板，又铺线香灰撒墁皮上，取出乌金纸内箔覆于其上，钝刀界画成方寸。口中屏息，手执轻杖，唾湿而挑起，夹于小纸之中。以之华物，先以熟漆布地，然后黏贴（贴字者多用楮树浆）。秦中造皮金者，硝扩羊皮使最薄，贴金其上，以便剪裁服饰用，皆煌煌至色存焉。凡金箔黏物，他日敝弃之时，刮削火化，其金仍藏灰内。滴清油数点，伴落聚底，淘洗入炉，毫厘无羌[2]。

凡假借金色者，杭扇以银箔为质，红花子油刷盖，向火熏成。广南货物以蝉蜕壳调水描画，向火一微炙而就，非真金色也。其金成器物，呈分浅淡者，以黄矾涂染，炭火炸炙，即成赤宝色。然风尘逐渐淡去，见火又即还原耳（黄矾详《燔石》卷）。

【注释】

①妄记：言论不可信。②无羌：没有损失。

【译文】

黄金是五金中最贵重的，一旦熔化成形，永远不会发生变化。白银入烘炉熔化虽然不会有损耗，但当温度够高时，用风箱鼓风引起金花闪烁，出现一次就没有了，再鼓风也不再出现金花。只有黄金，用力鼓风时，鼓一次金花就闪烁一次，火越猛金花出现越多，这是黄金之所以珍贵的原因。中国的产金地区约有一百多处，难以列举。山石中所出产的，大的叫马蹄金，中的叫橄榄金或带胯金，小的叫瓜子金。在水沙中所出产的，大的叫狗头金，小的叫麦麸金、糠金。在平地挖井得到的叫面沙金，大的叫豆粒金。这些都要先经淘洗然后进行冶炼，才成为整颗整块的金子。

黄金多数出产在我国西南部，采金的人开凿矿井十多丈深，一看到伴金石，就可以找到金了。这种石呈褐色，一头好像给火烧黑了似的。蕴藏在河里的沙金，大多产于云南的金沙江（古名丽水），这条江发源于青藏高原，绕过丽江府，流至北胜州，迂回达五百多里，产金的有好几段。此外还有四川省北部的潼川等州和湖南省的沅陵、溆浦等地，都可在江沙中淘得沙金。在千百次淘取中，偶尔才会获得一块狗头金，叫做金母，其余的都不过是麦麸形状的金屑。

金在冶炼时，最初呈现浅黄色，再冶炼就转化成为赤色。海南岛的儋、崖两县地区都有砂金矿，金夹杂在沙土中，不必深挖就可以获得。但淘取太频繁，便不会再出产，一年到头都这样挖取、熔炼，即使有也是很有限的了。在广东、广西少数民族地区的洞穴中，刚挖出来的金好像黑色的氧化铁屑，这种金要挖几丈深，在黑焦石下面才能找到。初得时拿来咬一下，是柔软的，采金的人有的偷偷把它吞进肚子里去也不会对人有伤害。河南省的汝南县和巩县一带，江西的乐平、新建等地，都是在平地开挖很深的矿井，取得细矿砂淘炼而得到金的，可是由于消耗劳动力太大，扣除人工费用外，所得也就很少了。大概在我国要隔千里才会找到一处金矿。《岭表录》中说："有人从鹅、鸭屎中淘取金屑，多的每日可得一两，少的则毫无所获。"这个记载恐怕是虚妄不可信的。

金是最重的东西。假定铜每立方寸重一两，则银每立方寸要增加三钱重量；再假定银每立方寸重一两，则金每立方寸增加重量二钱。黄金的另一种性质就是柔软，能像柳枝那样屈折。至于它的成分高低，大抵青色的含金七成，黄色的含金八成，紫色的含金九成，赤色的则是纯金了。把这些金在试金石上划出条痕（这种石头在江西省信江流域河里很多，大的有斗那样大，小的就像个拳头，把它放进鹅汤里煮一下，就显得像漆那样又光又黑了），用比色法就能够分辨出它的成色。纯金如果要掺和别的金属来作伪出售，只有银可以掺入，其他金属都不行。如果要想除银存金，就要将这些杂金打成薄片，剪碎，每块用泥土涂上或包住，然后放入坩埚里加入硼砂熔化，这样银便被泥土所吸收，让金水流出来，成为纯金。然后另外放一点铅入坩埚里，又可以把泥土中的银吸附出来，而丝毫不会有损耗。

黄金以其华美的颜色为人所贵重，因此人们将黄金加工打造成金箔用于装饰。每七厘黄金捶成一平方寸的金箔一千片，把它们黏铺在器物表面，可以盖满三尺见方的面积。金箔的制法是：把金捶成薄片，再包在乌金纸里，用力挥动铁锤打成（打金箔的锤大约有八斤重，柄很短）。乌金纸由苏州或杭州制造，用东海大竹膜做原料。纸做成后点起豆油灯，封闭着周围，只留下一个针眼大的小孔通气，经过灯烟的熏染制成乌金纸。每张乌金纸供捶打金箔五十次后就不要了，还未破损的话，可以给药铺作包朱砂之用，这是凭精妙工艺制造出来的奇妙东西。

夹在乌金纸里的金片被打成箔后，先把硝制过的猫皮绷紧成小方板，再将香灰撒满皮面，拿出乌金纸里的金箔放上去，用钝刀画成一平方寸的方块。然后屏住呼吸，拿一根轻木条用唾液黏湿一下，黏起金箔，夹在小纸片里。用金箔装饰物件时，先用熟漆在物件表面上涂刷一遍，然后将金箔黏贴上去（贴字时多用楮树浆）。陕西省中部制造的皮金，是用硝制过的羊皮拉至极薄，然后把金箔贴在皮上，供剪裁服饰使用。这些器物皮件因此都显出辉煌夺目的美丽颜色。凡用金箔黏贴的物件，如果日后破旧不用，可以刮下来用火烧，金质就留在灰里。加进几滴菜子油，金质又会积聚沉底，淘洗后再熔炼，可以全部回收而毫无损耗。

杭州的扇子是用银箔做底，涂上一层红花子油，再在火上熏一下做成金色的。广东、广西的货物是用蝉蜕壳磨碎后浸水来描画，再用火稍微烤一下做成金色的。这些都不是真金的颜色。即使由金做成的器物，因成色较低而颜色浅淡的，也可用黄矾涂染，在猛火中烘一烘，立刻就会变成赤宝色。但是日子久了又会逐渐褪色，如果把它拿到火中焙一下，则又可以恢复赤宝色（黄矾详见《燔石》卷）。

银

凡银中国所出，浙江、福建旧有坑场，国初或采或闭。江西饶、信、瑞三郡有坑从未开。湖广则出辰州，贵州则出铜仁，河南则宜阳赵保山、永宁秋树坡、卢氏高嘴儿、嵩县马槽山，与四川会川密勒山、甘肃大黄山等，皆称美矿。其他难以枚举。然生气有限，每逢开采，数不足则括派[①]以赔偿，法不严则窃争而酿乱，故禁戒不得不苛。燕、齐诸道，则地气寒而石骨薄，不产金、银。然合八省所生，不敌云南之半，故开矿、煎银，惟滇中可永行也。

凡云南银矿，楚雄、永昌、大理为最盛，曲靖、姚安次之，镇沅又次之。凡石山硐中有铆砂，其上现磊然小石，微带褐色者，分丫成径路。采者穴土十丈或二十丈，工程不可日月计。寻见土内银苗，然后得礁^{mǎo}砂所在。凡礁砂藏深土，如枝分派别，各人随苗分径横挖而寻之。上楮^{zhī}横板架顶，以防崩压。采工篝灯逐径施镬，得矿方止。凡土内银苗，或有黄色碎石，或土隙石缝有乱丝形状，此即去矿不远矣。

凡成银者曰礁，至碎者如砂，其面分丫若枝形者曰铆，其外包环石块曰矿。矿石大者如斗，小者如拳，为弃置无用物。其礁砂形如煤炭，底衬石而不甚黑，其高下有数等（商民凿穴得砂，先呈官府验辨，然后定税）。出土以斗量，付与冶工，高者六七两一斗，中者三四两，最下一二两（其礁砂放光甚者，精华泄露，得银偏少）。

凡礁砂入炉，先行拣净淘洗。其炉土筑巨墩，高五尺许，底铺瓷屑、炭灰，每炉受礁砂二石，用栗木炭二百斤，周遭丛架。靠炉砌砖墙一朵，高阔皆丈余。风箱安置墙背，合两三人力，带拽透管通风。用墙以抵炎热，鼓鞴之人方克安身。炭尽之时，以长铁叉添入。风火力到，礁砂熔化成团。此时银隐铅中，尚未出脱，计礁砂二石熔出团约重百斤。

冷定取出，另入分金炉（一名虾蟆炉）内，用松木炭匼围，透一门以辨火色。其炉或施风箱，或使交箑[③]。火热功到，铅沉下为底子（其底已成陀僧样，别入炉炼，又成扁担铅）。频以柳枝从门隙入内燃照，铅气净尽，则世宝凝然成象矣。此初出银，亦名生银。倾定无丝纹，即再经一火，当中止现一点圆星，滇人名曰茶经。逮后入铜少许，重以铅力熔化，然后入槽成丝（丝必倾槽而现，以四围框住，宝气不横溢走散）。其楚雄所出又异，彼礁砂铅气甚少，向诸郡购铅佐炼。每礁百斤，先坐铅二百斤于炉内，然后煽炼成团。其再入虾蟆炉沉铅结银，则同法也。此世宝所生，更无别出。方书、本草，无端妄想、妄注，可厌之甚。

大抵坤元[④]精气，出金之所三百里无银，出银之所三百里无金，造物之情亦大可见。其贱役扫刷泥尘，入水漂淘而煎者，名曰淘厘锱。一日功劳轻者所获三分，重者倍之。其银俱日用剪、斧口中委余，或鞋底黏带布于衢市，或院宇扫屑弃于河沿，其中必有焉，非浅浮土面能生此物也。

凡银为世用，惟红铜与铅两物可杂入成伪。然当其合琐碎而成钣锭，去疵伪而造精纯，高炉火中，坩埚足炼。撒硝少许，而铜、铅尽滞埚底，名曰银锈。其灰池中敲落者，名曰炉底。将锈与底同入分金炉内，填火土甑之中，其铅先化，就低溢流，而铜与黏带余银，用铁条逼就分拨，井然不紊。人工、天工亦见一斑云。炉式并具于后。

【注释】

　　①括派：搜刮，摊派。②楮：搭设，搭建。③箑：扇子。④坤元：大地。

【译文】

　　中国产银情况大致如下：浙江、福建两省原有的银矿坑场，到了明初，有的已经关闭，有的仍在开采。江西的饶州、信州、瑞州三个州县，有些银矿从来就没有开采过。湖南省的银产于辰州，贵州的产于铜仁，河南省的宜阳县赵保山、永宁县秋树坡、卢氏县高嘴儿、嵩县马槽山和四川省的会川密勒山，甘肃省的大黄山等处，都是产银的优良矿场。其他的难以列举。然而这些地方一般产量都不高，所以每次开采，如果所获得的数量不够原定最低限额，那么参加开采的人就得摊派赔偿；如果法制不严，则容易出现偷窃争夺而造成祸乱，所以禁戒律令又不得不苛刻。河北、山东等省，由于天冷地寒，石层很薄，因而不产金、银。以上八个省合起来所出产的还不及云南的一半，所以开矿炼银，只有云南一省可以永远行得通。

　　云南的银矿，以楚雄、永昌、大理三地为最丰富，曲靖、姚安的其次，镇沅的又其次。凡是石山洞里蕴藏有银矿的，在它上面就会出现一堆堆微带褐色的石头，分成若干支脉。采矿的人要挖土十丈或二十丈深才能找到，因此这种工程不是几天或几个月所能完成的。在找到了土里的银苗之后，才能知道含银矿物所在，而含银矿物在土里又藏得很深，纵横分布有如树木的枝丫那样，采矿者要跟着这些银苗分成几路横挖寻找。在采掘过程中，洞上面要横架木板支撑洞顶，防止塌方。采工点起小灯笼随着银苗支脉去挖掘，一直到取得矿砂为止。在土里的银苗，有的掺杂着一些黄色碎石，有的在泥土缝隙中发现有乱丝的形状，就表明离所要寻找的银矿已经不远了。

　　银矿石中含银成分较高的成块矿石叫礁，细碎的叫砂，表面分丫成树枝状的矿脉叫铆，矿石里面包裹着的石块叫夹石。夹石大的像斗，小的像拳头，都是应该抛弃的废物。礁砂的形状像煤炭，底下垫着石头，所以显得不那么黑。这种礁砂也分几个等级（矿场主或商人挖到矿砂，先要交给官府检验分级，然后规定税额）。刚出土的矿砂用斗量后分给冶工去熔炼。矿砂质量最高的每斗可炼出六七两纯银，中等的可得三四两，最差的有一二两（礁砂中那些特别光亮的，是由于里面的精华已泄漏太多，含银反而较少）。

　　礁砂入炉前，先要进行手选、淘洗。炼银的炉子是用土筑成的，土墩高约五尺左右，炉底铺着瓷片、炭灰，每炉可以容纳含银矿物两石。用栗木炭二百斤，在矿物周围叠架起来。靠近炉旁还要砌一道墙，高和宽各一丈多。风箱安装在墙背，由两三人拉动鼓风。靠这道墙来隔热，拉风箱的人才能坚持下去。炉里的炭烧完后，就用长铁叉把炭陆续加进去。如果火力够，里面的矿物就能熔化成团。这时的银还混在铅里，未曾分离出来，一般两石含银矿石熔成团约有一百斤。

　　将其冷却以后，取出放入另一个叫分金炉或叫蛤蟆炉的炉里，这炉外面用松木炭围绕，透过一个小门去辨别火色。可用风箱鼓风，也可用扇子来扇。达到一定的温度矿团熔融时，铅就沉到炉底（炉底的铅已成为氧化铅，另入炉熔炼，可得扁担铅）。要不断用柳树枝从门缝中插进去燃烧，如果铅都经氧化变成氧化铅蒸气而跑光了，就提炼出纯银了。刚炼出来的银叫做生银。倒出来凝固以后如果表面没有丝纹，就还要再重新熔炼，直到其中只出现一点圆星，就是云南人称做"茶经"的，接着加入一点铜，再重新用铅来协助熔化，然后倒进槽中就会呈现丝纹了（倒进槽里时才出现丝纹，是因为被四周包围住，银气不会到处走散）。楚雄的银矿又不同，那里的矿砂含铅很少，还要向其他各地采购铅来协助炼银。这样，每进含银矿砂百斤，就得先在炉子里垫二百斤铅，然后才煽风冶炼成团。至于再转到蛤蟆炉里使铅沉下，分离出银来，则都和上述的方法相同。银的开采和熔炼就是这样，没有其他方法。讲炼丹的方书和谈医药的《本草纲目》中，常常有一些没有根据的乱想乱注，讨厌得很！

　　一般说来，金和银都是大地里面隐藏着的宝气的精华，所以产金的地方，三百里内没有银矿；反过来，产银的地方，三百里内也没有金矿。大自然的安排情况，从这里也能看出个大概。有的清洁工人把扫刷到的泥尘放进水里去淘洗，然后熬炼，这类活叫做淘厘锱。操劳一天，少的只得三分银，多的也不过六分左右。这些银屑都是平常使用剪、斧时从刀口掉下来的碎屑，或是由鞋底黏带到街市地面，或从院子房舍洒扫出来被抛弃在河边。其中必然会夹杂着一点银屑，这并不是浅的浮土上能够产生的。

　　社会上使用的银，只有红铜和铅两种金属可以掺混进去作假。但是把碎银铸成银锭的时候，就可以除去杂质加以提纯。方法是将杂银放在坩埚中，送入高炉用猛火熔炼。撒上一点硝石，其中的铜和铅便全部结在坩埚底，这叫做银锈。那些敲落在灰池里的叫做炉底。将两者一起放进分金炉里，用土瓮装满木炭起火熔炼，铅就会先熔化，朝着低处流出；剩下的铜和银可用铁条分拨，两者就截然分开了。在这里人工和天工的关系便可见一斑。

附：朱砂银

凡虚伪方士以炉火惑人者，惟朱砂银愚人[①]易惑。其法以投铅、朱砂与白银等，分入罐封固，温养三七日后，砂盗银气[②]，煎成至宝。拣出其银，形有神丧，块然枯物。入铅煎时，逐火轻折，再经数火，毫忽无存。折去[③]砂价、炭资、愚者贪惑犹不解，并志[④]于此。

【注释】

①愚人：作弄人。②盗银气：吸取银气。③折去：损失，失去。④志：写，记录。

【译文】

有些虚伪的炼丹术士利用炉火来迷惑人，唯有所谓朱砂银这个东西才最容易使人受骗。制造朱砂银的方法是把等量的铅、朱砂和白银，装进坩埚封闭起来，文火加热三至七天后，朱砂把银吸收过来，便可炼成很像银的一种东西。从混合物中拣出这样的银，虽然表面上像银但实际上已无银的本质了，只是一块干瘪的东西。把它再加铅熔炼，损耗一部分，经过几次熔炼后，银色就完全消失了。这样反而白白蚀去了购买朱砂和炭的本钱，愚人贪心受了骗还不明白这个道理，现在特附带记录在此处。

铜

凡铜供世用，出山与出炉止有赤铜。以炉甘石或倭铅掺和，转色为黄铜，以砒霜等药制炼为白铜；矾、硝等药制炼为青铜；广锡掺和为响铜；倭铅和写为铸铜。初质则一味红铜而已。

凡铜坑所在有之。《山海经》言，出铜之山四百三十七，或有所考据也。今中国供用者，西自四川、贵州为最盛。东南间自海舶来[①]，湖广武昌、江西广信皆饶铜穴。其衡、瑞等郡，出最下品，曰蒙山铜者，或入冶铸混入，不堪升炼成坚质也。

凡出铜山夹土带石，穴凿数丈得之，仍有矿包其外，矿状如礓石，而有铜星，亦名铜璞 *pú*，煎炼仍有铜流出，不似银矿之为弃物。凡铜砂在矿内，形状不一，或大或小，或光或暗，或如输石[②]，或如礓铁。淘洗去土滓，然后入炉煎炼，其熏蒸旁溢者，为自然铜，亦曰石髓铅。

凡铜质有数种。有全体皆铜，不夹铅、银者，洪炉单炼而成。有与铅同体者，其煎炼炉法，旁通高、低二孔，铅质先化从上孔流出，铜质后化从下孔流出。东夷铜又有托体银矿内者，入炉煎炼时，银结于面，铜沉于下。商舶漂入中国，名曰日本铜，其形为方长板条。漳郡人得之，有以炉再炼，取出零银，然后泻成薄饼，如川铜一样货卖者。

凡红铜升黄色为锤锻用者，用自风煤炭(此煤碎如粉，泥糊作饼，不用鼓风，通红则自昼达夜。江西则产袁郡及新喻邑)百斤，灼于炉内，以泥瓦罐载铜十斤，继入炉甘石六斤坐于炉内，自然熔化。后人因炉甘石烟洪飞损，改用倭铅。每红铜六斤，入倭铅四斤，先后入罐熔化，冷定取出，即成黄铜，惟人打造。

凡用铜造响器，用出山广锡无铅气者入内。钲(今名锣)，镯(今名铜鼓)之类，皆红铜八斤，入广锡二斤。铙、钹、铜与锡更加精炼。凡铸器，低者红铜、倭铅均平分两，甚至铅六铜四。高者名三火黄铜、四火熟铜，则铜七而铅三也。

凡造低伪银者，惟本色红铜可入。一受倭铅、砒、矾等气，则永不和合。然铜入银内，使白质顿成红色，洪炉再鼓，则清浊浮沉立分，至于净尽云。

【注释】

①舶来：用船运来。②输石：天然黄铜。

【译文】

世间用的铜，开采后经过熔炼得来的只有红铜一种。但是如果加入炉甘石或锌共同熔炼，就会转变成黄铜；如果加入砒霜等药物，可以炼成白铜，加入明矾和硝石等药物可炼成青铜；加入锡的得响铜；加入锌的得铸铜。然而最基本的质地不过是红铜一种而已。

铜矿到处都有，《山海经》一书中提到全国产铜的地方共有四百三十七处，这或许是有根据的。今天中国供人使用的铜，要算西部的四川、贵州两省出产为最多；东南多是从国外由海上运来的；湖北省的武昌以及江西省的广信，都有丰富铜矿。从湖南衡州、瑞州等地出产的蒙山铜，品质低劣，仅可以在铸造时掺入，不能熔炼成坚实的铜块。

产铜的山总是夹土带石的，要挖几丈深才能得到，取得的矿石仍然有围岩包在外层。围岩的形状好像礓石那样，表面呈现一些铜的斑点，这又叫做铜璞。把它拿到炉里去冶炼，仍然会有一些铜流出来，不像银矿石那样完全是废物。铜砂在矿里的形状不一样，有的大，有的小，有的光，有的暗，有的像黄铜矿石，有的则像礓铁。把铜砂夹杂着的土滓洗去，然后入炉熔炼，经过熔化后从炉里流出来的，就是自然铜，也叫石髓铅。

铜矿石有几个品种，其中有全部是铜而不夹杂铅和银的，只要入炉一熔炼就成，有的却和铅混杂在一起，这种铜矿的冶炼方法是：在炉旁留高低两个孔，先熔化的铅从上孔流出，后熔化的铜则从下孔流出。日本等处的铜矿，也有与银矿在一块的，当放进炉里去熔炼时，银会浮在上层，而铜沉在下面。由商船运进中国的铜，叫做日本铜，它是铸成长方形的板条状的。福建漳州人得到后，有把这种铜入炉再炼，取出其中零星的银，然后铸成薄饼模样，像四川的铜那样出售。

由红铜炼成可以锤锻的黄铜，要用一百斤自风煤（这种煤细碎如粉，和泥做成来烧，不需要鼓风，从早到晚炉火通红。产于江西省宜春、新余等县）放入炉里烧；在一个泥瓦罐里装铜十斤、炉甘石六斤，放入炉内，让它自然熔化。后来人们因为炉甘石挥发得太厉害，损耗很大，就改用锌。每次红铜六斤，配锌四斤，先后放入罐里熔化，冷却后取出即是黄铜，供人们打造各种器物。

制造乐器用的响铜，要把不含铅的两广产的锡放进罐里与铜同熔。制造锣、鼓一类乐器，一般用红铜八斤，掺入广锡二斤；锤制铙、钹所用铜、锡还须进一步精炼。一般质量差的铜器，含红铜和锌各一半，甚至锌占六成而铜占四成；好的铜器则要用经过三次或四次熔炼的所谓三火黄铜或四火熟铜来制成，其中含铜七成、锌三成。

那些制造假银的，只有纯铜可以混入。如果掺杂有锌、砒、矾等物质，永远都不能互相结合。然而铜混进银里，使白色立刻变成红色，再入炉鼓风熔炼，等它全部熔化后，此时哪个清、哪个浊、哪个浮、哪个沉，就能辨识得清清楚楚，银和铜便分离得干干净净了。

附：倭铅

凡倭铅，古书本无之，乃近世所立名色。其质用炉甘石熬炼而成，繁产山西太行山一带，而荆、衡为次之。每炉甘石十斤，装载入一泥罐内，封裹泥固以渐砑^①干，勿使见火拆裂。然后逐层用煤炭饼垫盛，其底铺薪，发火煅红，罐中炉甘石熔化成团，冷定毁罐取出。每十耗去其二，即倭铅也。此物无铜收伏^②，入火即成烟飞去。以其似铅而性猛，故名之曰倭云。

【注释】

①砑：碾压。②收伏：压制，治服。

【译文】

"倭铅"（锌）在古书里本来没有记载，只是近代才起的名字。它是由炉甘石熬炼而成，大量出产于山西省太行山一带，其次是湖北省荆州和湖南省衡州。每次将炉甘石十斤装进一个泥罐里，罐外涂泥封固，再将表面碾光滑，让它渐渐风干。千万不要用火烤，以防干裂。然后一层层地用煤饼把装炉甘石的罐垫起来，在下面铺柴引火烧红，此时罐里的炉甘石就熔成一团了。冷却后，打烂罐子取出来的就是倭铅（锌），每十斤炉甘石损耗两斤。这种倭铅如果不和铜结合，一见火就会挥发成烟。由于它很像铅又比铅的性质更猛烈，所以叫做"倭铅"。

铁

凡铁场所在有之，其质浅浅浮土面，不生深穴，繁生平阳、岗埠，不生峻岭高山。质有土锭、碎砂数种。凡土锭铁，土面浮出黑块，形似秤锤。遥望宛然如铁，拈之则碎土。若起冶煎炼，浮者拾之，又乘雨湿之后牛耕起土，拾其数寸土内者。耕垦之后，其块逐日生长，愈用不穷。西北甘肃，东南泉郡，皆锭铁之薮出。燕京、遵化与山西平阳，则皆砂铁之薮也。凡砂铁一抛土膜即现其形，取来淘洗，入炉煎炼，熔化之后与锭铁无二也。

凡铁分生、熟，出炉未炒则生，既炒则熟。生、熟相和，炼成则钢。凡铁炉用盐做造，和泥砌成。其炉多傍山穴为之，或用巨木框围，塑造盐泥，穷月之力，不容造次^①。盐泥有罅，尽弃全功。凡铁一炉，载土二千余斤，或用硬木柴，或用煤炭，或用木炭，南北各从利便。扇炉风箱必用四人、六人带拽。土化成铁之后，从炉腰孔流出。炉孔先用泥塞。每旦昼六时，一时出铁一陀。既出即叉泥塞，鼓风再熔。

凡造生铁为冶铸用者，就此流成长条、圆块，范内取用。若造熟铁，则生铁流出时相连数尺内，低下数寸筑一方塘，短墙抵之。其铁流入塘内，数人执持柳木棍排立墙上，先以污潮泥晒干，春筛细罗如面，一人疾手撒掞^②，众人柳棍疾搅，即时炒成熟铁。其柳棍每炒一次，烧折二三寸，再用则又更之。炒过稍冷之时，或有就塘内斩划成方块者，或有提出挥椎打圆后货者。若浏阳诸冶，不知出此也。

凡钢铁炼法，用熟铁打成薄片如指头阔，长寸半许，以铁片束尖紧，生铁安置其上（广南生铁名堕子生钢者妙甚），又用破草履盖其上（黏带泥土者，故不速化），泥涂其底下。洪炉鼓鞲，火力到时，生钢先化，渗淋熟铁之中，两情投合，取出加锤。再炼再锤，不一而足。俗名团钢，亦曰灌钢者是也。

其倭夷刀剑有百炼精纯，置日光檐下则满室辉曜者，不用生熟相和炼，又名此钢为下乘云。夷人又有以地溲淬刀剑者（地溲乃石脑油之类，不产中国），云钢可切玉，亦未之见也。凡铁内有硬处不可打者，名铁核，以香油涂之即散。凡产铁之阴，其阳出慈石^③，第有数处，不尽然也。

【注释】

①造次：马虎，粗糙。②撒掞：摊开。③慈石：磁石。

【译文】

铁矿到处都有，而且都埋藏在地面而不深藏在洞穴里。出产得最多的是在平原和丘陵地带，而不在高山峻岭。矿石可分土块状和碎砂状等好几种。土块状的铁矿石呈黑色，露出泥土上面，形状像秤锤，从远处望去就真的像铁，但用手一捏，立刻散成碎土。如果要进行冶炼，可以把浮在土面上的铁矿石捡拾起来，还可以趁着下雨地湿，用牛犁起浅土，拾起那些浮在表面数寸泥土里的铁矿石。耕垦以后铁矿石还会逐渐生长，用个不完。我国西北甘肃省和东南福建省的泉州一带都是这种土块铁的主要产地，而北京、遵化和山西省的临汾县都是产砂铁的主要地区。砂铁一挖开表层就可发现，取出淘洗，入炉冶炼，经过熔化之后，同锭铁完全一样。

铁分成生铁、熟铁。出炉还没有炒过的是生铁，炒过后便是熟铁。如果把生铁和熟铁混合起来，一起熔炼就会成为钢。炼铁炉是用掺盐的泥土砌成的。这种炉大多是靠傍山洞砌的，也有些用大根木头围成框框。用盐泥塑造出这么一个炉，不能图快，非要个把月的时间不可。如果盐泥出现裂缝，那就前功尽废了。一个炉可以装铁矿石两千多斤，燃料有的用硬木柴，有的用煤或木炭，南方北方可就地取料。鼓风用的风箱必须由四人或六人共同推拉。当矿石化成铁水后，就会从炉子的孔流出来。这个孔要先用泥塞住。在白天（十二个钟头）当中，每两个钟头就能炼出一炉铁来，每次出一大堆铁。出了铁之后，立刻用叉拨泥把孔塞住，然后再鼓风熔炼。

如果是供铸造用的生铁，那就让铁水注入条形或圆形的铸模里。如果要炼成熟铁，便应按生铁流向，在离炉子几尺远并低几寸的地方筑成一个方塘，四周砌矮墙。让铁水流入塘内，几个人拿着柳木棍，站在墙上，先将污潮泥晒干后，春成粉末，再用罗斗筛成面粉样的细末。一个人迅速把这些泥粉均匀撒播在铁水上面，另几个人就用柳棍猛搅，这样很快就炒成熟铁了。柳木棍每搅一次，会烧去末端二三寸，再用时就要换一根新的。炒过后，稍微冷却时，有的就在塘里划成方块，有的则拿出来锤打成圆块，然后出售。但像湖南浏阳那些冶铁矿场就不懂得这种办法。

炼钢的方法，先把熟铁打成像指头那么宽的薄片，约寸半左右长，然后用铁片包扎紧，将生铁放在扎紧的熟铁片上面（广东有一种叫堕子生钢的生铁最合用），又盖上破草鞋（要用沾有泥土的，这样才不致立即烧毁），在铁片底下还要涂上泥浆。放进洪炉用劲鼓风，达到需要的温度时，生铁便先熔化而渗入熟铁里，两者互相融合。取出锤打，经过再炼再锤，反复多次。这样锤炼出来的钢俗名团钢，也叫灌钢。

日本出的刀剑，有些是经过百炼的精纯的钢，放在日光下便满室辉光夺目，这种钢不是由生、熟铁锻炼成的，有人称它为次品。外国又有用地溲（即石油之类的东西，国内不出产）来淬刀剑的，据说这种钢刀可以切玉，但也未曾见过。打铁时铁里有时含有一种坚硬打不散的铁核，如果涂上香油再打，铁核就会消散。凡在山的北坡有铁矿的，它的南坡就会有磁石。不过有些地方却不一定是这样。

锡

凡锡中国偏出西南郡邑，东北寡生。古书名锡为"贺"者，以临贺郡产锡最盛而得名也。今衣被[1]天下者，独广西南丹、河池二州居其十八，衡、永则次之。大理、楚雄即产锡甚盛，道远难致也。

凡锡有山锡、水锡两种。山锡中又有锡瓜、锡砂两种，锡瓜块大如小瓠，锡砂如豆粒，皆穴土不甚深而得之。间或土中生脉充牣，致山土自颓，恣人拾取者。水锡衡、永出溪中，广西则出南丹州河内，其质黑色，粉碎如重罗面。南丹河出者，居民旬前从南淘至北，旬后又从北淘至南。愈经淘取，其砂日长，百年不竭。但一日功劳，淘取煎炼不过一斤。会计炉炭资本，所获不多也。南丹山锡出山之阴，其方无水淘洗，则接连百竹为枧，从山阳枧水淘洗土滓，然后入炉。

凡炼煎亦用洪炉，入砂数百斤，丛架木炭亦数百斤，鼓鞲熔化。火力已到，砂不即熔，用铅少许勾引，方始沛然流注。或有用人家炒锡剩灰勾引者。其炉底炭末、瓷灰铺作平地，旁安铁管小槽道，熔时流出炉外低池。其质初出洁白，然过刚，承锤即拆裂。入铅制柔，方充造器用。售者杂铅太多，欲取净则熔化，入醋淬八九度，铅尽化灰而去。出锡惟此道。方书云马齿苋取草锡者，妄言[2]也；谓砒为锡苗者，亦妄言也。

【注释】

①衣被：广布，分散。②妄言：没有根据的话。

【译文】

锡矿在中国境内的分布偏于西南，而东北部较少。古书中称锡为"贺"，是因为广西贺县一带产锡最多而得名。今天大量供应于全国各地的，仅广西的南丹、河池二州就占了八成，湖南的衡州、永州次之。云南的大理、楚雄虽然产锡很多，但路途遥远很难供应内地。

锡矿有山锡和水锡两种，山锡中又有锡瓜、锡砂之分。锡瓜样式好像小葫芦瓜，锡砂则像豆粒，都可以在不深的地层中找到。偶尔有这种情况，原生矿床所含的锡矿脉露出地表后受到风化和崩解，形成次生的砂矿，任凭人们去拾取。水锡在衡、永两地出产在小溪里，广西则出产于南丹河内。这种锡矿是黑色的，细碎得好像筛过的面粉。南丹河里的水锡，居民十天前从南淘到北，十天后又从北淘到南，这些矿砂不断生长，一百年也取之不尽。但一天淘取和熔炼，所得的锡总量不超过一斤。计算所耗费的炉炭成本，获利也就很少了。南丹的山锡产于山的北面，那里缺水淘洗，因此就用无数根竹管连接起来形成导水槽，从山的南面引水过来洗选，把泥沙杂质除掉，然后入炉熔炼。

熔炼时也是用洪炉。每炉入锡砂数百斤，堆叠的木炭也要数百斤，鼓风熔炼。当火力足够时，锡砂还不会马上熔化，要掺入少量铅作为勾引，锡才能大量熔流出来。也有采用炼锡炉渣做助熔剂的，此时炉底用炭碎和瓷末铺成平池，旁边安装一个铁管小槽道，炼出的锡水就引入低池内。这种锡出炉时很白，可是太过脆硬，一经锤打就会破裂。要加铅使锡质变软，才能制造各种器皿。市面上出售的锡掺铅太多，如果需要提纯，应在熔化后与醋酸反复接触八九次，其中所含的铅便会形成渣灰而被除去。生产锡只有这么一种方法。有些医药书上说，可以从马齿苋中提取草锡，这是胡说。所谓发现了砒就一定能找到锡矿的说法，也是错误的。

铅

凡产铅山穴，繁于铜、锡。其质有三种，一出银矿中，包孕白银。初炼和银成团，再炼脱银沉底，曰银矿铅，此铅云南为盛。一出铜矿中，入烘炉炼化，铅先出，铜后随，曰铜山铅，此铅贵州为盛。一出单生铅穴，取者穴山石，挟油灯寻脉，曲折如采银铆。取出淘洗煎炼，名曰草节铅，此铅蜀中嘉、利等州为盛。其余雅州出钓脚铅，形如皂荚子，又如蝌蚪子，生山涧沙中。广信郡上饶、饶郡乐平出杂铜铅，剑州出阴平铅，难以枚举。

凡银铆中铅，炼铅成底，炼底复成铅。草节铅单入烘炉煎炼，炉旁通管，注入长条土槽内，俗名扁担铅，亦曰出山铅，所以别于凡银炉内频经煎炼者。凡铅物值虽贱，变化殊奇，白粉、黄丹，皆其显像。操银底于[1]精纯，勾锡成其柔软，皆铅力也。

【注释】

①底于：达到。

【译文】

　　铅矿比产铜、锡的矿都要多。它的质地有三种：一是产自银矿里，初熔炼时和银混成一团，再炼时铅就离开银而沉底，名为银矿铅。这种铅以云南出产的最多。二是夹杂在铜矿里，入洪炉冶炼时，铅比铜先熔化流出，名为铜山铅。这种铅以贵州产的最多。三是在山洞里找到的纯铅矿，开采的人凿破山石，带着油灯在洞里寻找铅脉，其曲折情况就好像采银矿时那样。采出来后经过淘洗、熔炼，名叫草节铅。这种铅在四川的嘉州、利州等地出产最多。其他还有雅州出产的钓脚铅，形状像个皂荚又好像蝌蚪，出产在山沟的沙里。江西广信郡的上饶及饶郡的乐平等地还出产杂铜铅，福建的剑州则出产阴平铅，此处难以列举。

　　银矿铅的炼法是先提炼出银后剩下炉底，再把炉底冶炼成铅。草节铅单独放进洪炉里去熔炼，炉旁通一条管子以便浇注入长条形的土槽中。这样铸成的铅俗名扁担铅，也叫出山铅，以区别于从银炉内多次熔炼出来的那些铅。铅的价钱虽贱，可是变化却很奇特：白粉、黄丹，都是它的明显特征。此外，使白银提炼精纯，同锡结合变得柔软，也都是铅在起作用。

附：胡粉

　　凡造胡粉，每铅百斤，熔化，削成薄片，卷作筒，安木甑内。甑下、甑中各安醋一瓶，外以盐泥固济①，纸糊甑缝。安火四两，养之七日。期足启开，铅片皆生霜粉，扫入水缸内。未生霜者，入甑依旧再养七日，再扫，以质尽为度，其不尽者留作黄丹料。

　　每扫下霜一斤，入豆粉二两、蛤粉四两，缸内搅匀，澄去清水，用细灰按成沟，纸隔数层，置粉于上。将干，截成瓦定形，或如磊块，待干收货。此物古因辰、韶诸郡专造，故曰韶粉（俗误朝粉）。今则各省直饶为之矣。其质入丹青，则白不减。擦妇人颊，能使本色转青。胡粉投入炭炉中，仍还熔化为铅，所谓色尽归皂者。

【注释】

①固济：封闭严实。

【译文】

　　胡粉的制法是，先把一百斤铅熔化之后削成薄片，卷成筒状，安置在木甑里。甑下面及甑中间各安置一瓶醋。外面用盐泥封固，并用纸糊住缝。用大约四两木炭的火力加热七天后，把木盖打开，就可见到铅片上面满盖一层霜粉。将粉扫进水缸内。把那些还未生霜的铅再放进甑里，照旧再加热七天后，又再扫，直到铅用尽为止。剩下的残渣就留作制黄丹的原料。

　　每扫下霜粉一斤，加入豆粉二两、蛤粉四两，在缸里把它搅匀，澄清后把水倒掉。用细灰做成沟，沟上铺几层纸，再把湿粉放在上面。快干透时把粉截成瓦片形或方块状，等到完全风干后才收藏起来。由于古代只有湖南的辰州和广东的韶州造这种粉，所以把它叫做韶粉（民间误叫朝粉）。而今天各省部已有制造了。这种粉用作颜料，能长期保持白色。如果妇女经常用其来粉饰脸颊，涂多了脸色就会变青。将胡粉投入炭炉里烧，仍会还原为铅，这就是所谓一切的颜色都终归要变为黑色。

附：黄丹

　　凡炒铅丹，用铅一斤，土硫黄十两，硝石一两。熔铅成汁，下醋点之。滋沸时下硫一块，少顷入硝少许，沸定再点醋，依前渐下硝、黄。待为末，则成丹矣。其胡粉残剩者，用硝石、矾石炒成丹，不复用醋也。欲丹还铅，用葱白汁拌黄丹慢炒①，金汁出时，倾出即还铅矣。

【注释】

①慢炒：慢火熬炒。

【译文】

　　制炼铅丹的方法是，用铅一斤、土硫磺十两、硝石一两配合。铅熔化变成液体后，加进一点醋。沸腾时再投入一块硫磺，过一会再加进一点硝石，沸腾停止后再按程序加醋，接着再加硫磺和硝石，就这样下去直到炉里的东西都成为粉末，就炼成黄丹了。如要将制胡粉时剩余的铅炼成黄丹，那就只有用硝石、矾石加进去炒，不必加醋了。如想把黄丹还原成铅，则要用葱白汁拌入黄丹，慢火熬炒，等到有黄汁流出时，倒出来就可得到铅了。

节译《天工开物》之二：珠玉篇

【原文】

宋子曰：玉韫山辉，珠涵水媚①，此理诚然乎哉，抑意逆②之说也？大凡天地生物，光明者昏浊之反，滋润者枯涩之仇，贵在此则贱在彼矣。合浦、于阗行程相去二万里，珠雄于此，玉峙于彼，无胫而来，以宠爱人寰③之中，而辉煌廊庙④之上，使中华无端宝藏折节而推上坐焉。岂中国辉山、媚水者，萃在人身，而天地菁华止有此数哉？

【注释】

①玉韫山辉，珠涵水媚：山韫玉而生辉，水涵珠而生媚。②意逆：主观判断。③人寰：人群。④廊庙：朝堂。

【译文】

宋子说：蕴藏宝石的山光辉四射，滋生珍珠的水明媚秀丽，这是真的如此呢，还是人们的主观臆断呢？一般说来，自然界的事物，光明与浑浊相反，滋润和枯涩对立，在这里是稀罕的东西在另一个地方就很平常。广西合浦与新疆和田，相距两万多里，珍珠在这边称雄，玉石在那边峙立，但都很快在人世间受到宠爱，在朝廷上焕发光彩。这使全国无尽的宝藏都降低了身价，把珠玉推上宝物的首位。难道能使山水增光的宝物全都聚集在人身上了，而自然界的精华就只有这几种吗？

珠

凡珍珠必产蚌腹，映月成胎，经年最久，乃为至宝。其云蛇腹、龙颔、鲛皮有珠者，妄也。凡中国珠必产雷、廉二池。三代以前，淮扬亦南国地，得珠稍近《禹贡》"淮夷蠙珠"，或后互市之便，非必责其土产也。金采蒲里路，元采杨村直沽口，皆传记相承之妄，何尝得珠。至云忽吕古江出珠，则夷地，非中国也。

凡蚌孕珠，乃无质而生质。他物形小而居水族者，吞噬弘多，寿以不永。蚌则环包坚甲，无隙可投，即吞腹，囫囵不能消化，故独得百年千年，成就无价之宝也。凡蚌孕珠，即千仞水底，一逢圆月中天，即开甲仰照，取月精以成其魄。中秋月明，则老蚌犹喜甚。若彻晓无云，则随月东升西没，转侧其身而映照之。他海滨无珠者，潮汐震撼，蚌无安身静存之地也。

凡廉州池自乌泥、独揽沙至于青莺，可百八十里。雷州池自对乐岛斜望石城界，可百五十里。疍户①采珠，每岁必以三月，时牲杀祭海神，极其虔敬。疍户生啖海腥，入水能视水色，知蛟龙所在，则不敢侵犯。凡采珠舶，其制视他舟横阔而圆，多载草荐于上。经过水漩，则掷荐投之，舟乃无恙。舟中以长绳系没人②腰，携篮投水。

凡没人以锡造弯环空管，其本缺处对掩没人口鼻，令舒透呼吸于中，别以熟皮包络耳项之际。极深者至四五百尺，拾蚌篮中。气逼则撼绳，其上急提引上，无命者或葬鱼腹。凡没人出水，煮热毳急覆之，缓则寒慄死。宋朝李招讨设法以铁为勾，最后木柱扳口，两角坠石，用麻绳作兜如囊状。绳系舶两旁，乘风扬帆而兜取之，然亦有漂溺之患。今疍户两法并用之。

凡珠在蚌，如玉在璞。初不识其贵贱，剖取而识之。自五分至一寸一分经者为大品。小平似覆釜，一边光采微似镀金者，此名珰珠，其值一颗千金矣。古来"明月"、"夜光"，即此便是。白昼晴明，檐下看有光一线闪烁不定，"夜光"乃其美号，非真有昏夜放光之珠也。次则走珠，置平底盘中，圆转无定歇，价亦与珰珠相仿（化者之身受含一粒，则不复朽坏，故帝王之家重价购此）。次则滑珠，色光而形不甚圆。次则螺蚵珠，次官雨珠，次税珠，次葱符珠。幼珠如粱粟，常珠如豌豆。璠而碎者曰玑。自夜光至于碎玑，譬均一人身，而王公至于氓隶也。

凡珠生止有此数，采取太频，则其生不继。经数十年不采，则蚌乃安其身，繁其子孙而广孕宝质。所谓"珠徙珠还"，此煞定死谱，非真有清官感召也（我朝弘治中，一采得二万八千两。万历中，一采止得三千两，不偿所费）。

【注释】

①蛋户：以船为家的船户。②没人：下水采珠的人。

【译文】

珍珠必定产在蚌腹内，受月光映照而孕育，经过多年方可成为宝物。至于说蛇腹内、龙的下颌、鲨鱼鱼皮中有珠，都是错误的。中国的珍珠必定产于海康和合浦这两个"珠池"里。在夏、商、周三代以前，淮安、扬州一带也属南部地区，所得的珠比较接近于《禹贡》篇记载的蚌珠，那或许是从互市交换来的吧，不一定是当地土产。诸如金代采自东北黑龙江省克东县一带、元代采自河北武清至大沽口一带等说法，都是误传，这些地方什么时候采获过珍珠呢？至于说牡丹江产珠，那已经是少数民族地区，而非中原地区了。

蚌孕珍珠，是从无到有。其他形体小的水生动物，很多被吃掉了，因此寿命不长。但蚌有坚硬的外壳包围，敌人无机可乘，即使被吞到腹内，也是完整的一体而不能被消化掉，所以寿命很长，能形成无价之宝。蚌孕育珍珠在很深的水底下，每逢圆月当空，蚌就开壳仰照，吸取月亮精华，将其化为珍珠的形魄。当中秋月明时，老蚌尤其高兴。如果通宵无云，就随着月亮自东向西移动，不断转动它的身体来吸取月光。有些海滨不产珠，是因为潮汐涨落得太厉害，从而使蚌失去了安静的存身之所。

从合浦的乌泥、独揽沙到青莺，约有一百八十里。从海康的对乐岛到石城，约有一百五十里。这些地方的居民采珠，每年必定在三月间，到那时先宰了牲畜来祭海神，非常虔诚恭敬。当地的采珠人生吃海腥，在水里能看透水色。知道蛟龙所在的海底区域，就避开不敢去侵犯。采珠船的规格比其他的船宽而圆，船上载着许多草垫。当经过有漩涡的海面时，就把草垫抛下去，便能安全驶过。采珠人在船上先把一条长绳绑住腰部，然后携带篮子入水。

潜水前还要戴个用锡做成的弯环空管，管口罩住口鼻，并将罩子用软皮带子包缠在耳颈之间，以便呼吸。最深可潜到四五百尺，把蚌捡到篮里。呼吸困难时就摇绳，船上的人便赶快把他拉上来，运气不好的人也可能被鱼吃掉。采珠人出水后，要马上用煮热了的毛织物盖住，慢了就会冷死。宋朝一个招讨官叫李某的设计用铁制成齿耙，四周围上麻绳网兜，两边角坠上石头，最后提起时用底部横放木棍收口，牵绳绑在船的两旁，乘风扬帆来兜取珠贝。但是这个办法也还有漂失和沉溺的危险。现在水上居民同时使用这两种方法采珠。

珠在蚌内像玉在璞石里一样，初时分不出贵贱，剖取后才能识别。周径从五分到一寸五分的是大珠。其中有种大珠不很圆，像个倒放的锅，一边光彩有点像镀了金似的，名叫珰珠，每颗价值千金。这便是过去所说的"明月"、"夜光"珠。白天晴朗时，在屋檐下能看见它有一线闪烁的光芒，"夜光"不过是其美称，并不是真有能在黑夜放光的珍珠。其次是走珠，放在平底的盘中，会滚动不停，价值与珍珠差不多（死人口里含一颗，尸体就不会腐烂，所以富贵人家用重金购买它）。再次的是滑珠，色泽光亮，但不很圆。又再次的是螺蚵珠、官珠、雨珠、税珠、葱符珠。小的珠如小米，普通的如豌豆，低劣而破碎的珠叫做玑。从夜光到碎玑，好比同样是人类而分成由王公至奴隶的不同等级一样。

珍珠的自然产量是有限度的，采得太频繁，珠的产量就会跟不上。如果几十年不采，那么蚌可以安身繁殖后代，孕珠也就多了。所谓"珠去而复还"，这其实是取决于珍珠固有的消长规律，并不是真有什么"清官"感召之类的神迹（明代弘治年间，有一年采得二万八千两；万历年间，有一年仅仅只采得三千两，还抵不上采珠的花费）。

宝

凡宝石皆出井中，西番诸域最盛，中国惟出云南金齿卫与丽江两处。凡宝石自大至小，皆有石床包其外，如玉之有璞。金银必积土其上，韫结乃成，而宝则不然，从井底直透上空，取日精月华之气而就，故生质有光明。如玉产峻湍，珠孕水底，其义一也。

凡产宝之井即极深无水，此乾坤派设机关。但其中宝气如雾，氤氲[yīn yūn]①井中，人久食其气多致死。故采宝之人，或结十数为群，入井者得其半，而井上众人共得其半也。下井人以长绳系腰，腰带叉口袋两条，及泉近宝石，随手疾拾入袋（宝井内不容蛇虫）。腰带一巨铃，宝气逼不得过，则急摇其铃，井上人引濬提上，其人即无恙，然已昏瞀。止与白滚汤入口解散，三日之内不得进食粮，然后调理平复。其袋内石，大者如碗，中者如拳，小者如豆，总不晓其中何等色。付与琢工渡错解开，然后知其为何等色也。

　　属红黄种类者，为猫精、靺羯芽、星汉砂、琥珀、木难、酒黄、喇子。猫精黄而微带红。琥珀最贵者名曰瑿（音依，此值黄金五倍价），红而微带黑，然昼见则黑，灯光下则红甚也。木难纯黄色，喇子纯红。前代何妄人，于松树注②茯苓，又注琥珀，可笑也。

　　属青绿种类者，为瑟瑟珠、祖母绿、鸦鹘石、空青之类（空青既取内质，其膜升打为曾青）。至玫瑰一种，如黄豆、绿豆大者，则红、碧、青、黄数色皆具。宝石有玫瑰，如珠之有玑也。星汉砂以上，犹有煮海金丹。此等皆西番产，其间气出。滇中井所无。时人伪造者，惟琥珀易假。高者煮化硫黄，低者以殷红汁料煮入牛羊明角，映照红赤隐然，今亦最易辨认（琥珀磨之有浆）。至引灯草，原惑人之说，凡物借人气能引拾轻芥③也。自来《本草》陋妄，删去毋使灾木。

【注释】

　　①氤氲：雾气缭绕。②注：注解。③引拾轻芥：吸附轻微的东西。

【译文】

　　宝石都产自矿井。新疆少数民族地区最多，中原地区则只有云南的金齿卫（保山、腾冲一带）和丽江两地出产。宝石无论大小，外面都有石床包着，就像玉被石头包着一样。金、银都是在土层之下历经长久变化形成的。但宝石却并非如此，它从井底直透天空，吸取日月精华而成，因此生来就光芒闪烁。就像玉产在湍流中、珠孕育在水底一样，其道理是相同的。

　　产宝石的矿井，无论多深也没有水，这是大自然的特殊安排。但井中有宝气如雾般弥漫着，人吸久了多数会死亡。所以采宝的常是十几个人一伙，下井的人分得一半宝石，在井上的人共得另一半。下井的人用长绳绑腰，腰上系上两个口袋，到井底有宝石的地方，随手把宝石赶快拾入袋内（宝石井内不藏蛇、虫）。腰间带一大铃，当宝气逼得自己难以忍受时，便急忙摇铃，在井上的人就用粗绳把他提起。人即使没有危险，也大概已昏迷不醒了。这时要用一些白开水灌入口内解救，而且三天内不能吃粮食，然后再慢慢调理复原。袋内的宝石大的如碗，中的如拳，小的如豆，但从表面上还看不出里面究竟是什么样子。要交给琢工用锉刀锉开后，才知道是什么样的宝石。

　　属红、黄两色的宝石有：猫精、靺羯芽、星汉砂、琥珀、木难、酒黄、喇子等。猫精石是黄色的，又稍带些红色。最好的琥珀叫瑿（音依，价值比黄金高五倍），红而稍带黑色，在白天看起来是黑色，在灯光下却又很红。木难是纯黄色。喇子是纯红色。前代有个狂妄无知的人，在"松树"条下加注茯苓，又注琥珀，真是可笑之极。

　　属青绿色的宝石有：瑟瑟珠、祖母绿、鸦鹘石、空青等（空青在矿石的内层，其外层打成粉末就是曾青）。至于有一种玫瑰宝石，则如黄豆、绿豆那样大，红、绿、蓝、黄各色具备。宝石中有玫瑰，就像珠中有玑一样。比星汉砂高一级的，还有一种叫做煮海金丹的。这些宝石都是我国西部地区的产品，偶然也有伴随着宝气出现的，云南中部矿井不产这类宝石。现时人们伪造宝石，只有琥珀最容易伪造，高明的仿造者用煮化的硫磺，水平低劣的则是用黑红色的汁料煮牛、羊角胶，在光亮映照之下隐约可见红色，不过现在也最容易辨认（琥珀研磨后有浆）。至于说琥珀能吸引小草，那是欺人之谈，物体只有借着人气才能吸引轻微的东西。《本草》向来就有一些浅陋粗妄之说，这都应当删去，以免浪费印书的木料。

玉

　　凡玉入中国，贵重用者尽出于阗（汉时西国号，后代或名别失八里，或统服赤斤蒙古，定名未详）、葱岭。所谓蓝田，即葱岭出玉别地名，而后世误以为西安之蓝田也。其岭水发源名阿耨山，至葱岭分界两河，一曰白玉河，一曰绿玉河。晋人张匡邺作《西域行程记》，载有乌玉河，此节则妄也。

　　玉璞不藏深土，源泉峻急，激映而生。然取者不于所生处，以急湍无着手。俟其夏月水涨，璞随湍流徙，或百里，或二三百里，取之河中。凡玉映月精光而生，故国人沿河取玉者，多于秋间明月夜，望河候视。玉璞堆聚处，其月色倍明亮。凡璞随水流，仍错杂乱石浅流之中，提出辨认而后知也。

　　白玉河流向东南，绿玉河流向西北。亦力把力地，其地有名望野者，河水多聚玉。其俗以女人赤身没水而取者，云阴气相召，则玉留不逝，易于捞取，此或夷人之愚也（夷中不贵此物，更流数百里，途远莫贷，则弃而不用）。

　　凡玉惟白与绿两色。绿者中国名菜玉。其赤玉、黄玉之说，皆奇石、琅玕gān之类，价即不下于玉，然非玉也。凡玉璞根系山石流水，未推出位时，璞中玉软如棉絮，推出位时则已硬，入尘见风则愈硬。谓世间琢磨有软玉，则又非也。凡璞藏玉，其外者曰玉皮，取为砚托之类，其值无几。璞中之玉，有纵横尺余无瑕玷者，古者帝王取以为玺。所谓连城之璧，亦不易得。其纵横五六寸无瑕者，治以为杯斝，此亦当世重宝也。

　　此外惟西洋琐里有异玉，平时白色，晴日下看映出红色。阴雨时又为青色，此可谓之玉妖，尚方①有之。朝鲜西北太尉山有千年璞，中藏羊脂玉，与葱岭美者无殊异。其他虽有载志，闻见则未经也。凡玉由彼地缠头回（其俗，人首一岁裹布一层，老则臃肿之甚，故名缠头回子。其国王亦谨不见发。问其故，则云见发则岁凶荒，可笑之甚）。或溯河舟，或驾橐驼，经庄浪入嘉峪，而至于甘州与肃州。中国贩玉者，至此互市而得之，东入中华，卸萃燕京。玉工辨璞高下定价，而后琢之（良玉虽集京师，工巧则推苏郡）。

　　凡玉初剖时，冶铁为圆盘，以盆水盛沙，足踏圆盘使转，添沙剖玉，逐忽②划断。中国解玉沙，出顺天玉田与真定邢台两邑，其沙非出河中，有泉流出，精粹如面，借以攻玉，永无耗折。既解之后，别施精巧工夫，得镔铁刀者，则为利器也（镔铁亦出西番哈密卫砺石中，剖之乃得）。

　　凡玉器琢余碎③，取入钿花用。又碎不堪者，碾筛和灰涂琴瑟，琴有玉音，以此故也。凡镂刻绝细处，难施锥刃者，以蟾酥④填画而后锼fǔ wǔ⑤之。物理制服，殆不可晓。凡假玉以砆碔充者，如锡之于银，昭然易辨。近则捣春上料白瓷器，细过微尘，以白蔹诸汁调成为器，干燥玉色烨然，此伪最巧云。

　　凡珠玉、金银，胎性相反。金银受日精，必沉埋深土结成。珠玉、宝石受月华，不受土寸掩盖。宝石在井，上透碧空，珠在重渊，玉在峻滩，但受空明、水色。盖上珠有螺城，螺母居中，龙神守护，人不敢犯。数应入世用者，螺母推出人取。玉初孕处，亦不可得。玉神推徙入河，然后恣取⑥，与珠宫同神异云。

【注释】

　　①尚方：宫廷。②逐忽：一点点。③余碎：下脚料。④蟾酥：蟾蜍身上分泌的东西。⑤锼：雕刻。⑥恣取：任意采取。

【译文】

　　我国较为贵重的玉，都产自新疆和田（在汉代是西域一个地区的名称，后来叫别失八里，大概属于赤斤蒙古，具体名称不详）和葱岭。所谓蓝田，就是葱岭出玉的另一地名，后人却往往误认为是西安附近的蓝田。葱岭河水发源地叫阿耨山，到葱岭分成两条河，一名白玉河，一名绿玉河。晋代人张框邺写的《西域行程记》，有乌玉河的记载，这是错误的。

　　玉石并不藏于深土中，它是在河水源头又陡又急的泉水冲激下映月而生的。但采玉的人不到其出产处去采，因为那里往往水流太急而难以下手。要等到夏天发大水时，玉石随急流冲到一百里以外或二三百里以外的下游，再去采集。玉是映照月光而生的，所以沿河采玉的人，多在秋季月明之夜，守在河边仔细观察。在玉石聚集的地方，月色就显得特别明亮。玉石随着水流夹杂在河滩乱石之中，只有取出来经过仔细辨认才能确定。

　　白玉河流向东南，绿玉河流向西北。亦力把力有个名叫"望野"的地方，河水中积聚的玉石比较多。当地风俗是由妇女裸体下水取石，据说是这样做可以阴气相召，玉石就会留住不走、便于捞取。这或许是当地人的无知之举吧（当地人并不珍视这种东西，玉石如果被河水再冲出几百里，路太远又不方便，卖不出去，他们就干脆不去取了）。

　　玉只有白、绿两种颜色。绿色的在我国叫菜玉。所谓红玉、黄玉，其实都是琅玕一类的奇石，价值虽然不比玉低，但终究不是玉。玉石的根基是与山石、流水相连的，在未剖露出来之前，石中的玉软如棉絮，剖露出来时就已变得很坚硬，见了风尘就更硬了。但是说世上有琢磨软玉的，那又是妄谈了。玉藏在石中，它的外皮叫玉皮，可以用来制作砚台和托座等物，不值什么钱。璞中的玉，有些一尺多见方都没有斑点的，古时帝王用来作大印。所谓价值连城的"连城之璧"，一般也很难得到。五、六寸见方又无斑点的，用来作各种酒器，这已经是难得的贵重宝物了。

此外要数爪哇一带的琐里产的一种异玉,平时是白色,晴天时在阳光下会显出红色,阴雨天又显出青色,这可称为玉妖,皇宫里才有这种玉。朝鲜西北部的太尉山,有一种千年玉璞,内中藏有羊脂玉,与葱岭产的好玉没有什么差别。其他的玉,在书中虽有记载,但作者尚未见识过。玉由新疆缠头的回族人(他们的风俗习惯,人每长大一岁,就在头上裹一层布,到了老年时就显得十分臃肿,所以被称为"缠头回子"。他们的国王也不见头发,询问原因,说是见了头发就出现荒年,真是十分可笑)乘船或骑骆驼,经由甘肃西部进入嘉峪关,运到张掖与酒泉一带。内地贩玉的商人来到这里,在互市上买到玉璞后,东运到北京去,再经玉石工人辨别优劣,定价后才开始琢磨(好玉虽集中在北京,但论到加工的技巧还得数苏杭一带最为高妙)。

解剖玉石时,做个铁圆盘,用盆载水盛沙,一边脚踏圆盘转动,一边添沙剖玉,一点一点把玉划割开。我国剖玉的沙,主要出产在北京附近的玉田和河北省的邢台两县。这种沙不产于河里,而是从泉眼里流出来的,精细如面粉,用来磨玉永远不会耗损。玉石解剖后,再施以精工巧艺,这时有把镔铁刀,就是很好的工具了(镔铁也产于新疆哈密卫的砺石之中,剖开就能炼取)。

琢磨玉器剩下的碎块,可用来镶嵌钿花等装饰品。那些过于零碎的,经过碾筛后与灰混合来涂琴瑟,琴瑟就可发出玉音。当雕到连雕刻刀也难以施展的细微所在,就用蟾酥填画,再用弯刀雕刻。这个一物治一物的道理,很难说得清楚。用砆碔来冒充宝玉,就好像用锡来冒充银一样,是很容易识别出来的。近来有些人用上等白瓷捣碎成粉,再用白蔹等汁液调和制成器物,干燥后就会出现玉的光彩,据说这种伪造方法是最巧妙的。

珠玉与金银形成的道理刚好相反。金银受的是日精,必定埋在深土内结成。珠、宝受的是月华,不用一点泥土掩盖。宝石在直透天空的井中,珠在深水中,玉在险急的河滩里,但都被清澈的水色覆盖。珠有螺城,螺母住在中间,外有龙神守护着,人就不敢去侵犯取珠。那些按气数应该让世人享用的珠,才由螺母推出任人采取。在孕育玉的地方,(由于河流湍急)也不可能取得。只有等玉神把它推入河中,才可以随意采取,这与珠宫同样神异。

附:玛瑙　水晶　琉璃

凡玛瑙非石非玉,中国产处颇多,种类以十余计。得者多为簪熸、钩(音扣)结之类,或为棋子,最大者为屏风及桌面。上品者产宁夏外徼羌地砂碛中,然中国即广有,商贩者亦不远涉也。今京师货者多是大同、蔚州九空山、宣府四角山所产,有夹胎玛瑙、截子玛瑙、锦红玛瑙,是不一类。而神木、府谷出浆水玛瑙、锦缠玛瑙,随方货鬻[①],此其大端云。试法以砑木不热者为真。伪者虽易为,然真者值原不甚贵,故不乐售其技也。

凡中国产水晶,视玛瑙少杀[②],今南方用者多福建漳浦产(山名铜山),北方用者多宣府黄尖山产,中土用者多河南信阳州(黑色者最美)与湖广兴国州(潘家山)产,黑色者产北不产南。其他山穴本有之,而采识未到,与已经采识而官司厉严禁封闭(如广信惧中官开采之类)者尚多也。凡水晶出深山穴内瀑流石罅之中,其水经晶流出,昼夜不断,流出洞门半里许,其面尚如油珠滚沸。凡水晶未离穴时如棉软,见风方坚硬。琢工得宜者,就山穴成粗坯,然后持归加功,省力十倍云。

凡琉璃石,与中国水精、占城火齐其类相同,同一精光明透之义。然不产中国,产于西域。其石五色皆具,中华人艳之,遂竭人巧以肖之。于是烧瓴甋[③],转釉成黄绿色者,曰琉璃瓦。煎化羊角为盛油与笼烛者,为琉璃碗。合化硝、铅泻珠,铜线穿合者,为琉璃灯。捏片为琉璃瓶袋(硝用煎炼,上结马牙者)。各色颜料汁,任从点染。凡为灯、珠皆淮北齐地人,以其地产硝之故。

凡硝见火还空,其质本无,而黑铅为重质之物。两物假火为媒,硝欲引铅还空,铅欲留硝住世,和同一釜之中,透出光明形象。此乾坤造化,隐现于容易地面。《天工》卷末,著而出之。

【注释】

①货鬻:买卖。②少杀:稍微减少。③瓴甋:砖瓦。

【译文】

玛瑙既非石也非玉,在中国出产的地方很多,种类有十几种。人们多用来作簪子或衣扣之类,或用作棋子,最大的用来作屏风和桌面。好的出产在宁夏边境的羌族地区的沙漠,但内地玛瑙出产的就有很多,商贩也不用跑得那么远了。现在北京所卖的货，多是山西大同、河北蔚县九空山和宣化四角山的产品，其中有夹胎玛瑙、截子玛瑙、锦红玛瑙等好几个品种。而陕西神木和府谷所产的是浆水玛瑙、锦缠玛瑙，作为土产就地买卖，情形大致就是这样。辨别的方法是在木头上摩擦，不发热的是真货。假货虽易做，但因为真货的价值本就不很贵，所以人们也就懒得去多费手脚了。

　　中国出产的水晶比玛瑙少些。现在南方用的水晶多数是福建漳浦出产的（其山叫铜山），北方用的则多是河北宣化黄尖山出产的，中部地区用的水晶多是河南信阳（黑色的最美）、湖北阳新（潘家山）出产的。黑色的水晶只产于北方而不产于南方。其他地方的山洞本来有而未发掘出，或者已经发现又被官方封禁（如上饶害怕朝廷派来的宦官盘剥而停止开采等）的也都还有很多。水晶产于深山洞穴有瀑布的石缝中，瀑布水流昼夜不停地流过水晶，流出洞门半里多，水面还像煮沸的油珠一样。水晶没有离开洞穴前，像棉一样软，见风后才变得坚硬。有些琢工为了方便，就在山洞里先制成粗坯，然后带回去再加工，据说这样可以省力十倍。

　　琉璃石，与中国水晶、越南火齐属于同一类，都是一样的透明清澈。但琉璃石不产在中原，而只产在西部少数民族地区。这类石有各种颜色，中原地区的人很喜爱它，便使用技巧来仿造。有的把砖瓦加上釉料烧成黄绿色，叫琉璃瓦；有的把羊角煎化，做成油罐和烛罩，叫琉璃碗；有的把硝、铅一起熔化做成珠子，并用铜线穿起来做成琉璃灯；有的则捏片做成琉璃瓶和袋（所用的硝是煎炼时结在上面的马牙硝）。各种颜色，可以使用颜料汁随意涂染。琉璃灯与琉璃珠，都是淮河以北的山东人制造的，因为那里出产硝石。

　　硝遇火就化气腾空而消失，黑铅却是较重的物体。这两种东西以火为媒介，硝要引铅升腾到空中，铅却要拉硝留在地面，这两种东西放在一个容器中熔化，就能透出光明的形象。这是大自然的规律在孕育万物上的体现。现在就把它作为《天工开物》全书的结尾写下来。

节译《天工开物》之三：煤炭

　　凡煤炭普天皆生，以供锻炼金、石之用。南方秃山无草木者，下即有煤，北方勿论。煤有三种，有明煤、碎煤、末煤。明煤大块如斗许，燕、齐、秦、晋生之。不用风箱鼓扇，以木炭少许引燃，爆炽^①达昼夜。其傍夹带碎屑，则用洁净黄土调水作饼而烧之。碎煤有两种，多生吴、楚。炎高者曰饭炭，用以炊烹；炎平者曰铁炭，用以治锻。入炉先用水沃湿，必用鼓鞲^②（gōu）后红，以次增添而用。末炭如面者，名曰自来风。泥水调成饼，入于炉内，既灼之后，与明煤相同，经昼夜不灭，半供炊爨^③（cuàn），半供熔铜、化石、升朱^④。至于燔石为灰与矾、硫，则三煤皆可用也。

　　凡取煤经历久者，从土面能辨有无之色，然后掘挖，深至五丈许方始得煤。初见煤端时，毒气灼人。有将巨竹凿去中节，尖锐其末，插入炭中，其毒烟从竹中透上，人从其下施镢^⑤（jué）拾取者。或一井而下，炭纵横广有，则随其左右阔取。其上支板，以防压崩耳。

　　凡煤炭取空而后，以土填实其井，以二三十年后，其下煤复生长，取之不尽。其底及四周石卵，土人名曰铜炭者，取出烧皂矾与硫黄（详后款）。凡石卵单取硫黄者，其气薰甚^⑥，名曰臭煤，燕京房山、固安、湖广荆州等处间有之。凡煤炭经焚而后，质随火神化去，总无灰滓。盖金与土石之间，造化别现此种云。凡煤炭不生茂草盛木之乡，以见天心之妙。其炊爨功用所不及者，唯结腐一种而已（结豆腐者，用煤炉则焦苦）。

【注释】

　　①爆炽：猛烈燃烧。②鼓鞲：鼓风机。③炊爨：烧火做饭。④升朱：烧制朱砂。⑤施镢：用大锄挖。⑥薰甚：很呛人。

【译文】

　　煤炭到处都有出产，供冶金和烧石使用。南方不长草木的秃山底下便有煤，北方的情况则不一定是这样。煤有三种：明煤、碎煤、末煤。明煤块度大，有的像米斗那样大，产于河北、山东、陕西、山西。明煤不必用风箱鼓风，只需少量木炭引燃，便能日夜不断燃烧。它的碎屑，则用干净的黄土调水做成煤饼以供燃烧。碎煤有两种，多产于江苏、安徽、湖北一带。燃烧时，火焰高的叫"饭炭"，用来煮饭；火焰平的叫"铁炭"，用来冶炼。

碎煤必须先用水浇湿，入炉后再鼓风才能烧红，以后不断添煤，便可继续燃烧。末煤成粉状的叫"自来风"，用泥水调成饼状，放入炉内，点燃之后，便和明煤一样，能够日夜燃烧不熄。末煤有的用来烧火做饭，有的用来炼铜、熔化矿石、炼取朱砂。至于烧制石灰、矾或硫，上述三种煤都可拿来用。

采煤经验多的人，从地面上的土质情况便能判断地下是否有煤，然后往下挖掘。挖到五丈左右深才能得到煤。煤层露头出现时，毒气冒出能伤人。一种方法是将大竹筒的中节凿通，削尖竹筒末端，插进煤层，从而使毒气通过竹筒往上排出，人就可以在下面用大锄挖煤了。井下发现煤层向四方延伸，可以横打巷道挖取。巷道要用木板支护，以防崩塌伤人。

煤层挖完后，用土把井填实，二三十年后，煤又复生，取之不尽。煤层底板或围岩中有一种石卵，当地人叫铜炭，可以用来烧取皂矾和硫磺（在下文详述）。只能用来烧取硫磺的铜炭，气味特别臭叫臭煤。在北京的房山、固安，湖北的荆州等地有时可以采到。煤炭燃烧时，煤质全部烧光，不会留下灰烬，这是自然界中介于金属与土石之间的特殊品种。煤不产于草木茂盛的地方，可见自然界安排得巧妙。如果说煤在炊事方面还有不足之处的话，那仅仅是不适于做豆腐而已（用煤炉煮豆浆结成的豆腐会有焦苦味）。

节译《天工开物》之四：白瓷

凡白土白垩土，为陶家精美器用。中国出惟五六处，北则真定定州、平凉华亭、太原平定、开封禹州，南则泉郡德化（土出永定，窑在德化）、徽郡婺源、祁门（他处白土陶范不黏，或以扫壁为墁）。德化窑惟以烧造瓷仙、精巧人物、玩器，不适实用；真、开等郡瓷窑所出，色或黄滞无宝光，合并数郡不敌江西饶郡产。浙省处州丽水、龙泉两邑，烧造过釉杯碗，青黑如漆，名曰处窑，宋、元时龙泉琉山下，有章氏造窑出款贵重，古董行所谓哥窑器者即此。

若夫中华四裔，驰名猎取者，皆饶郡浮梁景德镇之产也。此镇从古及今为烧器地，然不产白土。土出婺源、祁门两山：一名高梁山，出粳米土，其性坚硬；一名开化山，出糯米土，其性粢软。两土和合，瓷器方成。其土作成方块，小舟运至镇。造器者将两土等分入臼春一日，然后入缸水澄，其上浮者为细料，倾跌过一缸①，其下沉底者为粗料。细料缸中再取上浮者，倾过为最细料，沉底者为中料。既澄之后，以砖砌方长塘，逼靠火窑以借火力。倾所澄之泥于中，吸干然后重用清水调和造坯。

凡造瓷坯有两种，一曰印器，如方圆不等瓶、瓮、炉、盒之类，御器则有瓷屏风、烛台之类。先以黄泥塑成模印，或两破或两截，亦或囫囵。然后埏白泥印成，以釉水涂合其缝，浇出时自圆成无隙。一曰圆器，凡大小亿万杯盘之类，乃生人日用必需，造者居十九，而印器则十一。造此器坯先制陶车。车竖直木一根，埋三尺入土内使之安稳，上高二尺许，上下列圆盘，盘沿以短竹棍拨运旋转，盘顶正中用檀木刻成盔头帽其上。

凡造杯盘无有定形模式，以两手捧泥盔帽之上，旋盘使转，拇指剪去甲，按定泥底，就大指薄旋而上，即成一杯碗之形（初学者任从作废，破坏取泥再造）。功多业熟，即千万如出一范。凡盔帽上造小杯者不必加泥，造中盘、大碗则增泥大其帽，使干燥而后受功。凡手指旋成坯后，覆转用盔帽一印，微晒留滋润，又一印，晒成极白干，入水一汶，漉上盔帽，过利刀二次（过刀时手脉微振，烧出即成雀口②），然后补整碎缺，就车上旋转打圈。圈后或画或书字，画后喷水数口，然后过釉。

凡为碎器与千钟粟与褐色杯等，不用青料。欲为碎器③，利刀过后，日晒极热。入清水一蘸而起，烧出自成裂纹。千钟粟则釉浆捷点，褐色则老茶叶煎水一抹也（古碎器，日本国极珍重，真者不惜千金。古香炉碎器不知何代造，底有铁钉，其钉掩光色不锈）。

凡饶镇白瓷釉，用小港嘴泥浆和桃竹叶灰调成，似清泔汁（泉郡瓷仙用松毛水调泥浆，处郡青瓷釉未详所出），盛于缸内。凡诸器过釉，先荡其内，外边用指一蘸涂弦，自然流遍。凡画碗青料总一味无名异（漆匠煎油，亦用以收火色）。此物不生深土，浮生地面，深者掘下三尺即止，各省直皆有之。亦辨认上料、中料、下料，用时先将炭火丛红煅过。上者出火成翠毛色，中者微青，下者近土褐。上者每斤煅出只得七两，中下者以次缩减。如上品细料器及御器龙凤等，皆以上料画成，故其价每石值银二十四两，中者半之，下者则十之三而已。

凡饶镇所用，以衢、信两郡山中者为上料，名曰浙料，上高诸邑者为中，丰城诸处者为下也。凡使料煅过之后，以乳钵极研（其钵底留粗，不转釉），然后调画水。调研时色如皂，入火则成青碧色。凡将碎器为紫霞色杯者，用胭脂打湿，将铁线纽一兜络，盛碎器其中，炭火炙热，然后以湿胭脂一抹即成。凡宣红器乃烧成之后出火，另施工巧微炙而成者，非世上殊砂能留红质于火内也（宣红元末已失传。正德中历试复造出）。

凡瓷器经画过釉之后，装入匣钵（装时手拿微重，后日烧出即成坳口，不复周正）。钵以粗泥造，其中一泥饼托一器，底空处以沙实之。大器一匣装一个，小器十余共一匣钵。钵佳者装烧十余度，劣者一二次即坏。凡匣钵装器入窑，然后举火。其窑上空十二圆眼，名曰天窗。火以十二时辰为足。先发门火十个时，火力从下攻上，然后天窗掷柴烧两时，火力从上透下。器在火中其软如棉絮，以铁叉取一，以验火候之足。辨认真足，然后绝薪止火。共计一坯工力，过手七十二方克成器，其中微细节目尚不能尽也。

【注释】

①倾跌过一缸：将一缸水倒入另一缸水中。②雀口：牙边。③碎器：瓷器的一种，其表面为裂纹。

【译文】

白色瓷土叫垩土，陶瓷作坊用它制造精美的瓷器。我国只有五六个地方出产瓷土，北方有河北省曲阳县、甘肃省华亭县、山西省平定县和河南省禹县，南方有福建省德化县（土出自永定县，窑在德化）、江西省的婺源县及安徽省祁门县（其他地方出的白土，用作陶瓷坯胎不够黏结，只可以刷墙或铺地）。德化窑是专烧瓷仙、精巧人物和玩器的，无实用价值。河北曲阳县和河南禹县的窑所产的瓷器，颜色带黄，没有光泽。所有上述那些地方，都不及江西省景德镇所产的。浙江省丽水、龙泉两县的上釉杯碗，烧出来呈现墨蓝色，像漆器般光亮，叫做处窑。宋、元时期，龙泉县的琉华山下，有章氏兄弟建的窑，出品极为名贵，就是古董行所说的哥窑器。（以下略）

清代矿业发展跨越古代与近代两个历史阶段。从顺治到道光 20 年（1840）鸦片战争前夕，矿业生产及其政策是延续传统。个体手工采矿和冶炼，由委官监管民采纳税，铜铅矿税在 20%～30%。金银开采时开禁。金属矿场多分布在长江中下游一带和云南等地，乾隆 48 年（1783）全国金属矿场有 300 多处，嘉庆 22 年（1817）全国铁矿场有 125 处。云南铜矿资源丰富，采冶人才多，当地官员把铜业当作行政工作重要内容。铜厂有 48 处，雇佣人员有百万之众。道光朝的云南巡抚吴其濬撰写出版一本专著《滇南矿厂图略》（1844），为其绘图者是东川知府徐金生。该书分为上下两卷，上卷为《云南矿厂工器图略》，分为引、硐、硐之器、矿、炉、炉之器、规、忌、祭有 16 篇。卷首载工器图 20 面，卷尾附宋应星《天工开物》。王昶《矿厂采炼篇》，倪慎枢《采铜炼铜记》。王昶《铜政全书·咨询各厂对》上卷论述康熙、雍正、乾隆、嘉庆四朝云南部开采的铜、锡、金、银、铅、铁矿产分布，矿冶技术，管理制度等。下卷题《滇南矿厂舆程图略》分为铜厂、银厂、金、锡、铅铁厂（附白铜）（附户部则例）。节中记述滇南铜矿 33 处、银厂 25 处、铁厂 14 处。金、铅厂各 4 处，锡厂 1 处。其中汤丹、个旧至今仍是继续生产的大矿。对东川式铜矿的矿石品位、找矿方法、矿体产状和开采技术均有论述。该书实为珍贵矿冶史料。有关云南铜业见 1948 年出版的严中平的《清代云南铜政考》，其中有关矿山地质和采矿知识摘要如下：

（1）当时人们对矿山地质和矿砂品质的认识，探测矿藏，首先要审度山势，据道光末年采访所得：

"凡五行之气，动则流走，聚则凝结。厂之来脉，喜层峦叠嶂，势壮气雄，重关紧锁，堵塞坚牢。""出水之口，贵曲忌直；朝对之山与主山并高者，厂势悠久。""尤其龙包虎者为佳。"这样，探矿者和堪舆家像卜地一样，是要讲究阴阳五行那一套理论的，不过卜地喜阳，探矿则"贵阴忌阳，贵藏忌露"耳。山势既雄，再求苗引，矿脉微露谓之"苗"，细苗如线谓之"引"。吴其濬说："山有葱，下有银；山有磁石，下有铜若金"。其实管子很早就讲过。产铜之山，因地表氧化矿孔雀石、蓝铜矿（即石绿、石青），呈缕，呈带"碧引"即为找矿目标。云南俗话说"一山有矿，千山有引"。按矿体分布产状及规模分别谓之："草皮矿""鸡窝矿"和"进山矿""磨盘矿""摆堂矿""跨刀矿"等。

计算矿砂的含铜成分，当时人们以"溜"计，凡矿砂百斤，炼得铜十斤的，谓之一溜，辨别矿砂的含铜成分之高低，则靠审察矿砂的颜色光彩和组织纹理来决定，最好的矿是十溜纯铜，无须煎炼，叫做"自然铜"、"天生铜"；还有"净矿"——"火药酥"，呈深黑色，组织松脆，成分可达"九溜"以上；彻矿次之，又分为锡蜡、墨绿、黄金箔。而锡蜡又有白锡蜡、红锡蜡（五六溜以上），还有油锡蜡、绿锡蜡、头锡蜡、原矿锡蜡等，成分较低。

（2）采矿技术。矿在山腹，必须凿山而入，才能采取。此谓"打槽子""打硐"。使用锤子、凿子（钢钎）。开拓坑道叫"窝路"，硐低只能爬行，不能站立直走。"砂丁"（矿工）用麻袋"背荒"（废石或矿石）。表 4 所示为清代前期全国有色金属部分年产量；表 5 为清代前期云南全省铜厂概况；表 6 为清代前期云南省银厂概况；表 7 为全国部分大型铁矿床开发史。

表4 清代前期全国有色金属部分年产量

金属	省	地区或矿厂	年代	年产量	附注	资料依据
铜	云南 四川 四川 广西	全省各铜厂 会理、西昌、盐源、冕宁等县五铜厂 乌坡厂 回头山、将军山、响水厂三厂	乾隆八年至嘉庆七年(公元1743~1802) 乾隆四十九年(公元1748年) 约道光七年(公元1827年) 乾隆七年(公元1742年)	11463000斤 134000斤 1900000斤 120000斤	平均总年产量 五厂合计 三厂合计	参阅表19 《四川通志》 《清实录》 《清实录》
锡	云南 湖南	个旧锡厂 郴州、宜章两县	雍正二年(公元1724年) 乾隆五十年(公元1785年)	1440000斤 160000斤	每年运出省外数	《云南通志》 《湖南通志》
铅	云南 贵州 湖南 广西 陕西 四川	寻甸、镇雄、建水三铅厂 大定府大兴厂 桂阳、郴州两县 渌泓等厂 华阴县 冕宁县	嘉庆十三年(公元1808年)前后 乾隆四十三年(公元1778年) 乾隆五十年(公元1785年) 乾隆七年(公元1742年) 乾隆十三年至二十三年(公元1748~1758年) 乾隆十三年(公元1748年)	750000斤 500000斤 420000斤 200000斤 100000斤 9800斤	三厂合计最高年产量 最高年产量	《云南通志》 《清实录》 《湖南通志》 《清实录》 《皇朝文献通考》 《四川通志》
锌	贵州 广西 云南 湖南	福集、莲花二厂 融县四顶山 东川者海铅厂 桂阳、郴州两县	乾隆五十三年(公元1788年) 乾隆二十九年至三十八年(公元1764~1773年) 嘉庆十三年(公元1808年) 乾隆五十年(公元1785年)	6000斤 480000斤 220000斤 130000斤		《清实录》 《清实录》 《云南通志》 《湖南通志》
银	云南 青海	个旧、石羊等十一银厂 都兰哈拉铅厂	道光十七年(公元1837年)前后 嘉庆二十年(公元1815年)	330000两 50000两	十一厂合计	《清通典》、 《云南通志》 《清实录》
金	甘肃 云南	敦煌沙州 金沙江等五厂	乾隆五十一年(公元1786年) 乾隆十九年(公元1754年)前后	1980两 240两	五厂合计	《皇朝续文献通考》 《云南通志》
汞	贵州 湖南	开州(开阳)、修文、婺川等县 芷江等十县	康熙三十八年(公元1699年) 前后年代待考	水银5443斤 朱砂195斤		《清通典》 《湖南通志》

表5 清代前期云南全省铜厂概况

今地区	厂名	位置	开采年代	年产量	规定年额	附注
东川市及曲靖地区	汤丹铜厂 子厂:九龙箐 聚宝山 观音山 裕源 紫牛坡铜厂 子厂:复兴 碌碌铜厂 子厂:龙宝 兴隆 茂麓铜厂 大水沟铜厂 大风岭铜厂 子厂:大寨 双龙铜厂	东川府城南160里 汤丹厂西南一百里 汤丹厂西七十里 汤丹厂西八十里 距汤丹厂六十里 会泽县境内 会泽县 碌碌厂附近 碌碌厂附近 会泽县境内 会泽县境内 会泽县境内 距大风岭三站 寻甸州北95里	雍正四年(公元1726年) 乾隆十六年(公元1751年) 乾隆十八年(公元1753年) 乾隆二十五年(公元1760年) 乾隆四十七年(公元1782年) 乾隆四十年(公元1775年) 雍正四年(公元1726年) 雍正四年(公元1726年) 雍正四年(公元1726年) 乾隆十五年(公元1750年) 乾隆四十六年(公元1781年)	五六百万至七百五十余万斤 三四十万斤 五六十万斤 三四十万斤 八九万斤 数十万至一二百万斤 数十万至一百三四十万斤 数万斤或数十万斤	(乾隆四十三年)3160000斤 (乾隆四十三年)33000斤 (乾隆四十三年)1244000斤 (乾隆四十三年)280000斤 (乾隆四十三年)510000斤 (乾隆四十二年)80000斤 (乾隆四十八年)13500斤	乾隆元年至五年极盛 归并汤丹解运 归并汤丹解运 获铜归入碌碌厂 获铜归入碌碌厂
东川市及曲靖地区	发古铜厂 凤凰坡铜厂 红石岩铜厂 红坡铜厂 大兴铜厂 子厂:腾子箐	寻甸州南四百余里,路南州教厂坝 路南州境内,距城六十里 路南州东六十里 路南州东十五里 路南州境内,距城三十里 路南州东三十五里	乾隆三十七年(公元1772年) 乾隆六年(公元1741年) 乾隆六年(公元1741年) 乾隆二十五年(公元1760年) 乾隆二十三年(公元1758年) 乾隆五十一年(公元1786年)		(乾隆四十三年)48000斤 12000斤 (乾隆四十三年)12000斤 (乾隆四十三年)48000斤 (乾隆四十三年)48000斤	明肛曾开采 明肛曾开采

续表5

今地区	厂名	位置	开采年代	年产量	规定年额	附注
昭通地区	梅子沱铜厂	永善县境内	乾隆三十六年(公元1771年)		(乾隆四十三年)40000斤	无*-*洞，收买金沙厂银矿"冰燥煎铜"
	小岩坊铜厂	永善县北四百余里	乾隆二十五年(公元1760年)		(乾隆四十三年)22000斤	
	人老山铜厂	大关厅西北490里	乾隆十七年(公元1752年)		(乾隆四十三年)4200斤	有*-*洞
	子厂：邱家湾	大关厅西北230里	乾隆十九年(公元1754年)			有*-*洞
	临江溪	西木村				
	竹箭塘铜厂	鲁甸厅境内	乾隆十八年(公元1753年)		4200斤	本系银厂，
	乐马铜厂	镇雄州境内魁河	乾隆十年(公元1745年)		(乾隆四十三年)36000斤	于冰燥内煎炼
	长发坡铜厂				(乾隆四十三年)13000斤	

表6　清代前期云南全省银厂概况

今地区	厂名	位置	开采年代	额课	附注
东川市及曲靖、思茅地区	兴隆银厂	云南(昆明)	道光十七年(公元1837年)	3132两	据《云南通志》：坐落镇元厅(今镇源县)境内
	棉华地银厂	东川府	嘉庆三年(公元1798年)		
	角麟银厂	东川府	嘉庆九年(公元1804年)		
	矿山厂	会泽县东者海铅厂北	嘉庆二十四年(公元1819年)		
昭通地区	金沙银(铜)厂	永善县	乾隆九年(公元1744年)		"冰燥煎铜"(从银矿炼渣中提铜)
	铜厂坡银厂	镇雄州	嘉庆五年(公元1800年)		乾隆四十一年，附近天献策、开泰、裕韦、元龙等四槽洞，试采有效，照例抽课(冰燥煎铜)
	乐马银(铜)厂	鲁甸地方	乾隆七年(公元1742年)		
	子厂：金牛	乐马厂附近、会泽金牛箐	嘉庆三年(公元1798年)		补乐马厂缺额
玉溪地区	方丈银厂	新平县	嘉庆十三年(公元1808年)	68两	
	太和银厂	新平县			
	白达母厂	新平县	道光十二年(公元1832年)		
临沧地区	涌金银厂	顺宁县(凤庆)	嘉庆五年(公元1800年)		
	悉宜银厂	耿马土司(凤庆县属)	乾隆四十八年(公元1783年)		嘉庆六年，拨补乐马、永盛二厂缺额
保山地区	募乃银厂	永昌府(保山)		300两	
丽江地区	*-*龙银厂	丽江府	乾隆四十一年(公元1776年)		另有*-*龙铜厂，北系待考
	东升厂	永北厅(永胜)浪蕖土舍	道光十一年(公元1831年)		
文山自治州	马腊底银厂	开化府(文山)	雍正元年(公元1723年)	706两	
红河自治州	个旧银厂	个旧	康熙四十六年(公元1707年)	33390两	
	黄泥坡银厂	建水州		661两	
	摸黑银(铅)厂	建水县	乾隆七年(公元1742年)		兼产铅
楚雄自治州	厂羊银厂	南安州(双柏)	康熙二十四年(公元1685年)	22390两	康熙四十四年，每银一两，抽课二分，撒散二分
	永盛银厂	楚雄县	康熙四十六年(公元1707年)		
	土革喇银厂	南安州	康熙四十六年(公元1707年)	3375两	每银一两，抽课一钱五分，"冰燥煎铜"
	马龙银(铜)厂	南安州	康熙四十六年(公元1707年)		
	惠隆银厂	大姚县	康熙五十一年(公元1712年)		

二、我国矿业和地质学发展述略   51

续表6

今地区	厂　名	位　置	开采年代	额　课	附　注
大理自治州	沙涧银厂	邓川州(今镇)	嘉庆二十一年(公元1816年)	1302两	
	蒲羊塘银厂	鹤庆府		421两	
	白马厂	鹤庆府			"冰爆煎铜"
	白羊银(铜)厂	云龙州	嘉庆五年(公元1800年)		
迪庆自治州	古学银厂	中甸地方	雍正三年(公元1725年)	568两	
地区不详	金龙银厂		康熙五十七年(公元1718年)		
	阿发银厂		雍正十年(公元1732年)		

注：本表依据《清通典》及《云南通志》(参阅《古矿录》第198、216～217页)。

表7　全国部分大型铁矿床开发史

矿床类型		先秦	西汉	两晋	隋唐	北宋	南宋	辽	元	明	清
前寒武纪沉积变质铁矿床	鞍山式	吕梁山	滦县、密云		滦县、峰县、五台、舞阳			鞍山、本溪		遵化	迁安
	滇中式		晋宁						昆明		易门
	新喻式									新喻	
	祁东式				祁东						
海相沉积铁矿床	宁乡式					建始					长阳
风化淋滤（铁帽型）褐铁矿矿床	朱崖式	淄河									
	大宝山式					韶州	韶州				
	黄梅式									黄梅	
接触交代—高、中温热液铁矿床	邯郸式	邯郸地区	武安、莱芜、临汾		邯郸、莱芜	邯郸、临汾			邢台	临汾、莱芜	
	大冶式						大冶			大冶、腾冲	
火山岩型铁矿床	宁芜式			南京	南京、当涂						
晚期岩浆钒钛磁铁矿床	大庙式								西昌、太和		

（原载《中国实用矿山地质学》，冶金工业出版社2010年出版）

近现代矿业科技与地质学的引进发展

彭 觥

（中国地质学会矿山地质专业委员会，北京，100814）

1　清末开办新式矿业，建立地质、矿冶科技教育

鸦片战争之后尤其是 19 世纪 70—80 年代以来，我国新式矿业有了兴起之势，如 1876 年钻探台湾基隆煤矿和筹建唐山开平煤（铁）矿。1882 年煤产量为 38383 t，1885 年达 241385 t。企业使用机器生产，实行公司化管理，是全新的经营方式。

其后中外合办煤矿企业，一般都根据 1903 年清朝商部颁发的公司法律设置公司的组织形式。如：中英合办的开滦煤矿，分别在伦敦和天津设董事会，董事会下设总局，总局下设议事部、督办、总经理、协理，总经理之下设处、部组织。重要职员由华人、洋人分担，英人那森任总经理，掌握实权。该煤矿的组织系统如下：

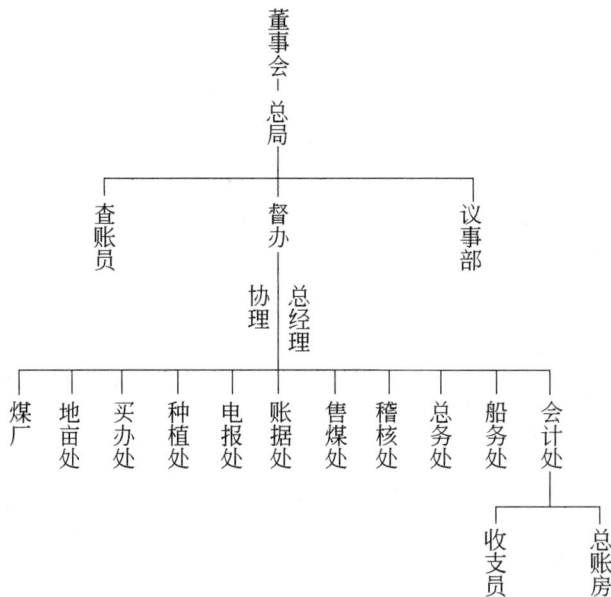

```
                        董事会—总局
            ┌──────────────┼──────────────┐
          查账员          督办          议事部
                       协理│总经理
     ┌────┬────┬────┬────┬────┬────┬────┬────┬────┬────┐
    煤厂  地亩处 买办处 种植处 电报处 账据处 售煤处 稽核处 总务处 船务处 会计处
                                                              ┌────┴────┐
                                                           收支员    总账房
```

作为中国近代最早的大型钢铁煤联营企业，汉冶萍公司，从 1890 年筹建至 1894 年投产，也经历了引进技术，引进人才和资金。据刘明汉主编，华中理工大学出版社出版（1990 年）的《汉冶萍公司志》记述：大冶铁矿资源调查勘探始于光绪 3 年（1877 年），同年 6 月 13 日盛宣怀聘请英国矿师郭师敦及两副手赴铁山矿区踏勘取回矿样并化验矿样多个，于 1878 年 1 月 14 日写出勘矿报告要点如下："大冶县属铁矿较多，各山矿脉之大，惟铁山及铁门坎二山为最。该山矿形，开列于左：（1）铁山及铁门坎铁矿形势整齐，山北所倚尽是坚石，山南石色俱系灰石所变。两山铁脉长半英里阔 15 丈至 50 丈不等，由平地算起约高 30 丈，平地以下铁层尚未控悉。就现探见铁层、铁脉约 500 余万吨之数，若以两座熔炉化之，是供 100 余年之用。（2）该山上下四周矿石分别化验。（3）铁矿净质 70 分为最佳，然其间每夹硫磺杂质，不能净化。该厂铁质分化极净，净质之内并无硫磺杂质，以之熔化，堪称上等佳铁，是与英美各国所产上等铁矿相提并论。"

光绪 4 年（1878 年）3 月下旬，盛宣怀呈请李鸿章再由直隶、湖北筹本 25 万两充作开办大冶铁矿和兴建铁厂的资本，试办两年免息，余利即还宫本。此议未获李鸿章批准，开办大冶铁矿一事被搁置。

光绪 15 年（1889 年）8 月 26 日，张之洞从广州致电湖北巡抚奎斌，要奎斌详询大冶、兴国一带州县，调查

大冶铁矿的情况。盛宣怀听说张之洞注意到了大冶铁矿，即致电张之洞，称该矿是他在光绪3年(1877年)请英矿师郭师敦勘得的，如果开办，应请原来的矿师复勘。

同年11月，张之洞特约盛宣怀面商铁矿事宜。盛宣怀说"矿务为洋务商务中最无把握之事，稍一草率，恐堕半途，无可推广，自应将应办数端先行核定，方可循序以进，期其必成。"并提出四条建议：一曰责成，即派大员督办；二曰择地，即选择离铁矿近便之煤矿开办一处，炼制焦炭；三曰筹本，即要有经费来源；四曰储料，即生产钢货要考虑销路，购制机器要有目的。商谈结果，由张之洞组织外籍矿师扩大勘查。张遂即将比利时矿师白乃富、英国矿师巴庚生、德国矿师毕盎希、司瓜兹等一同派到大冶铁山，还派去了德国铁路工程师时维礼。

光绪16年(1890年)2月底，勘查结束。矿师们报称：大冶铁矿"百年开采亦不能尽"。如"每年开采10000吨，可供开采两千年"。"矿石系赤铁矿、磁铁矿相和之质，内含硫磺百分之六，磷光百分之十二"。看到如此丰富的埋藏量，外籍矿师们都想为本国政府谋求大冶铁山的开采权。德国矿师勘查铁矿后，在向张之洞禀报之前，先已直接打电报报告了德国政府。德国政府获悉大冶铁矿矿石蕴藏丰富以后，即向清政府的北京总理衙门交涉，要求把大冶铁山的开采权让给德国政府。张之洞拒绝了德国人的无理要求。

光绪16年(1890年)夏，派驻铁山铺的筹建人员开始圈购矿山山地及山厂工程用地。购地一般给官价，如业主不欲领价，情愿入股者，由官府给领凭据，每年领息，三年一派花红。由于地方政府的支持，很快购得铁山寺、纱帽翅、大冶庙、老虎垱、白杨林等矿区。并在铁山铺购得2000余亩民田、民地。随着山地的圈定，矿局在铁山营造了办公室、机房、电报房、宿舍、营房。

光绪17年(1891年)3月，德籍工程师时维礼等兴修铁山至石灰窑的运矿铁路。铁路所用路轨、枕木、客车、货车、车头全部从德国进口。在兴修运道的同时，下陆机车修理厂、江边装卸矿石码头、矿山开路及开矿机器安装工程亦相继开工。并开办大冶王三石煤矿。

光绪18年(1892年)8月，运矿铁路竣工通车，该路全长35 km，有桥梁和涵洞50余座，沿途有支路6条，设铁山、盛洪卿、下陆、石堡四车站。年底，下陆机车修理厂采矿、运矿、机修及其他基建工程亦竣工。此时，汉阳铁厂部分基建工程完工。

大冶铁矿于光绪19年(1893年)完成基建任务，自铁山至石灰窑码头，计修长堤1道，铺路35 km，德国政府鉴于铁路工程师时维礼参加了大冶矿山运道的勘查工作，转而向中国政府要求铁路、矿山技师以及所有机械设备均由德国协助或从德国采购，获得实际利益。

同年2月29日，清廷批准开采。5月，张之洞派5人驻扎铁山铺，筹备建矿事宜。矿山采矿工程及运矿铁路竣工以后，设运道矿务总局于大冶石灰窑，统辖李士墩煤局、王三石煤局、铁山分局和运道。聘德国人帕德波古等4人为矿山技师，协助矿局组织指挥矿山生产。光绪19年(1893年)8月24日，张之洞到矿视察。此时，大冶铁矿已形成年产铁矿石30000t的生产能力。

光绪22年(1896年)3月6日，盛宣怀接办大冶矿。盛在改造汉阳铁厂的同时，在大冶铁矿开辟了新采区，大冶铁矿的年采矿能力增加到17~18万吨。汉冶萍公司成立后，又对大冶铁矿进行了一次扩建，到宣统3年(1911年)，年产铁矿石能力已达35多万吨。

地质采矿科学技术引进到中国的直接结果，首先是导致中国采矿业生产力结构发生改变，从而促进了采矿业的发展，有必要指出，购买西方的勘探设备和开采机器，聘请外国矿师工匠，实质上也都属于科学技术引进的范畴。当新式开矿机器引进中国，并安装使用时，采矿业生产力结构已经开始发生变化，采矿业生产力的性质发生了质的飞跃。西方地质采矿科学论著的翻译出版，正是起到了这样的作用。有资料表明，近代煤矿初创时期，筹办人就极重视、认真阅读新翻译出版的有关专著，从中寻找办法和依据。例如，湖北广济煤铁矿筹办之初，开列了一个购书清单，从上海购买江南制造局翻译出版的《地学浅释》《金石识略》《地理问答》等。盛宣怀在1876年去湖北广济试办煤铁矿时，曾给李鸿章写信禀明聘请外国矿师打钻找煤的必要。他引用《开煤要法》中的观点写道："查开煤要法，亦谓凭空审察不如凿孔为至当不易之法。"

洋务运动时期引进的科学技术，也曾有力地影响中国的思想界。其中，对思想界影响最大的、最具有启蒙意义的是被恩格斯称为第一次把理性带入地质学的那本莱伊尔的《地学浅释》(即地质学原理)。莱伊尔关于地球、地层渐变的思想，关于古生物由低级向高级进化的变迁，正是通过翻译出版《地学浅释》而被首次介绍到了中国。改良派思想家谭嗣同，受《地学浅释》的影响最深。他完全接受了《地学浅释》中地球与地层渐变的观点和古生物由低级向高级进化、地史变迁的观点。他写道："今有所谓地学者，考察礓石，得其生物，因知洪荒以上寒暑燥湿之异候，山海水陆之改形，百昌万汇，亲上亲下，蜎飞蠕动之殊状，冰期火期之变，石刀铜刀之奇，可得而据者，仅乃地面之四十里之深，则已不胜，其时代之邈远，而罄竹千亩，不足书其记矣。即其所及知，以究天地生物之序，盖莫先螺蛤之属，而鱼属次之，蛇龟之属又次之，而人其最后焉者也。"他在傅兰雅那里看到化石标本后，感慨地说："天地以日新，生物无一瞬不新也。今日之神奇，明日即已腐臭，奈何自以为有得，而不思猛进乎？"他把自然与人类的进化事实作为他改革社会的思想武器，认为既然天地万物都在不断变化，人类社会的变革就是合理的。《地学浅释》对清末资产阶级改革派首领康有为亦有过深刻的影响，在他的言论中常常可以看到莱伊尔进化思想的痕迹。（摘自《中国近代煤矿史》）

近代科学技术的引进，还影响到中国教育制度的改革。中国第一个设有采矿专业的大学，就是在这一背景下产生的。

建校经过就是由天津海关道盛宣怀倡议，直隶总督王文韶转奏获准设立的天津中西学堂（后改为北洋大学）。在《拟设天津中西学堂章程禀》中写道："查自强之道，以培育人才为本。求才之道，尤宜以设立学堂为先。"

天津中西学堂初建于天津海大道小营门外，设有头等学堂和二等学堂。总教习负责"考核功课以及华洋教习勤惰，学生去取"事宜。学制均为四年。头等学堂为大学本科，内设法律、采矿冶金、土木工程及机械工程四学科，课程编排，以美国著名的哈佛、耶鲁大学为标准："第一年：几何学，三角勾股学，格物学，笔绘图，各国史鉴，作英文论，翻译英文；第二年：驾驶并量地法，微分学，格物学，化学，笔绘图并机器绘图，作英文论，翻译英文；第三年：天文工程初学，化学、化草学，笔绘图并机器绘图，作英文论，翻译英文，第四年：金石学，地学，考究禽兽学，万国公法，理财富国学，作英文论，翻译英文。"矿务学门的专业课有"深奥金石学，化学，矿务房演试，测量矿苗，矿务略兼机器工程学。"二等学堂为大学预料，英语、数学和普通自然科学。不论是头等还是二等学堂，凡应考合格录取者，学习成绩优秀均有官费资送出国深造的机会。

中西学堂自1895年10月创立后，最初比较顺利。但1900年八国联军入侵，校址被占，学校停办。至1902年，又在天津西沽武库重建学校，改名北洋大学堂，大学本科（除法科外）改为3年。投考大学者，必须先在各省高等学堂毕业。聘请的教师多为外国人，用英语讲课。

北洋大学自创办之日起，对于矿冶专业则始终十分重视，为中国培养了一批有真才实学的矿冶技术人才。在近现代矿冶业中，凡是著名的矿山企业、矿冶教学、科研机关，都有北洋大学毕业生的足迹。

清末在维新变法思潮影响下修法大臣沈家本主持了新式刑法、民法立法工作。为了适应当时矿业发展之需，在伍廷芳（当时任主管矿政的商部右侍郎）推动下于1898年出台《矿务铁路公司章程》并成立路矿总局。四川、贵州等省设立矿务局。1905年在京设立矿务总办事局，各省高矿政调查局，各州县由省派出常驻矿务委员，使矿业行政自成系统。

1907年的《大清矿务章程》吸取了以前矿路章程中的有益部分，并参照了矿业较发达国家的矿章，内容充实，较接近于国情。在"管理"一章中明确规定，矿政的管理体制及其组织管理机构，以农工商部为总理矿政的中央机构（第二款），在京设立矿务总局办事处，各省设矿政调查局（第三至第五款）。在"新旧商限制"一章里，明确了华洋合办煤矿的具体政策。外国矿商不得充地面业主，只能有矿权，不能有地权（第九款）。华洋合办如华商出有银股者，洋股以5/10为度，但洋商与地面业主合办，地主以地作股，而别无华商银股者，洋商得占7/10，留股3/10听华商随时入股（第十款）。在"矿质分类"一章中，对矿权作了具体规定，将矿质分为三类：甲类矿归地主开采（第十六款），乙类矿地主有优先权，如以地作股，与人同办，则分纯利3/10（第十七款），丙类矿（煤、铁及各金属）国有，但其政策尚可宽大，仍允许地主分沾利益，地主与政府各得25%，矿商仅得半数（第十四、十八款）；在"执照"一章，明确办矿须请执照，没有执照不能开采。在"矿界年租""矿税"章中规定，矿税分为两种，矿区税、矿产税分别确定，矿区税称矿界年租，年租每亩自一钱至三钱，矿产税亦称出口税，按吨煤一钱纳税，他种金属纳3%~5%（第四十款）。在"矿工"一章中指明，矿商所定矿工各种条例，如矿工罢复、体恤、辞退、惩罚等条例，都须经官批准。

其后在1910年清政府主管部门经征求各地方和部门意见后，对光绪33年《大清矿务章程》及"附章"进行了修改，其要点是：

(1) 矿政管理部门：农工商部综理全国矿政，各省劝业道主管矿政，在中外合资办矿多的地方设矿务局及委员，矿政部门应配备矿务委员、测绘员和地质员做调查工作。

(2) 对矿权作解释："凡矿产系国家所有，非经营性，不得私相接受。"对矿地可入股，可租用。细化矿照包括勘矿执照、开矿执照和试采小矿执照。并矿有效期为30年，还可续办20年。试办小矿以3年为限。

2　民国矿业、地质事业缓慢发展

1912年1月1日，中华民国政府成立后，主管矿业的机构为实业部，内设矿政司。同年，迁都北京，将实业部改为工商部，内仍设矿政司。1914年，工商部又改为农商部，附设矿政局。1919年，改为矿政司。矿政司下分三科，第一、二两科主管审核呈文，发给矿照等事项；第三科主管审核附带于各省实业厅呈文。同时，又制定矿务监督署官制14条。署设署长，直接隶属于农商部矿政司，不受地方长官的节制。矿政机关自成系统，独立于地方行政之外。矿务监督署的管辖区域及署地(见表1)依部令分区规划如下。

表1　管辖区域及署地

区　别	管　辖　区　域	设　署　地　方	曾　否　成　立
第一区	直隶、山东、山西、河南、热河、察哈尔、绥远	北京	已
第二区	奉天、吉林、黑龙江	长春	已
第三区	安徽、江苏、浙江	江宁	已
第四区	湖北、湖南、江西	汉口	已
第五区	陕西、甘肃、新疆	长安	未
第六区	广东、广西、福建	番禺	未
第七区	云南、贵州	昆明	已
第八区	四川	成都	未

矿务监督署的职权：

(1) 矿业注册。由矿务监督署长行之。凡对于矿业呈请案件之审查、勘察、受理、驳还等权属。探矿权经由监督署长核准给照。但中外合股的探矿权必须先将合同送部核准，方得注册。采矿权则一律须由署部核准给照。

(2) 处分用地。矿务监督署长得许可矿业权者使用他人土地及裁决其争议。

(3) 征收矿税。

(4) 警视矿业。

矿务监督署成立不到一年，又令裁撤。所有职务并归各省财政厅兼理。1915年，由农商部制定财政厅兼理矿务规则10条，由厅兼行矿务监督署各职权(探矿注册，仍需呈请农商部核准发照)。

1917年，各省设实业厅，由原财政厅兼理的矿务职权又移归实业厅。矿务职权自监督署而财政厅，而实业厅。1927年，国民政府成立，迁都南京，组织农矿部，内设矿政司。1930年，国民政府农矿部与工商部合并，又成立了实业部，内设矿业司，其组织系统及职责如下：

```
                                                ┌ 主管矿业之监督保护及奖励事项
                                                ├ 主管矿业发现之奖励事项
                                                ├ 主管矿务交涉及争议事项
                                        ┌ 第一科 ┤ 主管矿业警察事项
                                        │       ├ 主管矿业经济之调节及救济事项
                                        │       ├ 主管矿产物输出入及限制事项
                                        │       ├ 主管矿业团体的登记及监事
                                        │       └ 主管矿业技术增进事项
                                        │       ┌ 主管国营矿业权之设定
                                        │       ├ 主管国家保留区之划定
                                        │       ├ 主管矿业权之核准及撤销
            实业部——矿政司 ┤ 第二科 ┤ 主管矿区税之核定及征收
                                        │       ├ 主管国营矿业预决算之稽核
                                        │       ├ 主管矿业官股本息之核算
                                        │       └ 主管矿业簿记表格之审核
                                        │       ┌ 主管国营矿业之筹设及管理
                                        │       ├ 主管地质调查及矿床勘探
                                        │       ├ 主管矿业监察及指导
                                        │       ├ 主管矿区勘测及地质分析
                                        └ 第三科 ┤ 主管矿场保安及灾变的救济
                                                ├ 主管矿业用地
                                                ├ 主管矿业技师的登记考核
                                                └ 主管矿业调查及统计
```

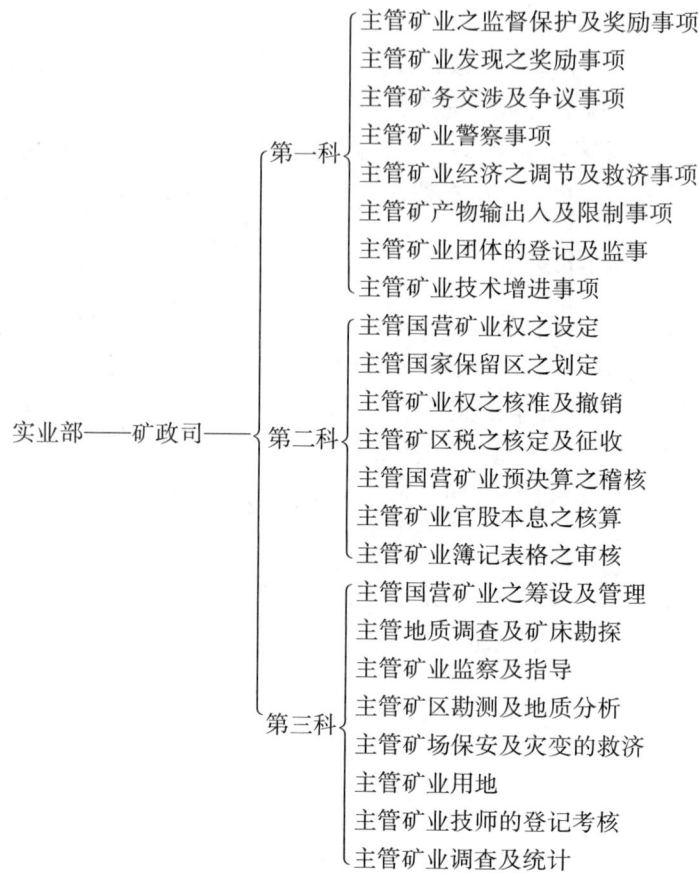

另外，实业部下还设各矿监督和监察员。监督主要职责是：清查账目财产、厘定逆股商股、登记股本、审核外资、工程设计及改良、管理运输、征收矿税、扩充业务及部长交办的事项。监察员主要职责是：奉行矿业矿令、保护矿利、矿业治安、矿业工程设施、矿产额及其销售与查报各事项。

各省（区）矿业行政机构，省设建设厅，厅内设科，管理矿业行政及调查全省矿产事宜。

1931 年，国民政府为加强矿业开发，又成立资源委员会。它是国民政府垄断性工业主管机构，主要任务是兴办基本工业，特别是把发展工矿业列为首位。1938 年，实业部改为经济部，内设矿业司，资源委员会亦改属于经济部。

民国时期现代化大型矿山主要是煤矿有所发展，机械化水平有了提高，如：（1）提升机（卷扬机）、通风机、凿岩机、排水泵的应用，提供了加大开采深度和范围的可能性；（2）矿车—电机车的应用，提高了运输效率，延长了开采范围；（3）井巷支护材料与工艺改进使矿山生产更安全，产量随之增加。但是由于域区发展不平衡，尤其边远地区小矿小窑如煤和其他矿产品为生产主力，1931 年后，东北、华北和华中被日寇侵占后，重要矿山，如抚顺、鞍山、本溪落入敌手，尤其是抗战时期，国人仅在西部经营中小矿山企业。资源委员会所属矿山云贵川与西北各地更是如此。全国半洋半土法开采的矿山所占比例很大。在地质工作方面除区域地质及基础性调研之外，1940 年资源委员会为重视矿产勘探工作成立了矿产测勘处，结合开发矿业振兴地方经济进行了许多重要矿区找矿勘探评价工作。谢家荣先生还兼任广西平桂（江华）锡矿的矿山企业领导。孟宪民先生于 20 世纪 40 年代兼任过个旧锡矿技术工作。

1940—1949 年矿产测勘处工作成果见表 2。

表 2 测勘处工作成果

年 份	派出队数及地点	主 要 工 作	重 要 发 现
1940	共 10 队，叙昆铁路沿线昆明至威宁段，个旧、保山、腾冲、兰坪	完成叙昆铁路沿线昆明威宁段间十万分之一地质矿产力，详测威宁铜矿，个旧花岗岩深度之物理探测，兰坪油田，滇西保山、腾冲间地质矿产	
1941	共 19 队，镇雄、威信、盐津、大关、彝良、威宁、昭通、鲁甸、水城、会泽、巧家、昆明、文山、祥云弥度、宾川、蒙化、龙陵、镇康、云县、猛勇	完成云南贵州各县区域地质矿产图八幅，详测昭通褐炭，威宁水城煤铁矿，乐马厂铅银矿，文山钨矿，滇西矿产概测，昆明附近铝土矿	
1942	共 19 队，湖南桂杨、常宁、临武、郴县；贵州遵义、金沙、黔西修文、贵筑、大定、毕芳；云南师宗、罗平、永善、巧家、东川、禄劝、武定、富民、嵩明、易门、玉溪、峨山	完成滇西、滇东、滇中、黔西、汀南若干区域地质矿产图，详测贵阳附近铝土矿，水城观音山铁矿	
1943	共 11 队，湖南资水流域、常宁、永兴、新田、宁远、祁阳、江华、汀黔边境、贵州都匀独山间、贵阳、修文、云南彝良、昭通、鲁甸、水城、东川、昆明；西康南部	完成西康南部 1∶100 000 区域地质矿产图	贵州云雾山分层采样发现高级铝土矿
1944	共 8 队，贵州修文，开阳，贵阳，平越，平坝，都匀独山间	说测云雾山铝土矿，都匀独山间煤田	
1945	共 9 队，四川长寿，巴县，简阳，隆昌；贵州都匀，修文，贵筑；云南富民，个旧；台湾	四川中部油田地质，台湾油气矿床，贵阳附近煤田	发现云南中部白色高级铝土矿并证明黄色者系由白色者风化而成
1946	共 15 队，河北开滦；安徽淮南盆地，当涂；江苏东海，南京附近；湖北大冶；福建漳浦；江西大＊－＊；湖南新化；广东浮源，乐昌，曲江；广西富川，苍梧，宾阳；四川绵阳，遂宁，巴县，汉渝公路沿线，隆昌；云南个旧	详测开滦煤田，东海磷矿，福建漳铝矿，大冶铁矿，广东广西钨矿，四川中部油田，钻探淮南新煤田	发现淮南八公山新煤田
1947	共 24 队，辽宁海城；河北临榆，唐山，开滦；江苏铜山，东海，六合，江浦；安徽滁县蚌埠间；江西庐山，宜春萍乡间；台湾新竹；福建漳浦；湖南新化，安化；广西钟山，河池南丹间，田东，田阳，西林，西隆；广东云浮，新会，阳春，阳江；河南英毫；四川巴县，遂宁渠县间。南川，绵阳，江油，荣昌，永川，隆昌，威远，自流井，犍为，灌县；西沙群岛	东北铀矿，台湾新竹煤田，广西铀矿，钻探湖南新化锑矿，汀江煤田，淮南煤田，详测四川中部煤田。打钻总进尺 3000 余米	发现淮南新煤田更多的矿量，凤台磷矿，福建漳名矿，凤台山金家煤田
1948	共 24 队，江苏南京，镇江，江阴，无锡；浙江吴兴，杭州，绍兴，江山；安徽宣城，凤台，淮南；江西万年，丰城，分宜，萍乡，永新，泰和，瑞昌，湖口；广东英德，海南，雷州半岛；广西富贺钟区，右江；四川巴县，中江；湖北武昌	台湾地下水，江西鄱乐煤田，丰城余干间煤田，广西稀有元素，钻探土地堂煤田，凤台磷矿，西湾煤田，打钻总进尺 4877 米	南京栖霞山铅矿，江苏句容下蜀辉钼矿，桂西菱铁矿
1949	共 9 队，江苏江宁，栖霞山，宁镇山脉，安徽当涂，大淮南，铜陵；山东招北，掖县，莱阳	完成鲁中南区域地质矿产图，大淮南盆地地质矿产，详测玲珑金矿，山东粉子山菱镁矿，莱阳石墨矿，铜官山铜矿，槽探栖霞山铅矿	探明当涂大黄山矾石矿，发现山东南墅蛭石矿

注：摘自《谢家荣与矿测勘处》一书。

（原载《中国实用矿山地质学》，冶金工业出版社 2010 年出版）

矿山地质发展概述

彭 觥

（中国地质学会矿山地质专业委员会，北京，100814）

中国地质学会矿山地质专业委员会成立已经 30 年了，在中国地质学会正确领导和亲切关怀下，取得了一定的成绩。近几年来，专业委员会的工作得到了全国 16 万个生产矿山数万矿山地质工作者的大力支持，先后在昆明、长沙、黄沙、大连、厦门、北京、凡口、铜陵召开了学术会议。累计参加学术会议达 800 余人，发表论文 400 余篇，出版论文集 8 册。这几次会议比较系统地总结了我国矿山地质工作的成功经验、成绩并探讨了未来的发展方向。

众所周知，中国矿业对国民经济建设做出了巨大贡献。全国有 2100 万人从事矿业生产，现有大中型矿山2000 多个，小型矿山 150000 多个，它们每年为国家提供 80% 的工业原料，90% 以上的一次性能源，70% 以上的农业生产资料。创造总值达到 4600 多亿元。由此可见，矿业是社会经济持续发展的重要基础。

矿山地质学是地质科学的一个应用性学科，直接服务于矿业工程，所以也称为采矿地质学。广义地讲，凡是为矿山企业建设（设计、施工）与生产（采矿、选矿、基建、冶炼、加工）提供地质资料、矿产储量数据及其相关研究的工作均属于矿山地质工作。它包含许多丰富的研究内容。

1 矿山地质发展小史

矿山地质工作是伴随着采矿业的发展而发展起来的。特别是古代采矿作业与识矿、找矿、探矿（初始阶段的矿山地质工作）融为一体，不可分割，采矿者也是找矿探矿者。就这一特定含义而言，古代采矿业的发展过程，也是古代矿山地质工作的发展过程，它有着源远流长的发展史。早在人类远古时代，由于石器、青铜器、铁器的生产和使用，产生了原始的采矿业，同时也导致矿山地质工作的萌芽。然后随着采矿业的发展，特别是现代地质学和采矿工业的发展，矿山地质才逐步形成为一门独立的专业和学科。

我国是矿冶业发展最早的国家之一。在旧石器时代的元谋人、蓝田人、北京人遗址可以看到选用质地坚硬、易于简单加工的石料制作石器。在新石器时代（公元前 7000—8000 年）已广泛使用磨制石器和制作粗陶。早期仰韶文化遗址出土的原始陶器，是我国开采和利用黏土矿物最早的考证。1978 年在甘肃兰州马家窑出土的青铜小刀（公元前 2000—3000 年）是我国至今发现最早的青铜器物。到公元前 2000 年新石器晚期起，开始利用自然铜做铜器，人类进入石、铜器并存时期。湖北大冶铜录山古矿冶遗址（商代晚期，距今约 4700 年）的调查表明，在当时我国采矿和找矿已有了一定经验，使用竖井探矿最深达到 50m 以上，从现存和古坑道分布情况可以推测古人在发现矿体之后，根据矿体中的孔雀石作为找矿、探矿标志进行边探边采的矿床开发。坑道都布置在矿体内，富矿带后大部分坑道密集并有分层采矿场。《山海经·五藏山经》（公元前五世纪成书）和《书·禹贡》（公元前 3 世纪成书）即是总结我国从石器时代至早期铁器时代识矿与采矿资料的两部古文献。前者把矿产分为金、玉、石、土 4 大类，记载矿物 89 种，金属及非金属矿产地 309 处，并从采矿、找矿实践中总结出了"赤铜—砾石""黄金—银""铁—文石"等许多现代矿床学所肯定的共生规律。后者记载了金、银、铜、铁、铅 5 种金属和 12 种矿产地的情况。两书对矿物、岩石进行的系统研究远比国外早一两千年。这一时期的古文化标志着我国古代采矿业与矿山地质工作的萌芽。

春秋至南北朝（公元前 770 年至公元 589 年）我国古采矿业初步形成体系。我国最早使用铁矿石炼铁始于春秋晚期。据周圣生（1980）编制的"全国部分大型铁矿开采表"中记载，先秦时期开采的铁矿床，主要有吕梁山沉积变质铁矿床、邯郸一带的"矽卡岩"铁矿床及淄河的铁帽型褐铁矿。到战国中期全国已形成许多手工业冶铁中心，如齐国故都临淄有冶铁遗址千处及楚国著名冶铁中心宛城等。采矿业已初步形成体系，并已使用铁制采矿工具和木制船形砂斗测定矿石品位，追踪富矿等技术。据《汉书》记载铜、铁矿山的开采深度已有达数百米的。从史籍考证，燃料矿物的认识和应用年代，煤不晚于春秋战国，石油、天然气当时在秦汉之间。这一时期有关的矿业著作有，春秋齐国人所著《管子》，其中"地数篇"记述："上有丹砂者，下有黄金。上有慈石者，下有铜金。上有陵石者，下有铅锡赤铜。上有铜者，下有铁。上有铅者，其下有银。"这些矿物共生关系的认识与近代矿床学见解基本符合，也是合乎科学的找矿知识。以后在南北朝的著作中并记有"草青茎赤秀，下有铅；草茎黄秀，下有铜"。说明那时用植物来指示找矿的方法已有所认识。

隋、元、明及清乾隆初叶是我国采矿业兴旺时期。隋、唐（581—907）矿冶业空前兴盛，唐初有金、银、铜、铁、铅、锡冶址 168 处，到中期增至 271 处（含矿场 251 处）。煤在宋代已普遍用于手工业，炼焦则始于南宋咸淳六年（1270），元代（1271—1279）生铁年产量已达 8000t（1600 万斤），银产量 30 万两。据福建松溪县瑞应场银矿记载："取银之法，每石壁上有黑路乃银脉，随脉凿穴而入，甫容人身，深至数十丈，烛火自照，所取银皆碎石。"这描述了较原始的矿山地质工作与采矿相结合的情况，也说明了古采矿业是集探矿与采矿于一体。值得指出的是，11 世纪40—50 年代在四川五通桥、自贡已出现小口径深井开凿，凿井用钻头为圆刃铁锉的中国式钝钻。这一机械钻井法是世界创举，于 11 世纪传入西方，对钻井工程的发展具有重大贡献。

北宋时，代表性的矿业著作为沈括于公元 1086—1093 年撰写的《梦溪笔谈》，书中最早提出"石油"一词，对石油的性能、产地、开采和用途均有具体记述。

明代（1368—1644）古采矿业继续得到发展。铁的年产量达到 90000t（18000 万斤），湖北大冶是著名产地。湖南水口山的铅锌矿开采也盛极一时。当时，陆容所写《叔园杂记》对浙西丽水地区的银铅锌矿脉的找矿、开采及加工也作过详细记述，说明那时已准确掌握矿体产状规律，采深已达数百米。明代杰出医药学家李时珍所著《本草纲目》对 217 种矿物进行了描述。宋应星于 1634 年撰写的《天工开物》是我国第一部有采矿专篇和提出矿产分类概念的著作，记载有三十几种金属和非金属矿产与加工技术。对于一般的地质现象和规律，宋、明两代已有了一些认识。如北宋之沈括、南宋之朱熹、明之薛瑄对泥沙在水下沉积可以形成岩石、泥沙中的生物遗体可以形成化石等地质作用都有所论述。明代地理学家徐霞客对地貌和水文的认识，特别是西南地区岩溶地貌的特征及岩洞分布、石笋、石钟乳的成因，在所著游记中均有细致的描述。

以上所述，说明我国古代的地质知识主要来源于采矿和采矿中初始状态的矿山地质工作，随着古代矿业的发展，有关识矿、找矿、探矿知识，矿物、岩石知识，对地质现象的解释、地质规律的认识以及应用这些知识于采矿的能力，达到了较高水平，同时在很多方面先于西方国家。

进入 18 世纪 20 年代后，我国矿业发展较缓慢。开始落后于西方国家，特别是鸦片战争前后，矿业已凋零。只在 1860—1890 年"洋务运动"期间，中国引进一批近代技术设备，1870 年起采用近代技术兴办一批矿冶企业，其中主要有基隆煤矿、漠河金矿、大冶铁矿；19 世纪末至 20 世纪初，一批铜、铅、锌、钨、锡、锑逐步转用近代技术装备。第一次世界大战前后逐步发展了南芬、鞍山、龙烟等一批规模较大的近代铁矿山，但这些企业在半封建、半殖民地的中国都成为帝国主义掠夺我国资源的工具，我国矿业仍然落后，矿山地质构造仍然附属于采矿，未形成独立的专业系统。除少数地质工作者做过一些简单、零星的矿山地质工作外，矿山地质这个领域，基本上仍然是一块未开拓的处女地。因此，18 世纪中叶以后无论在矿山地质工作，还是在基础理论方面，较之西方我国都显得落后了。

20 世纪初，工业发达国家已开始建立正规的矿山地质工作，1900 年美国安那康达（Ana-Konda）铜矿公司开展了初步的矿山地质工作。1908 年俄国在乌拉尔伯格斯拉夫斯基矿山开始建立矿山地质机构。1940 年以后，开始发表矿山地质专著。1947 年晋科夫出版了《矿山地质概论》，1948 年西方国家出版了 H·E·麦金斯特的《矿山地质学》；还相继出版了 J·D·福斯特的《野外与矿山地质学》（1949）及 H·E·麦金斯特的《矿山地质学》修订版（1957）。1978 年美国出版的 W·C·比得斯所著《勘查和矿山地质学》，比较全面地反映了美国及西方矿山地质的学术思想和工作方法，其主要特点是比较广泛采用现代技术手段，重视矿产经济研究；在苏联、东欧除上述晋科夫的专著外，还有阿日吉烈等的《矿山普查勘探方法》（1954），斯米尔诺夫的《矿床普查勘探的地质学原理》（1954），B·M·克列特尔的《矿床普查与勘探》（1960），捷克 M·库兹瓦尔特等的《矿床普查与勘探》（1978），均在一定程度上涉及矿山地质工作的内容。具有代表性的是苏联 M·H·阿尔波夫等的《矿山地质学》（1956，1973），全面系统地论述了苏联金属矿床矿山地质工作的基本理论与方法。近年来，俄罗斯和东欧等国家还注意和加强了矿产经济研究。

我国至 19 世纪末还没有自己的地质工作者和地质机构。近代早期的地质调查都是外国人做的，早期（1862—1865）来中国的地质学家有庞培莱（Pumpelly），18 世纪60—70 年代，数次来中国的有德国地质学家李希霍芬（Richthofen），著有《中国》一书，附有地文、地质图两册。由中国华蘅芳译著《金石识别》《地学浅识》及稍后他人翻译的《求矿指南》（1899）《祥地探金石法》（1903）等；1903 年周树人（鲁迅）著有《中国地质略论》，1905 年周树人与顾琅合著《中国矿产志》，1910 年邝荣光编制有《直隶省地质图》，这是前清时期仅有的几种地质文献。

中国近代地质工作始创于 1912 年辛亥革命成功后，当时南京临时政府在实业部矿务司下设置了地质科，章鸿钊主持其事，这是我国近代地质工作的开端。1913 年 9 月地质科改称地质调查所，规划和总管全国地质调查工作，丁文江任所长，同时设立地质研究所，所长章鸿钊。该所招收了 30 名学生，翁文灏任专任教习，后继续任教的有王烈，开始自己培养地质人才。1916 年研究所叶良辅、谢家荣等 18 名学员取得毕业证书并到调查所担任调查员，中国从此有了自己的调查队伍。1918 年北京大学正式成立地质系，1920 年首批学生毕业。同年在该校任教的有李四光及毕生在中国从事地质教育的世界著名地质学家葛利普（A. W. Grabau）。随后清华大学、重庆大学、西南联大、西北联大、唐山交通大学、山东大学及北洋大学相继设立地质系（组），中国地质教育事业跨进了一个新阶段。1923 年河南省成立地质调查所，1927 年长沙、广州先后成立湖南、两广地质调查所，1928 年以后四川、福建、西康、新疆相继建所。1928 年中央研究院成立地质研究所，李四光出任所长，着重于地质学重要理论的研讨。自 20 世纪 30 年代中期起北京地质调查所迁南京后改名中央地质调查所，担负全国地质、矿产、土壤等方面的调查研究。1940 年又成立了矿产测勘处，承担全国性矿产勘查工作，谢家荣长期担任处长。从而由 1916 年起，开创了以我国自身力量为主的中国地质事业。

1920 年中国学者创办了《中国古生物》，至 1948 年止，出版 120 余册，为国际上公认的重要参考文献。在地层古生物领域中不少研究成果在国际上取得很高的评价。如李四光的螳科、孙云铸的三叶虫、赵亚增的腕足类（特别是长身贝）、俞建章的珊瑚、许杰的笔石等无脊椎动物化石的研究都具有独到之处。杨钟健的脊椎动物化石的研究也取得了很突出的成就。裴文中在周口店的中国猿人头骨的发现和研究成果，震动学术界，闻名中外。在地层工作方面，中国地质工作者也做了大量工作。李四光、赵亚增、喻德渊、高振西、黄汲清等地质学家为我国地层工作奠定了基础。我国地质构造学方面的杰出代表李四光、黄汲清等对中国的地质构造的研究做出了重要贡献。他们的代表作有《中国之地质》（李四光，1939），《中国地质构造单位》（黄汲清，1945）。李四光还运用力学原理研究了地壳运动，提出了一些重要的新见解，为地质学奠定了理论基础。中国地质学家在地质基础理论及其他方面的研究中也取得了许多有价值的成果，如叶良辅、喻德渊对宁镇山脉火成岩的研究，陈裕淇、王恒升、李学清等在岩石学上，何作霖、王炳章等在矿物学上，谢家荣、王竹泉、孟宪民等在矿床学上所取得的研究成果都达到了相当高的水平。

中国地质工作者，为了振兴祖国矿业，在矿产地质方面做了力所能及的工作。在地质调查所出版的《地质汇报》《地质专报》的大部分篇幅发表有矿产地质的论文和调查报告。在极其困难的条件下，为探寻抗战所需的矿产资源做了许多工作。现今正在开采的许多重要矿山，如白云鄂博铁矿、淮南煤矿、攀枝花铁矿、贵州铝矿、云南磷矿、广西铀矿、大冶及长江中下游铁铜矿、山西煤矿、个旧锡矿、赣南钨矿、东川铜矿、湘黔汞矿、玉门油矿等都是 20 世纪 30 ~ 40 年代发现的并做了一定地质工作。

中国近代地质的进展和取得的成就为我国解放后的近代矿山地质工作的迅速发展创造了条件，在人才培养上、地质理论上和一般工作方法上打下了初步的基础。

2　中华人民共和国成立以来我国矿山地质工作的发展

中华人民共和国成立后，随着现代化矿山生产建设的空前发展，矿山地质工作也得到了迅速发展，按其发展特点可大致分为以下三个时期。

（1）1949—1965 年为创建和顺利发展时期。1949—1952 年，党和政府接管了各主要矿山，并组织有关技术人员进行矿区地质调查和收集矿产资料，为迅速恢复生产提供了条件。

1953—1965 年，矿山生产建设大规模展开。这期间，矿山地质主要进行了三项工作，一是学习推广苏联经验；二是组织机构及业务建设；三是建立健全规章制度。

冶金矿山地质工作开展较早，1953 年初，苏联专家在全国地质工作会议上作了题为《矿山开采中的地质工作》报告，随后在重工业部的苏联专家编写了《矿山地质暂行操作规程》。1955 年重工业部干部学校举办训练班，由苏联专家系统讲授矿山地质理论和方法，轮训矿山地质技术干部。1956 年长沙有色金属工业学校开始设置矿山地质专业，为我国正规矿山地质教育的开端。与此前后，白银有色公司、云南锡业公司和鞍钢等一些厂矿企业选派地质技术干部赴苏联参观学习，同时还参照苏联的经验从部局到矿山企业先后建立了矿山地质机构，编制了冶金矿山地质工作条例及相应的细则，认真贯彻执行了保证生产、指导生产、监督生产的方针。

非金属矿山地质工作起步于 20 世纪 60 年代初期。1963 年在四川石棉矿进行了生产地质和矿山测量试点工作，通过试点总结了一套基本适合我国非金属矿山特点的操作方法并编写了相应的规范。1966 年 5 月召开了矿山生产地测工作会议，在重点非金属矿山推广了试点经验。苏州瓷土公司、丹巴云母矿、南墅石墨矿、应城石膏矿、金州、朝阳石棉矿等重点矿山首次建立了地测科和生产勘探队伍，并涌现了朝阳石棉矿等生产地质工作优秀典型。

铀矿山地质工作，从 20 世纪 50 年代末期开始，由无到有得到全面迅速发展。1960 年第一次全国矿山地质会议后，逐步建立和健全了矿山地质工作机构；1962 年制定了《铀矿山地质工作规程》（试行）；各铀矿矿山企业也相应地制订了实施细则，为铀矿矿山地质工作的统一和标准化打下了良好的基础。

与此同时，化工矿山地质工作也同样得到了迅速发展。为了适应和指导化工矿山的开采工作，在化学矿产地质研究院设立了矿山地质研究室，在大型化学矿山设置了地测科（组），重点化学矿山成立了矿山地质队，基本形成了比较完整的化工矿山地质体系。1963 年 6 月在江苏锦屏磷矿首次召开了化工矿山地质测量工作会议，系统总结和部署了化工矿山地测工作，促进了化工地测工作的进一步发展。

1964 年在总结我国矿山地质工作经验的基础上，国家经委、国家计委联合颁发了《矿山生产地质和测量工作暂行规定》。1965 年 12 月国务院批准颁发了《矿产资源保护试行条例》，对推动全国矿山地质工作和资源保护工作起了重要作用。

（2）1966—1976 年为矿山地质工作遭受挫折的十年。在此期间，大部分矿山地质机构被撤销合并，大批技术干部被迫改行，甚至下放劳动。合理的规章制度遭到破坏。矿山地质工作处于削弱和停滞状态。

（3）1978 年及其以后，为矿山地质工作振兴和繁荣时期。党的十一届三中全会以后，我国矿山地质事业进入一个新的繁荣时期。主要体现在以下几个方面：

①1978 年各生产矿山恢复了矿山地质机构，大量矿山技术人员返回原工作单位，矿山地质工作得到恢复。

②1979 年、1982 年及 1987 年冶金工业部和 1982 年中国有色金属总公司先后召开了四次全国性的矿山地质工作会议；1984 年化学工业部召开了重点化学矿山生产地质测量及贫化损失管理工作会议；与此同时核工业部、建筑材料工业部等工业主管部门均召开了类似工作会议。总结交流了经验，明确了矿山地质工作的方针、任务和发展方向，为促进矿山地质工作的繁荣、发展起了重要的作用。

③进一步建立健全了各项管理和规章制度。1979 年 7 月冶金工业部重新制订和颁发了《黑色冶金矿山地测工作条例》；1980 年 4 月中国有色金属总公司制订了《有色金属矿山地质测量工作条例》（试行）；1988 年冶金工业部修订和颁发了《黑色冶金矿山生产准备矿量管理办法》（三级矿量）；"七五"期间国家黄金管理局颁发了《矿山地质与测量工作条例》和《砂金矿山地质与测量工作条例》；核工业部（原二机部十二局）1973 年 8 月颁发了《铀矿山储量管理规定》及《铀矿山开采损失和贫化管理规定》，1987 年 11 月颁发了《放射性矿山企业采矿登记管理暂行办法》及《放射性矿山企业采矿登记实施细则》（1988 年 4 月），1988 年 6 月颁发了《铀矿山补充地质勘探规程》和《铀矿山生产探矿规程》等；化工部 1978 年 12 月颁发了《化学矿山生产地质工作规定》（试行）及《化学矿山三（二）级矿量管理办法》（1980 年 8 月）和《化学矿山开采贫化、损失管理办法》（1984 年 11 月）；建筑材料工业部 1981 年颁发了《非金属矿山年度开采设计管理条例》和《非金属矿山生产矿量管理条例》，矿山企业相应制订了各种有关的实施细则，特别是 1986 年国务院颁发了《中华人民共和国矿产资源法》及《矿产资源监督管理暂行条例》等三个暂行规定，标志着我国矿山地质技术管理走上了规范化和法制化的轨道。

④学术活动十分活跃。1987 年全国科学大会后，矿山地质学术团体、科技情报组织和有关业务部门召开了各种经验交流和学术讨论会。如 1981 年 10 月 26—31 日召开的第一届全国矿山地质学术会议，是 30 多年来我国矿山地质学术成就的一次总的检阅；1980 年《矿山地质》创刊，为学术交流提供了园地，同时在《非金属矿山》《有色金属》《化工矿山》《地质与勘探》等刊物上也发表了大量矿山地质论文和论著。

⑤新技术、新方法在矿山地质工作领域得到广泛应用，矿山地质工作达到了一个新的技术水平。

3 中华人民共和国成立以来我国矿山地质工作的成就

我国矿山地质工作实践、理论和管理工作上取得的进展和成就，归纳起来主要有以下几个方面：

（1）建立健全了矿山地质机构和培养了一支矿山地质专业队伍。从20世纪50年代开始，各生产矿山先后建立了矿山地质机构，培养了一支门类比较齐全的矿山地质专业队伍，积极开展了矿山地质和矿区外围及深部的找矿勘探工作，为保证矿山正常生产，延长矿山服务年限作出了重要贡献。

（2）建立健全了学术组织和规章制度。各级学术和专业组织机构比较健全，学术交流活跃健康，富有成效。召开各种学术会议20多次，发表论文约1000多篇，相继出版了《中条山铜矿地质》《江西钨矿生产矿山周边成矿规律的研究》《矿山地质学通论》《中国铀矿物学》《矿山地质学》等专著，数量、质量均达到了一个新的高度；规章制度配套成龙，技术管理走上了规范化、标准化的轨道；随着对外开放政策的实行，国际交流活动日益活跃，国外地质专家的来访、中国矿山地质人员的出国考察和参加高级会议的活动越来越多，打破了长期闭关自守的局面。

（3）重点矿山的矿床地质综合研究取得了新的成就。如中条山铜矿，根据矿山长期生产、研究积累的丰富资料，总结出版了《中条山铜矿地质》，对矿区地质和矿床进行了系统研究，详细划分了成因类型，指出了成矿因素及找矿评价的标志和准则；鞍山、白云鄂博和大冶等铁矿区的矿床地质研究，特别是富矿赋存规律和矿床成因及工艺矿物学的研究，提出了相当丰富的具有现代水平的研究成果；冀东水厂铁矿，通过对勘探和矿山地质资料的综合研究，改变了原来矿床受单斜构造控制的认识，提出矿体受向斜构造控制的新观点，使水厂铁矿储量翻了一番。根据与此类似的研究结果，酒钢桦树沟铁矿也较原提交储量增加了约1/2；由于搞清了火成岩接触带对控矿的规律，大冶、利国、邯郸等铁矿的矿量均较原提交储量增加了0.5～1倍以上，西华山钨矿总结出复式花岗岩体两期成矿模式，并指出沿隐伏岩体的接触带进行找矿的规律，增加了储量2.3倍，大吉山钨矿通过采掘地质资料研究，根据矿脉尖灭再现的特征，在北组"再现区"找到十余条盲矿体，使储量成倍增加；广西大厂矿区运用矿化呈大脉带、细脉带、层间脉和层间网脉"四层楼"的分布规律，在长坡区先后找到了7个矿体，大大增加了锡矿储量。江西、广东一带的黑钨矿床，根据开采过程揭露的资料，提出了垂直方向的矿化分带规律（五层楼）和成矿标志，发现了大批盲矿体，扩大了钨矿储量。以砂锡著称的富、贺、钟矿区以及水口山铅锌矿和杨家杖子矽卡岩钼矿床、招远界河金矿、河西金矿、峪耳崖金矿、锦屏磷矿、向山硫铁矿等通过详细的矿区和矿床地质研究及外围深部找矿均发现了大型矿床（矿体）和新的类型。还有721矿的矿山地质工作者，对铀矿床垂直方向富集部和某铀矿区构造控矿特征及找矿方向等提出了高水平的研究成果，为铀矿找矿工作提供了理论依据。

（4）探矿技术的革新和新技术、新方法的推广应用有了显著进展。金刚石钻进技术广泛取代钢粒钻进的旧技术工艺和坑钻结合代替单一坑探的新方法是探矿技术、探矿方法的一项大的革新。由于这项新技术、新方法的应用，显著提高了生产探矿的速度、质量和经济效益。如辽宁华铜铜矿是用红漆－100和KD-100等小型钻机与坑探相结合的综合勘探方法，万吨采掘比由600～700m，降至400m。湖南锡矿山矿务局是应用金刚石钻进技术在坑内探矿的先进单位，万吨采掘比由1950年至1969年的417m降至1970年至1987年的365m。核工、化工等工业部门采用钻探、坑探和凿岩炮孔"组合式勘探方法"均取得了良好效果。又有如手提X荧光分析仪、磁力仪等应用于矿石品位分析，辐射取样代替铀矿床的繁重刻槽取样，杰配夫法则用于生产矿山外围找矿工作，氢气测量用于铅锌找矿，包裹体中盐的测定方法用于矿体圈定，铀矿山放射性物探测井方法用于无岩心钻探，特别是微电子技术在建立矿山地质数据库、计算及制图等领域的应用，深刻地改变了矿山地质技术工作的面貌。

（5）矿产资源的合理利用和保护工作得到了重视和加强。

1）矿产资源的综合勘探、综合评价、综合开采和综合利用工作在地质勘探、矿山设计、采矿、选矿和冶炼等生产部门得到了重视，并已成为各有关业务部门的一项重要工作。

2）降低开采中矿石的贫化、损失取得了成绩，出现了一批像安徽向山硫铁矿，湘潭锰矿，721、711铀矿等贫化、损失管理工作搞得较好的单位。

3）逐步开展了工业指标和出矿品位的优化研究工作，研究成果及其研究手段、方法均达到了现代先进水平。

4）尾矿砂和剥离排弃岩石的利用研究工作在南京梅山铁矿、安徽姑山铁矿、大连甘井子石灰石矿等矿山企业取得了值得重视的经济和社会效益。

（6）矿山工程地质、水文地质和环境地质工作取得了很大进步。近年来在武钢大冶铁矿、海南铁矿、鞍山大孤山铁矿、攀枝花矿山公司兰尖铁矿、马钢南山铁矿、首钢水厂铁矿、本钢南芬铁矿、包钢白云鄂博铁矿、白银铜矿和金川镍矿、721 铀矿等大中型露天矿山广泛开展了边坡工程地质调查和边坡稳定性分析研究工作。研究成果达到了现代先进水平，为边坡管理和安全生产提供了科学依据。在预报和防治边坡岩体移动、坍落等方面取得了良好效果。

锡矿山锑矿、杨家杖子钼矿、金川镍矿、符山铁矿、弓长岭地下铁矿和一些钨矿、铀矿、化工、建材等地下矿山在研究坑道、采场的地压活动规律与工程地质条件的关系等方面均作出了成绩，取得了比较成功的经验。

凡口铅锌矿、西石门铁矿、金山石棉矿、711 铀矿等在矿山水文地质的研究和疏干排水工作方面取得了良好效果，保证了矿山安全和正常生产。

矿山环境调查在一些矿区初步开展起来。如金堆成钼矿、白银铜矿和一些化工、铀矿等矿山企业近年来进行了矿山环境地质的初步调查工作，江西和甘肃一些新建矿山，开展了建设前期的矿区环境评价工作。

（7）矿产经济和工艺矿物学的研究工作取得了引人注目的成果。如鞍山大孤山铁矿、弓长岭铁矿、安徽姑山铁矿等铁矿石工艺矿物学的研究报告；鞍钢眼前山铁矿表外矿矿石物质组成、结构构造与露采境界内表外矿合理利用的研究报告；齐大山铁矿某些经营参数优化的研究报告；胡家庙子铁矿矿床合理工业指标及矿床经济评价研究报告；还有唐钢石人沟铁矿，歪头山铁矿等矿山企业进行的矿产经济研究以及他们所提交的研究报告均达到了现代先进水平。核工业部对大多数铀矿山经过经济分析修改了采矿边际品位，还编写了铀矿床经济评价专著。中国非金属矿工业总公司在石棉矿床以品位评价过渡到以矿石中纤维价值为评价基准，进行了开拓性的工作。还有化学工业部门等也都加强了矿产经济的研究工作。所有这些研究工作均取得了良好的经济效益。值得提出的是由陈希廉教授等主编的《矿产经济学》一书，系统地总结了我国近十年来的矿产经济科研成果和教学经验，该书的问世将进一步推进矿产经济学方法在矿山地质工作中的应用。

（原载《中国实用矿山地质学》，冶金工业出版社 2010 年出版）

三、新中国矿山地质事业发展历程

60 年来矿山地质工作的发展与创新

彭　觥，汪贻水

（中国地质学会矿山地质专业委员会，北京，100814）

矿山地质工作是国家地质事业的一个重要组成部分，又是矿山企业日常采掘作业必不可少的环节，对于提高矿山资源保障及利用程度发挥着主要作用；为矿床地质研究积累第一手资料数据。

中华人民共和国成立 60 年，尤其改革开放 30 年来，随着国家地质事业和矿业的发展，矿山地质工作取得了很大成绩。回顾历史发展过程，可以将其分为起步及组建、发展及创新、改革及繁荣三个阶段。

1　起步及组建

中华人民共和国成立前，旧中国的矿山地质近乎是空白，除了个别矿山有兼职做些零星地质工作外，缺乏经常的系统性地质工作。

1948 年东北解放区各矿山先后恢复生产，为了适应矿山企业需要，政府举办了矿山大专地质班培训人才，辽宁清原铜矿（红透山矿）等选派多名学员参加学习，回矿后建立矿山地质机构，为先探后采、正规开采减少矿石损失等发挥了积极作用。

1953 年我国进入国民经济建设的第一个五年计划时期，随之而来的是大规模的国有矿山建设，包括苏联援建的甘肃白银有色公司、辽宁杨家杖子钼矿和云南锡业公司以及鞍山大孤山铁矿、阜新煤矿等大型矿山建设生产，为了适应需要按苏联专家建议从国家主管矿业各部局到企业自上而下设立矿山地质测量机构，依据规程规定进行系统的矿山地质测量工作。从矿山规划设计、基建施工到矿山投入生产的各阶段，矿山地质业务均有具体要求和标准。当时执行的矿山地质技术规程是苏联专家撰写的，为了照章操作，一些援建矿山派出矿山地质人员赴苏联的矿山对口学习，现场观摩。同时邀请来华专家办学习班讲授和介绍苏联矿山地质工作经验，重点是方法及任务。翻译和出版苏联矿山地质学教材，如 M·H·阿尔波夫等人合著的《矿山地质学》（1958），涂光炽先生 1956 年发表《什么是矿山地质工作》系统地介绍了苏联矿山地质工作发展概况和任务及方法。彭觥于 1959 年第 6 期《地质论评》提出了《关于发展矿山地质工作的意见》。文章首先回顾自 1955 年全国有色金属矿山地质工作建制以来的成绩：通过矿山勘探增加了储量及提高储量可靠程度，在开采中保护资源，降低了损失率和贫化率。文章指出，不同规模矿山应有区别。关于大中型国有矿山企业重点工作是：（1）生产矿区深部及外围找盲矿、富矿；（2）提高生产勘探效益，研究矿体形态、品位变化，准确圈定矿体、矿块及富矿体边界；（3）加强采掘工程监督，减少损失贫化；（4）改进坑道地质编录和取样作业。关于小型矿山企业的矿山地质工作，不应硬套规程要求，应因地制宜提高采矿人员地质知识，兼做矿山地质工作或与邻近矿山、地质队合作。为了在小型有色金属矿山普及地质矿床知识，奉司领导之命撰写了小册子《小型有色金属矿山地质与勘探》（冶金工业出版社 1959）。

2 发展及创新

1964 年年初，国家经委召开了全国地质工作会议，指出："目前矿山生产地质和测量工作落后于生产需要，亟待加强"。会后按会议精神由经委组织冶金、煤炭等部委国内专家调研起草了《矿山生产地质和测量工作暂行规定》，经领导审定，同年 4 月以国家计委和国家经委的名义颁发，文件要求应健全各级矿山地质测量机构，大型矿山企业应设总地质师和总测量师，统筹全矿地测业务，1965 年 12 月，国务院批准并颁发了《矿产资源保护暂行条例》，要求矿山坚持合理开发利用资源，贫富兼采，明确矿山地测工作保矿监督职责。上述文件和措施表明，从矿山地质工作初建时照搬苏联模式行事，走向总结经验，从国情矿情实际出发探索有中国特点的发展之路。我们认识到矿山地质多元知识结构特点，矿山地质学处于地质科学与矿冶工程学之间，与一些相邻学科（专业）有密切关系。比如，为了搞清矿床（矿体）的开采条件（可采性）和选矿条件（可选性），不仅要运用矿床学、矿山工程地质和水文地质学，还要掌握矿相学、工艺矿物学、采矿学、选矿学和冶炼等方面的知识；为了搞好矿区和矿床经济评价，充分合理地综合回收利用矿产资源和矿山环境保护，还必须熟悉矿业经济和环境科学。人们常说，矿山地质学是地学中一门综合性强和应用面广的学科，理由正在于此。

全球矿产资源分布及其赋存地质构造条件具有一般共同性，对于找矿、探矿和采矿生产实践而言，更重要的是矿床区域性特征。外国的理论与方法难免带着乌拉尔铜矿和密西西比铅锌矿的烙印。中国矿床特征不同，学习要从自己的国情出发。

例如，一些生产矿区盲矿体多，个旧锡矿占 94%、辽宁有色矿山占 90%。又如我国多数有色生产矿山矿体形态复杂，探矿坑道工程量多，又难以达到规程所定的标准，经过矿山与研究单位结合，进行试点成功后推广坑探与钻探结合，以钻代坑效果甚大。北京冶金地质研究所李振潜、方啸虎等为此项科研成绩突出。该所发表在《有色金属采矿》"矿山坑内钻探的现状"有关文章阐述了坑探与钻探效果对比。

20 世纪 60 年代，我国矿山生产勘探工作中的坑内岩心钻探，有了一定的发展。有些矿山 1965 年的计划坑内岩心钻探工作量高达一万多米，占全矿探矿总工作量的二分之一。

经验表明，坑内岩心钻探可以起如下几方面的作用：（1）探明矿体边界；（2）寻找新的盲矿体；（3）指导回采炮孔的布置；（4）水文工程与安全方面的作用。

为了生产勘探过去采用坑道探矿方法，需要掘进大量的坑道。不但速度慢，而且有许多坑道在采矿时根本用不上，造成了浪费，有的还妨碍了开采工程的正确布置。而用坑内岩心钻探部分地代替坑道探矿，既能较好地解决上述问题，又能完成坑探所不易实现的勘探任务。

坑内岩心钻探除主要用于探矿工作外，在采用深孔爆破开采时，可用来圈定矿体边界（即二次圈定），指导炮孔的布置。另外，还可做超前探水、观察采空区顶板岩层沉降情况等工作。坑内岩心钻探与掘进穿脉坑道成本对比如表 1 所示。

表 1 坑内钻探与掘进坑道成本对比

矿区	成本/(元·m^{-1})		速度/(m·月$^{-1}$)	
	坑内钻探	穿脉坑道	坑内钻探	穿脉坑道
辽宁第二矿	20	60	—	—
利民矿务局	25	120	5~6	1.5
江西第三矿	36	170	9	1.5
湖南第一矿务局	20	80~90	—	—

坑内岩心钻探虽然在我国应用还不久，但已显示出了这种勘探手段的优越性。从表 1 可以看出，坑内岩心钻探比掘进穿脉坑道成本约低 75%；勘探速度约加快 3 倍。因此坑内岩心钻探的优越性是值得重视的。以我国有色金属矿山为例，如果每年的矿山生产探矿工作量有十分之一采用坑内岩心钻探，就能节省资金上百万元。

可以预料，随着矿山地质工作创新的不断深入，坑内岩心钻探将越来越得到推广。

3 改革及繁荣

1979 年全国性矿山地质学术团体——中国地质学会矿山地质专业委员会成立，标志着矿山地质学术新的繁荣开端。之后不久筹备并在湖南召开首届全国矿山地质学术会议，到会代表近 500 人，交流论文 450 多篇，公开出版论文选集，中条山有色公司与相关单位合作撰写了《中条山铜矿地质》一书获全国科技大会奖。1980 年李鸿业、陈希廉等合著《矿山地质学通论》、1982 年张轸编著《矿山地质学》等专著出版、1980 年《矿山地质》季刊创办和 1981 年彭觥《矿山地质学的发展与任务》在《地质论评》发表等，呈现一派欣欣向荣景象。

1986 年由矿山地质专业委员会牵头，由国家经委、冶金工业部、地质矿产部、中国有色金属工业总公司、化学工业部、中国核工业总公司、中国非金属矿工业公司共同发起主编《中国矿山地质手册》并列入"七五"冶金工业出版社矿业系列工具书出版计划。在纪要中强调：矿山地质工作是国家地质事业重要组成部分，又是矿业生产基础性工作，因此，编撰工作应以总结经验和推广、应用新技术、新方法和新理论，进一步提高我国矿山地质科技水平作为指导思想。经过 200 多位学者、专家和企业生产第一线科技人员共同努力，在主管部门关照支持下，于 1996 年出版了这部 260 余万字的鸿篇巨著。具有广泛实用性和理论意义。这是我国矿山地质界乃至地质行业的一件重大事件。

关于矿产补充资源（又称矿山补充资源）开发利用研究，也是矿山地质人员和矿山企业所面临的新任务和新课题。它具有资源与环境双重意义，因此，彭觥 1979 年提出了有关"矿产补充资源"理念（见《矿山地质》《地质论评》和《第一届全国矿山地质学术会议论文选集》（1982 年冶金工业出版社出版））引起了广泛关注，如《中国大百科全书》（1993）宋叔和院士在"矿山地质学"条目中，把"矿产补充资源"列为今后重要研究方向。2005 年出版的《地球科学大辞典》之矿山地质学之栏目中有"矿山补充资源"分条，又称"二次资源""再生资源"。指矿山当今主要生产对象以外，未被开发或虽经开发但被遗弃可能具有重复开发利用价值的矿产资源，如矿山暂不能利用矿、超贫矿、煤矸石、选矿尾矿、含矿废石及矿坑水和古炉渣。"不失重视新事物"，但待充实。关于生产矿区深部及外围找矿和提高矿山企业矿产资源保障程度，是矿山地质工作重要任务之一，也是最受专家、学者重视的大课题。早在 1981 年中国地质学会和省部联合召开"白银矿区找矿前景学术会议"，就讨论了此问题，即白银矿区找矿方向和寻找接替矿区问题。彭觥、汪贻水在会上发表了"从白银矿区找矿谈老矿山找矿经济意义"。文章回顾该公司矿山地质工作自 20 世纪 50 年代该矿投产以来，折山、火山两个采矿场新探明铜储量 30 余万吨，锌 10 余万吨。

为什么把老矿区放在首位呢？主要原因是：（1）实践证明许多老矿区在客观上存在很大的矿产资源潜力（潜在的矿床、矿体）；（2）老矿区矿山企业已有完善基础设施，内外部交通、水电等优越性，可以减少大量建设费和经营成本。开发建设周期短，收效快，利润高等；（3）老矿区在开发过程中积累了大量的有利用价值的矿产补充资源（包括残矿、尾矿、废石等）。如白银矿区已剥离的废石量有 9000 万吨，尾矿约有 2500 万吨，还有大量炉渣和酸渣等资源。据白银公司资料，矿床中 16 种有用元素只回收了 7 种（铜、硫、金、银、镉、铟、铊），而且回收率都不高，我们应重视它，从资源经济角度开展调查研究，推动这些矿产补充资源的循环利用。文章还列举 20 世纪 70 年代以来，苏联建材部门每年计划处理尾矿和废石 3000 m^3。矿山地质专业委员会老主任、著名矿床学家康永孚非常重视生产矿区找矿工作，在他的许多著作中反复强调矿床理论研究对指导老矿区找矿的重要性。

进入 21 世纪，我国许多重要的有色金属生产矿山经过 30～50 年开采，已探明矿产储量所剩不多，必须在矿区深部及周边或异地寻找接替后备资源，这是国家资源安全和矿业可持续发展的大事，引起中央和有关主管部门的重视，中央领导同志 2002 年强调指出"在有市场需求和资源潜力的老矿山周边或深部努力寻找新的接替资源具有经济、社会双重意义，是当前的一项紧迫任务"。2004 年国务院通过了《全国危机矿山接替资源找矿规划纲要（2004—2010）》。决定投入 40 亿元（其中中央财政 20 亿元），在有资源和前景市场需求的老矿山周边或深部开展找矿工作，以延长矿山生产服务年限。随之组建"全国危机矿山接替资源找矿项目办公室"管理与指导此项工作。执行几年来取得了很大成绩，这与矿山企业及其矿山地质人员参加合作发挥了积极作用密切相关。如红透山铜矿、云南个旧老厂锡矿、广东凡口铅锌矿都取得了显著效益。矿山地质专业委员会 2005 年以来多次召开生产矿区找矿经验交流会和矿山地质及矿床研讨会，推广他们的先进经验，并协调有关矿山企业深入推进矿、学、研联合找矿及矿山地质研究新模式。中南大学和桂林理工大学等都作出成绩并有专著发表。如 2004 年出版的《大型矿山接替资源勘查技术示范研究》，论述了生产矿区找矿特点及个旧和凤凰山等实例。还从宏观战略新思维、信息集成等新技术用于老矿区找矿。

关于做好矿山资源保护和采矿损失与贫化管理。许多矿山企业地质测量部门都认真执行《矿产资源监督管理暂行条例》和《矿山储量动态管理要求》。采矿损失就是在开采中采下或未采下损失在采掘工程（采场、坑道）内的矿量。损失率指损失量和采矿区段内储量比值的百分数。开采损失分为采下和未采下损失；非开采损失指与采矿方法及采掘无关的损失，包括因地质条件、安全、技术条件和因保护地面及地下工程留下的保安矿柱所造成的损失。甘肃金川镍矿二矿区、凡口铅锌矿和铜陵有色公司的矿山等在降低开采损失及贫化、保护资源方面都作出了成绩。其先进经验在有关会议和《矿山地质》期刊上进行了交流推广。

为了适应市场经济发展，我们开展了矿业经济研讨和学习研究，提高了矿山地质人员经济知识水平。为了贯彻《矿产资源法》及相关法规进行了多项宣传普及活动，李万亨教授撰写了有关矿业权著作。矿业开发史研究是我们一个新课题，杜汉中的著作深受好评。作为地质科学与采矿工程相结合知识产物的矿山地质工作，是在二者发展中诞生与发展的。在今天地质全球化、资源全球化的国际环境和构建资源节约、环境友好、可持续发展矿业的国内环境中，矿山地质是大有可为的。我们应认真贯彻落实国务院关于加强地质工作决定中有关做好矿山地质工作精神。第一，用新技术、新方法、新理论提高矿山地质工作水平，充实人员，健全队伍；第二，为了提高矿山资源保障及利用水平，加强深部找矿和资源监督、降低损失贫化工作，积极参与"危机矿山接替资源"项目。第三，挖掘生产矿山资源潜力，充分研究开发废石、尾矿等矿产补充资源，依据《循环经济促进法》推广矿产资源循环利用。我们已向工信部主管司局提出调研和试点建议，希望进一步支持与落实。第四，开展矿山地质人员培训工作，交流矿山地质工作先进典型矿山企业经验，总结经验编写系统教材，我会与有关院校联合办班。第五，加强矿山环境地质工作，防治矿山采空区和尾矿库地质灾害，实现环境友好型矿区的目标，当前应做好规划和分类分期治理。第六，根据国土资源部2006年第（87）号文件精神，关于鼓励成立矿山地质中介机构和培训人员的要求，配合主管部门参与和促进此项任务的落实。因为我会有技术咨询实力和信息交流平台。第七，目前我国已跻身于全球矿业生产和矿产品消费大国行列，铜、铝等有色金属已成第一消费大国，煤炭、钢铁、水泥已是世界第一生产和消费大国，但是矿山多而不强，后备和接替资源不足，必须面向国内外两种资源和两个市场。我们要立足矿山地质岗位，关注和研究全球矿产资源形势，为矿业可持续发展献策。矿业形势变化将促进矿山地质学理论与实践进一步发展创新。

（原载《矿山地质》2009年第4期）

我国矿山地质事业主要成就

彭　觥

（中国地质学会矿山地质专业委员会，北京，100814）

矿山地质工作是中华人民共和国成立后从无到有建立和由小到大发展起来的。35 年来在我国矿业开发中它发挥了很大作用，已成为国家地质事业的一个重要组成部分和矿山企业不可缺少的基础工作。

党和国家一贯重视矿业和地质事业的发展。例如解放战争时期在东北解放区恢复矿山生产过程中首先组织对矿山地质资源的调查工作，1948 年留用日本地质专家对吉林夹皮沟金矿、石嘴子铜矿和天宝山铅锌矿等进行坑内外矿床地质调查。协助矿山制订探矿计划。为了解决当时技术人员缺乏问题，还创办了矿山技术专科学校地质大专班，培养出新中国冶金系统第一批矿山地质专业干部。

20 世纪 50 年代学习苏联经验在全国各大中型矿山企业建立了矿山地质机构，按照苏联专家编写的矿山地质工作规程开展了以生产勘探、采掘工程地质编录、取样、储量计算和降低开采损失与贫化等为主要内容的经常性矿山地质工作并派人赴国外进修和实习。

20 世纪 60 年代，随着我国矿山地质工作的实践经验与理论的提高，某些老的生产矿山进入开采后期，出现储量危机的情况，这使人们认识到，围绕近期采矿生产活动所进行的矿山地质工作只是一方面，另一方面从矿山长远发展需要出发还应研究矿床地质，积极进行深部和外围探找新矿体，缓解储量、增加矿山后备资源。辽宁华铜矿等就是这方面的最好的典型。

十年动乱，矿山地质事业受到了挫折。在党的三中全会路线指引下矿山地质工作很快得到恢复并有了新的发展。在为提高矿山资源（储量）保障程度和提高矿产资源开发利用程度以及提高采掘工业技术经济效益服务等方面都取得了显著成绩。35 年来我国矿山地质工作是随着矿山生产建设和整个地质事业的发展而得到很大的发展。本文从提高矿山资源（储量）保障程度、提高矿山资源开发利用程度、开展矿山地质学术活动三个部分对建国以来矿山地质工作做简要回顾如下。

1　提高矿山资源（储量）保障程度

众所周知，矿山采掘生产是一个消耗矿产资源的过程。它要通过探矿（找矿）为自己寻找"原料"，又通过开拓、采准为自己准备"中间产品"。用政治经济学的一个术语来说，采掘业的劳动对象是消耗性的资源。一个矿山的已探明储量随着开采量的增加而不断减少。要使矿山企业的简单再生产能力能够维持下去，就要不断补充消失的储量，就要不停顿地进行生产矿区的找矿探矿工作。凡是按照采掘工业的客观规律，在抓好采矿的同时又抓探矿，储量屡有增加，矿产资源保证程度有所提高，就可以避免不该（过早）出现的矿山资源（储量）危机，矿山经济效益也就显著提高，整个企业就会欣欣向荣。矿山企业地质的找矿探矿成绩列举如下。

1.1　矿山深部探矿的主要成果

从 20 世纪 50 年代后期以来，一些有色金属矿山随着生产进入中后期，储量危机也就先后出现，其中有不少矿山企业依赖自己加强矿山地质工作，解决了资源（储量）危机，在矿区深部探明大量资源，延长了矿山服务年限。

举世闻名的西华山钨矿在扩建投产后保有储量曾一度紧张。由于该矿一直重视矿山地质工作，他们在地质勘探队工作基础上深入开展矿床盲矿脉地质研究，发现了半隐伏花岗岩体内接触带的富矿脉群，共探明新的有开采价值的钨矿脉 394 条，储量猛增 2.3 倍，延长了矿山寿命 24 年多。同时发现了重稀土元素矿床。在另一个大型生产矿山——大吉山钨矿通过采掘地质资料研究，运用矿脉尖灭再现特征在北组"再现区"找到 10 余条盲矿脉，使储量成倍增加。1969 年在中组脉带的下部发现一个含钽铌铍矿化的细粒白云母花岗岩体，经过 100 多个采样化验，已确定：钨、钽、铌、铍均达到工业指标，又找到了第二个新矿体。黄沙矿区从一个个默默无闻的小矿一跃而成为储量居于江西第二大的钨矿，也是在开采中扩大了资源：1962 年在矿山储量不足的情况下，迫使矿山地质人员和勘探队深入、系统地研究开采积累的地质资料，对比了地表的细小石英－云母脉(0.1~1 cm厚等)在地表以下几十米的坑道内就发现有工业价值的钨矿脉。利用这个规律性，扩大了生产矿区中组规模，还发现了芭蕉坑等新脉群。矿脉从 20 条增加为 60 多条。1976 年以来又在深部发现了 20 多条高品位钨矿脉。

在个旧矿区尽管勘探程度较高，但是，在深部仍有较多空白区，随着矿山地质工作的深入，近些年来不断找到了许多新矿体。如老厂胜利坑 79－9 号矿体，就是通过对一个非工业矿化现象进行研究，沿脉追索探明为长 1000 m 的大矿体，接着又在其附近找到 79－10 号矿体，共新增锡的金属储量 2 万多吨。大厂矿区运用矿化分布呈大脉带、细脉带、层间脉、层间网脉带等"四层楼"的规律在长坡矿的 595~550 m 及 505 m 中段先后找到了 7 个矿体共增加储量 650 多万吨。

青城子矿是一个老矿山，1949 年恢复生产以来一直坚持找矿探矿从未间断，他们始终把矿山地质工作摆在矿山企业活动中的重要位置。由于坚持采矿探矿兼顾，在开采了 35 年之后(共生产铅锌产量近 50 万吨)，至今仍保有储量 15 年左右。该矿探矿工作是从矿山地质综合研究，掌握成矿规律抓起的。早在 20 世纪 60 年代以前就以坑口工区地质组为主开展研究工作，70 年代以来他们认为这样做法有局限性，为了开创找矿新局面，解决脱离矿区地面地质专搞地下地质的偏向，为对金矿区总体认识的进一步提高，于 1970 年 3 月矿山与驻矿地质勘探队联合组成地质综合研究组。他们对 60 多万米坑道和 40 多万米的钻探资料进行全面收集整理，复查 110 个钻孔岩心，采集化探样品 1330 个，分析元素 7392 个，鉴定岩矿光薄片 252 个，绘制各种图纸 300 多张。该矿的这些经验具有普遍意义，值得赞扬和推广。

又如广西河山及湖南黄沙坪矿等深部探矿也取得了显著成就。

冀东水厂铁矿和宫店子铁矿通过对勘探和开采地质资料的综合研究，特别是对矿床构造的系统研究，改变了原来单斜构造控矿的认识，提出向斜褶皱控矿的新观点，使水厂储量翻一番，宫店子储量增加了 3 倍，扩大了整个矿区的远景。包钢公司白云鄂博西矿，对比了南北两个矿带地质特征，查明了两矿带是受同一白云岩层控制，是同一矿层受同斜向斜变形而构成两个矿带(矿体)，据此推断，在深部用钻探找到了向斜核部矿体。吉林大栗子铁矿是开采近百年的老矿，近几年找矿探矿仍有新收获，在南部的东风区盖层下找到了上百万吨平炉和高炉富矿，在已知含矿层两端和已知矿体深部进行找矿探矿，结果新增菱铁矿储量 370 多万吨。

锦屏磷矿从 1979 年到 1983 年 4 年内在矿山深部打了近万米钻探和坑探，共新增储量 1900 多万吨，相当于第一个五年计划时探明的储量总数。因此最近化工部授予该矿深部找矿奖。丹巴云母矿甲居矿区在 20 世纪 60 年代初因不重视找盲矿脉，生产一度被动，经过矿山地质人员研究，1964~1965 年开展深部探矿，增加了储量，矿山生产区出现了新局面。再如二五一、二五三铀矿和英德硫铁矿等在深部探矿方面也取得了很多成绩。

1.2 矿山外围找矿的主要成果

这里仅简要评述夹皮沟外围二道沟(及三道岔)，杨家杖子外围兰家沟和水口山外围康家湾三个矿区的新发现。吉林夹皮沟金矿是一个已经开采 160 多年的老矿山，在 1960 年以前探矿和采矿活动一直集中在一条 4 km长，2 km 宽的含矿带(即主蚀变带)内进行。前人的结论认为这个矿带是该矿区唯一的一个，因此找矿工作一直围绕着它进行探边摸底，长期忽视外围零星矿点。20 世纪 60 年代初驻矿地质队和矿山地质人员全面总结了矿区成矿规律，摆脱了"正统岩浆热液"观点和"单一"北东东向含矿构造带的束缚。从小北沟金矿点入手对夹皮沟外围至老牛沟一带的 20 多个已知矿点重新进行调查研究，查明这些矿床(矿点)是分布在北西向挤压带一侧，其共同特征是：

(1)矿床(矿化)赋存在北西向挤压带的次一级断裂带内。

(2)含矿岩层为一套由斜长角闪岩、角闪斜长片麻岩等组成的绿岩建造。

(3)矿脉与花岗闪长岩、闪长斑岩、正长斑岩、花岗斑岩类岩脉相平行或相互穿插分布。

1961 年在二道沟五号脉矿化打下第一钻就在深部打到 6 m 厚的矿脉，随后用不长时间共找到了 8 条中型矿脉，其中有三条金脉长度都在 200 m 以上，延深在 400 m 以上，厚度 1~3 m。经过分析对比又开展了对三道岔矿点的找矿工作，探明了一条大而富的金矿脉，厚度达 18 m 多，含金品位最高为 80 g/t 以上。使这个老矿山又焕发了青春。

辽宁杨家杖子是一个开采矽卡岩型钼矿的老矿山，长期以来找矿都是沿接触带进行。20 世纪 70 年代以来，矿区勘探队开展了对外围岩体内部的找矿工作，通过运用地质、物化探相结合的综合找矿方法，在地表发现了斑岩矿化蚀变带，接着在重点地段进行槽探和钻探揭露，发现了 200 多条钼矿体，整个矿带延长 6.5 km，宽

1 km；为杨家杖子找到了一个大型后备矿基地。湖南水口山矿区 1976 年发现康家湾大型隐伏矿床是在老矿区外围深入找矿的又一重大成果。这是在认真总结成矿规律、进行成矿预测、以理论指导、就矿找矿实践所取得。早期的找矿探矿工作主要是围绕侵入岩体超覆在二叠系栖霞组灰岩的接触带进行的。到了 20 世纪 70 年代面临着已知含矿接触带已经基本掌握，寻找、研究隐伏含矿接触带成为主要课题。通过对大量数据的分析，并从构造（倒转背斜、断层、隐伏岩体接触带）、岩层（含矿层）以及物化探异常，预测出距生产区 1.8 km 的康家湾红层（300 m 厚）覆盖下是一个有利的成矿区段，经过钻探验证，第一个钻孔在孔深 390 m 处，打到了厚度达 40 m 的铅锌矿体，现已探明储量为 100 多万吨。更值得重视的是发现了侏罗系底砾岩中的新类型矿体。

1.3　矿山勘探方法的改进与钻探装备水平的提高

就地下开采矿山来说，长期都是以坑道为主进行探矿（已知矿体的加密勘探和在开拓范围内寻找新矿体），据重点矿山统计，在 20 世纪 50 年代乃至 60 年代探矿坑道约占矿山掘进米数的 45%，到 60 年代我们认识到这种使用单一坑探的缺点：工效低，成本高等，各矿山及有关领导部门开展了技术革新活动：一方面改造地面使用的大钻机用于坑内，另一方面试制了坑内专用的钻机，出现了坑探、钻探相结合，用钻探部分代替坑探的新形势。例如湖南香花岭矿从 1960 年以来一直坚持坑探、钻探相结合，每年平均完成坑内钻探二万多米，每米成本只有 4.5 元，相当于坑探成本的 1/20。每米钻探可获得锡储量 2.2 t，铅锌储量 12.8 t。

20 世纪 70 年代以来，各矿山又不断总结经验，根据矿床（矿体）和采矿方法特点，灵活运用生探网度，提倡生探手段多样化，坑内钻探逐年增加，近年来，重点有色生产矿山各类型坑内钻机已开动 140 多台，每年完成 20 余万米进尺。辽宁华铜矿创造了以坑探、钻探和凿岩机互相配合的"组合勘探"方法。他们提出凡是可以用水平钻和 YG-80 型、YG-65 型等中深孔凿岩机（取岩粉）进行探矿的地方，就不用坑探。这样不仅提高了地质效果，而且采掘比也有明显下降，由以前的每万吨 800～700 m 降为 400 m。江西荡坪钨矿，根据围岩与矿脉黑白颜色分明、黑钨矿品位高而稳定的特点，研制成功了钻孔（炮孔）光电测视仪，经与岩心对比，仪器测定品位准确，误差很小（一般见矿位置和厚度误差在 1～2 cm 以内）。

在这里还可举出推广小口径金刚石坑内钻探取得技术经济效果显著的红透山铜矿的经验来介绍：至 1983 年 5 月，该矿 10 年来共钻进 24000 m，代替坑道 16000 m，节约直接成本 87 万元（坑探每米成本 108.80 元，钻探成本为 38.23 元；经过大量的统计对比研究，按坑探网度计算，水平孔每 1.3 m 可代替 1 m 坑探，斜孔每 1.8 m 代替 1 m 坑探）。改变了过去矿山探矿落后于生产需要的状况。

近几年来，随着人造金刚石钻探技术的发展和国产新型钻石—100 型水平钻机成批生产以来，全国已有 20 多个金属矿山推广了人造金刚石钻探技术，其优点是钻进硬岩（矿）层效率高（10 级以上岩石每班平均可钻3 m 多），操作简便灵活。还有的矿山改造了老式钻机，提高了转速，也使用了金刚石钻头钻进，大大提高了效率。1983 年钻石 100—D 型钻机（即电动的坑内钻机）也投入生产。湘东钨矿与桂林冶金地质研究所为了解决坑内钻探效率低，起钻、下钻时间长的问题，从 1980 年至 1984 年 6 月用 4 年时间研究成功了坑内单管水力取心技术。据 6 个孔（537 m）资料与常规取心对比，岩心采取率由 82.78% 提高到 98.53%，钻头寿命由 12 m/个提高到 43 m/个；钻速由 1.36 m/h 提高到 1.84 m/h；回次进尺由 1.5 m 以内增加到平均 11.84 m。在今年 7 月鉴定会受到专家们的好评。

据 125 个重点有色生产矿山统计，1983 年已有各种类型钻机 400 多台，其中开动的钻机达到 200 多台，完成钻探进尺 30 万米，其中金刚石钻进等完成 17 万米。每年新增的探明金属储量，可以弥补当年消耗的储量 1/4，其中探矿效果最好的二十几个矿山增加了 60 多万吨的储量，使这些矿山寿命平均延长了 5 年。

2　提高矿山资源开发利用程度

提高生产矿山的矿产资源利用程度，减少开发利用过程中矿产储量的损失，虽然是涉及到矿山企业的采矿、选矿技术工艺和经营管理等许多方面的工作，但是，矿山地质工作是其中一个重要方面：例如监督降低开采损失与贫化，就要求矿山地质人员准确圈定矿体与围岩界线，查明矿体细部（局部）形态、矿化强弱（贫富）变化以及边坡、地压和水文地质条件对开采工程的影响等，并要求以可靠的图件（及文字说明）提交给生产部门作为采矿场设计的依据和基础。为了提高选矿（冶炼）回收率，矿山地质人员还必须调查研究本矿区矿石成分与工艺矿物特性，为了提高矿区共生矿产和伴生有用组分的回收利用水平以及为了开展对废石及尾矿等补充资源的利用等还要进行多元研究与试验。35 年来我们在地质技术经济管理方面也取得了许多成绩。

2.1 为保证与监督开采所进行的矿山地质工作

为了减少生产区段因勘探阶段未搞清的矿体(主要是盲矿和已知矿体分支或被断层错断的部分)的损失,积极开展矿体地质研究,如江西、广东各钨矿等的平行脉、开采区上部及时探矿,为减少因探矿程度低而造成的损失和坚持合理地开采顺序做出了贡献。

为了减少采矿出矿和放矿的矿石损失,地质人员参加采矿场设计、审查、采矿施工现场指导以及放矿监督工作,把保矿监督做到开采作业的各个环节中去。如云南易门矿由于重视提高回采率,不断改进采矿方法,推广"三强"采掘方法,使矿石损失率从 20 世纪 60 年代的 38% 下降到 70 年代的 10.48%,1983 年降为 10%。贫化率从头 5 年的 32.7% 降到目前的 24.4%。易门铜矿是以崩落法采矿,它的回采率高,损失率和贫化率不断下降,其主要经验就是重视矿山地质工作,矿山企业领导懂得抓提高矿山资源利用水平和提高矿山经济效益,首先要抓好矿山地质这个重要环节。该矿还总结出一套符合本矿山实际的科学的采矿质量管理方法,总结为"3、5、90、5"几个字:3(强掘进、强采矿、强出矿)、5(把 5 关:地质资料、采场设计、施工、爆破、放矿质量的审查监督)、90(90 个数据)、5(5 项主要考核指标)。

中条山有色公司加强对采矿场矿体边界二次圈定,一直保持崩落法采矿的损失、贫化率的先进指标。

东川矿务局某铜矿的调查资料表明,开采的矿石损失、贫化率对矿山企业经济效益有重要影响,据计算损失、贫化率为 20% ~ 25%,是该矿盈亏的"分界线"。

矿山的井下采空区地压活动、露天矿边坡滑落和一些矿山水害,在 20 世纪 50 年代尚不突出,60 年代以来由于老矿山开采深度不断加大(井下矿约有 1/3 深度为 400 ~ 600 m,露天矿最深达 200 m),开采条件复杂的新矿不断建成投产(如井下多水大水有色矿山有 12 个,自燃发火有色矿山有 3 个)。为了减少因水文条件复杂和涌水大等造成资源损失的问题,加强了矿山水文地质研究。如辽宁华铜矿和广东南鹏矿这两个滨海矿山,为了与海水夺矿,他们系统观测矿井水的盐度和研究地质构造,布置了超前防水工程。1973 年,冶金系统调查了 12 个多水大水的有色金属生产矿山,总结了凡口矿排水疏干和水口山矿、金州石棉矿、七一铀矿帷幕注浆治水经验,研究了石录矿对残坡积矿床水文地质特征和泗顶矿岩溶矿井水与地面径流关系。有的矿山水文地质研究成果在全国矿床地下水综合治理和利用会议上作了介绍,并受到好评。

近年来湖北铜绿山铜矿对矿山水文地质进行了系统的调查。该矿属埋藏型岩溶充水矿床,矿坑水主要来自溶洞及接触带附近的裂隙水,并以突然涌水为主。1978 年最大瞬时流量达 3041 m^3/h。为了尽可能减少和避免突水事故发生,矿山地质人员加强了对矿区内含矿接触带断裂破碎带、硫化矿体氧化带附近的岩溶发育规律研究,结合对矿区地表水与地下水的水力联系特点的资料及时提出坑内施工部位可能有突水发生的预测。为矿山防水治水起了很大作用。

在露天矿边坡地质构造和工程地质研究方面,湖北大冶铁矿、鞍钢一些矿山、甘肃白银和金川有色金属公司等做了大量工作。在有关科研单位协助下,他们对采矿场各台阶的断层破碎带和岩石节理、片理的产状作了测定,进行了分类统计,研究了其中的规律性,总结出绿泥石化地段黏结力和摩擦系数小,在爆破震动影响下促使不稳体失稳下滑的规律。

在井下矿山与地压活动有关的工程地质和构造地质研究和观测工作,以湖南锡矿山成果比较显著。如从 1970 年以来该矿曾较为准确地预报了三次地压活动。江西盘古山矿和大吉山矿等采空区发生大面积顶板冒落后,各矿山更加强了这方面的研究,并取得了一些成果。

2.2 为提高选矿效益和综合利用进行的矿山地质工作

矿床的物质成分随着矿体空间变化和开发利用深度与加工工艺的改进而变化,要不断加以研究。例如我国最大的铜硫生产基地——白银有色公司在 1959 年建成投产后对矿床物质成分进行了系统的研究。这个黄铁矿型铜矿床,矿石类型在勘探时分为浸染型和稠密型两大类,在矿山生产中发现每一大类中矿石可选性也有很大差异,选矿回收率有时竟相差 30%,为了提高选矿回收率从 20 世纪 60 年代就进行了分矿段分采区取样分析、鉴定和矿物粒度分组研究,并绘制出矿石可选性分类分布图,用以指导合理配矿,对难选矿段能及早从生产工艺流程等方面采取措施,使选矿回收率不仅很快达到 88.23% 的国外设计指标,而且逐年有提高,近年来已达 95%,矿产资源得到了更充分的利用。在开采利用过程中还查明了这个矿床中的伴生有用组分的种类、含量、赋存状态和分布规律,以及选冶工艺矿物特性与流向等。除铜硫、铅、锌外,还查明并计算储量的伴生有用组分有：金、银、硒、碲、镓、铟、铊、镉、锗、铋、汞、砷等。据 1982 年统计共回收金 6 t，银 245 t，硒 341 t，镉 54.7 t，铊 300 kg。产值达 21400 万元。

山东金岭铁矿，投产时只回收铁，经矿山地质工作者对矿床伴生组分查定，查明了铜、钴较富，可选性较好，根据上述资料，扩建了选矿厂，从 1968 年开始回收铜钴精矿，目前每年回收铜含量 600 t，钴含量 60 多吨，产值达 500 多万元。

矿石混入不同性质围岩或矿泥对选矿回收率的影响也是矿山地质人员与选矿人员共同关心的课题。如安徽铜官山铜矿 1959 年后因为大量回收残留矿柱，致使原矿含泥在 1973 年以来均在 11% 以上，含水达 7%（在 1962 年含泥石是 3%，含水 2%）。这不仅要改造选矿工艺，而且降低了选矿回收率，如不含泥的含铜 0.9% 的原矿石，选矿回收率为 88.9%，精矿石品位为 14.34%，尾矿品位为 0.106%，含泥 10% 含铜 0.918% 的，原矿选矿回收率下降为 87.76%，精矿品位下降为 12.27%，尾矿含铜上升为 0.1208%；含泥 12%，含铜 0.923% 的原矿回收率下降为 86.50%，精矿品位下降为 12.88%，尾矿含铜上升为 0.133%。

冶炼生产中的资源综合回收也需要我们提供矿石（精矿）成分和性质查定的地质资料，在白云鄂博铁矿、攀枝花铁矿和金川镍矿等矿产资源综合利用的重点企业，矿山地质人员与冶炼人员近些年来取得的成绩最为显著，直接促进了这些企业资源综合利用率和经济效益的提高。辽宁八家子铅锌矿由于所产精矿在冶炼中回收了伴生的大量白银而获得经济效益，进而又促进了该矿进一步加强白银资源查定，尤其 1981 年以来白银提价后，矿山地质部门对全矿区从地表到坑内的近矿围岩、含矿断裂、岩脉、黄铁矿进行取样分析，共找到含银 140～171 g/t 的银矿体 2 条和 50～108 g/t 银矿体多条。

目前我国有色金属冶炼厂可回收伴生有用组分达到 11～18 种，其中以金、银、硒的回收率最高可达 60%～90%。

但是，和国外先进冶炼企业相比我国潜力还很大，据有关资料，日本金属硫化矿石综合利用率达 85%～90%，苏联有色、冶金企业 1980 年已从矿石中回收 74 种元素。而我国株洲冶炼厂是国内综合利用先进企业，综合利用率也只有 68.24%（1982），沈阳冶炼厂只有 20.62%。

还应指出，我国有些冶金矿山伴生着丰富的宝石及彩石（包括玉石、名贵大理石）矿产资源，如湖北大冶铜矿区的孔雀石，某些矽卡岩型矿山的玉化大理岩和新疆阿尔泰伟晶岩型稀有金属矿山的绿柱石（绿宝石、海蓝宝石等）、芙蓉石以及浙江昌化汞矿的鸡血石等都是高中档玉雕与首饰和印章等工艺品贵重原料，积极开展此项研究和回收工作对于繁荣国内市场、美化人民生活和扩大外贸出口产品都具有重大现实意义。例如出口一对四寸高的孔雀石雕刻花瓶所创外汇相当于出口 106 块国产手表或出口 27 辆自行车的价值。

20 世纪 70 年代以来，重视了这些矿床中的彩石、玉石、宝石原料的研究和回收，使矿山经济效益有所提高，如浙江昌化汞矿生产金属汞销路不畅，前几年转为生产石刻工艺品及鸡血石等，企业收益有了明显增加。

矿产补充资源——人类历史上生产活动中形成的矿物原料（包括矿山废石堆、选矿厂尾矿堆、冶炼厂、化工厂的废渣和各种废水等）的调查研究与开发。20 世纪 70 年代以来，由于矿产品需求量不断增长和某些矿产的短缺，矿产补充资源的调查研究及其开发就成了矿山地质人员一个重要课题。例如云锡公司开发利用古人遗留的较粗粒尾矿（人工砂矿）生产锡已有多年，但是随着这项资源减少和新尾矿不断增加，关于研究开发新尾矿资源的问题又被提出来了。据有关资料介绍个旧矿区，尾砂总量在 1 亿吨以上，平均品位 0.13%，是一个大型砂锡矿床。但是，可选性不佳，工艺矿物和选矿技术也是难题。从长远观点看仍然是具有很大潜在经济价值的矿产补充资源。

矿产补充资源研究的对象，我们分为两类。一类是天然矿产补充资源，主要包括常规矿床资源在矿产开采、选矿过程中未经充分利用的资源和特殊的潜在资源。如低品位贫矿、残矿、采矿废石选厂尾砂、煤矸石这一类，物质成分仍然主要是天然矿物，故称天然矿产补充资源。

另一类是派生矿产补充资源，主要是人类生产过程中产生的副产品和工艺合成矿物原料。如工业炉渣废料、化工残渣、工艺加工副产物（中间物料）、人造矿物原料、生物化学合成资源等等。这一类物质组成主要是工艺矿物和人工化合物。某些工艺矿物常常是自然界罕见甚至是没有的。所以称为派生矿产补充资源。

矿产补充资源学面临的研究领域是广阔的，它的研究课题自然也是相当繁多的。目前开展的科研课题，概略地讲有如下几点。

关于矿产补充资源堆积特征及物质组成研究：各种尾矿、残渣、废石等多为长年累月堆积而成，堆积方式有周边式、坝前式、坝后式、锥堆式等，不同的堆积方式必然产生不同的粒级和金属分布规律。这对现代沉积作用研究很有意义。

关于矿产补充资源的经济评价、资源保护和环境保护的关系：主要用统计学和实例研究矿产补充资源开发利用的效益，例如，按我国目前生产指标计算，每用废钢炼 1 t 钢，可减少铁矿石及辅助原料采掘量 5～6 t、剥离量和尾砂 15 t、炉渣及工业垃圾 10 t；节约用水 50 t；少排放废气废水 200 m³。

广东石鼓矿务局已建成煤矸石硅酸盐水泥车间 8 个、煤矸石红砖隧道窑 2 座、煤矸石红砖转窑 2 座，1981 年处理煤矸石 12.2 万吨、生产水泥 2.8 万吨、红砖 3700 多万块，产值 300 多万元、盈利 72.8 万元。

关于矿产补充资源和其他新型资源远景预测研究是一项富有探索性的研究。

关于人工合成矿物资源的工艺矿物学研究：目前已经作为工业原料进入市场的人造矿物补充资源有人造水晶及人造红宝石及蓝宝石、人造金刚石和人工合成硅灰石等。它们不仅开辟了资源的新来源，也不同程度地补充了资源短缺问题。可促进人造矿物形成机理以及发展新型合成矿物的工艺矿物学基础理论研究等。

3 开展矿山地质学术活动

在全国科学大会以来我国矿山地质学术活动空前活跃，使长期间在地质学术团体中比较薄弱的分支矿山地质学初步繁荣起来了。为了适应新形势发展需要，中国地质学会在 1979 年 3 月决定建立矿山地质专业委员会筹备组（组长彭觥），经过各有关部门协商于同年 9 月正式成立了矿山地质专业委员会，作为全国矿山地质学术活动的组织者，在团结组织广大矿山地质人员开展学术交流、培训人员、科技咨询服务和出版资料刊物等方面，做了许多工作。学术活动促进了广大矿山地质人员科技水平的提高，并协助有关单位解决了一些生产矿山地质疑难问题，受到有关方面和同行们好评，1983 年被中国地质学会授予先进集体。

3.1 大力开展学术交流

5 年来，矿山地质专业委员会紧紧围绕生产矿山提高矿产资源保证程度和利用程度等有关课题，先后组织召开了 20 多次学术会议，参加活动累计人数有近 2000 人。撰写学术论文和科技资料有 2000 多篇。会议多为小型、专题性的，议题中心明确并多在矿山现场召开，有交流讨论也有现场参观。

1981 年是矿山地质学术交流成果最多的一年，这年的 10 月在湖南郴州召开了规模宏大、跨部门、跨行业的第一届全国矿山地质学术会议，共收到论文（及摘要）450 多篇，到会代表近 500 人。这是建国 32 年来我国矿山地质学术成就的大检阅。会上着重交流了瑶岗仙钨矿加强找矿和保护资源全面做好矿山地质工作的经验，锦屏磷矿深部探矿的经验，以及关于降低采矿损失、贫化率和矿山环境地质研究和矿山地质经济研究等课题。还邀请了四位学部委员作了学术报告。这次会议对进一步开展矿山地质学术活动起了积极作用。

为了解决白银有色公司资源问题，矿山地质专业委员会与有关单位和组织参加了"白银矿区找矿前景讨论会"，并提交了许多关于老矿区找矿及其经济问题的论文。

1982 年响应中国地质学会号召，组织广大矿山地质工作者踊跃参加了各地方学会庆祝中国地质学会成立 60 周年的学术活动，出版了《矿山地质》纪念专辑按总会征文要求向北戴河学术讨论会推荐了一批论文，其中有 5 篇论文被选用。

3.2 自力更生创办《矿山地质》并编印了多种论文集

自 1980 年起我们与有关单位协作出版了《矿山地质》季刊。4 年多共出版了 18 期、刊登论文和译文近 230 多篇，约 200 多万字，目前每期发行为 2000 多份。这份杂志已成为广大矿山地质工作者开展学术交流的园地，对促进矿山地质工作，推动矿山地质科技水平的提高和发展起着积极的作用，其本身学术水平和出版水平也在不断地提高。

应该说明，创办这个刊物来我们克服了一系列困难：经费不足，无专职编辑，无专职发行人员，兼职编辑也缺乏经验。克服上述困难是依靠上级和有关部门以及广大读者、作者的热情关怀和大力支持；是依靠编辑组和编委同志的自力更生、艰苦努力干"四化"的精神。我们的刊物已初步形成了自己的特色；有来自矿山生产实践的第一手资料，反映国内矿山开发过程中的地质与资源经济等论著；评介国外矿山地质工作经验等。

我们还编印了《矿山地质经济论文集》《第一届全国矿山地质学术会议论文摘要》《矿山地质学术论文选集》，由冶金出版社出版《会刊》两期共 100 多万字。

3.3 协助矿山企业培训矿山地质人员

为了帮助矿山地质人员提高外语水平，以利于他们了解国外矿山地质科技情报，我们在北京矿冶研究总院等单位大力支持下举办了两期英语学习班，来自全国冶金、化工、铀矿等系统的 40 多名矿山地质人员参加了学习。回矿山后都发挥了很大作用，有的当了英语教员（兼职），有的为矿山翻译大量资料，大大改善了一些矿山的国外科技情报工作。对提高矿山科技人员英语水平起了积极作用。

1982 年与有关单位合办了一期"矿山地质经济学习班"（讲座），共有学员 52 人。邀请专家讲授了矿床经济评价方法，地质经济基本理论以及可行性研究等，对提高矿山地质经济效益大有好处。

（原载《矿山地质》1984 年第 3 期）

振兴我国矿业的一次盛会

——全国矿管会议简述

群 集

（中国地质学会矿山地质专业委员会，北京，100814）

1986 年 9 月 3 日至 9 日在北京召开了全国矿产资源开发管理会议。这次会议是经国务院批准，由国家经委、国家计委、地质矿产部联合召开的。国家计委、国务院法制局、煤炭工业部、冶金工业部、有色金属总公司、化工部、石油部、国家建材局、核工业部、农牧渔业部、轻工业部等十一个部门共同筹备和组织领导了这次会议。出席这次会议的有全国人大常委会法工委、最高人民法院、最高人民检察院、国务院三十四部、委、局（总公司）、解放军总后勤部、各省、直辖市、自治区人民政府和矿管会、计委、经委、地矿局，部分地（市）县及矿山企业与研究、设计单位的负责人和代表三百余人。

这次会议是在《矿产资源法》正式实施的前夕召开的。会议的主要议题是：学习《矿产资源法》，交流矿产资源开发管理的经验，讨论执行《矿产资源法》的措施办法，提高认识，统一思想，明确职责，理顺关系。

国务委员宋健在会上作了题为"为贯彻执行《矿产资源法》而奋斗"的重要讲话，地质矿产部部长朱训代表会议组领导小组作了题为"贯彻执行《矿产资源法》，振兴矿业，促进四化"的报告，国家经委副主任袁宝华作了会议总结。

各有关矿业主管部门的负责同志和劳动人事部安全监察局与城乡建设环境保护部环境保护局代表在大会上讲了话。

湖南省、大连市、包头市、唐山市、磐石市、山阳市、荣昌市、黎城市、铜陵市、淅川市、云浮县的代表介绍了加强矿产资源开发管理工作的经验。

大庆、鹤岗、大冶、昆钢、白银、湘西、南墅等矿山企业和北京有色冶金设计研究总院、鞍山黑色冶金矿山设计研究院代表介绍了提高矿产资源开发利用水平和加强矿山地测机构建设的经验。

国务委员宋健同志指出：建国以来，地矿产业的发展很快，不仅为前六个五年计划和"七五"计划，提供了相应的资源保证，也为后十年的发展做了一定的准备。地矿产业是我国社会主义经济的重要支柱，但已建立的资源、能源和原材料基础还不适应经济发展的需要。我国的钢铁、有色金属和化肥生产仍不能满足国民经济的需要，不得不耗费大量外汇从国外进口。"七五"期间，钢材、有色金属、化工材料、建筑材料等原材料与能源、交通并列，成为制约我国经济发展的重要因素。为缓解这个矛盾，必须大力加强矿产资源的勘查和开发。同时，要执行《矿产资源法》，对人为的损失，浪费现象予以有效的制裁。

宋健同志指出，《矿产资源法》是振兴和保护我国矿业的基本法律。《矿产资源法》规定，由地矿部对矿产资源勘查、开采实行统一监督管理，其他主管部门要协助地矿部执行这个职责。《矿产资源法》规定实行放开、搞活、管好，国家、集体、个人一起上的方针，为各种经济形式依法进行采矿活动提供了法律保障。他强调，群众办矿开始只能因陋就简，有了收入以后，应提倡把一部分资金投入生产，改善生产条件，加强安全措施和提高矿产资源的回收率，使矿业开发取得好的经济效益、社会效益、资源效益和环境效益。矿产资源是一种非再生性资源，因而是有限的。我们应当加倍爱护它、珍惜它，这是我们必须长期坚持的基本国策。

宋健同志接着说，施行《矿产资源法》，关键在于加强矿产资源的管理。矿山生产管理、劳动管理、资源管理、环境管理，以至于矿产品的流通管理、运输管理等等，都要纳入法治管理的轨道。

矿业生产的最大效益在于资源利用效益，不能鼓励那种以浪费资源为代价换取"高产"的做法。要合理地开发利用矿产资源，把对环境的破坏降低到尽可能小的程度。

核实与划定矿界，是矿产资源开发管理的当务之急。这项工作，要在省、自治区、直辖市政府领导下，由当地地矿局负责，有关主管部门参加，分期、分批解决。要切实整顿矿产品市场，加强工商行政管理。

以法治矿是我们加强矿产资源开发管理的基本方针。今后矿产资源开发管理的原则是：谁开发，谁保护；谁破坏，谁赔偿(受罚)；谁污染，谁治理。执法必严，不能含糊。"特种矿种"，只限于石油、天然气和放射性矿产，不再扩大范围，也不能分矿种另立法规。特定矿种的勘查登记和颁发采矿许可证，应服从《矿产资源法》及其实施细则的原则规定，不另订实施条例。《矿产资源法》是国家和人民意志的体现。要自觉维护它的统一性和严肃性，不能从本部门、本地区的局部利益出发，各行其是。

依法搞好矿产资源开发管理，要求分工负责，各尽职守。地矿部的主要职责是主管全国矿产资源勘查、开采的监督管理工作；建立、完备法规体系；建立健全矿管机构网络；负责矿产勘查登记、国营矿山企业采矿发证的管理；参与制订国家和地方的矿产资源勘查、开发规划；监督矿产资源合理开发利用与保护工作；指导地方人民政府和有关主管部门，核定矿区范围，调处采矿权属纠纷等。

有关主管部门在履行国务院授权的职责时，有责任组织和直接监督所属单位合理开发利用与保护矿产资源，协助地矿部进行矿产资源勘查、开发的监督管理工作。制定本部门有关矿产资源开发与保护的规划、规范和规章；制定合理开发利用与保护矿产资源的技术经济指标；建立健全矿山地测机构；拟定本部门矿产资源勘查、开发利用规划；要保持同地矿部的联系，定期反映矿产资源利用与保护的情况等。

各省(自治区、直辖市)人民政府应该加强对矿管工作的领导，做好组织、协调工作，抓好全民普及《矿产资源法》的宣传教育；协助地方人大常委会制定地方性的矿产资源法规；制定本省(区、市)矿资源的勘查、开发规划；主持核实与划定矿区范围；依法处理本地区矿产勘查和采矿权属纠纷；督促检查本省(区、市)地矿主管部门和有关主管部门履行矿管职能等工作。

劳动人事部负责对矿山劳动保护的监督管理责任，城乡建设部负有对矿山保护的监督管理责任。

宋健同志说：地矿部门和有关部门都要建立健全矿产资源开发的监督管理机构，矿产资源较多的地(市)、县应设立专门的矿管机构，有关主管部门和大、中型矿山企业要充实、加强矿山地质测量机构，这个问题，务必在今年内解决。为了加强对矿业的统一领导，国务院决定成立矿业协调小组。

宋健同志还指出，地质勘查工作带有很大的科学探索性，矿产资源开发，从采掘到选冶加工，都要充分发挥科技人员的作用，由于我国整个矿产资源勘查开发及其管理工作同世界先进水平相比还有不少差距，我们必须动员更多的自然科学、社会科学专家，多层次的工程技术和经济管理人员到地矿产业来从事研究和开发工作。要充分发挥科技人员在矿产资源开发管理中的作用，应该提高他们的社会地位，尽可能地帮助他们解决实际困难。他们的劳动以及其宝贵的劳动成果，应当受到全社会广泛的尊重。各有关科研机构、团体和院校的科技工作者要更多地参加到矿产资源勘查开发及其管理的实践中去，为振兴我国矿业做出更多的贡献！

宋健同志最后说，矿产资源开发管理，是我国整个国民经济管理中的一个重要环节，我们应该下决心，努力工作，为严格贯彻实施好《矿产资源法》而奋斗。

地质矿产部长朱训同志指出：经过三十多年的地质勘查工作，大多数矿产的探明储量基本上适应国民经济建设以及"七五"计划的需要，不少矿产还为后十年的发展作了一定准备。矿产开发达到了较大规模，矿产资源开发管理逐步受到重视。然而，我们也要看到，矿产资源开发管理还很薄弱，浪费和破坏矿产资源的现象还相当严重，采矿权属纠纷时有出现，安全生产、环境保护问题也比较突出。因此，加强矿山资源的开发管理，是客观形势的迫切要求。

朱训同志在报告的第二部分，着重讲了《矿产资源法》的主要精神。他说，贯彻实施《矿产资源法》必须正确理解《矿产资源法》的基本精神。第一，《矿产资源法》是国家意志的体现，反映了国家的根本利益，基本指导思想是："发展矿业，加强矿产资源的勘查、开发利用和保护工作，保障社会主义现代化建设的当前和长远的需要。"第二，《矿产资源法》体现了宪法关于矿产资源属于国家所有的规定，明确了矿产资源的所有权是不受土地权属影响的一种独立的物权，矿产资源只有国家所有的一种形式，不存在集体所有、个人所有或集体、个人与国家共有的问题。第三，《矿产资源法》体现了中央关于加快开发地下资源的总方针和经济体制改革的要求。在体现"放开、搞活"精神的同时，对"管好"也作了相应的规定。关于矿产资源实行有偿开发、矿床勘探报告及其他有价值的勘查资料实行有偿使用的规定，将有利于推动矿产资源勘查、开发的计划管理、矿产品价格体系等多方面的改革。第四，《矿产资源法》体现了宪法关于国家保障自然资源合理开发利用和保护环境的规定。要求合理地开发利用和珍惜、保护矿产资源，防止污染环境。第五，《矿产资源法》规划了法律责任。贯彻执行《矿产资源法》，重要的是抓好学习、宣传，提高人们执法、守法的自觉性。对于那些不守法，触犯法律的，要给予制裁。

朱训同志在报告的第三部分指出，全面贯彻实施《矿产资源法》，在近一两年内，必须做好以下工作：

（1）继续深入学习、宣传《矿产资源法》，要列入领导的工作日程，纳入全民普法教育的规划。在《矿产资源法》实施前后，共同组织一次学习宣传，使《矿产资源法》的重要内容和规定家喻户晓。

（2）建立健全矿产资源的法规体系。要争取在近两年内初步形成骨架，五年内逐步健全。地质矿产部要加强同各工业主管部门的联系，主动征求国务院法制局和综合部门的意见，努力把起草工作做好。各省、自治区、直辖市人大常委会要在今年内把乡镇集体、个体采矿管理办法制定出来。《矿产资源法》颁布之前颁布的法规和规章，请按国务院的规定认真进行清理。立法与清理法规，都要维护法律的严肃性、统一性；避免政出多门，使下面无所适从。

（3）加强矿产资源监督管理机构的建设。希望各省、自治区、直辖市人民政府关心和支持矿管机构的建设，争取在今明两年，把矿产资源较多的地（市）、县的矿管机构建立起来。

（4）明确职责，理顺关系。《矿产资源法》和国务院发（1986年）52号文件是加强矿产资源开发管理，明确分工，理顺关系的基本依据。宋健同志在讲话中又代表国务院对各省（区、市）政府，对国务院各有关部门提出了明确具体的要求。我们要按照上述要求去做，共同努力把矿产资源开发管理工作搞好。

（5）认真做好矿产资源的勘查登记和采矿发证工作。矿产资源的勘查登记和国营矿山采矿发证，实行地矿部、局两级管理。石油、天然气和放射性矿产的勘查登记，采矿许可证的发放，分别由石油部、核工业部负责。勘查登记和国营矿山许可证发放制度，1987年在全国普遍实行。乡镇集体、个体采矿，审批、发证机构和具体办法按所在省、自治区、直辖市人大常委会制定的地方性法规执行。不论是新建矿山的审批发证，还是已建、在建矿山补发采矿许可证，一个重要的前提是核实与划定矿区范围。

（6）努力提高资源综合开发和回收利用水平。在勘查、开采、矿山设计、选冶、加工的各个阶段都要贯彻执行"综合勘查、综合评价、综合开发、综合利用"的方针。矿山生产建设，要严格按照设计进行，依靠科技进步，加强管理，使开采回收率、采矿贫化率、选矿回收率达到设计要求。对于乡镇集体、个人采矿，也要加强指导，帮助提高资源的综合开发与回收利用水平。矿山地质测量机构，是保证监督矿山企业充分合理开发利用与保护矿产资源的一支重要力量。请主管部门加强对地测机构的领导，支持他们工作，充分发挥他们的监督作用。

国家经委副主任袁宝华同志指出：这次会议是实施《矿产资源法》的动员会、准备会。国务院领导同志对这个会非常重视。我们完全拥护宋健同志的讲话，同意朱训同志的报告。这次会议收到了很好的效果。一是通过进一步学习，对《矿产资源法》的理解更全面了，更深刻了，也进一步认识到贯彻实施《矿产资源法》的紧迫性及其深远意义。二是初步统一了思想，通过深入讨论，在许多问题上，共同语言更多了。三是明确了职责，为进一步理顺关系打下了坚实的基础。总之，会议基本上达到了预期目的，为贯彻实施《矿产资源法》开了一个好头。

（1）要进一步统一思想认识。《矿产资源法》颁布后，各部门、各级人民政府在大的方面思想认识是一致的。对某些原则性规定有一些不同的理解是正常的，但是，这往往是造成下面产生重大分歧的起因，要从国家整体利益出发，增加全局观念和法制观念，以《矿产资源法》为准绳，统一思想，统一步伐，通力协作，加强管理。《矿产资源法》赋予地质矿产部对全国矿产资源勘查、开采进行监督管理的职能，这体现了国家对矿产资源进行宏观控制与统一管理。地矿部门只进行复核、发证，并从宏观上做好协调服务工作和检察监督工作。这既不会影响审批机关的权力，也不会削弱各部门的管理权限。

（2）必须全面贯彻"放开、搞活、管好"加快开发地下资源的总方针。当前，既有开放、搞活不够的一面，也有管理薄弱的一面。现在仍然要继续强调全面贯彻"放开、搞活、管好"的方针。问题在于要从各地实际情况出发，确定侧重点。但不论哪一个矿山或地区，都要有一套积极而又科学的管理办法。在扶持引导乡镇集体、个体采矿方面，需要多方面的配合。建议有关部门和地区考虑，要尽可能划给一些适合于他们开采的矿产资源，同时，请各级计划、经济和物资部门，请各级财政、银行、税务部门，提供必要的支持。请地质矿产主管部门和国营矿山企业，在有偿互惠和少量收费的原则下，主动地向正式批准的乡镇、个体采矿业提供已有的地质资料，提供各种服务。

（3）一定要维护立法的统一性和严肃性。关于石油、天然气和放射性矿产的具体细则，请石油部、核工业部分别与地质矿产部共同商量，可以在已报请国务院审议的三个条例中，增加一些相应的内容或章节，适应该矿种的情况也可会同地矿部门另作补充规定。各部门和地区制定实施《矿产资源法》的有关规章或法规，一律注意不准与《矿产资源法》和国务院颁布的条例相抵触。对过去制定的规章或法规，要进行清理，凡是与《矿产资源法》和国务院颁布的条例有抵触的，要予以修改或废止。

（4）搞好矿产资源开发的统一规划是加强矿管工作的前提，要抓紧研究并提出本部门归口开采矿种的统一规划和资源划分的方案，以此作为省、自治区、直辖市政府组织领导进行各类矿山定点界的依据。

（5）要学会运用经济手段调节矿业活动。需要研究在商品经济条件下，资源开发方面的一些经济问题，制定相应的经济法规和经济政策，调节矿业活动。请地矿部会后会同有关矿业主管部门和财政、税务及物价主管部门立即着手研究，提出征收资源税和缴纳资源补偿费等具体办法，报国务院审定。

（6）资源的合理开发、综合利用和节约使用是国家必须长期坚持的重大技术经济政策，要把它提高到一项基本国策来看待。随着开放、搞活和改革，现在是到了抓紧研究分期分批进行解决的时候了。开展资源综合利用，有效地使用和保护资源，不但要有行政措施和立法保证，而且还要针对资源开发利用方面的一些经济问题，制定相关的经济调节政策，用经济办法指导矿产勘查，以保证《矿产资源法》的全面实施。

（7）所有矿山企业都要重视环境保护和坚持安全生产，合理开发利用矿产资源与保护环境，两者必须统筹兼顾，协调进行。安全生产方面，矿山矽肺病等职业病还没有得到应有的控制。所有这些，都请各级领导高度重视，创造条件去解决。把贯彻矿产法、环保法和矿山安全条例结合起来，同步加强资源管理、环境管理和安全生产管理。

（8）关于贯彻这次会议的精神和实施《矿产资源法》近期要抓的工作。①宋健同志的重要讲话，朱训同志的报告，是这次会议两个主要文件，传达贯彻即以为准。各地同志回去后，结合本地本矿的实际予以贯彻落实。②各地各有关部门和新闻单位，要大力组织宣传。③加快建立健全以《矿产资源法》为主体的配套法规体系的步伐。④抓好矿管机构的建设，具体组建事宜，请省、自治区、直辖市人民政府研究确定。建立矿山企业公安机构的问题依照公安部关于组建企业公安机构规定的条件和程序办理。这件事，可即办理不再行文了。要重视矿管队伍的培训，提高素质。⑤认真做好落实和划定矿区范围的工作，要选择问题较多的地区从各方面抽调必要的力量进行试点，制定必要的政策界限，争取今明两年内完成。⑥关于国务院成立矿业协调小组的问题。请有关部委向党组报告一下，提出一位参加小组的副部长级干部人选。协调小组办公室建议设在地矿部。各省（区、市）过去成立的矿产资源管理委员会，今后是继续保留还是改为矿业协调小组，均请各地从实际出发，自行决定。

代表们介绍的主要经验：十一个地方代表的共同经验是认真贯彻执行党的十一届三中全会路线，特别是近年来结合本地区具体情况，努力实施党中央提出的"放开、搞活、管好"加快开发地下资源的总方针，他们正确处理放开、搞活、管好的辩证关系，一方面坚持国家、集体、个人一齐上，尽快变资源优势为现实经济优势；另一方面加强监督管理，建立起矿产资源开发管理的新秩序，使矿产资源开发出现新局面，在为当地的经济建设服务中，收到显著的社会经济效益。

湖南省加强矿产资源开发管理工作的主要经验是：用矿山调查的方法掌握矿产资源开发利用现状；建立矿产资源开发管理的工作体系；制定了一系列矿产资源开发管理的制度；把定点划界和采矿登记作为解决争抢资源的关键环节，认真抓《矿产资源法》的宣传，使矿管工作建立在扎实的思想基础上。

大连、包头、唐山市的共同经验，一是认真贯彻《矿产资源法》；二是坚持"放开、搞活、管好"的方针；三是统一规划、强化管理；四是建立机构、制定法规；五是依靠科学技术办矿；六是加强培训指导、提高矿管人员素质。

七个县介绍的经验，各有侧重，各有特色。磐石县对全县矿产资源进行了统一规划，对矿区定点划界，全部实现了有证开采。山阳县把开发矿业作为经济增长的重要产业来抓，矿业产值占全县工业总产值的21.4%，利税占26.4%，使矿业成为全县发展经济、改变贫穷面貌的一个支柱产业。荣昌县注意协调国营矿山企业与乡镇矿山企业之间的关系，在保证国营矿山企业生产的前提下，大力发展乡镇集体煤矿，基本上做到了"有水快流而不乱流，有煤快采而不滥采"。黎城县发挥本县矿产资源优势，始终在管好用好矿产资源上下功夫，取得了较好的经济、社会效益，摘掉了贫困县的帽子。铜陵县制定了积极扶持，加强管理相结合，发展群采的措施，调动了乡镇集体和个体采矿的积极性，发展了经济。淅川和云浮县依法办矿，加强领导，理顺关系，发展矿业，都取得了显著效果。

七个国营矿山企业和北京、鞍山两个矿山设计院介绍了在提高矿山资源回收利用水平方面和加强矿山地质工作等方面经验：

（1）依靠技术进步，提高回采率和回收率。

大庆石油管理局用早期分层注。水、分层采油、分层改造等新的开采工艺技术，提高了采收率，实现了稳产高产。获得国家科技进步特等奖。南墅石墨矿：改进穿孔爆破技术，矿石损失率由 14.5% 下降到 5.2%，贫化率为 4.5%；改进选矿工艺不仅使回收率由 60% 提高到 80%（接近世界先进水平），而且采用综合配矿利用了大量难选矿和贫矿。鹤岗矿务局通过改造和推广综合机化采煤，1985 年工作面回采率为 91.5%，为减少煤柱损失改进了巷道布置，从 1975 至 1980 年多采煤 82 万吨。

（2）综合评价，综合利用。

白银有色金属公司在矿山投产后继续开展矿山地质研究，新查明十二种金属，并计算了储量，改进选矿冶炼工艺，大搞综合利用，投产二十多年来，综合回收利用的产值达十多亿元。大冶铁矿建矿初期只回收铁和铜，后来加强了钴、硫的回收利用，目前已形成铁、铜、钴、硫选矿系统。1985 年综合回收产值达到五千六百多万元，占全矿产值的 37%。

（3）加强矿山地测机构的建设。

鹤岗矿务局从局到矿都健全了地测机构，有一名副局长分管地测工作，局有地测处，各矿有地测科，全局有地测人员 539 名（另有生产勘探队 910 人）。昆阳磷矿矿务局地质队伍在生产勘探中发挥了积极作用，原被否定的一个矿段，经过矿山探矿，增加了四十多万吨储量，采出的矿石多收入四百九十多万。

湘西金矿建矿以来十分重视矿山地质队伍建设，机关不断完善，地测人员素质不断提高。为了扩大生产矿区资源进行了系统的矿山地质研究，总结找矿探矿经验，运用五重叠成矿规律再搭脉两侧及一些过去划分矿化空区发现了一系列新型网状矿脉，1964 至 1985 年储量增加了十二倍多。地测部门与采矿部门共同努力近年来损失率大幅度降度，由 29% 降为 6%。

（4）搞好矿山设计，提高资源利用水平。

鞍山院认为，过去地质勘探技术经济评价、矿石技术加工试验和可行性研究等工作，与矿山设计衔接不好，致使一些矿山资源不能充分利用（如关门山、莫托沙拉等铁矿）。采用先进的开采、加工工艺技术是优化矿山设计的重要手段。例如，在经济合理的范围内，用露天开采在资源回收利用方面比坑内开采优越，如南芬露天矿 1984 年矿石回采率为 97.36%，贫化率为 2.16%，梅山坑内矿 1980 至 1984 年矿石回采率为 75.5%，贫化率为 18%。此外露天开采还能回收剥离境内的表外贫矿。

北京院通知指出：一个好的设计，明确了合理开采顺序、开采方法和选矿工艺等，还要求矿山在生产中认真实行并加强管理，才能达到设计要求。

（原载《中国实用矿山地质学》，冶金工业出版社 2010 年出版）

中国矿山地质工作走向国外施展才华

肖垂斌

（中国地质学会矿山地质专业委员会，北京，100814）

我国已在蒙古、澳大利亚、南美洲、非洲等地区和国家建立铜、锑、铁、铅、锌等生产矿山。这是我国矿业经济发展的体现，也是因为近年来我国矿业环境发生了较大的变化，矿产品从净出口转为净进口。为了维持我国经济的增长，近年来，我国从境外进口矿产品及能源与原材料连年攀高，1999 年贸易逆差为 93. 66 亿美元。2001 年进口铅锌矿 60 多万吨，铜精矿多年进口，已达我国铜工业需求的 55% ~ 60%，石油净进口 7000 多万吨。上述情况表明：一是我国有了开发利用境外矿产资源的客观要求；二是我国从封闭转向对外开放，利用国内外两种资源，有了客观可行性；三是随着我国经济的发展，综合国力增强，有调整矿业政策的空间，开发利用境外矿产资源有了较好的主观条件。

1　现状

尽管我国开发利用境外矿产资源具备了一些主客观条件和可行性，也只是近几年随着国家改革开放和经济发展逐步形成的。由于历史和现实的种种原因，我国开发利用境外矿产资源还只是刚刚起步。一是没有具备国际竞争力的矿业机构（公司），不能参与国际竞争；二是国家还没有制订符合开发境外矿业的发展战略、方针、政策和法律法规；三是实质性的成效甚微。境外矿产资源风险勘探几乎没有。石油开发近几年虽说走出去了，每年能拿回上千万吨石油，但是只能开点边边角角的石油。有色金属资源开发方面，只有中国有色金属建设集团走出了国门，近几年在国家大力支持下，已在赞比亚开发谦比西铜矿，投产后每年可生产铜精矿 4 万吨；准备开发的蒙古一个锌矿，还在做前期工作，黑龙江省国际经济技术合作大公司开发蒙古图木尔嘉大型铁矿，还停留在可行性研究阶段。另外，有的企业（公司）想去蒙古、越南、缅甸、菲律宾、印尼等国开发铜、铝土矿、锰、钾盐等矿产资源，有的处于谈判之中，有的只是处于设想之中，距离真正开发还有待条件的具备才可实行。

我国也看到境外开发矿产资源起步晚的原因是：（1）观念陈旧。计划经济时代，我国在政策上强调自给自足，将矿产资源开发放在国内，20 世纪 80 年代前没有进口过矿产资源。（2）国际环境艰难。美国曾经封锁我国；发展中国家民族解放运动高涨，一些国家曾一度将矿产资源开发收归国有，导致外国矿产资本撤走；最近20 年来，西方发达国家为争夺世界资源，组织了多个大的跨国矿业集团，控制了世界许多矿产资源，加上所在国的矿业保护政策，致使在全球的许多地区根本进不去，例如智利的铜资源，澳大利亚的铜、锌、铁、铝资源、中东的石油。有的地区即使能进去，品质好的、价值高的矿产资源也很难轮到我们，只能是劣质、加工技术复杂、开发成本高的矿产资源。（3）对境外资源情况、所在国的社会环境、法律、法规、政策了解甚少，缺少风险意识，对于风险估计不足，盲目投资，开发不成，不是总结经验教训再干，而是撤出了事。（4）用社会主义计划经济体制开发境外矿产资源，工作效率低下，成本高，对所在国的资源情况、社会环境、法律法规、政策缺乏全面而深刻的了解，执行中障碍重重。开发成本高，难以为继。（5）我国开发利用境外矿产资源的工作刚刚起步。因而在法律、法规、政策上没有具体体现，单靠企业出不起资金。日本、美国开发境外矿产资源之所以成功，并成功地实现了从依靠国内资源向主要依托开发境外资源的战略转移，是因为他们把开发境外矿产资源作为国家矿业战略的重要组成部分，从调查、勘探、开采、资金等有完整的管理机制，有一套系统的政策支持。

2　前景

随着世界经济全球一体化，争夺矿产资源激烈程度增强，我国开发利用境外资源面临着两种前景：一是美好的前景；二是停滞不前。好的前景靠力争而来。这是矿产资源的有限性而又是发展经济的基础产业的地位决定了国际矿业资本争夺全球矿产资源的激烈性。国际上已有 20 多家具有竞争力的矿业跨国公司，在全球范围内争夺矿产资源。有美国、加拿大、英国的几家矿业跨国公司在智利、赞比亚、扎伊尔开采铜矿，美国、加拿大集团已进入蒙古国开发铜、金矿，并已投资风险勘探。在我国的其他周边国家也有外国的矿业跨国公司深入，例如法国想插手开发越南的铝土矿。一些国际矿业跨国公司想进入我国开发矿产资源，英国的比利顿公司和加拿大的矿业公司先后进入我国云南，想控股开发兰坪特大型铅锌矿，美国的道奇公司想控股开发西藏玉龙特大型铜矿，并承诺风险勘探，已经几次派专家实地考察。澳大利亚的矿业投资在云南三江地区对铜、金进行风险勘探。由于我国开发境外矿产资源起步晚，竞争力弱，世界上许多地区的矿产资源已被国际矿业公司、跨国公司所占有，而且主要是优质矿产资源，我国很难进入。我国比较容易进入的只有一些周边国家和非洲的一些国家，如蒙古国、越南、缅甸、印尼、菲律宾、赞比亚等国家。周边国家对比我国，矿产资源开发刚刚起步，缺乏资金技术和管理但又想尽快开发，我国与周边国家合作开发矿业，对巩固我国的安全具有重大战略意义。周边国家的矿产资源应是我国在境外开发的重点。尽管有地理上的优势，但是国际矿业资本在该地区争夺矿产资源的竞争也愈演愈烈。如果我国不抓紧时间采取有力的措施，也会失去这些地区的矿产资源。所以说好的前景靠力争，否则我国开发境外矿产资源前景暗淡。

3 对策

（1）国家要将开发利用境外矿产资源列入我国矿业战略的重要组成部分，要设立专门机构进行研究和管理。（2）按市场经济机制，组建有竞争力的跨国矿业公司，参与国际竞争。竞争力主要体现在资金实力、技术和管理水平、诚心和给所在政党带来的利益上，并且要有国家外交和贸易上的有力支持与配合。（3）要组织强有力的技术、经济、管理、金融和法律等方面的专家去境外考察，真正理解和掌握所在国的资源状况、开发现状和条件、社会环境以及引进外资开发矿产资源的法律法规和政策。以利于取弃，取得预期效果。（4）参照国际惯例制订一套切实可行的扶植开发境外矿产资源的法律法规和政策，要与国际接轨，例如统筹矿业的合理税赋、建立矿业风险基金、国家适当资助资本金等鼓励企业去境外开发矿业的政策措施。（5）高度重视国内矿产地质勘查工作，特别是我国幅员广阔的西部地区，使我国成为矿产资源大国，要充分发挥我国优势矿产资源在世界经济中的作用，以增强开发境外矿产资源的竞争力。"我有人给，我无人不给"，这是国际资本主义社会控制我国开发利用境外矿产资源的基本政策，只有我们有了，才能打破他们的这个垄断政策。（6）加速培养开发境外矿产资源的高素质的职业管理人才和配套的专业人才，以利于提高工作水平和效率，这是核心竞争力，是成功的关键。（7）在战略上要有风险意识，在战术上要坚持实事求是的科学态度。对开发项目要严格筛选，对具体项目要舍得花钱花时间花人力，充分做好前期准备工作，特别是可行性研究报告，对开发条件，对风险要进行周密的调查研究，详尽地占有资料，在此基础上进行科学论证，这样可以大大降低风险，提高项目的价值。项目开发时，要组织一流的管理、一流的技术、一流的施工队伍，加快开发速度，提前达产达标，才能获得长期效果。切忌急功近利，不顾主观条件，不按工作程序，匆忙上阵，否则后果不堪设想。

（原载《中国实用矿山地质学》，冶金工业出版社 2010 年出版）

四、繁荣矿山地质学术活动及著作出版

第一届全国矿山地质学术会议
——我国矿山地质学的新阶段

群　集

（中国地质学会矿山地质专业委员会，北京，100814）

中国地质学会第一届全国矿山地质学术会议，于 1981 年 10 月 26 日至 31 日在湖南郴州市召开。

这次会议，是建国以来我国矿山地质工作者的首次盛会，参加会议的有来自全国 27 个省、市、自治区，包括中国科学院、地质部、二机部、冶金部、国家有色总局、化工部、建材部、轻工部的院校、研究院所和生产厂矿以及湖南省煤炭系统等 300 多个单位的 455 名代表。代表中有老一辈的地质学家，也有中、青年矿山地质工作者。大家济济一堂，共同总结建国 32 年来我们矿山地质工作的丰富经验和研讨矿山地质学术发展问题，生动地体现了我国矿山地质事业的兴旺发达景象。

中国地质学会矿山地质专业委员会主任委员康永孚主持了会议。

中国地质学会副理事长，冶金部地质局局长朱国平出席了会议，并讲了话。矿山地质专业委员会委员们也出席了会议，地质部储委主任曾东，湖南省冶金局、中共郴州地委、行署以及市政府的有关领导同志应邀参加了会议。

中国科学院地学部主任涂光炽教授，地质部委员郭文魁、徐克勤、宋叔和等专家们，应邀在会上分别作了题为《矿山地质工作的重要性》《如何加强矿山地质工作问题》《花岗岩成矿作用与碳酸盐建造中的成矿作用》《华南地质多种成矿的有利条件》的学术报告，受到与会代表们的热烈欢迎。

大会收到论文摘要 450 篇和论文全文 210 篇。在大会宣读的论文 17 篇，分组宣读的 60 余篇。会议期间，代表们坚持"百花齐放、百家争鸣"的方针，广泛交流了矿山地质的科研成果、学术思想和工作经验，讨论了矿山地质工作和学术研究中的重要课题，分析了其中的薄弱环节，提出了发展矿山地质学的方向和任务。

代表们一致认为，这次会议是对我国 32 年来矿山地质事业发展成就的一次大检阅。会议开得成功，达到了预期的目的。

代表们认为：这次会议的论文很多，涉及范围相当广泛，内容比较丰富，基本上反映了我国矿山地质科技工作的面貌和发展方向。有相当一部分论文具有较高的学术水平和重要的实践意义。

通过专家们的学术报告和同志们的学术交流，主要收获是：

（1）提高了对矿山地质工作在开展矿业和国民经济发展中的重要作用的认识。

代表们指出：矿山地质工作是国家地质事业和采掘工业的重要组成部分。矿山地质学是地质科学的重要分支，它对解决矿山生产建设和采、选、冶中的地质问题及其相关的技术经济问题起着重要作用。如果说矿山地质学是伴随着古代的采掘事业而兴起和发展起来的，那么，在科学飞跃发展的现代，如果没有矿山地质学，也就不可能有现代化的采掘事业的大发展。在我国要实现社会主义四个现代化，采掘工业是基础。而矿山地质又是采掘工业的开路先锋。但目前我国矿山地质工作还比较薄弱,因此,必须进一步发展我国的矿山地质学和加强矿山地质工作。

(2)总结和交流了生产矿山加强深部及外围找矿、挖掘老矿山资源潜力,增加有效储量的先进经验。据了解我国当前有相当数量的生产矿山,资源严重不足,迫切需要解决。会上一些单位提出的论文为解决这一问题提供了成功的经验。如锦屏磷矿、四川石棉矿、瑶岗仙钨矿、水口山铅锌矿、白云鄂博锡矿、五龙金矿和一些铀矿山等都是通过综合研究矿区的成矿规律在其深部与外围找到了新矿体或新矿床,扩大了矿山资源,对于保证这些矿山的持续生产或扩大生产起了重要作用。代表们认为这些经验具有普遍意义,值得认真总结推广。

(3)矿山地质工作在矿山企业管理中发挥了重要作用。代表们指出近几年来矿山地质工作者的经济观点有所加强,只搞技术不问经济的倾向有所改变。如一些矿山企业积极运用数学地质和系统工程等新技术制订合理的储量计算工业指标及其计算方法。又如湖南冶金矿山和鞍山等从改进地质技术管理入手,在提高矿山采掘工程质量、商品矿石质量和经济效果等方面取得了显著成效。

矿山地质人员还从当前我国矿山开采中矿石的损失和贫化大,资源损失严重及综合利用水平低的具体情况出发,对于矿山资源保护工作提出了许多建议。一些矿山根据矿山地质人员的意见,采取了有效措施,取得了成效。如中条山铜矿加强采矿场矿体二次圈定工作,使崩落法采矿贫化率、损失率分别保持在20%和15%。易门铜矿和715铀矿以及香山硫矿等在降低贫化损失和提高资源利用率等方面的经验都是可贵的,值得各矿山借鉴。

(4)矿山环境地质问题,已逐渐引起矿山地质工作者的注意。随着矿山的不断开发,原来与矿区居民和职工身体处于平衡的地表元素,由于其成分和含量的改变,破坏了人体内元素的平衡,引起疾病。金堆城钼矿提出的论文介绍了他们从研究地质条件入手,指出了当地地方病的发生原因,引起了与会代表对矿山环境地质工作的进一步重视,认为研究矿山环境地质,对保证矿山职工和居民的健康有着重要作用。

代表们还提出在矿山地质工作中,近年来已推广采用了一些新技术、新方法,工作效率和工作质量均有提高。例如坑内金刚石小口径钻探的大力推广,手提式X射线荧光分析仪用于在坑内测定品位,铀矿山用辐射仪测定品位代替刻槽法取样等取得了成绩。

会议认为:当前矿山地质工作所面临的五个重要课题是:

(1)研究生产矿区及其外围成矿规律,寻找隐伏矿体和深部矿床,"就矿找矿"是研究矿山地质工作者的首要任务。实践表明,很多生产矿区是有不同程度的成矿地质条件和资源远景的,只要加强矿山基础地质研究、掌握成矿规律、开展成矿预测、综合运用探矿技术、方法和手段,就能够为扩大矿山资源远景和延长矿山开采年限做出新贡献,国内外成功的做法是:在老矿区注意寻找新矿种和新类型矿床,运用成矿理论上的新观点和新认识,重新分析评价老矿区的成矿条件和找矿标志,改进找矿探矿的技术,提高勘探效果等。

(2)进一步加强矿山资源的保护工作。在矿区深部及其外围找矿,扩大资源固然重要,但是保护已探明的矿产资源,使其少遭受损失,其意义并不亚于前者,特别是在当前我国国民经济调整时期尤为重要。会议认为必须从以下四个方面着手。

①生产探矿上要严格执行贫富、难易、大小兼采,会同采矿部门严格按采掘顺序执行贫富、难易、大小兼采,严禁乱挖乱掘和随意损失资源。

②矿山地质人员应在提高地质资料精度的基础上会同采矿和基层管理人员以及工人共同采取有效措施,大力降低贫化损失。

③深入研究矿石的物质组成,使矿产资源能得到综合开采综合回收。有条件的矿山,要逐步抽调人员购买设备,建立矿山地质综合研究室。

④许多矿山有十分丰富的补充资源,例如选矿尾矿、低品位残矿和废石等,必须对其进行研究和评价,使其得到充分回收利用。

(3)在生产探矿中要因地制宜,尽可能采用新技术、新方法,降低探矿成本,加快探矿速度。要在坑内试验推广X射线荧光分析仪。扩大数学地质和系统工程在矿山地质中的应用,如结合实际,在某些有条件的矿山推广克立格法计算矿产储量等。

为了适应矿山发展的需要,还应加强矿山地质情报工作,掌握国内外发展动向。鉴于当前新理论、新方法、新技术的发展和应用,使得地质、物化探、数学地质、遥感地质等数据的大量增加,以及采、选、冶等相关科学的渗透，矿山地质学正向多分支分层次发展，必须综合运用各相关专业知识，使矿山地质逐步实现现代化。

（4）积极开展矿山地质经济研究工作。为了使开发矿山取得好的经济效果，矿山地质工作必须考虑探、采、选、冶的各个环节的合理衔接。在矿山开发过程中，要根据经济因素、开采技术条件、需求情况、产品价值等变化，不断地研究圈定工业矿体的合理的各项经济技术指标，确定最佳的边界品位和工业品位。

（5）加强基础地质理论的学习与研究。国内外的实践证明，在一些矿区深部及外围找到新矿体或新矿床，主要是运用基础地质理论的研究成果取得的。应特别重视矿物、岩石和地球化学的综合研究，要研究矿床中的矿物系列及其成因，预测新矿体，扩大地质信息数据的收集与处理工作。研究各个矿床赋存的特殊环境，这是有效的找矿途径之一，是正确认识矿床成因的重要方面，也是提高矿山地质学术水平的必由之路。

代表们指出矿山地质学领域在不断扩大，对新的分支和薄弱环节要给予足够的重视。例如矿山环境地质、矿山水文、工程地质、工艺矿物以及矿产补充资源的研究等。

为了使我国矿山地质工作和矿山地质学有一个较大的发展，代表们提出如下几项建议，盼望得到有关领导的支持和采纳。

（1）各主管部门要加强对矿山地质工作的领导。代表们建议冶金、化工、建材、轻工、二机等部和各省、市、自治区的有关工业厅局以及矿山企业都应健全矿山地质机构，以加强对矿山地质工作的领导和管理。国家经委等设立矿山地质业务专门指导小组。冶金部系统的代表建议冶金部地质局要设立矿山地质处，资料馆建立矿山地质规划组，有关生产司局要充实矿山地质人员，以加强对矿山地质工作的指导和管理。代表们一致建议有关各部要加强矿山地质研究，成立矿山地质研究机构（如冶金部系统的代表建议北京冶金地质研究所等建立矿山地质研究室）。重点矿山要建立矿山地质研究组（室），研究矿山地质理论和方法，以利于扩大现有生产矿山资源和减少矿石贫化损失。

（2）中国地质学会矿山地质专业委员会是全国矿山地质学术活动的组织者和活动中心，它担负着国内外矿山地质学术交流，为繁荣我国矿山地质学术事业、提高我国矿山地质水平以及主办学术刊物等多项工作。因此，代表们呼吁：专业委员会应配备专职工作人员，上级和挂靠单位应在人力、物力、财力上大力支持。代表们建议学会和有关领导机关邀请国外矿山地质学者来华讲学，派出矿山地质人员出国实习、进修和考察，并争取参加国际学术交流会议，以加强与国外的学术交流和联系。代表们一致赞同地学部主任涂光炽院士在大会上的倡议：各矿山企业要支持矿山地质人员考察国内有关矿山地质工作经验，以扩大视野，提高技术水平。

（3）继续办好《矿山地质》杂志，该刊物创刊两年来，在上级关怀和广大矿山地质人员的支持下，通过编委会的努力，已起到了较好的学术交流作用，深受广大读者的欢迎，目前每期发行2500册，远不能满足需求，订户不断增加，投稿踊跃。但目前这种靠兼职编辑人员和靠各单位自愿捐款的做法实在难以维持。为了适应矿山地质学术交流的新形式，建议配备专职编辑人员3~4名，每年拨给经费2万元。代表们要求尽快出版这次会议的论文选集，代表们一致赞同地学部委员宋叔和关于出版更多的矿山地质专业著作的建议，希望地质、冶金和科学等出版社以及各地方出版部门给予大力支持。

（4）目前的保密制度中的某些条文规定不利于开展矿山地质学术交流活动。因此，代表们建议有关部门应对某些保密条例进行实事求是的修订，以利于学术交流和促进矿山地质工作发展。

（5）鉴于当前科学技术突飞猛进，知识更新周期大大缩短，边缘科学、新科学、新技术不断出现，而矿山地质人员身居高山和矿井，耳目闭塞、学习条件差。代表们建议学会和有关主管部门要经常主办短期进修班和技术讲座，主要内容应是本学科的新理论、新技术、新成就、新发展以及外语知识等。

（6）关于学会的经费问题。鉴于国家财政暂时困难，代表们倡议每个矿山向学会捐助一定的经费（如每个矿山每年捐助100元，多者不限），就可以使学术活动更活跃，对矿山提供技术咨询和帮助矿山解决地质上的疑难课题等方面作用会更大，对国家人才开发和智力开发也是有意义的。

（7）发展矿山地质教育，大力培养矿山地质人才。矿山地质工作者不仅担负着探矿和保矿的任务，还要解决矿山的水文工程地质和环境地质问题，以及与采、选、冶有关的资源经济问题，并参与矿山经营管理，为合理利用矿产资源提供研究成果，因而要求知识面广、综合性强。为此，代表们建议教育部门应在有关院校增设矿山地质专业，培养专门的矿山地质人员。

（原载《中国实用矿山地质学》，冶金工业出版社2010年出版）

出版大量中国矿山地质专著

群　集

（中国地质学会矿山地质专业委员会，北京，100814）

　　在十一届三中全会改革开放发展经济总方针指引下，我国矿山生产呈现了生机勃勃的可喜局面，一大批矿山地质专著陆续出版，其中公开出版、发行的有 13 种，影响很大，深受读者欢迎。

　　部分图书择要介绍如下。

《矿山地质手册》

　　本手册由中国地质学会矿山地质专业委员会《矿山地质手册》编辑委员会编，由冶金工业出版社于 1995 年出版。该书近 265 万字，发行 6000 余册，由 180 余位专家用了 3 年时间，耗资 70 万元。这些专家分布在冶金、有色、黄金、核工业、轻工、化工、地质、科学院及当时计委、经委、科委等单位。由袁宝华、涂光炽、徐大铨、费子文、张文驹、陈肇博、李士忠、张人为等专家和领导为该书题词。

　　本书前言写道：中华人民共和国成立以来，我国的采矿工业有了飞速的发展，目前已成为世界采矿大国之一。矿山地质工作是矿山开采中不可缺少的一个部分，它是矿床开采中的先导性工作。我国正规的矿山地质工作是在解放后建立起来的，它随着采矿工业的发展，相应也有了很大发展。为了全面总结我国矿山地质工作的技术成就和丰富经验，并引进国外经验，给矿山地质工作者和有关人员提供一部实用的技术参考书，以进一步促进我国矿山地质工作技术水平的提高，经国家经委重工业局、冶金工业部地质局及矿山司、地质矿产部矿产开发管理局、中国有色金属工业总公司生产部、化学工业部矿山局、核工业部矿冶局、中国非金属矿工业公司、中国地质学会矿山地质专业委员会、冶金地质学会矿山地质及地质经济学术委员会、冶金工业出版社等单位的充分协商和酝酿，于 1986 年 10 月正式决定组织力量编写《矿山地质手册》。编写中所考虑的原则是科学性、先进性、实用性、通用性和统一性，而且要求有关论述要符合我国有关矿产资源的方针、政策和法规；同时要体现手册型工具书信息量大的特点。在内容上是以总结国内矿山地质工作者所积累的丰富经验为主，同时结合国情选入部分国内外的先进技术和经验。在编写格式上力求做到文、图、表并茂，介绍典型实例，便于读者参考。对有关理论的介绍力求简要，对于计算公式不作推导。

　　本手册主要供矿山地质工作者及有关管理干部使用；也可供从事与矿山地质有关的科研、开采设计的技术人员以及院校师生参考；同时，由于矿床地质勘探工作与矿山地质工作有着不可分割的联系，故对地质勘探队技术人员也有一定参考价值。

　　《矿山地质手册》全书共 32 章，分上、下两册，总篇幅约 250 万字；上册分两篇，第一篇为"矿山地质工作的原理和方法"，第二篇为"矿山地质经济"；下册为第三篇"矿山地质实例"。

　　《矿山地质手册》的编写工作是在上述发起单位有关领导的关心和支持下，在编委会的直接领导下，由总编辑部具体组织进行的；许多矿山、设计、科研和院校等单位参加了编写工作；许多矿山为本手册提供了实例和技术资料；参加撰写和审稿的专家学者共计 180 人；特别是有关领导和专家还为本书题词。在此对有关的单位、领导、专家和学者一并表示深深的谢意。

《矿山地质学》

　　本书于 1982 年 11 月由长沙有色专科学校张轸教授编著，由冶金工业出版社出版，计 55 万字，印刷 4000 册。本书接受了《矿山地质通论》的许多新观点，并首次提出了"地质经济管理"的新内容，而且在"矿山找矿"方面其内容比《矿山地质通论》一书更充实。

　　《矿山地质学》是根据冶金工业部 1980 年制订的中等专业学校矿山地质专业教学计划编写的。书中主要介绍现代矿山地质科学的主要体系和内容，矿山地质工作的主要理论和方法。全书分 7 篇、22 章、9 个附录。其主要内容包括：矿山地质学概论、矿山地质找矿和勘探基础、矿山建设周期内的地质工作、生产勘探及矿产资源评价、矿山经常性基本地质工作、矿山生产地质与管理、矿山资源保护、矿山综合地质研究和矿山找矿等。

国外矿山地质科学出现于 20 世纪初，形成于 30～40 年代，我国则是建国后才建立的。伴随着我国矿山地质科学的建立和发展，本书初编于 1957 年，之后经 8 次修改，在长期教学实践中，收集和积累一定资料，经过反复修改和补充，使教材得以逐步完善。力图实现：适应中等专业学校矿山地质专业培养目标和业务范围的要求，选取教学最基本的内容；体现我国矿山地质工作的体制与特点；反映国内外矿山地质科学的现有水平、新的研究课题、科学技术最新成就和发展方向。

编写本书时，利用了各时期翻译和出版的有关专著、专业学术会议或散见于各类刊物上的有关论文、国家及地方、矿山企业部门颁发的有关规程与条例。又在约 70 余个矿山和有关单位收集一些资料。这些材料的一部分按其在书中引用的先后顺序作为主要参考文献列于书末。但限于篇幅及教材出版的特点，大部分资料未能列出，也不可能在引用处一一注明，在此特表歉意，并在此向各类资料文献的作者、提供支持和帮助的单位和个人致以诚挚的谢意。

《矿业权评估概论》

本书于 2008 年 5 月由中国地质大学李万亨教授撰写，由地质出版社于 2000 年 11 月出版。本书前言写道：《矿业权评估概论》，是受中国矿业联合会小型矿山委员会的委托进行的一项研究成果。这一研究面临的背景：一是 1996 年修正的《中华人民共和国矿产资源法》确定了矿业权有偿取得和依法转让的制度。从此开创了中国矿业权的市场化进程。国务院 1998 年相继颁布的三个配套行政法规，进而为矿业权评估提供了完整、系统的法律保障。二是在社会主义市场经济体制日趋完善的今天，我国矿业领域也和其他行业一样，不同形式的现代化建设和科学技术的快速发展越来越显露出其重要性，因此纷纷要求产权重组与整合，在这种形势下矿业权评估的数量将会有增无减，质量要求将会愈益提高，这就迫切需要建立正确的评估理论，掌握合理的评估方法。三是面对入世后我国矿业如何抓住机遇应对挑战，同时，利用好两种资源、两个市场，也需要有序地开展矿业权评估并尽快纳入世界矿业权评估的轨道上来。正是在这种背景下，我们委托李万亨教授研究并撰写了本书。本书理论紧密联系实际，并介绍了国内外通用的评估方法，最后运用实例帮助解析问题。书中比较重视矿业权评估的基础理论，这有利于纠正当前评估中容易产生的不良倾向。此外本书还具有概念准确、语句通顺、深入浅出、逻辑性强的特点，便于读者加以理解，更好地指导矿业权评估工作。

本书可作科普及矿业权评估知识和培训评估人员的教学参考书，也可供各地矿管部门和地勘单位、矿业企业有关人员自学或研讨之用。

本书在撰写过程中，得到郭振西、何鸣珂、曾澜的指导和帮助，在此表示感谢；并对高奎山、常来富、舒志友等同志对本书出版给予热情的关注，谨表谢忱。

《矿产经济学》

本书由陈希廉、张玉衡主编，由中国国际广播出版社于 1992 年出版，32 万字，印刷 2900 册。

这本书是在冶金地质学会组织下，根据北京科技大学矿产经济科研组在 9 年的科研及教学中所积累的资料编写的，是全组同志（包括未参加执笔的同志）的共同劳动成果。

本书的特点是既介绍了矿产经济学及其有关的经济学的基本知识，以便初学者学习，又重点介绍了我们对某些重要矿产经济研究课题的新探索，以资与同行交流。故本书既可作为大专院校师生的教学参考书，亦可供从事科研工作同行参考。

本书除绪论外共分四篇十七章。各篇、章执笔人如下：绪论陈希廉；第一篇袁怀雨、陈希廉；第二篇中第四章袁怀雨；第五章全组合编；第六章曹乐农、黄凤吟；第七章黄凤吟、陈希廉；第八章曹乐农；第三篇第九章黄凤吟；第十章戚国安、陈廷琨；第十一章陈希廉、孙维约、张玉衡；第十二章、第十三章陈希廉、戚国安；第十四章陈希廉、黄凤吟；第十五章胡永平；第四篇张玉衡。

全书大部分章节由曹乐农进行了修改、补充和整理，袁怀雨也参加了部分章节的修改和补充。限于篇幅，本书未能对矿产经济学中所有研究课题一一详尽介绍；更限于作者的水平，书中定有不少缺点或错误，望读者多加批评指正。

本书在编写过程中得到冶金工业部原地质司张福霖司长和矿山司刘萌桐高工的热情指导和大力支持，在此表示衷心的感谢。

《六十四种有色金属》

本书于 1996 年 11 月由汪贻水等同志编著，由中南大学出版社于 1998 年出版，30 万字，印 2000 册。

作者以其渊博的知识和丰富的经验，通俗而系统地给广大读者讲述了门捷列夫化学元素周期表中 64 种有色金属的基本常识，即它们的发现、资源、性质与用途以及生产流程等。本书对加强精神文明建设、提高全民科学文化素质和从事有色金属工业生产的员工都有积极作用。

有色金属在经济建设、社会发展和人民生活中均占有重要地位，例如，每消耗 100t 钢，就需要配套铜 1.5t；每制造 100 万发子弹需要铜 14t；一架飞机有 70% 是铝及铝合金构成；黄金既是电子等现代工业重要原料又是美化人们生活的装饰品，当今世界首饰用金量每年达 1000t 以上，近几年我国金饰品耗金约 250~300t，世界黄金协会推测今后黄金生产还有加快增长之趋势。

我国有色金属资源的重要特点之一是品种较齐全而丰度不均衡，例如钨矿储量有 500 多万吨，占全世界第一，而常用的铜、铝储量少且质量不佳：富少贫多，大的少，小的多，使得投资高，成本高，竞争力差。攻克这些课题是有色金属工作者任重道远的艰巨任务。

有色金属王国是一座五光十色的大花园，让我们共同认识她、观赏她、保护她、开发她。同行们、朋友们，为她献身而自豪吧！

《当代矿山地质地球物理新进展》

本书由彭觥、汪贻水等主编，由中南大学出版社于 2004 年出版，76 万字，刊有何继善院士等论文共 86 篇。

《中国矿山地质找矿与矿产经济》

本书由孙振家、汪贻水等主编，由中南大学出版社于 2000 年出版，63 万字，收录 73 篇论文。

2000 年是中国即将加入世界贸易组织并面临新的挑战和机遇的一年，是中国共产党中央委员会和九届三次全国人民代表大会对我国西部大开发作出重大战略决策的一年。为了更好地完成历史赋予矿山地质工作者的重任，挖掘现有矿山的生产潜力，为危机矿山提供技术支持，为西部大开发提供更多的找矿信息、技术和经验，由中国地质学会矿山地质专业委员会主办，冶金地质学会矿山地质及矿产经济学术委员会、有色金属学会矿山地质专业委员会、湖南省地质学会矿山地质专业委员会合办，中南大学承办的"中国矿山地质找矿和矿产经济研讨会"于 2000 年 10 月 15 日至 20 日在湖南长沙召开。这次会议拟通过交流技术信息和经验，进一步激发我国矿山地质工作的生机和活力。这将是一次矿山挖潜脱困，重整矿业雄风，迎接我国加入世界贸易组织，支持我国西部大开发，确保 21 世纪矿山可持续发展的新千年矿山地质界的盛会。

本次学术会议交流的内容包括：矿山扩大地质找矿的理论和思路、国内外高科技在矿山地质找矿中的应用和发展趋势、老矿山扩大资源、矿产经济学在矿山地质工作中的应用、开发我国西部地区矿产资源的建议和经验、矿山工艺矿物的研究以及环境地质研究和环境治理等。会议通知发下后，全国矿山地质工作者、高等院校和研究院所的科技人员和有关学术团体的科技工作者积极热情撰写论文报名参加这次会议。

本书收集到论文共 73 篇，论文内容丰富，水平很高，科学性、实践性强，为开好这次会议打下了坚实的基础。其中有著名专家、教授宏观论述矿山可持续发展问题、有我国近年来矿山外围及深边部找矿的喜人成果、有充分利用矿山现有资源的一些好建议和好办法以及注重生产矿山地质经济效益的论述等。

这次会议除一些论文作者进行学术交流外，会议还邀请了一些知名教授和专家到会作学术报告。他们是何继善院士、李万亨教授、郑之英教授级高工、陈希廉教授、梅友松教授级高工等，他们的应邀为会议增添了光彩，为与会的科技人员提供了一次极好的学习机会。我们向他们表示感谢。

这次会议在湖南长沙召开，作为会议东道主的湖南省地质学会向为这次会议进行精心策划、严密组织和付出辛勤劳动的全国有关发起和合办的学会的领导和有关同志表示感谢。也向这次会议的承办单位中南大学的全体员工为会议所作的多方面努力表示感谢。

《推进凡口找矿》

本书由汪贻水、张木毅等主编，由冶金工业出版社于2009年1月出版，27万字，印300本。

书中写道，凡口铅锌矿建矿50年，投产40年，对国家经济做出了巨大的贡献，这是凡口铅锌矿领导和全体职工共同奋斗的结果。为了加强深部和边部找矿，更好地发挥凡口铅锌矿资源优势，继续为国民经济建设做出新贡献，凡口铅锌矿和中国地质学会矿山地质专业委员会等10余个单位联合召开了"凡口铅锌矿找矿前景高层论坛"，得到了大家积极支持，先后收到论文40余篇，又得到冶金工业出版社等单位大力支持，决定出版这次会议的论文集。

在会议筹备组领导下，经过专家多次评审，决定将此论文集（含设计）分成4大部分，即：科学确定找矿思路、科学选定找矿靶区、科学运用各种找矿方法、科学加强后备基地建设。专家们认为，长期在凡口铅锌矿工作的矿山地质人员编撰了大量论文和设计，对推进凡口铅锌矿深部和边部找矿有重要指导意义，显得十分珍贵，已全部收录到论文中。

论文集有着重要的学术价值。供从事矿山地质、教育、科研、设计、生产以及矿政领导部门的领导同志参阅，并提出宝贵的修改意见，以利于提高我国生产矿山周边和深部找矿的水平。

《第一届矿山地质学术会议论文集》

本书由矿山地质专业委员会主编，由冶金工业出版社于1986年出版，23万字，印2350册。

矿山地质工作者渴望已久的《第一届全国矿山地质学术会议论文选集》终于和读者见面了。

"第一届全国矿山地质学术会议"（1981年10月在湖南郴州召开）总共交流了学术论文442篇。论文来自地质矿产部、冶金工业部、核工业部、化学工业部、建筑材料工业部、轻工业部、中国科学院、中国社会科学院、大专院校9个系统的矿山地质战线上的地质工作者。论文内容包括生产矿山矿床地质及找矿、矿产资源保护及地质经济、工艺矿物学及矿产补充资源、生产勘探和探采对比、矿山环境地质和水文地质、矿山地质学发展评述、矿山地质技术管理、新技术及新方法等各个方面的实践经验和科研成果，堪称一次我国矿山地质工作成就的大检阅。但是，这么多的学术论文，限于条件不可能全部刊出。为此，通过矿山地质专业委员会多次组织有关同志精心阅读，反复评议，认真讨论与修改，选出具有代表性的论文33篇，并委托由彭觥、杜汉忠、汪贻水组成的论文选集编辑小组负责论文的选编、审查、修改和定稿工作。首先，生产矿山的地质找矿问题，是当前首屈一指的重要工作。虽然我们过去付出了辛勤艰巨的劳动，获得很大成绩，延长了矿山服务年限，然而建国以后，经过30多年的开采，地表矿和浅部矿将要采掘殆尽，有些矿山的资源危机相当严重。据冶金系统估计，有色金属和黄金矿山资源明显不足的占28%左右。因此，急需充分利用生产矿山积累的丰富地质资料，深入研究成矿规律和找矿方向，根据新的成矿理论和新的找矿见解，采用综合勘探手段，探索矿区周边及外围的地质条件，发现新的工业矿体；同时，还必须深入研究区域成矿构造、成矿元素的分布特点，揭示区域成矿系列和矿床组合，探索成矿模式，预测深部和边部可能存在的盲矿。在这方面，锦屏磷矿、四川某白云母矿、五龙金矿和瑶岗仙钨矿等都做出了卓越的成绩。因此，在《论文选集》中选编了较多这方面的论文。其次，工艺矿物学及矿山补充资源问题，这是一个矿山地质工作的新课题。由于生产矿山的采、选、冶工程不断发展，对矿山地质工作提出越来越高的要求。例如矿石的物质成分、结构构造、表面物理性能、可浮性、可溶性以及金属的还原性等，均对选、冶技术有一定影响；同时，过去认为是不能回收的低品位矿石、尾砂、废石、废渣等，不少矿山堆积如山，而由于选、冶技术不断进步，可能作为生产矿山的第二资源，积极组织调查研究，配合采、选、冶人员进行回收。这些工作都是矿山地质的组成部分，亟待引起重视，迅速进行，为采、选、冶工程提供可靠的科学依据。这次会议在金属与非金属矿山都有一些比较成熟的经验，因而也选了不少这方面的论文，以资借鉴。再次，矿产资源保护和地质经济问题，前者探讨如何减少开采中的矿石贫化、损失，合理确定矿床的最低工业品位；后者则是矿山地质近年来开展的新工作，评价矿床开采的经济效益。这两项工作都是矿山地质刻不容缓的工作内容，许多矿山起步较早，取得了不少可喜的成果，所以也选了一些这方面的论文。最后，生产勘探和探采对比、矿山环境工程和水文地质、矿山地质管理、新技术的应用以及矿山地质学发展评述等，也有一定代表性文章选入《第一届矿山地质学术会议论文集》。

我们出版这一《第一届矿山地质学术会议论文集》的目的，在于总结建国以来各个系统矿山地质工作的生产实践经验和科学研究成果，广泛交流，启发学术思想，开辟工作思路，为繁荣我国的矿山地质事业，振兴矿业，振兴中华，尽一点绵薄之力。更重要的是，党的十二大为我们提出到 20 世纪末的战略目标，发出了全面开创社会主义现代化建设的新局面，发展社会主义经济，建设社会主义物质文明和精神文明的伟大号召，我们矿山地质工作必须进一步努力，勇于实践，敢于攀登，在"第一届全国矿山地质学术会议"的基础上，一靠政策，二靠科学，革新技术，改善管理，不断总结先进经验，为开创矿山地质工作的新局面，做出更多更好的成绩，大力提高矿山企业的经济效益。这是全国各个系统矿山地质工作者艰巨而光荣的任务。

近年来，我们还正式出版了《论提高生产矿山资源的保障能力》《紫金矿业矿山地质工作成就》《矿山深部找矿新论》《矿山地质理论与实践创新》等著作。

由于我们政治思想和业务水平不高，书中缺点和错误在所难免，敬希广大读者批评指正。

矿山地质专业委员会还出版了大量内部发行的专著、会议论文集 30 余种，发表论文 1300 多篇，字数 650 万字，现列出以下几种（表 1）。

表 1　内部发行的专著及论文

序号	书名	年份	主编	论文数/篇	字数/万字	印数/册
1	中国有色金属尾矿库概论	1992	汪贻水等		100	1000
2	中国矿山地质与西部矿山资源开发研讨会论文专辑	2002	彭觥、汪贻水	59	49	300
3	缓解矿山资源危机	2003	陈希廉、袁怀雨	42	35	300
4	21 世纪全国矿山地质及可持续发展	2000	汪贻水	65	32	250
5	第五届矿山地质学术会议论文集	2005	彭觥	45	33	200
6	中国首届生产矿山尾矿废石资源化及找矿成果学术交流会论文集	2007	汪贻水等	30	14	200
7	资源节约型矿山高层论坛会议论文集	2006	彭觥等	44	34	150
8	黄山会议论文集	2001	彭觥等	47	33	150
9	三亚会议论文集	2004	彭觥等	86	76	200

（原载《中国实用矿山地质学》，冶金工业出版社 2010 年出版）

《矿山地质》季刊 102 期发刊词

　　1980 年 4 月正好是矿山地质专业委员会成立半年，在中国地质学会领导下，得到了涂光炽院士大力支持，经时任第一届矿山地质专业委员会主任康永孚先生、彭觥先生积极努力之后，得到杨家杖子矿务局及矿山地质处长肖垂斌先生大力支持，《矿山地质》季刊第一期终于问世。本期刊载了冶金工业部地质局局长朱国平先生写的发刊词，涂光炽先生写的贺词，康永孚先生、彭觥先生发表的重要文章，以及 13 篇高质量论文。

　　刊物一出来，即受到各矿山及矿山地质工作者的热忱欢迎，直到今天，共计出刊 102 期，发表论文 1000 余篇，共计 500 万字。刊物刊载的论文水平较高，坚持理论联系实际，呈现中国矿山地质事业蓬勃发展的景象，颇受广大矿山地质人员喜爱。

发　刊　词

朱国平

（中国地质学会副理事长、冶金部地质司司长）

　　矿山地质是我们整个地质事业的重要部分，它的任务是在已有勘探工作的基础上，根据矿山开采部门的要求，进一步使矿量升级，为矿山的开采做好准备；在已经勘探过的矿床范围内或者在其周围寻找尚未发现的矿体，增加新的储量，扩大矿山的远景，延长矿山的服务年限；此外，要负责资源的保护工作，配合开采部门，研究提高回采率，降低贫化率的措施，达到合理的开采资源，综合利用资源，防止资源的丢弃和浪费现象。

　　矿山地质是在矿山的开采过程中进行的。一个生产矿山的开采过程中，会充分地揭露各种地质现象，特别是关于矿床的生成和矿区地层的关系，和矿区构造的关系，和周围岩体的关系，以及矿体生成的时代顺序，控矿的因素等等；会获得在地质勘探过程中所难以获得的资料，矿山地质工作者充分收集这些资料，一定会从中找到一些新的关于成矿规律和找矿方向的认识，把它上升到理论，一定会大大丰富矿床学的内容。整个地质界的同志们，对矿山地质工作者在这方面寄予很大的希望。

　　建国 30 年来，矿山地质工作者在上述各项工作当中已经做出了很大贡献，他们不但配合开采部门使矿山尽量做到了合理开采，而且在进一步总结成矿规律、寻找新的矿体、扩大矿山远景方面也做出了不少成绩。在我们冶金矿山当中，许多资源危机的矿山，经过矿山地质工作者的努力，使老矿山恢复了青春，有的还扩大了生产规模。

　　《矿山地质》这个刊物，在有关部门的大力支持下，经过编辑组全体同志的努力，今天正式出版了。《矿山地质》是广大矿山地质工作者的学术园地，它的任务是交流矿山地质工作的经验，交流矿山地质科研成果，它对于进一步推动矿山地质学的发展和提高会起重要的作用。但是，这个刊物要办好，还要依靠广大矿山地质工作者的大力支持，希望广大矿山地质工作者以及地质界各方面的同志们共同关心这个刊物，支持这个刊物，使它茁壮成长，百花盛开。

1980 年 4 月

五、矿山地质工作任务与方法

矿山地质工作与矿山地质学

彭 觥

（中国地质学会矿山地质专业委员会，北京，100814）

矿山地质工作具有服务、管理和监督三种基本职责与职能，其主要任务是：

（1）在地质勘探的基础上，开展基建地质工作、生产地质工作，进一步提高对矿体的控制及研究程度，提高矿产储量级别。同时，对矿区内出现的水文地质问题，开展专门的地质调查研究，以便为开采设计、采掘（剥）计划的生产施工等及时提供地质资料。

（2）参与采矿设计、采掘（剥）计划和矿山长远计划的编制审查，担负矿产储量及生产准备矿量（三级或二级矿量）的监督管理工作。

（3）对勘探阶段未查清的隐伏矿体及在生产掘进中发现的边部、深部矿体（层）开展探矿工作和矿区外围的找矿勘探工作，以扩大远景，增加储量，延长矿山生产年限。

（4）承担矿山环境地质工作和尾矿废石等补充资源评价勘查工作。

（5）根据《矿产资源法》和有关经济技术政策对矿产资源的开发利用及生产中的贫化、损失和日常生产中的有关问题进行监督管理，从矿山建设、生产直至开采结束（闭坑）所进行的全部地质工作。矿山地质是矿山企业组建的生产部门之一。

在煤矿矿山地质称为矿井地质，在煤矿建设和生产过程中，直接为煤矿生产服务。矿井地质工作主要是为生产提供准确的地质资料，确保矿井建设和生产正常进行以及煤炭资源的合理开发和利用。主要任务包括：1）研究影响煤矿建设和生产的地质因素，如地质构造、煤层、煤质的变化，水文地质和工程地质条件，侵入煤层或在煤层邻近的火成岩的特点和分布规律；2）研究矿井瓦斯、煤尘、自燃、地温等，以及煤矿建设和生产中造成环境污染的地质因素；3）研究含煤地层中伴生矿产的赋存规律和利用价值；4）定期计算和核实储量，掌握储量动态，及时提出合理开发和利用煤炭资源的建议。矿井地质不应局限于地下巷道或露天矿坑的地质观测，必须结合地面地质、井田区域地质进行研究。此外，还应依据矿山开采结果与同一地段的勘探资料验证对比，正确评价，为改进煤矿地质勘探提供依据。

矿山地质学是研究矿山地质工作的原理与方法的一门综合性应用科学，是介于采矿学与地质学之间的边缘性学科。

矿山地质学属于地质学中的一个分科，它的产生和发展与采矿生产活动的产生和发展紧密相关，具有鲜明的实践性，是发展和检验地质学及其分支学科理论的重要学科，其本身又受到采矿生产实践的检验。它同时还具有很强的综合性，与地质学的许多分科有着广泛的联系，这是因为在矿山地质工作中要综合应用许多地质学分科的理论和方法，而矿山地质学又是矿山地质工作的科学体系。

矿山地质学研究领域包括：

（1）勘探技术。坑内钻探、坑钻结合、物探化探在坑内的应用，找隐伏矿与深部矿床预测以及以钻代坑研究等。

（2）生产中的地质管理。首先是储量平衡和管理，它是保证矿山生产及作业计划确定、矿山采掘计划编制，进而正常均衡生产的重要问题。为此除了反映勘查精度的各级地质储量之外，尚有反映采掘或采剥生产准备程度的生产矿量，对地下开采分为开拓矿量、采准矿量和备采矿量，露天开采只分开拓和备采矿量。对各级生产矿量规定有保有期，并按月、季、年计算和统计储量变动。采矿的贫化与损失的计算管理是保护资源、降低成本和提高采矿效益的重要工作。在矿山采掘与采剥过程中，为了保证生产的安全和效率、减少贫化损失、选矿正常生产，地质工作要随时在坑道掘进、采坑剥离、矿石回采、配矿等各个环节给以及时指导。

（3）工艺矿物研究与矿山资源保护和综合利用。在矿山设计和生产各个环节都要考虑资源的合理和充分利用问题。在生产中，低品位矿石或表外矿的利用途径、回收利用伴生有益组分的工艺矿物学、废石作为补充资源利用途径等的研究都将对矿山经济效益和资源充分利用起到重要的作用。

（4）矿山水文工程地质与环境地质研究。调查及防治矿区地质灾害以及采空区和废石场尾矿库复垦绿化等生态地质研究。

（5）对矿山岩体移动、露天采矿边坡稳定性等岩土力学问题专门观测和采矿安全地质研究。

（6）成矿规律研究。在勘探矿床已获得的成矿规律认识的基础上，通过开采过程中不断观察编录和综合研究，进行矿床地质研究，开展矿山深部和外围找矿，扩大矿产资源远景及增加新储量，延长矿山服务年限或扩大生产规模。

（7）矿山地质经济研究。主要研究矿产资源的经济评价，矿山地质与生产中的经济活动规律，以求降低成本，提高经济效益。

矿山地质学研究可以在开采过程中观察到很多此后无法保存的地质现象，对矿床地质学理论发展起到重要作用。

（原载《中国实用矿山地质学》，冶金工业出版社 2010 年出版）

矿山地质为矿业可持续发展服务

曹树培[1]　彭　觥[2]　汪贻水[2]

（1.国土资源部咨询研究中心，北京，100037；2.中国地质学会矿山地质专业委员会，北京，100814）

1986年，新中国第一部《矿产资源法》公布实施，将发展矿业，加强矿产资源勘查、开发利用和保护工作，保障社会主义现代化建设的当前和长远需要作为立法宗旨。同年9月，地质矿产部朱训部长在全国矿产资源开发管理会议上指出："矿山地质测量机构是保证监督矿山企业充分合理开发利用与保护矿产资源的一支重要力量。"要求大中型矿山企业尽快建立健全地质测量机构，小型矿山企业配备专职地测人员。1987年，国务院发布《矿产资源监督管理暂行办法》，强调加强矿山企业的矿产资源开发利用和保护的监督管理。

21世纪，我国经济社会发展进入新时期，工业化、城镇化建设对能源矿产和其他矿产资源需求剧增；我国几十年来探明的矿产资源多数已经开发利用，一批老矿山经过几十年开发，进入中后期，接续资源紧张，资源供需形势严峻。我国依据全面协调可持续发展的战略，提出了建设资源节约型、环境友好型的和谐社会的目标，给矿产资源勘查、开发利用和矿山地质工作提出了新的任务。

2006年1月，国务院发布《关于加强地质工作的决定》（国发[2006]4号），将做好矿山地质工作明确为地质工作六项任务之一，要求按照理论指导，技术优先、探边摸底、外围拓展的方针，搞好矿山地质工作，给矿山企业和矿山地质工作者提出了新的更高的要求。根据温家宝总理的指示，国务院于2004年发布《全国危机矿山接替资源找矿规划（2004—2010）》，中央财政、地方财政和矿山企业联动，危机矿山找矿取得显著成效，一批老矿山深部和外围找到新的资源，延长了矿山服务年限，获得新生。矿山地质、矿床学理论和生产矿区找矿经验有了新的突破，为今后的矿产勘查工作提供了有益的经验。近年来，国土资源部开展矿山企业矿产资源利用情况调查、矿山资源储量动态监督管理工作，促进了矿产资源合理开发利用与保护；加大矿山环境恢复治理和土地复垦力度，推动绿色矿山建设。其中，矿山地质工作发挥了积极作用。

当前，矿山地质工作与国家的要求、与矿业发展的形势仍不相适应，发展不平衡。矿山企业在生产矿区深部和周边寻找接替资源的潜力还很大，尤其在东、中部地区的一大批老矿山经过几十年开发，500 m以上浅部资源已经开采，深部和周边资源不清楚，需要加大寻找接替资源的力度。有的矿山生产经营粗放，重开发产量增长，轻资源合理利用和保护的监督管理，忽视对矿山资源利用水平和经济效益的研究。矿山开采回采率、综合回收利用水平不高，矿山补充资源的开发和循环利用也有很大潜力。矿山环境保护、地质灾害防治、土地复垦和生态恢复还未引起足够重视，历史欠账较多。矿山地测机构和地质技术人员配备亟待加强等。为了矿业的可持续发展，亟待加强矿山地质工作中。

1　切实贯彻国务院《关于加强地质工作的决定》

首先要加强宣传，提高对加强矿山地质工作重要性的认识，使矿山企业和矿山地质工作者认识到新时期赋予矿山地质工作更高的要求和更广的服务领域。

矿山地质工作，既是地质工作的组成部分，也是矿业生产的基础工作，是矿业生产客观规律的要求。矿山地质工作贯穿于矿业生产自规划设计、基建施工、生产过程、直至矿山关闭、土地复垦和生态环境恢复的全过程；矿山地质工作可以从开源和节流两方面，既探矿增加资源储量，又节约开采充分合理开发利用和保护矿产资源；通过矿山地质工作，采矿权人可以对资源开发进行制度化、精细化的监测、统计管理，进行自我审计监督，既保护国家所有的矿产资源，又珍惜自己的用益物权；通过矿山地质工作，促进资源综合利用，推广资源循环利用，建设绿色矿业，既保护资源，又保护环境。

要充分调动矿山企业和矿山地质工作者的积极性，提高资源开采回采率和综合利用水平，降低矿石开采品位，回收利用矿山补充资源，包括矿山暂不利用的矿、超贫矿、煤矸石、废石、选矿尾矿、矿坑水和古炉渣等。

2　把开展矿区深部和外围找矿列为矿山企业的重要任务，提高资源保障能力

采矿权人是矿业生产的主体，也是地质找矿的主力军之一。矿山企业要把开展矿区深部和外围找矿、生产勘探作为自己的职责，将矿产资源勘查投资列入矿业生产成本。当前，要在国家和地方财政投资的支持下，加大矿山地质工作的投入，扩大资源储量，增强企业发展后劲。矿山企业和国有地勘单位密切合作，为矿山深部和外围找矿做出新贡献。

3　实行产学研相结合，运用新理论、新技术、新方法努力提高矿山地质工作水平

矿山企业要建立健全矿山地质测量机构，充实地质测量人员；要大力培训矿山地质测量人员。

充分发挥矿山地质学会、协会的作用。建议在国土资源部和有关主管部门的支持下，学会组织有经验的专家总结不同类型矿山，勘查开发利用矿产资源的经验，创新理论和技术方法，组织交流推广先进经验活动；修改完善矿山地质规程，规范矿山地质工作，并加强指导监督。

国有大矿山企业要与小矿建立合作机制，帮助、指导小矿山搞好矿山地质工作，合理开发利用资源。也可以发挥中介组织的作用，对众多的小矿实行矿产资源开发的监理制度。

4　加强法律规范和政策扶持

建议正在修改的《矿产资源法》，强化对矿产资源综合开发利用、节约和保护资源，加强监督管理的条款。地质勘查规划、矿产资源规划将矿山地质工作列为重要内容之一。

对矿山企业勘查矿产资源、合理开采、保护资源、保护环境作出突出成绩的，在税费征收上应依法给予减免，并给予奖励。

（原载《国土资源部咨询研究中心专家建议》2009 年第 53 期）

矿山地质学发展方向

彭 觥

（中国地质学会矿山地质专业委员会，北京，100814）

矿山地质学是地质科学中的重要分支之一，它是一门直接为矿山服务的应用地质学。概括地说，矿山地质学主要是研究矿床开发过程中的地质问题及其有关的矿产资源技术经济问题的理论和方法。

地质学发展史表明，有许多学科，如矿床学、矿物学、矿相学、找矿勘探学和煤田地质学、石油地质学的建立与发展，都是与近代采掘工业的发展分不开的，但是它们都远远比不上矿山地质学与采矿（以及选矿、冶金）的密切依存关系。找矿勘探工作和各种理论地质学研究的成果，是不能满足矿山生产的全部需要的，而且不能、也不应该要求一个专业地质勘探队按开采顺序进行探矿、提高储量级别，更不能为编制矿山采掘计划和采场设计提供具体的地质资料。要把找矿勘探与矿山开采工作衔接好，只能由矿山地质工作来完成。再者为改进选矿工艺提高回收率而进行的矿物、岩石性质的研究，也要由矿山地质工作来承担。所以矿山地质学也称为采矿地质学。

尽管历史上很早就存在着直接为矿山开采服务的地质工作，但是矿山地质学作为一门独立的学科出现则比较晚，直到20世纪三四十年代才有矿山地质学专门著作发表，50年代以来矿山地质学的论著则逐步增加。

A. M. Bateman（1950）在《矿床学》第一章中，把矿山地质学称为"经济地质学的一个特殊分支"。他在谈到矿山地质工作任务时列举了以下几项：在矿山的开采准备阶段，确定矿床的形状、规模、延深，进而对矿床作出详细的经济的和地质的评价；在采矿进行的阶段，矿山地质人员与采矿人员密切合作去布置和管理开拓和采矿工程，寻找断层错失的矿体，提高储量的可靠性，解决采场工程地质问题，并运用地质知识帮助解决矿山和金属的提炼问题。矿山地质学则是这些实践的经验总结，并以其理论来指导实践。

М·Н·阿尔波夫等人（1956年）的《矿山地质学》，主要叙述了矿山地质工作的具体方法。

1960年В·М·克列特尔在其《矿床的普查与勘探》一书中，把矿山地质工作的主要目的概括为两点：（1）在尽可能不降低矿山企业的生产率的情况下延长其寿命；（2）帮助矿山日常开采工作提高技术和经济效果。这些也是矿山地质学研究的内容。

20世纪五六十年代矿山地质工作主要是围绕矿山生产进行生产勘探和矿床地质编录、取样以及储量计算，所应用的技术手段和测试方法基本上是"传统的"（例如生产勘探主要是采用坑探和少量钻探）。

20世纪60年代中期人们开始研究利用电算技术计算矿石储量，发表了《在金属储量计算中使用基本数字计算机》的文章，初步把电算技术引入到矿山地质工作。

W. C. Peters（1978）在《勘探与矿山地质学》一书中，较系统地介绍了矿山投产前和投产后的各项地质工作。他列举了巴布亚新几内亚的潘古那（Panguna）铜矿在投产的主要地质工作程序，即在找矿评价基础上进行勘探；在勘探工作的后期进行可行性研究，在前述工作基础上进行矿山开拓工作。关于矿山投产后的矿山地质工作，作者以加拿大凯德克公司为例，归纳为以下8项内容：

（1）露天矿爆破炮孔取样和地质观察；

（2）露天矿钻孔的表土和基岩编录，岩矿鉴定和微量元素分析，为剥离工作提供地质资料；

（3）进行生产探矿（用金刚石钻进对矿体做二次评价）和控制开采品位、防止贫化损失；

（4）做采掘（剥）工程地质编录并进行资料对比，按施工单位要求编写岩石力学素描图；

（5）计算储量，包括全面的和阶段（中段）的；

（6）地质研究工作（岩矿及化学分析）；

（7）本区（大范围）找矿探矿工作（包括物探）；

（8）总公司探矿处下达的专门任务。

为了有助于了解地质学与采矿业的关系和进一步分析矿山地质学的发展背景，下面简单地介绍一下采矿工业的发展现状。

随着人类对矿物原料（包括能源）需求量的增长，采矿量正在持续地增加。据统计，20世纪70年代以来全世界每年的采矿总量达到50亿吨，平均每年增长3%以上，其中金属矿采矿量已超过21亿吨，每年递增4.1%。有人预计到20世纪末每年全世界的采矿总量将达到300亿吨。

为了更经济有效地利用矿产和改善采矿条件，提高劳动生产率，采矿新技术和采选冶联合生产工艺流程不断出现。不少国家在改进传统的采矿方法（如凿岩、爆破、装运使用了连续采矿机）。

化学溶浸采矿法自1958年应用以来已有很大发展。早期主要采取池浸法和堆浸法，用于回收低品位矿石（如品位低于0.3%的铜矿石）、老矿井残柱和含矿围岩以及矿坑水中的金属。近年新发展了原地浸出法，即把钻孔打入深部矿体和难采矿体，以高压注入酸或水的溶液，使矿石中金属（或矿物）溶解，再从邻近的其他钻孔抽出含矿质的溶液，再从溶液中提取金属（矿物）。如美国萨费尔特铜矿区就曾打过直径254 mm、深1500 m的钻孔，用溶浸法开采深部贫矿。目前美国用溶浸法生产的铜占其铜产量的20%~25%。对铀、镍等矿床的溶浸开采也在研究。

此外，开采洋底金属矿产也已展现出前景。如美国已着手开采洋底锰结核。开采技术方法的变化必然对矿山地质工作提出新的课题。例如对矿体和围岩的化学性质、溶解性能以及岩（矿）体工程地质力学性质、岩组结构的研究，等等。

矿山采掘工业的发展和地质科学以及相关学科的渗透，正有力地推动矿山地质学的迅速发展。

近年来国外矿山地质工作和矿山地质学的进展，归纳起来主要有下列几点。

第一，生产矿区深部及外围的隐伏矿体的寻找与研究取得不少重要的进展。

（1）运用地球化学－矿物学方法在井下找盲矿体。20世纪70年代以来由于生产矿山深部找矿工作的需要，大大促进了化探井下应用的研究进程并取得了较好的效果。如苏联盖依含铜黄铁矿床的井下，发现在已知盲矿体附近有规律性地分布着地球化学—矿物晕带：矿化晕可分为内带（标型矿物是黄铜矿、黝铜矿、方铅矿、闪锌矿与萤石及大量黄铁矿等）、中带（黄铜矿、斑铜矿、辉铜矿、局部有赤铁矿等）、外带（主要是斑铜矿）。一般晕长300~400 m。运用上述晕带与矿体伴生的规律预测盲矿体收到了良好的效果。其具体做法是，系统地采集坑内钻孔岩心样品和坑道样品进行元素查定和标型矿物鉴定，编制矿物晕图圈出矿化晕，并进一步按标型矿物系列详细划分内带、中带和外带，进而展开对盲矿体的探矿工作。据称从1974—1978年共查明100多个矿物晕的剖面，经过工程揭露晕带下部均赋存有盲矿体。

（2）运用对已开采矿床的研究成果（成矿模式、矿化蚀变特征等）指导矿区外围找矿。例如：美国亨德逊大型隐伏斑岩钼矿床的发现是个典型实例。它位于世界上最大的钼矿克莱梅克斯矿区外围。距生产矿段30 km，矿体埋藏在地表以下1000 m深处，地表仅有微弱矿化蚀变现象。老矿区（即克莱梅克斯），矿床地段研究和找矿工作曾经长期（50多年）受"一次成矿论"的观点支配（认为该矿床是随一次大的岩浆侵入活动形成的）。后来经过约10年矿山地质的综合研究，总结提出了"多期多阶段成矿模式"新观点，即该区共有4次岩浆侵入，其中伴随成矿作用（第四次侵入无矿），因而形成自上而下3个矿带（采列斯科矿带、上部矿带和下部矿带），每个矿带都在侵入体顶部呈不规则的圆帽状分布。在这个新的观点指导下，根据在亨德逊附近地表发现的小矿点和岩脉中含钼异常以及具有与老矿区相同的围岩蚀变现象，经与克莱梅克斯成矿模式进行对比，认为该处地质成矿条件与之十分相似，推测深部可能有隐伏矿床存在，结果打了第一钻，就发现了亨德逊钼矿床。已探明钼矿床储量3亿多吨（品位0.49%），使美国钼矿储量猛增了40%。

美国克拉马祖大型隐伏斑岩铜矿的发现也是个成功实例。该矿床位于已开采20多年的圣马纽埃斑岩铜矿床西南方向0.8 km处，在20世纪40年代曾打过钻但未能发现。后来通过对圣马纽埃生产矿山的系统研究，发现该矿床有明显的矿化蚀变分带，即内蚀变带（黑云母—钾长石带）→石英—绢云母蚀变带→青盘岩蚀变带。这三个蚀变带应以内蚀变带为中心呈同心圆状分布，在空间上形成圆筒状的对称结构。但圣马纽埃矿床蚀变带在平面上的实际情况都呈半圆形，即与其对称的另一半缺失，从而，引起了疑问，进而又研究了切过矿区的主要断层的性质与产状（判明为一低角度的正断层），并推测所缺失的一半可能因断层而向下错动隐伏在西南方向。再经过详细地质填图和钻探终于找到了克拉马祖盲矿体，现已探明矿石储量4.55亿吨，铜的品位为0.7%。

再一个例子是前苏联诺里尔斯克镍矿。它经过30年开采后已"铜老山空"。近10年来一些地质人员对矿床进行了深入研究，查明该区含矿侵入体呈链条状沿区域性深断裂分布，矿床与暗色岩、特别是辉长—辉绿岩体有成因和空间关系，富矿体往往在岩体的底部。运用这些新认识指导找矿工作，终于在老矿区东西两端仅几公里的同一深断裂的延长部位找到了两个新的隐伏大富矿（铜品位 3% ~ 3.5%，镍品位 1.5% ~ 2%，铂族元素的平均品位为 5 g/t 以上）。

（3）在生产矿区开展新矿种和新类型矿床的找矿及研究工作。如澳大利亚西部卡姆巴尔达是个已开采 80 多年的老金矿区，曾对金矿床做过充分的找矿勘探工作。但却对区内绿岩带内的镍矿未予以注意。1962—1966 年进行详细地质填图和物化探工作，才在基性、超基性岩中发现了大型硫化铜镍矿床的存在，矿石总储量约 1 亿吨，镍平均品位高达 0.6% 以上，在一个矿区内存在着不同类型矿床的情况，近年还有不少发现。如在美国西部的莫伦锡和比兹比矿区，都是一部分是斑岩铜矿床，一部分是矽卡岩型铜矿床。

第二，工艺矿物研究工作的兴起是随着矿冶生产新技术的发展和矿产资源综合利用水平的提高，要求矿山地质人员为生产提供更多的岩矿的微观、微区、微粒研究的数据资料。因此在广泛应用电子探针和电子显微镜等仪器进行岩矿鉴定基础上，出现了一门新的边缘学科——工艺矿物学。А·И·金兹堡（1974）把工艺矿物学的研究任务概括为下列 4 项：

（1）研究矿物学在工艺处理过程中的性能和状态。着重研究在各种选矿药剂作用下矿物的浮游性能，在不同温度、压力条件下矿物在酸性、碱性或有机化合物中的溶解度，在焙烧和烧结时以及在真空中加热到高温时矿物性状的变化，矿物的离子交换性、萃取性等。

（2）研究矿物工艺性质与成分、结构关系。在矿山生产中常常遇到同一矿体不同部位的矿石在选矿冶金过程中其工艺性质有很大差异，这是因为矿物的粒度成分及其结构不同所造成的。深入地进行矿物的电、磁、重、浮的工艺特性研究，可以为选矿生产提供可靠的科学依据。

（3）应用新技术定向地改变矿物性质的实验研究。如用加热法、化学法、机械法和超声波等处理矿物，改变其性质，以便分离和选矿。

（4）为综合利用采选冶矿物废料进行废石、尾砂和炉渣的工艺矿物研究。这是为重复开发利用矿产资源（美国等国家称之为第二次矿产原料工业）服务，也是为治理"三废"做好环保工作的一项基础研究工作。

欧美各国工艺矿物研究中，注意以先进的仪器逐步代替传统的手工操作方法，以促使选矿过程中的矿物分析由定性逐步向定量发展。据 20 世纪 70 年代以来加拿大、澳大利亚一些矿冶企业（及其所属研究部门）使用电子探针、扫描电镜等，有的仪器配有电子计算机组成矿物测定系统（比不装电子计算机的扫描电镜效率提高 6 倍），大大提高矿物研究质量，加快了速度。如加拿大伯利亨矿山使用上述仪器测定浸染状铅锌矿石在磨矿时矿物单体与连生体，查明闪锌矿集中于细粒部分，黄铁矿集中在粗粒部分，进而确定了合理的磨矿细度。

第三，矿山环境地质调查及废料问题受到重视。

矿山环境地质调查研究的重点是：调查矿物废料（废石、尾矿、矿坑和尾矿水等）、井下地热、矿石自然灾害和矿井有害气体排入大气等对矿山环境与附近居民健康的影响以及矿山开发与周围农作物和动植物生态平衡的关系。

日本学者馆穗等人（1972）指出，金属矿山废水中含的主要有害物质是 Cu、Zn、Cd、As 等重金属离子，煤矿和油气开采中污染环境的主要是硫化物盐类和有机质微粒等。1958—1965 年间，日本对某些矿山曾进行过初步治理，但目前有些金属矿山周围的水系和农田中含 Cd、Cu、Pb 等有害物质的积累量仍然很高。

20 世纪 70 年代苏联人认为，矿冶企业的环境研究应从减少废料产生和扩大废料利用入手，因此需要工艺矿物研究的密切配合。

李鸿业等（1979）综合有关资料归纳出金属矿山井下粉尘与引起矿工各种疾病的关系，对开展矿山井下环境地质调查研究有一定的参考意义。

第四，数学地质在矿山地质学中的应用已广泛开展。

20 世纪 60 年代中期数学地质诞生以来，它在多元分析方法（数字处理）、地质数据处理系统和地质作用的数学模拟三个方面都有了迅速发展，其中与矿山地质学关系最密切的是地质数理统计学（即克里金法）。国外已有许多矿山采用克里金法进行储量计算。侯景儒等对我国某铁矿床也试用克里金法计算了储量，目前还把克里金法应用于评价矿区资源远景、研究勘探网度和取样方法等方面。

第五，注意矿山资源的保护。

近十几年来由于采矿量的增加和高效率采矿工艺和设备的推广，开采中的矿量损失、贫化有所上升，因此，矿山资源保护成为矿山地质学一项重要的研究课题。1976 年苏联和东欧国家的矿山地质学者在东德召开了一次矿山开采损失经济评价专门学术讨论会。会上许多人从技术经济角度讨论了保护措施并提出了一些研究课题。如保加利亚的 H. Дарвск 提出：究竟是投入较低的成本利用资源使损失率较高为好，还是投入较高成本使损失率降低为好，还需要用定量的方法来研究解决。

东德 H. Balmann 指出，矿石储量的损失是与地质的开采技术工艺和经济管理等各种问题交织在一起的，但首先要求矿山地质人员从降低损失率的角度准确验证矿体与围岩的界线，验证矿化变弱（矿体变贫变小）的部位，查明构造断裂、矿石质量、起伏变化以及影响开采的工程地质水文地质条件。

地质人员与开采人员还应共同注意研究改进生产工艺、降低不可避免的储量损失的下限。

针对我国目前资源损失浪费很大的实际情况，加速制定和颁发我国的矿产资源法是十分必要的。

第六，矿山地质经济研究取得新进展。

人们常说矿床（矿产资源）是具有经济价值的地质体，矿山地质学的研究无疑包括了技术经济问题。国外矿山企业为了提高竞争能力和经济效果，近年来在矿山地质学研究中更加重视了矿山地质与技术经济的密切结合。例如，目前一些国家对铁矿石的评价已改变过去单独将含铁量（自然丰度）作为指标，而采用按矿石成本乃至炼铁成本为指标的计算方法。

矿产勘探和开发利用是有密切联系的。如果不考虑采选各环节，不区别不同矿石的加工类型和品位，就难于取得好的经济效果。用动态的观点去研究矿石的边界品位是矿山地质经济研究的一项重要进展。过去对一个矿区：不论矿石或采选技术发展有了什么变化，依然用一个固定的指标，是很值得考虑的问题，因为在矿山开采过程中，矿石的质量乃至开采技术条件都是不断改变的，因此品位指标理应随之加以调整。例如，开拓矿量的局部品位比勘探储量的品位略低，但考虑到已有现成的开拓工程系统可以利用，因此适当降低边界品位也是可行的。

H. K. Taylor 在《边际品位指标的理论基础》中，主张把不同开采类型矿区的可变边际品位加以区别，并用边际点图说明三种类型矿山的开采过程与边际品位的一般关系。例如，对不稳定薄层矿体（即 A 类井下矿），因对储量做出准确评价需要用大量井巷工程，而这些工程大部分可在以后的开采作业使用，因此这时的边际品位指标往往就决定了有待回采的矿块。对囊状或厚层矿体（即 B 类井下矿），矿体中的井巷工程主要用于回采或崩落已经圈出的矿块，因此最早拟定的边际品位（区段边际品位），主要用于事前选定开拓的对象，而在正式回采时往往还需要再次研究可能的边际品位。对斑岩矿体（即 C 类露天矿），初步的边际品位（预定入选原矿边际品位）有助于预定采场边界和最合适的开采顺序，而进一步需要按入选原矿边际品位来确定爆破堆中哪些矿石可运往选矿厂。

Taylor 提出的边际品位理论是与市场经济理论相联系的，上述观点可供参考。

（地质部情报研究所 1980 年出版）

论矿山地质学的发展与任务

彭 觥

（中国地质学会矿山地质专业委员会，北京，100814）

1 矿山地质学的任务

矿山地质学的主要任务是研究矿床开发过程中的地质问题及其相关的矿产资源技术经济问题，包括理论与方法，它的研究领域是很广阔的。

矿山地质（也称生产地质或采矿地质）是在矿床开发阶段，由矿山企业组织领导，为矿山生产直接服务的地质工作的统称。矿山地质工作既是找矿勘探的继续和深化，是矿床地质研究的最后阶段，又是采掘工作的开端。矿山地质工作是检验和发展矿床理论的重要实践，同时又要经受采掘工程的检验。因此它具有高度准确性和鲜明实践性的特点。矿山地质学处于地质科学与矿冶工程学之间，与一些相邻学科（专业）有密切关系。比如，为了搞清矿床（矿体）的开采条件（可采性）和选矿条件（可选性），不仅要运用矿床学、矿山工程地质和水文地质学，还要掌握矿相学、工艺矿物学、采矿学、选矿学和冶炼等方面的知识；为了搞好矿区和矿床经济评价，充分合理地综合回收利用矿产资源和矿山环境保护，还必须熟悉矿业经济和环境科学。人们常说，矿山地质学是地学中一门综合性强和应用面广的学科，理由正在于此，矿山地质学与采矿（以及选矿、冶金）工程的依存关系较为密切。因为找矿勘探工作和各种理论地质学研究的成果是不能满足矿山生产的全部需要的，不能也不应该要求一个专业地质勘探队按具体开采顺序进行探矿和提高储量级别，更不能为编制矿山采掘计划和采场设计提供详细地质资料。衔接好找矿勘探与矿山开采的地质工作只能由矿山地质工作来完成。再加上在矿山生产过程中为改进选矿工艺，提高回收率而进行矿物、矿石、脉石、围岩性质的研究也要由矿山地质工作来承担，所以矿山地质学也称为采矿地质学。尽管在历史上很早就存在着直接为矿山开采服务的地质工作（如美国在20世纪初在一些大的矿山就开展矿山地质工作），但是，矿山地质学作为一门独立的学科出现则比较晚，直到20世纪30、40年代才有矿山地质学专门著作出版，如1947年苏联出版了Д·Э·晋科夫著的《矿山地质学概论》、1948年美国出版了 H·麦金斯（Mekinstry）著的《矿山地质学》等。

到了20世纪50年代，矿山地质学的论著有所增加，H·E·麦金斯的《矿山地质学》修订再次出版、J·D·弗尔斯特的《野外与矿山地质学》出版、渡边武男主编的《矿床学的进步》论文集在第四部分以矿床学的应用——矿山地质学为题选编了三篇矿山地质学论文，概述了日本矿山地质的状况。

A·M·贝特曼 1950 年在《矿床学》第一章中把矿山地质学称为"经济地质学的一个特殊的分支"。

M·H·阿尔波夫等人 1956 年所著的《矿山地质学》全面地论述了苏联矿山地质工作的任务、内容和方法。

B·M·克列特尔 1960 年出版的《矿床的普查与勘探》一书的第六部分写了矿山地质的开采勘探、矿床开采时期的取样、矿床开采时期的水文地质和工程地质的研究、开采矿床的评价、帮助矿山车间和有用矿产加工车间等 5 个问题。随着矿山生产的发展和地质科学以及相关科学的相互交叉渗透，20 世纪 70 年代矿山地质学进入到一个新的发展阶段。

1973 年苏联出版的阿尔波夫等人合著的《矿山地质学》（再版）和 1978 年美国出版的 W·C·彼得斯著的《勘探与矿山地质学》等书中都有新的内容。如强调新技术方法，在生产探矿方面运用轻便高效率的金刚石钻进技术并配合以物化探、用 X 荧光分析仪代替部分取样化验等。在矿体经济研究和计算储量方面，南非、美国、加拿大、澳大利亚和德国的一些矿山广泛应用数学地质（数理统计）和电算技术等。并把这项工作与改善和提高矿山企业的科学管理水平结合起来。再如，矿山地质研究领域也有扩大，为搞好矿山环境保护，开展了矿山环境地质研究，为了更充分合理利用矿产资源，开展工艺矿物学研究，为了保护矿产资源，进行了贫矿、废石和尾矿等地质矿物研究等。各国的学者对矿山地质学的定义是大同小异，但对其研究范围的说法却不尽相同。如美国等国学者是把矿区评价后，从开发工作开始（即相当我国的初步勘探阶段）直到矿山寿终正寝为止都算作矿山地质。这是广义的矿山地质学。它包括地质勘探、矿山企业设计地质、基建施工地质和生产地质等内容。W·C·彼得斯说的很形象，一个普查区被推荐给开发之时，矿山地质人员即登上前台。

苏联的矿山地质学的任务是从矿山基建竣工矿山正式投产算起。B·M·克列特尔在《矿床的普查与勘探》一书中明确规定，从矿床开采开始的地质工作就属于专门篇章，即矿山地质学。W·C·彼得斯说过，在地质勘探队伍中的最重要成员应懂得地质工作与采矿之间的复杂关系，作为矿山地质人员，这一点就更加重要了。

随着人类对矿产资源和能源需要的增长，采矿量正迅速增长。

在采矿新技术方面，连续采矿法用新式连续采矿设备提高了黄金的回收率。化学溶浸采矿法已有很大发展，对铀、镍等矿床的溶浸开采法也在开展。采矿技术的变革，也给矿山地质提出新课题，如溶浸采矿矿山地质人员必须更深入了解矿石和围岩的溶解特性等等。

2　我国矿山地质学的诞生与发展

我国的矿山地质学是在新中国诞生后发展起来的。30 年来，矿山地质工作随着矿山生产建设的大发展而得到了迅速全面的发展。已经培养了一支数以千计的矿山地质专业科技队伍，进行了大量的矿山地质工作，同时还与地质勘探部门共同开展了老矿区的找矿探矿（尤其是寻找盲矿体）和成矿规律的研究。总之，矿山地质工作在大打矿山之仗和为地质科学开拓新的领域中都取得了很大成就。矿山地质学现已成为我国地质科学的一个重要的分支。现在仅就我国冶金系统矿山地质工作的主要成就简述如下。

2.1　建立了一支矿山地质科技队伍

矿山地质科技队伍的建立，加强了观测岩石矿体地质构造以及与边坡有关的水文工程地质条件，重视了探矿钻孔一孔多用等。黑色矿山狠抓地测监督，加强矿石质量管理。各矿山按照矿山地测监督条例和采掘质量管理制度，充分发动群众制定质量标准。建立了工人与技术人员相结合的质量管理网，目前已有 20 多个矿山采掘工程和矿石质量有了显著提高。

2.2　加强了矿山保护工作

矿山保护工作包括矿产资源的保护和矿山环境地质的保护两个方面。各矿山对于这项任务是从研究开采过程中的矿石损失和采空区地压活动以及矿坑水引起灾害等入手的。在 20 世纪 60 年代以前只有少数矿山进行，60 年代后期各矿山都加强了这项工作并取得了一些初步经验。

（1）矿山资源保护工作。在矿山地、测、采部门的共同努力下，生产矿山的资源保护和提高资源利用率工作成绩是显著的。为了减少生产区段在勘探阶段未搞清的矿体（主要是盲矿和已知矿体分支或被断层错断部分）的损坏，大力开展矿体地质研究和生探工作。为了减少因水文条件复杂等造成资源损失，加强了矿山水文地质研究，比如辽宁华铜矿和广东南鹏矿是两个滨海矿山，为了与海水夺矿，他们系统观测矿井的盐度和研究地质构造，部署超前防水工程。为了减少采矿出矿和放矿的矿石损失，地质人员参加采矿场设计、采场施工现场指导以及放矿管理工作，把保护工作做到开采作业的各个环节中去。如云南易门矿由于重视保矿工作不断改进采矿方法，使矿石损失率从 20 世纪 60 年代的 35% 降低到现在的 0.48%。

对有关矿床和围岩中伴生或共生的有用元素、岩石（或其他品种矿石）的综合利用的地质工作也有发展，20世纪 50 年代我们主要对云南个旧矿区伴生有用组分的回收问题进行了砂矿地质和矿物学、矿相学研究。60 年代又研究了铝矿中镓和铅锌矿中锗以及铜矿中钴等伴生元素的地质研究。70 年代以来不仅扩大了各矿山伴生元素的回收和研究，而且，重视了一些矿床中的彩石、玉石、宝石的研究和回收。如湖北铜绿山和广东石录等矿的孔雀石，新疆稀有金属矿中的芙蓉石、红绿石等。对某些矿山的尾矿的用途也做了初步研究，如湖北、江西某些稀有金属矿山从尾矿中回收长石、石英做陶瓷和玻璃原料，广西某稀有金属矿用尾矿提炼钾肥等。北京怀柔矿还建成了尾矿制砖车间。

（2）环境保护工作。这是直接关系一个矿山生产和生活的一项重要工作，但目前的工作还处在初步阶段。一些矿山注意了水源，尤其生活用水的水质分析和观测，对排到地表和流入河流的含有害成分的矿坑水的污染的情况也注意了调查研究，为保护环境提供有关资料。矿山环境地质调查也是有待研究的一个课题。

矿山的井下采空区地压活动、露天矿边坡滑落和一些矿山水害也是矿山地质环境保护的一项工作。在 20 世纪 50 年代这些问题尚不突出，近些年由于老矿山开采深度不断增加（井下矿约有三分之一深度为 400 ～

600 m，露天矿最深达 200 m）和开采条件复杂的新矿不断建成投产（多水矿山、自然发火矿山和岩矿石松软破碎的矿山等），使得矿山地质人员在这方面的任务愈来愈重。

在露天矿边坡地质构造和工程地质研究方面，甘肃白银和金川有色金属公司做了大量工作，在有关科研单位协助下，对采矿场各台阶断层破碎带和岩石节理、片理等构造作测定，进行分类统计，分析研究其规律性。指出绿岩化地段黏结力和摩擦系数小，在爆破震动波影响下，促使不稳定体失稳下滑尤其明显。

在地下矿山对加强与地压活动有关的工程地质构造地质研究和观测方面，以湖南锡矿山成果显著，如从 1970 年以来曾较为准确地预报了三次地压活动。江西盘古山矿和大吉山矿等采空区发生大面积顶板冒落后，使各矿山进一步重视了这方面的研究，并取得了一些成果。

2.3 建立矿山地质学术组织，开展了学术活动

20 世纪 70 年代以来，成立了矿山地质科技情报网，开展了经验交流，广大矿山地质人员在有关会议和刊物上发表不少有水平的学术报告和论文。为适应学术发展需要，1979 年先后成立了国家科委地质专业组矿山地质分组，中国地质学会矿山地质专业委员会和中国金属学会地质学术委员会矿山地质组，均挂靠冶金部并开展了学术活动。此外，值得指出的是，矿山地质的研究领域正在扩大，如人造矿物、工艺矿物、矿产补充资源、废石和尾矿利用以及矿山环境地质调查等都开展了研究。

3 加快矿山地质学的发展，更好地为矿山生产建设服务

怎样才能加快矿山地质学的发展？怎样使我国矿山地质工作更好地为矿山生产建设服务？可以说内容很广泛，如提高矿山地质人员水平、高等院校设立矿山地质专业，以及加强科研工作，增加新的仪器设备等等。但矿山地质业务工作，应注意以下几点。

首先是积极运用和推广新技术、新方法。这是今后矿山地质发展的重要方向。如在矿石矿体取样化验方面，以采样机、X 荧光分析仪部分代替刻槽取样和化学分析，在矿物鉴定方面普遍采用光学显微镜并逐步应用电子探针和扫描电镜以及其他先进测试技术。

各重点有色矿山从 20 世纪 50 年代以来就成立了地质测量机构，开展了有关采掘地质工作。为了加强生产矿区及其外围找矿工作，70 年代以来，又有 40 多个矿山先后发展和壮大了矿山地质队伍，成为地质战线上的一支新军。在老矿山及外围找矿探矿的战场上，他们与专业地质队伍并肩战斗，大大加快了冶金地质工作的进展速度。仅在 1975 年，就开动钻机达百台，完成进尺 20 多万米，这对扩大老矿山的地质资源和扭转矿量，都起了积极作用。许多单位在建立和壮大矿山地质队伍过程中，克服了只顾采矿、不顾探矿的倾向，认真贯彻采探兼顾和地质工作为矿山生产服务的原则，坚持自力更生和勤俭办企业的方针。例如湖南潘家冲矿，过去长期存在矿量危机，坐等专业勘探队上山，结果越等危机越重，生产也越被动。通过召开矿山地质人员座谈会和发动群众挖掘企业内部劳动力和设备材料的潜力，1969 年自力更生办起了 70 人的小型勘探队，6 年来在老矿区新探明的储量达 100 万 t 以上，不仅扭转了矿山危机，而且为矿山扩建提供了资源条件。又如山东张店铝厂矿山地质队，由于领导重视，已由原来 24 人迅速发展到 40 人，探矿成果也成倍增长。

黑色金属矿山也健全了机构，壮大了队伍。如 60 个重点矿山有 42 个已健全了地测科，其他各矿山设有专业组。重钢矿山和唐山矿等单位正组建矿山地质队。

3.1 为矿山生产和深入研究矿床地质提供了系统的可靠的基础地质资料

紧密围绕采掘工程进行经常性地质编录、取样和储量计算是矿山地质工作基本任务之一。

最近几年，一些单位与矿山协作还共同开展了专题性地质科研工作，如江西冶金学院与江西冶金局及所属钨矿对重点钨矿深部和外围成矿规律的研究等都是很有成绩的。

由于重视地质基础资料工作，保证矿山正规开采，也发展和丰富了勘探阶段对矿床地质规律性的认识。

3.2 改革生产勘探手段并开展综合研究工作

生产勘探也叫开发勘探，其目的是按开采顺序在一定区段进行加密探矿工程提高储量级别，为编制采掘计划提供可靠地质依据。我国地下有色金属生产矿山的矿床地质较为复杂，一般生产勘探坑道工程量较大，据重点矿山统计占矿山总掘进米数的 30%~45%，少数老矿山达到 50% 以上。20 世纪 50 年代后期各矿山认识到使用单一坑探的缺点，60 年代以来积极开展了技术革新，因地制宜试验以坑内钻探代替部分坑探。进行坑钻结合

探矿效果良好，这不仅对加快探矿速度，降低成本，减少凿岩爆破工程量和废石量，而且改善了井下作业条件，取得较多的钻孔地质资料。如湖南香花岭矿从1960年以来一直坚持坑探与钻探相结合，收到很好的效果。

黑色矿山也重视生产勘探手段多样化，露天矿除了抓岩心钻探之外，还注意用爆破钻孔的资料来指导探矿和圈定矿体的作用。一些地下开采的矿山还配备了水平钻，大搞坑钻结合，提高了生产勘探的地质效果和经济效果。

20世纪70年代以来各矿山不断总结经验，根据矿床（矿体）特点不同和采矿方法不同，灵活运用生探网度，提倡生探手段多样化，坑内钻探逐年增加。辽宁华铜矿创造了以坑内钻探和凿岩机相互配合的"组合勘探"方法。他们提出凡是可以用水平钻和YG-80型、YG-65型等中深孔凿岩机（取岩、矿粉），进行探矿的地方就不用坑探。这样不仅提高了地质效果而且采掘比也有明显下降：由以前的600～700 m/万吨降为400 m/万吨。江西荡坪矿地测科根据该矿围岩与矿脉黑白颜色分明，黑钨矿品位高而且稳定等特点研制成功了钻孔（炮孔）光电测脉仪，经与岩心对比仪器测定准确，误差很小（一般位置和厚度误差在1～2 cm以内）。其原理是射进光导管的光强弱转化为电阻大小通过电线反映在孔外的电流表读数上。

新近几年随着人造金刚石钻探技术的发展，和国产新型钻石100型水平钻机及其相应配套的金刚石钻头研制成功和成批生产，自1974年以来全国已有20多个矿山推广了人造金刚石钻探技术。

目前有些矿山对生产勘探的研究又有新的进展，不仅注意把生探网度、手段同矿体形态特点和采掘顺序结合起来，而且注意生探区段划分同采准设计区段划分的关系，注意探矿设计同采准、回采施工配合。寻找深部矿体和盲矿体也是生产勘探的一项任务，尤其老矿山更为突出。在这方面抓了以下四点：（1）发现新的含矿构造扩大找矿远景，如吉林夹皮沟和湖南黄沙坪矿等；（2）发现新类型的矿床或矿种，如江西、湖南黑钨矿山在深部找到了钨—稀有金属矿床以及其他类型钨矿床；（3）发现新的含矿层位，如云南菜园河矿床等；（4）大量的已知矿体的平行脉和错断部分。这些对于延长生产矿山服务年限和扩大矿山生产能力都起了很大作用。

各露天矿和砂矿生产勘探工作也积累了很多经验，勘探手段不断改进，现在除用老式岩心钻外已有一些移动方便的汽车钻机并充分利用各种穿孔钻机（牙轮钻和潜孔钻）采取岩粉（岩泥），提高了生探速度和质量，在圈定矿体边界和划分矿石类型、品级更多地取得微观、微区、微粒数据。在找矿探矿和矿产预测中应该重视物探、化探和同位素地质、矿物包体、数学地质资料等。

其次是加强生产矿区深部矿体和隐伏矿体地质研究，即是根据矿山地质的新资料，结合新理论、新认识系统地、深入地开展成矿模式（成矿系列）、成矿规律，如矿田构造、地层含矿性、岩体含矿性、蚀变矿物—地球化学分带性与矿化分带性等方面的研究，以便不断提高找矿探矿效果。

再次是开展工艺矿物学的研究。它是矿物岩石学与矿石加工工艺学之间的边缘学科，是为提高矿产资源综合利用和改进采选冶工艺流程服务的。当前的研究重点应是研究矿物加工的工艺性质。如矿物嵌布粒度与选冶分离度关系，矿物在各种药剂中的浮游性质以及在不同温度、压力下在酸碱中或有机溶液中矿物溶解度的变化等。

第四是矿山环境地质调查研究。这是我们一个新的课题。比如矿山污水、废石、尾砂以及废气对人类环境和农作物、动植物的影响和危害。对于坑下矿石自燃、地热、地压和某些矿石的粉尘可能引起疾病等等，都应该进行调查研究。

第五是矿山地质经济的研究。这对改善矿山企业经营管理有着现实意义。一方面应对生产过程各个环节和不同块段的边际品位的合理性及最佳化进行研究，另一方面要进行开采损失贫化的经济评价和矿山综合回收的经济效果对比等课题的研究。

第六是关于矿产补充资源学的研究。也就是对矿产开发过程中产生的有潜在经济价值的所谓矿物废料，包括含矿围岩、贫矿、废石、尾矿和炉渣等，进行地质—技术经济的评价研究，一般地说，矿产资源（这里包括已开采的、利用过程中的）不是一种工业或一次所能充分能利用的，往往是经过多次重复利用和多种综合利用才能做到物尽其用，不但经济效果好，对于环境保护也更加有利。这是我们一项新的有现实意义的重大课题，我们要积极开拓这个新的领域。

矿山地质学是个广阔的领域，这里我们只列举了6个主要方面。

随着整个科学技术和地质科学不断地分化与不断地综合发展，矿山地质学必将形成一个完整的学科体系。

（原载《地质评论》1981年1期）

矿山地质学新进展

彭 觥

（中国地质学会矿山地质专业委员会，北京，100814）

1 矿山地质学的主要任务

矿山地质学主要研究矿床开发过程中有关地质、矿产资源技术等问题的理论和方法，是一门边缘学科。地质学发展表明，矿山地质学的发展与采矿（以及选矿、冶金）有着密切的依存关系。找矿勘探工作和各门理论地质学研究的成果是不能直接满足矿山生产的全部需要的。不能、也不应该要求一个专业地质勘探队按开采顺序进行探矿、提高储量级别，更不能为编制矿山采掘计划和采场设计提供具体地质资料。要把找矿勘探与矿山开采的地质工作衔接好，只能由矿山地质工作来完成。再如，在矿山生产过程中为改进选矿工艺，提高回收率而进行矿物、岩石性质的研究也要由矿山地质工作来承担。

矿山地质学作为一门独立的学科出现比较晚，直到 20 世纪三四十年代才有矿山地质专业著作。如 1947 年Д·Э·晋科夫的《矿山地质学概论》，1948 年 Н·Е·麦金斯的《矿山地质学》等。到了 20 世纪 50 年代，矿山地质学的论著有所增加，如麦金斯的《矿山地质学》修订再版，J·D·弗尔斯特的《野外与矿山地质学》，以及渡边武男主编的《矿床学的进步》论文集（1956）第四部分，以矿床学的应用——矿山地质学为题编入了三篇矿山地质学论文等。

А·М·贝特曼（1950 年）在《矿床学》第一章中，把矿山地质学称为"经济地质学的第一特殊的分支"，并列举了以下几项任务：在矿山的开采准备阶段确定矿床的形状、规模及延深，进而对矿床作出详细的经济的与地质的评价；在采矿进行的阶段，矿山地质人员与采矿人员密切合作布置和管理生探、开拓和采矿工程，寻找断层错失的矿体，提高储量的可靠性，解决采场工程地质问题《所谓"避免崩陷"》，运用地质知识帮助解决矿石和金属提炼问题。他还预言"将来采矿地质学家会有更多的机会，利用地质知识到衰落的矿区寻找矿物。"

М·Н·阿尔波夫等人所著的《矿山地质学》论述了苏联矿山地质工作的任务，内容和方法。

1960 年 В·М·克列特尔的《矿床的普查与勘探》一书第六部分中写了有关矿山地质业务的五个问题。他把矿山地质工作主要目的概括为两点：（1）在尽可能不降低矿山企业生产率的情况下延长其寿命；（2）帮助矿山提高开采技术和经济效果。

20 世纪 50—60 年代矿山地质学的主要特点是围绕矿山生产进行生产勘探和矿床地质编录、取样以及储量计算。所应用的技术手段和测试方法基本上是"传统的"，比如生产勘探主要是坑探和少数钻探。在苏联，钻探很少用来进行生产探矿，主要是起辅助作用。地球物理测量也很少采用。浅钻孔常用在露天采矿场上。这个时期欧美一些国家与苏联情况是类似的，如加拿大季安特（Giant）金矿等生探以坑道与钻孔相结合，只不过钻探所占比重多些。而辅助平巷设计在优先考虑矿块回采作用的要求的同时，也要为定位（即固定矿体边界）钻孔施工创造条件，详细定位钻孔布置在间距为 50 或 25 英尺的剖面线上。到了 60 年代中期，在科隆内申铜矿已开始研究电子计算技术计算矿产储量，如 1965 年发表了《在金属矿储量计算中使用基本数字计算机》专门文章。

2 矿山地质学和其他学科的关系

矿山地质学是介于地质学与采矿学之间的边缘学科，它与一些相邻学科有密切的关系。比如，为了研究矿床、矿体、矿石的选冶条件（可利用性质），就要掌握工艺矿物学，选矿学和冶金学知识；为了提高矿产资源的经济评价，充分地利用资源和保护矿山环境，还必须了解技术经济和环境科学。矿山地质学的发展和地质、采矿，特别是采矿业的发展有密切关系，为此了解当前采矿业的发展状况是有必要的。随着人类对矿产资源和能源需要量的增长，采矿量正迅速增长。据统计进入 20 世纪 70 年代以来全世界每年的采矿量达 150 亿吨，平均每年增长 3% 以上，其中金属矿采矿量已超过 21 亿吨，每年递增 4.1%。预计到 20 世纪末，全世界采矿量将达到300亿吨。采矿新技术和选冶联合生产工艺流程不断出现。为了更经济有效地利用矿产和改善采矿条件，各国在改进传统的采矿方法（即凿岩、爆破、装运的方法）的同时，积极发展连续采矿、化学溶浸采矿等新的工艺。

南非维特瓦特斯兰德金矿最深矿井已达3960 m，为了提高回采率和改善深部作业条件，使用了连续采矿机。

化学溶浸采矿法自1958年应用以来已有很大发展。早期主要用池浸法和堆浸法，主要是回收低品位矿石中的金属（如品位低于0.3%铜矿石），老矿井残柱和含矿围岩以及含矿矿坑水。近年来又发展了原地浸出，即把钻孔打入深部矿体和难采的矿体，再以高压注入酸或溶液，使矿石中金属（或矿物）溶解，再从邻近的其他钻孔，抽出含矿质的溶液提取金属。如美国萨弗尔特铜矿用直径254 mm、深1500 m的钻孔，用溶浸法开采深部贫矿石。目前美国用溶浸法生产的铜占铜产量的20%~25%。此外，对铀、镍等矿床的溶浸开采也在开展。还应指出的是很有前途的海洋采矿也正在迅速开展。如美国由于开采海洋锰结核，过去一直靠进口的钴到1975年以后就完全自给了。

随着矿山采掘工业的发展和地质科学以及相关科学的渗透，20世纪70年代以来矿山地质学进入到一个新的发展阶段。它正在从侧重于矿块和采掘工程的地质编录、取样以及储量计算等操作方法的阶段向从整体上对矿区、矿床、矿体进行多学科多层次的综合研究为主的阶段。这是今后矿山地质学的发展趋势。

3　矿山地质学的新发展

当前国外矿山地质学有以下几个方面的新发展。

第一，矿山地质学的研究领域不断扩大。20世纪70年代以来矿山地质学研究范围比以前有所扩大。美国W·C·彼得斯（1978）在《勘探与矿山地质学》一书中给矿山地质提出了广泛的课题。他列举了投产前和投产后两部分矿山地质工作任务。

（1）投产前和基建中的矿山地质工作主要是：

矿体踏勘—圈定矿体—评勘矿体—可行性研究—经济评价—水文与工程地质—工程设计和基建开拓的地质工作。

（2）投产后的矿山地质工作（以加拿大基德克里克公司为例）有8项内容：

1）露天矿爆破孔取样和地质观察。

2）露天矿钻孔的表土和基岩编录，岩矿鉴定和微量元素分析，为剥离工作提供地质资料。

3）进行生产探矿（第二次评价金刚石钻探）和控制开采品位，防止贫化损失。

4）做采掘（剥）工程地质编录并进行资料对比，按施工单位要求编写岩石力学素描图。

5）计算储量包括全矿和阶段（中段）的。

6）地质研究工作（岩矿及化学分析）。

7）本区（大范围）找矿探矿工作，（包括物探任务）。

8）总公司探矿处下达的专门任务。

最近10年来，由于采矿量增加和高效率采矿方法与设备的推广应用使开采中储量损失上升，这已成了一项重要研究课题。1976年苏联和东欧学者召开了一次矿山开采损失技术经济评价专门学术讨论会。东德H·拜则曼指出矿石储量的损失是与地质的技术工艺和经济管理各种问题交错在一起的。矿山机械化，自动化程度的提高使劳动生产率也提高了，但随之而来的是较高的采选损失。因此，首先要求矿山地质人员应从降低损失率的角度准确验证矿体与围岩的界线，验证矿化变弱（矿体变贫、变小）的部位，构造断裂和矿体质量变化，以及对开采有影响的矿体附近工程地质水文地质条件。同时加强科研工作，改进采矿生产工艺，确定降低储量损失不可避免的下限。

第二，在寻找盲矿体的理论和实践方面取得了显著进展。美国、加拿大和苏联等国家的一些生产矿区都很重视综合性矿山地质研究。他们总结已经开采的矿床形成和分布规律，运用成矿模式和围岩蚀变分带，地质构造（矿田构造）分带，地球化学分带等定性定量对比方法，指导生产矿区外围和深部寻找新矿床，尤其是盲矿床。美国科罗拉多州的亨德逊钼矿床的发展是一个典型实例。克莱马克斯钼矿是一个开采五十年的老矿山，过去对矿床成因的认识一直受一次岩浆侵入——次成矿观点的束缚。在大量的丰富的矿山地质资料基础上，经过近10年来的矿山地质综合研究，认为岩浆侵入和矿床形成是多期的，并概括出新的成矿模式，划分出4个成矿阶段：自上而下，在不同深度形成 3 个矿带。每个矿带都成环形（帽状）分布在侵入体周围。应用克莱马克斯已知矿体的这些成矿规律，分析对比外围的地质环境，发现距克莱马克斯矿 30 km 的红山地区，同属科罗拉多第三纪成矿带，而且地表的围岩蚀变和多条含钼高的岩脉等矿化现象与老矿区非常相似，于是在有利区段布置了钻孔，结果在地表以下 100 m 处发现了特大的亨德逊盲矿体，储量 3 亿多吨，MoS_2 品位为 0.49%，使美国钼的储量猛增 40%。

在矿山地质（开拓和开采）工作中必须加强矿床基础地质资料的研究，这是不断扩大矿床储量的重要途径之一。

加拿大魁北克省诺兰达地区现有 19 个矿床（矿石总储量为 1.17 亿吨，Cu、Zn 并伴生 Au、Ag）其中有 7 个矿床是 1955—1977 年运用生产矿山积累的地质资料总结出来的火山成矿理论（并结合物化探）发现的。

1971—1975 年苏联新增 78 亿吨铁矿储量中，有 60 亿吨是克里沃罗格和库尔斯克等生产矿区通过矿山地质工作获得的。

苏联盖伊铜矿的矿山地质人员对该矿区含铜黄铁矿矿床地质进行详细研究后，发现已知的盲矿体附近有规律性地分布着地球化学—矿物晕带。如矿上晕可分为内带（标型矿物是黄铜矿、黝铜矿、方铅矿、闪锌矿、萤石等及大量黄铁矿）、中带（黄铜矿、斑铜矿、辉铜矿）。每个带可达 300 ~ 400 m 长。近几年在盖伊铜矿运用上述内生矿物晕带与矿化伴随的规律预测盲矿体取得了良好的效果。做法是系统采取钻孔等处样品，鉴定标型矿物，按其空间分布编制矿物晕图，圈出矿上晕，再进一步按不同的标型矿物特征划分内带、中带和外带。1974—1978 年共查明 100 多个矿物晕的剖面，经过工程揭露证明矿物晕下部有盲矿体。

第三，加强工艺矿物学研究。为了提高矿产资源综合利用程度，改进采、选、冶工艺流程和搞好矿山环境保护，许多国家正大力发展工艺矿物的研究。苏联从工艺矿物学角度把矿物分为含有用元素和具有可用特性两类。如铁、铜等金属矿物和盐类属前类；云母、石棉、宝石、耐火材料等属后类。并对矿物成分、嵌布粒度、结构特征与选冶分离度的关系进行研究，进而解决了采矿损失率较大和选矿回收率较低问题。另外，矿物在加工过程中的性状及其变化，如在不同药剂中的浮游功能，在不同温度压力下在酸碱和有机溶液中溶解度变化等，加强研究。近来英国、澳大利亚、加拿大等国对选矿过程中定量矿物的分析研究发展较快。从 20 世纪 60 年代起就开始应用电子探针测定入选矿石中矿物。70 年代以来在加拿大、澳大利亚一些矿山企业已广泛使用配有电子计算机的矿物分析研究仪器（电子探针和扫描电镜），进一步提高了工艺矿物的研究精度和速度。如加拿大伯利恒矿浸染状铅锌矿石的最低磨矿细度就是根据矿物单体、连生体的研究资料确定的。其筛分和旋流分级产品的矿物成分研究表明：闪锌矿集中于较细粒部分，而黄铁矿则集中于较粗粒部分。

矿山产量的增加必然伴随有大量废石采出，据统计目前每年有 800 亿吨废石排放量，最高的废石堆已达 357 英尺。苏联 1975 年铁矿废石量达 1.9 亿吨。1978 年加拿大每年有矿物废料 3.75 亿吨。美国 1975 年每年仅露天铜矿的废石就有 7 亿吨（其中有多数是含铜量 <0.2% 的贫矿石）。这些资源的利用必须从工艺矿物学入手。如苏联某些矿山尾矿中稀有元素比在矿床中含量还高，而 1975 年美国从废石及贫矿堆、尾矿堆中共回收铜达 20 万吨。选冶过程中产生大量废料是一项重要的矿产补充资源，近年来受到许多学者的重视。日本选矿学者原田种臣等在 1978 年把日本铁矿石以外的铁的资源分为三类：即含铁的有色金属矿石和硫铁矿及其矿山废水中沉淀物中的铁等 10 种列为第一类；钢铁厂粉尘及轧钢厂酸洗废液等提炼加工过程的派生物列为第二类；机械厂及城市垃圾等列为第三类。

目前苏联黑色冶金工业部对有用组分仅利用 30% ~ 40%（而主要开采利用矿物 5 ~ 8 种）。有色和稀有金属工业占 5% ~ 10%（主要利用的矿物 15 ~ 20 种）Н·Ф·切利舍夫（1977 年）指出改变这种状况一个重要措施就是加强现代化的工艺矿物学的研究。

第四，矿山水文、工程及环境地质研究有新进展。在矿山水文地质方面主要是采用新技术、新方法来研究矿区含水层的地质特征，查明补给源和疏干排水范围，地下水、地表水和井下涌水量变化规律，露天矿受水面积对边坡影响等以及矿山企业的工业与民用水源观测和水质分析评价。如美国、德国等一些矿山采用电磁、重力各种物理测井方法测定含水层，储水构造以及电子计算机应用于矿山水文地质工作等等。

在矿山工程地质方面从 20 世纪 60 年代以来美国、苏联、加拿大等国为了对露天矿进行人工加固整治滑落坍陷，大力开展了矿山工程地质的新分支——岩体工程地质力学的调查研究，深入分析断层、层理、片理等可能形成滑落的潜在弱面，系统观察水的冲刷和润滑作用、爆破震动和温度变化等因素引起对降低岩石强度和增大下滑力的影响。有些文献介绍气温变化可以影响 7～8 m 之深，而爆破震动影响则能深达 18 m。近几年许多学者都指出对边坡稳定性起主导作用还是岩体的黏结力和内摩擦角。如苏联 Т·Л·费森科编制的岩体（岩层）黏结力简表（略）和岩体（岩石）内摩擦角简表（略）就是反映这方面研究进展的一个侧面。

矿山环境地质的调查研究是矿山地质的一个新课题。近几年重点是调查矿山废料、废液（矿坑水和尾矿水），井下矿石自燃和地热灾害，以及从矿井排到大气中的废气对矿山环境的危害和对农作物及动植物的影响等。尤其井下某些金属矿石的粉尘对人体能引起各种疾病。所以矿山环境地质调查是矿山地质部门不可缺少的一项重要工作。

在日本金属矿山废水中主要有害物质是 Cu、Zn、Cd、As 等，在煤矿、油气田开采中污染环境的主要是硫化物，盐类及有机质微粒等。虽然他们在治理矿山废水污染方面有初步成果，但一些矿山周围的水系和农田中含 Cd、Cu、Pb、Zn 等有害的重金属含量积累量仍然很高。

苏联在消除矿山和工厂环境污染的一项重要措施是从扩大废料利用入手。1975 年苏联用铁矿废石 530 万立方米作建筑材料，占总剥离量的 2.7%。加拿大诺兰达矿山公司用含磁黄铁矿等硫化物尾矿和炉渣混合在一起充填采空区效果良好。东德一些矿山也大力发展利用选矿尾砂的新途径。

第五，矿山地质技术经济技术发展较快。近年来地质经济、矿山技术经济以及矿山系统工程学的进展促进了矿山地质经济研究并有不少新进展。如：

（1）研究综合回收矿石中伴生有用组分的经济效果的计算评价问题，在苏联有两种观点。В·Н·贝诺洛果夫等人，主张把间接生产费用都打入伴生组分的生产成本中。Ф·Д·拉力金等人则主张只计算直接提取伴生组分的成本，不应夸大提取伴生组分所花的开支。后一种办法可以鼓励企业回收更多的伴生组分，有利于综合利用，在苏联已被一些矿冶生产企业接受了。

（2）矿石开采损失的经济评价及其方法的研究对改进矿山经营和保护矿产资源具有双重意义。矿床是属于不能更新的自然资源，因此开发利用不仅要考虑当前的需要，而且也应对后代负责。所以研究这项技术经济问题时要全面考虑到各个环节。既要降低开采损失又不能采取得不偿失的技术经济措施。东德通过技术经济办法降低损失，在褐煤矿成效显著，一般损失在 15%，而其他矿种还有高达 70% 的损失率。

（3）可变性边际品位的研究。这是国外 20 世纪 70 年代地质经济研究的重要成果之一。它的一个重要观点就是动态地、辩证地看待品位指标。矿石品位影响企业经济指标。企业的生产能力相互关系与生产的不同阶段和环节也影响品位指标。基于这个道理，Н·К·泰勒（1972）等人提出不可变性的边际品位理论。为了便于划分矿山不同阶段的边际品位，Н·К·泰勒按矿床地质条件和生产流程将矿山分为 3 类：

A 类矿区：矿体不稳定，长度大，呈薄板状，需要大量井巷探矿、探矿坑道并能供以后采矿使用，如南非兰特金矿等。

B 类矿区：包括各类矿化不均匀、厚度大的较规则的矿体，勘探以打钻为主，不需要大量超前采准工作。

C 类矿区：主要是北美等地的斑岩铜钼矿床，它与围岩之间界线是不明显的、渐变的，用钻探勘探，以露天开采为主。

这 3 类矿区因情况不同，所以各种边际品位变化和确定阶段也是有差别的。A 类矿区有 3 个边际品位，B 类矿区有 5 个边际品位，C 类矿区有 4 个边际品位。

展望 21 世纪矿山地质学的发展，必将进入一个新阶段。其特点将是大量引入其他学科新理论、新技术、新方法和新成就来提高矿山地质学的学科水平。如矿床多成因理论，物化探技术在井下的推广应用，工艺矿物学的微量微区微粒的研究以及电子计算机和数学地质在矿山地质方面扩大应用范围等等。各学科之间相互交叉浸透将会出现地质与采矿（选矿）结合的新的调查研究（信息生产）与采矿（物质生产）联合的矿山生产新工艺。

（原载《冶金地质动态》1980 年第 5 期）

略论矿山地质学的特点与任务

张 轸

（中南大学，长沙，410083）

1 关于矿山地质学的概念

矿山地质学是在矿山地质工作的基础上发展起来的地质科学的一个分支，是一门介于地质与矿冶工程科学间的边缘应用地质科学，主要探讨在矿山生产建设条件下进行地质工作的基本理论和方法。研究的主要课题包括：日常地质工作、生产勘探、采掘或采剥生产地质管理、矿山水文及工程地质、矿产资源保护及环境保护、矿山地质经济、矿山综合地质研究、矿区成矿预测及矿床深部、边部和矿区外围的找矿勘探、各种工作的原理原则、工作的组成和合理的工作方法。

矿山地质直接联系到采矿生产，具有鲜明的实践性特点，它是检验地质和矿床地质理论的主要手段，同时其成果又必须接受采矿生产实践的检验。矿山地质学又是一门综合性很强的科学，与地质学其他分科之间有广泛的联系。所有基础地质科学：矿物学、岩石学、历史地质学、构造地质学、成矿基本理论等都是它的理论基础；许多地质科学技术：矿岩及矿相鉴定、矿石及矿物工艺、地球物理及地球化学探矿、钻探及坑探工程、水文地质及工程地质勘探等又都是它的技术手段。作为一门边缘科学，矿山地质学与矿冶工程科学，如矿山测量、采矿、选矿甚至冶金学之间也有着一定程度的联系。因此，矿山地质学的特点是：实践性强、联系性广、综合性也强。矿山地质人员不仅必须具备相当的地质理论基础知识，掌握一定的地质工作技术方法，同时还必须具备一定的矿山测量、矿山采掘及采剥、选矿、冶炼生产、矿业经济与环境科学的某些基本知识。

按矿产地质条件所决定的矿山地质工作的特点，矿山地质学又可进一步分为：金属及非金属矿床的矿山地质学、砂矿矿山地质学、放射性元素矿床矿山地质学、煤田的矿井地质和石油、天然气矿产的采油地质。

2 关于矿山地质工作在矿山企业中的地位

矿山地质是矿山生产的先行，对保证矿山生产有计划地持续正常运行、矿产资源的合理开发利用、在一定条件下扩大矿山生产规模、延长矿山服务年限等方面，都有积极的作用，被称为矿山生产的基础、尖兵、眼睛、参谋和监督者。

矿山地质工作主要任务如下：

（1）在地质勘探的基础上进行生产勘探（亦称"生产探矿"）。详细查明近期开采地段矿床及矿体地质特征；矿体的产状、形态和空间位置；矿体的规模；矿石质量及其工业品级、自然类型的赋存规律；矿床开采技术条件、水文地质条件和矿石加工技术条件，达到储量升级。为制定矿山采掘、采剥计划，进行开采设计，提供可靠的地质技术依据。

（2）及时对探采工程揭露的地质现象进行地质调查工作，系统收集原始地质资料、矿石质量测定资料，并经综合整理，对原有地质资料进行不断地补充修改，编制为矿山生产所需要的成套地质资料。

（3）按期计算并分析地质储量和生产矿量（通称"三级矿量"，露采又称"两级矿量"）的保有和变动情况，开展贫化与损失计算，进行矿山采掘、采剥的生产地质技术经济管理。

（4）参加矿山企业年、季、月度采掘及采剥技术计划的编制，负责编制矿山地质和生产勘探的设计；随采掘、采剥工程的进展，及时提出修改和补充上述计划的建议。

（5）监督执行矿山各项技术方针政策，各种规章制度；根据采掘、采剥计划的规定，定期对采掘、采剥工作进行指导、监督与验收，促使矿山采掘、采剥工作按质、按量全面完成。

（6）根据国家矿产资源保护条例、环境保护法，对矿山矿产资源和矿山环境的保护进行调查研究、检查和监督。

（7）开展矿山水文地质及工程地质工作，参与矿山水文及岩体移动的地质调查研究，协助进行采空区地压活动管理和"三下"（建筑物下、水体下及铁路下）矿体的开采回收。

（8）开展矿区综合地质研究和成矿预测，组织与进行矿床深部、边部和矿区外围的找矿和地质勘探（亦称"地质探矿"）。

矿山地质是矿山生产的组成部分，它和整个矿山生产过程有密切联系。

地测工作关系：测量是地质工作的基础，是彼此协同工作的技术工种，共同组成矿山地测部门，负责矿山生产的检查验收。日常工作中双方配合进行工程施工的指导，工程的地质测绘，开采的贫化与损失、生产矿量的统计、计划和管理。

地采工作关系：彼此的配合贯穿于生产各方面。首先，矿山企业要做到按计划持续正规生产，必须正确贯彻反映矿山生产客观规律的矿山采掘或采剥技术方针政策。矿山地质人员对技术方针政策的贯彻有重要职责。"采掘（剥）并举，掘进（剥离）先行"是指导生产的主要方针。要做到掘进（剥离）先行，首先要地质先行。"自上而下，由顶到底，由近及远"是符合坑采矿山生产规律的采掘顺序，露采则是"定点采剥，按线推进"。贯彻这一顺序，应有地质工作及时提供基础地质资料作为保证。"贫富兼采、难易兼采、大小兼采、远近兼采"是保证矿产资料最大限度地开发利用的重要原则。贯彻这一原则，要求地质工作做到"贫富兼探、难易兼探、大小兼探、远近兼探"。

地质关系还反映在采矿生产各环节。开拓过程中，地质人员提供基础地质资料，进行施工的地质指导。采矿人员在设计和施工中充分考虑地质工作要求，为开拓阶段的探采结合创造条件。采准过程中，地质人员提供单体性地质资料，进行施工的地质指导。采矿人员在设计施工中，亦应为采准阶段的探采结合创造条件。块段切割及矿石回采过程中，采场的地质管理与采矿生产交叉配合进行，地、测、采三方人员共同进行采场边界、矿石质量、贫化与损失及生产矿量管理，共同采取措施，保证采掘或采剥生产按计划均衡进行，不断提高经济效果和生产管理水平。

地质与选、冶工作关系：选矿厂和冶炼厂是矿山矿石处理和加工的部门。矿石选矿方法是否正确，工艺流程是否合理，一定程度上取决于出矿品位的高低和均衡以及矿石的工艺技术性质。例如矿石物质成分和共生组合；矿石工业品级和自然类型划分，是否选别开采；矿石的结构构造；工业矿物的粒度、嵌布特征和镶嵌关系等。矿石入炉冶炼，冶炼方法及配料方案必须依据物质成分的组成和含量来决定。因此，矿石质量及质量的波动将影响选矿、冶炼的效率和效果。矿山地质人员应合理制定选、冶技术方法，工艺流程；提高生产效率和产品回收指标；提高产品质量采取的技术措施提供必要的基本地质和试验资料。双方应随时协作进行工艺矿物学研究，研究矿石、废石、围岩、尾砂、炉渣、废水、废气等的物质成分，确定其综合回收和改善矿山环境的方向与途径。

展望未来，矿山地质的发展方向将是：研究领域的不断扩大，技术方法与手段的不断更新与革新，工作效率与精确性不断提高，管理体制与方法也必将变化。必须指出，与矿山地质现代化的同时，基础地质工作不但不会削弱，反而将更加强化。

现代科学技术发展中，明显地出现两种相反而又辩证地互相联系的趋势：随着科学技术水平的提高，科学越来越分化和专门化；科学之间或学科之间的不断接触和渗透，产生边缘科学。两种趋势在矿山地质科学领域中均有反映，矿山地质不再限于生产地质，已经开始建立多学科、多层次的综合研究体制，其研究领域扩大到矿区或矿田的成矿预测及找矿勘探、矿山水文及工程地质、矿山环境地质、矿山地质经济、工艺矿物研究以及名目繁多的综合地质科学研究。

当代国内外矿山地质科学主要的或新的研究课题，归纳起来有下列几个方面：

（1）生产矿区的基础地质和综合地质研究，主要任务在于确定矿区成矿地质条件和成矿规律，指导矿区大比例尺成矿预测和矿床深部、边部及矿区外围隐伏矿床及盲矿体的找矿和勘探工作。

（2）矿山工艺矿物的研究。工艺矿物学是介于矿物学与矿石加工工艺学之间的新兴边缘科学，目的在于研究矿物的工艺性质及其在加工处理过程中的性能和状态，以求改进矿石加工工艺技术，保证矿山一切矿产资源的更加合理综合开发利用。其主要发展方向为：①应用先进测试技术，主要是微区微量测试技术研究矿物及其加工产品；②采用矿物加工工艺手段研究矿物工艺性质；③研究各种成因类型及工业类型矿石中矿物的工艺性质，为矿床评价和划分矿石工艺类型提供依据。

(3)新技术、新方法的推广应用，比较重要的有测试手段的现代化，如基础地质研究、工艺矿物研究应用的高分辨率和微观、微区、微粒的测试设备和技术；用 X 射线荧光分析仪取代取样工作；坑内钻探的小型轻量和自动化以及小口径人造金刚石岩心钻探的推广；物化探手段的现代化和地下方法的发展；特别要重视数学地质的推广作用，这是矿山地质实现现代化的重要途径之一。多元分析法、地质数据处理、数学模拟均可用于矿区成矿规律研究、矿产统计预测、矿山经济技术的预测和管理。地质统计学（克立格法）可最大限度地利用勘采工程提供的地质信息，借以建立矿床地质特征、勘探方法、储量精度三者之间严密的数学关系，大大提高平均品位和储量的精确程度。此外，电算技术还将用于地质成图。

(4)矿山地质经济研究。矿产资源是具有一定经济价值的地质体，矿产地质调查与矿山开发过程实质上是经济活动过程，地质工作必然涉及经济问题，专门研究地质工作及矿山开发过程中的经济活动规律和经济效果的科学，称为"地质经济学"，其在矿业方面的分支称为"矿山地质经济"。主要研究矿产资源的经济评价、矿山地质与生产中的经济活动规律和矿山生产地质管理中的各种经济问题。其目的在于通过经济分析与手段达到以最少的投资，最小的经济消耗，取得最佳的经济效果。

(5)矿山环境地质调查与研究，包括与环境变迁有关的地质、物理、化学和生物生态学的一系列内容。着重于矿山原始和次生环境地质调查，环境污染的因素、程度和危害的研究，环境的监测、质量评价，环境保护及污染的防治措施。

(6)矿山水文及工程地质研究，集中在矿山水文地质及工程地质条件的地质调查，矿山岩体稳定性的力学性质研究，矿山水害及地压活动的防治等问题的研究。

(7)矿产资源的保护，这是一项与上述各种课题都有关系的综合性研究项目，涉及地质、采矿、矿石加工工艺、生产管理、资源政策各方面的问题。矿山废料的综合利用研究发展了矿产补充资源。

（原载《中国实用矿山地质学》，冶金工业出版社 2010 年出版）

论矿山资源管理及降低开采损失、贫化

彭　觥

（中国地质学会矿山地质专业委员会，北京，100814）

为了系统地调查了解全国矿山企业的矿产资源开发利用现状和总结关于矿产资源管理与保护工作的经验，1983 年 4 月，国家经委、地质矿产部联合发出"关于调查矿山企业矿产资源合理开发利用情况的通知"。各省、自治区、直辖市地质矿产局在经委支持下和有关工业部门以及各矿山的配合下，按照联合通知要求积极开展了调查工作。

调查表明，中华人民共和国成立 30 多年，矿业发展成绩显著，在已探明 136 种矿产资源的基础上，共建成县以上国营矿山（除石油、放射性矿产）5614 个，乡镇、集体或个体小矿 6 万余个，年产矿石 12 亿吨，从事采矿业职工 620 万人，地质工作职工 103 万人，为今后矿业发展奠定了良好基础。同时也涌现了不少在资源合理开发利用与保护方面的好经验，很多矿山通过狠抓管理，依靠采、选技术进步，加强地测机构的监督等措施，向资源利用的深度和广度进军，提高了资源回收利用水平、延长矿山服务年限，使企业经济效益、社会效益与环境效益同步提高。如雨后春笋般发展起来的小矿山为充分利用零散资源作出了贡献。

但也毋庸讳言，由于受各种因素的影响，矿山在资源利用方面也存在不少问题，突出的是采、选过程中的直接损失大，反映在采矿损失率、贫化率高，选矿回收率低，资源总回收率约为 50%，小窑小矿情况更为严重，此外，由于矿业管理部门分割体制及矿产品价格偏低等一系列经济政策之不适，使大量中低品位矿的开发及多组分共生、伴生矿的综合利用等课题均难以列入日程，环境污染日趋严重。

党的十二大提出的宏伟战略目标，要求 20 世纪末全国矿石年产量翻一番，即 15 年净增 10 亿吨，为确保这一任务的实现，必须坚持开源与节流并举的方针，即在加强地质找矿的同时，要对已提供的矿产储量进行合理开发利用，减少损失，千方百计提高资源利用水平，为此，本报告提出了技术、体制、管理、经济杠杆、环保、立法、小窑小矿等 9 个方面的对策，通过这些综合性措施，从多环节、多层次入手，尽快扭转矿产资源损失浪费较严重的局面。

在部署调查的同时，1983 年上半年地矿部矿管局与有关部门联合组成两个调查组分赴辽宁和湖南两省对 37 个大、中、小矿山企业进行了重点调查。取得了经验，指导了全国矿山调查工作。1984 年，又先后对安徽铜陵有色金属公司、山东金岭铁矿、四川金河磷矿、四川石棉矿、云南易门铜矿、黑龙江鸡西矿务局、柳毛石墨矿、吉林夹皮沟金矿、安徽淮南煤矿、陕西金堆城钼矿等 10 个典型矿山，及 9 个矿产资源管理搞得好的市、县进行了调查。

一年多来的矿山调查工作取得很大成绩，为今后开展矿产资源开发管理与保护的监督检查工作提供了基础资料，为国家制定有关矿产政策法规提供了依据，也为地方政府统一规划矿产开发方案提供了综合性的情报信息。

1　矿山资源利用水平的提高

建国 35 年来，我国矿产资源勘探与开发利用都取得了很大成绩，解放前探明储量的矿产只有 18 种，现在已达到 136 种，其中稀土、钨、钼、锑、铅、锌、汞、硫、磷、石棉、石墨、滑石、石膏、膨润土、萤石、菱镁矿、重晶石等 20 多种矿产储量居于世界前列。1984 年产矿石量 12.4 亿吨（其中煤炭 7.7 亿吨、铁矿石及其辅料 1.7 亿吨、有色金属 1.0 亿吨、建材及非金属矿 1.5 亿吨、化工 0.5 亿吨，不包括砖瓦黏土、建筑用砂、建筑石料及交通石渣等），从事地质勘探工作的职工有 103 万人，这些均为矿业的发展打下了良好的基础。

党的十二大提出了到 20 世纪末工农业总产值翻两番的宏伟目标，全国矿石年产量要增长到 20 多亿吨。鉴于现有部分矿山开采已到中后期，生产能力逐步下降，因此今后十六年生产能力需要新增 10 亿吨，要求每个净增生产能力 7500 万吨，这是十分艰巨的任务。为保证新增生产能力的实现，必须坚持开源与节流并举的方针，即一方面加强地质勘探工作，增加可供开采的矿产储量，另一方面则要提高已提供的矿产储量利用水平，延长矿山服务寿命。这是我们面临的严重课题，必须引起足够的重视。

在调查过程中，发现不少矿山企业在加强资源管理，提高资源回收利用水平方面，积累了许多有益的经验。

1.1　加强管理是减少矿产资源损失的有力措施

矿山企业改进管理方法，实行多种形式的责任制和奖励办法。加强了职工的责任感和主动性，在减少资源损失方面取得显著成绩。

云南锡业公司实行奖惩结合的技术经济管理，将矿山开采的损失、贫化指标纳入包保的责任制中，落实到坑口及工区队组，效果显著。1983 年的损失、贫化指标比 1982 年分别下降了 2.7% 和 0.8%，年增经济效益 135 万元。

湖北荆襄磷矿矿务局刘冲矿，加强计划和生产管理，对采掘质量实行评审验收，并制订完善的奖励条例。1983 年一季度损失率比计划降低 34%、贫化率降低 31.63%，效益显著。

辽宁红透山铜矿改进管理，实行了包含损失、贫化率在内的承包经济责任制，矿山品位较原计划的 1.28% 提高了 0.02%，选矿多回收铜 83 t、锌 55 t、硫 1100 t，经济效益达 60 万元。

1.2　依靠开发技术进步来提高矿产资源回收利用水平

很多矿山企业通过采用先进的采矿方法，研究、推广选矿新技术、新工艺、新设备，降低了贫化、损失，提高了回收率。

江苏徐州大黄山煤矿是一个年产原煤 120 万吨的大型矿井，近年来不断改进开拓布置，改变留煤柱过大的采煤方法，执行沿空送巷和无煤柱开采工艺，使回采率提高 19.90%，达到了 83%，煤柱损失也由 15 万吨降低了 0.86 万吨。

云南易门矿针对该矿地区大、围岩不稳固的特点，采取"强掘、强采、强出"的三强方针，加快采掘进度。并从技术上把好资料、设计、施工、爆破、出矿等五关，使采矿回收率由 1979 年前的 83% 提高到 1983 年的 92%，贫化率由 30% 降为 25%。

辽宁红透山铜矿改崩落法采矿为充填法采矿，损失率由 47% 降为 19.98%，贫化率由 22% 降为 4.7%。

鞍钢公司齐大山选矿厂以强酸浮选工艺取代碱性浮选工艺，改造了一个系列（年处理量 300 万吨），在精矿品位提高的同时，回收率由 60% 提高到 75% 左右，实现了铁矿选矿技术新的突破。

云锡公司为回收 19～37 μm 的锡，研究了包括洗矿脱泥、阶段磨矿、多次选别、次精矿集中复洗、溢流单独处理的选矿新工艺，并用于生产，使锡选矿回收率提高 10%。

辽宁八家子铅锌矿，铅锌精矿中银的选矿回收率长期徘徊在 65% 左右，1983 年进行了减小给矿粒度，改变磨矿机钢球比等的试验研究，改进了磨矿工艺，使银的回收率达到 71.36%，仅此一项就增加产值 35 万元。

武钢公司大冶铁矿对尾矿的回收利用进行了专题研究，从中回收铁、铜、金、银、钴、镍、硫、锡等 8 种元素。至 1980 年底回收黄金 6741.7 kg，价值 7415 万元，铜金属 17.3 万吨，价值 7.7 亿元，钴硫精矿 50.6 t，价值 455.4 万元。

包头、攀枝花、金川三个多金属矿区是国家资源综合开发、综合利用的重点项目，近年来在生产科研方面取得很大成绩，获得较好经济效益。包头钢铁公司采用细磨（-400 目）反浮选选矿工艺，使过去丢弃在尾矿库的稀土变成合格的稀土精矿；攀枝花钢铁公司经科研攻关回收了伴生的钛精矿；金川有色金属公司选矿厂，采用中性介质选矿新工艺，处理二矿区矿石 23 万吨，原矿镍的平均品位为 2.7%，精矿镍品位为 5.69%，镍选矿回收率达到 88.19%。

1.3　涌现出一批地质测量工作成绩显著的矿山企业

一批矿山企业拥有健全的地测机构，领导重视矿山地质测量工作，为挖掘矿山资源潜力，开创生产新局面做出积极贡献。

甘肃白银有色金属公司是第一个五年计划期间建设的大型采、选、冶联合企业，1954 年矿山筹建时就成立了地质科，以后又不断得到加强和提高。在公司重视下，矿山地测工作取得很大成绩，如地质队在勘探报告中只计算铜、硫、金、银四种储量，矿山地质人员在长期生产实践中又查定并计算出 15 种元素的储量：锌 12.6 万吨、硒 3605 t、镉 1904 t、镓 601 t、铋 3290 t、锗 186 t、锑 77.3 t、铊 74 t、铟 153 t。通过生产勘探，新增铜储量

26 万吨。露天矿设计损失率和贫化率为 7% 和 10%，现在分别下降为 1% 和 4%。该公司依靠加强矿山地测工作。提高了资源综合回收利用率，挖掘了老矿区的资源潜力，延长了露天矿的服务年限。

广东大宝山多金属矿是一个保有铁储量 1 亿吨，铜铅锌 200 多万吨，年采矿能力 200 万吨的大型矿山。铁矿位于铜铅锌矿上部，目前主要开采铁矿。由于铁矿石含铜、砷等有害杂质高，多年来处于用之不能、弃之可惜、销路不佳、生产停滞的状态。1978—1979 年矿山自筹经费 100 多万元，进行了一万多米的生产补充勘探，查清了含铜、砷高的铁矿石储量及其分布范围，并探获铁矿石储量 2000 多万吨及颇有回收价值的钨、铋等伴生有用组分。该矿依据地质资料重新安排了开采方案，生产蒸蒸日上。近年来又改革采矿场质量管理体制，成立由采矿与地测人员共同负责的质量管理（QC）小组，根据"块段矿石质量变化趋势"概念和"交替配矿法"提高矿石质量。这是依靠矿山地测工作开创矿山生产新局面和振兴矿山企业的好典型。

安徽淮南矿务局是国家重点大型煤岩基地之一，从矿务局到所属煤矿均设置地测机构，共有地测人员 1042 人（其中技术人员 206 人），占全局职工总数的 1.2%，在他们的努力下，新增储量 9 亿吨，并通过认真贯彻规章制度，加强资源管理，在开采条件日益困难的情况下，回采率仍有所提高，由 1983 年的 80.50% 上升到 1984 年1—4 月的 82.68%。

湖南瑶岗仙钨矿 1955 年工业储量为 43.7 万吨，到 1982 年已采出矿石 170.6 万吨，尚保有工业储量 205 万吨。累计新增储量 340 万吨。这一成绩的取得与矿山对生产地质工作的重视分不开，一是建成一支 90 多人的专业勘探队伍。他们熟悉矿床成矿规律，探矿效果好；二是矿领导的支持。1957—1966 年矿山总投入的坑探工程量 31077 m，国家投资仅占 54%，其余 46% 都是矿山自筹。20 世纪 70 年代后期，矿山资源面临枯竭。矿山地质人员通过综合研究，推断 19 中段有隐伏矿体。需投资 50 万～60 万元打探矿巷道 1100 m，由于领导全力支持，结果在 950 m 处找到 501、510 号大脉，计新增储量 46 万吨。

云南易门铜矿拥有健全的地测机构，一贯坚持一手抓生产勘探，增加新的储量，一手抓资源开采的管理、监督。十多年来仅狮山矿段就新增储量 18 万吨，按目前生产水平，可延长矿山寿命 10 年以上。

江苏锦屏磷矿从 1979—1983 年四年间，在矿山深部打了近万米钻探和坑探，共新增储量 1900 多万吨，相当于第一个五年计划时期探明的储量总数，化工部特授予该矿深部找矿奖。

1.4　小窑小矿为合理利用零星分散资源做出贡献

近年来，在党和政府"大矿大开、小矿放开、有水快流"的方针指导下，全国数以万计的小窑小矿正在长城内外，大江南北蓬勃兴起。小窑小矿充分利用了零星的矿产资源，加快了我国矿业的发展速度，也促进了本地区的经济繁荣。1984 年乡镇集体小煤窑生产的煤炭达 21600 万吨，占全国总产量的 27.5%，其他金属、非金属小矿也占很大比例。小窑小矿在充分利用分散资源和大矿山的边角残矿方面发挥了大矿所不能起的作用。

四川荣昌县统一规划，合理布点，国营与集体，个体矿兼顾，按煤层厚度、煤田大小实行多层次开采，煤层在 40 cm 以上者由 6 家地方国营矿山开采。30 cm 以下者由 33 家集体、个体（或联办）矿山开采，地方国营矿丢漏资源得到回收，群众办矿也从中得到益处。

湖北当阳县小煤矿，由内行领导生产，重视技术改造和技术培训，企业素质好，开采 30～40 cm 薄煤层的回收率达到 90%。

山东招远金矿区，民办小矿从国营老硐中回收丢弃的残矿，每年采回黄金六、七千两，获利 100 多万元。

此外，四川会理、安徽铜陵、山西黎城、辽宁大连等地区也都是开办小矿比较成功的典型。

办好小矿的共同经验是因地制宜制订小矿管理办法，成立各级矿山管理机构。实行统一规划、统一管理，履行申请审批手续。在不影响国营矿山正常生产的前提下合理划分群采地区。通过加强管理，引导小矿山健康发展。使小窑、小矿在尽快回收利用矿产资源方面成为我国现阶段的一支重要的力量。

2　矿山资源利用存在的主要问题

建国以来矿业发展取得成绩是很大的，但是，由于长期受"左"的影响，加上政策、体制、管理和技术、经济等方面的原因，致使矿产综合利用水平和采、选、冶回收率偏低，矿产资源损失浪费严重的状况迄今仍无显著改变。主要表现如下。

2.1　对矿产进行综合勘探、综合评价、综合开采和综合利用不够重视

我国矿产资源的一个重要特点就是多种矿产共生或伴生，而在勘探和开发利用时往往是"单打一"，只探采

本部门所需要的,用主丢次,不回收其他的资源。

首先在勘探阶段,不少地质队就不搞综合勘探与评价。据有关部门统计,湖南省含两种以上可回收伴生有用组分的矿山 129 个,只有 27 个进行过综合评价,仅占 21%。

湖南新化洪水坪煤、铁、硫、石墨矿共生。从 1958 年开始,20 多年来先后有省地质局、省冶金局、省建材局和省化工局的地质队在同一地区对对口矿产进行重复勘探。可见"综合"概念极其淡薄。

山西阳泉是一个煤、硫、铝矿共生的重要矿区。三种矿产具有一定的共生关系,煤炭在上部,铝土矿和硫铁矿在煤层底板以下 60 ~ 70 m 处,按合理开采顺序,应先采煤,再依次开采铝矾土和硫铁矿。现在有些煤矿其井已延深到铝矿,正在依次开采铝矾土和硫铁矿,可是有些煤矿其井巷已延深到铝、硫矿层也不采,化工系统所属 7 个硫矿铁山在开拓中穿过了煤和铝土矿也不回收,只掏采最下层的硫铁矿。冶金系统的矿山则只掏采中间的铝矾土,对上部与下部共生矿产的损失漠不关心。

在 104 个多种矿产伴生或共生的矿产中,有 43 个即占总数 41.3% 的矿山存在着对应该回收的伴生或共生有益组分进行回收的问题。还有些矿山虽然回收了部分伴生元素,但回收率很低。如:湖南某钨矿精选车间废弃的尾矿含有下列金属,银 1.32 kg/t,铋 3.39%,铜 1.14%,铅 1.55%,钼 0.38%(1976 年材料),由于设备及技术力量不足,对尾矿未进行精选。

我国有色金属矿石冶炼过程中,伴生组分的综合利用率也比较低。沈阳冶炼厂的综合利用率为 20.62%,先进企业株洲冶炼厂也只有 68.24%,而日本的金属硫化矿石的综合利用率已达 85% ~ 90%。

2.2 资源回收率偏低仍然是我国矿业开发的主要问题

目前矿山在采矿、选矿过程中的资源损失浪费比较严重,采富丢贫,采易弃难,忽视资源保护的状况较为普遍。

根据对 13 个省国营矿山调查统计资料,在 97 个露天矿中,回采率低于部颁标准的有 39 个,占 40%;在 719 个各类地下矿中,按矿块或采区计,56% 的回采率低于设计要求。其中煤炭矿井 558 个,回采率低于部颁标准的 271 个,占 48.6%,冶金、化工、建材 161 个矿井中,回采率低于设计要求的 131 个,占 81%。

特别需要指出的是 13 个省中,尚有 459 个矿山(井)根本未填报回采率数据,分析其不上报的原因有二:一是各级对三率指标未作严格要求,属可报的软指标,因之统计、管理不严不准。二是可能进行了统计但指标太低,不便上报。不论属于哪种情况,这类矿山的回采率可能偏低,如果把 459 个矿山的实际情况统计在内,那么回采率低于国家要求的比例将更大。

另据冶金、化工、建材和非金属等 168 个矿山统计,矿石贫化率大于 10% ~ 40% 的共 120 个,占 72%。

矿山选矿回收率也较低,据冶金、化工、建材的 207 个矿山资料,其中有 88 个,占 42.5% 的矿山选矿回收率低于规定指标。

通过我们邀请座谈和走访各工业部门的采矿专家,普遍反映我国的矿山回采率一般在 50% 左右。这和 1983 年第一届全国采矿学术会议纪要"资源损失严重",矿石回采率一般只有 50% 左右的估计基本一致。这也说明我们在提高资源利用率方面的潜力很大。以煤炭为例,全国县以上国营煤矿 5.4 亿吨,如将回采率从 50% 提高到 75%,可在不增加勘探和开发投资的基础上,多回收煤炭 1.8 亿吨。同样,如果把目前冶金矿山的损失率由 40% ~ 50% 降低一半,每年即可多回收 1000 万吨的矿石量,这将产生多么巨大的经济效益。

2.3 一些煤炭占有的备用储量过多,矿井生产规模偏小

如第一、二个五年计划期间,我国的大型煤矿占用储量相当于生产能力的 100 倍,而近年来,一部分矿山占用储量过多,有些大型煤矿占用储量相当于生产能力的 200 倍,矿井服务年限长达 100 多年,如山西省国营煤矿实际年产煤 7089 万吨而占有储量 179.8 亿吨,相当于生产能力的 253 倍,以回采率 75% 计算,服务年限长达 189 年。山东省煤矿现有生产能力为 4200 万吨,占有储量 69 亿吨,相当于生产能力的 164 倍,服务年限 123 年,因此,使国家消耗大量勘探资金获得的煤炭储量不能尽快地为社会主义建设服务,不符合大矿大开的原则。另一方面,由于矿井备用储量系数过大,给矿山在开采中忽视合理开发利用资源大开方便之门。

2.4 矿山环境污染比较严重

矿山生产建设中产生大量的废石、尾矿、废水等废料,由于重视不够和治理工作不力,这些"三废"既占用土地又随雨水和风扩散到周围,造成环境污染日趋严重。

据统计全国每年煤矿排放煤矸石 1 亿多吨(历年累计量已有 12 亿吨)。全国 125 个洗煤厂每年流失煤泥 100 多万吨，排放洗煤废水 7000 万吨，污染水体，淤塞河道。

全国金属矿山选矿厂含尾矿废水每年排放量达 3 亿多吨，仅东北某钢铁公司所属 4 个选矿厂就占地 8680 亩。川南硫铁矿就地土法炼硫，使矿区树木枯死，寸草不生。

2.5　矿山地质测量工作薄弱

据 9 个省(区)656 个矿山的不完全统计。平均每个矿山有矿山地质、测量技术人员 2.6 人。仅占矿山职工总数的 0.16%。地测技术人员数太少，比率太低，工作十分被动。调查还表明，目前国营骨干矿山虽然配备了数量不等的地测技术人员，但是数量严重不足，并且大部分地测技术人员年老体弱。据有色矿山统计，技术骨干平均在 50 岁左右，后备力量不足，青黄不接的情况较普遍。因此，现有的矿山地测力量远远不适应矿山开采的需要。

湖南白沙矿务局 6 个煤矿 25 个矿井，3 个矿无地测机构，多数矿测量无专人管理。三率统计不准，采掘失调情况比较严重。

地方国营矿山仅有少数设立地质测量机构，大部分缺少地测技术人员或根本没有。全国 6 万余个小窑小矿基本上也没有地测技术人员。由此可见。现有的矿山地测力量远不适应我国年产十几亿吨矿石生产的需要。

2.6　小矿资源管理亟待加强

由于矿产资源管理工作没有跟上小矿大发展的形势，致使一些地方没有统一的规划，缺乏必要的审批手续和技术论证，形成了盲目开采甚至乱挖滥采。为了争夺资源，越界采掘，出现了大矿套小矿、小矿包围大矿，相互干扰，破坏资源的极不合理的现象。如辽宁瓦房子锰矿是鞍山、本溪钢铁公司的锰矿石基地，现保有储量 8446 万吨，目前生产达不到设计能力。小矿干扰是重要原因之一，据 1983 年资料反映。该矿附近的朝阳、建昌两县 12 个社队约 1000 多人未经批准进入矿区。在 6 km 长范围内随意采掘，使采区损失储量 26.2 万吨，并使基建采准巷道及主要运输巷道受到破坏，报废 4032 m，直接经济损失 1127.2 万元，破坏生产矿块 14 个，三级矿量失调，致使矿山生产能力每年下降 4.7 万吨。

山西潞安矿务局花了 3200 万元新建成的漳村煤矿"一四"采区，被北村大队小煤窑侵占，白白浪费全部建设工程和投资。

河南义马矿务局常村、跃进内煤矿上部的河床安全煤柱被农民挖了 36 处，使河床塌陷，1985 年 3 月 23 日河水淹没了常村部分矿井，造成每天减产原煤 3000 多吨。

此外，某些小矿的回采率也偏低，据统计山西乡镇煤矿的平均回采率仅 20%，大量宝贵资源损失于井下，令人惋惜！

产生上述情况的一个重要原因是，有些同志把放宽政策同加强管理对立起来，把放开理解为不要领导的放手去干，放弃了必要的管理工作。我们的政策是既要放开、搞活，同时又要管好，两者相辅相成，缺一不可。

3　加强储量管理

造成目前矿产资源开发利用程度低、保护与监督管理不善的原因是多方面的，应该切实处理好长远与当前、整体与局部、开矿与保矿的关系并把它提高到正确贯彻矿业政策的高度来认识。必须采取技术、经济、管理、政策与立法等综合性措施。从多环节、多层次入手，层层把关，可望情况逐步改善。

3.1　综合勘探、综合评价是矿产资源保护和合理利用的基础

在地质工作中开展综合勘探、综合评价，进行综合利用的试验研究，可为矿业开发和工业合理利用指明途径和提供设计依据，是全面提高资源利用水平的基础。

为了克服过去这方面存在的缺陷，应明确：

(1)制定地质工作计划时，须下达综合勘探、综合评价的任务，各工作阶段要有面向"综合"的工作设计，设计未经批准不得施工。

(2)审批地质勘探报告时要把好"综合"关，凡未进行综合勘探、综合评价的地质报告，一律补课。

(3)鉴于我国许多矿床矿石成分复杂，选冶回收技术难度大，因此，选冶试验研究应列为矿床勘探过程中一项重要工作，否则评价因无坚实的科学基础而将无所适从。

3.2 做好矿山开发可行性研究及设计的技术经济论证是提高资源利用水平的重要环节

判断矿床能否开发利用和解决如何开发利用，尚需通过可行性研究与设计这两个阶段才能进一步作出决策，特别是那些低贫、复杂、难采、难选的或新类型矿床，其合理采、选工艺必须经实验研究及经济论证方可获得结论。切不可只关注企业财务（微观）效益而忽略影响资源充分合理利用的各项宏观因素。据昭通、织金、筠连、双鸭山、潞安、永城等6省10个煤矿，作为项目评价的重要内容进行论证，设计可采储量仅占井田开发范围探明储量的41.3%。这种情形其他矿种也屡见不鲜，如何将资源利用率作为评价内容的一项重要指标予以落实，是当前必须重视的一个问题。同时，设计部门也必须打破以单矿种为对象的设计指导思想与技术规范。探讨和设计多矿种开发的技术政策。

3.3 减少开发过程中的资源直接损失是当务之急

为了尽快减少矿产资源严重的直接损失，建议采取如下对策：

（1）设计工作一定要根据详勘提供的资料，因地制宜的选择开采方式和采矿方法，切忌不加分析的照搬某种模式。在开采方式上，露天矿与地下矿相比，露天矿回采率高，贫化率低，有利于实行科学管理，因此，在条件允许的情况下，应优先发展露天矿，对地下矿则应逐步推广诸如胶结充填、尾矿充填等能大力提高资源回收率的采矿方法。不管采用哪一种开采方式，都要根据原矿的性质采用最佳选矿工艺。

（2）根据采掘工业的特点，开采损失率、采矿贫化率和选（冶）回收率应作为衡量矿山采、选、冶经营管理优劣的主要标志，与工业企业其他主要指标并列，以此指令性标准来扭转资源利用率普遍偏低的局面。

（3）做好采场设计和施工管理是降低直接损失、贫化的重要环节，据一些金属矿山统计，设计不当造成的损失占采场损失率的35.4%，施工管理不善占64.6%，贫化率则设计影响大于施工管理的影响，减少采场直接损失是一项涉及地质、开采技术和管理等多种因素交织在一起的复杂问题。但首先要求地测人员准确验证圈定矿体，提供影响开采的各种条件数据，采矿人员则据此资料，因地制宜地做好采场设计并严格施工管理，只有这样层层把关，方可逐步奏效。

3.4 充分发挥矿山地测工作保证生产和监督生产的作用

（1）生产矿区及外围备用资源的勘察仍是矿山地质一项重要课题，我国生产矿山尤其是一些老矿山，不同程度的存在资源不足和迫切需要寻找新矿体的艰巨任务。实践证明，有些老矿山在客观上存在着资源潜力（潜在矿床、矿体），是寻找新资源的有利地区，而且由于揭露和积累了大量矿床地质资料，提高了研究程度与对成矿规律的认识，往往会取得事半功倍的效果，这是扩大矿产储量，延长矿山寿命的有效措施。

（2）搞好矿山地质，为生产服务，为满足采场设计与施工需要，矿山地质工作应进一步查明矿石的数量与质量，搞清矿体空间形态，因为对采场矿体边界二次圈定是提高地质资料精度和降低贫化、损失的关键。

（3）加强对资源利用的监督与管理，矿山地质测量单位和工作人员负责监督检查合理开发利用资源的情况，对一切违反设计规定的正常开采顺序，破坏和浪费矿产资源的行为，有权制止并及时向上级反映，如改进不力，经制止无效时，建议上级有关部门依法取消其开采权并追究责任。矿山各方面均应支持地测人员的工作。

为了适应当前工作需要，须建立健全矿山地测机构，充实专业人员，各生产矿山及其主管部门的矿山地测机构应配备与工作任务相适应的专业科技人员，生产矿山地测人员定员应不少于矿山全员的1%。

生产矿山及其主管部门应在总工程师领导下设总地质师，分管矿山地质及资源保护工作。

3.5 改革矿业管理体制，成立跨地区，跨行业的联合矿业公司是体制改革的方向

合理的管理体制是综合开发、综合利用实施的保证，要实现"综合"，是要革除当前部门分割造成"单打一"的弊端，否则，"综合"很难行得通。当前按矿种、按行业分散管理，各自为政的问题很多，要积极改革不合理的管理体制。

建议成立区域矿业公司，统管、开发所辖地区（或成矿区，成矿带）的各种矿产资源，还可试办地、采、选、冶（加工）一条龙的联合公司，这样，遵循客观成矿规律，统筹规划、统一安排，以大帮小，以小补大，以最大经济效益确保为国家建设提供矿物原料，这是我们应该为之努力的目标。

3.6 合理的经济政策是资源保护的动力

由于我们过去长期不注意客观经济规律，致使矿产品的价格严重背离价值。其结果，一方面，由于矿产品

价格过低，使一部分本应利用的矿产资源成为无人利用的"呆矿"，使我国的资源优势不能发挥。另一方面，国家、地方和部门都因"投资效益最差"而不愿向矿山投资，使矿山生产能力增长缓慢。在"六五"期间有色金属矿山生产能力的净增长率仅 0.7%，铁矿山的生产能力则有下降趋势，而这些产品的消费量增长率却在 4% 以上，由于供应不足，国家只得用大量外汇去进口矿石。第三，在设计及生产过程中，也由于矿价过低，人为地提高品位指标，把本来达到经济可采的矿产储量遗弃于地下或使部分应进入选厂的矿石被当作废石而抛弃，从而加大了设计损失。第四，资源的综合利用也因缺乏经济动力而失去势头。凡此等等，皆说明目前矿业经济政策已不适应企业发展的需要。

矿产资源开发要遵循报酬递减规律，因此，矿产品定价原则应以劣等条件下的劳动消耗作为定价标准，而且其价格水平应保证矿山企业有高于其加工行业的利润率。

要通过经济杠杆促进矿业发展，主要体现在资金、税收、补贴、利率、奖金、福利等方面的优惠或减免。

3.7　从扶持入手，提高小矿资源回收利用水平

造成乡镇集体(个体)小窑小矿资源回收利用率低的原因很多，但主要是由于资金、设备有限和技术水平差，管理薄弱，要对症下药地逐步解决，首先，本着放开的原则，在资源上给予照顾，统筹规划，合理布点，划界和实行开矿申请许可证制度等行之有效的管理办法；第二，搞好咨询服务与技术指导，大力进行采矿、选矿和地质、测量的技术培训，建立健全规章制度；第三，管理上要结合小矿点的实际情况，因矿制宜，搞好搞活，提倡多种形式的联合办矿，不搞一个模式。资源条件较好，群众采矿点较多的省或县，应成立相应机构，对那些私自开矿，破坏资源，威胁邻矿安全或本身不具备安全条件的小窑小矿，则应坚决予以封闭，只要我们避免盲目性，全面加强管理，就可保证小矿走上健康发展的轨道。

3.8　注意生态效益，保护环境，势在必行

采掘工业因其生产规模大，资源和能源消耗大和三废排放量大，成为环境污染的主源之一。

从自然资源保护的角度来说，合理利用资源与保护环境二者是相互促进的。资源利用得愈充分合理，对环境的污染就愈轻，经济效益和生态效益就越显著。

防治污染应包括三方面内容：

(1)将造成污染的排放量控制到最低程度，这就是要求对资源进行最充分的利用，做到吃干榨净的程度，尾渣和废石也要变废为宝。如用来做矿山充填材料，利用矸石做建材原料或铺路等，我国煤矸石的综合利用率仅 10%，大有潜力可挖。

(2)利用环境容量的自净能力保护环境，应充分利用矿山周围的地形、气候、废水复用及回水工艺等特点，建立尾矿水封闭循环系统，减少废水排出量。

(3)实行矿山复田，恢复植被，矿山开采(特别是露天开采)要占用大量土地、牧场、山林，因此必须十分重视矿区的复田、植被、绿化、保持自然景观等工作，当前，我国的复田率很低(仅 7.3%)需加以重视，作出规划，预留资金，逐步实行。

(原载《中国实用矿山地质学》，冶金工业出版社 2010 年出版)

近 10 年我国矿山地质工作的进展概况

彭 觥

（中国地质学会矿山地质专业委员会，北京，100814）

几年来矿山工作实践证明：在矿山开采工作中矿山地质工作对于矿山企业正确地、有计划地生产起了很大的促进作用。

我国矿山地质学成为地质科学的一个独立的分科，解放之后，特别在第一个五年计划期间，它迅速地成长。1953 年初苏联专家切普乔在地质部召开的全国地质人员会议的报告，1955 年苏联专家瓦良佐夫在重工业部地质训练班讲课及我国学者涂光炽在《地质知识》上发表了关于矿山地质的文章等，对我国建立正规矿山地质工作起了重大启发和推动作用。解放初期在恢复东北的一些矿山生产时，上级指示要我们十分重视坑内地质与探矿工作，由于当时地质力量有限，是由生产矿山外围的勘探队兼顾矿山地质工作的，这种方法在当时是作为矿山地质的一种有效办法。在旧中国时虽然在大的矿山（如云南个旧等）也有少数地质人员，但主要是为了采矿生产与管理服务，并不是建立矿山地质工作。所以我国矿山地质工作基础是薄弱的。

由于上级领导的关怀以及苏联专家的无私帮助，我国矿山地质工作迅速发展并且已经取得了成就。1954 年底按照苏联矿山地质工作原则首先建立了有色金属工业系统矿山地质机构，编制了矿山地质工作暂行操作规程、砂矿矿山地质工作规范。配合矿山开采，进行了经常性的矿山地质工作。为了保证矿山生产有足够准确的工业矿量，进行了相应的采准探矿（即加密探矿）。为了增加新的储量不断延长矿山生产年限，在矿区外围及生产矿坑和中段邻近进行了边部深部勘测工作，以增加新的储量。为了保护资源，减少矿石的损失与贫化，矿山地质人员与矿山测量人员共同进行资源管理和技术监督，使开采中矿石的损失和贫化率有了显著的降低。从上述事实可以看到矿山地质对矿山企业和冶金工业的发展起着重大的促进作用。

为了贯彻党的总路线，适应矿山生产的飞跃发展，我们必须加速提高矿山地质工作水平，研究与解决其中的主要问题，对此我提出以下意见与同志们商讨。

1 大中型矿的矿山地质工作

（1）目前我国的大中型有色金属生产矿山一般都进行了系统的地质勘探工作，保证有一定的储量，但其中贫矿较多。为了从地质资源方面促进矿山生产的跃进，矿山地质工作者必须首先对开采矿田中的富矿体富集规律加强研究，大力寻找富矿。一些矿山的地质工作的经验证明，根据勘探与开采中所得到的地质资料作综合研究，再来指导开发勘探是很有效的办法。如某矿床经过研究确定北东方向发现了大量的新矿体。某锡石—硫化物型矿山掌握了潜在的火成岩产状对矿体富集的控制关系，找到了多个大型盲矿体。

（2）现有的国营大中型生产矿山、生产设备及回收技术水平较高，有条件迅速回收矿石的伴生有益组分。另一方面也必须积极完成国家给我们增加的新金属的任务。为迅速地、全面地占领 64 种有色金属和稀有金属阵地，提供资源保证，为此，我们加快生产矿山的伴生有益组分的查定和评价工作。几年来我们也进行了这方面工作。如个旧砂锡矿伴生组分研究，在苏联地质专家帮助下我们获得了较完整的经验。该项工作首先是按 C_1 级勘探网密度的钻孔或浅井的副样中，取光谱样进行分析。按光谱样分析结果对于主要伴生组分进行化学定量分析，再按品位分级做出品级分布图。应该在不同品级地段采取矿物分析及物相分析来确定含主要伴生组分的矿物性质、形态。最后为了确定回收方法和工艺流程，应根据上述分析资料及地质资料采取代表性工业试样。某铅、锌矿也曾对伴生组分进行同样系统的研究。它的方法和步骤是：在探矿和采准工作中就注意矿床中与主要组分相关的伴生组分查定（主要光谱及组合分析），在进入开采时，就按矿体和按中段，在采准坑道或开拓坑道中取样，进行主要伴生组分定量分析。同时在富集地段，按矿物地球化学特性，取单矿物分析、查定，找到富集的规律。为了不使伴生有益组分在尾矿中及炉渣中跑掉，还要在选炼厂各类产品中定期取样分析。

（3）掌握成矿规律提高探矿效果，大中型生产矿山一般开采与勘探深度较深（如吉林某铜矿最深生产矿井已达 700 m，一些有色金属矿山深钻孔也达 1000 m），在平面上坑道分布也很密。但必须指出过去的探矿工程在一定空间内虽然分布很周密，由于过去对矿床分布规律缺乏全面的研究，许多探矿工程是未遇到矿的。根据某矽卡岩铜矿山统计，以前 60% 探矿坑道是没有矿的，甚至有沿成矿后的断层探矿。因此对老的生产矿山坑内探矿（尤其是盲矿体探矿）研究问题是矿山地质人员主要任务之一，为此必须加强对矿区的成矿与构造关系、围岩对成矿的影响等因素的研究，以及在坑内查明工业矿化地段的地质特点。根据这些矿床成因形态特点及构造特点，采取相应的探矿手段。在矿脉类型的矿山，应以小穿脉坑探及水平钻探为主，江西脉钨矿都采用了此种办法。在矽卡岩型矿床及个旧式矿床，应在可靠的找矿标识（如接触带内的与矿体直接相关的触变现象或矿化岩墙等）范围，用轻型钻机打扇形钻或作小盲探井。

（4）提高坑道地质编录改进取样操作方法。

在一定时期（如建立矿山地质工作初期），由于经验不足，矿山的编录、取样强调按规程的统一标准这样做是必要的。目前一些建立矿山地质工作较久的矿山，已研究和总结自己的经验，并按矿床各自不同特点，创造了先进的方法。如个旧矿已转变了过去不分地质情况复杂过程及生产需要，千篇一律地采取坑道素描和采矿场素描的方法，而现在在砂矿露天采场方面就可按不同的矿床特点改进采矿场掌子面地质图的作法。还有探矿坑道取样和采矿场取样，目前多是用刻槽法进行，虽然准确度高但手工操作效率低。一些矿体形状较大、品位分布较均匀的矿山，如吉林某矿正试用凿岩机打眼取样，与刻槽法对比品位误差很小而工作效率提高好几倍。另外在保证质量的前提下可采取缩小刻槽规格，放疏刻槽距离，同样可提高效率。

2 小型矿山的矿山地质工作

小型矿山的特点是地方或群众经营的，在开采前一般都未做过系统地质勘探工作，以边采、边探方针生产，多数是在地表浅处进行。由于笔者对小型矿山地质工作经验了解不够，故在这里不能具体讨论，只谈以下几点。小型矿山地质工作首先要密切结合当前生产，因此应对矿床露头及地表浅处矿体分布规律（特别是开采地段的氧化富矿体）进行研究。探矿工程的设计应就矿探矿、边探边采，在矿体最近处或矿体中进行。在矽卡岩型矿山，要多注意风化物的研究。在各类矿脉型矿山注意浅处分支脉的分布规律是很重要的。在小型矿山的坑道编录、取样工作应比一般矿山更简略。只作几种实用的图纸（1/200～1/1000 矿床纵剖面图兼作储量计算）就可以。最后应指出：为了配合制定矿山远景开采规划（或设计），尚无勘探队工作的矿区，可在采区范围内进行部分的深部探矿工作。

为了适应矿山生产大发展的需要，估计今后我国矿山生产矿石量是很大的（如按炼一吨铁需采三吨铁矿石，炼一吨铜需一百吨甚至二百吨铜矿石）。所以我国矿山地质学必须迅速发展，除了矿山工作人员不断学习苏联先进经验总结自己工作以提高生产水平外，地质科学研究机关也应该在重点矿山协助开展矿山地质研究工作。在各地质和矿业院、校应适当增设矿山地质专业，培养矿山地质人才。

（原载《地质论评》1959 年第 6 期）

多层次的矿业监督与矿山地测机构职责

彭 觥

（中国地质学会矿山地质专业委员会，北京，100814）

积极开展矿业监督工作是保证矿产资源法顺利实施的一个重要环节，也是促进矿业发展的有效措施之一。《中华人民共和国矿产资源法》第九条，体现了我国矿业监督工作是多层次的。授权国务院地质矿产主管部门实施国家监督，授权国务院有关主管部门进行部门监督，同时也授权省（自治区、直辖市）人民政府施行地方监督管理。实行国家监督、部门监督、地方监督相结合的体制，以发挥各方面的积极性，促进我国矿产资源开发利用取得最佳的经济效益和社会效益，也有利于矿业改革的进行。

地质矿产部实施国家监督职责主要是：建立、完善矿产资源法规体系；建立健全矿管机构网络；监督检查矿产资源合理开发利用与保护工作；负责国营矿山企业采矿发证的管理等工作。

部门监督的任务与内容是很广泛的。如生产安全、工业卫生监督由劳动人事部门负责；矿山环境保护监督由环境保护部门负责；矿业（矿山）主管部门的监督是：直接监督所属单位合理开发利用与保护矿产资源，制定合理开发利用与保护矿产资源的技术经济指标并严格考核，建立健全矿山地测机构并督促其发挥作用，协助地矿部门进行资源开发的监督管理工作等。国家历来是肯定并强调部门与地方监督的重要性的。例如，1965 年国务院批转地质部制定的《矿产资源保护试行条例》中规定，矿产资源保护工作的领导和管理（监督）："凡属中央管理的企业，主要由各主管部门负责；地方管理的企业，主要由省、自治区、直辖市人民委员会负责。"

《矿产资源法》要求，各省（自治区、直辖市）人民政府应该加强矿业监督作用，而且也能取得重要成效。它的职能在《矿产资源法》中以及在上述的《条例》中，都有规定。随着经济体制改革的深入，企业下放和横向联合的发展，省（区、市）政府的有关职责还将加大。矿业监督必须是多层次的，只要各尽职守，就能搞好。为了搞好矿业监督，除了必须完善矿产资源监督管理机构，加强矿山地质测量工作是当务之急。目前地矿部门和矿山企业及其主管部门的监督机构与人员，同监督任务还不相适应。

在一些国家，对地测机构及矿山地测技术人员在矿业监督上的作用，给予很高的重视和权力。我国也很重视矿山地测机构的作用。1964 年国家计委和国家经委联合颁发《矿山生产地质和测量工作暂行规定》。明确了矿山企业地测机构的基本任务之一是根据国家有关法规和政策对矿产资源合理开发，进行监督检查。为了保证矿山企业的地测监督任务的落实，规定矿山企业及其主管部（局）必须建立健全矿山地测机构。重点矿山及联合企业还应设置总地质师或总测量师，统管全部地测工作。

几十年来，根据已有的法令规定，以矿山地测机构为代表的部门监督工作取得了不少经验和成绩，涌现出一批好的典型，需要系统地总结经验并推广。例如，甘肃白银有色金属公司是第一个五年计划期间国家建设的一个大型采、选、冶联合企业。在矿山筹建时就成立了地质科，后来又不断得到加强，发挥了对采掘生产的监督作用，采矿损失贫化指标在同行业中一直是先进的。露天矿设计指标的损失率为 7%，贫化率为 10%，而目前实际是 1% 和 4%。又如国家大型煤炭生产基地之一的安徽淮南矿务局，从矿务局到所属煤矿均设立有健全的地测机构，配备 1000 余名地测人员，他们认真贯彻有关规章制度，加强矿井资源监督管理，在开采条件日益困难的情况下，全局煤炭回采率仍有提高，1983 年为 80.5%，1984 年为 82.68%。

朱训同志指出：矿山地质测量机构，是保证监督矿山企业充分合理开发利用与保护矿产资源的一支重要力量。要采取措施，加快地测队伍的建设，加强对地测工作的领导，支持他们的工作，充分发挥他们的监督作用。

在当前，首先是提高现有矿山地测人员的业务素质，学习新技术、新知识，包括矿业法规和其他相关的法律知识，运用科技和法律多方面指导本企业矿产资源的合理开发利用；同时应抓紧后备力量的培训，目前许多矿山地测人员年龄老化，亟待学校和有关领导部门共同努力加快人才开发以适应矿业发展需要。

其次是要提高矿山地测技术装备水平，尤其是取样化验手段落后、效率低、精度低，应积极引进和研制适合井下作业需要的系列化的先进的准备，使矿山地测工作的物质条件有所改善。

（原载《中国地质》1987 年第 1 期）

论矿石损失贫化与开采方法的关系

王昌汉

（中南大学，长沙，410083）

1　概述

采矿工业是开发原料的工业，工程性和工艺性很强，这是采矿的基本工业特性。

每一种工业所生产的产品都有各自的质量标准。采矿工业的产品是矿石，衡量矿石的质量应以矿石的贫化率的高低和损失率的大小为基本准则。

作为矿石原料供应基地——矿山与一般工厂不同，它生产的持续性和生存的长短，取决于本身的原料（矿石）储量多少和它的价值及保护程度。增加矿石的损失率，意味着加速矿山的灭亡、缩短矿山寿命、增加折旧费用；增大矿石的贫化率将引起矿石销售价格的降低和成本的增高。贫损指标是衡量一个矿山素质好坏的标准。

陆地上的矿产资源一般不能再生，让其大量丢失，既给当前的国民经济造成不应有的损失，同时也贻害于子孙后代。

矿产资源损失给环境污染带来严重危害。丢于地下的金属被溶于坑水中流出地表，威胁农田、植物和鱼类，污染工业和民用水源。所以降低矿石损失与贫化是提高矿山社会效益的重要环节。

降低矿石损失的经济效益十分显著。在有色金属矿山，若将崩落采矿法的损失率降低 3% ~ 5%，将相当于年产一万吨有色金属，价值四千多万元；若将充填法的损失率降低 3% ~ 5%，将多回收矿石 80 ~ 100 万吨，相当于一个大型有色金属矿山的年产量。

矿石贫化率所造成的经济损失是十分巨大的，仅以江西钨矿的矿石贫化所引起的资金损失每年就达 456 多万元。

中华人民共和国成立以来，在减少矿产资源损失方面做了许多努力，特别是近几年来采取了很多有力措施，但是损失仍然是十分严重的。从矿山地质勘探、开采、选矿到冶炼过程均存在着资源丢失现象，其中开采过程中发生的矿石损失就占全部损失的 25% ~ 40%。有的矿山采一半丢一半。

各种采矿方法的矿石损失率和贫化率是：

露天开采的矿石损失率一般为 3% ~ 8%，废石混入率为 5% ~ 10%；

无底柱分段崩落法损失率一般为 20% ~ 35%，个别矿山达 46% ~ 50%，贫化率一般达 20% ~ 25%；

浅眼留矿法的矿房回收率可达 85% ~ 95%。若将丢失的矿柱考虑进去，总的回收率只有 68% ~ 72%。若将丢采的隐伏矿脉加上，资源损失就更为严重；矿石贫化率一般 50% ~ 85%；

有底柱崩落法的矿石损失率为 12% ~ 25%，贫化率为 15% ~ 30%；

房柱法和阶段矿房法的矿房回收率高，贫化率小，但所留下的 50% 的矿柱矿量的回收率仅 50% ~ 60%，贫化率高达 30%；

水砂和胶结充填采矿法是本类矿石损失和贫化都小的方法，但在我国处于试验和推广阶段，所以应用该法的矿山损失率仍然达到 10% ~ 20%，甚至达到 30%。

综上所述可以看出，除露天采矿以外，地下采矿的矿石损失贫化都比较高。

2　矿石损失贫化大的原因

我国矿产资源的损失和质量降低的原因很复杂，包括技术、社会、政策和管理等方面的因素，目前尤以政策和管理方面占重要位置。从它发生的过程看，矿山地质、开采、选矿和冶炼都存在着资源丢失问题，但一般说来，开采过程的资源丢失比较严重。本文只对开采过程所造成的矿石损失贫化的原因进行分析。

（1）忽视了矿山生产活动的中心——采矿场的工作。从设计、基建到生产各阶段，往往将主要精力摆在总平面布置、开拓、运输等大系统的选择与施工上，对采矿方法的选择与试验研究做得不细，以至于不少矿山投产以后，采矿方法仍然处在争论之中，仍然要组织力量"攻关"，长期不能正常生产。我国有色矿山达产率不到一半，地下铁矿达产率更低，其中大部分矿山的主要原因是采矿方法不过关，满足不了产量要求，矿石损失贫化大。

（2）采矿方法的比例结构不合理。我国和国外（美、加、苏等）几个国家各类采矿方法比重对比如表1所示。

表1　我国和国外有色金属矿山采矿方法比重对比

采矿方法名称	我国采矿方法的比重/%	国外采矿方法比重/%
露天采矿	50.000	72.000
地下采矿	50.000	28.000
其中：留矿法	18.500	0.560
空场法	7.000	0.560
崩落法	18.000	9.100
充填法	5.000	4.256
其　他	1.500	0.644

我国的矿床赋存条件不同，采矿方法的比重自然也不相同。但从保护国家资源出发，露天采矿最大的优点是矿石贫损少，损失率可以控制在3%～5%，贫化率可以控制在5%～10%。我国有色金属的露天开采包括露天砂矿在内，约占开采量的一半，若除去砂矿，仅占32%左右，对比国外这个比重无疑过低；矿石损失和贫化均较大的难以机械化开采的留矿采矿法的比重超过国外30余倍。实在太高！它的改革势在必行。而回收率高、贫化率低的尾砂和胶结充填采矿法比重过小，这类采矿法在瑞典和澳大利亚等国的地下有色矿山接近百分之百。

（3）矿山规模小。我国铁矿石85%～90%是露天采出的，但矿山规模均不大，多数在100～200万吨/年，最大也不超过700万吨/年，有色金属的露天矿山规模也不大；地下金属矿山以中小型居多，数目达500～600个，且分布零散，最大设计规模虽有超过500万吨/年，但当前生产达到100万吨/年者寥寥无几。由于矿山规模小，技术力量分散，管理水平也不高，势必造成矿石损失贫化大的后果。

（4）地下采场的结构参数不合理。我国使用的地下采矿方法颇多，但它们都存在着结构参数不合理的问题，造成了矿石贫化损失大的恶果。如水砂充填采矿法应用较早的凤凰山铜矿和大冶有色金属公司的铜绿山铜矿，都丢下大量矿柱未予以回收。

应用最广的无底柱分段崩落法，大部分沿用瑞典引进的典型方案，即按10 m×10 m网格布置进行，没有根据不同矿体开采技术条件，采用最合理的结构参数。这是这种采矿法贫化损失大的重要原因之一。

有底柱分段崩落法的分段高度与漏斗间距不相适应，对矿岩混杂层保护不够，所以矿石贫化损失指标降不下来。

空场采矿法的矿柱矿量占40%～50%以上，且大量矿柱丢失。

有色矿山薄矿脉应用最广的留矿法采幅控制不严，造成大量矿石贫化。

（5）大块产出率高，影响均衡放矿，频繁的二次破碎破坏了放矿口，增大矿石贫化损失。

（6）采场工程施工质量差。主要表现在漏斗位置和尺寸未按设计施工、漏斗翼面没有扩开、炮孔合格率低、装药质量差、支护质量不高等。

（7）地压管理水平不高。出矿水平地压大收复困难，采场矿石放不出来。或采场两帮围岩和顶板塌落，矿柱压垮引起矿石丢失。

（8）矿山地质工作不细，我国金属矿山矿床地质条件复杂，属第3、4勘探类型的不少。矿山投产以后，矿山地质工作薄弱，丢失了不少矿石。

（9）放矿管理不严。表现在未优选放矿方案；未认真建立和执行放矿计划图表，而是自由和紊乱放矿，哪个漏斗好放就在哪里放；矿石计量、取样及品位鉴定方法落后，不能反映真实情况和及时指导生产；放矿截止品位确定不精确；矿石贫化损失的技术档案不全；夹石多、品种繁、采准废石量大的矿山未设废石溜井，或设而未用，以至于矿岩鱼龙混杂，降低了矿石品位。

3 依靠采矿技术进步降低矿石贫化损失

针对我国矿石贫化损失的原因和当前采矿技术发展方向，提出一些降低矿石贫化损失的粗浅意见：

（1）采取以改进采矿技术和工艺为中心的与矿山地质、选冶工艺和经济管理方法相结合的措施，提高矿产资源综合回收率。之所以要求矿山在采矿方法和工艺方面改革的理由，可以归纳为三个方面：其一，采矿方法是否合理，对整个矿山是否兴旺，经济效益是否显著，预定贫损指标能否达到等方面起着决定性作用；其二，所采出的矿石质量直接影响选、冶加工过程的产品质量和成本；其三，矿产资源的保护程度主要取决于采矿回收率的高低。

采矿过程发生的矿石贫化损失，受到主要的回采工艺：崩矿、矿石运搬和地压管理的控制。降低矿石贫化损失的措施，应体现和落实到这些工艺环节的改进和相互配合上。由于我国矿石贫化损失主要发生在地下采矿，本文主要讨论地下采矿方面的问题。

1）改进崩矿环节。崩矿环节给矿石贫化损失的影响对不同采矿方法的影响方式和程度也不同。用中深孔和深孔崩矿的采矿方法，主要是大块产出率和打眼质量对矿石贫化损失影响较大。

为了降低大块产出率可以采取以下措施：

①总结和进一步推广挤压崩矿方法。

②寻求各采矿最佳的爆破参数，防止各采矿千篇一律的现象。

③推广垂直和倾斜深孔。实践证明，在炸药单耗相同的情况下，垂直和倾斜深孔比水平深孔大块率少。

④推广多排同段爆破法。铜陵狮子山铜矿的实践证明，多排同段爆破法与逐排或逐孔分段爆破法相比，炸药能量利用率高，能降低大块产出率。

⑤积极研制深钻岩设备。用目前国内外已研制成功的能自行、能打下向孔、能钻直径 100～200 mm 的大直径的深孔钻机代替效率低，机械化程度不高、炮孔偏斜度大的 bA-100 潜孔钻机。

⑥大力推广乳化油炸药，提高爆破质量。

⑦提高微差雷管质量，增加段数，充分发挥它在减少大块中的作用。

⑧充分利用爆破能量以减少大块。根据国外近期行之有效的经验：一是广泛应用 V. C. R 法。此法既利用了球状药包提高炸药能量的利用效率，同时也利用了矿石的自重扩大爆破范围，爆破效果好，块度均匀；二是增加井下一次爆破量。美国皮里奇铁矿于 1967 年用浆状炸药 484t 回采矿柱 207 万吨，大大改善了爆破效果；三是在井下爆破中用起爆迟发器控制每次爆破炸药量以减少大块产出率。

⑨严格打眼、装药质量的检查和验收制度，提高操作人员技术水平。

⑩使用块度测定快速法，及时发现打眼和装药质量和及时指导爆破参数的调整工作。

为了降低贫化率，必须严格控制炮孔超深，防止围岩混入矿石。我国薄矿矿脉多用留矿法开采，控制好采幅是减少贫化的主要措施。建议采用以下方法（将采幅由目前的 1.3～1.5 m 控制到 1 m 左右）：一是恢复原来行之有效的一些炮眼控制方法和制度；二是采用经济手段管理采幅，将采幅和贫化指标列入奖励全年考核之中，并严加执行；三是采用选别回采。日本钟打钨矿采用中深孔球状药包分段爆破进行薄脉的选别回采，效果显著。该矿的矿脉厚度 30 cm，急倾斜，采用此爆破法回采，比浅眼留矿法的工效高 60%，出矿品位高 1 倍。

2）改善放矿工艺：

①推广新型出矿设备。电耙出矿不能分斗计量，往往难以掌握放矿情况，并及时调整放矿顺序，使放矿管理工作不易进行，引起矿石损失与贫化增大；又由于它出矿效率低，一个采场放矿时间拖得长，出矿巷道地压增大，引起出矿巷道被压垮，丢失大量矿石；电耙出矿要求限定块度比较严格，不但限制了出矿能力，而且经常的二次破碎破坏出矿巷道稳定程度，影响矿石回收指标。所以应该积极推广国外用得比较成熟的自行式出矿设备和振动放矿技术，逐步代替电耙出矿。

②加强放矿管理。这对崩落采矿法固然必不可少，对其他采矿法也不可完全忽视。为此建议作好以下几件工作：一是每个采场放矿之前一定要确定一个最优放矿方案，严格执行放矿计划，如易门铜矿的挂牌放矿管理方法；二是研制放矿计量仪表，推广和完善品位快速荧光分析仪。健全和改进取样方法；三是推行全坑配矿制

度，将不同放矿阶段的采场的高低出矿品位进行搭配，这样既能保证出矿品位，又能多回收矿石；四是研究电子计算机在管理放矿工作中的应用。

③健全矿石贫化损失记录档案制度，真实而全面地反映矿山贫化损失指标。

④完善废石运搬和运输系统。

3）加强地压管理。在加强地压理论研究的同时，加强对地压的监控、预报工作，不断完善锚喷和长钢丝绳锚杆技术，开展三轴、刚性、岩体应力、岩体弱面强度及蠕变试验，测定各矿区原岩应力及地压力，掌握地压活动规律。为合理确定开拓方式及工程参数奠定基础。

（2）尽量扩大矿山规模和露天开采比重。我国特大型矿床不多，特别是有色金属矿床大者更少，这是我国矿山规模不大的客观原因。但根据国外与我国矿床大小相当的矿床，其矿山规模却比我国大 1～1.5 倍，所以扩大我国矿山规模是可能的。

国内外实践证明，矿山规模与矿石贫化损失有一定的关系，所以国外近 10 余年来矿山规模不断扩大，从 1969—1978 年，全世界金属矿石量约为 40 亿吨，比 10 年前翻了一番，但矿山数目仍保持在 590 座左右，年产量大于 300 万吨的有 56 座。这些矿山的规模是依靠新工艺、新技术、新设备和新方案不断扩大的。矿石损失率控制在 10%～15%，贫化率在 15%～20%。

目前世界上的矿产量有 2/3 以上用露天采出，已投产或建设的年产 1000 万吨以上的大型露天矿至少有 60～70 座（仅美国就有 20 座），其中年产 4000 万吨的特大型矿就有 20 座。像我国这样一个大国至少要有这么大的露天金属矿 2～3 座，才能满足国民经济的需要，才有利于控制矿石的贫化损失指标。

（3）积极进行重复开采。建国以来，采矿工业发展很快，采出了大量金属矿石，同时也丢失了大量资源，特别是地下开采损失的矿石更多。此外由于技术水平的发展，原作废石丢弃的资源，今日可作为矿石开采，因此进行重复开采可以回收大量国家资源。其内容包括：

1）发展溶浸采矿（又称细菌采矿），包括露天废石堆场的堆浸和池浸、贫矿的原地溶浸。

资本主义国家用此法采出的铜每年达 110～120 万吨，占全部铜产量的 18%～22%；美国用此法年产铀 2000 万吨，占其总产量的 20%。历年来，他们用溶浸采矿法回收了大量抛弃的资源和用常规方法难以回收的金属。实践证明，这种方法是一种不用大量投资就能回收金属的好办法。

2）将空场处理和残矿回收结合。

3）制定一个全国重复开采规划。

（4）加强倾斜中厚矿体采矿方法的研究。有色金属这类矿床将占 1/3。开采方法一直不理想，矿石贫化损失很大。目前出现了一种由两种不同性质的采矿法相结合的结合式采矿法。这种方法的实质是取其各自的优点，摒弃各自的缺点，以减少矿石贫化损失，控制地压。

（5）改善大量崩落采矿法结构，增加新方案。这类采矿法在地下铁矿占比重极大，在有色金属矿山仅次于留矿法而居第二，减少其损失贫化具有很重要的意义。

实践证明，提高有底柱崩落法的分段和阶段高度是减少矿石贫化损失的有效办法。

采取隔（将矿石与废石隔开）、减（减少矿岩接触面积和机会）、导（疏通放矿通道）、控（控制矿岩块度比、一次放出量和截止品位）、积（保护矿岩混杂层）、扩（扩大矿石流动范围）等综合技术措施，减少贫化损失。

根据不同的开采技术条件，采用以减少矿石贫化损失为目标的新方法。

（6）加强探矿结合工作。

（7）在国家统筹规划下，调整矿石产品价格，执行按质定位政策，促进矿石贫化损失的降低。

（8）改进矿石贫化指标的计算方法。以经济视点作指导，以动态方法为原则，合理地确定各矿山的贫化损失指标。

（原载《中国实用矿山地质学》，冶金工业出版社 2010 年出版）

六、生产矿区找矿与探矿

在老矿区找矿探矿大有作为

——国内外生产矿山及外围地区地质找矿经验综述

彭 觥

（中国地质学会矿山地质专业委员会，北京，**100814**）

在老矿区找矿探矿是矿山地质工作的一项重要任务，是多快好省地获得矿产资源的途径之一，也是一个国家矿床地质研究程度高低的重要标志。做好这项工作有着重大的经济意义和地质理论意义。近年来，国内外地质界强调，普查找矿的首要目标是生产矿区和已知矿床周围地带，其次是矿化点零星分布的地区，然后才是新的远景区。

为什么把老矿区找矿放在首位呢？有以下几个原因：

第一，实践证明许多老矿区在客观上往往存在潜在的矿床，多数是深部矿和盲矿，矿床或矿田有成片、成带、成群分布的规律性，孤立出现的矿床或矿田很少。这是许多地质工作者所公认的。近年来北美斑岩铜矿储量的剧增，就是开展老矿区的矿山地质研究，坚持在老矿区找寻新矿取得的。20 世纪 50 年代以来，该区新发现的 39 个斑岩铜矿中，90% 以上的矿床都位于已知的铜矿区内，其中 80% 是在紧邻已知矿床或矿点处找到的。据介绍，美国西南部老矿区新找到的 26 个斑岩铜矿中，有 15 个距离生产矿山 30 km 左右，其中有 8 个距离只有 3 km，最近两个为 0.8 km。

苏联"九五"期间（1971—1975 年）新增加的 78 亿吨铁矿储量中，有 60 亿吨是在克里沃罗格和库尔斯克等老矿区获得的。

我国重点有色金属生产矿山 1977 年新增储量相当于当年生产所需储量的 50%。20 年来，江西 19 个钨矿在外围和深部探矿所增加的储量约等于建矿初期地质部门提交储量的 1.6 倍。在一些钨矿区还发现了丰富的稀有和稀土金属资源。云锡公司某矿 1958 年以来在坑道内发现大小矿体 280 多个，其中盲矿占 94% 以上。

B·M·克列特尔在 20 世纪 50 年代指出，全世界有 80% 的矿床都分布在矿田范围内，其他 20% 或成单个矿床或沿一定的断裂分布。他还指出：几个矿田也常联结在一起，矿田的大小一般有 5～100 km。在东南亚至我国滇桂地区的 300 万 km^2 锡矿成矿带内，集中蕴藏着全世界锡储量的 59%，其面积仅占地壳总面积的 0.6%，这是矿产在地壳中局部集中的突出实例之一。

第二，在老矿区勘探和开采过程中，不仅积累了大量的矿床地质资料，而且随着矿区地质研究程度的提高，对矿床地质规律的认识也不断深化，可以总结和归纳出新的观点或理论，既指导本矿区的找矿探矿工作实践，又可为发展整个矿床理论作出贡献。苏联诺里尔斯克镍矿区经过 30 年开采后，已到了"硐老山空"的地步。10 年来一些地质人员对老矿区和老矿床进行了深入研究，查明了该区含矿侵入体呈链条状沿区域性深断裂分布。矿床与暗色岩特别是辉长—辉绿岩体有成因和空间关系，富矿体往往产在岩体的底部。应用上述的新认识，在老矿床东西两端几公里的同一深断裂延长部位找到了两个新的隐伏的大富矿：铜品位为 3%～3.5%，镍品位

1.5%~2%，铂族平均品位 5 g/t 以上。由于新矿体中铂族丰富，使该矿区铂族金属产量不断增加，目前占全世界产量的 2/5。20 世纪 60 年代以来，日本发现的 20 多个主要黑矿（即块状硫化物矿床），大部分是依靠老矿区基础地质研究取得的。其中东北部横田矿山总结的找深部（盲）矿床的经验是有代表性的。该矿从 1969—1971 年在总结区域成矿规律的基础上，综合分析了 10 多年来矿山生产所积累的丰富的地质资料之后，找出矿床与一定地层层位、岩性有密切关系和矿化垂直分带明显这两条规律，并运用它指导找矿。经过 3 年勘探工作，打了 52 个钻孔，总进尺 19977 m。在浅部矿床下部的 200~400 m 深度内，发现了新的大型矿床，已探明矿石储量 280 万吨，铜平均品位 1.5%，还伴生大量铅锌硫等。

云南易门矿地质队 1971 年从研究矿区含矿层位和岩相组合入手，总结出矿床层控特征，改变了过去热液成矿观点，认为沉积和成岩对成矿起主要作用，变质和后期改造等是次要的，矿床应划为沉积变质类型，因此运用沿层找矿观点，在长期被中外一些地质人员认为是无矿阶段的菜园河（即狮山矿床与凤山矿床之间）找到两层深部大富矿。

第三，由于找矿方法的改进或矿产综合利用技术的提高，一些从前难找的矿找到了，不能回收利用的得到利用，使老矿区重新繁荣。美国内华达州北部有个老金矿区，由于覆盖面积大，岩体露头少，找矿技术水平低，几十年一直没有新的发现。20 世纪 60 年代以来，用地球化学探矿方法找出所谓"特征元素"组合（即大量取样分析和圈定砷、锑、汞、钨等微量元素的异常），发现了 6 个大型的、肉眼难于识别的浸染状金矿床，使该州金产量在美国各州中上升为第二位，成为美国金矿史上的美谈。加拿大提敏斯矿区半个世纪前就认为是找矿远景区，但一直没有重大发现，1963 年用航空电磁法找到矿化异常区，配合钻探工作终于发现了大型锌银铜矿床，现已成为国外银和锌的重要生产矿山。我国某些低品位或难选难炼的砂矿，由于采用采砂船、扇形流槽、湿式强磁选机或选冶联合工艺流程等技术，克服了难关，重新发挥了作用。

第四，在老矿区及其外围找到新矿床，可以扩大现有矿石原料基地，使现有矿山企业生产潜力充分发挥，建设投资少，工期短，收效快，资源迅速开发利用，有重大的经济意义。在新区找新矿，往往因为水电、交通等经济条件和建设条件不利，不易很快开发利用。例如在湖南，在老矿山就近建一座 300 t/d 采选厂，只需投资约 400 万元，而在河南新建一座相同规模的矿山，投资要增多 1~2 倍，建设工期要延长一年以上。

在一些老矿区找到许多重要的新矿床是运用了什么方法呢？有哪些经验值得我们学习呢？可以简要概括为以下三点。

第一，运用成矿理论上的新观点和新认识，重新分析评价老矿区的矿床分布规律和矿床成因。美国亨德逊斑岩钼矿床的发现就是典型代表。它位于世界最大钼矿克来梅克斯矿区内，距生产区段 30 km，是埋藏在地表以下 1000 m 的盲矿床。老矿山开采 50 年来，地质研究和找矿工作一直受"一次成矿论"的观点所支配，认为该矿是由一次大的岩浆侵入活动而生成的单一矿床。经过近 10 年的矿山地质综合研究，在成矿理论上总结出一个多期多阶段成矿模式，提出了新的成矿观点。矿床是多期多阶段形成的。共 4 次岩浆侵入，其中 3 次伴随成矿作用，第四次侵入没有形成矿床，因而形成自上而下 3 个矿带，即：采列斯克矿带、上部矿带和下部矿带。每个矿带都是在侵入体顶部呈不规则之帽状。

后来，根据在亨德逊矿床附近地表发现的小矿点和岩脉中含钼异常以及与老矿区相同的围岩蚀变，运用克来梅克斯成矿模式进行分析对比，认为该处成矿条件与老矿床十分相似，推测深部可能有隐伏矿床存在，结果打了第一个钻孔就发现了亨德逊矿床，现已探明钼矿储量 3 亿多吨（品位 0.49%），使美国钼矿储量猛增 40%。

苏联克里沃罗格铁矿区，经 1897—1955 年的长期地质研究工作，对矿田构造的认识有 4 次重大演变，每次新的认识，通过找矿探矿实践都增加了新的储量，含铁矿层数和富矿分布深度都有增加。

例如苏联在十月革命前，全盆地的铁矿储量估算为 2 亿吨，20 世纪 20 年代末已探明富矿达 4.67 亿吨，40 年代增加到 10 亿吨，矿层发现有 7 层，50 年代至今已增加到 194 亿吨，其中富矿为 15 亿吨以上。

吉林某金矿是一个有 100 多年开采历史的老矿山，在 1960 年以前探矿和采矿集中在一个 5 km 长、1~2 km 宽的北东向主蚀变带内进行。前人的结论认为这个主矿带是矿区唯一的成矿条件好和工业矿体赋存地带，地质找矿只能围绕它来探边摸底。外围的其他矿点，含矿构造带与主矿带的走向和围岩蚀变等特征都不相同，地表矿化零星，品位也低，因此长期被忽视。20 世纪 60 年代以来，地质队和矿山地质人员运用辩证法系统总结了矿区地质矿床的规律性，摆脱了"正统岩浆热液"观点，以花岗岩化—变质成矿理论和地质力学方法重新研究了找矿方向，重新对外围矿点进行评价，经过大量物化探和钻坑探，在北西向暗色岩相—构造带内发现一系列大型金矿脉，使该矿从一个危机矿山一跃上升为全国储量最多的金矿之一。最近有人根据变质热液成矿观点指出，在胶东半岛某些老金矿区应按变质成矿分带规律指导找矿工作，也是值得重视的。

第二，在老矿区注意寻找新矿种和新类型矿床。澳大利亚西部卡姆巴尔达是一个老金矿区，已有 80 多年开采历史，曾对金矿床找矿勘探做了充分的地质工作，但对矿区绿岩带内镍矿未予以注意。1962—1966 年进行详细地质填图和物化探工作，在基性超基性岩中发现了许多个大型硫化铜镍矿床。总储量约为 1 亿吨，镍的平均品位为 0.6% 以上。

南岭地区近 10 年来在黑钨石英脉矿区内发现钽铌铍钨和稀土元素的矿化花岗岩体也是一个矿区内赋存多种矿床的例证，应引起我们足够的重视。

在同一矿区发现多种类型矿床，国内外也有不少实例。如美国西部的莫伦锡和比兹比矿区都是拥有部分斑岩型铜矿、部分矽卡岩型铜矿。大冶有色金属公司某矿 1970 年建成投产，当时主要开采矽卡岩矿床。在开拓坑道中发现花岗斑岩体，含铜品位 0.5% 以上，经过地质工作，证实岩体矿化比较普遍，并已圈定出斑岩型工业矿体。

第三，用新技术新方法在老矿区发现新矿床和加快找矿探矿速度。目前在老矿区找到露头矿和浅部矿的机会越来越少，找矿的主要对象是隐伏矿、半隐伏矿，根据这个特点，老矿区必须以地质为基础，运用地质、物探、化探、钻探、坑探相结合的方法进行找矿。数学地质、同位素地质、矿物包裹体等现代科学技术成果也正广泛应用于地质找矿。

据报道，矿石储量达 10 亿吨的新密苏里铅锌矿是 20 世纪 60 年代在美国老矿区外围找到最重要的新的大型铅锌矿之一，铅金属量达 3000 万吨，且含丰富的铜锌。投产后，使美国铅产量一跃而居世界首位。该矿是层状矿床，40 年代曾在地表用地质和化探方法沿浅部层位找新矿失败，50—60 年代，经过对矿山地质特别是对古地理进行了详细研究，发现主要含矿层（博内特尔层）是受沉积基底前寒武纪的元丘斜坡等古地理控制，进一步划分岩相种类，并用地质、物探和钻探相结合的方法找到了这个特大的盲矿及与铅矿伴生的含铁品位在 60% 的储量 10 亿吨的铁矿层。60 年代末到 70 年代初，苏联在中亚各矿区用化探原生晕找到 25 个盲矿体。

我国有色金属矿山的探矿手段和方法，也正在不断改进和更新，比如钻探与坑探相结合，以钻代坑，探采结合以及华铜矿提倡的"坑内组合勘探法"（即坑探、钻探和采矿炮孔三者配合进行探矿），都已普遍推广使用。红透山矿和河北铜矿等单位在生产探矿中，试用了一些简单的物探仪器，取得了初步效果。20 世纪 70 年代以来，又在重点矿山推广了人造金刚石钻探技术，在一些矿山用国产 X 射线荧光分析仪进行直接地质取样分析的初步试验研究，荡坪钨矿研制成功了光电测脉仪，对测定钻孔矿脉效果很好。这些新技术和新方法对生产矿山多快好省地开展找矿探矿和矿山地质研究都起了促进作用。

（原载《有色金属》1979 年第 6 期）

生产矿山勘探工作的几个问题

彭 觥

（中国地质学会矿山地质专业委员会，北京，100814）

　　矿山投入生产后矿山地质部门要继续进行地质勘探工作，以增加矿产储量和查明开采的地质条件，维持和发展生产。本文拟就如何加强生产矿区的地质工作，提出几个问题与同志们共同探讨。

1　生产矿区地质勘探工作的特点

　　从地质勘探的基本任务来说，生产矿区与新矿区是没有什么不同的，都是要查明矿区有用矿产的质量与数量。各生产矿区的勘探毕竟是有自己的特点的。首先，为了保证矿山能够持续生产，生产矿山地质工作要以增长矿产储量为中心，来为矿山生产服务。但是，生产矿区的地质勘探工作大多同于"探边摸底"的补充勘探的性质，勘探成本一般比较高，投资和工程量一般比较多，储量的增长也可能低于新区。如果专业地质队伍不从国民经济发展的需要出发，只注意新矿区的勘探，片面地追求某些经济指标，削弱生产矿区的勘探工作，就可能使生产矿山发生储量危机，同时，某些新矿区的储量也可能成为"呆矿"，长期不能用，使投资不能迅速发挥效用。其次，生产矿区一般都经过了开采，随着掘进和开采向深部发展，地质研究的重心也必然要转向深部。所以，找矿勘探和地质研究的主要目标应该是不易寻找的盲矿体及已知矿体因被错断位移的部分。应该深入地、系统地进行地质综合研究工作，分析盲体成矿规律，指出找矿方向，并对已知矿体进行矿石物质成分的分析，以便综合利用资源。第三，由于生产矿区的勘探主要是探边摸底，地质条件复杂，每个工程设计与施工之前，需要深入系统的研究，并与矿山生产密切配合，在节约的原则下，全面考虑生产急需和生产的方便，对可以连接的坑道，尽可能连接，使之既适应矿山生产需要，同时也有利于勘探区域内进行补充勘探或扩大范围的工作。因此，工程有时要集中有时又要分散，地表与坑下要兼顾，坑探、钻探和物探、化探更需配合应用。

2　生产地质勘探要区别轻重缓急，首先满足当前需要

　　生产矿区有本区和外围之分。本区，是指生产坑口（竖井）附近，可以连接现有开拓系统提供当前生产的区段。外围，是指本区以外的区段。对于生产矿区内的各个区段及外围，都需要进行勘探工作。一般来说，前者较后者更为急需。在力量布置和工作先后顺序上，应当首先照顾当前急需。特别是一些老矿山经过多年开采，当前保有的地质储量过少，直接影响着正常开拓和生产准备的进行，因此，对于资源危机，并具备一定成矿地质条件的矿山，在安排工作时，应该先从本区着手，然后逐步扩及外围。同时，也要看到生产矿山的本区经过多年的勘探和开采，一般规模较大的矿体日益减少，而只有一些具有工业价值的规模较小的矿体。这些矿体大多呈盲矿体出现于深部，找矿勘探工作比较复杂，需要进行深入细致的地质工作，才能收到良好的效果。但是在生产坑口附近增加储量可以立即为生产所利用，比在矿区外围增加储量具有更现实的意义，当然，在多探得一些生产上急需的储量，充分满足需要的前提下，也要重视矿山远景找矿勘探，进行矿区外围的工作，以保证矿区和地质勘探工作的持续。

　　从矿产储量情况看，有的矿区是重点坑口储量不足，有的是整个矿区储量都不足，矿量的危机也有危机和最危机之分。应该根据生产要求与各坑口的地质条件，分清轻重缓急，安排地质工作。又如从垂直开拓系统来讲，某一矿区的开采系统目前在零米标高以上，而且零米以上的矿体尚未探清。在这种情况下，就应该首先集中力量勘探零米以上矿体，其次才考虑零米以下的勘探。

　　对于生产多种类型矿石的矿山，勘探还要从选厂工艺过程与要求上去考虑。如有的选厂处理砂矿，有的处理硫化矿或氧化矿。要根据选厂的选矿工艺要求，以探明选厂能够利用的而储量不足的矿种，以满足生产需要。

3　勘探程度与地质研究的关系

　　生产矿区勘探的一项重要任务，是要进行深部矿体特别盲矿体赋存规律的研究。根据开采、勘探资料等，

我们看到矿体垂直分布的四个不同类型地带(主要是某些矽卡岩型矿床及脉状矿床)：(1)矿体露头带。这是一个矿体最早被发现的部位,它通常是主矿体带的上部分散带或属主矿体之一部分。由于民窿开采或自然贫化等原因,常常不具有重要开采价值,但在矿区整个地质研究工作中,它是一个重要研究对象。(2)主矿体带。主要的已知矿体——大多数工业矿体均集中在这个空间。这一区段被密度很大的勘探工程所控制,与成矿有关的地质因素已被揭露,一般都进行了比较详细的地质研究。因此,进一步的研究任务是通过系统的工作,认清主矿体带分布规律,扩大主矿体带远景范围和发现新的主矿体带。(3)矿体分散带。它是主矿体带向下深延变化部分。其特点是矿体较主矿体带矿体小而分散,盲矿体更为发育,地质条件复杂,同时研究工作不够,但又是目前生产矿山远景找矿场所之一,因此要大力开展这一区段的地质研究工作和找矿勘探工作。(4)深部矿体带。这一区段的矿体变化极为复杂,含矿系数又很低。但为了肯定矿山最终远景,还必须进行探索和推定。一般来讲,这个带的研究程度比较差,除了加强研究外,还必须应用地质、物探、化探、钻探、坑探相结合的综合方法,进行找矿勘探。

应当指出,在各个矿区的平面上亦存在主矿体带和矿体分散带的差别,无论是水平的(平面上)或垂直的(剖面上)都可能存在几个重复的或交错的矿体带。这种带与矿床成因分带有所不同。由于每个地质体的性质有差异,所以我们对它们研究得越详细,应用其地质的、地球物理的、地球化学的差异性进行找矿勘探的效果也就越大。因此,地质工作者必须深入地掌握地质体的综合性质,并能有效地运用到勘探和找矿的实际工作中去。

一些生产矿山矿床主体带已经接近采完,未发现的矿体大多呈盲矿体出现在分散带或深部带,找矿勘探工作极为复杂。如果不了解其特点,只布置大量的钻探工程,就很可能花了很多力量和时间,而地质效果却不好,甚至会造成浪费,以光靠打钻是不能有效地解决问题的。关键在于要加强矿区地质研究工作,尤其是深部地质研究工作,这是寻找和发现盲矿体解决矿山生产储量不足的一个重要途径。

生产矿区的地质研究工作可以分为两个方面：一是在地质勘探过程中要进行综合研究,把各种勘探手段所了解的资料(包括槽探、井探、坑探、钻探、物探、化探、化验和岩矿鉴定以及地表与坑内、中段与中段、剖面与剖面之间的资料),及时综合整理,分析研究,以便对矿床得出一个比较全面的认识和完整的概念。这是地质勘探中一项重要的经常性工作。另一种是矿区地质和矿床地质的研究,也就是矿区地质规律和找矿方向的研究。对于一些矿量危急的生产矿山,进行这项研究工作在目前更具现实意义。

找矿方向的研究,是在综合研究的基础上进行的。也就是说要根据勘探和开采所获得的全部资料,系统地总结一个矿区矿床的形成和富集规律,运用这些规律和找矿勘探技术,结合矿区具体情况来寻找新的矿体。目前在生产矿山,钻探、水平钻、物探和化探等仍是有效的找矿手段。为了正确地选择找矿区段和使用各种手段,有效地发现新矿体,避免浪费,就需要先经过矿床地质的研究,指出什么区段可能有矿,什么区段不可能有矿,然后布置适当的工程验证,根据所取得的资料修正补充研究的推论或预测图,再进一步丰富与提高我们的认识水平,指导下一步的工作。如果通过找矿工程,证明确实有矿体或有重要的找矿标志,就可以布置勘探工程,求得储量。如果通过找矿工程未遇到矿,还应具体分析,是确实无矿,还是因为找矿工程布置的位置有问题,还是因为工程质量未达到技术要求等。不要只根据个别的钻孔坑道或找矿资料,就轻易地下结论。总之生产矿区的找矿地质研究是重要而复杂的,要系统地、深入地进行,才能得到良好效果。

(原载《冶金报》1963 年 2 月 22 日)

对铜山铜矿深部找矿的几点认识

王建青

（铜陵有色金属集团有限公司地质勘查分公司，安徽铜陵，244000）

安徽省铜陵市铜山铜矿位于铜陵市西南，距铜陵市 90 km，坐落在池州市境内，其行政区划隶属铜陵市郊区铜山镇管辖。

铜山矿山始建于 1959 年，是铜陵有色金属集团控股有限公司下辖的一座老矿山，主产铜精矿。地质勘探时期累计探获铜金属量 199001 t，经几十年的开采，资源储量濒临枯竭，2003 年依据国家有关政策，实施了政策性关闭破产。截至 2003 年末，矿山保有矿石量 282.57 万吨，按 75% 的资源利用，仅可服务 5 年。

1 矿区地质特征

铜山铜矿大地构造位置处于江南地轴和淮阳古陆之间的下扬子拗陷皱褶带中的铜陵—贵池断褶束贵池向斜的西端，褶皱构造线整体呈北东向展布，是长江中下游铜铁硫金（多金属）成矿带安徽部分的西南段，成矿条件有利。主要矿产有铜、铁、铅锌、金、硫、钼、钨、锑等。

1.1 地层

矿区内出露的地层为志留纪—第四纪地层，其中以志留纪—早三叠世地层发育较齐全。主要地层有：三叠系扁担山组、和龙山组、殷坑组，二叠系大隆组、龙潭组、孤峰组、栖霞组、石炭系船山组、黄龙组，泥盆系五通组，志留系茅山组、坟头组、高家边组等。

区内与成矿关系密切的地层为早三叠世殷坑组、中二叠世栖霞组以及晚石炭世黄龙组—船山组，在其与岩体接触带发育矽卡岩化和矿化，主要矿体 4 号矿体即受控于栖霞组层位，29、32 号矿体则受控于黄龙组—船山组。

1.2 构造

矿区发育两个褶皱，由北向南依次为姥山背斜、铜山向斜。姥山背斜在矿区为其西段倒转部位，北翼向南倒转，轴面倾向南，倾角中等。轴面自西向东，由近东西向转向北东，向南凸出，构成地层为志留纪—三叠纪地层，北翼产状较陡，南翼较缓；铜山向斜位于矿区南部。核部为三叠纪地层，两翼为二叠纪地层，轴向变化与姥山背斜基本相同。北翼地层倾向南，倾角 40°~60°，向斜内次级褶曲较发育。

断裂构造主要有北东向、东西向和北西向三组，其中前二者较为发育，主要有 F1、F2、n4 三条断层，均为逆冲断层，是矿区内的主要控矿构造，主要矿体赋存于沿断层带、地层（栖霞组和五通组顶部）及岩体侵入的复合部位。

1.3 岩浆岩

矿区内主要出露铜山岩体，呈岩株产出，出露面积约 2 km^2，同位素年龄测值为 1.39 亿年，总体形态呈北东向延伸，其岩性为石英二长闪长岩—花岗闪长斑岩，前者构成内部相（深部相），后者构成边缘相（中浅部相），且二者之间呈过渡关系。铜在岩体中分布不均匀，内部相石英二长闪长岩含量相对较低，边缘相花岗闪长斑岩中显著增高，在岩体与围岩接触带出现最大峰值。岩体铜丰度值为 35×10^{-6}，比维氏值高出 15×10^{-6}，是较好的含矿岩体。

1.4 变质作用和热液蚀变

矿区内的变质作用和蚀变作用主要有热变质作用、接触交代作用、角砾岩化作用和热液蚀变作用等。

2 矿体地质特征

2.1 矿体规模及形态

铜山铜矿为一中型矽卡岩型铜矿床，伴有硫、铁等。矿体主要产于岩体与有利围岩的接触带中，产状多倾向南，倾角变化较大，形态呈似层状、透镜状、囊状、扁豆状等。矿体集中分布在铜山矿段、前山矿段和前山南矿段。

铜山矿段：矿体赋存于二叠纪栖霞组灰岩（或大理岩）与岩体的接触带中，共有主矿体 3 个，走向长度在 160～300 m 之间，平均厚度 25 m，倾角变化较大，最大斜深为 296 m，赋存标高在 –160 m 以上，小矿体有 14 个，除 1 号矿体西侧的 32 号矿体稍大外，其余矿体规模较小。矿石中有益组分平均含量：Cu 0.9%，S 23.01%。

前山铜矿：矿体主要产于二叠纪栖霞组灰岩与铜山花岗闪长斑岩—石英二长闪长岩接触带上。共有矿体 117 个。呈不规则的囊状、似层状、透镜状、脉状等。其中主矿体 3 个，为 4 号、79 号、84 号。长 50～205 m，厚 1～100 m，延深 50～340 m，埋深 17～500 m，倾角 30°～70°。小矿体除 22 号和 49 号两矿体规模稍大外，其余矿体规模小。有益组分平均含量：Cu 1.25%，S 5.81%，TFe 27.0%。

前山南矿段：矿体主要产于二叠纪栖霞组灰岩与铜山花岗闪长斑岩、二长闪长岩接触带或泥盆纪五通组砂岩中。共有矿体 98 个，其中主矿体 3 个，为 4 号、29 号和 30 号，4 号矿体就是前山矿段矿体在深部尖灭再现矿体。主矿体长 290～350 m，平均厚 8.30～30.94 m，平均延深 195～370 m。小矿体除 4 号矿体西部的 132 号矿体稍大外，其余规模均较小。矿石中有益组分平均含量：Cu 7.15%，S 18.34%。

2.2　矿石矿物成分和结构构造

矿石中主要矿物有黄铜矿、黄铁矿、磁铁矿，次要矿物有斑铜矿、辉铜矿、白铁矿、赤铁矿等。非金属矿物有石榴石、透辉石、方解石、石英、绿泥石等。

矿石结构主要为他形结构、自形晶粒状结构、胶状结构和包含结构。矿石构造以块状构造和浸染状构造为主，次为网脉状构造、条带状构造和角砾状构造等。

2.3　矿石化学成分

矿石的主要有益组分为 Cu、S、Fe，其他伴生有益组分有 Au、Ag、Co、Mo、Se、In 等；矿石的有害组分，除铜硫型矿石、共生硫铁矿矿石含砷较高外，其他有害组分均未超过工业允许含量的要求。

2.4　矿石的自然类型和工业类型

铜矿石的自然类型主要有 6 种：含铜黄铁矿矿石、含铜磁铁矿矿石、含铜矽卡岩矿石、含铜花岗闪长岩矿石、含铜大理岩矿石、含铜角砾岩矿石。矿石的工业类型主要分为铜型、铜硫型和铜铁型 3 种。

3　接替资源勘查工作

3.1　勘查工作任务

2004 年底，铜陵有色金属集团控股有限公司根据国土资源部和安徽省国土资源厅的统一部署开展了铜山铜矿等矿山的资源潜力调查工作。2005 年，铜山铜矿接替资源勘查被列入首批新立勘查项目。

2007 年被列入 2006 年度续查勘查项目。

铜山铜矿接替资源勘查项目总体目标任务是：（1）对前山南深部开展勘查工作，大致查明深部矿体特征，探求资源量；（2）对南泉鲍预测区，开展找矿工作，探求资源量。

2005 年度工作任务：（1）开展前山南深部勘查工作，采用坑探、坑内钻探及地表钻探相结合的方法，大致查明深部矿体特征；（2）对南泉鲍预测区开展普查工作。部署地面物探工作，采用地表钻探等手段验证异常；（3）开展综合研究工作，指导勘查工程部署。主要实物工作量有：钻探 3500 m，坑探 600 m，槽探 1200 m³；CSAMT 或 TEM600 点，中梯激电剖面 1500 点，高精度磁测 2.8 km²，地—井 TEM3000 m，井中激电 3500 m。

2006 年度工作任务：（1）采用坑内钻探与地表钻探相结合的手段，对前山南深部继续开展勘查工作，大致查明深部矿体的展布情况；（2）对南泉鲍预测区的物探异常进行钻探验证；（3）开展地—井激电工作；（4）开展综合研究工作。主要实物工作量为：钻探 6540 m；地—井激电工作 4000 m。

3.2　勘查工作进展

前山南深部勘查工作于 2006 年上半年启动。在地表地质工作的基础上，首钻 ZKT1301 孔于 2006 年 6 月开钻。该孔在设计见矿位置见到了厚大矿体，实际见矿位置与原预测位置基本吻合，见矿效果较好。第一个孔见矿说明了预测推断符合实际，设计思路正确，鼓舞了斗志。紧接着第二个孔 ZKT1901 也在深部预测的层位上见矿，显示出良好的找矿前景，进一步增强了找矿信心。

ZKT1301 孔设计深度 450 m，终孔深度 460.01 m。见矿位置自 413.76~450.97 m，视厚度 37.21 m，分 3 种工业类型。

一是单铜型。分两层：第一层见矿位置为 413.76~421.76 m，厚度 8 m，铁、铜、硫平均品位分别为 21.23%、0.582%、18.70%，矿石类型为含铜磁黄铁矿矿石。第二层见矿位置为 429.36~441.86 m，厚度 12.5 m，铁、铜、硫平均品位分别为 37.98%、2.27%、27.51%，矿石类型为黄铜矿黄铁矿矿石；二是铁铜型。见矿位置为 421.76~429.36 m，厚度 7.6 m，铁、铜、硫平均品位分别为 49.28%、1.793%、10.82%，矿石类型为含铜磁铁矿矿石；三是单铁型。见矿位置为 441.86~450.97 m，厚度 9.11 m，铁、铜、硫平均品位分别为 46.09%、0.222%、0.46%，矿石类型为磁铁矿矿石。

截至 2008 年 8 月底，2006 年、2007 年两年度的勘查工作量基本完成。已施工 16 个钻孔，孔孔见矿，累计见矿厚度 271.54 m，最大见矿厚度 37.21 m，平均 16.97 m，单工程最高含铜品位 2.023%，平均品位 1.14%。矿体最大埋深至地表以下 905.90 m。总体来说项目进展顺利，在深部找矿上取得了突破，成效显著。

根据目前已施工 16 个见矿钻孔的厚度、品位资料，利用平均断面法估算储量，本次铜矿接替资源勘查新增 333 类铜资源储量金属量 15 万吨，平均品位 1.1%，铁矿石量 2000 万吨。

4　几点地质认识

(1)区内地层层序完整，岩石建造组合特征明显，赋矿层位分布稳定。岩体的岩石类型变化与成矿有时空耦合关系。断裂构造对矿化起控制作用。

(2)发现早石炭系底部发育一套砾岩。根据初步分析，认为是一套沉积作用形成的副砾岩，可与分布在铜陵、泾县、巢湖一带晚泥盆系—早石炭系中的冲积扇相沉积相对比，是重要的找矿标志。

(3)受石炭系灰岩控制的矿体中普遍含胶状黄铁矿，脉石矿物中大量存在蛇纹石，沉积特征明显。

(4)铜山铜矿深部矿体成矿模式为冬瓜山式的层控叠加改造式矽卡岩矿床。

(原载《中国古铜都找矿新进展》，冶金工业出版社 2009 年出版)

论松树卯矿区成矿与找矿（摘要）

肖垂斌

（中国地质学会矿山地质专业委员会，北京，100814）

杨家杖子矿区外围的松树卯钼矿床属大中型矿床。钼来源于与形成矽卡岩有关的花岗闪长岩、花岗斑岩复式岩体，而主要又是花岗斑岩。辉钼矿主要赋存在矽卡岩（工业储量占70%）和花岗斑岩（工业储量占30%）中。

实践证明，研究成矿条件，弄清矿化特征，掌握成矿规律，是正确指挥生产勘探，寻找富矿和盲矿体的关键。本文想通过对成矿条件的分析来论述找矿方向，以延长矿山的寿命。

矿床是在漫长的地质发展过程中形成的，受所处的大地构造单元控制，不同的大地构造单元有不同的成矿条件，形成不同的矿床，同种矿床在不同的大地构造单元中也有不同的矿化特征，不同的找矿方向。为了叙述成矿条件，必须首先阐明本矿床形成于何种大地构造单元。前人一直认为松树卯钼矿床所处的大地构造单元属于华北地台燕辽沉降带的昌黎台凸，矿床形成于大地构造发展史上的地台阶段，属地台型矽卡岩钼矿床。笔者根据自己在这里的工作和研究前人资料，认为本区在地质构造运动、岩浆活动及其演化、围岩、地球化学性质上都有其独特之处，与地台区全然不同，是属于我国地质学家陈国达教授提出的一种新的大地构造单元——地洼区。本矿床位于华北地洼区的阴山地穷系的杨家杖子地穹隆起与南票地洼盆地相接壤的走向 NE50°～55°、倾向 NW320°～325°的女儿河正断层的底盘。矿床形成于大地构造发展史上的地洼阶段，为地洼型斑岩钼矿床。

本区在区域地质发展史上，太古宙为前地槽阶段，地壳有一定的分异，形成了一套受过程度不等的区域深变质、花岗岩化、混合岩化的片麻岩建造、片岩建造，它们以不同的构造形态组成了本区的结晶基底，绝对年龄为2400 Ma。地槽阶段主要在元古宙，产生了北北东向的河淮地背斜和辽鲁地向斜，在向斜中堆积了陆屑建造、复理式建造、火山建造。吕梁运动时地槽紧闭，造成北北东向的紧闭褶皱，早期有基性、超基性岩侵入，晚期有花岗岩活动。当吕梁期褶皱遭到剥蚀，渐趋准平原化后，本区转入地台阶段，震旦纪进入初"定期"，寒武纪初进入"和缓期"，这时地势平坦，海水呈面状侵入，形成平坦的海滨浅海环境，沉积了一套在岩相及厚度上都较稳定的碳酸盐建造，这种状态一直延续到中奥陶世。中奥陶世末，地壳作面状隆起，全面海退，经历长期剥蚀，直至早石炭纪，因而缺失志留纪、泥盆纪和早石炭纪地层。中石炭纪时，地壳活动加强，进入余"定期"，振落运动频繁，海水时进时退，形成了海陆交互相的沉积和含煤建造，例如松树卯地区的厚层石英长石砂岩，杨家杖子、付儿沟、鸭路沟一带的砂页岩夹煤系。燕山运动开始转入地洼阶段，早侏罗世是初动期，这时在拱裂作用下，老构造层产生拱曲褶皱、断裂构造，出现地穹隆起及介于其间的地洼盆地。褶皱、断裂广泛发育，主要为北北东向，北西向构造也很重要，有酸性、中酸性岩、基性岩侵入，火山喷发。酸、中酸性侵入岩富含碱，$Na_2O + K_2O$ 的含量为8%～8.6%，K_2O/Na_2O 为1.2～1.9，火山活动强烈，直到第三纪晚期至更新世早期。岩浆活动顺序是先酸性、中酸性后基性，先侵入后喷发。松树卯钼矿床就形成在这样大地构造环境下，因而成矿条件有着自己的特点。

1　成矿条件

1.1　构造条件

以短线状褶皱、大断裂构造为主要活动方式，有一定的方向和系统。其矿床的构造系统发展过程是：燕山运动期，由于近东西向（SE98°～100°—NW278°～300°）和南北向的两个独立的挤压应力场的作用，形成了走向为 NE5°～10°—SW185°～190°，向南南西倾斜的鸭路沟向斜和走向近于 EW，向东倾伏的笔架山向斜，两向斜之间形成了背斜。前人认为没有这个背斜，故无叙述，笔者取名为松树卯背斜，只是因为剥蚀，不好辨认而已。向斜的轴部为厚约900多米的石炭—二叠纪的石英长石砂岩夹煤系，背斜轴部为厚约1200 m 的寒武—奥陶纪石灰岩，下寒武纪为灰岩和有机质黑色页岩互层，由于长期的剥蚀，侵入轴部的花岗闪长岩已露出地表。松树卯背斜形成过程中，在晚侏罗世伴随有花岗闪长岩侵入（绝对年龄为162万年），一直侵入到上覆的石英长砂岩中。在背斜的东翼，岩浆分异的高温汽成热液与石灰岩接触反应，在接触带形成矽卡岩，顺灰岩层理交代形成顺层矽卡岩体并与接触带的矽卡岩体相交，矽卡岩矿物主要为钙铁石榴子石、钙镁石榴子石、钙铝石榴子石和透辉石。这些矽卡岩矿物冷却收缩，体积缩小，因而靠近接触带的矽卡岩体中产生了孔隙度较大的粒间孔隙（晶隙），为其后浸染状的辉铜矿的沉淀提供了空间。

岩浆不断冷凝固结，早白垩世花岗斑岩（绝对年龄为 140 百万年）沿接触带侵入并穿插到矽卡岩中，产生矽卡岩的叠加。由于矽卡岩与花岗斑岩之间结合比较易于分开，这时在近于东西向挤压力的继续作用下，沿花岗斑岩与矽卡岩之间的接触面产生了顶盘以 18°～20° 的角度向北冲的右旋逆断层，即赋存着南北向矿带的松树卯大逆断层（长达 10～12 km），其走向为 NE5°～10°，倾向西，倾角 75°～87°，在这逆断层产生的过程中派生四组裂隙：一、二组走向 NW—SE 向和 SW—NE 向，二者为区域性共轭"X"剪切裂隙，构成一个节理系统，通过矽卡岩和花岗斑岩，其中以走向为 NW 的一组最发育，倾角为 30°～40°；第三组是通过顶盘矽卡岩并与松树卯逆断层相交的挤压裂隙，倾向 95°，倾角 35°左右，即松树卯大逆断层顶盘的羽毛状剪切裂隙；第四组是在松树卯大逆断层顶盘形成的羽毛状张力裂隙，倾向西，倾角 30°～45°左右，为层间裂开。辉钼矿就充填在这些裂隙中。燕山运动由于没有结束，应力场基本上没有变化，在近于东西向挤压力的继续作用下，松树卯大逆断层继续延伸切穿地壳达到莫霍面以下或伸入地幔，并且还产生了与其平行和相交、倾斜相反的深大剪切裂隙，引起基性岩侵入（主要是闪斜煌斑岩，厚约6～8 m，越往深部越厚），向上部（分支）。在近于东西向挤压力的长期作用下，石灰岩、石英长石砂岩、矽卡岩、花岗斑岩和花岗闪长岩、基性岩脉在南北方向上始终处于拉张状态，在张应力的作用下，张力超过岩石的破坏强度，于是产生了一组近于东西向的正断层：F1、F2、F3、F4、F5、F6，走向一般为290°～310°及110°～130°，倾向 SW200°～220°，倾角 75°～80°，在地貌上表现为近于东西向的沟谷，沟谷底基本上位于断层线上，笔者发现这样的一组断层自北向南有鹊雀河断层、鹊雀河断层到枣树沟断层之间共有 7 条。根据断层中无火成岩脉、矿脉充填，并切断基性岩脉，说明是在成矿后产生的，根据岩相对比，垂直断距为 240 m 以上，延伸不大。这组断层由南向北形成上升的阶梯状，将松树卯钼矿床的南北向矿带，矿体分成 6 段，每段为 470～510 m 长，使得各段矿带、矿体的延深不一样。经济价值也不一样，这在地质构造上完成了断裂常由地洼发展激烈的变形开始，最后到地洼活动余动期的正断裂变形的发展过程。由于断层通过的岩石不同，岩性各有差异，通过石灰和矽卡岩时，断层比较平直，通过底盘的花岗斑岩和砂岩时，表现为裂隙组，这是由于前者岩石基本上是塑性的，后者是脆性的，在同一应力的作用下，表现为不同的破碎机理或形变所造成的。

1.2 岩浆条件

松树卯钼矿床岩浆活动的总的发展顺序是从酸性到基性，即花岗闪长岩（绝对年龄 162 百万年）、花岗斑岩（绝对年龄 140 百万年）到基性岩。其原因有二：一是由于本矿床在大地构造上处于地洼区，岩浆的地球化学特征不同于其他大地构造单元的岩浆，缺乏如同地槽地区花岗岩所具有的基性"先头岩浆"；二是由于本地区在地质发展史上经历了地洼活动早期剧烈的褶皱变动和大量的酸性岩浆侵入之后，基底以上的各构造层已经受了一定程度的固结硬化，故后期的构造变动以刚性变形块状断裂为主，并且这些断裂构造切穿地壳，达到莫霍面以下或冲入地幔上部，引起基性岩浆侵入。铜矿只与酸性岩浆有关。本区早白垩纪侵入的淡红色细粒花岗斑岩在化学成分上的特征是：$K_2O + Na_2O$ 的含量均在 3.28%～8.32% 以上，K_2O/Na_2O 为 1.43～1.57，Mo 的丰度为 10×10^{-6}，为同类岩石平均丰度（1.3×10^{-6}）的 8 倍，是一种含钼的酸性—超酸性、碱性成分高的岩体，这种岩体显著出露于各个具有铜矿化或已构成铜矿床的地区内，与区域钼矿床的形成无论在空间上、时间上更为密切，矿床中的 $\delta^{34}S$ 与岩体中的 $\delta^{34}S$ 有相似性，均为 2‰～4.2‰，呈陨石型，说明岩体是成矿元素钼的主要来源，属幔源产物，可作为本区寻找钼矿的标准岩体，故钼矿床是斑岩型。

1.3 围岩条件

矿床中矽卡岩的形成，钼在矽卡岩、花岗斑岩中富集成矿与寒武纪的灰岩、有机质黑色页岩互层的岩层及奥陶纪的石灰岩有关。石灰岩是碳酸岩，具有较高的化学活动性，与花岗闪长岩、花岗斑岩接触，经双交代作用形成矽卡岩，其后的含钼热液中的钼以辉钼矿的形式充填在其中的裂隙和矽卡岩矿物因体积收缩而形成的粒间孔隙中，形成较好的矽卡岩钼矿体，例如北露天矿的厚大矽卡岩体（厚约 30～60 m）均属于此种。再有不同岩性的岩石互层，特别是不透水的有机质黑色页岩灰岩互层的存在，不同岩性岩层之间的层面易生富矿体，常常是富矿体赋存之处，例如254 m中段的2号脉、161 m中段的32号川脉中的东西向矿体和61 m中段的2号、3号东西向矿体，都形成于寒武纪的灰岩和有机质黑色页岩互层的岩层中的矽卡岩体内。矿床中的有机质黑色页岩在成矿中有两个作用：一是因其不透水，产状平缓（30°~35°左右），能起屏蔽作用，使得热液带来的钼高度富集在矽卡岩中及其界面下，品位为0.2%~0.4%；二是产于和有机质黑色页岩呈互层的矽卡岩中，钼矿体品位一般高于其他矽卡岩中的，顶底盘有大片有机质黑色页岩存在时，这种矽卡岩中钼矿体品位更高，例如北2号露天矿矿体的底盘就是大片寒武纪的有机质黑色页岩。笔者认为，有可能这种页岩在沉积过程中吸附了由海底火山喷发带到海水中的钼，形成了含钼页岩，在其后的地洼阶段的热液成矿过程中，富含挥发分H_2S和K的含钼碱性热水溶液通过含铜的有机质黑色页岩的裂隙和孔隙时，溶解淋滤吸取里面的钼，活化迁移，在附近裂隙和孔隙发育的矽卡岩中再生富集成钼矿体，而有机质黑色页岩出现热液变质现象，这就说明此矿床中的钼有可能部分来自有机质黑色页岩。此矿床中有的富钼矿体与有机质黑色页岩共生，有一定的层位和含泥质高的矽卡岩条带中钼较富并且辉钼矿沿微层理定向排列，没有热液成矿的矿石特征，根据这种解释对有的矿体在缺少探矿工程的情况下能作出比较正确的评价，为沿一定层位找矿提供了依据。

1.4　地球化学条件

本地区地洼型花岗斑岩、花岗闪长岩中的地球化学典型特征是碱（钾和钠），特别是钾的含量高，$K_2O + Na_2O = 8.28\% ~ 8.32\%$，$K_2O/Na_2O = 1.34 ~ 1.79$；超酸性，$SiO_2 = 76.44\%$；缺铁，$Fe_2O_3 + FeO = 1.14\% ~ 1.57\%$；Mo的丰度高，花岗闪长岩中为$4 \times 10^{-6}$，花岗斑岩中为$10 \times 10^{-6}$，均高于同类岩体中的平均丰度$1.3 \times 10^{-6}$的2~8倍。

2　成矿过程

成矿条件相互作用的过程就是成矿过程，成矿条件相互作用的最终结果，便形成了矿床。松树卯矿钼矿床属斑岩型，钼主要来源于花岗斑岩，矿床的形成是上述四个相互制约的成矿条件相互作用的结果。其成矿过程是：地质发展到早白垩世，地洼型花岗斑岩沿花岗闪长岩和矽卡岩的接触处侵入。由于上覆岩层厚度小，垂直压力小，岩浆的热量易于散失、迅速冷凝，在岩浆逐渐冷凝结晶过程中，分泌出含高挥发组分H_2S和K的碱性含钼热水溶液，这时由于地洼构造活动增强，近于东西向的挤压力继续作用，沿着花岗斑岩与矽卡岩的接触面产生了倾向西的松树卯右旋大逆断层，从断层泥中有矽卡岩和花岗斑岩的角砾可证明断层产生于花岗斑岩形成以后，断层不是前人所认为的是花岗斑岩岩浆的侵入通道。在这条逆断层产生的过程中，在断层顶盘的矽卡岩中、底盘的花岗斑岩、砂岩中派生出四组裂隙，含有挥发组分H_2S和钾的碱性含钼热水溶液溶解有机质黑色页岩中的一些钼，在温度高于400℃的条件下，H_2S发生热离解形成中性状态的气体分子H_2和S_2：

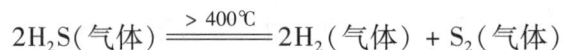

$$2H_2S(气体) \xrightarrow{>400℃} 2H_2(气体) + S_2(气体)$$

温度愈高，热离解程度愈大。中性气体分子不参与化学反应。

当这种热液通过松树卯大逆断层进入花岗斑岩、矽卡岩中的裂隙和矽卡岩矿物的粒间孔隙时，温度不断降低，低于400℃时，H_2S的溶解度增加，并解离为H^+和$(HS)^-$。

钼愈富的地段，钾长石化愈强烈，钾长石化是本区寻找铜矿的主要标志，只有这种富硫的碱性溶液才有利于钼从花岗岩中分离出来和迁移，这是地洼型岩浆的地球化学特点所决定的。矿化范围和矿化程度严格受到裂隙、矽卡岩矿物粒间孔隙分布的范围和发育的程度控制，若没有后者，即使含钼热液中钼再多，也不能形成钼的工业矿体，因为没有辉钼矿沉淀成矿的空间。本矿体裂隙这样发育是与强烈的地洼构造作用分不开的。除了温度和裂隙、矿物粒间孔隙条件外，钼要以辉钼矿的形式从含矿热液中沉淀出来。在本区地球化学性质上还具备了以下两个条件：一是地洼型酸性岩浆的又一个特点是其中缺铁，使得富含钾的碱性含钼溶液中，因游离的铁离子含量极少，在Mo-Fe-S系统中硫不被或很少被铁离子夺走，同时在这种由于挤压作用而造成的具有封闭和还原环境的断裂、节理条件下，游离氧的浓度极低，又不至于使S^{2-}氧化成$(S_2)^{2-}$形成黄铁矿（FeS_2），因而有足够的S_2与Mo^{4+}结合成MoS_2从热液中沉淀出来，形成钼的工业矿体。从矿床中辉铜矿与黄铁矿不共生、互为消长的关系，连低氧化物都不存在的事实说明只有低浓度的铁、高浓度的硫、氧化电位低的还原环境下，才有利于钼矿床的形成；二是以地台构造层作围岩，其特点是灰岩发育，灰岩、矽卡岩中含钙多，含钼的热水溶液在矽卡岩中的裂隙和矽卡岩矿物粒间孔隙中运动时，钙离子能破坏含钼络合物，加速钼以辉钼矿的形式从含钼热液中沉淀出来。

随着花岗斑岩的固结，成矿作用终止，在近于东西向挤压力的持续作用下，松树卯大逆断层断续向深部延伸，进入莫霍面以下或地幔，富铁镁元素的基性岩浆侵入，形成基性岩脉，因而基性岩浆的侵入，在本区标志着成矿过程的终止。

3 富矿和盲矿体的赋存部位

由上述成矿条件、成矿过程的基本研究和实践证实，富钼矿和盲矿体赋存在以下部位：

(1)松树卯大逆断层向底盘弯曲的部位(花岗斑岩的凹部)。这个部位岩层弯曲，一是张应力集中，张力裂隙发育；二是花岗斑岩与石灰岩交切，当花岗闪长岩、花岗斑岩的岩浆侵入时，高温汽成热液与灰岩的接触面大(沿张节理与层面)，双交代作用充分，往往形成厚达60多米的矽卡岩体，再加上矽卡岩矿物粒间孔隙度大，构造裂隙密集，为含矿热液中辉铜矿的沉淀提供了良好的空间；还因为裂隙多，含钼热液在裂隙中流动时与矽卡岩的接触面积大，有足量的钙促进辉钼矿从含钼热液中沉淀出来，形成富矿地段，矿带在南、北露天矿的部位就是富矿地段。

(2)松树卯大逆断层由窄变宽的部位。根据非均质体强度理论，裂隙由窄变宽之处应力集中，裂隙发育，为含矿热液中辉钼矿的沉淀提供了良好的空间。又根据流体力学原理，含钼热液在裂隙中流动，由小断面流向大断面时流速降低，钙能充分起到促进辉钼矿从含钼热液中沉淀出来的作用。例如1-3号勘探线以南至1-4号勘探线之间这个部位，钼矿体的品位高达0.15%~0.212%，自上至下是一个富矿地段。

(3)松树卯大逆断层与其顶盘倾向相反的羽状剪裂隙相交部位，与其顶盘的张性羽毛状的裂隙的相交部位，均为富矿地段。此处岩石强烈破碎，裂隙波及范围广，对矿液中辉钼矿的大量沉淀有利，有的形成多个富矿。

(4)东西向矿体。钼品位在0.2%以上，有的地段达到0.4%以上，矿体厚约5~7 m，长20~25 m，向深部延伸120~150 m，每条矿体的矿量为3~5.5万吨，呈等距离的雁形排列(30 m左右)，是有规律地出露不同标高上的盲矿体，相应部位的深部仍然存在。

(5)旋卷构造中有小而富的盲矿体。松树卯大逆断层的北端，由于受力偶作用，形成了一组向北西撒开、向东南收敛于松树卯大逆断层的压性旋卷断裂，在这种断裂中有小而富的钼矿体，例如111 m中段18号穿脉中的矿体、161 m中段的6-7采矿块，北1-2采矿块，品位均达到0.3%~0.5%。

(6)花岗斑岩中裂隙发育、钾长石化强烈的部位。钼的平均品位可达0.20%~0.25%，比这种岩石中钼工业矿体的平均品位高2~3倍。

(7)寒武纪底部的石灰岩和有机质黑色页岩互层的岩系中的矽卡岩体中往往有富钼工业矿体，品位可达0.12%以上。

4 找矿方向

从成矿条件来看，本矿床的远景找矿方向主要有三个方面：

(1)矿床构造控制矽卡岩中钼矿体的空间分布，在弄清矿床构造系统的基础上，根据已知矿体的产出部位，在深部的相应部位找盲矿体。

据成矿构造研究，在F2~F3断层之间的深部应着重找东西方向的盲矿体，呈等距离的雁形排列，出露在不同的标高上。在F1~F2断层之间，应着重在深部找向北西撒开的压性旋转断裂构造中的小而富的盲矿体。断层F3~F5之间的深部，应着重找南北向矿带顶盘的分支矿体。F5~F6断层之间，应着重在深部一定间隔的高度上探明松树卯大逆断层顶盘的羽状剪裂隙中的矿体，在断层的水平延伸方向上，找断层拐弯的部位，在延深方向上，找断层由陡变缓的部位。这样就能控制整个矿床深部、顶盘和两翼的盲矿体。

(2)在深部注意找花岗斑岩型钼矿。根据岩相对比和构造分析，鹊雀河断层以北沿着这条断层面上升了240 m以上，其上部的矽卡岩体已被剥蚀，再往北2 km的汉沟，沿着松树卯大逆断层分布的花岗斑岩中有铜的工业矿体。笔者认为汉沟的含钼细粒花岗斑岩和松树卯钼矿床深部的含钼淡红色细粒花岗斑岩是同一个岩体，因为两者岩性、岩石化学成分、形成的绝对年龄相同，并都产在同一构造线上。因而在松树卯铜矿床的深部有可能找到像汉沟那样的斑岩型钼矿床。本区含铜花岗斑岩的特点是：淡红色，细粒斑状结构，有铜矿化之处钾长石化特别显著，含矿裂隙密集，辉钼矿呈细脉状，岩石化学成分突出表现在含碱高，$K_2O + Na_2O$在8.3%以上，K_2O/Na_2O 在 1.4 以上，碱度系数 10～11，SiO_2 为 74%～76%，铁镁矿物甚微，$Fe_2O_3 + FeO$ 为 1.14%～1.57%，MgO 在 1% 以下，矿化地段裂隙密集，钾长石化强烈。找矿范围南至枣树沟断层以南 80～100 m 处的花岗斑岩与花岗闪长岩的接触带，矿化深度，自鹊雀河断层至枣树沟断层，自北往南被近于东西向的正断层 F1、F2、F3、F4、F5、F6 分成 6 段，各个区间的矿化深度不同，自北向南呈下降的阶梯状，相邻区间垂直断距在 240 m 以上，各区间水平长度为 470～510 m，根据当前的钻探资料，断层 F4～F5 区间已在 −430～−448 m 的深处发现有花岗斑岩型铜矿体，铜品位达到 1% 以上，矿化不均匀，因此，对具有上述特征的岩体在找矿评价上要特别慎重。

（3）根据 F1～F2 断层之间出现的寒武纪底部石灰岩与有机质黑色页岩互层的岩系中的矽卡岩岩体中有富钼矿体的事实，说明 F2 断层以南的深部寒武纪底部相应层位中也可找到类似的矿体，这种矿体与寒武纪底部含钼有机质黑色页岩伴生在一起，因此，应在寒武纪底部的灰岩与含钼有机质黑色页岩互层的岩系中广泛开展找矽卡岩中的钼矿体，并充分研究其成矿条件，注意层控矿床。

本文在成文过程中承蒙中国科学院长沙大地构造研究所陈国达教授和中南矿冶学院吴延之教授热情指导，深表谢意。

（原载《矿山地质》1980 年第 1 期）

有色金属矿区外围找矿经验

——在苏联专家指导下参加寿王坟矿及小泉沟矿外围找矿工作体会

彭 觥

（中国地质学会矿山地质专业委员会，北京，100814）

1953 年我们在苏联地质专家科尔巴克夫指导下，在热河南部（承德地区）进行地质填图和找矿工作，简要谈几点体会。

苏联找矿工作，尤其是有色金属矿区外围找矿工作，按技术规范，一般是在野外进行十万分之一比例尺（或二十万分之一、五万分之一图）的地质填图。其基本任务是寻找大量的矿产地包括新矿苗和旧矿坑，并布置简单工程（少量的槽探、浅井和采样）查明矿化范围，同时结合地质条件，予以初步评价，进而找出经济矿物分布状况及其与地质环境（特别是构造）的关系，确定出该区某种矿产的发展远景。

根据上述基本任务，地质队在自己的工作区域内采取下列步骤进行找矿工作：

（1）按各方面实际情况（如地质条件及地形特点等）选择适宜的工作方法（如地质测量法中分方格调查法、沿河谷剖面法、沿接触线追索法、放射状路线法及重砂法等）。我们所采取的方法主要是以方格法为主的地质测量法，配合以重砂法。其中的一些要点是：

1）先将所用十万分之一的比例尺的地形图用纵横线划分成 1 km² 的方格，以坐标法编定位置，然后工作就按方格网布置进行。在普查正常地区时，每个方格（每 1 km²）里都要做若干地质记录点，把所见的岩石、构造、矿产等填在图上，并在记录本上记录这些现象。如果有必要素描和照相。在调查路线（一般与岩石走向垂直）与河谷平行时，要按剖面法作沿河谷地质剖面图。在现代沉积物分布的地区则应做人工露头。但当调查区仅分布着一种岩石（如花岗岩），构造又简单时，记录点也可减少。

2）为了从多方面发现矿床的存在线索，提高找矿工作质量就要在调查区的河谷中进行采取重砂工作，其位置的选择不以大河为主，而是以可以判明沉积矿物的来源的支流或小溪的河谷为重点。如果有地方河谷干涸，重砂工作也要进行，那就应将所采用的沙子运到附近有水（井、河）的地方再从其中淘洗重砂。重砂工作不但能配合地质测量找出原生矿床的线索，而且还可以发现金、钨、锡及其他化学性质稳定之产物的漂沙矿床，这项工作是由培训过的队里重砂组专门负责，除正确采样和记录外，还负责重砂的初步鉴定，并由队长负责研究重砂与地质测量的资料之间的关系。

（2）经常深入地向群众宣传报矿的意义与找矿工作，是我们发现地下矿藏的一个很有效的方法。不断地发现矿产资源，满足祖国社会主义建设的需要，不仅须靠地质工作者的努力，更重要的是还必须靠广大的人民的积极参加。因为他们对当地情况最清楚，只要掌握一些简要的地质知识，能随时随地地留心并向政府报告其发现，他们就能成为一个广泛而又强大的找矿队伍。根据我们的经验，进行宣传找矿与报矿的工作有下列的几点：

1）与当地行政部门密切合作，在他们召开的各类大会上进行宣传，并列举几种矿石的简要特征，如铜矿石呈黄色有金子般的亮光，生锈时呈翠绿色等，以使群众能够辨别。同时还应讲明报矿手续等。

2）向区村干部讲解并印发一些简单的宣传材料，再请他们广泛向村民宣传。

3）地质工作者在工作中随时随地向所接触的人们进行宣传。

（3）找矿工作中对所遇到的矿产地要做的工作。对新的露头或旧的矿坑，都应测定其分布范围（必要时作1/1000 或 1/5000 的草图）、走向、倾斜向，并了解矿床与周围地质条件的关系，更重要的是采取试料，进行分析。

1）旧矿坑。先要向老乡了解采掘历史及坑下的具体情况，并对碎石及废矿堆加以研究，如果有可以进入的坑道还要作坑道地质图。

2）新矿露头。不同类型的矿床在地表上有不同的特征，矽卡岩式铜矿在灰岩与火成岩接触带附近常有磁铁矿，含金石英脉附近则有含褐铁矿呈蜂窝状的氧化矿石。对这些现象我们要特别注意。在找到矿产地之后，就要用简单的方法(槽探，浅井及采样)并结合地质条件，给予初步评价。

(4)在找矿中对自然环境及经济概况的了解。自然环境与经济情况对矿产地有一定的影响和关联，因此也要进行一定程度的观测和记录。它们包括：

1)地形与岩石构造及矿床的关系，地貌排列特点以及气候、森林、生物类等。

2)水文调查。要测定河的流量、流速及泉水水位，并要了解降雨量和河水的季节变化等。

3)了解当地现有交通、工矿企业情况及居民生活与工作的概况等。

(5)每天应在队长主持下，对当天的工作系统地整理完备。

1)将当天各组所完成的地质测量接连在一张(比例尺及位置相同)统一的野外地质图上。

2)地质记录点记录在统一的登记表上。

3)岩矿标本(或试料)登记在统一的台账上。

4)如果发现有矿产地，就要讨论所观察到的现象及布置初步勘探和评价等问题。

(6)每月工作总结。总结的内容要有文字及图表两部分：

1)文字总结要简明地写出：①完成的工作量，包括面积、记录点、重砂试料标本及矿产地的数量；②地质概况；③所遇到的有益矿物。这些总结报告一般不超过原稿纸5页。

2)图表。①野外地质图(用透图纸以线条表示岩层、构造线，用颜色及符号表示地史年代及岩相；不画地形等高线只以河流表示地貌轮廓，标出地质剖面的位置线)。②地质剖面图包括横切全套岩层的大剖面3~4张；沿河谷作的自然剖面小剖面图6张。③地质记录点及路线分布图1张。④重砂及有益矿物分布图。⑤重砂及岩矿标本登记表。同时也要将本月所采集的重砂、主要矿石、化石和磨片标本等送交室内进行鉴定。

野外工作(一般是指一年的工作)完成之后，就要进行资料的汇编和总结，这一工作可分两个步骤，即先整理图表，然后编写文字报告书。

(1)图表：

1)地质图。必须用统一的图例，将各图幅的岩层界线及构造线，互接为一张(用透图纸)。不画地形等高线，只描河流及较大的居民点(村镇)。

2)野外所作的剖面图及素描审查后重描，根据最终的材料，作出调查区的地质柱状图。

3)地质记录点及调查路线分布图。在此图上用线条表示剖面及素描地点的位置。

4)地势图。本图是以不同颜色表示地形之不同的海拔高度。例如十万分之一图一般是200 m以下为深绿色；200~500 m为淡绿色；500~1000 m为黄色；1000~1500 m为橙黄色；1500~1800 m为淡褐色。

5)有益矿物及重砂分布图。本图是表示找矿工作的主要成果之一，因此要准确地以符号和号码(与报告书内矿产地编号要一致)表示各种矿产地。并根据重砂鉴定数据和地貌特征圈出各种矿物的散布区。

6)按图幅将地质记录点统一登记表抄写与整理成为一本。

7)整理有益矿物试料分析表。

8)整理岩矿标本及其磨片登记表。

9)登记古生物鉴定表。

(2)编写找矿报告书的顺序和内容。做完上述工作后即应编写总结报告书，苏联专家指示我们，写报告书应按下列的顺序和内容进行：

1)序言。说明工作目的和任务、工作执行者与工作方法、工作日期，并概述调查区的地理及行政区的位置。对调查区以往的地质工作历史，分阶段加以略述和评论。

2)地区的自然环境及经济概论。说明调查区的地形、河流及气候(温度、湿度、风、云、雨量)、较大范围地貌的发展及形状、与有益矿物的关系的分析，以及当地居民生活与工作情况，农作物及动物的情况、交通、工矿企业概况等。

3)地层。论述本区所分布的全部岩石的岩相变化及岩性鉴定。为了正确地分析地层，对所采到的化石须详加鉴定和记述。应写明沉积岩与岩浆岩接触部位的特殊现象等。

4)岩石概论。主要叙述岩浆岩分布区产状和岩石的光性鉴定结果，及其他岩类的光性鉴定结果。

5)地质构造。将所观察到的主要构造及有特殊意义的构造加以记述，并写明构造类型和年代及根据(要附必要的构造剖面及素描图），根据实际材料提出构造与成矿关系。

6）地史。写出调查区各地质年代的发展情况及剖面轮廓，要引证前述各章的构造，岩石、化石等资料以及剖面图等。还要注意分析各地变动与火岩和山脉生成的关系及成矿作用和变化的关系等。

7）水文地质。对地表水和地下水（岩石水及冲积层水）应作概要的记述：对渗水层的厚度、岩石组织、水量等和地表水的联系及流量、流速和变化等加以略述。

8）有用矿物。对于以下各点要做详细的记述：首先说明工作方法及其结果，叙述本区矿产采掘情况及最有工业价值的矿床类型。然后按顺序系统地将所发现的各矿产地分别叙述。详述每个矿区的地形、交通、地质和矿床（范围、类型、矿石品位和矿石与岩石的物理性质的鉴定等）并附上各种必要的图表。

9）简要的结论。简要的将全部工作的基本情况做出结论，并着重指出本区的勘探方向和今后的远景。

（原载《有色金属》1954 年第 1 期）

我国含铜砂岩分布的规律及找矿方向

——参加湖南水口山矿区外围砂岩铜矿找矿心得

彭　觥

（中国地质学会矿山地质专业委员会，北京，100814）

为了扩大湖南铜矿资源，1954 年在苏联专家指导下，对水口山矿区外围衡阳盆地第三纪红层含铜砂岩区开展了地质找矿工作。

由于我国一些含铜砂岩小富矿品位较高，矿石露头松软，氧化矿居多，利用土法开采、小型生产可以直接迅速地炼出铜，故在我国地方铜的生产中是有很大实际意义的铜矿类型之一。如湖南柏坊，云南牟定、永胜、四川蓉经、会理，湖北巴东及宁夏隆德等地的著名土法炼铜厂，都是将大量开采的含铜砂岩直接冶炼的。

在世界铜矿资源中，含铜砂岩也占重要的地位（据有关资料 1951 年统计占全世界铜产量 28%；1955 年统计占全世界 20% ~23%）。产状变化小、品位高、分布规模大、储量多是许多含铜砂岩矿床的共同特点。因此很多地质学家，尤其是苏联地质学家对含铜砂岩的分布规律和成因条件的研究，早已给予了很大的重视并取得了成就。我国学者对含铜砂岩矿床的问题，在一些著作中虽有论述，但尚待新进展。

笔者根据近年来在湖南等地对含铜砂岩的实际工作中的体会，并参考有关文献，就此类型矿床的主要地质特征、某些共同规律及其找矿方向等问题进行初步探讨，请同志们指正。

1　我国含铜矿岩的分布概况

现有资料表明，我国含铜矿岩的分布是十分广泛的，而且有多个成矿时期。

1.1　震旦纪含铜砂岩

已知者有湖南石门，该区含矿砂岩赋存在三徽江砂岩系中，含矿砂岩为灰白色及淡绿色砂岩，呈不规则层状夹于红色变质长石砂岩层内。主要含铜矿物为黄铜矿、斑铜矿及孔雀石等。从其地质特征分析可能属于沉积变质类型矿床。

1.2　石炭二叠纪含铜砂岩

宁夏中卫的石炭二叠纪煤系上部红色层内，最近发现夹有数层灰白色及灰黄色含铜砂岩（局部为角砾岩）。胶结物多为石英质。地表所见的含铜矿物主要是蓝铜矿，呈小圆状结核体（直径约为 0.3~0.5cm）散布在砂岩中，风化后仍呈坚硬的圆粒存在。少量的孔雀石除呈有上述蓝铜矿相同的形状外，还有呈薄膜状沿节理裂缝分布。铜矿内含有微量的钒，矿区附近未见火成岩体。

贵州德卓等地上二叠纪煤系的砂页岩中的沉积铜矿也早就被发现了。湖南大庸的乌桐石英岩中的铜矿，孟宪民先生认为是淋滤成因的。

1.3　三叠纪含铜砂岩

云、贵、川、鄂等地许多被开采的含铜砂岩大都产于三叠纪的飞仙关系或巴东系。

四川的荣经前后聚坝、天全铜厂沟、洪雅文兴厂等含铜砂岩矿床，矿物以黄铜矿、斑铜矿及黄铁矿为主，局部有孔雀石等。富矿多集中在岩石中植物化石碎片周围。矿体多呈似层状透镜体和薄片状，厚度由数公寸至数公尺。围岩为杂色页岩。全国土法炼铜先进单位的云南牟定所开采的矿床属此类型。云南宣威、玉溪及弥勒等地的含铜砂岩一般呈扁豆状夹层赋存于红色砂页岩层中，主要矿物有黄铜矿、斑铜矿及孔雀石等，当地也进行开采。湖北巴东、利川含铜砂岩发育在巴东系红色岩层中，矿石多富集在植物化石周围。现也进行土法生产。贵州盘县、德卓等地三叠纪浅海相地层内也发现有含铜砂页岩存在。

1.4　白垩纪含铜砂岩

以四川会理炉厂含铜砂砾岩为典型代表，一般称为"炉厂式"含铜砾岩，矿层夹于红色岩系内。黄铜矿、斑铜矿、辉铜矿、蓝铜矿及孔雀石等铜矿物成条带状或散点状分布在灰白色、淡绿色砾岩的砾间和裂缝内，或散集在砂岩胶结物中。最近在宁夏南部六盘山一带也发现此类含铜砂页岩，其特点是品位高、矿化发育、面积广泛。其中一部分矿层的时代也可能属上侏罗纪。

1.5 第三纪含铜砂岩

此类矿床多发育在湖盆相红色岩系内的不规则的灰白色砂岩、页岩及砾岩的夹层中。

新疆天山南侧库车、拜城及阿克苏一带的第三纪杂色砂页岩系中的许多淡色砂页岩及砾岩夹层都有孔雀石、铜矿，局部中段还有少量硫化矿物。有些地方已进行土法生产。

湖南中、南部分布的衡阳红色砂岩中，共发现有 10 余处含铜砂岩矿点。含矿层因地区不同而有差异，一般为 3 层，最多的有 6 层，最少的有 1 层。含铜矿物以孔雀石及蓝铜矿为主，并有少量黄铜矿，仅个别标本有极少的斑铜矿。这些矿物呈薄膜状、散点状存在于灰白色含灰质高的砂页岩胶结物内，而在含矿层中的植物化石碎片及切穿矿层的断层两侧有集中现象。矿层及整个红色地层的构造较为简单；褶皱为微缓小型向斜、背斜，走向一般多为北东，倾角平均为 10°左右。矿点中所见断层是北东走向，倾角甚陡，断距不大。按其岩性特征，红色层可划分为下列 4 层：

（1）底部紫红色砾岩层。砾石多是石英岩、千枚岩及石灰岩等，呈角砾及半圆砾，胶结物为砂及紫红色黏土，厚度在 0.5~2 m 之间。

（2）红色夹薄层砂岩之页岩层。以页岩为主，其中夹薄层细砂岩，在层面上常见有波纹、雨印及交错层等沉积过程中所形成的原始构造。岩石主要成分有石英、云母碎片及含氧化铁量高的黏土等。厚约 200 m。

（3）灰白色（含铜）砂岩页岩层。由灰白色含孔雀石、蓝铜矿的砂岩、页岩及其过渡相——红色砂岩的互层所组成。其岩性外表特征与上下各层岩石有明显区别。首先在于颜色淡、石灰质高并含有铜矿物。灰白色砂岩主成分为石英粒（占 70%~85%），次成分有长石、云母及方解石等。一般呈细粒状结构。胶结物多为绿泥石、方解石、氧化铁及高岭土等。灰白色页岩组分多为高岭土和绢云母等物。孔雀石、蓝铜矿及少量黄铜矿等多呈散点状及条带状分布于其中，在局部地段渲染成美丽的翠绿色外观。含矿层共有 6 层，某些地区打钻后证实只有 4 层。厚度变化大，最厚达 10 m，最薄仅为 0.12 m。总层厚在 100~160 m。

（4）上部红色砂岩页岩互层。在层位关系上，此层属灰白色（含铜）砂岩页岩的上盖层。除岩性上较下部紫红色砂岩含石灰质增高外，其他特征相似。厚约 200 m 以上。

除上述矿点之外，张文佑先生推测我国北部靠近蒙古人民共和国的地带可能找到哲兹甘型的含铜砂岩。夏湘蓉、朱钧先生指出在江西彭泽地区也将有含铜砂岩发现。

2 中国含铜砂岩成矿规律的讨论

上述各不同时代不同区域的含铜砂岩的某些地质环境虽有差异，但它们的主要成矿条件及其规律性是有共同特点的。

2.1 成矿作用与沉积作用的关系

含铜砂岩的岩相性质表明它们都是在干燥气候条件下的陆相或滨海相形成的。这种地层大多是紫红色砾岩、砂岩、页岩及含铜白色砂岩页岩或黑色页岩所构成。由于沉积进行的初期搬运和沉积速度较快，水中化学作用不强，不利于含铜砂岩的形成。到沉积进行的中期、末期，沉积速度慢，水中铜组分随沉积物增加而扩大，当其在有利于铜的沉淀条件下（石灰质增多，有机物或生物作用加强以及水的其他物理化学条件变化等），铜即堆积下来，所以含铜砂岩在红色岩层下部较少，一般多在中部层位中发现。某些含铜砂岩层的产状呈不规则层状或扁豆体夹层，此现象是地壳运动影响及沉积物成分变化与环境变迁等作用的结果。

2.2 变质作用

由于铜的化学活动性强，地层中的铜常受到区域变质作用或热液作用的影响，改变了原来形态，生成新的矿物在局部地段集中，因而含铜砂岩矿床的产状、分布及矿石结构与成矿后的、成矿过程中的变质作用是有重要联系的。在湘南及国外某些矿区中可以看到矿层内断裂带促进铜沿其富集或生成脉状矿体的现象。

2.3 大地构造及古地理环境

已知的含铜砂岩大都是产在地台与地槽（或准地槽）之间的过渡带内的山前拗陷、山间盆地的红色岩系中，而当这些红色岩系的主要沉积来源为基性岩类及硫化矿物时，对含铜砂岩的形成更为有利。例如湖南衡阳一带第三纪含铜砂岩是赋存在华夏古陆与江南地盾之间的山间盆地红色砂页岩建造中；宁夏六盘山区的白垩纪含铜砂岩是产于鄂尔多斯地台西沿与南山地槽之间的边沿凹地杂色岩相内。前者当时的沉积来源主要为石灰岩、酸性侵入岩等，以至于限制了该区铜矿的发展远景；后者处于古生代黄铁矿型铜矿分布较广的南山地槽的近邻，周围经风化的岩石拥带着大量的铜组分堆积在盆地中，给该区含铜砂岩的发展提供了找矿前景。

2.4　区域地球化学特性及生物作用

我国西南（云、贵等省）及国外某些地区的含铜砂岩在几个不同时代的地层内均有分布，这种情况可能与该区的地球化学环境有关。在许多含铜砂岩中常见到一些铜矿物富集在植物化石碎片周围或交代其中。另一些含铜砂岩是生在黑色炭质中，有学者认为这是与一部分生物吸附铜的作用与本身含铜量较高有关。

3　找矿方向

（1）首先应注意过渡地带、边缘地带的各时代的红色沉积岩系（或杂色陆相地层）的普查找矿和此种区域的已知含铜砂岩矿点检查工作。尤其是某些有先于含铜层的基性岩石及较老的内生铜矿分布地区更是重点对象。如云南牟定、四川会理一带，宁夏六盘山（包括甘肃平凉一带）区（即南山地槽基性岩类及白银厂式铜矿的风化物转移所能达到的边沿凹地沉积区）均属此类。

（2）在红色地层内寻找含铜砂岩层的具体标志，主要的有如下几点：

1）灰白色—灰黄色砂岩页岩一般是含石灰质高；含植物化石碎片或灰黑色炭质页岩相。

2）白色到红色之间的紫色过渡层，它与含铜岩层界线不明显，是渐变的，可以在其延伸方向找矿。

3）由于沉积开始阶段对铜的堆积不利，故须着重对红层中部、上部层位的观察。

4）白色岩层中的微缓褶皱（尤其向斜）及裂隙构造对寻找富矿是有利的。

（原载《地质与勘探》1958 年第 3 期）

砂锡矿伴生金属工业评价

——以云南某矿山为例

彭 觥

（中国地质学会矿山地质专业委员会，北京，100814）

该矿为我国重要的有色金属及稀有金属生产基地之一。笔者根据随同苏联专家参加该矿区伴生组分评价工作的体会及参照有关资料作如下简要介绍。

1 矿床地质条件及伴生有益组分概述

某砂锡矿是一个机械化开采资源丰富的（含有多种伴生有益组分的综合矿床）大型生产企业。

1.1 矿床地质特征

该区原生矿床主要赋存于中三叠纪石灰岩中的花岗岩侵入体周围。成因类型有锡石硫化物矿体、含锡石矽卡岩及锡石电气石石英矿脉等主要矿系，其中还可划分许多副类。由于地理位置处在亚热带，气候温润，使大量原生矿体及围岩均被氧化，在地表受到化学作用而又分解和富集，因此，在原生矿床附近的喀斯特型的大小凹地内及山坡上，形成了世界上罕见的巨大规模坡积—残积综合砂锡矿床。其特点一般是呈红褐色，细粒、土状，品位高，无覆盖层，开采与勘探方便。但由于矿砂粒度太细，故给选矿工艺带来了很大困难。因古人在这里就进行过开采，故在自然砂矿上面还堆积着人工砂矿（即尾矿层）。

1.2 伴生有益组分概况

根据在勘探锡时所作的组合样光谱分析资料，证实在砂矿中普遍存在有：铁、锰、铜、铅、锌、银、铟、铍等，局部地区内有：钨、钼、钛、钒、钴、镍、铬、锆、锂等。但目前储量最多、回收价值也高的是前5种（即铁、锰、铜、铅、锌），钨在该区也处重要地位。因此，勘探和研究也首先集中在这几种元素上。下面就着重的叙述这几种元素的分布情况并简略谈谈其他元素的分布情况。

铁：主要是褐铁矿及铁锰结核，前者呈土状及碎片状，后者多为小圆球状。在人工堆积砂矿（即旧尾矿）中，由于经过一次人工富集，一般铁的品位较高（多在20%以上）。在自然沉积（即坡积—残积砂矿）中铁的品位仅在10%左右。

锰：呈铁锰结核及软锰矿存在，它与铁相反，一般是在人工堆积中品位低（1%~3%），在自然沉积砂矿中品位则在5%以上。

铜：铜的矿物里主要为孔雀石、矽孔雀石、蓝铜矿等。在甲区某些地段尚有自然铜。铜在砂矿中分布不甚均匀。

铅：主要矿物是铅铁矾、磷酸铅矿及少量白铅矿和方铅矿，多富集在甲区锡品位高的地段。

锌：以水锌矿、菱锌矿及极矿（少数）等矿物存在。锌的分布不均匀，只在几个矿区的部分地区存在。

钨：多成白钨矿砂及黑钨矿小粒分布在该区等沉积砂矿中。其他地区一般量微。

铍：只分布在局部地区，呈绿柱石小碎片。如铟、锗、镓、银、镍、钴、钒等均不呈独立矿物产出，而是成为其他组分（铅、锌、铁、铜及石榴子石等）的杂质分散存在。钛、锆、锂等则呈钛铁矿、金红石、锆英石、锂云母等矿物碎屑产出。

2 评价原则

（1）为了迅速而合理的利用这个巨大的综合矿产资源，以满足国民经济发展需要和有效地降低勘探与生产成本，在勘探与生产工作中把伴生有益组分的评价和研究列为与锡同等重要的地位。根据总的任务和苏联专家建议确定了如下的评价原则：

先以储量多、品位高的地区作为评价重点，根据地质资料的研究与统计法相结合，找出伴生有益组分分布特点。

（2）为了节约开支和加快速度，尽可能利用已有的锡矿地质资料及有效的副样。

在评价主要伴生有益组分的同时，对矿床中稀有与分散元素进行查定，并着重研究它们在选矿冶炼过程中的动向。

3　取样工作方法与程序

如前所述，此项工作是在锡的勘探和评价基本完成的基础上进行的，因此，确定主要评价工作是取样和圈定伴生有益组分矿块与计算储量。

3.1　取样工作程序

先按全部已勘探钻孔总数的 5% ~ 10% 取光谱样品，在已有伴生组分地区稳定程度不同（即参考勘探类型）确定化学取样网度（如铅：50 m × 100 m，铜、锌、钨：100 m × 100 m，铁、锰：200 m × 200 m），由每孔（或井）组合为一个样品，根据分析结果制定品级分布图；从不同品级区采取总孔数 1% ~ 2% 物相分析（及合理分析）与矿物鉴定样品；根据上述资料采取有代表性的工业试样（可选性试样）。

3.2　取样工作的具体方法

（1）光谱取样。为了检查伴生有益组分的分布范围和对有益元素进行概略的初步定量，在化学取样分析之前必须先作光谱取样与分析。在该区布置光谱取样点是按照锡的勘探网度，从全部钻孔中抽 5% 左右的钻孔副样，每孔结合为一个样。如果缺少副样就从新打钻孔采取（最好与化学取样结合）。

（2）化学取样。根据光谱分析及地质资料研究的结果，认为主要伴生有益组分在评价地区一般分布较为均匀。因此采用下列取样钻网密度：铁、锰：200 m × 200 m；铜、锌、钨：100 m × 100 m；铅：50 m × 100 m。有的样是全孔结合为一个样；有的因厚度深、品位变化大，每 10 ~ 15 m 组合为一个样（如全孔 30 m 可分 2 ~ 3 个样）。一部分样品是用原存的锡的副样；另一部分是重新采取。按化验结果编制各种主要元素的品级图。品级的分级原则是依据品级变化幅度与加工要求分贫、中、富三级。如某地段铁分三级：>30%（中部的人工砂矿）；20% ~ 30%（在两端的人工砂矿）；<20%（主要为自然沉积砂矿）。

（3）物相分析及矿物鉴定取样。目的为了解含有益元素的矿物状态、各种矿物比例关系、颗粒度（及有无连生体），以及制定人工砂矿与自然砂矿的矿物组分与粒度差异，并查明不同粒度级别中的有益矿物质量情况。

根据不同组分的分布均匀性确定取样密度为：钛、锰每个大矿段取 8 ~ 10 个样品；铜、铅、钨每平方公里取 6 个样品（即 400 m × 400 m 为取样网度）。物相样品是由每一个孔的全部样品组合而成，一般不用已有副样。因旧副样多经加工破碎及高温干燥，矿物自然状态已改变。由于矿物粒度太细（9 ~ 12 级占 60% ~ 80%）及鉴定力量有限，故矿物鉴定工作量比物相分析做的还少些。铁的物相分析项目是分全铁与可溶铁（占 95% 以上）。锰的物相项目是分全锰与氧化锰（占 90% 以上）。

（4）技术加工试样。在上述一系列分析与研究结果的基础上，进行技术加工取样是评价工作的最重要阶段，目的是在试验室进行回收工艺流程的试验，以确定回收方案。在苏联专家帮助下，技术加工试样的采取方法是按下列原则进行的：

1）按各区段储量占全区储量的比例数确定成比例的取样点（如甲区储量占全区 70% 以上，则样品数量也应占 1/3 以上）。同时注意物相及矿物分析资料（即考虑矿石品级与矿物形态的分布情况）。

2）用浅井取样，圆井直径为 1 m，方井为 1.5 m × 1.2 m，以全巷法进行。按设计重量每样 3 ~ 5 t（包括副样）进行现场缩分。

3）样井在矿段平面上应均匀分布（一般大矿段为 3 个、小矿段为 1 个样井。按相似条件进行组合）。

4）每个样井在平均品位、平均厚度上，应近似该块段的平均值。各取样块段的总平均品位厚度应代表全区的平均值。

5）在各样品箱内附取样说明书。其内容要点是：试验目的与要求（即回收项目，从什么矿物里提取什么金属）；矿床地质简述（类型、储量、品位）；勘探工作及开采程度；取样方法与缩分方法、选厂、炼厂生产流程概况等。

（原载《地质与勘探》1958 年第 24 期）

七、矿产补充资源与新资源观

做好矿产补充资源开发与研究的大文章

彭 觥

（中国地质学会矿山地质专业委员会，北京，100814）

引言

矿业生产是国民经济发展的重要组成部分，又是造成自然生态环境负面影响的一项人为行动。如何在矿业开发中保护环境以及节约利用与循环利用矿产资源等，早已成为人们共同关注的重大社会问题。

1981 年笔者在首届全国矿山地质学会会议上发表"矿产补充资源"论，并指出日、美、苏等国经验可借鉴。2004 年再论"矿产补充资源与矿业循环经济。"（见中南大学出版社出版的《矿山地质、地球物理新进展》，2004）。矿山地质界于 2008 年在北京召开废石尾矿资源化研讨会。强调动态资源观和发展循环型矿业（见图 1），创建资源节约环境友好式矿山。

当前我国矿业发展迅速，现有生产矿山 10 万余座，年采矿量超过 50 亿吨，年产值达 5000 亿元以上。矿区尾矿废石管理与资源综合利用、矿坑水、尾矿水及废气净化，矿区土地复垦及矿山补充资源开发与研究，也有一些新进展。

按照《矿产资源法》《环境保护法》《土地管理法》《环境影响评估法》《固体废弃物污染环境防治法》以及《防治尾矿污染环境管理规定》《黄金矿山砂矿生产复垦规定》《地质灾害防治管理办法》等法律法规要求和国民经济可持续发展、创建资源节约、环境友好型矿业、生态矿山地质的理念，大多数矿山与其对照是有差距的。总结先进矿山有关补充资源开发与研究的经验——地质理论及技术方法创新，已成为当务之急。

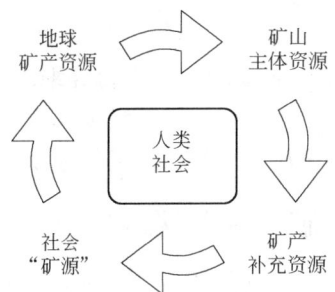

图 1 矿产补充资源概念图
（彭觥 1985，2004 修改）
（摘自《当代矿山地质、地球物理新进展》，中南大学出版社，2004）

1 关于矿业可持续发展

人类进入 21 世纪，国际社会更加关注自然资源和环境保护问题，2002 年联合国在南非约翰内斯堡专门召开了世界可持续发展首脑会议。会议通过了 21 世纪议程实施计划，并提出了各国有为可持续发展制定法律和制度框架的义务，建立国际间协调与合作机制。

日本战后经济高速增长，但是随着工业的发展，资源日益短缺，环境污染严重。如著名公害足尾矿山发生的矿毒事件、水俣湾的汞水体污染事件等。其早在 1993 年修改《公害对策基本法》变为《环境基本法》，提出减少环境负荷，构筑可持续发展社会；又在 2000 年通过了《推进循环型社会形成基本法》。日本的社会可持续发展已走在各国前列。

我国在 1994 年由国务院公布的"中国 21 世纪议程"，这是指导构建可持续发展的纲领性文件。矿业可持续发展是在上述大背景下起步并逐渐受到重视的。正如一些学者指出的：环境资源管理与经济发展往往呈"两张皮"，两者的计划常常相互脱离；当两者发生冲突时，环境资源目标迁就于经济发展。在矿业生产中资源利用效益与环境保护相矛盾时往往前者占上风。

矿山补充资源即矿山尾矿废石资源化、无害化是一项大的系统工程，是走向产业化、市场化的重要阶段。涉及到人文、社会、科技、多学科，其重点是资源合理地循环利用，保护生态环境。从实践方面来说应做好矿区调查及编制规划再进行科技、环境可行性评估，提出具体实施方案。2003年杜国银等根据对山东新汶煤矿研究提出的"无废矿业评估体系"可供参考。刘昌华（2003）报道我国现有10万个生产矿山现存采掘废石总量140亿吨，超过尾矿积存总量。此外已闭矿的尾矿数量和产权处于模糊状态（有人称为"无主尾矿"）。可见摸清矿山尾矿废石现状（家底）的任务迫切而艰巨。

2　关于尾矿废石循环利用

矿山企业由粗放经济转变为循环经济，是以产品清洁生产、资源循环利用和废物（料）高效回收为特征的生态经济体系。因此将对环境的损害减少到最低程度，并且最大限度地利用资源，从而大大降低经济发展的社会成本。发展资源及废料循环的生态产业链，上游产业的废料能够成为下游产业的原料，上、下游形成互动，这样就可以达到资源综合循环利用的目标，为自然与人类社会和谐发展创造物质条件。

实现矿业的低开采（费用）、高回收（利用）、低排放（三废）的目标，高利用是关键环节。矿山企业在生产其产品的同时要积极地、多元多层次地研究派生资源（即废石、尾矿）的开发与利用，逐步建立资源再生车间，组织落实"高利用（回收）"任务，使矿山资源良性循环利用。

席旭东从煤矿区研究切入，提出了多元参与矿区生态产业链结构的观念，扩展了矿业循环经济内涵。

3　关于尾矿产地补充资源再勘探、再评价

广西南宁中冶矿源开发公司经过三年多运作，完成第一个多金属尾矿资源化商业性地质工作，对南丹地区61座尾矿库的资源进行详细的质量与数量查定、评价。共计算出尾矿资源储量2522万吨，其中丰富的硫、砷，及锡、锑、铅、锌、金、银等达到或接近工业利用指标，可谓是一座特大型矿山副产资源型矿床群。数量占90%的非金属矿物再开发意义更大。

4　矿山贫矿石边角残矿超贫矿的资源化

在国外应用溶浸采矿法已形成规模生产，经济效益显著。近年来我国很重视这项技术的应用。福建紫金山矿、山西中条山铜矿与科研单位合作进行坑内浸酸回收铜，效果甚佳。

5　从矿物理化成分结构及新的选冶工艺入手开展矿产补充资源利用与研究

如川南某矿现存旧尾矿1000万吨，试验成功生产高纯铁黄颜料、氢氧化铝，多孔二氧化硅等的新的技术方法。

6　关于尾矿废石无害化

无害化是资源化的平行、连续环节，是矿山生产、环保乃至区域环境的重要组成部分。它是矿山企业和环保部门的共同责任，生产管理和环境保护应放在同等重要的位置。

矿山环境问题，是指由采矿、选矿活动对其环境的污染和破坏，导致对人体健康及与人类生存密切相关的生态系统安全直接损害和间接的长期损害以及对社会、经济可持续发展的不利影响。

无害化的主要措施是多层次、多环节，概括起来主要是：

（1）制度、技术规程、质量标准；

（2）立法、经济、行政措施；

（3）环境影响评估与监测；

（4）矿坑水及废气检测防治；

（5）尾矿废石污染与控制；

（6）土地复垦与绿化植被再造；

（7）尾矿库、废石堆的分类与建设管理；

（8）地貌景观及生态园林重建；

（9）改进生产工艺流程。

7 关于生态矿山地质（可持续发展矿山地质）

生态矿山地质，即为可持续发展矿业服务的矿山地质（另文评述）。工业与矿业可持续发展是基于生态可持续性，也就是要在不破坏生态环境的基础上发展矿业经济。传统粗放式矿业发展会造成地表和地下环境改变、失衡。因此，必须提高生态环境观念，作为矿业生产的设计、施工和监管参与者，矿山地质人员更要学习掌握生态环境知识，研究生态与地质关系，提出最佳可行性方案。

矿产资源及产后的废弃物都赋存于自然生态环境，开采利用前期（采准阶段）、生产阶段及尾矿废石堆放都需要进行矿山地质工作，我们要从环境地质学，环境地球化学和生态环境学的多元角度来关注和解决生态环境地质问题。如边坡采空区塌陷、有害元素转移、土壤植被研究等。

（原载《矿山地质》2007 年第 2 期）

论矿产补充资源的研究及其地质意义

彭　觥　王成兴

（中国地质学会矿山地质专业委员会，北京，100814）

自从笔者 1979 年初次提出"矿产补充资源"这一课题以后，引起了人们的广泛兴趣和关注。因为这一课题把在许多场合被人忽视的非传统矿产资源的地质和经济评价问题，科学地提到了地质学研究领域中来。它涉及到矿物学、矿床学、矿山地质学、环境地质学和资源评价等专业，它对于非传统地质学和资源开发都具有现实意义和理论意义。可以预见，随着非传统地质学和矿业生产技术的发展，这一门新兴专业必将迅速从理论和方法等方面进一步完善而形成自己的体系。

1　矿产补充资源的特征

矿产补充资源在自然界和人类活动环境中作为一种潜在矿物资源是客观存在的，人类对它有个认识过程，由于技术经济条件改变，尤其是 20 世纪 70 年代以来才逐渐认识它并开发利用它。在国外近年来已把矿冶尾砂和废渣等称为"第二矿物原料"，与传统矿产资源同样地加以重视。苏联为了综合利用天然资源而发展所谓"无尾矿、无废石新工艺"。从一定意义上讲是矿冶生产发展和废石尾砂利用向地质科学提出的新课题，并已走在其前面。由此可见，开展矿产补充资源研究和矿产补充资源学应运而生，主要是矿产补充资源的客观存在及其研究开发利用迅猛发展的客观形势所造成的。

矿产补充资源学所要研究的课题是与传统矿产资源有明显差异的，其最主要的特征有以下几点：

（1）矿产补充资源的形成环境不只局限于地壳中的矿床内，主要是赋存在传统矿床以外的新领域中。例如采矿场、选矿厂、冶炼厂、化工厂、气圈（烟尘、废气），包括废石堆、残矿、尾矿坝、工业炉渣、化工残渣、工艺加工派生产物、人工合成资源等。广义的非传统矿产资源还应包括海洋、陨石以及月球资源等。

（2）矿产补充资源具有一定程度的转化性和"再生"性。地壳中的传统矿产资源，开发完毕或遭受破坏就不能"再生"。随着人口增加及矿业生产的发展，矿石需求量越来越大，传统矿产资源供不应求，乃至出现"资源危机"。而矿产补充资源则随着人类生产科研活动领域的扩大、消耗矿物的增多而增多。在"再生"补充资源作用方面是大有可为的。

（3）矿产补充资源的物质组成除了天然矿物以外，还包括非天然矿物和化合物。例如，采选尾矿和废石等资源的物质成分仍为天然矿物，而工业炉渣、化工残渣、冶金与机械加工副产品和人工合成资源等的物质成分，则主要是工艺矿物、岩石（人工化合物或单一元素）。完全突破了传统矿产资源物质组成概念的常规内容。

根据矿产补充资源上述特征，结合现实、需要，矿产补充资源学所面临的任务是：

第一，矿产补充资源的研究促进有关科学技术交叉渗透的发展。非传统矿产资源所包括的对象，一般难于简单地应用现有研究传统矿产资源的矿床学、矿山地质学、矿物岩石学和地球化学等单一研究方法去直接解决问题，必须根据矿产补充资源自身特点，结合相邻各学科，如矿冶工艺、化工建材生产与工艺矿物学、环境地质、地质经济等有关知识，寻求新的综合性方法手段，促进矿产补充资源学的发展和整个非传统地质学的发展。

第二，矿产补充资源的研究应该对缓和某些资源危机作出积极贡献。埋藏在地壳中的任何工业矿床，都是经过千百万年以至上亿年的地质营力作用而形成的，矿体采完一个就报销一个。由于人类对矿物原料需求量与日俱增，浅部矿床日渐减少，勘探难度逐渐增大，矿石开采中贫化损失严重等原因，资源危机确实是存在的。据预测，到 2000 年短缺的有锡、锌、银、汞、铀等 12 种金属和石棉与重晶石、金刚石等非金属矿产。矿产补充资源的研究与开发为缓和矿产资源危机将寻求新的途径。

第三，矿产补充资源研究应结合矿产资源保护和合理开发资源提供优选方案。近年来，随着矿产资源消耗量的扩大，原矿品位逐年下降，采富矿丢贫矿的资源浪费现象相当严重。随着科学技术的提高，人类利用资源的能力越来越高，曾经被当作废物而丢掉的"次经济"资源，过若干年以后，又可能作为矿产补充资源再一次利用。因此，树立矿产补充资源观点对矿山残矿和老尾矿等资源调查研究和矿山资源保护都有促进作用。

第四，矿产补充资源研究与矿山(工厂)环境地质和环境科学关系密切。随着生产尤其矿业生产的迅速发展，尾矿、废石、工业炉渣、煤矸石等物料堆积如山，成为环境污染和占用农田的严重公害。例如炼 1 t 钢，约生产 10 t 废料，以年产 3000 万吨钢计算，我国每年钢铁工业尾砂和废渣等约有 3 亿吨之多，占地上万亩。如 1977 年以前，鞍山钢铁公司每天排放废渣 1.8 万吨，废水 40 万吨，每天的粉尘量 49 万吨。又如采煤 10 t 就要排煤矸石 1 t，以年产 9000 万吨煤计算，河北省每年排放煤矸石量达 1000 万吨之多。若能从矿产补充资源的整体出发(跨行业、跨学科)进行系统研究，配合环保和原料综合利用是有多方面意义的。

2 矿产补充资源分类及其研究课题

按"学科学"的观点，任何一门学科的发生与发展变化，都应具备自身的发展法则和构成法则，并体现科学技术发展的连续性和阶段性。矿产补充资源学的产生与发展过程和结构层次也正好符合这种逻辑规律。

历史上我们的祖先早就对矿产补充资源的再次利用有所作为，例如，邯郸、铜录山和个旧等老矿区，古矿冶遗迹的废石和炼渣均为分别堆放，为现代二次利用提供了方便条件。这就足以证明废石和炼渣有可能再次被利用的概念实属古已有之。在现阶段，矿产补充资源研究的提出，除继承古代成就外，当以现代科学技术和经济发展水平为依据，也就相应地赋予了崭新的内容。

当前，除了某些遥远的非传统资源(星外资源)外，可供矿井补充资源学研究的对象，至少可分为两类。一类是天然矿产补充资源，主要包括传统矿床资源在开采、选矿过程中未经充分利用的资源和潜在资源(或次经济资源)。如低品位贫矿、残矿、采选尾砂、煤矸石、伴生矿物、海水中的镁、硼、铝、铜、铀、金、大陆架含矿沉积物及下伏磷灰石结核、富钾海绿石、金属矿脉、石油及海底多金属锰结核等。这一类非传统矿产资源的物质成分，仍然是天然矿物，所以叫天然矿产补充资源。

另一类是派生矿产补充资源，主要包括生产过程中产生的副产品和工艺合成矿物原料。如工业炉渣废料、化工残渣、工艺加工副产物(中间物料)、人造矿物原料、生物化学合成资源等。这一类非传统矿产资源的物质组成主要是工艺矿物和人工合成物，某些工艺矿物常常是自然界罕见甚至是没有的，但元素来自矿床，所以叫"派生"矿产补充资源。

矿产补充资源学面临的研究对象既然如此广阔，它的研究课题自然也是相当繁多的。目前应开展的科研课题，概略地讲有下列一些内容。

2.1 关于矿产补充资源的成因和工业类型的综合研究

以铁矿补充资源为例，1978 年日本原田种臣在《铁矿石以外铁的资源利用和前景》一文中，把非传统铁矿资源分为含铁的有色金属矿石及其废料、钢铁冶炼派生产物和机械加工铁屑三大成因类型和富铁的尾矿废石、硫酸渣、铝氧派生赤泥、矿山废水沉淀物、钢铁厂粉尘、轧钢厂酸洗废液、铁屑工业垃圾等十来种亚类。据他统计，日本每年产生这三类铁矿补充资源约 1200 万吨。我国云锡公司将锡尾矿分为平地凸起型、盲谷型、夹谷型等类型，估计现有尾矿数亿吨以上，含锡金属量达 20 万吨，其规模相当一个大型锡矿床。

2.2 关于矿产补充资源堆积特征及物质组成的研究

各种尾矿、残渣、废石等多为长年累月堆积而成，堆积方式有周边式与坝前式、坝后式等，不同的堆积方式必然产生不同的粒级和金属分布规律，这对现代沉积作用研究很有意义。

矿产补充资源中的工艺矿物也是丰富多彩的。如黄磷在化工生产过程中排出的尾渣，按其工艺矿物成分即相当于天然硅灰石原料。

氢氟酸生产中，由萤石和浓硫酸形成的大量废渣，露天堆放一段时间水化后，即相当于含膏率达 90% 以上的天然纯石膏。

某些有色金属冶炼厂烧废的炉垫砖也能形成奇特的派生人工矿石。据报道，保加利亚的学者发现，在砖体的气孔和细微裂隙内充满金、银、铜等，重量占废砖的 5%。从 1000 t 废砖中用选矿方法获得金 4 kg、银 90 kg、铜 4.5 t，其价值为提取费的 4 倍以上。这种类型"矿石"具有很大的工艺矿物学研究意义。

2.3 关于矿产补充资源的经济评价、资源保护和环境保护关系的研究

主要用统计学资料和实例研究矿产补充资源开发利用的综合效益。例如，按我国目前生产指标计算，每用废钢铁炼 1 t 钢，可减少铁矿石及辅助原料采掘量 5~6 t，剥离量和尾砂土 5 t，炉渣及工业垃圾 10 t；节约用水

50 t；少排放废气废水 200 多立方米。

广东石鼓矿务局已建成煤矸石硅酸盐水泥车间 8 个、煤矸石红砖隧道窑 2 座、煤矸石红砖砖窑 2 座。1981 年处理煤矸石 12.2 万吨，生产水泥 2.8 万吨，红砖 3700 多万块，产值 300 多万元，盈利 72.8 万元。还可以少占土地和减少环境污染。

2.4　关于矿产补充资源和其他新型资源远景预测研究

这是一项富有探索性的研究。以铜矿资源为例，长期以来铜的开采品位逐年下降，废石尾矿可用量逐年增加。铜品位在 18 世纪为 5% ~ 10%，19 世纪为 2% ~ 3%，20 世纪五六十年代约大于 1%，七八十年代为 0.6% ~ 0.7%，2000 年下降到 0.2% ~ 0.3%。根据原矿品位下降趋势，结合生产技术发展动向，两相对比，就可以把以前各个历史时期抛弃的贫矿、残矿以至废石尾矿，作为矿产补充资源的潜力予以估价。

2.5　关于人工合成矿物资源的工艺矿物学研究

目前已经作为工业原料进入市场的人造矿物补充资源有人造水晶、人造红宝石及蓝宝石、人造金刚石和人工合成硅灰石等。它们不仅开辟了补充资源的新来源，也不同程度地补充了部分资源短缺问题。对于人造矿物形成机理以及发展新型合成矿物的工艺矿物学基础理论的研究，还有大量工作待开展。

虽然矿产补充资源研究涉及的领域和相关学科比较广泛，但就研究内容来说，无非是宏观研究和微观研究两个方面。

在宏观研究方面，包括矿产补充资源的类型划分、储量动态变化规律、开发利用经济评价及其对保护资源和保护环境的效益等问题。它涉及矿床、矿山地质、环境地质、新构造、沉积、地貌及地球化学、地质经济、工艺矿物、采矿、选矿和冶金工程等学科的知识。

在微观研究方面，包括矿产补充资源成因、物质组成、化学元素赋存状态、不同工艺条件下矿物转化行为、冶炼、化工、煅烧所排放的炉渣粉尘和人工合成原料等工艺矿物物理化学特性及其微观结构等问题。尾矿矿物学涉及的研究手段应包括一切现代分析检测技术及理论。

3　矿产补充资源开发利用实例及其地质意义

（1）铁矿。近年来，美国在明尼苏达州建成一座年处理铁尾矿 100 万吨的选厂，每年回收含铁 60% 的铁精矿 20 万吨。我国某矿山 1975 年建成一座日处理 2000 t 尾矿的选厂，从 1975 年下半年到 1980 年共处理尾矿 150 万吨，获得铁精矿 32 万吨，硫精矿 18 万吨，产值 1000 多万元。

（2）有色金属。20 世纪 70 年代以来，美国用溶浸法从尾矿废石中回收铜，年产 20 万吨以上。我国云南澜沧铅矿，利用古代炼银及炼铅炉渣二次炼铅已有 20 多年的历史，炉渣含铅量比现在开采的矿床品位还高。云锡公司还用还原焙烧氨浸法处理含铜 1.2% ~ 1.5%、锡 0.4% ~ 0.5%、铁 30% ~ 35% 的老尾矿和难选矿石，回收率达到的指标分别为铜 80%、锡 68%、铁 76%。智利卡林托斯炼铜厂 1970 年建成一座处理转炉渣的浮选厂，回收铜、钼，每年盈利 8000 万美元。

（3）非金属。苏联、巴西均已采用新工艺，利用工艺炉渣和粉煤灰生产 500 号水泥和特种水泥。加拿大已利用石棉废料生产金属镁。我国河北省主要热电厂年排粉煤灰约 370 万吨，占全国 1/10，全省烧配煤年排煤矸石量 1079 万吨，占全国 1/7，历年堆积的煤矸石达 1 亿多吨。目前石家庄建材二厂和保定粉煤灰砖厂利用煤矸石和粉煤灰作原料，年产粉煤灰砖约 3955 万块，煤矸石砖约 3.5 亿块，粉煤灰加气混凝土约 5078 m^3。湖南湘乡铝厂利用生产氢氟酸的废渣作为提取廉价石膏代用品补充资源，已试验成功。

（4）人造矿物原料。世界上不少国家已经大量使用人造金刚石、人造宝石和人造水晶于仪表工业与电器工业、国防工业和工艺品工业中。

美国、德国与日本都已经有人造硅灰石工厂和商品问市。日本还用人工方法制成电炉镁砂、氧化铝等原料。

（5）共生矿物和伴生元素的综合利用。据估计，矿床伴生组分的价值一般占矿床总价值的 15% ~ 50%，所以是矿产补充资源研究中的一个重要研究内容。

综上所述，可以看出，矿产补充资源研究，不仅是矿山地质学的一个新领域，而且对于促进非传统地质学理论与实践的发展也有很大意义。

（原载《地质论评》1983 年第 4 期）

矿产补充资源若干实例

彭　觥　王成兴

（中国地质学会矿山地质专业委员会，北京，100814）

自 1975 年笔者提出矿产补充资源应成为矿床学领域的一个新课题之后，引起了人们的关注。现将我们最近的调查研究成果归纳为若干实例简述如下。

由于科学技术发展从新的经济角度对过去开发中，被认为不是矿床的矿物堆积体（如老采区表外贫矿、残矿和尾矿、废石及其他派生矿物废料等）正在重新被利用或被作为资源。以矿床学知识来研究矿产补充资源称之为矿产补充资源学，它是属于矿床学的一个新的分支。它的诞生是数学、技术科学、环境科学和经济学向矿床学渗透的必然产物。例如：在国外已兴起的所谓第二次矿产原料工业，就是重复开发以前丢弃的贫矿、残矿和废石尾矿等。可以预见矿床学的研究将继续向两大方向发展：一是向成矿理论发展，即成因、分类和预测等；二是向应用发展，即向技术、经济等学科渗透杂交。矿床学的定义随之在动态中发展，而不是一成不变。我们认为矿产地质工作者当前有三项重要任务。第一研究新区如海洋、极地和研究空白区；第二研究老矿区外围和深部主要是隐伏矿和深部矿；第三研究已经开发利用的但还有重新利用潜力的矿产补充资源。

开展矿产补充资源的研究不仅有重大技术经济意义，而且对研究环境地质（主要是各种金属离子在开发利用过程的转移行为）、新构造（如矿山岩体应力变化规律）以及新的成矿作用，如某些矿井水含金属浓度变化，采空区充填物固结过程和尾矿池沉积物的成分、粒度与层面变化等都可以提供宝贵的资料。

矿产补充资源的研究目前尚处于开端，提出完整的理论和系统还为时过早。本文只举几个实例简述。

1　铁的补充资源

最近美国在明尼苏达州的一铁矿建立了一座年处理量 100 万吨的尾矿二次选矿厂，可以回收品位 60% 的铁精矿 20 万吨。1979 年苏联学者朱斯曼在《国民经济中的金属（铁）平衡》一文中指出，1975 年苏联采矿损失铁矿量为 2630 万吨，选矿损失为 3250 万吨（1975 年苏联矿石产量为 4.45 亿吨）。其他冶炼加工利用过程中损失铁 2920 万吨。铁的最终利用率只占开采矿石中铁含量的 52.2%。因此他指出提高铁的利用率和减少损耗是扩大冶金原料资源的重要潜力。据报道，1975 年苏联利用了铁矿剥离的废石 530 万立方米做建筑材料，比专门建材企业生产成本低得更多。1978 年日本学者原田种臣在《铁矿石以外铁的资源利用和前景》一文中，把非铁矿石的铁的资源分为三大类（10 种），第一类含铁的有色金属矿石、硫酸渣和铝氧生产中的赤泥以及矿山废水沉淀物；第二类是钢铁粉尘、轧钢厂酸洗废液中铁质即钢铁冶炼中的派生物；第三类是机械厂和工业含铁垃圾等。在日本这三类资源每年约为 1200 万吨。在我国目前不仅铁矿石损失量大，而且许多矿山还积压着大量粉矿贫矿、坑内残矿表外矿，以及尾矿、废石，更没有研究回收利用途径。从矿床和矿物研究入手与采选人员合作开展上述矿产补充资源的研究，实属当务之急。

2　铜的补充资源

应用化学溶浸从铜矿山残矿、贫矿、含铜废石及尾矿中回收铜，和对含铜炉渣进行浮选回收铜这是目前主要的做法。20 世纪 70 年代以来美国用溶浸法提取铜每年达 20 万吨以上（南非为了重复利用老尾矿资源已建成了一座日处理 4000 t 尾矿选厂，专门回收金、铀。我国云南某矿利用古人炉渣生产铅已有 20 多年）。铜的矿产补充资源的利用是一项地质技术、经济的多学科综合研究内容，地质工作者应该了解溶浸采矿对地质矿床研究其矿物化学性质如：无机酸溶液、苏打溶液、硫酸铁—细菌溶液和氰化物溶液等。堆浸和池浸要求有用矿的易于溶解并能形成稳定的化合物而非有用成分和围岩不大量溶解。地下溶浸除了上述条件还应查明矿石孔隙率和顶底板围岩性质与构造条件，为防止含矿溶液的渗透流失等提供资料。

3　锡的补充资源

国外许多人在预测中指出：2000 年以后人口将增加 1 倍，矿物产量将要达到目前产量的 3 倍。世界锡的储量约 1000 万吨，按消费量估计可以用 100 ~ 200 年，因此被列为短缺金属之一。英国矿冶学会会长 D·坦普尔在 1979 年就职演说中提出，除了加强对低品位矿和复杂共生矿的研究外，还必须对冶金过程中产生的中间循环废料给予更大的注意，在这些物料中可以回收二次金属，其中锡约占总产量的 12%。

个旧是我国最大的锡矿区，已有 400 多年历史。1909—1938 年平均年出口锡达 7655 t，占当时全国产量的 90%。占世界总产量的 5%。解放前由于采富丢贫和生产技术落后，使大量金属丢在尾矿和废石中。解放后重复开发尾矿回收大量锡。但是由于矿石性质复杂，有用矿物品种多和采选冶技术提高不快，尚有大量尾矿没有充分利用。如目前尾矿中细粒或细泥(0.022 ~ 0.49 mm)占 80% 以上。其中部分尾矿含有色金属达 77%，含锡 40%，回收率分别为 23% 和 60%。因此，组织地质、采、选、冶技术经济等多专业的研究力量攻克锡的补充资源的科学技术难关具有重大经济意义和理论意义。

4　粉煤灰补充资源

粉煤灰是指煤粉炉烟尘中收集的粉末。它是火力发电厂的主要工业废料，排出量很大，对环境污染及占用农田危害不小。因此，各国对粉煤灰的综合利用都很重视，并把粉煤灰一类的工业废料列为第二工业资源。目前，我国年排灰量已达 3000 万吨，居世界第二位。以邯郸为例，年排灰量为 100 万吨。近年国内也广泛开展了粉煤灰的综合利用试验研究，主要用途如下：

(1)做水泥、混凝土混合料。

1)做水泥原料。粉煤灰成分可以代替黏土或部分石灰石，其中未燃尽岩质可代替部分燃料。

2)做混合物料。一般可掺入水泥中占 7.5% ~ 40%。据法国统计，在水泥中掺入粉煤灰 100 万吨可节约燃料 12 万吨。

3)生产特种水泥。苏联在熟料中掺入 30% 的粉煤灰生产 500 号水泥，性能类似矿渣硅酸盐水泥。巴西用 50% 粉煤灰与 50% 优质石灰配合烧熟，再加入粉煤灰和 2% ~ 3% 氢氧化钠作碱性激发剂，生产抗压强度高、耐酸性能好、水化热低的特种水泥。

(2)生产陶粒及陶粒混凝土。用粉煤灰加工烧结成陶粒，可作轻型骨料制备 70 号、250 号、230 号轻型混凝土构件和陶粒混凝土制品。

(3)生产加气混凝土。用粉煤灰 77%、石灰 12%、水泥 8%，加入少量石膏及铝粉(发泡剂)可生产出轻型加气混凝土。

(4)修高速公路。如美国梅尔维高速公路、英国 9 号高速公路，都是用粉煤灰作垫料。

(5)生产快凝、防潮轻型建筑材料。苏联采用石膏 60% ~ 70%、硅酸盐水泥 15% ~ 20%、粉煤灰 10% ~ 20% 混合制成轻质建筑材料，兼有石膏板的混合水泥的防潮效果。

(6)提取空心微珠(微粒空心玻璃球)。国外通过选矿途径从粉煤灰中提取空心微珠，每吨价值达数万元。空心微珠用途很广，主要用于塑料、橡胶、石油化工催化、电瓷、轻质绝缘材料、树脂合成、建筑塑料、保温隔音防火材料以及油漆、涂料、泡沫、铝制品填料等。

粉煤灰的性质相当于天然的基性火山灰，其化学成分和矿物组成随原煤煤质而波动。我国部分地区粉煤灰化学成分为：烧失 1% ~ 17.3%、SiO_2 39.47% ~ 60.09%、Al_2O_3 14% ~ 38%、Fe_2O_3 4% ~ 19.69%、CaO 1% ~ 7.1%、MgO 0.2% ~ 3.97%、SO_3 0.1% ~ 1.2%、Na_2O 0.64% ~ 3.49%、K_2O 0.47% ~ 3.94%、H_2O 1% ~ 3%。

粉煤灰的矿物组成主要是玻璃体(占 50%)、莫来石、α-石英，其次有少量硅酸二钙、三铝酸五钙等。

由于粉煤灰是一种由工艺矿物组成的有用资源，所以我国水电部、国家建材局于 1977 年在安徽召开了粉煤灰质量标准会议，拟定了我国《粉煤灰品质技术条件(暂行)》。

5　煤矸石资源

煤矸石是煤矿开采中堆积在坑口的采矿废料，排出量很大，除占用农田外，还造成水质污染。因此，对煤矸石的综合利用也广泛引起了重视。以峰峰煤田为例，1977 年底止已保有煤矸石堆存储量 3000 万吨。目前年排出煤矸石量为 200 万吨，随着煤炭工业发展，煤矸石量还要增加，占地面积越来越大，危害实在不小。

堆积在坑口外的煤矸石，主要为煤层中的薄层硬质黏土岩夹石及煤层顶底板围岩，包括炭质页岩、粉砂岩、砂岩及灰岩等。据邯郸陶瓷研究所调查，峰峰煤田 9 层工业煤层所含煤夹石及顶底板岩性质变化较大，而坑口堆积的煤矸石山，则是长年堆放的混合体。

煤矸石的矿物组成，主要为高岭石、水云母、石英、方解石、黄铁矿、褐铁矿、针铁矿、纤铁矿、磁铁矿等。微量矿物有金红石、电气石、角闪石、绿帘石、石榴石、长石、独居石、磷钇矿、孔雀石、锆英石等。

煤矸石的矿物组成，主要为 SiO_2 41.51% ～75.76%、Al_2O_3 15.48% ～42.62%、Fe_2O_3 0.92% ～10.25%、CaO 0.23% ～16.8%、MgO 0.33% ～3.42%、TiO_2 0.66% ～2.46%。微量元素有 Ba、Be、Co、Cr、Cu、Pb、Mn、Mo、Ni、Sc、V、Zn、Zr、La 等。一般情况下，煤矸石水分为 0.51% ～2.69%、灰分 69.5% ～92.11%、挥发分 3.02% ～20.12%、硫 0.13% ～3.52%、发热量 195 ～3380 cal/g（1 cal =4.1875 J）。

据不完全统计，煤矸石除直接用于烧砖以外，主要有以下几项用途：

（1）做无熟料水泥。湖南建研所、株洲石料厂，将煤矸石先燃烧，按煤矸石 70%、石灰 25%、石膏 5%，混合破碎、球磨，生产出成本低的无熟料水泥。

（2）做空心砌块。河南焦作市建局，用煤矸石无熟料水泥，再加入自然煤矸石作骨料，生产空心砌块。密度为 1350 kg/m³、抗压强度 203 kg/cm²、成本 40 元/m³。配方为每立方米用煤矸石水泥 302 kg、自然煤矸石（粗骨料）815 kg、自然煤矸石（细骨料）242 kg，水灰比 0.5。

（3）煤矸石黏土陶粒。辽宁工业建筑设计院，按煤矸石 40%、尾矿粉 40%、黏土 20% 的配方，研制成轻型骨料——煤矸石陶粒，密度为 420 ～550 kg/m³。

（4）蒸养混凝土制品。重庆建研所将煤矸石先燃烧，再按生石灰 8% ～10%、石膏 0.5% ～1%、熟煤矸石 89% ～91.5% 配方，经水轮碾碎，振动成形，在恒温条件下蒸汽养护 15 ～20 h，生产出煤矸石蒸养混凝土制品。强度 200 ～300 kg/cm²，可做成配筋梁、板、柱。

（5）做沸腾炉燃料。邯郸市试验用发热量比较高的煤矸石做沸腾炉燃料，用以烧锅炉，可节约用煤。

（6）做陶瓷原料。邯郸市陶瓷公司调查，峰峰煤田 2 号、9 号煤夹石可做陶瓷原料，并已经建立选厂，用煤夹石作原料，生产高岭石精矿。山西大同的煤夹石，由于天然矿石含铁钛低，含铝高，畅销华北各瓷区。

6　炉矿渣资源

炉矿渣是冶炼、化工、水泥、陶瓷、建材等生产部门的常见工业废料，排出量之大，占地之广，污染危害均与粉煤灰、煤矸石相当，甚至更普遍。自开展了综合利用研究，发展其用途，它也成为一种潜在工艺矿床。以邯钢为例，重钢炉渣化学成分为：SiO_2 16.57%、Al_2O_3 2.42%、Fe_2O_3 19.07%、CaO 51.98%、MgO 8.07%。矿物组成为：硅酸一钙、镁蔷薇辉石、方镁石的固溶体，以及硅酸三钙、铁铝酸钙等。

水淬矿渣的化学成分为：SiO_2 58.28%、Al_2O_3 12.75%、Fe_2O_3 1.9%、CaO 40.07%、MgO 8.28%。矿物组成与重钢矿渣近似，但硅酸二钙、硅铝酸钙含量高些，而且富含不定形玻璃质。

炉矿渣的综合利用途径如下：

（1）做无熟料水泥。邯郸市建研所、邯郸市水泥厂，用水淬矿渣 34%、重钢炉渣 16%、粉煤灰 40%、二水石膏 10%、氯化钙 2%、晶坯 2% 配合，试制成无熟料水泥，质量可达 400 号水泥标准。抗拉强度 7 天后为 22.9 ～26 kg/cm²，28 天后为 36.8 ～39.6 kg/cm²。抗压强度 7 天后为 274 ～353 kg/cm²。

（2）做钢渣水泥。江油水泥厂及研究所，利用炉矿渣研制成钢渣水泥，一般用于喷射混凝土及抢险工程，故称为"双早水泥"（早凝、早强）。

（3）做硅酸盐砌块。邯郸市硅酸盐制品厂，用重矿渣作骨料，研制成实砌块和空心砌块，已试用。

（4）做混凝土及筑基原料。武汉港务局和鞍钢公司已推广使用。

（原载《矿山地质》1980 年第 3～4 期）

拓宽矿山固体废弃物利用的新领域

陈希廉

（北京科技大学，北京，100083）

笔者去年曾发表过两篇有关矿山固体废弃物应用的文章，介绍了目前国内外已经利用废石和尾矿的领域。固然学习和应用国内外已有技术是必要的，但是如果只是局限于国内外已有的利用领域，我国废石尾矿的利用技术将不可能有突破性的大发展，终究难以解决我国巨量废石和尾矿的利用问题。必须根据我国资源特点，并利用科技发展的最新成果，开拓我国废石尾矿利用的新领域，才能使我国对废石尾矿的利用有突破性的进展。

1　拓宽废石尾矿利用新领域的必要性

（1）我国矿山固体废弃物的堆放量巨大。究竟我国目前这些废弃物的堆放量有多少？由于没有进行过正规的全面调查，所以各家说法不一。笔者在发表的拙作中，汇总了各种不同的说法，认为包括金属、非金属及煤炭等各矿种的领域，全国废石及尾矿的堆放总量应不低于150亿吨，而且还在不断增长中。而目前我国尾矿的利用率仅8.2%左右，煤矸石接近20%，而其他废石的利用率尚未见统计。

（2）某些领域存在着需要大量低价价非金属矿物材料的需求：过去人们在考虑矿山固体废弃物的利用时，往往只考虑利用这些废弃物可以减少占地和污染，而很少从哪些领域需要大量非金属矿方面进行考虑，有许多可能大量利用尾矿的领域，现在还没有进行过深入的探讨。例如：

1）防治水体的面源污染需要大量低矿物原料。2007年5月份太湖出现蓝藻暴发性的疯长，导致无锡等城镇饮水都发生困难；6月份云南滇池也爆发了蓝藻疯长。这就是由于水体污染富营养化所造成的。对于水体的污染，过去往往只重视点源污染（城镇或工厂排放造成的污染），很少考虑面源污染（如农田施用化肥造成的污染）问题。据某些环保工作者的研究，在某些地区水体富营养化方面，面源污染（又称非点源污染）的作用大大超过了点源污染，因为点源污染较易通过污水处理厂加以控制与治理，而对于面源污染，却难以通过污水处理厂解决。早在1997年，L. C. Dennis等人就指出，全球有30%～50%的地表水体受到非点源污染的影响。我国是氮肥最大消耗国，面源污染更不低于国际平均水平。

但是，目前已出现可能通过非金属矿物原料解决的可能（下面将详述）。

2）防治沙漠化需要大量的非金属矿物原料。我国是世界上沙漠化非常严重的国家之一。据统计，我国每年因沙漠化造成的直接经济损失高达540亿元人民币。利用某些非金属矿物原料制成高吸水保水材料是防治沙漠化的重要途径之一。但是，要防治沙漠化，对于这些矿物原料的需要量将是巨大的。如果要专门开采、破碎和细磨这类非金属矿物材料，其成本将是不可承受的，而利用某些尾矿就将成为最佳的选择。

3）防治赤潮需要大量的非金属矿物原料。据中央电视台2007年4月24日晚新闻联播报道，我国沿海现在的赤潮发生率是50年前的140倍；2007年6月份广东省海域就发生了大面积的赤潮。2000年我国沿海赤潮的藻类生物物种已达到150种，对我国海洋渔业资源造成严重破坏。

对于赤潮的治理分预防和治理两方面。喷洒活化后的某些非金属矿物，可以对防治赤潮起到很好的作用，已经在日本、韩国等国家开始采用。与沙漠化的防治一样，如果要专门去开采、加工这些非金属矿物材料，其成本也将是不可承受的，而利用某些尾矿就将成为最佳的选择。

2　目前自主创新地拓宽废石尾矿利用新领域的可能性

（1）我国政府的政策提倡科技的自主创新。胡锦涛曾指出，坚持把提高科技自主创新能力作为推进结构调整和提高国家竞争力的中心环节。根据这个政策，政府部门已给予种种政策上的支持。

（2）非金属矿物深加工技术的发展使拓宽尾矿或废石利用新领域成为可能。众所周知，在地壳上非金属矿物的资源量大大多于金属矿物，因而如果能利用非金属矿物研制新功能材料，那么既可扩大工业材料的来源，又可大大降低成本。因此,技术先进国家对非金属矿物新用途的研究风起云涌;乃至有人认为21世纪将是又一个"新石器时代",因而近年来非金属矿物新用途层出不穷,例如,膨润土、沸石、硅藻土等每种矿物加工的产品都超过500种以上。

几乎所有废石和尾矿中的大部分矿物都是非金属矿物,因此,它们就可能成为材料工业的新原料的来源。只不过废石和尾矿的矿物组成和化学成分更多样,因而其利用技术也更为复杂,需要在综合利用已有技术的基础上,进行更进一步的研究,这也正是矿山固体废弃物利用的创新点所在。

随着近年来矿物深加工技术日新月异地发展,矿物改性和改型、复合矿物材料的制造、固体相间反应、粉体均化和颗粒碎散还原等技术,都可以使非金属矿物材料具有特定的物理性能、化学性质或力学性能的材料,使得非金属材料可以有更广泛的用途。

就以矿物改性技术来说,它可使矿物与其他无机物或有机物间有更好的相容性、更好的吸附能力和比表面积等。已发展的改性工艺有:表面处理改性(包括包裹处理、沉淀反应、机械化学、接枝等改性);用化学方法使矿物产生大量结构孔隙或比表面积等;热加工处理改性(包括改性热处理、高温膨胀燃烧、高温分解燃烧、高温熔融等)。通过不同的改性技术可以形成具有各种不同特性的矿物材料。限于篇幅,不再一一阐述。

(3)我国已有自主开拓尾矿和废石新利用领域的先例。不要认为我国科技水平不高,难以创新地开拓其利用的新领域,实际上已有一些先例:

例1:利用尾矿制井盖。昆明理工大学,利用尾矿等与报废的农用塑料薄膜,在添加少量辅料条件下,制成马路上用的各种井盖,既降低成本,又避免了小偷喜欢偷盗铸铁井盖的问题,并已在昆明等城市投入应用。

例2:利用某些尾矿研制微晶玻璃。以李章大教授为首的地科院尾矿利用研究中心,早在20世纪80年代就开始进行利用尾矿生产微晶玻璃的研究,并且已获得成功。而从国外资料来看,尽管50年代美国就已开始利用较纯的石英、长石及石灰石等原料来生产微晶玻璃,但直到1998年才有利用尾矿制造微晶玻璃的报道。结合该单位的研究,李章大教授还提出了"整体利用尾矿"的具有创新意义的思路,亦即在通过选矿充分提取了尾矿中可提取的有用组分后,对于剩余的主要为非金属矿物组成的尾矿应该加以整体利用。以微晶玻璃为例,其主要成分是尾矿中常见的SiO_2、CaO、MgO、Al_2O_3、Na_2O、K_2O等,如果某矿山的尾矿缺乏上述组分中的某些组分,就配加少量辅料以取得配料的平衡。

例3:利用某些尾矿研制矿物聚合材料。以马鸿文教授为首的中国地质大学矿物材料国家专业实验室,曾利用尾矿制造矿物聚合材料,以福建省沙县田口钾长石尾矿粉体为主要原料,以煅烧高岭石作配料,硅酸钠作结构模板剂,氢氧化钠作激活剂,进行了制备矿物聚合材料的实验研究。实验样品静置固化7~28d,其抗压强度高达19.4~24.9MPa,而且其耐酸性、耐碱性指标均优于相似建材的国家标准,而国外尚未见有利用尾矿制造矿物聚合材料的报道。

例4:利用矿山废弃物研制曝气生物滤池的滤料。曝气生物滤池是占地少、投资省、去污率高和运行成本低的污水处理新工艺。我国通过"九五攻关"掌握该工艺后,现在全国已建成上百个这种污水处理厂。2005年底还在沈阳建成了日处理污水20万立方米的仙女河曝气生物滤池污水处理厂。但是我国生产的滤料价格居高不下,影响了这种工艺的迅速推广。考虑到煤矸石中含有大量黏土矿物,所以先后采用了7个煤矿的煤矸石进行了BAF滤料的研制。结果除了含高岭石为主或含碳高的煤矸石外,都获得成功,乃至煤矸石发电厂的炉渣也可用于生产该滤料。今年北京节能和资源综合利用协会已为笔者向有关机构申请中试经费。在前述试验的基础上,笔者又进一步采用某沉积铁矿的含钾页岩(K_2O约10%)的围岩进行试验,先提取钾作为钾肥,再将其残渣制造该滤料,也获得实验室试验的成功。

3　目前可供选择的拓宽废石尾矿利用新领域举例

要开展自主创新的研究首先要选择好目标。这种目标的选择,有的是在基础理论研究的基础上,再开展应用性的研究(例如地球化学与化探的关系);也可通过两种不同学科的交叉渗透中得到启发(如数学地质的各种方法);还有些靠冥思苦想(如生活中许多有创意的发明)。而对于矿山固体废弃物利用的创新研究,最简便的办法是先对当前世界上各种非金属矿产新应用领域及其方法进行深入的了解,再将其引用到废弃物的应用中来,像前述李章大教授利用矿山尾矿研制微晶玻璃就是一例,当然,由于矿山固体废弃物不像正规开采矿石那样成分单纯,所以还必然有个复杂的研究过程。下面就笔者的初步考虑,提出一些供参考的项目:

（1）用于研制高吸水保水材料。卫生巾和小孩尿布就是这种材料之一。但是，今后其大量用途恐怕不是这些生活用品。这种材料过去都是用有机聚合物制造的，其吸水率高达4000倍，但成本很高。近年发现某些非金属矿物也可用于研制该材料，包括高岭土、绢云母、膨润土、碳酸钙、滑石等矿物。例如，根据周锰等学者的研究，利用黏土矿物添加少量的引发剂、交联剂、一定量的淀粉以及共聚丙烯酰胺，可制成高吸水保水材料。其中，利用高岭土为主原料者，吸水倍数可达2200多倍，膨润土可达1500多倍，绢云母可达1300多倍。

可喜的是，现在已经有学者开始利用尾矿来生产这种材料。例如，河南科技大学材料科学与工程学院杨涤心教授等人，就曾经开展利用铝矿生产中选矿—冶炼拜耳法的尾矿来研制高吸水材料，证明了尾矿的确可以用于生产高吸水保水材料。

这种材料可用于沙漠化的治理，主要原理是提高砂土的保水性。其办法一般是将高吸水材料配制成0.3%~0.4%的凝胶液，埋入10~15cm深的砂土中，就可在上面种植草籽、耐旱植物等；在干旱地区也可以将高吸水保水材料的1%溶液蘸在树苗根部以提高其成活率。比利时、以色列、南非和非洲北部国家，在几年前就已经开始使用高吸水保水材料于造林治沙取得显著效果；近年来，某些发达国家，基于采用高吸水保水材料的"绿色地球计划"或"治理沙漠计划"相继出台，实际效果十分显著。

（2）利用尾矿或废石制造控释肥料：我国水体的面源污染主要来自化肥。我国是世界上氮肥消费量最大的国家，但是据调查统计，氮肥的平均利用率只有35%；因为氮肥施入农田后，很大部分来不及被农作物吸收就被淋滤掉，还有少量挥发掉。显然这种现象难以靠污水处理厂解决。而采用控释肥料是解决这种面源污染的治本措施。

近年来，世界上控释肥料发展很快，但是由于多是采用有机聚合物包膜以制成缓释肥料，成本很高，我国农民将难以承受。但是，由于某些非金属矿物具有很强的吸附性，经过改性后更强；某些矿山的废石和尾矿中，不乏具有吸附性的矿物（如煤矸石中），因此这是很有前景的一个废石和尾矿的新利用领域。特别是当利用矿物原料制造控释肥料时，可以利用矿物的吸附性能直接吸附肥料，不用采取包膜方法，可大大降低其生产成本。

笔者进一步的思路是：不仅要搞成缓释氮肥等，还要在其中加入一些微量化学肥料，以形成多元控释复合肥料，那样就可以更增加其肥效。

如果能制成这样的控释肥料，不仅可受农民欢迎，更重要的是将降低水体因面源污染造成的富营养化。

值得注意的是，目前还出现了吸水与缓释功能相结合的肥料，将是对农业更好的肥料。

（3）利用尾矿或废石治理赤潮污染。赤潮是由于富营养化的海水中某些浮游的藻类生物爆发性繁殖所引起的。根治办法之一，也是农田普遍采用控释肥料。如果赤潮已经发生，那么采用某些改性非金属矿物（黏土类或硅藻土等）粉末是杀灭浮游藻类生物的有效办法。利用喷洒某些改性非金属矿物来治理正在发生的赤潮，有操作方便和没有二次污染等优点，在国际上受到广泛关注，已经在日本、韩国等国家推广使用。但是，由于赤潮发生的面积大，如果采用正式开采的非金属矿，其费用将是巨大的，而如果采用矿山固体废弃物可大大降低其治理的费用。

4 矿山地质工作者应是开拓废石尾矿利用新领域的尖兵

尽管废石和尾矿是采矿、选矿生产中的产物，但是最了解其矿物组成及特性的却不是采矿和选矿工作者，而是矿山地质工作者。同时，要将尾矿利用作各种功能材料，最需要的不是采、选知识而是结晶学、矿物学、矿物的化学成分、物理性质及其可能用途等知识。所以矿山地质工作者责无旁贷地应该成为探索废石和尾矿利用新领域的尖兵。为此，矿山地质工作者应该不断充实自己的有关新知识，解放思想，敢于创新地开展矿山固体废弃物利用的研究。

（原载《矿山地质》2007年第2期）

论矿山尾矿废石资源化与矿产补充资源
循环利用的研究

彭　觥　汪贻水

（中国地质学会矿山地质专业委员会，北京，100814）

2006 年国务院《关于加强矿山地质工作决定》指出，要做好矿山地质工作，要积极"开展共伴生矿产和尾矿综合评价、勘查和利用，做好矿山关闭和复垦阶段的地质工作"。最近三年来，广大矿山地质工作者和矿业界，以"决定"精神为指导，在矿山尾矿、废石资源化生产实践、技术开发及其相关矿山地质、矿床地质、环境地质及工艺矿物科研等方面都取得了新的进展。

1　矿山尾矿废石是人为地质资源宝库

据权威专家估算截至 2006 年全国各类金属、非金属和煤炭矿山的尾矿废石总堆存量约为 150 亿吨，并且每年继续约以 5 亿吨数量增长，而利用率很低，各类金属、非金属尾矿利用率平均仅为 8.2%，煤矸石为 19.8%。

在一些矿业生产大省（区），矿山尾矿废石积存量最为集中，如山西、山东、河南、安徽、河北的煤矸石，河北、辽宁、内蒙古的铁矿尾矿废石，湖南、广西、江西、云南的有色金属尾矿废石每个省（区）堆存量均在 1 亿吨至数亿吨。许多大型生产矿区的尾矿废石堆存量和排放量更是十分可观。如江西德兴铜矿尾矿总堆存量高达 2 亿吨，目前每天采选矿量为 7 万吨，全矿年采剥量 5000 万吨。广西南丹大厂多金属矿区现有 61 座尾矿库，尾矿存量为 2522 万吨，锡平均品位为 0.88%，铅、锌、锑平均品位分别为 0.99%、1.63%、0.99%。

江西赣州市 18 个大中型钨矿库存尾矿总量达 1.2 亿吨，含 WO_3 平均为 1.10% 以上，而石英砂有 4000 万吨是优质硅石矿物原料。

改革开放尤其是在贯彻科学发展观以来，涌现出一批矿产资源循环利用和矿区生态环境治理的先进矿山企业。

1.1　尾矿、废石资源整体直接利用（即建设无废料、环境良好矿山）

江西德兴铜矿、河北迁安铁矿、南京梅山铁矿、湖南水口山铅锌矿、甘肃金川镍矿、广东凡口铅锌矿、云南会泽铅锌矿，以及山东新汶煤矿等利用矿山生产后产生的废石、尾矿用于采空区、塌陷区充填料，节约了大量水泥及其辅料，或用于复垦造田。有的矿山尾矿利用率达到 95%，在变废为宝、化害为利过程中获得了资源效益、经济效益和环境效益。

1.2　尾矿废石资源分类利用

如一些铁矿尾矿、废石质地坚硬，经过初加工后用作建筑房屋（粗粒块状）和筑路（细粒）混凝土骨料。测试数据表明尾矿颗粒有棱角，胶结性优于河沙，有利于高速路面行车安全。含磁铁矿的尾矿，可作土壤改良剂和磁化复合肥，研究证实载磁性可改善土壤结构，及孔隙度、透气性，其原理之一是磁团粒结构的活化作用。马鞍山矿山研究院研制的磁化肥料，经过小区种植对比试验和规模面积示范试验，农作物增产效益明显：早稻、中稻和大豆增产率分别为 12.6%、11.06% 和 15.5%。

1.3　尾矿废石资源的深加工和循环利用

依靠技术创新、开发新产品及探索矿产利用新途径。矿山尾矿废石的主要物质成分为非金属矿物。因此，人们把尾矿非金属矿物开发及其深加工工艺特性研究视为重点，也取得了不小成果。如利用尾矿生产矿物聚合材料、复合矿物材料、矿物功能材料和矿物改型、改性新材料等。中国地质大学在福建沙县、山东新汶尾矿利用的研究、北京科技大学对京郊尾矿利用的研究、地科院专家对尾矿利用技术创新均有显著成果。

矿产资源循环利用就是以矿山废弃物作为资源，经过技术加工再利用处理，是基于循环经济理念即资源—产品—派生资源的物质多元循环利用的经济系统，使得整个社会生产和消费过程中不产生或很少产生废弃物。

彻底改变资源—产品—污染排放(废弃物)传统生产模式。

在一些矿山企业与上下游生产企业合作延伸产业链或生态工业园(区)，实现矿内外循环和闭路循环。辽宁、广西等在金属矿区和煤矿进行了试点，已有良好开端。

2 矿山尾矿废石资源化是地质学研究新课题

1994 年我国政府发表《中国 21 世纪议程》是我们构建社会可持续发展和节约型社会的纲领性文件。该文件已将"尾矿的处置管理及资源化示范工程"列为重要议题。矿山尾矿废石资源化是一项系统工程，它涉及经济、法律、矿冶工程、环保等多学科、多专业，其要点是矿产资源合理开发循环利用和生态环境平衡，而地质科学尤其矿山地质、矿床和岩石矿物研究则是基础性工作。

(1)尾矿废石的岩石矿物成分颗粒(块度)是影响开发利用的因素之一，也是对其资源化开展基础调查评估的一个主要内容。以有色金属矿山尾矿为例，①粉砂类型尾矿颗粒 0.02 mm 以下者占 20% ~ 50%，如德兴铜矿、金堆成钼矿、厂坝铅锌矿等；②砂类型尾矿，属于较粗颗粒，以黑钨矿山为代表，大于 0.1 mm 占 75%；③砂泥类型尾矿，含泥量高，以云锡公司的一些砂钨尾矿为代表，小于 0.02 mm 占 50% 以上。从尾矿岩矿成分可划分为石英、硅酸盐类、黏土铝镁硅酸盐类和以碳酸盐类为主。在全国有数以万计的大小各类矿山为了适应尾矿废石资源化需要，必须对分类系统深入开展调查研究。

(2)加强矿山采选过程矿山地质工作，如矿体、矿石空间变化、品位、富集变化规律，以及对采矿选矿生产和环境的影响，矿坑地质构造及近矿围岩蚀变与采矿回收率关系对尾矿废石资源化也有重要意义。关于矿山关闭(铀矿山称为退役矿山)前后的矿山地质工作是个薄弱环节，应大力加强。首先健全规章和技术操作规程。如地下巷道关闭标准与程序、地面堆存废弃物保护与利用规划以及对矿区生态环境评估工作、矿山地质技术档案保管和使用等。

(3)矿床学研究。重点是隐伏矿研究与预测，为生产矿山的深部和外围找矿提供科学依据。运用勘查时与开采时矿床资料对比研究提高对矿床分布及成矿规律认识，是丰富发展我国矿床学理论的重要平台。

3 矿产补充资源再议

当代人类活动对地球环境的负面影响日益严峻，大量的 CO_2 排放使气候变暖和臭氧层破坏，早已引起国际社会高度关注，在《京都议定书》和《雅加达宣言》中均提出相应对策。必须指出，人类活动尤其矿业、水利、隧道、路桥和大规模开垦给地质环境乃至水圈、生物圈与岩石圈的局部所造成的负面影响不可小视。矿业活动产生的大量采空区、污染区和废弃物等公害性更大。

矿业活动是人为地质活动之一，它既有资源效益又带来环境灾害隐患。开展人为矿业地质专门研究是地质界一项紧迫任务，首要的课题是矿山尾矿废石——矿产补充资源再循环利用的相关地质尤其矿物应用性研究，人为矿床特征形成规律性和矿山环境地质中之矿区生态地质如复垦造田、旅游景观地质开发。

总之，当代人为地质因素正在加强对地球(地质环境)产生更深更广的影响，地质科学的内涵及研究领域也必将相应拓展，地质人员的视野正在扩大。我们相信人为地质学、矿产资源学和生态地质等课题将随着社会可持续发展，建设资源节约型、环境友好型社会发展而发展。

(原载《第 9 届全国矿床会议论文集》2008 年地质出版社)

大厂矿区尾矿资源再利用的勘查与评价

杨保疆[1]   黎谊锴[2]

（1. 中国地质学会矿山地质专业委员会，北京，100814；2. 广西矿业协会，南宁，530028）

笔者从 2002 年开始分别在广西南丹大厂锡多金属矿区和江西赣南钨矿山开展矿山尾矿资源勘查评价和尾矿资源回收利用技术攻关实践。几年的实验，我们既有成功的喜悦，也有失败的教训，更有对尾矿资源综合利用的思考与企盼及建议。本文结合我们的实践谈一些浅见。

1 必须高度重视金属尾矿的综合利用

几年来我们在进行金属尾矿资源调查评价和开展尾矿资源回收技术攻关的实践中，实实在在地认识到必须高度重视尾矿资源特别是金属尾矿资源的综合利用，实实在在体会到综合回收利用尾矿资源不仅是发展矿业循环经济建设节约型社会的重要一环，而且也是落实科学发展观、缓解资源瓶颈制约的客观要求和重大举措。

我国矿产资源丰富，矿业开发历史悠久，但矿产资源人均占有量少、利用率不高，资源浪费严重。开采矿产资源的目的是提取有用金属或非金属，我国矿产资源有一个显著特点就是"综合矿多，单一矿少，其中有色金属矿区有 85% 以上是综合矿床"。由于技术局限和认识及管理落后，粗放型开发生产，大量的共生、伴生矿产资源未能合理回收利用，我国矿产综合回收利用率一直处于较低水平。据专家分析，我国金属矿产资源的综合回收率平均不超过 50%，综合利用率只有 20%，因此，在矿产资源的开采过程中，大部分资源长期丢弃在尾矿堆里，我国各地积存的上百亿吨尾矿里面仍然含有大量有用物质。尾矿仍然是"矿"，甚至是富矿，有人称其为"人工矿床"。如我们调查的南丹大厂矿区有 61 个尾矿库，尾矿库存量达 2522 万吨，尾矿中含有大量的有色金属锡、锑、铅、锌、银、金、铟、镉以及非金属砷、硫等，品位都在国家工业品位指标之上，有些已达到大型或特大型矿床规模。在江西赣州市我们对 18 个钨矿山尾矿进行初步调查，库存尾矿总量超过 1.2 亿吨，发现尾矿中钨、钼、铋、锡、铍、铜、铅、锌、金、银、铟、镓等都是可用元素，其中部分钨矿山尾矿中 WO_3 品位在 0.10% 以上，已达到或超过钨矿工业利用指标，其他有用元素也得到了富集，个别钨尾矿中伴生金品位达 0.2～0.3 g/t，已超过砂金矿工业指标。尾矿中非金属矿数量巨大，极具利用价值，特别是优质硅矿（石英）资源其储藏量在 4000 万吨以上，可以说赣南钨尾矿是一个资源型地表堆积的多金属矿床群。

尾矿，过去人们对此认识不足，弃之为废物，如今它仍然"锁在深山人未识"。大量的事实证明，尾矿不可弃，尾矿是资源财富。尾矿弃之不用，形成一片片污浊的尾矿坝（库），不仅占据大片土地，而且对生态环境造成严重污染和破坏，甚至造成安全事故，同时对资源也是严重浪费。运用先进技术对尾矿资源进行二次回收利用，不仅从中可提取大量有用矿物，经过加工甚至可以成为高价值产品，使资源得到充分利用，带来四大好处：一是可以回收大量资源，节约原生矿产资源消耗，增加资源供给量，缓解资源瓶颈制约压力；二是可以防止和减轻对环境的污染和生态破坏，有利环境保护和治理，改善矿山环境；三是可以节约资源开发的大量费用而获得可观的经济效益；四是可以带动和促进民营经济和城乡企业发展，加快农村劳动力转移，增加农民务工收入，改善人居环境。

2 尾矿资源的特点和勘查评价

2.1 尾矿资源的特点

根据我们调查，以南丹大厂、江西赣南为例，尾矿资源有 4 个显著的特点：

（1）尾矿人工富化作用非常明显。由于历史原因，采矿"开甲弃乙，选丙扔丁"，选矿回收率不高，综合利用率低，致使尾矿中多种有价值元素含量较高，除目的矿种外其他有用伴生矿物和非金属矿物仍然排放在尾矿之中，形成人工富化，造成人为富矿。如南丹大厂矿区尾矿库在首批评审通过的 5 份地质报告中，锡平均品位为 0.58%，高于云锡原矿地质品位，铅、锌、锑、银的平均品位分别为 0.99%、1.63%、0.99% 和 50 g/t。

（2）尾矿组分种类多、规模大，潜在价值高。我国矿产资源共生伴生矿床多，难选难冶矿、贫矿多，导致尾矿特别是有色金属矿山尾矿组分种类多、规模大、潜在价值高。如南丹尾矿中的10多种有色金属和非金属品位都达到或超过国家相应工业品位指标，目前尾矿资源的潜在价值可达人民币50亿元以上。江西赣南尾矿中的钨、铋、锡、铜、铅、锌、金、硅矿等资源量有的将达中、大型和特大型，是一个资源型地表堆积的矿床群。

（3）尾矿类型繁杂。按存放类型分，可分为山谷型、坡地型和河滩型、无库排放型；按规模大小划分可分为一至五级，大部分以五级小二型库为主；按选矿工艺分类，以重选、磁选、浮选、联合流程为主；按选矿排放分类有一对一选厂库、一对多家选厂库；按安全性分，有危、险、病及合格4类库，经治理合格库居多；按环保分类，达标库不多，大部分是有不同程度的污染库；按目前使用情况分，有在用库、停产库、已闭库、在闭库、无主库；以料源分类，有违法、违规的采选弃料存放库和依法采选弃料存放库及两者并存库；按尾矿库业主分，有国有企业、民营企业、股份合作企业、个体户库。

（4）尾矿占据山地，制造污染。当前许多小企业或大企业中的民采承包采选点，仍采取粗放式生产方式，在采选矿产资源时有的没有建立标准尾矿库，有的不设尾矿库乱排乱放，造成江河源头的严重污染和淤积，留下巨大的安全环保隐患。

2.2　尾矿综合利用的难点

（1）认识上的难点，主要表现为人们在资源消费方面存在"用过即废"的消费观念。由于我国矿产资源开发，特别是一些大型矿山的开发，在开发之初，一般是为了利用其中的某一种主要矿物或成分，从而造成对其他伴生或共生矿资源利用极不重视，作为主要矿物资源利用过程中产生的"废物"，其他矿资源多数没有得到有效的开发利用。"用过即废"制约人们对在矿产品的开发过程中产生的尾矿的二次回收利用，因此，至今我国尾矿利用水平较低，许多企业都没有开展。

这里还要提及的是，除消费观念外，多年来的行业分工过细，条块分割式管理，粗放式经营方式，"嫌贫爱富""急功近利""乱采滥挖"等影响也是造成尾矿综合利用难的主要因素。

（2）技术上的难点。由于多数矿产资源都是多种有用组分共生的，而且各种组分的含量、回收利用的难易程度以及市场需求各不相同，并且有许多有用组分在当前技术水平下无法经济合理地利用。因此，尾矿的回收同样存在技术上的难点，只有技术上的不断创新和攻关，才能逐步将尾矿中的有用物质提取回收出来，通过加工生产出新的产品。值得注意的是这样的技术攻关目前尚不被重视，没有多少单位从事这样的攻关研究。

（3）管理上的难点。目前尾矿还存在法律缺位，我国矿产资源法规规定，"对暂时不能综合开采或必须同时采出而暂时还不能综合利用的矿产以及含有有用组分的尾矿，应该采取有效的保护措施，防止损失破坏。"在实际工作中尾矿的开发利用国土资源主管部门、矿山企业主管部门、市县政府也管也不管，"有好处就管，没好处就不管"。尾矿开发有何准入条件、财税政策、技术要求、产品和市场管理等没有明确的规定。因为没有规定，企业在尾矿开发利用中碰到问题往往被部门当球踢来踢去，不能得到及时和有效的解决。因此，许多地方的尾矿开发仍处于无序状态。

3　尾矿资源综合利用的建议

科学技术的进步已经使人类逐步清醒，开始懂得必须遵循自然规律规划自己的社会生产活动。以资源的高效利用和循环利用为核心，以"资源化、再利用、减量化、无害化、再循环"为原则，以低消耗、低排放、高效率为特征的循环经济模式就是人类的高度自觉。开展尾矿的综合利用正是落实党中央的发展循环经济建设节约型社会的重要方面。为此，我们建议：

（1）加大宣传，纠正"用过即弃"的消费观念，树立珍惜资源，节约和循环利用资源的科学资源观，明确这样一种意识，即尾矿是个宝，尾矿中的许多物质经过技术处理，又可成为新的资源，具有新的用途，提高对尾矿综合利用的认识，增强尾矿利用责任感。让尾矿的开发利用建立在自觉的基础上。

（2）勘查先行做好尾矿资源调查，摸清家底。根据国发（2006）4号《国务院关于加强地质工作的决定》"开展共生伴生矿产和尾矿的综合评价、勘查和利用"的规定，抓紧做好各地区尾矿以资源和环保为中心的综合评价、勘查工作，摸清尾矿家底，这是任何尾矿开发利用非做不可的前提和基础工作。

此项工作应由国土资源部负责，像开展全国土地调查那样，开展全国尾矿资源大调查，由政府拨专项资金，采取国家、企业、专业队伍相结合的方式全面铺开，力争在两年内完成全国尾矿资源调查评价任务。首先要对尾矿中所有尾矿物质做物理、化学定性、定量分析，包括各种有用元素的赋存状态、分布，矿物可选性及经济评价等；其次，要对尾矿中的固、液、气态物质对环境的影响、尾矿库的水文地质条件等作全面分析评价，为后续的环境治理提供依据。

（3）依靠科技进步，支持和组织科技攻关，解决三大难题。尾矿的综合利用需要科技支撑，必须舍得投入，下大力气组织产学研科技攻关，解决尾矿利用中的一系列关键技术问题，要破解三大难题：一是尾矿中各类物质的分选技术、将各类物质分选出来；二是尾矿中各类物质的应用技术、深加工技术为各类物质寻找应用定位，提高产品科技含量，解决开发出的产品有市场、有人要的问题；三是尾矿区的环境恢复和治理技术，实现经济环境双赢。难题不破，尾矿的综合利用只是一句空话，即使回收利用，也是低水平回收，造成环境污染。

（4）优先开发利用地表尾矿。节约资源，尾矿利用是大戏，投资少，见效快，保护环境，国家应鼓励支持尾矿综合利用。我国在国家保护开采矿种的矿区内（如广西南丹大厂矿区、江西赣南各钨矿山）即存有富含国家保护性矿种的锡、锑、钨的尾矿，长期搁置未用，应予优先开发尾矿，在平衡市场需求的前提下，适度控制原生矿开采。将此作为一个原则或政策确定下来，这样既可有效回收大量搁置资源，满足市场需求，又能解决尾矿长期堆放占用土地和污染环境的问题，更有利于资源储备，把地下的矿产资源留给子孙后代。

（5）支持尾矿综合利用示范工程。尾矿资源量大面广难题多，情况复杂，综合利用并非轻而易举，需要分门别类地先试点，后推广，应选择有代表性的不同矿种、矿区，针对不同规模的尾矿库，利用综合手段开展实验性攻关。从技术可行、市场需求、劳动组织、经济成本等多方面进行工程化实验，建立多个示范工程，不断总结，探路前进。中央和省市有关部门要把建立尾矿综合利用示范工程列入议事日程，要采取有效措施给予政策、资金、技术扶持，通过示范工程的不断推进，促进尾矿综合利用的不断深入和产业化水平不断提高。

（6）加强政策引导，建立尾矿综合利用的激励和制约机制。要以经济利益为纽带，制定充分利用尾矿资源的经济政策（如资金补助或贴息贷款支持，减免有关税费等），充分调动地区部门和矿山企业的积极性，把尾矿资源综合利用与企业技术改造和治理污染结合起来，变废为宝，化害为利，走自我积累、自我发展、综合利用资源循环经济的新路子。生产建设要改变粗放的排弃做法，新建和扩建矿山必须坚持综合利用、环境保护与主体工程同时设计施工和投产；实行"以废养废"的原则，坚持自力更生为主，国家扶持为辅，努力创造新的经济增长点；实行"谁投资谁受益"的原则，兼顾国家、企业和个人利益；打破企业、行业、地域界限，在自愿互利的基础上，建立各种形式的尾矿资源综合利用联合体；坚持科研和生产相结合的原则，积极支持科研单位和生产企业联合开展资源回收综合循环利用的攻关项目。要严格"三率"管理，提高资源利用率，减少废物排放。

（7）完善法规，规范管理：

1）建立健全尾矿综合利用的法律法规，明确尾矿的法律地位，建立和完善有关尾矿资源勘查开发利用、环境保护、尾矿资源化产业化的管理和技术法规。

2）编制尾矿开发利用规划，要以资源效益、环境效益、经济效益最佳结合为基础，因地、因矿制宜制定开发利用规划。

3）严格准入制度。尾矿资源的勘查评价，按照公益性地质调查的要求，尾矿的勘查评价只办理调查登记手续，不办理勘查许可，调查评价完成后，由国土资源主管部门组织评审并按权限以市场方式出让采矿权。开发尾矿要做到四有一证，即有尾矿资源评价报告、有开发利用设计、有环保安全措施、有一定的技术保障和资金，有国土资源部门颁发的开发许可证。

4）严格管理。要根据尾矿的特殊性制定相应的管理办法，严格依法管理，加强监督检查，取缔掠夺性开采，淘汰落后的污染环境不安全的厂家。正在生产的矿山企业对于本企业排放的尾矿应按照有关规定加强保护，矿山开发利用尾矿也应严格准入制度，严禁随意处置尾矿。开发利用尾矿要按照金属与非金属矿产资源综合利用的原则，做好规划，有计划有步骤地进行整体开发，防止见到有利可图就一哄而上，争抢尾矿资源，造成新的污染和二次资源浪费。对不实行尾矿综合利用，由于利益驱动，巧立名目变相分割尾矿资源，重复走低水平、高污染和浪费资源老路的企业，或阻碍实行尾矿综合利用的部门和单位，应予以制止和处罚。

（8）加强领导和宏观调控。在尾矿开发中，往往涉及到中央、地方、集体、个体之间的利益分配问题，各利益体以矿产、土地、山林、集体、个体之间的利益分配问题，难免出现市场经济控制失灵、恶性竞争等现象。因此政府要加强宏观调控，及时引导，化解内部各方面的矛盾，处理好效益与公平的关系，兼顾各方面利益，维护正常的尾矿开发秩序，促进尾矿资源开发利用、环境保护、生态的协调发展，实现经济社会的可持续发展、科学发展。

（原载《矿山地质》2007 年第 2 期）

紫金山矿区含金废石综合利用实践及意义

张锦章

（紫金矿业集团东南矿产地质勘查分公司，福建上杭，364200）

摘　要：本文介绍了矿山立足采选技术的创新，管理创新，新技术开发应用，扩大生产规模，降低生产综合成本，达到降低圈定矿体边界品位，综合利用含金废石的目的。提出新形势下矿山开发应遵循资源利用最大化、社会效益最大化和经济效益最大化的原则。

关键词：经济地质含金废石；综合利用；紫金山金矿

采用工业指标法评价矿床是计划经济条件下矿床和矿点勘查评价的主要方法和必须遵循的原则，按照对矿床或矿点的控制程度，探获的地质储量分为 A、B、…、F 级不等，并以工业品位和边界品位为指标划分表内储量和表外储量，因而出现探获的地质储量大而能为工业开采利用的储量少，特别是在开采条件差的地区和难选冶矿石类型，探获了大量的自然资源储量而无法及时得到开采利用成为"呆矿"。而一些矿床投入大量探矿工程量，采用常规的工业指标评价矿床，矿体规模小、品位低、储量小，尽管属易选矿石类型，矿床开采条件好，但易被忽视。紫金山金矿床就是一个典型实例，该矿以创同行业 6 项之最，即建设规模最大、单位矿石成本最低、规模建设投资最省、矿石入选品位最低、经济效益最好、保有资源储量最多的工业生态旅游型黄金矿山而闻名海内外，引来众多专家学者和国内外矿业集团高层管理人员来参观考察。紫金矿业集团公司董事长，地质教授级高级工程师陈景河应用经济地质理论，在紫金山金矿首次提出了采用价值法评价矿床，使得矿床周围存在的大量含金废石得以综合利用，对矿床的认识也有一个质的飞跃，使一个品位低、储量小、开采价值不大的小金矿床一跃成为世界级的特大型矿山。截至 2006 年底，累计探明品位大于 0.2×10^{-6} 的金资源储量达 305 t，2006 年矿山生产黄金 13.5 t，出矿品位 0.679×10^{-6}。

1　矿床地质勘查概况

紫金山金矿床地质勘查工作始于 20 世纪 60 年代初，经历了踏勘（1960—1983 年）、普查（1984—1990 年）、详查（1991—1993 年）和矿床勘探（1994—2000 年）4 个完整阶段，其中前 3 个阶段是采用传统的工业指标法即矿床地质法对矿床进行评价，矿床按最低工业品位 $\geqslant 3 \times 10^{-6}$，边界品性 $\geqslant 1 \times 10^{-6}$，投入主要工程量：钻探 9475.19 m，硐探 6371.39 m，槽探 34923 m^3，基本分析 7864 个，总投资 1866 万元。共圈定了表内金矿体 45 个，表外金矿体 49 个，为平行密集小矿体构成。批准储量为 5451.15 kg，平均品位 4.24×10^{-6}，属中小型金矿床；勘查获得每公斤储量投资 3423 元。可行性研究结果，采用井下开采，建设规模 150 t/d，全泥氰化工艺，总投资 2900 万元。

建矿后，矿山自筹资金，结合生产开拓需要，采取以硐探为主，钻探为辅的手段对矿床进行勘探。工作中，对储量的认识从单一的地质角度评价法，变为与国际接轨，采用经济、可行性和地质控制程度三轴评价资源/储量，以采选技术创新为主要突破口，经济地质理论为指导，改变对矿石的认识，即矿与石头的区别在于能否利用，能利用的就是矿，不能利用的就是石头。经过论证，确定勘探阶段金工业指标按边界品位 0.5×10^{-6}，工业品位 1.0×10^{-6}，矿床平均品位 1.5×10^{-6}，矿体最小可采厚度 3 m，夹石最小剔除厚度 6 m，采用平行垂直断面法估算资源储量，经国土资源部组织专家认定资源储量。

通过降低工业指标和进一步勘探，矿床地质资源储量从原来的中小型一跃成为特大型矿床，原来属于表外矿石的成为了工业矿石，原来小于 1×10^{-6} 的废石成为了表外矿石加以利用。投入工程量：钻探 201.34 m，硐探 27378.71 m，槽探 34923 m^3，基本分析 7864 个，投资 1642.7 万元，总投资 3508.7 万元，探获每公斤黄金的勘探投入 228.64 元。

2　含金废石的综合利用

2.1　矿体及有用组分分布特征

紫金山金矿产于潜水面以上的氧化带中，主要分布海拔标高 650 m 以上地段。矿体分布集中，通过改变工业指标，把原来圈定的表内金矿体 45 个，表外金矿体 49 个合并为 4 个表内金矿体和 4 个表外金矿体，矿体平面分布范围为 21 线～48 线之间，长 1700 m、宽 1000 m，垂直分布标高范围为 594～1026 m。金矿体一般在强硅化的构造密集带和裂隙交汇部的品位较高，往往构成工业矿体的中心，向外品位逐渐降低。矿体围岩与容矿岩石相一致，主要是中细粒花岗岩（占 60%）、隐爆角砾岩（占 30%），其次为英安玢岩（占 10%），全岩均受到不同程度蚀变矿化和氧化作用，一般金含量在 $(0.03 \sim 0.49) \times 10^{-6}$ 之间，与矿体没有明显的界限，须以取样化验成果加以划分，如果按 0.2×10^{-6} 来圈定矿体，4 个矿体合并成为一个大的透镜体了。

2.2　含金废石综合利用考虑的几个因素

2.2.1　矿床开采因素

工业矿体周边含金废石能否得到充分利用，一个重要因素是矿床开采能否采用低成本的大规模露天开采和降低剥采比，实际上就是通过降低单位矿石的采矿成本，来实现降低圈定矿体边界品位，回收含金废石。矿山生产早期，由于确定的工业指标比较高，圈定矿体规模小，只能限于井下开采，相应开采成本高，生产能力有限。通过对矿床开采技术条件分析和有用组分空间分布规律分析，结果表明，降低边界品位后矿体在空间上分布具有规模大、集中、剥采比低、适宜露天开采的特征。1999 年及时对采矿方式进行调整，从井下转向露天，同时对露采方法进行技术攻关研究，率先在全国露天矿山采用先进的高陡帮开采技术，目的是要避开剥离高峰，均衡生产剥采比，减少前期基建投资，降低采矿生产成本，也为降低评价矿床最低边界品位创造条件。

2.2.2　矿石可选性能

选矿工艺同样是决定含金废石能否得到充分利用的主要因素之一。紫金山金矿矿石的工业类型为单一次生氧化金矿石，属极易选金矿石。矿床在普查时期就开始进行选矿试验、先后进行了塔式堆浸、柱浸、堆浸半工业试验；全泥氰化、炭浆选矿试验，当时矿石入选品位高，规模小，相对回收率低。进入矿床勘探和生产时期，通过降低原矿品位，增大原矿初碎粒度和矿石含泥量试验、矿石破碎后的筛析试验等不同条件的可选性试验研究工作和大规模的工业试验，完善重选—堆浸—炭浆联合工艺获得较好的效果，在品位不断降低的情况下，选矿回收率从 70% 提高到 80%，规模生产降低了选矿生产成本，自行研制的获得国家发明专利的非流态化自流吸附设备，解决了矿山大规模堆浸溶液的吸附问题，为大规模综合利用低品位矿石提供较多的技术参数和依据。成本的降低和选矿回收率的提高，同样为降低评价矿床最低边界品位创造条件。

2.2.3　组织开发因素

不搞小而全、大而全，按市场规律办事，引进市场竞争机制，按全新的模式办矿，是成功开发紫金山金矿低品位矿的重要原因。企业管理的最有效的办法就是竞争，在体制上，把原县属国有小型企业改造成有限股份公司，国有员工身份全部置换。企业生产经营按市场经济规律来办；矿山基建、采矿，全部由多支队伍通过招标外包，物流由多商家招标选定等，节约投资建设成本，降低管理费用，最终实现综合成本的降低。

2.2.4　资源评价软件（IDS）开发

采用传统地质储量计算方法，用不同边界品位重新圈定矿体计算储量是一项难度极大、时效性很差的工作，生产中难以实现。想随时对矿床开发利用进行经济评价，首先是要对资源储量的评价，矿山根据矿体规模、空间分布特征以及矿床开采技术参数，距离平方反比法储量计算方法为基础，研制开发了资源评价系统 IDS 软件，其主要原理是把矿体中各部位的平均品位看成是空间位置的函数，先将储量计算范围划分为大小一致的块段，然后对每个块段的平均品位进行估值，利用块段品位影响范围内的样品来估算块段品位，统计给定的不同边界品位以上的块段储量之和，即为总储量。为验证公司自行研制的 IDS 系统的精度，委托了南昌有色冶金设计研究院用 Minesisht、北京有色冶金设计研究总院用 DATAMINE 对金铜矿进行储量计算，IDS 系统与两软件的计算结果十分接近，采用对数克里法、普遍克里格法的储量计算结果也与距离平方反比法储量计算结果比较接近，表明可以采用 IDS 系统进行金铜矿的储量计算。

IDS 从 1998 年以紫金山金铜矿为模型开始研发，2000 年投入金铜矿储量计算、设计、生产的全过程，紧紧围绕紫金山金铜矿的生产需要而研制，经过多年的生产实践和不断修改完善，系统具有功能齐全、操作方便、生产储量消耗与生产采出矿量、品位相吻合，如2002年生产圈矿最低品位 0.5×10^{-6}，出矿品位 0.974×10^{-6}，IDS计算的露采境界内平均品位 0.94×10^{-6}，2003年生产圈矿最低品位 0.4×10^{-6}，出矿品位 0.873×10^{-6}，IDS计算的露采境界内平均品位 0.81×10^{-6}，2004年生产圈矿最低品位 0.3×10^{-6}，出矿品位 0.714×10^{-6}，IDS计算的露采境界内平均品位 0.73×10^{-6}。用IDS估算的品位与生产中的出矿品位非常接近，更有实际意义，表明IDS系统可以用于金矿的储量计算和采矿生产管理。

通过几年来IDS在矿山储量管理中成功应用的实践，2006年12月，国土资源部矿产资源储量评审中心以"国土资矿评储字〔2006〕206号"文审查批准同意紫金山金铜矿采用自行开发的IDS系统软件中的距离平方反比法进行储量估算的《紫金山金铜矿资源储量核实报告》，国土资源部储量评审备案以国土资储备字〔2007〕001号同意备案。

2.3　含金废石回收利用

采用动态指标，矿床评价遵循最大限度利用自然资源、经济效益和社会效益最大化为原则，以产品市场价格变化为导向，以生产综合成本为核心，及时调整矿床工业指标，圈定工业矿体，即把传统硬性工业指标转变为以矿床开采综合成本、产品市场价格为主要变量的动态工业指标进行矿床动态评价，尤其金属价格的波动带来边界品位的不断变化。

2.3.1　露采境界内含金废石的综合利用

矿山在生产过程中，从矿床有用组分空间分布可以看出，主矿体周边分布大量品位低于 0.5×10^{-6} 的含金废石，并利用自行研发的IDS软件对矿床不同含量资源储量进行计算，如2003年底采用IDS计算的露采境界内保有储量，大于 0.2×10^{-6} 以上的金金属量达177.778 t，$0.2 \times 10^{-6} \sim 0.5 \times 10^{-6}$ 的含金废石中金含量平均品位 0.35×10^{-6}。

通过采用IDS软件对不同边界计算的露采境界内的资源储量和剥离总量进行经济比较，以选冶直接成本（爆破铲装运不利用费用也必须发生）不大于资源可提取价值确定含金废石综合利用的临界品位来及时利用这部分自然资源。从2001年开始，矿山根据采选技术创新，产品市场价格变化，圈定矿体的边界品位不断降低，从矿山早期井下开采时的 1.5×10^{-6}，2002年的 0.5×10^{-6}，2004年降至 0.3×10^{-6}，部分 0.2×10^{-6} 也回收利用，2005年下降到 0.2×10^{-6}。为了处理每年不断增大低品位矿石量，矿山专门建设了处理低于 0.5×10^{-6} 含金废石的第三选矿厂。

尽管矿山生产能力不断提高，而矿山服务年限没有因此而减少，矿山经济效益没有因矿石品位的下降而减少，原来作为剥离石头对待的含金废石得到有效综合利用。

2.3.2　排土场含金废石的综合利用

矿山生产早期圈定矿体边界品位高，许多小于 1×10^{-6} 的低品位当废石排掉，入选品位高，回收率低，尾矿品位当然高，都被送往排土场。自2003年起，露天开采过程中这部分含金废石又重新得到综合利用。

3　几点启发

（1）矿石与废石的区别在于能否经济合理地开发利用，遵循经济效益最大化、最大限度利用自然资源和社会效益最大化原则，以产品市场价格变化为导向，以生产综合成本为核心，及时调整资源利用评价指标，圈定工业矿体，即把传统硬性工业指标转变为以矿床开采综合成本、产品市场价格为主要变量的动态指标评价矿床已越来越引起矿山企业的重视。

（2）综合成本测算时要充分考虑体制和技术创新，探索和应用先进采选技术，降低采选成本、管理费用和基建费用，这与确定矿床最低工业品位密切相关，是能否降低边界品位的主要因素。

（3）计算时，不仅要考虑主要元素，而且要考虑可综合回收利用的伴生元素，作为单位矿石有用组分的价值和可提取价值，通过综合价值指标来圈定矿体，评价矿床。

（4）需要引进和应用资源评价计算机软件，把繁琐复杂的计算简单化，使动态评价具有及时性、可能性和实际意义。

（原载《中国实用矿山地质学》，冶金工业出版社2010年出版）

论湖南郴州地区尾矿资源化与管理

尹　冰[1]　刘国文[2]

（1. 湖南柿竹园有色金属有限责任公司，湖南郴州，423037；2. 湖南日报，长沙，410005）

摘　要：矿产资源是人类社会发展的重要基础，应用先进的科学技术开辟第二资源是现代社会发展的要求，提高已开采资源的综合利用程度，既节约资源又有利于社会的和谐发展。

关键词：尾矿；资源化；管理

1　概论

矿业在湖南郴州经济建设、社会发展中的基础性和支柱性作用非常明显，但同时存在资源浪费和日益严重的环境污染。有色金属矿产大多以共（伴）生矿产出，由于选矿技术条件的限制，有用矿物的回收利用水平普遍较低，开采出来的矿石约95%以尾矿的形式存在尾矿库中。随着矿业开发规模的增大，入选矿石品位的降低和大量矿山的老化，还引发一系列的资源、环境、经济和社会问题，解决问题的关键是：将尾矿进行资源化管理。

目前国家提出循环经济理论，非常重视尾矿综合利用问题。已将资源的合理利用及环境保护列为"中国21世纪议程"的4个主要内容之一，其中明确指出了尾矿利用、二次资源开发作为21世纪的优先发展领域之一。郴州地区资源丰富，矿山众多，也应将尾矿资源化管理提到工作日程上来。

2　尾矿资源化管理的含义及重大意义

尾矿是矿山企业将矿石粉碎磨细、选取"有用组分"后排放于堆存处的固体"废料"，具有环境污染和资源浪费的双重特性。尾矿资源化管理就是我们将尾矿当作"人工矿床"看待，作为二次资源来评价、勘查、开发利用与保护。尾矿"利用就是宝，丢弃就是害"。

大量资源的消耗越来越要求我们善待资源，节约资源，才能可持续发展。尾矿资源化的重要意义在于：

（1）避免资源严重浪费。尾矿是已经开采出来的财宝，不需要采矿成本，只要借助选矿技术的新进展进行二次开发。①在尾矿中回收原建矿时所确定主体矿石的剩存部分，利用新技术回收原来不能回收的矿物，如铅、锌矿企业回收尾矿中剩存的铅、锌。②开发回收原来未作为开采对象的有用矿物，克服在单一计划经济情况下"采矿开甲弃乙，选矿留丙扔丁"的做法，建立新的生产体制，如在钨矿的尾矿中回收锡，在锰矿尾矿里回收钴和镍，在铜矿的尾矿里提取金等。③开发利用尾矿中的围岩物质，包括金属矿尾矿中的碳酸盐矿物、石英、长石、萤石、电气石及煤矿等非金属矿的围岩矿物、煤矸石等。

（2）开发利用尾矿是治理矿区环境的根本途径。尾矿是污染、破坏矿区环境的罪魁祸首，是众所周知的"老、大、难"问题。只有使尾矿坝消失，才能彻底解决尾矿之害。显然，现有的任何治污、防污技术都做不到，而对尾矿的综合开发利用，就是要消化这个庞然大物，是趋利避害的希望所在。

（3）开发利用尾矿是使关闭的矿山企业寿命延伸和开发新产业、创建新经济增长点的重要途径，是矿区职工再就业的重要出路。旧技术对矿产资源的开发只是第一次消化。犹如牛羊倒嚼反刍，仍然可以再次利用：充分利用尾矿资源，是老矿业城镇生命延续和转型的重要途径之一。

总之，尾矿资源化有利于矿产资源的保护，有利于生态环境的保护，有利于矿山企业的持续发展，具有经济效益、社会效益与环境效益。

3　郴州市尾矿现状

目前，郴州市金属矿山尾矿年排放量约900万吨，至2005年底尾矿累计堆存量约1.46亿吨。其中：100万吨以上的大型尾矿库15座，50~100万吨的尾矿库约有40座，小于50万吨的小尾矿库上百座，此外还有1座不是尾矿库的超大型的尾矿库，在河床上积存约有2500万吨的尾矿，危害更大。

郴州市尾矿不仅数量大，而且其中有用组分等可重新回收利用的资源极为丰富，初步估计尾矿中约有 12 万吨钨，4 万吨锡，85 万吨铅，68 万吨锌，2.5 万吨铋，1.5 万吨钼。此外还有难以统计的金、银、铜、铁、锰、钛、钒、萤石、石榴子石、云母、长石、石英等矿物存在于尾矿中。如果将现有尾矿有用矿物进行回收，回收率按 40% 计算，现有尾矿价值在 150 亿元以上。

尾矿堆存给国家和企业造成经济重负以及造成土地资源的浪费。正常堆存和治理费用巨大，据有关部门测算，正常情况下，堆放 1 t 尾砂平均费用为 1～10 元，治理需要费用 2～8 元，10000 t 需占 1 亩地。

数量日趋庞大的尾矿不仅占用土地、农田，还直接造成环境污染、大气污染。尾矿中的放射源、化学药剂经氧化、水解和风化，尤其流经尾矿堆放场所的地表水通过与尾矿相互作用，干涸地区风力又格外大，使该地区大面积受到污染。

尾矿破坏了自然环境及生态平衡，滑坡、泥石流和溃坝等恶性事故也时有发生。如近年来，临武县香花岭镇三十六湾地域上百家采、选矿企业矿山直接将尾矿废水、废渣排入陶家河，使土壤、水质受到严重污染，人民群众身心健康受到严重危害，河道严重淤塞，水利设施严重受损，基本农田被淹，沿岸群众、企业蒙受重大的经济损失，自然条件、饮用水源受到毁灭性破坏。

4　尾矿资源化管理的建议

（1）树立科学的资源观念。正确认识地球资源的有用与无用、有利与无利、有害与无害以及矿与非矿的辩证观念，树立地球上所有天然岩石矿物都是资源，都可以成为有用物质，都是财富的观念。要转变观念，要从传统观念的消极治理矿山尾矿，转变到把尾矿作为资源，从而积极发掘和开发，变废为宝的观念上来。

（2）发挥市政府的组织、引导职能，编制尾矿资源管理规章制度，构建尾矿资源化管理。市政府要组织地质专家及相关矿业专家小组，对全市黑色、有色、化工、建材、非金属、煤炭矿山进行一次全面的尾矿调查。掌握尾矿资源量、类型、成分、特别是有用组分的含量和储量；并做综合利用的可行性技术评价和综合利用的价值评价；组织相关部门联合制定尾矿开发利用中长期发展规划，明确尾矿开发利用的发展目标和发展途径；建立尾矿有效开发的经济准则、资源准则、生态准则、社会准则。对尾矿回收利用应建立一套完整的管理办法和技术标准。如清洁生产标准、分析测试标准、开发利用标准。

（3）政府应在制定"尾矿工程"的贷款、减税、免税方面出台优惠政策。政府应当看到有投入才有产出，"尾矿工程"需要投入，对资金仍困难的矿山企业，给予倾斜和扶持，鼓励"尾矿工程"的开发。

在政策上，对研发和积极开发利用尾矿资源的矿业者，应给予减、免税费，对相关工作进行扶持等。

（4）大力引进技术和人才，建立竞争机制，培育技术与人才。政府应当制定优惠政策，引进优秀人才。推动社会与历史的进步关键因素是人才，目前各级政府非常注重招商引资，建议在招商引资同时，同样注重人才的引进。同时我们绝不可忽视本地的企业家与科技人才的培养，要不断提高本地土生土长的企业家与科技人员的素质。

（5）建立示范性企业。由于受长期传统观念的束缚、开发利用意识淡薄、技术和信息落后等原因，我市尾矿综合利用率仅为 1.67%，而发达国家尾矿综合利用率达 60%。由此，要鼓励矿山企业特别是民营企业，高效整体利用尾矿，研究开发技术含量高和附加值大的尾矿水泥、尾矿肥料、微晶玻璃、玻璃制品、灰砂砖、墙地砖、建筑陶瓷和装饰材料、耐腐耐磨化工管材等新材料、新产品，作为全市矿山企业的典范。

（原载《中国实用矿山地质学》，冶金工业出版社 2010 年出版）

试论从废石堆中回收矿石

任邦生

(浙江漓渚铁矿，浙江绍兴，312039)

1 矿石与废石的概念

能从中提取有用组分(元素，化合物)的矿物集合体称为矿石。所谓废石包括4种含义：(1)采下的矿石被废石混入贫化后低于出矿品位者被当作废石，或者剥岩中矿石混入岩石被当作废石；(2)在采、选过程中，抛弃的脉石(尾矿)；(3)矿石中有用组分，除单一组分矿床外，一般有1到数种或更多种有用组分。由于当时的采、选技术条件和工业指标的限制，采、选过程中仅回收利用其中1种或数种有用组分，其他有用组分未回收的废石；(4)由于矿石、夹石及围岩中的矿物或有用组分未被发现，在采、选过程中被丢弃的部分。

从上述可知：矿石与废石是一个相对的概念，并受采、选、冶技术条件和经济条件的制约。然而，随着采、选、冶技术水平和人们认识能力的提高，过去被丢弃的废石，有可能成为有工业价值的矿石，这就是矿石与废石相互关系和它们的经济意义。

2 我国废石排放概况

据统计，世界矿产的开采量每10~15年增长1倍，我国约10余年增长1倍。由于我国矿产资源基本特点是，低品位矿石多；矿物成分复杂，矿床类型多；难选矿石多；各种矿产相对集中多等"四多"。以往地质勘探中综合勘探，综合评价较差；矿山综合开发，综合利用较差；采、选管理水平较差等"三差"。在上述"四多""三差"情况下，每年矿山废石排放量大，矿产资源损失大。一般矿山采选金属量损失统计如下：有色金属达40%左右。黑色金属达30%左右，非金属矿产矿石损失在30%左右。还有相当一部分矿山，采选中有用组分损失相当严重，有的达60%以上，甚至开一矿丢一矿，开采利用一种元素，丢失几种元素，现举几例说明大量矿产资源丢失在排放的废石堆中的实例：

据董智虞(1982)调查资料，云南某锡矿某块段的残坡积砂锡矿，是含锡、铜、钨、铋等组分复杂的矿床，由省新建的矿山只回收锡，采选回收率仅40%。回收一吨锡，丢失其他金属约20 t；广东某铜矿，其尾矿含硫高达8%~12%；某大型硫铁矿，上部是一中型褐铁矿床，由于矿种所属的部门不同，矿区基建生产剥离中把铁矿石排入废石堆中；浙江某萤石矿，每生产1吨富块矿，丢失品位在30%~40%可供选矿利用的贫矿2~3 t。

全国万余个矿山中，类似上述损失的矿山还有不少。采、选过程中，大量矿产资源丢失在废石堆中，不但浪费大量矿产资源，占用大量农田山地面积，而且环境污染相当严重。

3 漓渚铁矿从废石堆中回收矿石取得的经济效益

3.1 对废石堆的调查研究

漓渚铁矿是一中型规模、单一成分的矽卡岩型磁铁矿床，1954年由省公安厅建矿，次年露采投产，露采剥离时，把TFe 20%~28%的表外矿，手选富矿后的贫矿及风化矿，均作废石。1966—1969年除露采外，+65 m中段地下基建开拓，部分掘进附产矿石被丢弃在废石堆中。

1970年，漓渚铁矿地质部门对全矿废石堆含矿情况进行调查，绘制废石堆分布草图，拣块取样，初步估算废石堆中有矿石储量200余万吨。据1980年技术经济指标，计算了从废石堆中回收矿石的收支平衡品位：东矿TFe为12.96%，西矿TFe为11.74%。用TFe 17%的品位入选，每吨代运矿选矿后获利润3.79元。

3.2 从废石堆中回收矿石的目的、方法

从废石堆中回收矿石，主要出于三个目的、两个需要。三个目的是：(1)充分回收已丢失的矿产资源；(2)

增加矿山企业经济收入，解决家属就业；(3)防止民工与矿山工人争夺原矿开采。两个需要是：(1)本省缺少铁矿资源，杭钢需要富块矿和铁精矿粉；(2)漓渚矿原矿开采量长期不能满足选厂需要，选厂需要代运矿。

从废石堆中回收矿石，主要回收露采时弃于废石堆中矿石，少量是地下开拓时弃于废石堆中的掘进附产矿石。回收矿石方法有3种：(1)农民和家属工从废石堆中挑选较富矿石，敲成一定规格的富块矿，同时剔除贫矿和废石；(2)农民和家属在废石堆上手工分选废石和贫矿；(3)用干式磁选机分选富块矿和贫矿。

3.3 从废石堆中回收矿石取得的经济效益

据漓渚矿统计历史资料，1970—1980年从废石堆中回收贫矿217.1万吨，年回收量3.8～27.5万吨，TFe平均品位26.2%～21.49%。1965—1974年从废石堆中手选富块矿17.1万吨，年回收量0.1～4.3万吨，TFe平均品位45%～37%。历年来手选代运矿产量、品位和手选富块矿产量见图1。

历年来，手选代运矿成本为1.02～2.54元/t，平均1.56元/t；选矿成本为6.33～22.68元/t，平均8.87元/t，选矿比为2.99～3.68，平均3.21，精矿成本为23.62～87.58元/t，平均33.36元/t，精矿按本省1980年不变价格50元/t(TFe 57%)，1985—1986年按调价价格66元/t

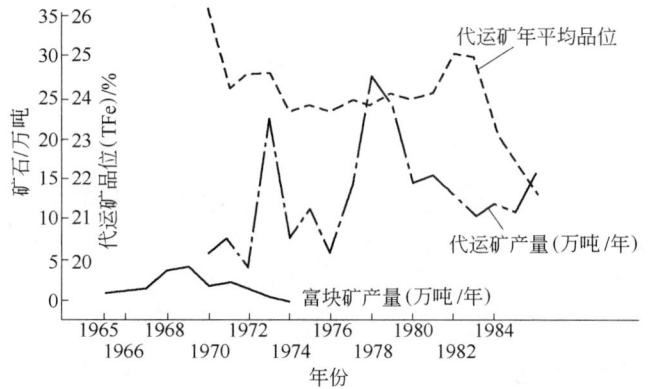

图1 历年代运矿产量、品位、手选富块矿产量
(代运矿——从废石堆中回收的贫矿石)

(TFe 57%)计算，吨精矿利润为8.82～39.24元，平均获利润18.78元/t；1970—1986年手选代运矿生产合格精矿67.84万吨，获利润1273.8万元，占全矿生产铁精矿313.17万吨的21.66%，占全矿铁精矿利润2610.4万元的48.8%，即手选代运矿生产的吨精矿利润是地下开采原矿生产的吨铁精矿利润的3.45倍。图2是历年来从废石堆中回收的代运矿吨精矿成本、利润及年利润。

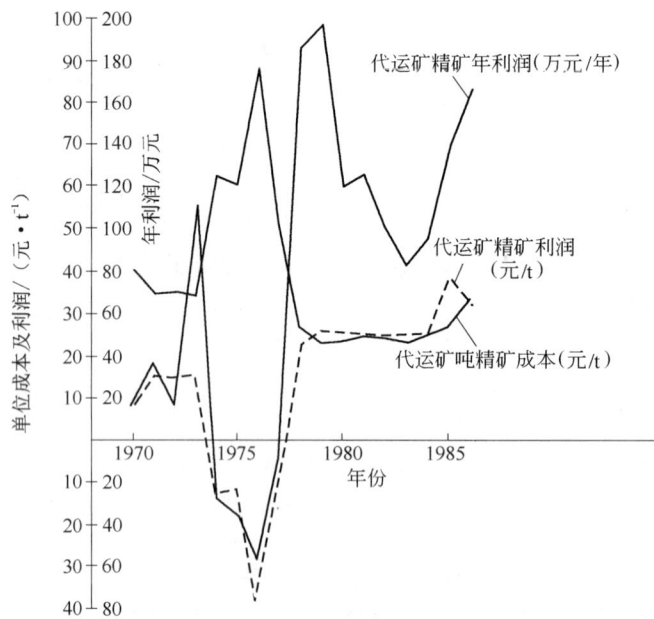

图2 历年来从废石堆中吨精矿成本、利润及年利润

1966—1974年，从废石堆中手选富块矿17万t，富块矿回收成本8.41～14.97元/t，平均11.5元/t，按本省价格20元/t计算，每吨富块矿获利润8.5元/t(平均)，获总利润145万元。图3是历年来从废石堆中回收富块矿吨矿石成本、利润及年利润。

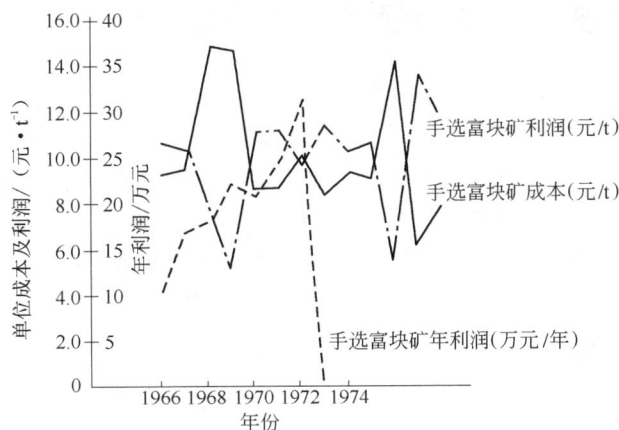

图3　历年从废石堆中回收富矿吨矿石成本、利润及年利润

4　从废石堆中回收矿石的方法探讨

从废石堆中回收矿石的方法，应根据本矿山矿种、资源损失以及有用组分在废石堆中分布情况而定。一般须在地质调查基础上确定回收方法。

4.1　对废矿山和生产矿山堆积的废石堆进行地质调查

4.1.1　复查老地质资料

(1)复查开采中段(平台)有用组分含量、分布，开采利用情况，以及采下矿石的损失情况，废石堆放地点等。

(2)复查入选矿石有用组分含量、选矿回收情况，废石或尾矿中有用组分含量情况等。

4.1.2　现场调查

(1)现场踏勘废石堆放情况，目测废石中有用组分大致含量、分布情况，初步判定回收价值。

(2)在踏勘基础上，根据现场测绘废石堆平、剖面图，确定废石堆的空间形状，计算废石量。

4.1.3　取样分析鉴定

(1)在废石堆上按一定网度布置取样点，其取样间距、样长、重量，可参考同类矿种要求。

(2)取样方法：常用网格拣块法，浅井或浅坑中取样。

(3)所有样品应先进行光谱分析，以便确定定量分析项目。

(4)对疑难矿物，可采集电子探针等鉴定样，以便确定是否需要进一步进行可选(冶)性试验。

(5)根据分析结果，确定可回收地段，并计算矿石量。

4.2　从废石堆中回收矿石方法

4.2.1　块矿石分选法

此法是以矿石与废石物性差异为基础，剔除废石达到回收矿石的方法。例如，根据矿物的颜色、光性和 X 光荧光性，磁性(磁性矿)，导电性(硫化物)，自然和人工放射性，吸收中子的性能等，就地进行分选剔除废石。现举几种方法说明。

(1)核物理仪器测定分选法。常用辐射仪和轻便型 X 射线荧光仪现场鉴别矿石还是废石。

(2)机械分选法。例如，对磁性矿石，采用干式磁选机抛弃废石回收矿石。

(3)肉眼鉴别手选法。凡能用肉眼鉴别矿石与废石的矿种均可采用肉眼鉴别手选法，如萤石矿、磁铁矿等。

4.2.2　尾矿再选法

主要有下列几种方法：

(1)尾矿再次选矿回收。

(2)尾矿细磨后再次选矿回收。

(3)用新的选矿工艺回收尾矿中有用组分。

5　从废石堆中开发矿产资源成本与经济效益衡量方法

5.1　地下矿产资源开发与废石堆中矿产资源开发的区别

地下矿产资源，从找矿勘探到矿山基建、开采，一般需数年到十余年，需投入大量的地质勘探和基建费用，采下每吨矿石一般需 5~10 元，有的高达 10 余元。一个矿山服务年限从十余年到几十年。

丢弃在废石堆中的矿产资源，其回采费用已在矿石回采中予以分摊。所以从废石堆中回收矿石，只需分摊回收成本以及进一步加工处理的成本，由于从废石堆中回收矿石成本低，方法简单，又可减少废石占用农田、山地面积与环境污染。所以，废石堆的综合开发利用，是提高经济效益，充分利用矿产资源的重要途径。

5.2　从废石堆中回收矿石的经济效益衡量方法

可采用下式来反映价值与成本的关系：

$$C \cdot \varepsilon_{选} \cdot a = F \cdot K$$

故

$$C = \frac{F}{\varepsilon_{选} \cdot a} K$$

式中　C——矿石品位，%；

$\varepsilon_{选}$——选矿回收率，%；

F——采、选总成本，元/t；

K——利润系数；

a——产品现行价格，元/t（精矿）。

例如：某铁矿从废石堆中回收贫矿石入选，已知 $\varepsilon_{选} = 70\%$，$a = 66$ 元/t 精矿（TFe 57%），手选成本 F_1（包括企管费）$= 2.54$ 元/t，原矿选矿成本 $F_2 = 8.52$ 元/t。求 $K = 1$ 时收支平衡品位，$K = 1.5$ 时盈利品位，最佳入选品位 TFe 为 23% 时的利润系数。

（1）求 $K = 1$ 时收支平衡品位：

$$C = \frac{F}{\varepsilon_{选} \cdot a} K = \frac{F_1 + F_2}{\varepsilon_{选} \cdot a} K = \frac{2.54 + 8.52}{0.7 \times \frac{66}{57}} = 13.65\%$$

（2）求 $K = 1.5$ 时盈利入选品位：

$$C = \frac{F}{\varepsilon_{选} \cdot a} \cdot K = \frac{2.54 + 8.52}{0.7 \times \frac{66}{57}} \times 1.5 = 20.48\%$$

（3）求最佳入选品位 TFe 为 23% 时利润系数 $C \cdot \varepsilon_{选} \cdot a = F \cdot K$

故

$$K = \frac{C \cdot \varepsilon_{选} \cdot a}{F} = \frac{23 \times 0.7 \times \frac{66}{57}}{2.54 + 8.52} = 1.69$$

从上述计算可知，$K < 1$ 时即为废石，$K = 1$ 时为收支平衡品位（即边界品位），$K > 1$ 时为盈利品位。

（原载《中国实用矿山地质学》，冶金工业出版社 2010 年出版）

冶金矿山伴生宝玉石举例

刘正杲　彭　觥

（中国地质学会矿山地质专业委员会，北京，100814）

我国有专门开采宝石和玉石的矿山，如湖北的绿松石，辽宁的岫玉，新疆、青海的白玉和东海水晶矿、福建明溪蓝宝石矿以及山东、辽宁、湖南金刚石矿等；也有的是以开采其他原料为主的矿山，而宝石和玉石只是附带回收的产品，冶金矿山就是属于这一类。冶金矿山基本上可以分为两类，一类是从开采的矿石中提炼有用的金属，如从铜矿石中提炼铜，从铍矿石中提炼铍；另一类是直接利用开采的矿石，不是从中提炼某一种有用的金属，如萤石、石英等。不论是哪一类，如果符合宝石和玉石的要求，都可按宝石和玉石回收。也可能是矿山开采过程中的"废石"，就是指那些不是我们开采所要的东西，为了取得我们所要的东西，这些废石也必须开采，这种废石我们称为围岩，因为它是在矿体周围的石头；另外还有些废石与有用的东西混杂在一起，与有用的矿石混杂在一起的废石，我们称为脉石，如果围岩和脉石有符合宝石和玉石条件的，也可以收集起来作为宝石和玉石，冶金矿山的种类很多，所以冶金矿山的数量也最多，有些矿山具有符合宝石、玉石形成的地质条件，所以有些冶金矿山也有宝石和玉石，但不是专门开采宝石和玉石的矿山，冶金矿山的这些宝石和玉石也应该回收，尽量做到"物尽其用，地尽其利"，为国家提供更多的宝贵财富。

1　与铜矿有关的孔雀石及蓝铜矿

几乎所有有铜矿的地方都能见到孔雀石，但是这种孔雀石的数量可能很少，甚至极少，也可能数量很多，只有形成质地致密的、成块的孔雀石才能作为玉雕原料。

我们参观古代文物的时候，所见到的铜器没有一件是紫铜色或黄铜色的，都是绿色的，就是我们日常用的铜器，如果长期不擦，表面上也会起一层绿色，不论是古代文物铜器上的绿色，还是日常用铜器上的绿色，都是由铜变来的，我们都把它叫做铜锈，这种铜锈就是孔雀石，在自然界形成的孔雀石，也是一种铜锈，不过这种铜锈不是由铜变来的，在自然界最初生成的是一些含铜的硫化物，如黄铜色的黄铜矿、暗铜红色的斑铜矿……这些铜矿物经过很长时间的变化，其中的铜就变成孔雀石，其中的铁就变成铁矿物，所以铜矿中的孔雀石都是在铜矿的上部开始形成，逐渐地成为没有变化的含铜的硫化物。

孔雀石的形成，经历了很长的时间，它是由含铜的硫化物受到空气和地下水中氧的作用，也就是受到氧化作用形成容易溶解的硫酸铜，硫酸铜与碳酸钙（方解石）或者与含碳酸氢钙的水溶液作用，就可形成孔雀石，这个变化的过程可以用化学反应式来表示：

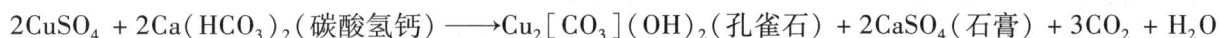

$$CuFeS_2（黄铜矿）+ 4O_2 \longrightarrow CuSO_4（硫酸铜）+ FeSO_4（硫酸铁）$$

$$2CuSO_4 + 2CaCO_3（方解石）+ H_2O \longrightarrow Cu_2[CO_3](OH)_2（孔雀石）+ 2CaSO_4（石膏）+ CO_2 \uparrow$$

$$2CuSO_4 + 2Ca(HCO_3)_2（碳酸氢钙）\longrightarrow Cu_2[CO_3](OH)_2（孔雀石）+ 2CaSO_4（石膏）+ 3CO_2 + H_2O$$

含铜硫化物除形成孔雀石外，还经常形成蓝铜矿（石青），它的生成过程与孔雀石的生成过程基本上是相同的，也可以用化学反应式来表示：

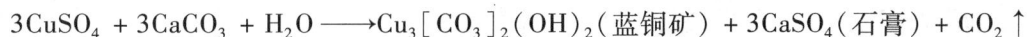

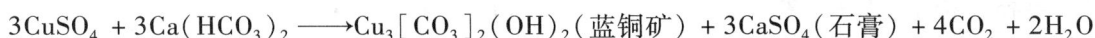

$$3CuSO_4 + 3CaCO_3 + H_2O \longrightarrow Cu_3[CO_3]_2(OH)_2（蓝铜矿）+ 3CaSO_4（石膏）+ CO_2 \uparrow$$

$$3CuSO_4 + 3Ca(HCO_3)_2 \longrightarrow Cu_3[CO_3]_2(OH)_2（蓝铜矿）+ 3CaSO_4（石膏）+ 4CO_2 + 2H_2O$$

由于孔雀石与蓝铜矿的形成方式相同，所以孔雀石和蓝铜矿经常生在一起，并且可以互相变化，其变化的情况也可以用一个化学反应式来表示：

$$Cu_3[CO_3]_2(OH)_2（蓝铜矿）+ H_2O \longleftrightarrow Cu_2[CO_3](OH)_2（孔雀石）+ CO_2$$

实际上在大自然里孔雀石与蓝铜矿之间的变化是存在的，但是这种变化是极其缓慢的。

孔雀石是一种含铜的矿物，我国古代最早开始炼铜用的原料就是孔雀石，如湖北大冶的铜录山铜矿，在春秋时就开采炼铜，当时开采炼铜的主要原料就是孔雀石。孔雀石不仅在古代用来炼铜，就是今天也用来炼铜，所以孔雀石既是炼铜的原料，也是玉雕的原料，同时还可作为绿色的国画颜料，孔雀石的颜色为深绿色至翠绿色，其粉末的颜色要浅得多，为浅绿色，有的孔雀石质地致密，在这种质地致密的孔雀石中绝大多数都可见到一圈一圈或一条一条的带状花纹，条带与条带之间的颜色深浅不同，这也就是出现条带花纹的原因，如果磨成一个平面，这种条带花纹就更加美观，也有的是成为多孔的各种奇形怪状，还有的是成为细小的针状，顺着一个方向长在一起，表面上闪闪发光，所以孔雀石的形状是多种多样的。

蓝铜矿也是一种含铜的矿物，但是比孔雀石要少得多，也是炼铜的原料，同时还是蓝色的国画颜料，蓝铜矿的颜色为深蓝色至天蓝色，粉末的颜色为浅蓝色，常见的是一些细小的颗粒，也有较大的颗粒，有时向四面八方生长就像一朵菊花或大丽花，我国广东石碌铜矿产的蓝铜矿就是这种形状，而内蒙古苏尼特右旗别里乌土产的蓝铜矿是块状的。如果蓝铜矿块比较大也可作为玉雕原料。

孔雀石的颜色深浅不同，原因之一与蓝铜矿的多少有关，当孔雀石中含的蓝铜矿很少或不含蓝铜矿的时候，其颜色为翠绿，蓝铜矿含的较多一些的时候，其颜色为深绿，当蓝铜矿呈环带、带状与孔雀石相同排列时，就出现深浅不同的环带和带状花纹。颜色的深浅不影响孔雀石在工艺美术方面的利用价值，但要求色泽鲜艳、质地致密、纹理清晰、无杂质；多孔状的块体如果基本符合这个条件也可以利用。所以玉雕方面只限于质地致密的孔雀石，其次是多孔状孔雀石。如果作为国画颜料，形状不限，只是要求质量纯的孔雀石。根据工艺美术产品的种类不同，要求孔雀石块的大小也不同，如用孔雀石做项链，则要求的孔雀石的块就要大，实际上做大件的下脚料就可以做项链，但是一般都希望块大的料，块的大小不同，其价格也不同。一般质地致密的可根据其颜色、花纹的不同进行设计、施艺；而多孔状的质地致密的孔雀石，往往是利用其天然形态特点，进行适当的加工，具有天然的形态与人工艺术美的特点。

我国主要产孔雀石的矿山，一是湖北大冶铜录山铜矿，二是广东阳春石碌铜矿。铜录山铜矿的孔雀石是质地致密的孔雀石；而石碌铜矿的孔雀石是多孔状的质地致密的孔雀石。根据《大冶县志》记载：铜录山"山顶较平，巨石对峙，每骤雨过时，有铜录如雪花小豆点缀土石之上，得名。"这就是铜录山名称的来源，也说明铜录山原来的地表面上没有大块的孔雀石，只有像"雪花""小豆"大小的孔雀石，而大块的孔雀石是在比较下面的地方。我们把铜录山铜矿按东北—西南的方向从上到下切一个面出来，就可以看到这个矿从上到下大致可以分为四个带，最上面的是以铁矿石为主，孔雀石只是一些"雪花""小豆"，第二个带是孔雀石最多的带，第三个带是含铜量最多的带，但是孔雀石很少，也没有大块的孔雀石；最下边一个带是最初生成的含铜硫化物，在这个带中连一点孔雀石都没有。所以有铜矿的地方不是从上到下都有孔雀石，铜录山铜矿当第二个带全部开采完以后，就找不到大块的孔雀石了。

孔雀石主要是用来雕刻观赏艺术品、建筑物装饰品、首饰、印章及工艺美术品等。还可用于建造物装饰品方面，苏联在19世纪初发现了一个很大的孔雀石矿，到19世纪20年代才开采到主要的孔雀石矿层，矿山内最大的优质孔雀石块估计重500 t，只好砸开拖到地面，拖到地面上来的最大块大致有2 t重。所以苏联最有名的孔雀石建筑，也是世界上独一无二的孔雀石建筑，就是列宁格勒国立艾尔密泰日博物馆的孔雀石大厅。

孔雀石和蓝铜矿还是矿物颜料，与合成颜料相比，其色泽美，永不褪色。

鸡血石因红似鸡血而得名，而红的原因就是其中含有辰砂(HgS)，因为辰砂是一种朱红色的矿物，所以也称为朱砂，而辰砂这个名称的来源是由于辰砂产于湖南省的辰州（即现沅陵县的旧名）而得名，这是由地名而来的名称，在过去还有根据辰砂的大小、形状的不同，而分别称为马齿砂（形如马的牙齿）、豆砂（大小如豆）、芙蓉砂（形如芙蓉花）……但是这些名称现在已无人使用，一般人也就不知道有其名了。因此，鸡血石必须含有辰砂，而鸡血石中的辰砂所表现出来的红色多是点点滴滴，当然点滴有大有小，有多有少，有的甚至是以红色为主，但是没有辰砂就不能称为鸡血石。

辰砂是一种含汞的矿物，颜色为朱红色，粉末的颜色也是朱红色，性脆。辰砂在工业上是唯一提炼汞的原料，也可以制成朱砂墨写字画画；也是重要的医药原料。我国产辰砂的地方很多，也很早，但是绝大多数产辰砂的地方不产鸡血石，只有浙江省产鸡血石，根据《浙江通志》记载："昌化县产图书石。红点若朱砂。"所以鸡血石也称为"昌化石"，目前发现和开采鸡血石的地方有浙江省临安县的凤凰山和内蒙古巴林右旗。为什么多数产辰砂的地方而不产鸡血石呢？因为这些地方的辰砂是产在石灰石（在地质上称为石灰岩）中，而石灰石的矿物成分是方解石，化学成分为 $CaCO_3$，而石灰石是不符合玉雕原料的要求（一般讲鸡血石是彩石），石灰石中含有辰砂就不能称为鸡血石，从玉雕的角度来看也就没有作为工艺美术原料的价值，浙江省临安县凤凰山产的鸡血石是名扬中外的，日本前首相田中来我国访问时，我国曾赠送鸡血石印章，由此可见鸡血石是相当贵重的工艺美术品原料。

浙江省临安县凤凰山产的鸡血石与湖南、贵州等省产的辰砂，在成因方面大不相同。它的形成简单地来讲，是火山喷出来的非常细小的物质，这些细小的物质称为火山灰，从空中落下来变硬后就称为凝灰岩。火山灰主要是一些 SiO_2、Al_2O_3 的成分及一些其他的成分，凝灰岩再受到一些地质的作用，就转变为主要由石英、叶蜡石、辰砂组成的物质，这就是鸡血石。

鸡血石主要是由三种矿物组成的，即石英、叶蜡石、辰砂。这三种矿物的颗粒都很细小，细小到我们用肉眼看的时候实在无法区分开，也就是颗粒细小到如同面粉一样，甚至比面粉的颗粒还要细小，因此，质地非常致密，颜色从白色至浅灰色以及带浅褐的灰色等，其中分布有点点滴滴的辰砂，就像把鸡宰后用鸡血点点滴滴地溅在石头上一样。辰砂有多有少，这种辰砂与石灰石中的辰砂还不太一样，在石灰石中的辰砂颗粒一般都很纯，由于辰砂比较软，用手使劲一摸，在手上都可粘上朱红色的辰砂，但是，鸡血石中的辰砂，它与石英、叶蜡石混合在一起，辰砂的红色掩盖了石英、叶蜡石的颜色。

低档鸡血石印章，价格由几十元到几百元；而高档的鸡血石印章，一对高达万元。标价的高低就说明质量的不同，标价低的，它的底色是白的，给人的印象是干巴巴的，显得粗糙；而标价高的，它的色泽就像浅色的牛角磨出来似的，给人的印象是油乎乎的，显得非常细腻光润。所以对鸡血石的评价首先是油脂光润，没有杂质，这是对底材的要求，另外就是对辰砂的要求，辰砂的数量越多越好，所以必须把底材的特点与辰砂的多少结合起来评价。

鸡血石虽然可作为炼汞的原料，但是作为炼汞原料是一种浪费，鸡血石主要是作为珍贵的印章原料，所以清朝的乾隆皇帝也用珍贵的鸡血石刻制了他的印章——玉玺，但主要还是国画家、书法家、金石收藏家以及其他爱好者的印章。除此之外，还可做其他艺术品的雕刻原料。

2 与铬、镍矿有关的蛇纹石

我国的铬、镍矿山虽不如铜矿山那么多，但是也有不少，主要分布在我国的西南、西北、华北等地，而其他地区相对的要少得多，其中最有名的是甘肃金川的镍矿。所有有铬、镍的地方都有蛇纹石。蛇纹石这个名称的来源是由于蛇纹石有斑点花纹，特别是磨光后很像蛇皮，因此称为蛇纹石。蛇纹石有的与铬矿、镍矿有关，有的则无关系。与铬矿、镍矿有关的蛇纹石，当铬矿、镍矿最初形成的时候并不是蛇纹石，而是橄榄石，有时还有其他矿物，这种橄榄石或其他矿物再经过变化才能形成蛇纹石，有时在蛇纹石中还残留有少量的橄榄石及其他矿物，由橄榄石转变为蛇纹石，主要是在 H_2O、SiO_2、CO_2 等的作用下发生的变化，这种变化可用三种简单的反应式来说明：

$$2Mg_2SiO_4(橄榄石) + 2H_2O \longrightarrow MgSiO_5(OH)_4(蛇纹石) + Mg(OH)_2(水镁石)$$

$$3Mg_2SiO_4(橄榄石) + 4H_2O + SiO_2 \longrightarrow 2Mg_3Si_2O_5(OH)_4(蛇纹石)$$

$$2Mg_2SiO_4(橄榄石) + 2H_2O + CO_2 \longrightarrow 2Mg_3Si_2O_5(OH)_4(蛇纹石) + MgCO_3(菱镁矿)$$

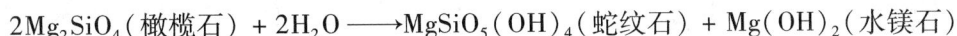

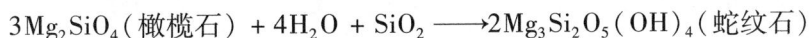

这里所述的橄榄石是一种镁橄榄石，但是与铬矿、镍矿有关的橄榄石常含有一定量铁，这种含铁的橄榄石，在转变为蛇纹石的过程中，还要生成一些微细的粒状磁铁矿（Fe_3O_4），这些微细的黑色磁铁矿颗粒一般非常的细小，只有在显微镜下才能看清楚，这些细小的磁铁矿颗粒在蛇纹石中不均匀地分布，使蛇纹石具有一些不同形状的花纹。

新鲜的橄榄石也可作为宝石原料，橄榄石一般为黄绿色，因其颜色很像福建所产橄榄（亦称为青果）的颜色，所以称为橄榄石，它作为宝石的名称也称为橄榄石，这是宝石名称与矿物名称相一致的称呼。如果橄榄石中不含铁或含铁的成分很少，而含有一定量的铬时，橄榄石的颜色就不是橄榄色，而是翠绿色，这种翠绿色橄榄的价值比橄榄色橄榄石的价值要高得多。冶金矿山的橄榄石，由于颗粒较小还没有发现能作为宝石的橄榄石，但是在我国河北、内蒙古、黑龙江的玄武岩内有能作为宝石的橄榄石。这样玄武岩内含有一包一包的橄榄石，每一包橄榄石就像一个球体，每个球体内全是橄榄石，橄榄石的颗粒有大有小，大的就可挑选出来作为宝石原料。

前面提到的岫玉、祁连玉，都是蛇纹石。岫玉是我国有名的玉石之一，开采的历史也很悠久，采于何时，古书上没有见到记载，但从出土文物来看，至少在汉朝时就已开采，这可从 1968 年在河北满城西汉墓中出土的金缕玉衣得到证实，玉衣用两千多片玉石连缀而成，这些玉片经研究证实其中有岫玉，但是岫玉与铬矿、镍矿无关，所以也不属于冶金矿山。

蛇纹石的颜色主要有深绿色、橄榄绿色、黄色等，颜色的深浅与其所含微粒磁铁矿的多少有关，如果蛇纹石中所含微粒磁铁矿的分布比较均匀，又比较多，则蛇纹石为暗绿、深绿等色；如果不含磁铁矿的微粒或者很少时，蛇纹石的颜色为浅绿、黄色等；如果深、浅色同时存在，则可出现不同形状的花纹，这是由于微粒磁铁矿不均匀分布的结果；蛇纹石的硬度较低，易加工；蛇纹石（严格地讲应该叫蛇纹岩）是由极其微细的蛇纹石交叉组成的，所以韧性很好，有透明感（至半透明）。

蛇纹石不论是哪种颜色，都不影响作为玉雕原料，不过绿色比黄色要强些。但是要求质地致密、无裂纹、无杂质、透明感较好、不显得干巴。作为玉雕原料，要求块度要大一些，一般至少在两公斤以上，再大不限，但有时小块也有用处。

铬矿、镍矿与蛇纹石的关系极为密切，有铬、镍矿的地方必然有蛇纹石（或橄榄石），但是有蛇纹石的地方不一定有铬矿、镍矿，可以有其他矿藏，如云南墨江的金矿，在含金矿脉（含金石英脉）的周围都是蛇纹石，这种蛇纹石与含金矿脉在生成上没有直接的关系。不论是与铬矿、镍矿有关的蛇纹石，还是与金矿有关的蛇纹石，还没有发现较好的玉雕蛇纹石料，也就是说它们的质量较岫玉要差，只能尽量按照玉雕原料的要求，选择较好一些的蛇纹石做玉雕原料。在今后不断发现铬矿、镍矿的同时，还可能发现更好的蛇纹石。

蛇纹石主要是作为玉雕欣赏艺术品及日常生活的用具，如首饰箱、烟灰缸、烟嘴、笔筒、酒杯等，也可作为印章，如故宫交泰殿，陈列着清朝皇帝的玉玺，其中有一方就是黄色蛇纹石（岫玉）雕的玉玺。

3　与有色金属、稀有金属矿有关的绿柱石、电气石、石榴石

铜、铅、锌、钨、锡、锑、钼……属于有色金属；铌、钽、铍、锂、锶……属于稀有金属，这些金属都是重要的工业原料，开采这些金属的矿山都是一些很重要的冶金矿山，其中有些有色金属矿和稀有金属矿伴生有宝石、玉石，如绿柱石、电气石、石榴石、水晶、芙蓉石、萤石等，有的本身就是金属矿物原料，如绿柱石；有的是非金属矿物原料，如水晶、萤石。关于水晶、芙蓉石、萤石等将在后面介绍。

绿柱石是一种含铍的最主要的矿物原料，在冶金工业上用来提炼铍，当符合宝石条件的时候，又是很贵重的宝石。绿柱石晶体有的可以很大，长 5 m，直径 1.5 m，重量达到 1600 kg，当然这种特大的晶体也很少，绿柱石晶体的大小一般与形成时的地质条件有关，所以有的条件下形成的晶体就大，有的条件下形成的晶体就比较小。绿柱石的晶体，不论大还是小，都是六棱的柱状晶体，两头可以出现斜面，但不带尖，而是一个平面。其颜色有深浅不同的绿色、红色、黄色、蓝色以及无色，但是最常见的还是浅蓝色及淡蓝绿色，出现不同的颜色，常常是因为含有不同的化学成分所引起的，最贵重的祖母绿是翠绿色，就是含有少量铬的原因；含有少量钒也可出现绿色；含有锂则可出现各种深浅不同的红色，如樱桃红、玫瑰红、蔷薇红等。少数绿柱石完全透明，但是绝大多数的绿柱石透明度很差，这是由于绿柱石中含有很多气体、液体的原因。绿柱石性脆、容易碎，这是因为它有排列整齐的裂缝，有的可以看得很清楚，有的只有在显微镜下才能看到。

绿柱石作为宝石，必须透明，至少也得半透明、无裂缝（这是指肉眼看不到裂缝）、无杂质，这是一些最主要的要求，在此基础上根据颜色的不同，可以分成不同的宝石，翠绿色的为祖母绿，在绿柱石中是最贵重的宝石，在宝石中仅次于钻石，与翡翠的贵重程度属于一个等级；海蓝色的为海蓝宝石（亦称为水蓝宝石）；各种黄色的为金色绿宝石；各种红色的为红色绿宝石等。

电气石既不是金属矿物原料，一般也不是非金属矿物原料。符合宝石条件的可作宝石，不符合宝石条件的也只能当作废石。电气石的晶体为长柱状，有点近似圆柱，表面上还有竖的条纹，也有的很细，就像头发一样粗细，有的甚至比头发还要细。这些细长的电气石，有的像针状，有的呈放射状。颜色多种多样，有红、绿、黄、褐、蓝、黑等，甚至可以是无色，其颜色的不同也是由于化学成分的不同所引起的，如最常见的颜色是黑色，这是因为含铁的原因，含锂的电气石多数为红色，也可以是绿色，所以一块含锂的电气石甚至两头的颜色都不一样，一头为玫瑰色、另一头为绿色，一般来说含锂电气石的颜色最美丽。电气石可以由透明至不透明，

影响透明的因素之一就是颜色，颜色愈深其透明的情况愈差。电气石也是一种比较脆的矿物。

电气石作为宝石，必须透明，至少也得半透明、无裂缝、无杂质，这是一些最主要的要求。电气石在工艺美术方面称为碧玺，在上述要求的基础上，根据颜色的不同而称为不同的碧玺，如碧玺、红碧玺、绿碧玺、黄碧玺、白碧玺等，其中最好的是红碧玺及绿碧玺。

石榴石是金属矿物原料，但可作为非金属矿物原料，主要是利用其硬度大，可做磨料，如砂纸、砂布，有些就是用石榴石制成的。产石榴石的地方很多，所以石榴石也是一种比较常见的矿物，但是能作为宝石的不多。

石榴石经常都呈单个的颗粒，在这种情况下一般都有规则的几何形状，最常见的是有 12 个菱形面，这 12 个菱形面的大小、形状完全相同；当然是致密块状的也不少，这时就见不到规则的几何形状。石榴石的颜色是多种多样的，有各种深浅不同的红色，有各种不同的黄色和绿色，各种颜色的不同，是由于化学成分的不同所引起的，有一种钙铬石榴石，它的颜色为翠绿色；有一种镁铝石榴石，当它含有铁或铬的成分时就出现红色，由于铁、铬的多少不同，这种石榴石具有深浅不同的红色，石榴石可以由不透明至透明，但是透明的石榴石很少见。

作为宝石的石榴石，必须透明，至少也得半透明、无裂缝、无杂质，这是一些最基本的要求，在工艺上的名称可说是多种多样，有特殊的名称，有根据颜色来命名的，也有根据产地来命名的。其中最好的是"子牙乌"，这是很受欢迎的一种宝石，是一种暗红色、紫红色的石榴石。

绿柱石、电气石、石榴石这三类宝石，主要是作为装饰用品，在饰用方面主要是作为首饰，当然也可以制作一些小的雕刻品，我们到故宫参观时就可看到大量的电气石（碧玺）饰物，如朝珠、鸡心、耳坠、佩玉等饰用品以及玉树盆景等小的雕刻品。

产绿柱石、电气石、石榴石的冶金矿山很多，尤其是石榴石，有些矿山可以说是遍地皆是，如安徽的铜官山铜矿、辽宁的杨家杖子钼矿就是如此。但是能作为宝石的冶金矿山并不多，主要是新疆阿尔泰地区的铍矿，其次是内蒙古的铍矿。

新疆阿尔泰地区的铍矿，是世界著名的伟晶岩矿脉，产有丰富的稀有金属元素矿石。最典型的是三号伟晶岩脉，岩脉长 250 m，宽 150 m，由内向外可以分成好几圈，最中间的是不含矿的石英核（也就是矿脉的核心部分，是大块的石英）。该矿脉为国家提供大量的铍、锂元素的矿石，同时还为国家提供宝石，这些宝石是海蓝宝石、红色绿宝石、电气石、石榴石、芙蓉石等，这是冶金矿山最重要的一个宝石产地。

4 与冶金辅助原料有关的萤石、石英、水晶

在冶炼金属的时候，不仅需要金属矿石及燃料，还需要一些辅助性的原料，这些辅助性的原料不是从中提炼有用的成分，而是利用其本身的一些特点。在金属冶炼方面的辅助原料，主要有两大类，即熔剂和耐火材料，而萤石是常用的熔剂之一，石英是常用的耐火材料之一，所以萤石和石英在冶炼金属的时候也是经常用到的原料，因此，有些萤石和石英也是冶金矿山开采的对象，符合玉雕原料要求的萤石、石英都可作为工艺美术的原料。

萤石既可以与有色金属和稀有金属生长在一起，也可以单独地形成萤石矿体，这种矿体一般小于脉状矿体，这种矿体多数是比较规则的，与四周石头的界限也是清楚的。

萤石主要是作为冶金辅助原料——熔剂，在化学工业方面用来制取氢氟酸，无色透明、无裂缝、无杂质的用于光学仪器方面，符合玉雕要求的用于工艺美术雕刻方面。

萤石可以是致密的块状，但是也经常见到规则的几何形态，如果是规则的几何形态，最常见的是立方体，也就是有 6 个大小相等的正方形面，八面体也是比较常见的，这种形态有大小相等的 8 个等边三角形的面。常见的颜色有白色、黄色、绿色、天蓝色、紫色、黑紫色等，这些颜色有时均匀，有时不均匀，经常见到的是颜色呈带状分布，不同的条带具有深浅不同的颜色和不同颜色的条带，有趣的是它的颜色在加热时可以变成无色，但是在 X 射线照射之后又可变成原来的颜色。萤石的透明度好，一般为半透明至透明。比较软，易加工，但是性脆。萤石经常出现裂缝，我们对它进行敲打，它可以沿着看不见的裂缝裂开，裂开后的碎块形态为八面体。如果细小的萤石颗粒在一起成致密块体，那就看不到这种现象。

作为玉雕原料的萤石，要求半透明至透明，颜色鲜艳，主要是绿色和紫色的萤石，无裂缝（是指肉眼能看到的裂缝）、无杂质。绿色的称为软水绿晶，紫色的称为软水紫晶，主要是用来制作欣赏品及日用品。

我国萤石矿很多，如内蒙古、浙江、广西等地。

水晶既可以产在有色金属矿、稀有金属矿中，也可以是单独的水晶矿。单独的水晶矿一般都是在含水晶的石英脉中，也可以在砂矿中找到。原来含水晶的矿，受到大自然的风吹雨淋、坍塌破坏，最后成为碎块，甚至受到雨水、河流的搬运，到适宜的地点沉积下来，与其他石头的碎块、砂石混杂在一起。如广西富贺钟地区的牛庙砂铅矿，其中就有水晶，开采砂铅矿的同时就可回收到水晶。

水晶这个词实际上有两个概念，一个概念是指无色透明的水晶，也就是大家一般说的水晶石；另一个概念是包括了无色透明的水晶及各种带色的水晶，我们这里的概念是后者。所有的水晶都具有规则的几何外形，总的来说是一个两头带尖的六棱柱，有的是由 6 个大小相等的等腰三角形组成，有的是 3 个大面、3 个小面，有的柱长，有的柱短，有的柱上 6 个面大小相等，有的柱上的 6 个面分成两种，其中 3 个面的大小相等，如果是来自碎石、沙子中的水晶，那就不一定能够看到规则的几何外形，这是由于磨损的结果，可能成为不同形状的圆形。水晶的颜色可说是多种多样，主要的有无色透明的、紫色的、黄色的、褐色的、蔷薇色的、灰色的、黑色的。根据颜色的不同，又可称为不同的水晶，主要的一些水晶有 5 种，水晶（无色透明）、紫水晶（紫色、紫红色）、黄水晶（淡黄色、金黄色、柠檬黄色）、蔷薇水晶（深粉红色、粉红色、浅粉红色）、烟水晶（黑色、烟灰色、褐色、棕色、淡褐色、淡棕色、黄棕色）。水晶的透明度好，从半透明至透明，硬度较大。

天然产的水晶，无色透明的最少，这种无色透明的水晶用途很广，可以用于电子工业方面，也可用在光学仪器方面，还可以用在石英玻璃制品方面。用在工艺美术方面的水晶，实际上是从工业无色水晶中剔除出来的。水晶不仅有天然产的，还有人工生产的，目前人工生产的水晶数量也很多。

玉雕水晶，要求透明度好，颜色均匀，无裂纹，无杂质，允许含有少量的液体、气体及其他细小的矿物，如果水晶中含有大量的针状、纤维状的矿物，则又成为价值较高的水晶玉雕原料。大个的水晶比小个的水晶价值高，以紫水晶为例，重量在 2 kg 以上的比重量在 1 kg 至 2 kg 之间的价格高 1 倍。水晶的大小，要求最小能切出一个戒指面，实际上这样小的水晶没有多大价值，因为大水晶的加工下脚就可以加工成戒指面、项链、别针、领针……作为宝石、玉石的水晶主要的有无色透明的水晶、紫晶（紫水晶）、芙蓉石（蔷薇水晶）、金黄水晶（黄水晶）、猫眼水晶（含石棉的水晶）。这些水晶主要是用来制作首饰、摆设品、日用品、玉雕艺术欣赏品。我国生产的内画鼻烟壶闻名世界，如果有机会的话，可以到北京的"北京工艺美术工厂"看看内画鼻烟壶是如何施艺，也可以到北京王府井大街的"北京工艺美术服务部"看看内画鼻烟壶丰富多彩的艺术作品。

内画鼻烟壶是我国特有的玉雕艺术品。鼻烟壶是装鼻烟的小瓶子，这种瓶子是大肚小口，还有一个盖子，各种玉石都可雕琢成鼻烟壶。我国在明朝以前是不吸鼻烟的，在明朝神宗年间，意大利的传教士利玛窦把鼻烟带到中国，后来吸鼻烟就逐渐流行起来，尤其是到了清朝，在官吏中吸鼻烟的非常普遍。当时的鼻烟壶有不少是用无色透明的水晶雕琢的，这只是一个透明的水晶小瓶子，里边什么也没有画。有一天一个小官吏进城办事，因身无分文被困在一个小庙里，此时烟瘾大发，鼻烟壶内又无鼻烟，只是在鼻烟壶的壁上还沾着一些鼻烟粉，他就用一条细烟签刮鼻烟壶上的鼻烟粉，结果刮出许多道道，被庙里的一个高僧用竹签蘸上墨在鼻烟壶内作画，以后逐渐发展，成为中国的一门绝艺。为了内部作画，从外部欣赏，所以绝不会用深色的水晶，而用的是无色透明的水晶。

我国有专门生产水晶的矿山，但是冶金系统也有不少的矿山有水晶，如吉林省通化地区的二密铜矿，曾经发现过一个大的水晶洞，又如江西省、湖南省的一些钨矿山，也有水晶，但是这些水晶都是属于无色透明的水晶，只有广西富贺钟锡矿地区有紫晶。海南和广东砂矿富产优质水晶和黄玉等。

石英的化学成分及其他特点与水晶完全相同，所不同的地方只是石英没有规则的几何外形，石英一般有白色及蔷薇色两种，白色的不能作为玉雕原料，作为玉雕的石英，冶金矿山只有芙蓉石一种，与水晶中的芙蓉石颜色完全一样，性质也完全一样，所以都称为芙蓉石。质量的好次首先是颜色的深浅程度，呈粉红色的最好，红色的次之，再浅则不用，冶金矿山到目前为止还没有发现深粉红色的芙蓉石，就是我国目前也很难见到，再者要求透明至半透明；在芙蓉石中经常有白色的条纹，称为白筋，实际上是无色的石英，这些白筋如果数量较多，纵横交叉出现，则使粉红色的分布很不均匀，而且显得颜色干巴，因此要求白筋或有亦很少，这样就显得颜色光润、无裂纹、无杂质。由于我国生产的芙蓉石颜色较浅，所以在雕琢方面受到一些限制。

（原载《中国实用矿山地质学》，冶金工业出版社 2010 年出版）

八、生产矿区环境地质及生态恢复问题

矿山环境地质及地质灾害

彭 觥

（中国地质学会矿山地质专业委员会，北京，100814）

矿山开采活动是引发矿区环境地质恶化和地质灾害重要因素，为了提高防治能力，必须开展多专业合作进行评估、研究、分类、因地制宜编制治理方案，认真彻底执行《地质灾害防治条例》（2003年国务院令第394号）和国土资源部《地质灾害危险性评估技术要求（试行）》以及"关于加强地质灾害危险性评估工作"等法规文件。

为了学习贯彻上述文件，矿山地质专业委员会等单位于2008年曾召开全国矿山环境与地质灾害及治理学术研讨会（培训班）。兹节录相关资料如下（见表1、表2、表3）。

表1 矿山开发影响系数表

指标类型		单项系数	指标类型		单项系数
矿　种	煤矿、油页岩矿	4	采矿方法	帷幕注浆法、充填法等保护性采矿方法	2
	金属矿	3～4		崩落采矿法等非保护性采矿方法	5
	非金属矿	3～5		常规采矿方法	3～4
	富含污染物矿	6～8			
矿山规模	大型、中型	4	采矿规范程度	规范开采，采动影响小	2
	小　型	2		欠规范开采，采动影响大	4
采矿方式	露天开采	4	矿业废弃物处置	处置合理	2
	地下开采	3		处置欠合理	4
	地质工艺开采	2		处置不合理	6

表2 矿山环境条件复杂程度分类表

复　杂	中　等	简　单
（1）矿山环境问题类型多、发育强烈、危害大	（1）矿山环境问题类型较多、发育中等、危害中等	（1）矿山环境问题类型单一、一般不发育、危害小
（2）地貌类型复杂、地形起伏变化大、相对高差大，不利于自然排水；年均降水量大、降水集中强度大、气温温差大	（2）地貌类型较复杂、地形起伏变化不大、自然排水条件一般；年均降水量中等、降水较集中、气温温差变化较大	（2）地貌类型单一、地形简单、较平缓，有利于自然排水；年均降水量小、气温温差变化小
（3）地质构造复杂，新构造活动强烈、构造破碎带发育、矿层（体）和围岩产状变化大、地层岩性复杂或松散软弱层厚、分布广	（3）地质构造较复杂、断裂较发育、矿层（体）和围岩产状不稳定、地层岩性较复杂	（3）地质构造简单，断裂不发育、矿层（体）产状稳定、地层岩性单一

续表2

复　杂	中　等	简　单
(4)主要矿层(体)位于当地侵蚀基准面以下，充水含水层和构造破碎带富水性强，补给条件好，具有较高水压，与区域强含水层或地表水体沟通，水文地质边界复杂	(4)主要矿层(体)位于当地侵蚀基准面以上，充水含水层和构造破碎带富水性中等，补给条件较好，或主要矿层(体)位于当地侵蚀基准面以下，附近地表水体联系差，主要充水含水层富水性中等，补给条件差，第四系覆盖层面积小、厚度薄，水文地质边界条件较复杂	(4)主要矿层(体)位于当地侵蚀基准面以上，主要充水含水层构造破碎带富水性弱至中等，或主要矿层(体)位于当地侵蚀基准面以下，附近无地表水，充水含水层富水性弱，地下水补给条件差，基本无第四系覆盖，水文地质边界简单
(5)矿床围岩岩体以碎裂结构，散体结构为主，岩石风化强烈，岩溶发育，接触蚀变作用强，存在饱水软弱岩层或松散软弱岩层，含水砂层多，分布广，稳固性差	(5)矿床围岩岩体风化中等，岩溶发育中等，接触蚀变作用中等或有软弱夹层，局部存在饱水软弱岩层和松散层(砂层)，稳固性中等	(5)矿床围岩岩体以块状、厚层状结构为主，风化程度低，岩溶不发育，岩石强度高，稳固性好
(6)矿石、废石(土)和矿坑水有害组分多、含量高、易分解，对水土资源环境污染和人体健康危害大、热害重	(6)矿石、废石(土)和矿坑水有害组分少、含量低，且较稳定，对水土资源环境污染轻，无热害	(6)矿石、废石(土)不易分解有害组分，矿坑水水质良好，不致对水土资源环境造成污染
(7)破坏矿山环境的人类工程经济活动强烈	(7)破坏矿山环境的人类工程经济活动较强烈	(7)破坏矿山环境的人类工程经济活动一般

表3　矿区地面与斜坡稳定性分类表

指标分类＼因素	区域地质构造	地形地貌	岩土体结构类型	地震基本烈度(I)	矿床充水条件	气象水文	采矿方式和强度 露天开采	采矿方式和强度 地下开采	采矿对地表影响与破坏
基本稳定	地壳为块体结构、断裂褶皱不发育	残积台地、低缓山丘，地形相对高差小于10 m，残积层薄，坡度小于10°。以岩浆岩、正变质岩及厚层沉积岩为主	块状、坚硬层状岩类，结构面不发育，风化、岩溶不发育，不存在软弱层	I<7°	封闭、近封闭型水文地质单元，涌水量小	年均降水量小，自然排水条件好	开采深度浅、面积小	开采深度较大、厚度小、采空面积小，无重复开采	采矿产生的环境问题少，对地表的破坏和影响小
较不稳定	地壳为镶嵌结构、断裂褶皱较发育	山前沟谷、冲洪积阶地，地形相对高差10~20 m，冲洪积层薄，坡度10°~30°。以碎屑岩、层状火山岩及层状变质岩为主	软硬相间岩类、片状岩类，岩体结构面发育中等，风化、岩溶发育中等，局部存在软弱层	7°≤I<9°	半封闭型水文地质单元，涌水量中等	年均降水量中等、强度大，自然排水条件一般(或较差)	开采深度较大、面积较大	开采深度较大、开采厚度较大、采空面积较大，重复开采	采矿产生较严重的或潜在的环境问题，使地表受到较重影响或破坏
不稳定	地壳为块裂结构、断裂褶皱发育	陡峻高丘，地形相对高差大于20 m，或山前冲洪积层厚，坡度大于30°。砂、鹅卵石及黏土或弱胶结砂、页岩及风化松散基岩	松散岩类、岩体破碎，结构面发育，风化、岩溶发育，软弱层分布广	I≥9°	开放型水文地质单元，涌水量不稳定	年均降水量大、强度大，自然排水条件差	开采深度大、面积大	开采厚度大、采空面积大，多次重复开采	采矿多次产生严重或潜在重大环境问题，使地表受到严重影响或破坏

目前世界上矿产资源开发与环境保护的三种模式：

（1）"先开发、先破坏、后治理"的开发模式（发达国家曾经走过的）；

（2）严格环境保护条件下的资源开发模式（发达国家特定条件下的开发）；

（3）资源开发与环境保护并重，即"在保护中开发，在开发中治理"模式，建立资源节约型、环境友好型、绿色生态型矿山。

矿山地质环境调查研究包括两个方面：

（1）调查评价矿山原生地质环境质量和容量，预测评估其对矿山建设、开采、选冶活动的影响，从而有目的地预先采取针对性措施；

（2）调查研究由于矿产资源开发而引发、加剧的矿山环境地质问题的类型、分布、危害情况，影响和控制因素，形成机理，矿山环境地质问题模型。主要调查内容包括：

1）矿山社会经济概况；

2）矿山地质环境条件；

3）矿山主要环境地质问题；

4）矿山地质环境防治措施和效果。

（原载《中国实用矿山地质学》，冶金工业出版社 2010 年出版）

金川露天矿边坡"倾倒"破坏的工程地质研究

张汝源

（金川集团股份有限公司，甘肃金昌，737100）

露天矿山边坡体长度和垂深部都较大，一般都是由各种岩石组成的复杂结构边坡，所以，工程地质条件往往是边坡稳定与否的关键因素之一，也是边坡变形、破坏类型多种多样的根本原因。滑坡、坐落和崩（坍）塌，是矿山边坡常见问题，也是人们熟知的变形、破坏类型。20 世纪 70 年代以来，国内许多人工边坡先后产生了一种特殊的破坏类型——"倾倒"。

矿山边坡的倾倒破坏，最早见于金川露天矿，而后在抚顺西露天煤矿、南京孔山石矿也有发现。

由于倾倒破坏的不断产生，严重影响了矿山生产的发展，加之人们对这一"新事物"的认识尚处于初始阶段，因此，探讨其形成的岩体结构条件、变形特征、破坏机制和防治措施，无论在理论上还是生产实践上，都有重要意义。本文是在金川露天矿边坡工程地质研究的基础上，以该矿一区边坡为实例，试对上述问题作初步探讨，不妥之处，请予指正。

1　概述

金川露天矿是一个近似椭圆形的中型深凹露天矿，采坑上口长 1030 m，宽 600 m，自封闭圈至最低开采水平，比高 156 m。1965 年元月开始基建剥离，1966 年 9 月正式投产，预计 1982 年闭坑。

一区位于露天采坑上盘区西段，坡顶标高为 1830 m，设计最低采深为 1520 m，比高达 310 m，设计最终边坡角为 41°~44°；边坡面走向北 40°~60°西，倾向北东；设计阶段坡面角为 60°；段高为 12 m；8 m 宽的清扫平台和 3 m 宽的安全平台相间布置。

一区边坡出露的岩体，自上而下可划分为 7 个工程地质岩组：（1）中厚层大理岩组⑥；（2）绿泥石云母石英片岩组⑪；（3）条痕—均质混合岩组②；（4）岩浆岩频繁穿插的大理岩组⑧；（5）多种岩浆混合岩组⑦；（6）碎裂花岗岩组⑩；（7）含矿超基性岩组⑨。

经过历次构造运动的改造，矿区构造网络渐趋复杂。因受吕梁运动奠定的北西向构造体系制约，本区构造形态主要为层面走向北 20°~60°西、倾向南西的单斜构造，大规模断层带附近，层间褶皱显著。走向断裂、层间错动和扭性断裂发育，是本区构造网络的主要特征；南西倾向的 F_a 断层群，与层间错动面组合呈逆坡叠瓦式构造；斜贯边坡的 F_{14} 断层群、F_{13}、F_{51} 等扭性断裂，使单斜—叠瓦构造被切割、支离。

从工程地质观点分析，金川露天矿一区边坡的结构类型极为复杂，以软硬相同、成层结构为特征。按其岩体结构的差异，可细分为上、下两部分：上部，由①—④类岩体组成，结构以层状碎裂结构为特征，叠瓦式、陡倾角、逆坡软弱，结构以碎裂结构为特征，存在逆坡软弱结构面，属碎裂结构类型边坡；下部由含矿超基性岩体构成的边坡，岩体结构为菱形块结构，属似均质块状结构边坡。

2　倾倒变形、破坏的主要特征

2.1　一区边坡变形的历史

一区是露天采坑比高最大的地段，它的变形最早，破坏也最严重。从 1964 年边坡顶部产生裂缝至今，已有 18 年历史。经历了由局部滑移到大面积倾倒，并导致坍塌、滚石灾害的全过程。按照不同时期的边坡变形、破坏规律和特征，可将其演化过程划分为四个阶段：

（1）孕育阶段（1964 年 11 月至 1974 年 6 月）。

（2）倾倒滑移体形成阶段（1974 年 7 月至 1975 年 3 月）。

（3）倾倒逐次推进阶段（1975 年 4 月至 1979 年 10 月）。

（4）倾倒区下部严重坍塌、滚石阶段（1979 年 11 月至 1980 年 3 月）。

2.2 一区边坡变形区段的划分

金川露天矿一区边坡变形区，比高达 200 m；岩体结构复杂，由 7 种不同类型岩组及其间纵横交错的软弱结构面，构成"软硬相间、高角度、逆倾层状结构"类型边坡。由于岩体结构的控制，边坡的变形破坏方式、特征都比较复杂，按照不同地段的岩体结构类型、变形破坏历史和特征，可将其划分为三个部分：滑移段、主倾倒和倾倒坍塌段。整个变形区地表形态呈略向北西伸长的不规则四边形，面积约为 5×10^4 m^2。

一区边坡各个地段，都有独特的变形特征。在演化过程中，它们相互作用，有机联系，从而形成了错综复杂的、以倾倒为主体的"倾倒 – 滑移式"复合破坏类型。

2.3 倾倒变形、破坏的主要特征

一区边坡顶部的滑移和下部的坍塌，是边坡工程中常见的，也是人们熟知的破坏类型，而其中段，作为复体变形破坏主体的"倾倒"，则是较为罕见的边坡破坏类型。所谓"倾倒"，就是具软硬相间特点的高角度逆倾或顺倾岩层、近直立岩层，向坡体外弯折、倾斜、倒塌。金川露天矿一区中段，是逆倾岩导向采坑倾斜并倒塌的典型实例，在演化过程中，它显示出许多独特的变形特点。

2.3.1 表部形态特征

地表形态特征，是岩体结构和边坡移动联合作用的产物，也是研究其破坏机制的主要依据之一。一区边坡滑移段与一般深层基岩滑坡一样，正向滑坡陡壁和略呈弧形展布的裂缝发育为其主要特征，而倾倒段的地表形态与一般滑坡迥然不同，主要表现为：

（1）叠瓦式反坡向陡坎发育。这是倾倒变形最显著的标志。变形初期，沿着一系列叠瓦式反坡倾向（其走向与坡面近似）的软弱结构面产生裂缝，随后，两侧岩体沿结构面相对移动，上盘显著上翘，其高度随倾倒的加剧而增大，最高者可达 5 m 以上。同时，陡坎面也逐渐向采坑倾斜，其原始倾角往往可降低 20° ~ 35°。此类陡坎，规模较大者，在一区边坡共发育 10 余条。

（2）沟坎密布、危岩耸立，坍塌滚石的险恶景观。随着反坡向陡坎的上翘和倾倒，在其上盘自然形成一个沟槽。于是，在陡边坡上形成一系列平行排列的深沟和陡坎，这些沟槽的深度与陡坎一致，其宽度随岩体的倾倒发展而扩展，最大者也可达 20 m 以上。由叠瓦式反坡向陡坎导引产生的并列沟坎，在坡面上呈现出锯齿状形态。早期段边坡面即由倾向北东经直立而转向南西（出现负角），于是，坎面顶部"锯齿三角体"因重力作用产生纵张裂缝，促进其"点头哈腰"。在纵、横张裂缝的切割和爆破、风化、降雨的综合作用下，岩体逐渐破裂、解体、部分坍塌，残留者摇摇欲坠，使边坡倾倒在较长时间内，呈现出沟坎密布、危岩耸立、坍塌滚石的险恶景观，猛看上去令人触目惊心。

（3）阶段平台倾斜。在边坡倾倒的过程中，施工结束时近水平的安全平台、将逐渐向采坑方向倾斜。例如，宽约 25 m 的 1664 平台，倾斜角达 30°，趋向坍塌、破坏。

（4）不同地段边坡变形的明显差异及岩体支离破碎，"倾倒区软硬相间"层状结构岩体，由于斜向断层的切割，在边坡变形过程中逐渐破裂、解体，而后体积膨胀，沿走向和坡向，都显著地向采坑方向鼓胀。被切割解离的岩体，沿着各种软弱结构面相对独立地运动，于是在边坡走向上，由倾倒区边缘向中心鼓胀幅度逐渐加剧，在坡向上也因倾斜、沉陷的差异，呈现此起彼伏的锯齿状形态，与基岩滑坡体内部岩体完整、均衡变形的特征，形成鲜明的对照。

2.3.2 岩体位移规律

岩体位移规律，往往受岩体结构控制，也是破坏机制的客观反映。倾倒边坡位移规律最显著的标型特征是：

（1）平位移大于沉降。滑移段主滑带的水平位移矢量显著地小于沉降矢量，位移矢量倾角为 50° ~ 55°30′；而倾倒段则相反，水平位移矢量显著大于沉降矢量，位移矢量倾角由 5°30′ 到 26°30′。

（2）边坡倾倒方向大致指向采坑，滑移段主滑带的平移方向为北 66° ~ 70° 东，与控制滑坡面的断裂组合交线（倾向北 66° 东）接近；而倾倒段的岩体平移方向由北 52° 东渐转向北 48° 东，大致垂直边坡走向（北 50° 西），指向采坑。

（3）岩体活动的差异性。由于纵与斜交错的断层切割和控制，倾倒边坡的移动特征，与地表变形的形态一样，有显著的差异性。岩移速度由变形区边缘向倾倒中心有逐渐增大的趋势，在倾倒段形成两个峰值区，反映了岩体非整体、同步移动的特点。

(4)蠕变规律。一区边坡的倾倒－滑移，从孕育到破坏，历经10余年。由长期岩移观测资料和岩体结构的综合分析，每一倾倒单元的变形速率与时间的相关关系，基本符合蠕变三阶段的规律。第十倾倒单元自孕育变形至岩体倾倒破坏的蠕变过程，应该指出，虽然由于大气降雨、坡脚持力层破坏等外因的促进、蠕变曲线出现了两次阶跃，但其基本特征显示了蠕变规律。

3 倾倒变形的岩体结构特征

岩体结构是边坡变形破坏的基本控制因素。通过工程地质和边坡变形特征的研究，将金川露天矿一区边坡倾倒变形的岩体结构特征，归纳为以下三个方面。

3.1 软硬相间、陡倾层状结构

该区边坡变形区的倾倒段，主要由条痕－均质混合组与岩浆岩频繁穿插的大理岩组和多种岩浆岩混合岩组构成。条痕－均质混合岩组呈层状碎裂－散体结构；逆倾、仰冲断层发育，致使整个岩组显示出以软为主，软(断层带)硬(断层间较完整的混合岩)相间的特点；大理岩组呈层状碎裂结构，层间挤压错动带(软)发育，斜长角闪岩和白岗岩(软)，常呈脉状注入，显示出以硬为主、软硬相间的特点；多种岩浆岩混合岩组呈碎裂结构，节理密集发育，岩体破碎，有一定数量的逆坡倾向软弱结构面。所以，倾倒段三个岩组之间及各岩组内部，在岩性上，都具有软硬相间的特征，构成了软硬相间、逆坡、陡倾层状结构。

由于软硬相间层状结构及其间优势发育的逆坡，陡倾软弱结构面的控制，在倾倒－滑移区，出现了若干特殊变形特征，例如：反坡向裂缝、陡坎的发育，使坡面形成锯齿状形态、F_3断层组的压缩变形、反倾岩层沿逆倾结构面运动及其向采坑方向的倾倒等等。

3.2 反倾结构中存在不稳定结构面

当岩层走向与边坡近似，且倾向相反时，一般情况下，边坡是比较稳定的。而金川露天矿边坡的岩体结构，自坡顶至含矿超基性岩体，粗看上去，似乎是典型的逆坡层状结构。仔细分析，可以发现，在反倾层序的上部，即滑移段范围，存在显著的不稳定因素：其一，F_3断层组上盘的绿泥石云母石英片岩带，分布于变形区部分，褶皱强烈带沿F_{15}断层倒转呈顺层结构(片理面走向北35°～45°西，倾向北东，倾角45°～73°)；其二，F_{23}断层呈南70°东方向，由边坡顶部斜切中厚层白云质大理岩组伸入采场，倾向北东，倾角67°。在边坡倾倒－滑移过程中，它们所起的作用主要是：

(1)片岩片理面和F_{23}断层面，分别作为主滑带和牵引滑移带的滑动面，与变形区西侧之北东、北西西向裂隙组合，导致岩体的急剧滑移，从而产生巨大推力，促进下部岩体的逐渐倾倒；

(2)控制滑移段的岩移方向。组合交线极为近似，显然是上述顺倾结构面严格控制的结果。

3.3 斜向断裂发育且规模巨大，具备切割、分裂岩体的结构条件

一区边坡，除逆倾、叠瓦式冲断层优势发育外，走向近南北和北西西的两组扭(斜向)断裂也很发育，且规模巨大，如F_{14}、F'_{14}、F^3_{14}和F_{51}等，它们与冲断层组成"米"字形构造。在滑移段岩体的推压作用下，它们成为倾倒岩体与其"围岩"间的薄弱环节，导致倾倒段内部差异移动，并与围岩解离。它们控制倾倒－滑移体周界，使其地表形态呈不规则四边形。

综上所述，软硬相间、陡倾、层状结构，是倾倒变形岩体结构的标型特征，而顺倾的不稳定结构面和斜向(扭性主滑带和牵引滑移带的岩移方向)断裂，也是边坡变形、破坏的重要边界条件，它们三者的有机组合，严格地控制着岩体变形破坏的方式及其周界。

4 倾倒破坏机制的初步认识

边坡变形与破坏机制，是指在应力作用下，边坡变形与破坏的方式和过程。控制人工边坡变形、破坏的作用力，主要是岩体内应力(地应力和岩体自重应力)。由于边坡开挖，破坏了岩体的原始应力平衡条件，在岩体结构、大气降雨与水文地质和爆破震动等外界因素的综合作用下，导致了多种多样的边坡变形、破坏方式和破坏过程。

4.1　应力分析

4.1.1　岩体自重应力

在边坡开挖，失去侧向支撑力的条件下，F_3 断层组受顶部岩体载荷作用，产生压缩变形，于是片岩带沿着基建大爆破时形成而后逐渐发展的"接触带裂缝"滑动，以片岩带顺坡倾向片理面和 F_{15} 为主滑面，受北 66°，东倾向的结构面组合交线控制而向下滑移，进一步加剧了 F_3 断层带的压缩，并导致其倾倒，而后，因主滑带和 F_3 断层带的移动、倾倒，牵引顶部大理岩以 F_{32} 为主滑面，受向东倾斜的结构面组合交线控制，向下滑移。由此可见，滑移段的活动，除具备滑移、切割面而外，主要力源来自岩体自重。在倾倒段，当逆坡陡坎面倾斜度超过30°以后，边坡面即趋向反倾，自重应力渐显突出，无论地表还是深部，它将与其他应力配合，使岩体沿节理、裂隙产生不同程度的张裂、弯折，而在地表将明显产生重力张裂，渐使岩石解体、坍塌、坠落，此即是俗话说的"点头哈腰"。

4.1.2　滑移块体的推力

如上所述，当滑移段岩体沿顺坡倾向的片岩片理面、F_{15} 和 F_{23} 断层面下滑后，顶部岩体的自重应力即转化呈巨大推力（作用于下部软硬相间），逆坡、陡倾的层状结构岩体，并分解为：

（1）剪切力：促使刚性岩层沿软弱夹层作剪切运动。

（2）正应力：推压已被剪切破裂的板材状岩体，迫使它们向采坑弯折、破裂，并逐渐倾倒。

其机制类似于若干木板组合成的悬臂梁，在与梁轴垂直的荷重 P 的作用下，悬臂梁弯曲和各独立板之间产生相对位移的情形人所共知，边坡开挖，岩体内应力重新分布，产生不同程度的应力释放，露天采场的边坡，将向采坑方向移动。在无残余构造应力条件下，边坡的卸荷回弹变形很小，不被人们注意。而金川露天矿则不然，自 1974 年以来，边坡变形范围不断扩大，几乎涉及露天采场 1/2 以上的地段，岩移量累计达 15 m 以上，这就不能不引起人们考虑地应力对倾倒、滑移变形的作用。

许多测量、计算数据说明，矿区存在较明显的残余构造应力。毗邻的井下矿山，曾进行系统的地应力测量，由地表至 500 m 深的地下，地应力大致从 20 kg/cm² 增加到 200 kg/cm²，说明金川矿区是高应力区。在露天采场，无论上盘区还是下盘区，倾倒岩体的移动特征，都是水平位移显著地大于垂直位移，"在地应力作用下的边坡变形的有限单元分析"获得了与实际变形近似的结果，即在地应力作用下塑性区的分布极为广泛，与边坡大面积剪切破裂相吻合，软弱夹层（如 F_3 断层）上、下盘硬岩，沿结构面剪切滑动，形成逆坡陡坎，有地应力的作用，岩体的位移量将显著增加，从几倍到 100 多倍。

4.2　坡脚持力层岩体与倾倒破坏的关系

在风化、降雨、爆破震动和工程开挖等外界因素与岩体结构的综合作用下，坡脚持力层的松动、破坏，是倾倒变形产生和发展的重要条件。1974 年三季度和 1976 年三季度，金川露天矿一区 1688 平台和 1652、1640 平台的边坡，受上述因素的作用，先后张裂、坍塌，显著地促进了倾倒 - 滑移体的急剧发展，在岩移曲线上，分别出现两次阶跃高峰。边坡变形的历史事实，说明坡脚持力层岩体的破坏与倾倒变形的产生和发展，在时间与空间上有显著的相依关系。

同时，从应力平衡关系分析，坡脚持力层的阻力，是倾倒发生与发展的重要条件。当坡脚岩体被开挖，持力层松动、破坏，承载力低于上部岩体荷载时，才可导致倾倒变形的发生，并随坡脚岩体的渐进松动、坍塌，而逐次破坏。

4.3　倾倒变形破坏的力学模型

综合以上分析，倾倒的产生，应具备三个基本条件：

（1）特定的工程地质背景。有较大规模不稳定结构面组合的软硬相间、陡倾、逆坡层状岩体结构。

（2）巨大的坡顶推力。有显著的水平地应力，与自重应力和坡顶局部滑移体下滑力组合而成的坡向推力，相互叠加，构成特殊的边坡应力条件。

（3）坡脚持力层的松动、破坏。随采坑下掘，坡脚持力层逐渐松动、破坏，既降低其支撑强度，不断破坏边坡应力平衡条件，又为倾倒变形创造空间条件。

同时，倾倒变形破坏的过程，显示了以剪切为主，伴有张裂、压缩等多种方式的复合机制。

5 倾倒破坏的整治

边坡整治的目的,主要是通过技术措施,改善岩体的应力平衡条件,提高边坡稳定性,根治病害,为安全、持续生产创造有利条件。所以,只有在详细查明边坡变形、破坏机制的基础上,才有可能抓住主要矛盾,拟定出经济、合理的整治方案,从根本上改善边坡应力平衡条件,达到整治的目的。

金川露天矿一区边坡,倾倒范围极广,变形区比高又大,加之边坡坍塌而导致的滚石灾害,既威胁采坑生产的安全,又恶化了坡脚加固的施工条件,所以,因地制宜,采取了以削坡减荷为中心的综合整治方案:

(1)削坡减荷。在倾倒 - 滑移区,自上而下地剥离表层岩体,并削缓边坡角。总计完成削坡量 130 万 m^3。

(2)改变运输路线。将原设计由倾倒 - 滑移区下部通过的永久运输公路,改道由采场西北帮第四采系砂砾岩带,引入采坑深部,及时避开坍塌滚石对生产的威胁,既扭转了当时生产被动局面,又为深部安全生产创造了良好的运输条件。

(3)留安全平台。在倾倒区下部的适当位置,加宽安全平台(达 15 ~ 25 m),既保护下部边坡的稳固性,又可阻挡倾倒边坡滚石灾害对深部生产的危害。

(4)减震。在临近最终边坡的爆破作业中,采取预穿减震孔、合理选择孔网参数、限制药量等措施,降低生产爆破和边坡开挖对倾倒体下部持力层的松动和破坏。

由于削坡及时和运输系统的迅速调整,再加上其他措施发挥实效,险情逐渐缓和,使金川露天矿在边坡大规模变形、破坏的条件下,安全、持续地生产。

6 结束语

按照传统的观念,一般认为反倾、层状结构的边坡是"万无一失"的绝对稳定类型。金川、抚顺等地边坡工程的变形、破坏,提醒人们注意,反倾结构边坡并非绝对稳定。倾倒是一种罕见的边坡变形破坏类型,它的产生必须具备三个基本条件,即软硬相间、陡倾、层状岩体结构,坡顶显著的推力和坡脚持力层松动。倾倒破坏的机制比较复杂,初步认为,是以剪切为主,伴有张裂与压缩等诸方式的复合机制。

在外因促进下,倾倒变形的来势凶猛,规模也可以很大,变形景观使人触目惊心。但是,只要查明原因,对症下药,处理及时,一般不易转化为灾难性破坏。通过变形机制的探讨,初步认为,削坡减荷和加固坡脚,是整治倾倒变形边坡的有效途径。随着"加固技术"的发展,应用各种结构的锚固桩、预应力锚索等措施,增加坡脚持力层的力学强度,对整治"倾倒"边坡,将有广阔的前途。

(原载《中国实用矿山地质学》,冶金工业出版社 2010 年出版)

基本农田保护区与矿产开发

——第三次"地质环境与土地利用"研讨会综述

群 集

（中国地质学会矿山地质专业委员会，北京，100814）

为贯彻《国务院关于深化改革严格土地管理的决定》，加强基本农田保护，中国土地学会和中国地质学会于2004年12月23日在北京中国土地勘测规划院学术报告厅联合召开第三次"地质环境与土地利用"研讨会，会议主题是"基本农田保护区的矿产资源开发问题"。研讨会请山东省济宁市国土资源局提供典型材料。会议得到部领导及相关业务司的重视和支持。来自中国土地学会、中国地质学会、部耕地保护司、中国土地勘测规划院、部土地整理中心、部咨询中心、部法律中心、中国科学院地理与资源研究所、中国矿业大学（北京）、中国矿业大学（徐州）、河北省唐山市国土资源局以及矿山企业代表共30多人参加了研讨，9名专家作了专题发言。

现将主要观点综述如下。

1 必须重视地上、地下协调发展

专家们提出，在我国平原地区，如山东济宁、河北唐山、河南平顶山、安徽淮南淮北等地，蕴藏着丰富的矿产资源，由于开采不当，当地耕地遭到严重破坏。如何加强矿产资源的开发管理，保护基本农田，实现地上地下协调发展，走新型工业化道路，避免重蹈阜新等资源枯竭型城市的覆辙，是当前需要研究的重要课题，也是修改《土地管理法》《矿产资源法》和进行新一轮土地利用总体规划修编中应关注的问题。

专家们列举大量事例说明，矿业开发在促进经济增长的同时，也使原有的生态和环境不同程度地受到破坏。越是强力开发，给经济社会发展带来的生态环境问题越严重。目前，矿区生态和环境尤其是采煤塌陷，成为制约矿业城市经济发展的严重障碍。平原地区耕地质量高，耕地保护的任务十分严峻，加之人口密集，人与地、耕地保护与地下矿业开发形成尖锐矛盾。专家们认为，虽然由于煤炭、石油等能源短缺是我国经济发展的制约因素，应充分保障能源矿产的开发，但基本农田是确保国家粮食安全的基础，过去那种只注重地下不管地上的做法是不可取的。耕地保护与采矿的矛盾必须在科学发展观的统筹下，采取切实可行的政策和措施，并制定相关的法律法规加以解决。

2 统筹规划基本农田与矿产资源开发

专家认为，解决基本农田保护与矿产资源开发的矛盾，要重视土地利用总体规划和矿产资源规划的协调。在规划采矿的相应范围内就不应再划基本农田；划为基本农田保护区的，就不应再允许采矿。目前，许多地方存在两个规划不衔接的问题，甚至在同一个国土资源管理部门作出两个矛盾的行政决定，这是行政不当的行为。在国土资源管理系统内部应该紧密配合，不能各管一段。

专家建议，在新一轮土地利用总体规划修编中应统筹考虑矿物能源开发对土地的需求。在煤炭、石油等集中产地，应适时开展矿物能源开发专项规划，并纳入省级土地利用总体规划，以便统筹安排矿物能源用地需求，并按照用地单位开发建设进度，对用地需求本着从严从紧要求列入土地利用年度计划，分类下达用地指标。对符合法定条件，确须改变和占用基本农田的，必须报国务院批准，经批准占用基本农田的，征地补偿按法定最高标准执行，并按规定重新补划基本农田。对以缴纳耕地开垦费方式补充耕地的，缴纳标准按当地最高标准执行。

3 采用先进开采技术，尽量减少塌陷造成的损失

专家认为，地下采矿总是会不同程度地造成地面塌陷，地面塌陷在一定程度上是可以预测的，它与开采深度、采空区大小、煤层倾角、重复采动、顶板岩性、采煤方法等都有关系。采矿时应尽量采用保护性开采技术，

以减少塌陷造成的损失。有专家介绍，目前国外采用的保护性开采技术有：条带开采、房柱式开采、井下充填（固体废弃物、固凝剂等）、注浆减沉以及地下气化开采等。也有专家认为，借鉴国外的开采技术要考虑我国的具体情况，如房柱式开采方法造成的地表塌陷不易预测，也不规整，塌陷地不便利用，目前美国已用得较少了。

多数专家认为，具体采用什么保护性开采技术是一个技术问题，目前急需制定加强保护性开采技术推广的相关政策和法规。结合近年来我国恶性矿难频发的现状，采矿业已成为片面发展观的重灾区。采矿业特别是采煤业必须改变只重煤、不重人，只顾地下、不管地上的生产方式，重视对保障安全生产和减少地面塌陷等先进技术和设备的投入。这不仅有利于保障地上地下协调发展，也是推动采矿业走可持续发展道路的有效举措。

4 加强复垦工作，事后保障耕地保护与矿产开发的协调发展

专家认为，为保障耕地保护与矿产开发协调发展，土地复垦虽然是一种被动的、事后处理的手段，但依然是重要而有效的手段。关于如何搞好复垦工作，专家们提出了以下建议：

（1）进一步完善土地复垦法律和法规，特别是对《土地复垦规定》中已不符合实际、与市场经济的发展不相适应的条款内容进行修改、补充和完善。

（2）继续实行并完善"谁复垦、谁使用、谁受益"的优惠鼓励政策。

（3）因地制宜确定土地复垦的标准和利用方向，把土地复垦中的经济效益、社会效益和生态效益统一起来。

（4）实行严格的矿山采矿权发证及建设用地审批管理制度，在审批中把土地复垦作为其中一项重要指标严格把关。

（5）实行土地复垦保证金或押金制度，只有在业主完成土地复垦任务并达到要求后，才退还保证金或押金。

（6）建设用地供给与土地复垦挂钩，只有在业主按要求履行了复垦义务后，再次申请用地才予以受理审批。

（7）多渠道筹集土地复垦资金，如在明晰产权的基础上，对由土地复垦费专项资金治理恢复的土地进行有偿使用，争取从矿产开发、燃煤发电、烧制砖瓦等产品中提取土地复垦补偿资金，并建议国家从公共财政中拿出一部分资金，用于历史遗留下来的工矿废弃土地的复垦。

（8）进行企业复垦筹备金的试点和建立国家复垦基金。

（9）动员社会力量投入到土地复垦与保护矿山环境的工作中去。

同时还应采用先进的土地复垦技术。比如，土地生态系统演变的综合监控技术已在晋东南的晋城煤矿区、潞安煤矿区、江苏徐州煤矿区、安徽淮北煤矿区得到实际应用，并取得了显著的经济、社会和环境效益。

5 完善矿业用地管理制度

有专家认为，由于现行的法律法规对矿业用地的规定甚少，导致矿业用地管理存在一定的问题。因此，应从完善矿业用地管理制度入手，实现基本农田保护与矿产资源开发的协调发展。专家认为，目前矿业用地管理中存在以下问题需要在修定《土地管理法》和《矿产资源法》时协调解决：一是矿业权和土地所有权、土地使用权谁先谁后产生的冲突问题；二是矿业用地涉及集体土地时通过征用方式取得，而征地的补偿费用不能解决农民长期生产、生活问题；三是土地利用规划、农用地转用和征地的审批权实行国务院和省级人民政府两级管理，而采矿权的管理部门为国务院、省、市（地）、县四级管理，由于审批主体不一致而造成的诸多问题；四是法律规定矿业用地属于工业用地，但按工业用地的使用年限管理矿业用地，又不符合矿业用地的实际情况等问题。

6 转变经济增长方式，发展循环经济

在全面建设小康社会的今天，我国矿业的整体模式仍属粗放型传统经济模式，全行业特点属资源高消耗、低利用、低回收、低效益、高排放、高污染，造成矿区环境日趋恶化，资源保证程度不断下降。针对矿业目前现状，有专家认为，以循环经济理论改造传统矿业经济势在必行，其效益是多方面的，一是资源循环利用可弥补矿产资源不足，缓解储量危机；二是改善环境，减少废弃物排放污染；三是减少能耗和用水；四是减少安全事故，以加大废金属回收再利用来减少采矿量，直接减少矿山生产伤亡事故发生；五是降低成本，节约资金，扩大生产投资；六是扩大社会就业人数。

（摘自《中国土地学会简报》2006年第2期）

矿山污染与矿山环境地质

王 禹

（冶金部第一勘察总公司，河北燕郊，101601）

目前我国矿山环境地质调查还处在开始阶段，只有个别矿山在开展工作。矿山环境地质工作，是矿山环境调查与质量评价工作的重要组成部分。为了明确矿山环境地质工作的目的和任务，笔者这里仅就矿山污染与矿山环境地质，谈一些粗浅的意见，与同志共同探讨。

1　矿山环境污染

矿产是人类生存不可缺少的自然资源。被人们采掘开发的矿产地谓之矿山。从环境学的角度看，矿体品位越高，与地壳化学元素丰度标准曲线偏离越大，其自然释放形成的污染就越重，矿区的化学本底也就越高。但仅依靠自然释放，其污染量毕竟有限。严重的污染是人类的矿业开发活动，释放出大量的污染物，造成人为污染。最近的 10 年来，随着科学技术的发展和人类对矿产资源空前规模的开发，矿山污染问题，已经越来越趋于严重。日本、欧美和苏联等，矿山污染在环境污染事故中都占有相当的比例，其中包括开采金属矿、放射性矿、煤矿、其他非金属矿、油田、天然气等，都给环境带来污染。矿山污染表现在水、气、渣和其他多方面。

1.1　矿业废水污染

矿坑废水、送矿废水、洗煤废水和冶炼废水，统称之为矿业废水。矿山废水的水质，可因矿区的地质条件、矿床种类、坑道状况、作业方式，以及生产工序和工艺之不同而有所差异。一般来说，多有酸度高、悬浮物浓度大、重金属含量高等特点。

酸性地下水，是硫化金属矿物在天然条件下、在漫长的地质历史过程中，氧化、水解形成的自然污染物。由于人为的矿业开发，使硫化矿得到充分的氧化条件，因而在自然污染的基础上，加速了酸性水的形成。除石灰岩区的硫化矿废水外，一般硫化矿废水均具有这种特点。在日本，金属矿废水酸度最大的要算松尾铜矿，pH 为 1~2。在煤矿中，因煤层本身含较多的黄铁矿成分（如太原统煤层，大部分含有层状黄铁矿结核，有时高达 4% ~6%），因此煤矿井下废水也具有较高的酸度。这种酸性水，对矿山金属设备具有强烈的腐蚀作用，工人长期接触酸性水，易患眼痛痒、脚裂等病症。如不经处理，直接排入环境水域或农田，将会对环境造成严重污染。如美国被煤矿酸水污染的河流长度已达 16000 km。在金属矿区，采用尾矿作填料的井下废水、选矿废水，采用火法冶炼、湿法收尘的炼厂废水，以及煤矿的洗煤废水，悬浮物浓度都比较大，含大量的岩粉或煤粉、尾矿、烟尘与微粉。这些悬浮物中常含有较高的金属成分，加之酸性水对金属矿物有很强溶解能力，因此在矿山废水中重金属含量都比较高。

目前，已被人们认识的重金属有毒物质，有汞、镉、铅、锌、镍、钴、铬，以及铀系、铌系的金属等。

据梅崎方美介绍，日本金属矿山废水水质如表 1 所示。

表 1　日本金属矿山废水水质　　　　　　　　　　　　　　　　　（mg/L）

废水种类	铜	铅	锌	镉	砷	总　铁	pH 值
铜　矿 矿坑水	20.1 ~22.8		63.7 ~260				3.0 ~3.4
硫化铁矿 矿坑水	0.022 ~37		0.33 ~190	0.047	7.27	170 ~3700	1.63 ~3.1
铜　矿 堆积场废水	0.5 ~2	0.49 ~0.61	0.47 ~7.71	0.01 ~0.21			

续表1

废水种类	铜	铅	锌	镉	砷	总　铁	pH 值
铜　矿 选矿废水	4.7	0.6	8.8	0.02		30	7.2
铜　矿 炼冶废水			101	3.72	1.6		5.3
铜　矿 综合废水	0.09 ~8.97	0.006 ~1.97	0.052 ~22	0.0003 ~0.36	0.03 ~1.34		2.7 ~7.3

这种废水排入周围环境，不仅给水利和水产事业带来灾害，还会破坏土壤结构。吸附在土壤中的重金属很难消除，不利于作物的生长，且被鱼类或农作物吸收富集后，还会通过食物链传递，在人体内积累，影响人体健康。如日本大泷岗铁矿废水流入洞爷湖，使湖内红鳟鱼、若鹭鱼和虾类生物显著减少，日本神岗煤矿废水中含镉（0.017×10^{-6}），对神通川流域的农田造成严重污染，通过稻谷等食物在人体内积累，造成举世皆知的骨痛病。1956 年日本水俣弯地区发生的水俣病，也是因为废水中含汞造成的。

我国矿山环境调查工作刚刚开始，有关矿山污染资料很少，本文仅举以下事例，说明国内矿山废水对环境的污染情况。

某钒钛铁矿选冶废水，排入江里后，呈一条黑色的浊流，沿江而下，在距排污点 110 km 的××，已明显看到尾矿砂沉积，以及到远离污染源 300 km 的××。××市环保局和南京大学环境科学研究所，分别取选矿和冶炼废水对鲤鱼进行毒理试验，结果表明上述废水对鲤鱼均可有明显的毒性反应，使现在的捕鱼量尚不及以前的 1/3。

据南昌有色冶金设计院调查，某 5 铜矿污水有害成分如表 2 所示。

表 2　某 5 铜矿污水有害成分　　　　　　　　　　　　　　　　　（mg/L）

废水种类	采矿场或井下废水	洗矿废水	废石场(堆)废水	选矿废水
Cu	6~218	200~600	10~2800	0.37
Zn	8~190	5~20	2~36.4	0.5
Cd	<0.05~9.5	0.5~1.5	<0.05~9.5	<0.004
F	1.03~40	<0.5	<0.05~9.5	0.3
Pb	2.3~9.85	<0.5	10~35.1	1
As	<0.1~32	1	0.05~0.26	0.03
Hg	<0.05~0.056	1	0.05~0.26	0.9
Cr	0.01~0.2	1	<0.2	<0.2
Hp	2.5~5	4~5	2~2.5	9

上述 5 矿废水，最后汇入长江，如此长期积累，将可能成为长江的重要污染源之一。前述某 5 铜矿废水，流入××河后，被××灌区引灌农田，致使土壤中重金属含量显著增加，下列××灌区土壤金属含量见表 3。

表 3　××灌区土壤 10~20cm 深处含金属量

项　目	pH 值	Cu	Pb	Zn	Be	As	Fe
污灌区	5.0	495×10^{-6}	100×10^{-6}	150×10^{-6}	2.7×10^{-6}	15×10^{-6}	6.76%
对照区	5.5	30.8×10^{-6}	72×10^{-6}	6×10^{-6}	1.8×10^{-6}	4×10^{-6}	4.0%

从表 3 中可以看出，污灌区土壤含铜量 495×10^{-6}，为对照区土壤含铜量 30.8×10^{-6} 的 16.5 倍。

积累在土壤中的金属毒物，可被作物吸收，被前述××矿区废水污染的土壤和作物金属含量如表 4 所示。

表4　被废水污染的土壤和作物金属含量

项　目	Cu	Pb	Zn
土　壤	1025×10^{-6}	200×10^{-6}	135×10^{-6}
稻　粒	5.75×10^{-6}	1.25×10^{-6}	26.5×10^{-6}
稻　根	312.5×10^{-6}	93.75×10^{-6}	97.5×10^{-6}

土壤含铜量的多少,将直接影响农作物的产量。据日本有关资料介绍,土壤含铜量与水稻的产量关系如表5所示。

表5　土壤含铜矿与水稻产量

含CuO量/%	0	0.01	0.025	0.05	0.1
水稻产量/%	100	76.7	42.7	17.4	0

前述5矿附近农田,累计受害面积已达6814亩,自1974—1980年,总赔款150万元。

其他非金属矿废水,对环境、人体健康也有不同程度的危害。如磷可以引起呼吸道癌变;石棉可以引起胸膜癌、肺癌和胃癌等病症。

1.2　矿山废渣污染

矿山废渣包括废石、尾矿、冶炼废渣,以及矿内电厂的灰渣和生活垃圾等。

(1)废石。很多金属矿山、煤矿和非金属矿,为了建设快、生产成本低、劳动条件好、矿石回采率高、作业安全等原因,多采用露天开采,而露天开采剥离的废石量最大。如美国西亚塔里露天铜矿,在基建工程中剥离的废石和泥土,多达十几亿吨,比建设巴拿马运河的挖掘工程量还大。

露天矿的废石量取决于剥离比。我国××铜矿,按露天开采,生产铜20万吨计算,每年的废石量将达1亿吨。坑采比露天开采废石量少得多,但废石中金属含量高(有时还混杂有高品位的富矿石),大量的废石在地表堆放给环境造成危害,不但占用大面积的土地,而且经雨水长期淋滤,将渗滤出含重金属的酸性废水污染环境。

(2)尾矿。它是选矿过程中产生的废物,特别是有色金属矿和稀有金属矿,由于矿石品位低,经选矿分选,绝大部分以尾矿形式排入环境。即使贮存在尾矿库也不是最妥善的办法,其缺点:

1)尾矿库蓄水后,将抬高地下水位,造成上游土地次生盐渍化、土地荒芜、村庄被迫迁移的凄凉景象。

2)尾矿干燥后,随风飘扬污染大气,电厂的灰渣也是如此,使尾矿池或灰池附近耕地,被一层很厚的尾矿粉或灰粉覆盖,影响作物生长。

(3)冶炼废渣和生活垃圾的污染。冶炼废渣对环境的污染,与前述废石、尾矿坝相似。生活垃圾还会给环境带来有机污染。一般矿区,黏性土覆盖层都比较薄,渗滤水很容易通过岩石裂隙或岩溶洞穴渗入地下,形成二次污染。

1.3　放射性污染

铀、钍矿石及与之共生的矿藏的开采和选冶过程,都将产生大量的放射性废水、废气、废渣(废石和尾矿)。这些放射性"三废"可以通过各种途径对环境造成污染,带来潜在危害。比如在50年代初期,由于对铀尾矿的危害认识不足,对其尾矿处置不当,造成了一些矿山周围环境的严重污染。美国的多数铀水冶厂是建设在河流附近(主要是罗拉多河谷地区),由于没有尾矿贮存设施,直接排入河道,致使该河受到极严重的污染,水生生物绝迹。随后逐步建造了尾矿坝(库),将尾矿长久贮存起来。但是在20世纪60年代末期,美国大章克兴城却利用停用铀水冶厂的尾矿砂作建筑材料,又造成大面积污染。致使抽查的670栋住舍中有部分住室内γ辐射水平超过100微仑/h,为一般室内γ辐射水平的5倍;室内氡子体浓度超过0.05工作水平,超过本底百倍以上。最终不得不采取措施拆迁和改造,耗费大量资金。

由于铀尾矿中钠化合物及硝酸根等有害元素可以随各种离子在地下水作用下迁移到相当远的地方,形成土壤中的铀、镭扩散晕,在离尾矿1km以内范围里100m深处可以观察到铀、镭痕迹,随生物链进入生物体,最后转移到人体,造成对人的危害。

1.4　噪声污染

美国劳动安全和健康法(OSHA)规定,工人每天在噪声达90dB(A)的环境工作时间,不得超过8h,每增加

5dB，工作时间减半，大于115dB 为违法。矿山都有一定规模的采矿、通风、运输、粉碎和机修设备，如凿岩机、电铲、卷扬机、空压机、磨机、破碎机、振筛、断钎机、发电机、机车、汽车等，均有较强的噪声，一般都超过上述标准规定。

1.5 生态平衡和景观破坏

即使是树高林密的山区，经开发矿山后，往往附近树木很快被砍光，特别是在雨量充沛、风化层较厚的地区，或由于不合理的堆放废石，都可能引起泥石流的发生。有时建造尾矿坝抬高地下水位，或露天开采，都可能引起岩石移动问题。井下作业，常会遇到由于地压活动引起井陷。井下采空区会引起地面塌陷。湖北省××县，由于开采磷矿引起的一次崩塌，使近 100 万立方米的岩块从 400 m 高处坠落，以致整个矿山毁于一旦，损失达数百万元。在岩溶区由于矿井排水，常使农田和生活水源枯竭。一旦井巷遭遇含水断裂带或岩溶洞穴，很可能造成井淹，如苏联波芦诺维奇锰矿，由于遭遇含水构造带，涌出大量地下水，将全部矿井淹没。我国吉林石嘴子铜矿，因探矿巷道触及奥陶纪灰岩溶洞，使矿井全部淹没，停产近半年。类似事件在其他煤矿、金属矿常有发生。又如湖南水口山，由于矿井突水，造成地面塌陷千余处，最大塌陷点直径达 80 余米，同时还引起了局部地震，损失极为严重。黑龙江某金矿用采金船作业，将 0.5 ~ 1 m 厚的地表黏土层和下部砂砾石层混合堆放，严重地破坏了农田。据土壤学家们推算，即使将来采取复田处理，重新形成 20cm 厚的耕作层，需要 6000 年。显然，若大面积的采金场，在漫长的 6000 年里的农业损失是相当可观的。

2 矿山环境地质

前述矿山污染事例，说明了矿山污染对环境危害的严重性。因此，必须开展与加强矿山环境地质工作，这已经在矿山地质工作同志中取得了一致的认识。但对矿山环境地质工作的任务和内容，还存在有不同的理解。如：矿山环境地质和矿山水文地质是否属于矿山环境地质内容，以及环境地质与其他环境科学的关系等。为探讨这些问题，我认为首先回顾环境地质学的发展历程和环境科学动态是很必要的。

环境地质学是地质学一个分支，而环境地质学，又是在工业高速度发展和矿山大规模开发以及污染已经危及人类生存的 60 年代，才出现的新的学科，这中间经历了漫长的认识发展过程。

阿·勃·维诺格拉多夫等人，曾从地球化学的角度出发，探讨过微量元素与人体健康的关系。经过地球化学家们的大量研究证实，在人体血液中有 60 多种元素量与地壳化学元素的克拉克值相似，这一事实反映了人类在漫长的岁月，通过新陈代谢和环境进行物质交换过程中，与环境产生了一种自然的平衡关系，一旦某种元素过量或缺少出现异常，使人体不能适应，便会产生疾病，如致痛、致突变、致畸、致癌或死亡。

地质学家们还注意到，由于地壳构造运动对地貌格局的形成和岩层分布的控制作用，而造成区域分异、元素分布的不均一性，和特异地质环境对人体的不均衡作用，结果导致地方病的发生。英国地球化学家 E·哈密尔顿等，还发现某些元素在人体组织中富集、吸收，具有明显的选择性。这意味着当某种元素在地质环境中含量异常，便有导致某器官组织病变的可能性。B·B·科沃尔斯基研究结果表明，地方性甲状腺肿瘤除缺碘外，并与次生的锰和钴有关。H·V·瓦伦等人的研究成果表明，某些植物体中含大量金属元素，这些元素来源于成土母岩。

在美国，很重视人为物质释放对环境的影响和各种有害物质在不同介质（如空气、水体和土壤）中的迁移、转化、富集的机制研究，以及通过食物链在人体内的积累。从 70 年代以来，美国做了大量的环境评价工作，并发布了部分地区岩石、土壤、植物的环境背景资料。

地质学者认为，人类活动是一种不可忽视的地质应力，其作用结果，不仅释放出大量影响环境的物质，同时极大地改变了地球的面貌，是一种破坏倾向。苏联学者 A·A·尼科诺夫在《地壳受近代工艺技术影响》一文中，论述了由于开采地下水、石油、天然气导致水压条件的改变而产生的地面下沉和诱发性地震。

1977 年，在内华罗召开的联合国沙漠会议，讨论了由于乱垦滥伐和过度放牧造成的沙漠化及其防治问题。苏联地质学者沙基耶夫，在二十六届国际地质大会上，倡议确立环境工程地质学，获得与会者的赞同。环境工程地质研究的基本任务，是确定和缩小人为地质作用的危害。另外由于自然灾害（如地震、滑坡、塌方、泥石流、火山爆发等）均可危害环境，因此也被列入环境工程地质的研究范畴。

地下水是饮用水的主要水源，也是传递污染物的主要环境介质之一。早在 20 世纪 50 年代，美、英、瑞典通过饮水对心血管病死亡率相关性的研究，就已肯定地下水对人体健康的重要意义。

现在一个以环境地球化学、环境工程地质学和环境水文地质学为分支的环境地质学体系已经形成。

我国从1968年开展环境地质学的研究以来，开展了对特异地质体微量元素不均衡的研究，和多元素组合的生化效应的研究。

通过上述矿山污染事例和对环境地质学发展历程的简要回顾，我认为将以下内容列入矿山环境地质的研究范畴是必要的。

（1）矿区地质构造，对区域地貌的形成和环境地质体的分异的控制作用。

（2）各种岩层和矿体的矿物组成及其化学成分与地球化学特征。

（3）第四纪地层的成因与分布，土壤的化学组成与化学背景，土壤与基岩化学背景的相关性。

（4）各种岩层的物理力学性能，构造断裂与风化作用对岩层破碎与岩体稳定性的影响。

（5）因矿山开发可能引起的景观破坏，如崩塌、泥石流、滑坡、井陷、地面沉降和井内流沙的可能性。

（6）含水层的分布和坑道条件，含水层的种类与组成及其渗透性能、覆盖层和隔水层的阻水性能、对污染物的吸附能力、地下水的补给、流动、排泄条件、地下水的动力性质及其与地面水体或相邻含水层的水力水质联系，地下水的化学成分与水质类型。

（7）含水层与蓄水构造的富水性，及其做供水水源或造成矿井突水的可能性。

（8）矿山工业三废和生活废物中的毒性物质在环境介质（如大气、水体和土壤）中迁移、转化、富集机制，对环境的污染现状、对生态平衡、对人体健康的危害性。

（9）评价环境介质的自净能力和环境容量预测环境的发展趋势。

（10）从环境地质的角度出发，提出规划防治污染的措施与控制污染的途径。

3　结论

做好矿山环境地质工作，尚远不能满足于矿山环境质量评价和矿山环境管理的需要。在进行矿山环境质量调查与综合评价时，必须与专门的环境评价部门、矿山地质人员配合协作。为满足日常矿山环境管理的需要，矿山环境地质人员还应向环境地质学的母体科学——地质学吸取营养，增加对环境地质体的认识能力，同时还必须向相邻学科借鉴，吸取生态学、物理学、数学和医学知识，以利矿山环境地质工作的开展。

矿山地质人员，掌握大量的矿山地质资料，拥有各种勘探、化验设备，熟悉矿山生产工艺流程，如能适当增加一些环境地质内容，对查明矿山环境本底、现状，并预测其发展趋势都可能提供基础资料，较之专门性矿山环境地质调查，可收事半功倍之效。矿山环境地质研究，有着广阔的前景，我们一定为我国矿山环境地质发展做出应有的贡献。

（原载《中国实用矿山地质学》，冶金工业出版社2010年出版）

铜、金生产矿山环境生态重要进展

高　琳

（中国科学院生态研究中心，北京，100085）

矿产资源是我国国民经济发展的重要基础。据有关资料，我国95%左右的一次能源、80%以上的工业原料、大部分农业生产资料和1/3的饮用水都取自于矿产资源。迄今，我国已开发利用的矿种数量达到182种。1949年前，我国保留比较完整的矿山仅300多座，经过50年的矿业开发，已建成国有矿山近万座，各类矿山企业18.2万个，遍布全国2000多个县。

矿山开发的目的是获取资源，提高人类的生活质量。然而，长期无序的开发，实际上是以牺牲人类生存环境为代价，造成难以弥补的资源浪费和生态环境破坏。

采矿、选矿及冶炼过程中产生大量的废石、尾矿和各类废渣。目前我国由于采矿破坏的土地约4000万亩，并以每年70万亩的速度继续增长。矿山固体废弃物累计达100亿吨，占压土地超过100万亩。

据统计，每采出1万吨金属矿矿石占用土地为$(0.5 \sim 1.0) \times 10^4$ m²（$0.5 \sim 1.0$公顷），而每形成1万吨矿石生产能力要占地约3.5×10^4 m²（3.5公顷）。我国金属矿山年产固体矿石总量已达322600万吨。有色金属等开采中的废弃物产生数量占90%以上，1998年我国有色金属已累积堆存的尾矿在150000万吨以上。有色金属矿山和企业同时是污染比较严重的工业部门，污染物排放总量在全国污染物排放总量中所占的比重相当大。据统计，有色金属矿山和企业废水占全国排放总量的3.5%，工业废气占9.7%，固体废弃物占10.6%。而随工业废水带到环境中的有害物质，如重金属离子所占比重又相当可观，汞、铬、砷、铅年排放量分别占全国年排放总量的18%、48%、11.3%和20%。此外矿山废弃地还是持久而且严重的污染源。根据一些模型的预测表明：一些伴硫矿物废石堆的酸性排水及其重金属污染可持续500年之久，其尾矿的污染也会持续上百年以上。

露天采矿导致数倍于开采范围的区域生态环境和自然景观发生根本变化。急倾斜矿床采掘形成的巨大露天矿坑和高达上百米的排土场，将长久改变原生自然景观。即使一般采场挖损、破坏大量的土地特别是耕地，破坏原生植被及生态系统，切断千、万年形成的地下水通路，造成大面积甚至区域性地下水位下降。地下采矿，引发地表塌陷、山体开裂、崩塌和滑坡等地质灾害，近年来乡镇矿山乱采滥挖，加剧了矿区水土流失、环境恶化。

煤炭是我国的主要能源，占我国燃料生产和消费构成的70%左右，未来几十年这种状况不会有大的改变。我国煤矿数量多，全国1258个县市开办各种煤矿4.3万处。高强度的开发加上落后的开采工艺和管理，煤矿区普遍出现大面积的土地破坏和环境污染。因采煤所造成的塌陷不仅破坏自然景观，毁坏耕地，还使地表各种建筑物如房屋、工厂、学校、电力与水利设施、道路、河床等遭到破坏，严重干扰了矿区正常的社会经济秩序，矿乡矛盾日趋尖锐。因此，矿山废弃地恢复与生态重建是实现我国区域可持续发展战略的重要组成部分。

矿山开发造成大规模土地破坏，在中国乃至世界，都是一个十分严重且日益受到高度重视的问题。矿山开发一方面造成土地的直接破坏，如露天开采会直接摧毁地表土层和植被，地下开采会导致地表塌陷，从而引起土地和植被的破坏，矿山开发过程中的废弃物（如尾矿、废石等）需要大面积的堆置场地，从而导致对土地的大量占用和对堆置场原有生态系统的破坏。另一方面，采矿和选矿过程中产生的大量粉尘以及排放的酸性、碱性废水，含有大量有害重金属离子，将严重污染矿区周围的土地、水体和大气。矿区生态环境质量的下降反过来也制约了经济的发展。随着矿山发展、采矿量的增加导致矿区人均耕地逐年下降，为采矿所需的征地、搬迁和安置工作越来越困难，经济赔偿、征地费用、就业安排费用大幅度上升，使国家和企业都不堪重负、难以维持。所以，进行矿山废弃地的生态恢复和重建关系到社会稳定和经济的可持续发展，已成为我国实施可持续发展战略应优先关注的领域之一。

土地是最重要的自然资源之一，是社会可持续发展的物质基础。在我国，土地资源以每年数百万公顷的速度锐减，耕地面积每年平均净减少800万亩（周树理，1995），仅工矿企业因开采而废弃的土地，每年在以70万亩的速度递增。我国人多地少的现实，特别是每7年增加1亿人口，使本来不足的土地资源形势更为严峻。随着生产建设发展，人与地的矛盾将日益尖锐。截至目前，我国因各种人为因素废弃的土地累计为2亿亩之多。因开采矿产资源、烧制砖瓦等生产和建设活动等而废弃的土地就有5000多万亩，其中70%~80%为良田沃土。

据调查推算，工矿生产建设活动破坏的5000万亩土地中，约有2500万亩可恢复为耕地，2000万亩可恢复为林、果、草、水产养殖等用地，500万亩可作为非农业建设用地。但直到目前，我国矿山废弃地的复垦率仍不足10%，大部分废弃地还未复垦，造成巨大的资源浪费。通过复垦被破坏的土地来增加土地资源，是当前缓解人地矛盾的重要举措，也是保障我国21世纪矿区可持续发展需要解决的关键问题之一，同时也是自然保护、恢复自然资源再生能力不可分割的一部分。因此，研究矿山废弃地生态恢复与重建理论和方法，并在此基础上提出矿山废弃地恢复与重建的具体措施，已成为一个紧迫而极其重要的课题。而且大多数采矿地植被破坏严重，生态环境十分脆弱，生态恢复技术的难度大，因此，进行矿山废弃地生态恢复和重建机理及矿山生态系统研究十分必要。

由于土地复垦是在不同类型、不同地域的矿山废弃地中进行，克服了实验室模拟条件下引起的失真，也有利于克服传统生态学仅仅局限于野外观察的不足。通过不同地域、时空、立地条件的矿山废弃地上，植被的恢复和重建过程的观测研究，更利于弄清矿山废弃地植被恢复机制及其环境影响，恢复生态学的理论。

本项研究是通过典型矿山生态环境综合整治及矿山废弃地的生态恢复示范研究，为国家恢复耕地、合理利用土地、控制矿区环境污染提供样板，促进矿区经济和社会的可持续发展。

矿山废弃地的研究，自20世纪40年代欧美开始，并在世界各国迅速发展，从国际生物学计划（IBP）到地圈－生物圈计划（ICBP）都包含这方面的内容。国际上对矿山废弃地的研究十分重视，发表和出版过许多论文和专著。近年来，结合退化生态系统的恢复研究，发展更为迅速。国际上对矿山废弃地恢复和重建研究的例子很多，如欧美关于废弃地上森林重建和矿区植被恢复的理论和工程技术的研究和实践，与其他退化生态系统恢复理论一起推动了"恢复生态学"的诞生，并引起了世界各国生态学家广泛的兴趣。

我国矿山废弃地恢复和重建的研究起步较晚，但近年来也取得了较大的进展。20世纪50年代末60年代初随着国民经济的发展，出现了自发的矿山废弃地复垦研究和实践，如辽宁省桓仁铅锌矿1957年开始在废弃的尾矿坝上覆土造田；河南小关铝矿在1958年设计动工时就考虑了复垦问题，造地千余亩；坂潭锡矿1964年开始利用剥离废土边采矿边回填采矿区，开创了当年征地当年造地补偿的先例。

小关矿山是国内有色金属矿山中最早（1958年）将废弃地复垦纳入矿山总体规划的矿山；在压实的废弃堆场的表层建立10~20 cm的黏土防渗层，底层建立渗流线。不仅有效地解决了水渗漏问题，而且使坝体稳定并可收集和利用排水。盘古山钨矿曾在20世纪80年代将废弃的尾矿库覆土恢复用作旱冰场，该矿还在尾矿库坝坡成功地种植剑兰。虽该矿地处边远地区，但能充分利用废弃地改善职工文体娱乐条件。如在库区建立小型绿化公园，成为当地和附近中、小学生节假日娱乐的场所，利用废弃露采坑建立灯光篮球场。

20世纪七八十年代，中条山篦子沟铜矿在韩家沟和莫家洼尾矿库覆土造地近30 km²，种植小麦、玉米等农作物和蔬菜。1987—1990年北京矿冶研究总院尾矿库复垦技术组与该矿合作，进行食物链跟踪研究。同期还进行坝坡水土流失模量观测、水土保持措施、覆土条件、适生作物品种筛选和基质熟化研究，以及防止尾矿库重金属污染、复垦前后环境条件观测等系统研究，取得了有价值的数据和结果。80年代后期，西华山钨矿在大坡度的尾矿库区，以草灌植被防止水土流失取得成效。国内较早开展尾矿土地复垦工作的还有桂西矿务局和云锡矿务局并获得成功。中山大学与香港浸会大学合作在广东凡口2号尾矿库进行铅锌（Pb-Zn）尾矿植被重建研究，包括尾矿酸化控制、尾矿废水生物处理，自然定居植物的生态对策，基质改善和重金属耐性植物筛选等。

山东招远金矿采取矿山出资、被征地村出劳力和土源，共复垦尾矿库土地128 km²。安徽南山铁矿在尾矿库上建立抗酸性矿污染的经济林。20世纪90年代后，开展尾矿库土地复垦的矿山越来越多，德兴铜矿与中科院生态环境研究中心合作在1号尾矿库，选育植被品种，已筛选出40多种适生造地植物种类，特别是筛选出十几种适生于纯尾砂的优良植物种类。此外，大冶公司在尾矿库上种植灌木丛，桃林铅锌矿在尾矿库上种植水蜡烛等水生植物等。1993—1997年，北京矿冶研究总院与澳大利亚合作开展尾矿库复垦研究项目，内容包括坝体稳定性控制、防止尾矿库水污染、粉尘控制、复垦设计、植被重建以及社区发展和公共健康研究等；在胡家峪尾矿库进行有土复垦研究及在5 km尾矿库进行无土覆盖的复垦研究，共建立两个独立的示范场26 km²；此外，还建立了具有现代设备的环境实验室和温室；在永平矿完成源头防止酸性污染的复垦方案设计；完成德兴2号尾矿库尾矿坝稳定性方案设计；在半干旱地带的迁安铁矿尾矿库种植耐旱植物沙棘 40 km² 获得成功；在年降雨只有 200 mm 条件下，四年生沙棘生长茂盛，株高达 2 m 以上，可有效控制北方春季的沙尘。

近年来，随着人地矛盾的加剧和可持续发展思想的深入，矿山废弃地的恢复和重建工作得到了进一步的重视，其中在土壤改良和植被筛选方面的研究较多，将矿山废弃地恢复为农业、林业和建筑用地的技术性探讨比较深入。但对矿山废弃地生态恢复和重建机理和过程及不同类型矿山废弃地生态恢复技术的系统性研究甚少，矿区土地复垦工作迫切需要开展这方面的研究，以指导采矿废弃地的生态恢复和综合治理，促进矿山开发和环境的协调发展。

考虑我国不同地域地形、地貌、气候、土壤、植被类型的差别，"九五"期间我们国家选择四个矿区作为示范矿区，包括两个煤矿，两个有色金属矿山。

内蒙古霍林河煤矿

内蒙霍林河煤田位于内蒙古自治区通辽市西北霍林郭勒市境内，地处蒙古高原东部。霍林河露天煤矿是我国五个现代化露天矿区之一，矿区分为两个露天矿，即 1 号露天矿和 2 号露天矿。从 1976 年开始建设，至"八五"末期，已形成年产原煤 1000 万吨的生产能力，是我国重要的原煤生产基地。

矿区地貌可分为山地丘陵、堆积台地，以及冲积平原三种类型。山地丘陵分布于矿区四周，以侵蚀、剥蚀山地为主，相对高差不大，海拔 1100 ~ 1317 m。栗钙土为本区主要土壤，其次为草甸土和风沙土。霍林河属中温带温凉地区半湿润大陆性气候，冬季寒冷少雪，夏季凉爽。

矿区植被属于蒙古植被分布区，同时由于受大兴安岭植物区系的影响，呈现兴安—蒙古成分过渡性质。在景观上为森林草原，地带性植被为草甸草原，具有明显的森林草原向典型草原过渡性质。霍林河矿区境内有霍林河及其 5 条支流，地表水年平均总径流量 19123×10^3 m³，保证率在 50% 时径流量 1511×10^4 m³。

山西平朔煤矿

山西平朔矿区位于山西省北部的朔州市境内，地处黄土高原晋陕蒙接壤的黑三角地带，属宁武煤田北部区域。矿区东、西、北部三面均以煤层露头线为界，南以担水沟断层为界，南北长 21 km，东西宽 22 km，面积 380 km²，地质储量 127.5 亿吨。平朔矿区建设规模为 6500 万吨，其中，国家大型露天矿 4500 万吨，地方煤矿 2000 万吨。国家级大型露天矿划分为 3 个煤田，即安太堡、安家岭和东露天煤矿，每个矿田的规模均为 1500 万吨。

平朔矿区属丘陵缓坡区，黄土广布、植被稀少、水蚀风蚀严重、冲刷剧烈、切割深度一般 30 ~ 50 m，以"V"字形沟道居多，为典型的黄土高原地貌景观。区内地势北东高，南西低。本区地带性土壤为栗钙土与栗褐土，分布在洪积、冲积平原及河流二级阶地或沟台地，其成土母质多为黄土性的冲积物、洪积物、坡积物，也有部分地带性的风积物，多系花岗岩、片麻岩的风化产物。平朔矿区地处典型的温带半干旱大陆性季风气候区，冬春干旱少雨、寒冷、多风，夏秋降水集中、温凉少风。

矿区地带性植被类型属干草原。由于开发历史悠久，耕垦指数高，天然次生林已毁坏殆尽，草原群落呈零星分布，植被覆盖率低。

江西德兴铜矿

德兴铜矿位于江西省的东北部，属江西省上饶地区德兴市管辖，全矿总面积 100 km²。德兴铜矿是我国特大型以铜为主的多金属共生矿。1958 年建矿以来，经过 40 多年的发展，目前已形成日采选矿石 7 万吨综合生产能力，拥有职工 1.19 万人，固定资产 31 亿元，是目前亚洲最大的现代化铜精矿生产企业，也是世界级特大型铜矿企业。

矿区处于我国东部新华夏构造体系武夷山隆起带以西、南岭纬向构造带以北、淮阳山字型孤顶以南，以褶皱和断裂为主，呈东北—西南走向。地层发育齐全，自中元古界双桥山群（Pt2）变质沉积凝灰岩夹凝灰质千枚岩至第四系均有分布。矿体产出在岩浆岩与围岩的接触带两侧，空间上大致成不规则筒状，向北西 32.7° 倾伏。本区东、南、北三面环山，中部丘陵起伏。区内地貌以丘陵为主，占 45.54%，山地占 42.16%，平原占 12.30%。矿区内地貌为低山、丘陵，海拔 65 ~ 500 m，地势起伏，沟岭相间。矿区内地质岩层大部分为千枚岩，地表土壤为第四纪亚黏土层，沟谷地带为冲积层。矿区土壤主要为红壤或山地黄红壤。

矿区属中亚热带季风气候，年平均气温 17.0℃，无霜期 248 ~ 273 d；年平均降雨量 1901.6 mm，主要集中在 3 ~ 6 月，一般年份的蒸发量 1303 mm；全年主导风向 NNE。从气候资源来看，这里光能资源丰富，日照适宜，雨量充沛，气候条件优越，有利于植物生长发育。气候温暖湿润，雨量丰富，无霜期长，为各种植物的生长创造了良好的自然环境。

矿区处于中亚热带，植物区系主要属于泛北极植物区系的中国、日本植物亚区的中国南部亚热带湿润森林植物区系（林英，1982）。由于自然条件优越，又未受到第四纪大陆冰川的毁灭性袭击，因此，植被类型繁多，植物区系丰富，特别是保留了大量的第三纪植物区系和植物类型。

山东招远金矿

招远位于山东半岛西北部，渤海南岸，莱州湾之滨。本区地处低山丘陵区，东南高西北低，地势向西北倾斜。本市气候为暖温带季风气候，年平均气温 11.5℃，年降水 679.4 mm，气候温和，物产丰富，经济发达。

本区位于世界著名的胶东金矿带的西部，大面积分布燕山早期花岗岩和花岗闪长岩，其次是太古界胶东群变质岩，从北到南贯穿本区的构造是北北东向的主干断裂：招远平度断裂带。本区的金矿床主要有两种类型，一种类型为石英脉矿床，以玲珑金矿最为著名，金品位 5 ~ 10 g/t；第二种类型为破碎带蚀变岩，如灵山沟金矿，是本区分布最广最重要的金矿类型。金矿床分布几乎遍及全市各乡镇，占全国金矿储量的 1/6 以上。

招远金矿开发历史悠久，目前招远市黄金工业集团下属 17 个矿山和一座冶炼厂。这些企业绝大部分是 20 世纪 70 年代土法上马，现在全部实现了机械化，而且是采、选、冶配套，管理水平较高的现代化企业，选矿厂日处理矿石达 7000 多吨，无论规模、能力、技术、管理等方面都处于国内先进水平。全市年产量已突破 50 万两大关，占全国黄金产量的 9.2%。本区有 10 个黄金行业重点企业，占全国的 1/5，雄厚的黄金工业基础，丰富的资源潜力，强大的后劲，使招远在我国黄金生产中居于举足轻重的地位。

"九五"科技攻关目标如下：

阐明有色金属矿山（以德兴铜矿为例）生态系统恢复演替机理及有毒物质在生态系统多介质环境中的迁移、扩散和富集机理。提出有毒物质的生态效应及受污染环境的修复原理和技术。

通过霍林河煤矿、平朔煤矿试验示范工程，建立结构优化、稳定的人工生态系统，提出适合我国煤矿废弃地生态恢复的理论、方法和技术。

研究并提出有色金属矿山废弃地复垦的关键技术（工程复垦技术、生物复垦技术）。

对有色金属示范矿山的采矿、选矿工艺进行技术革新，实施清洁生产和生态环境综合整治。

对示范煤矿开展环境综合整治和废弃物资源化利用研究。

"九五"攻关目标的完成，可以遏制这四个示范矿山生态的进一步破坏和环境的污染，同时提出矿区经济与生态环境协调发展的方向。矿山环境综合整治研究建立的理论、方法以及实用技术，不仅适用于这四个示范矿山，也适用于同类型矿山，可推动其他矿山环境综合整治和土地复垦。

采矿废弃地复垦与生态重建要求准确预测未来空间的发展。在采矿尚未开始、废弃地尚未产生前，要对生态破坏的情况作出正确的估计，并对重建的后果作出正确的推测，这就需要多学科综合、多方面的专家联合攻关，才能解决矿山生态环境中的重大问题。

1 矿山废弃地生态恢复和重建理论

1.1 矿山废弃地生态演替模式

了解和掌握植被的演替规律，对矿山废弃地植被恢复与重建过程中优良植物种类的筛选、适时引入及人工加速恢复演替进程均具有十分重要的意义。

恢复生态学是矿山废弃地植被恢复与重建的理论基础，是一门在 20 世纪 80 年代得到迅速发展的现代生态学分支，其研究对象是受损的自然生态系统。从可持续发展的观点看，矿山废弃地植被恢复与重建是为了建立或恢复与当地自然界相和谐的人工生态系统，如农业生态系统、城市生态系统等；或建立一个自然生态系统，可以是被破坏生态系统的恢复，也可以是一个新的生态系统的重建，其实质是矿区的生态恢复。这是矿山废弃地植被恢复与重建中最重要和最基本的内容，包括废弃地环境质量的改善以及生物群落的恢复和重建。

矿山废弃地植被恢复与重建的最重要原理是生态演替（Ecological succession）理论，即生态系统由一种类型转变为另一种类型的有序变化。这个过程在自然界很普遍，如草地遭到破坏变成裸地后，一般均要经过杂草→疏丛禾草→密丛禾草等阶段才能恢复；森林遭到砍伐或严重破坏后，一般要经过迹地阶段→杂草期→先锋木本植物期→顶极林木定居期→顶极林。在杂草阶段，土壤逐渐得到改良，小气候逐渐形成，同时土壤微生物和小型动物的活力增强，环境条件得到了改善，为一些木本植物的生长创造了条件。随着时间的推移，多年生植物取得优势地位，一个具备特定结构和功能的植物群落就形成了。相应地，适应于植物群落的动物区系和微生物区系也逐渐确定下来。但整个生物群落仍在向前发展。当它达到与当地的环境条件特别是气候和土壤条件都比较适应的时候，即形成稳定的群落。在草原地带，将恢复到原生草原群落；若处于森林地带，它将进一步发展成为森林群落。在自然状态下，这种复生演替过程要经历较多的发展阶段和较长的时间，通常可达几十年至几百年之久。但人为作用可以调控这一过程，加速演替进程和改变演替方向，使资源得到更充分地利用。

根据这一基本原理，在实施矿山废弃地植被恢复与重建时应侧重以下几方面的工作：①选择具有适应性强、耐干旱、耐瘠薄、耐盐碱、速生等优良特性的植物或农作物，以便在矿山废弃地上能迅速生长并形成持久的植被。②在基质得到一定程度改良后，可采用混播草种使之迅速覆盖废弃地，或与绿肥或豆科作物轮作、套作的方式达到"种地、养地相结合"的目的。③根据土壤条件与肥力，辅之一定的水肥(尤其是微生物肥)措施，建立可以自维持的土壤生态系统。④发展多种作物和果树，因地制宜地发展农林牧副业，在矿山废弃地上建立高效复合的人工生态系统，综合利用矿山废弃地。

1.2 案例

1.2.1 平朔煤矿生态系统的演替模式

平朔矿区生态系统有4种演替模式。

在进行矿产资源开发前，原脆弱生态系统将有两种可能的演替模式。其中模式1属于一般整治下的稳定生态系统，因不可能得到矿山经济的支持，此种生态系统仅可低水平持续发展。

模式2因无任何外来经济的支持，属于不整治下的不稳定生态系统，故不可持续发展。

在进行矿产资源开发时，原脆弱生态系统也将有两种可能的演替模式。其中模式3是在矿山经济支持和人工诱导下重建的高稳定生态系统，此种生态系统可高水平持续发展，是目前平朔安太堡矿所处的演替模式。

模式4为无任何经济支持和人工措施，仅靠自然恢复，实践证明，在原生态系统尚未"超负荷"的情况下，系统有"再生"能力，随着时间的推移，系统可能自然恢复。但目前如此大规模的矿区退化生态系统已"超负荷"运转，不可能再靠"再生"而自我恢复，只会使极度退化生态系统再度恶化，故不可持续发展。

平朔煤矿经多年研究，提出了适宜于半干旱黄土区露天煤矿生态重建的理论与方法。其内涵是对采矿引发的结构缺损、功能失调的极度退化的生态系统，借助人工支持和诱导，对其组成、结构和功能进行超前性的规划、安排和调控，同时对逐渐逼近最终目标这一逆向演替过程中可能出现的各种问题，进行跟踪评估并匹配相应的技术经济措施，最终重建一个符合代际(间)需求和价值取向的可持续的生态系统。

1.2.2 德兴铜矿生态系统的演替

德兴矿区地处中亚热带的典型地段，其地带性的植被是常绿阔叶林，如苦槠林、樟树林、栲树林、罗浮栲林、甜槠林等。但在人为影响下即会发生向下演替，也就是说由于受到人为的砍伐和火烧，使林地内的小气候条件发生了很大变化，表现为地面受到直接辐射，日间温度很快升高，夜间很快下降。因此，阴性植物就不能在这种环境下生活，取而代之的是一些喜阳的植物；如马尾松，如果马尾松继续遭到砍伐，生境变得更加干旱，形成各种灌丛，如短穗竹灌丛、茅栗灌丛、继木灌丛等；灌丛再被砍伐或火烧，则出现以禾本科和莎草科及其他杂草所形成的荒山草地，最后成为次生裸地。这种向下演替是一种恶性循环，会严重地破坏当地的生态平衡，水土流失加剧，环境恶化。此时森林植被恢复更加困难，必须引起足够的重视。

在向下演替的某一阶段中，如果停止人为干扰，加之封山育林，在自然状态下植被就会向上演替，如马尾松林不继续砍伐，随着林冠逐渐郁闭，耐荫的阔叶树苗开始生长，将逐渐变成针阔叶混交林和常绿与落叶树混交林。随着林冠郁闭度继续增大，最后被常绿阔叶树所取代，而成为次生的常绿阔叶林。

根据以上植被演替模式，可以发现矿区现有各种植被类型是处于不同的演替阶段，而且是不稳定的，它随着人为干扰程度的大小而变化，减轻或停止干扰植被则向上演替，这种演替是长期而缓慢的；否则即会向下演替的，而这种演替过程往往是快速的。

德兴铜矿1号尾矿库纯尾砂植被恢复与重建模式主要有3种：即植被恢复演替模式、土壤生物改良模式和客土复垦模式。①植被恢复演替模式是利用群落演替规律，根据矿山废弃地立地条件，通过筛选植物种类及合理安排植被顺序,达到矿山废弃地利用和土地复垦,改善生态环境,最终实现林业利用的目的。②土壤生物改良模式是通过筛选一些对矿山废弃地土壤具有改良作用的植物种类(如豆科植物),逐步改善立地条件,在一定时期后通过绿肥和先锋豆科作物轮作,变草地为田地,变低产田为高产田。③客土复垦是在矿山废弃地上覆盖一定厚度的土壤,通过适当的土壤改良措施(如施肥、种植豆科作物或绿肥等),以实现土地直接利用。

边坡地植被恢复与重建模式是根据尾矿库边坡地的立地条件控制水土流失、保护坝体安全、合理利用土地资源。边坡地植被恢复应以林、草业为主,果、农业为副。水平阶地上适宜安排农作物、绿肥作物、药用植物及优质牧草,以取得较好的经济效益;水平阶地边安排乔木树种(包括用材树种、木本粮油树种、果树、药材树种、绿化树种等)、经济灌木,以取得较大的环境效益和强固坝堤功能;坡度较大的水平阶地小边坡安排具有水保功能的牧草、经济草种或具有较好水土保持功能的经济灌木,以便在控制水土流失的同时,取得一定经济效益。

在以上研究和全面分析的基础上,建立矿山废弃地植被恢复综合效益评价的指标体系,对各种试验模式进行客观、公正、科学的定量评价,从中选择出能充分发挥系统功能的优良模式,并在生产上推广应用。

1.2.3 霍林河草原矿区退化生态系统的恢复和演替

草场退化是引起草原环境质量降低的主要原因,而引起草场退化的真正原因是人类的经济活动,主要是不合理的开发利用、过度放牧和开垦等人为因素造成的,尤其是过度放牧最为严重。

由于过度放牧,植物群落种类组成发生了一系列变化,植被类型也相应地发生了改变。羊草针茅杂类草草场中的羊草、针茅以及适口性强的葱类植物逐渐减少以至消失,而被耐旱、适口性差的冷蒿取代,其退化演替过程如下:羊草杂类草草原→羊草贝加尔针茅阶段→隐子草阶段→寸草苔阶段→冷蒿阶段→裸地。

草原矿区沙化有一个共同的特征,即原生植被和土壤结构遭受破坏后,导致了风力作用过程的发生。风蚀加剧,使地表出现土壤颗粒粗化、片状流沙甚至密集的流动沙丘等类似沙漠的景观,由原生植被草原景观退化为类似沙漠景观的生态系统破坏过程。

草原沙漠化过程是一个恶性循环过程,以原生草原景观为起点,以基本丧失生物生产潜力的严重沙漠化而结束。草原沙漠化过程要经过不同阶段,尤其是植被逆向演替与退化始终贯穿于沙漠化过程中。沙漠化的发生和发展与人类活动有密切关系,人类不合理的经济活动是导致沙漠化发生发展的原因。

草原生态系统是一个自我调节的反馈系统,物质在不停地循环,能量在系统中能不断地转化。生态系统的生产者(绿色植物)、消费者(动物)、分解者(微生物)与环境之间,如果物质的输入与输出、能量在各个环节的转化是平衡的,此时系统的生物种类、数量比是持久的,没有明显变化,草原植物群落处于稳定状态,草原生态系统保持生态平衡状态。

当系统受到外界干扰时,自身具有一定的调节能力,羊草草原地带的撂荒地,首先生长大籽蒿、猪毛菜等先锋植物,进而出现羊草等根茎禾草的斑块,随着羊草斑块的不断扩大,撂荒15年后,一般可以恢复到原来的草原植被面貌。因此草原生态系统只要合理利用,可以基本上处于周而复始的良好状态,在一定程度上可以说草原是取之不尽、用之不竭的可再生的自然资源。但是,生态系统的自我恢复能力,即可更新性是有一定限度的,破坏程度越严重,恢复就越缓慢,破坏程度超过一定的阈值,草原系统就很难恢复到原来的状态,草原生态系统就会被破坏。而且,随着土壤干旱程度的加重及沙化,植被恢复和演替的速度显著降低。

因此,草原矿区的开发一定要尽量减少对草原的压力,控制草原发生退化、沙化和碱化,并治理已经发生"三化"的草原,使其向植被恢复的方向演替,生物群落的发展达到与生态条件充分协调,即生态的潜力得到充分的利用,形成顶级群落达到生态平衡的植被类型。这是草原矿区保护环境具有战略意义的重大问题。

2　生态恢复的生物技术理论

植物生长对土壤条件有一定的要求,土地复垦的关键在于解决土壤熟化和培肥问题,只有提高了土壤肥力,才能真正创造植物生长的条件,达到土地复垦的目的。在矿山废弃地中,存在着如下的影响生物定居的限制因子:①尾矿仅是细砂粒状混合物,其物理结构不良,持水保肥能力差。②氮、磷、钾及有机质含量极低,或是养分不平衡,土壤极端贫瘠。③重金属浓度过高,微量元素过量,不仅直接伤害植物,还会抑制根的生长,从而加剧干旱的影响。④含硫矿物废弃地中的硫由于长期氧化而形成硫酸,严重时pH接近2,pH过低会加剧重金属的溶出和毒害。⑤尾矿废弃地还有松散易流动、风扬及表面温度过高等现象。这些因子都是矿山恢复的限制因子。这就需要采用工程、物理、化学和生物学的手段来解决土壤熟化和培肥技术,土壤改良性状,去除有毒有害物质，创造适宜植物生长的土壤条件。

2.1 限制因子定律

生物的生长发育受多种因子的影响。在诸多的生态因子中，使生物的耐受性接近或达到极限时，生物的生长发育、生殖、活动以及分布等直接受到限制，甚至死亡的因子称为限制因子。它包括最小因子定律和耐受性定律两个定律。

最小因子定律是由德国化学家利比希(Liebing)提出，他在研究作物生产时发现，植物生长不是受需要量大的营养物质影响，而是受那些处于最低量的营养物质成分如微量元素、重金属等的影响，后来人们把这称为利比希最小因子定律。

耐受性定律则由美国生态学家谢尔福德(Shelford)提出，他认为生态因子在最低量时可以成为限制因子，但如果因子过量超过生物体的耐受程度时也可以成为限制因子。每种生物对一种环境因子都有一个生态范围的大小，称生态幅(ecological amplitude)，即有一个最低点和一个最高点，两者之间的幅度为耐性限度，此即为谢尔福德的"耐受性定律"。生物在最适点或接近最适点才能很好生活，趋向这两端时就减弱，然后被抑制。接近有机体耐性限度的几个因素中的任何一个在质或量上的不足或过量，都可以引起有机体的衰减或死亡。所以一种生物如果经常处于这种极限条件下，生存就会受到严重危害。但可以通过各种手段(包括生物手段)使各限制因子转变为非限制因子，从而有利于矿山植物的生长发育和繁殖。

2.2 生物富集作用原理

在生态系统中，某些有机元素、重金属及其化合物，很易积累于生物体中，通过食物链，就会逐渐地浓缩，呈现出营养级越高，浓度越来越大的现象，这种随食物链浓缩的作用称为生物富集作用或生物扩大作用(biobogical magnification)。例如蚯蚓的富集能力很强，据测定，对锌、镉、硒的富集系数分别为2.4倍、17倍、10倍，对铜的富集系数为50多倍。有些蚯蚓组织含铜量为1462×10^{-6}，相当于体重的0.14%。因此，通过蚯蚓的富集作用，可以去除或减轻重金属的污染。

2.3 土壤生物持续利用原理

生态系统的可持续利用，关键是土壤的可持续利用，而衡量其可持续性的指标是土壤中的微生物含量和土壤中的动物丰富度，及其在腐生性食物链中的作用。腐生性食物链(saprophogous food chain)，也称分解链(decomposs chain)，它是从死亡的有机体被微生物利用开始的一种食物链，其传递过程如动植物残体→微生物→土壤动物(蚯蚓)，包含着一系列生化和分解过程。在陆地生态系统中，这类食物链占有很重要的位置。其中蚯蚓在里面又起着非常重要的作用。

蚯蚓是世界上最有益的动物之一，被达尔文(1881年)认为是改良土壤的能手，农业的犁手。它对土壤的机械翻动起到疏松、拌和土壤效应，改造了土壤结构性、通气性和透水性，使土壤迅速熟化；同时它又不断地通过体表排出粪便，不但含有丰富的有机质和微生物群落，而且具有很好的团粒结构，保水保肥能力，促进了植物的生长发育，是目前很好的土壤改良剂之一。据我们的研究，蚯蚓每年在每公顷地表约堆积10~15 t的粪便粒。这些粪便粒有丰富的腐殖质和有机-无机胶体，是良好的团粒结构体，同时还含有植物生长调节剂，利于植物生长，从而形成蚯蚓多→沃土→产量高→蚯蚓多的良性循环，促进了矿山土壤的可持续利用，蚯蚓被认为是矿山生态恢复的重要生物手段。

2.4 重金属污染土壤生物修复

重金属不能被微生物降解，在土壤中难于移动，因此污染土壤的修复十分困难。目前用于污染土壤修复的技术和方法主要有物理、化学、生物和工程技术。生物修复技术较其他方法具有成本低、不破坏土壤生态环境、二次污染小、环境友好等独特的优点。

土壤的生物修复最重要的原理和方法是植物提取，利用一些植物对污染物的吸收和地上部分的累积，并通过收获地上部分来达到减少土壤重金属含量的目的。有些超量累积植物对重金属具有较高的耐性，吸收重金属含量可达：镉，1800×10^{-6}；钴，10200×10^{-6}；铜，13500×10^{-6}；镍，47500×10^{-6}；铅，8200×10^{-6}。通过施用螯合剂可以诱导某些高生物量的植物对重金属的吸收。植物提取法修复重金属污染土壤取决于植物体内有毒重金属含量的高低和植物生物量的大小。理想的用于植物提取的植物地上部分有毒重金属含量比在普通植物中的含量高百倍甚至千倍以上，植物生长快、干物质积累量大。

除此以外，还有诸如植物挥发、植物过滤、植物钝化、微生物修复和土壤动物修复等。

基于以上理论，针对矿山废弃地土壤理化性质差和重金属含量高的特点，在矿山废弃地种植植物，或引入一定数量的蚯蚓，通过植物和蚯蚓改良土壤理化性质，增加土壤通气和保水能力以及土壤微生物群落条件，同时又富集其中的重金属含量，减少重金属污染，达到矿山废弃地生态恢复持续利用的目的。

3 重金属元素在生态系统中的富集、迁移、转化规律研究

重金属是影响植物定居和生长的重要胁迫因子。尾矿砂是重金属的纳污场所，而且还是重金属的污染源。

在一定的环境条件下，水/沉积物界面的环境条件可发生变化，固定的重金属可再次活动并从固体沉积物中重新释放。发生在水/沉积物交界面的某些物理过程也能使重金属再活动，如水流可使沉积物再悬浮，可改变pH和氧化还原条件而释放重金属。

重金属的生物活性、毒性与水和固体沉淀物颗粒的表面化学特性密切相关。生物聚集金属离子依靠许多因素，包括沉积固体与空隙水的金属分离，沉积颗粒的表面特性及水中金属的浓度。

重金属不能被土壤微生物降解，而可被生物所富集，成为土壤中不断积累的污染物，甚至在土壤中可以转化为毒性更大的甲基化合物。通过食物链，重金属的浓度可以聚集到某种程度，危害食物链的某些成员，最终可以在人体内富集到有害的程度。土壤重金属污染，不仅要看它的含量，还要看其存在的形态。重金属在环境中不能被微生物降解，只能发生形态间的相互转化及分散和富集过程。这些过程统称为重金属的迁移。重金属在土壤中的形态不同，其迁移转化的活性和对植物的毒性也不同。通常胶体的吸附、络合和螯合作用、重金属的化学沉淀和氧化还原条件等几种方式影响重金属在土壤中的迁移转化。

通常重金属的迁移有如下几种形式。土壤中的重金属可能借助于植物根或土壤微生物随液体和悬浊液迁移；可溶性金属化合物可能在土壤溶液中扩散，也可能随液体流动；黏土和有机质可促使所有与之结合的重金属迁移；重金属的气相和固相迁移不明显，不具有普遍的意义；植物根对离子的吸收可使离子从土壤下层向上层富集，这是由于植物地上部分死亡后腐解所致，这种过程称为土壤上层的生物学富集过程，铜铅锌等重金属都有这种现象；重金属可被土壤微生物吸收，因此微生物也可参与重金属的迁移；蚯蚓和其他生物可掺混土壤或将重金属吸入组织内，通过这种机械的或生物学途径促进重金属的迁移。在一定条件下，植物根或生物对重金属的迁移作用有重要意义。上述几种形式的迁移中最重要的还是液相迁移，因为重金属都是以溶解或水悬液的形态进入土壤，实际上重金属和土壤液相组成部分之间的所有相互作用都是在固相和液相的界面上发生的。

尾矿库内的尾矿砂中重金属经历长期风化、雨水淋溶、渗滤、毛细管等物理化学作用与生物化学作用，在多介质环境中迁移，进入表层土壤、水体以及生物体中，造成环境污染和生态毒性，对生态系统的环境安全带来严重问题。尾矿库上浅洼处雨水积聚而逐渐自然形成湿地生态系统，水生态系统中重金属的生态效应决定了尾矿坝湿地生态系统能否得到有效利用以及如何合理利用。在矿山的生态恢复和重建中需要了解重金属在尾矿砂－土壤－生物系统、天然水环境系统，以及湿地生态系统的迁移扩散及其生物毒性与可利用性。因此对尾矿砂中重金属释放、迁移扩散，以及水体、土壤和植物体内分布含量的研究有重要的理论和实际意义。

4 废弃物资源化利用与环境综合整治理论

4.1 污水处理理论

以霍林郭勒市为例，利用人工林地－草地复合型土地处理系统，进行城市污水的无害化和资源化处理利用。该土地处理系统建成运行后，形成了与典型地带性植被迥异的森林植被和人工湖－森林生态系统，区域内生态环境和生物种群明显改变，生物多样性和生物量的增加成为当地一种新型生态模式。在此基础上，对人工林的抚育、生态隐患（如病害、火灾）、新型生态模式的开发利用做进一步深入研究。

污水土地处理系统是将污水有控制地投配到土地上，通过土壤－植物－水系统中的物理、化学和生物过程，使污水中可降解的有机污染物得以净化，而氮、磷等营养物质和水作为资源再次利用，从而实现污水的无害化和资源化。

土地处理技术的基本原理是运用生态学原理和工程学方法而形成的生态工程水处理技术。其生态学原理具体体现在对现代应用生态学3项基本原则——整体优化、循环再生和区域分异的充分运用。

整体优化：一个完整的生态系统具有自身的应变性、调节功能以及系统间各组分的协调分工作用。污水生

态学处理是一项系统工程，其中包括点源控制、污水传输、预处理、布水工艺以及作物选择和再生水的回收。因此，土地处理系统工程的完整设计应该是一个整体优化过程。其最终表现为系统的净化功能充分发挥水、肥资源的有效利用，承接水体环境不受污染。

循环再生：土地处理实际上是追求土壤和植物的"处理"与"利用"两个功能的总体实现。土壤作为"活的过滤器"系统用于污水处理工程，污染物在系统中通过各种相互作用，如吸附、吸收、降解、挥发、淋溶、分解和转化等，得以净化。污水中的物质由复杂变为简单，由生物不可利用吸收变为可利用吸收，在土壤中不断更新和再生。实现水肥资源的循环再生和有效利用。

区域分异：用于土地处理的场地，具有严格的区域分异特征，不是任何场地、任何土壤都可以实施土地处理。不同的土地处理类型，要求不同的土壤、气候、地形、地质和水文等场地条件。针对场地的区域特征不同，进行有区别的类型选择、工艺设计、工程设计、实施和运行管理。

土地处理的工程学原理为：有针对性的工艺选型；科学的工程设计；严格的工程实施；合理的运行管理。

4.2　清洁生产理论

清洁生产是人们思想和观念的一种转变，是环境保护战略由被动响应向主动行动的一种转变。联合国环境规划署在总结了各国开展的污染预防活动，并加以分析提高后，提出了清洁生产的定义，并得到国际社会的普遍认可和接受，其定义为：

清洁生产是一种新的创造性的思想，该思想将整体预防的环境战略持续应用于生产过程、产品和服务中，以增加生态效益和减少人类及环境的风险。

——对生产过程，要求节约原材料和能源，淘汰有毒原材料，减降所有废弃物的数量和毒性；

——对产品，要求减少从原材料到最终产品生命周期的不利影响；

——对服务，要求将环境因素纳入设计和所提供的服务之中。

通过清洁生产，达到"节能、降耗、减污"的目标。

清洁生产彻底改变了过去被动滞后的污染控制手段，强调在污染产生之前就予以削减，即在产品及生产过程并在服务中减少污染物的产生和对环境的不利影响，这一主动行动，经近几年国内外的许多实践证明具有效率高、可带来经济效益、容易为企业接受等特点，因而实行清洁生产将是控制环境污染的一项有效手段。实行清洁生产可大大降低末端处理的负担。

清洁生产可以减少甚至在某些情况下消除污染物的产生，这样，不仅可以减少末端处理设施的建设投资，而且可以减少日常运转费用。清洁生产可以促进企业提高管理水平，节能、降耗、减污，从而降低生产成本，提高经济效益，同时生产还可以树立企业形象，促进公众对其产品的支持。

5　矿山废弃地复垦技术

矿山废弃地复垦具有明显的多学科性，涉及自然科学、技术科学和社会科学及国民经济的许多部门，是一项复杂的系统工程。包括工程复垦和生物复垦两个阶段及其技术措施。露天采矿废弃地复垦要很好地将采矿技术、生态技术、生物技术分阶段地融为一体。在采矿的同时就要考虑复垦的要求，把土地复垦作为整个采矿工艺的重要组成部分来对待，采矿过程不仅要降低荒芜程度，而且要创造性地建立新景观。在排土场表面尽量覆盖富含有机质的表土，为植物提供适生条件。在毁坏严重的矿山废弃地上，应通过工程加生物复垦的措施进行复垦，节约土地资源和恢复矿区的生态环境。科学复垦包括稳定化工艺、土壤改良方法、植物种类的筛选技术、植被工艺等项技术。

稳定化工艺包括两层含义，即地表景观的稳定和矿山废弃物的稳定（徐嵩龄，1994）。地表景观的稳定是指对采矿形成的坑洼、回填形成的平地和矿石废弃物堆放形成的坡面，在进行土地复垦时必须采取有效措施以确保它们各自景观特征的稳定，不致造成塌陷、大规模渗漏或出现滑坡等。特别是矿山废弃物堆置场（排土场，尾矿库）的边坡，稳定性尤为重要，它不仅会造成景观破坏，而且导致环境污染及生物群落破坏。废弃物的稳定主要是指阻止废弃物向周围环境的污染释放，目前主要依赖于物理方法和部分生物措施。一个成功的矿山废弃物稳定工艺，一般包括三种途径：①物理处理，即填埋＋覆盖，其覆盖材料的选择主要取决于废弃物的数量、毒性以及污染物的迁移特征；②生物措施，即在废弃物堆置场的表层恢复植被，以保持水土、去除毒性和恢复景观；③化学处理，即对废弃物堆置场上产生的少量含有污染物的渗漏液，在其进入周围环境前进行处理，以确保其无害。

5.1 工程复垦技术

5.1.1 平朔煤矿

山西平朔安太堡露天煤矿从采掘到构筑复垦地,采取一条龙的作业模式,它包括采掘、岩层爆破、剥离运输、固体废弃物的排弃运输,排土场造地及水土保持几步工艺。采取这种"一条龙"的采排工艺,一面剥排,一面复垦,好处是直接构筑复垦地,省去弃土的两次搬运,节省大量土地复垦资金,减轻地质灾害,造地速度快。

"九五"期间平朔煤矿提出了半干旱黄土区露天煤矿土地重塑、土壤重构和植被重建的综合集成技术。

——提出并实施了"采掘、排弃、造地、复垦"一体化工程技术。本技术是从清洁生产角度进行"造地造土",其约束条件是通过"岩土污染程度、重塑地型坡度、地表物质组成,有效覆土厚度、土体容重和坡向"来逐级筛选,使重塑的土地、重构的土壤符合水土保持、环境保护和土地复垦的要求,为后续的植被重建打好基础。本技术的实施可节省大量的环境综合整治费用。

——提出并实施了矿区新造地水土流失防治与环境灾害控制技术。本技术由"暂时性生物措施""过渡性生物措施""永久性生物措施""硬化排水系统"和"非硬化排水系统"综合集成。其技术要点及功能为:"暂时性生物措施"是针对地形暂时成形,但可能又被后来的人工扰动固体排弃物所掩埋而设计的,关键是种植费用少、见效快的植被。"过渡性生物措施"是针对用于农田的复垦土地,但目前是为地力贫瘠的区段而设计的,主要技术是通过种植绿肥牧草、改良平台土壤,提高肥力后再转为耕地。"永久性生物措施"是针对人工扰动后地形不变的区段而设计的,或者当人工扰动松散堆积体稳定后,将临时工程措施改建为永久性工程措施,其主要技术则是生物和工程措施相结合,要求永久坚固。"非硬化排水系统"主要是针对人工扰动土地形成初期,存在着严重的非均匀性沉降,短期内不宜修筑硬化渠系,主要采用易修复的非刚性材料修筑排洪渠。"硬化排水系统"主要利用硬化、碾压、稳定不变的路面和区段修筑排洪渠。

——提出并实施了土壤资源再生与生产力快速提高综合技术,由"黄土母质直接铺覆工艺""堆状地面排土工艺""生土快速熟化工艺""加速岩石风化工艺""边坡薄层覆盖工艺"综合集成。本技术要点及功能为:"黄土母质直接铺覆工艺"是破除"原表土的单独剥离存放、二次倒运"的惯例,黄土母质直接铺覆地表构成种植层,此工艺可节省大量的二次倒土和表土保存管理费用。"堆状地面排土工艺"是在进行黄土铺覆时不按原规程进行推平碾压,而是首先整理成"蜂窝"状,此工艺可防止由非均匀沉降产生的沉陷裂缝、减少地表径流,杜绝崩塌、滑坡和坡面泥石流,代替常规耕翻松土的局限性、迟缓性,以及用黄土填补沉陷裂缝的不可操作性。"生土快速熟化工艺"是把人工平衡施肥和生物加速风化有效结合起来,可使生土熟化时间和优质耕地恢复期由 8 年缩短到 3～5 年。"加速岩石风化工艺"是通过配比不同类型岩石,发挥先锋植物穿插、切割、挤压、缠绕作用,加速岩石风化成土速度,此工艺可 3 年内构成具有一定保水、保肥的土壤剖面。"边坡薄层覆盖工艺"是在黑色矸石表面或石砾边坡,覆盖一层 20cm 左右的黄土,此工艺可防治高温烧苗、使植物有效水分利用率提高 20%,增强植物的抗逆性,减轻坡面泥石流的发生。

5.1.2 霍林河煤矿

霍林河煤矿排土场生态环境综合整治的核心工作是植被恢复,但工程措施也是排土场复垦与生态建设的重要组成部分。针对排土场的主要生态环境问题,采取有针对性的工程措施与生物措施。工程措施主要包括排土场构建以及复垦过程中所进行的各种工程,如堆垒、回填、平整、覆土以及护坡工程等,主要目的是消除不均匀沉降、侵蚀、塌方等引起的地表破坏,为各种生物措施的实施创造有利条件。工程措施的主要内容有:①剥离与排土一体化作业的优化设计;②剥离物堆放与平整方式的优选与设计;③控制水土流失的各种工程措施,如护坡工程、沟头防护工程(埂沟式、挡墙蓄水池式等)、排蓄水工程、泥石流防治工程等。

霍林河地区地表存在 3～16 m 厚的第四纪表土,其理化性质远远好于绿色泥岩,作为排土场的表土,有利于排土场的植被恢复。将采矿排土与排土场的复垦有机地结合起来,实现开采—排土—复垦,将会大大缩短排土场复垦的进程,降低复垦的成本。

排土场的平台被大型机械压实,土壤板结且容重大。在大风频繁的半干旱草原地区,平坦的排土场平台表面不利于植物凋落物、植物种子和疏松土壤的存留。排土场平台不同地段植被的生长特点说明,凸凹不平的地形将增加表土、植物凋落物以及种子等的存留,加速排土场平台植被的植被恢复和土壤改良速度。所以在排土时,应该在平台平整的基础上,有计划地在部分地段实施堆状、条带状以及其他形式的排土以设置凸凹不平的人工风障，为排土场植被的恢复创造有利条件。

工程措施还包括草袋护坡和排土场顶部修筑挡水埂等。在坡顶平台边缘修筑挡水埂，在通常状况下，可以减少边坡水土流失量50%以上，同时挡水埂还起到风障的作用，减轻了排土场所遭受的风蚀程度。草袋护坡在一定时期内具有较明显的水土保持效果。但与生物其他措施相比，其护坡效果不持久，而且工程费用较高，不适宜进行大范围的推广。

5.2　生物复垦技术（生态恢复、植被重建技术）

植物种类选择的适当与否是矿山废弃地植被恢复成败的关键之一。如果植物种类选择不当，不但不易成活，徒费劳力、种苗和资金，而且即使成活，也生长不良，生产潜力不能充分发挥，造成经济效益的巨大损失。所以，适宜植物种类的筛选是植被恢复的关键，必须认真对待。

在矿山废弃地植被恢复过程中，植物种类的筛选一般是根据矿山废弃地植被恢复的主要任务（改善生态环境、恢复土地生产能力、防止水土流失、绿化美化及增加经济效益等功效）和当地气候、土壤条件，通过现场植被调查、种植试验、经验借鉴等方法选择确定。选定植物一般应具备以下特性：

（1）具有较强的适应能力。对干旱、潮湿、瘠薄、盐碱、酸害、碱害、毒害、病虫害等不良立地因子有较强的忍耐能力，同时对粉尘污染、烧灼、冻害、风害等不良大气因子也有一定的抵抗能力，即适应性强、抗逆性好。

（2）有固氮能力。优先选用能固定大气中氮的品种，根系具有固氮根瘤，可以缓解养分的不足。

（3）根系发达，有较高的生长速度。分蘖性强，根系发达，能网络固持土壤，地上部分生长迅速，枝叶繁茂，能尽快和长时间覆盖地面，有效地阻止风蚀和水蚀。同时，落叶丰富，易于分解，以便尽快形成软松的枯枝落叶层，提高土壤的保水保肥能力，且有一定的经济价值。

（4）尽量选用当地的优良植物品种，条件适宜时可引进外来速生品种。

最后确定植物种类方案时，与土地利用目的结合起来统筹安排。同一立地条件可能有很多适宜的植物种类，要经过比较将其中最适生、最高产、经济价值又最大的植物种类列为主要复垦植物种；而将其他植物种，如经济价值很高但要求条件过苛，或适应性很强但经济价值较低的植物种，列为次要复垦植物种。

5.2.1　平朔煤矿

平朔安太堡矿区地处干旱半干旱黄土高原地区，环境脆弱。复垦地土壤属未经腐熟，营养元素缺乏，土壤理化条件差的土壤，植被重建存在若干不利因素。植被重建工艺是整个土地复垦的关键部分，包括适宜性植物种类的筛选、直播技术与管理技术以及建立适宜的乔、灌、草植被重建模式。具体技术包括种植密度、直播技术、扦插技术、抚育管理、除草与施肥、修枝与间伐和封山育林等，应根据立地类型、植被种类和利用目标的不同，选择适宜的技术。

矿区提出并实施了"草、灌、乔、药合理配置"植被重建技术，由"短期作用的草本植物种植"、"中期作用的灌木种植"、"长期作用的乔木种植"和"有经济效益的药材种植"综合集成。技术要点及功能为：根据立地条件和矿区发展规划，合理配置草、灌、乔及药材的种植和加工。此技术是在以往"水平阶整地"、"鱼鳞坑整地"、"客土种植"等工程措施的基础上，充分考虑植物的水分生理生态特性，进行时空配置、生物节水。本技术包含50多种植物、适宜20多种极端生态环境。

建矿以来，矿区先后建立了5个试验区，即牧草、果树、作物、药用植物、林木试验区，共种植试验植物98种，其中裸子植物7种，分属于2科3属；被子植物91种，其中双子叶植物72种，分属于25科55属，单子叶植物19种，分属于3科13属。这些植物中有20余种是一年生农作物和一年生药用植物，另有10余种植物因无法适应当地环境而淘汰。目前有60余种植物生长在矿区已复垦的612.5 km² 的土地上。

矿山废弃地生态恢复植被重建应该注意以下几方面：

（1）植被顺序。在土壤条件比较差的矿山废弃地（如尾矿库）上直接进行植被恢复，要遵照群落演替规律，首先选择耐性先锋植物作为恢复植被的起点，引进绿肥植物改良土壤结构和肥力，同时对木本植物进行移栽试验，建立优化演替序列和恢复模式，最终达到植被完全恢复的目的。如在纯尾砂上进行植被恢复，首先应种植先锋草本植物，尤其是豆科草本植物，这样不仅使荒芜的纯尾砂迅速变为繁茂的植物群丛，而且有利于土壤培肥。根据立地的改善程度，逐渐引进先锋灌木、林木，使纯尾砂逐渐朝着森林顶极演替。如果希望把纯尾砂复垦为农业用地，首先要利用先锋植物和先锋绿肥植物培肥地力，然后耕种豆科作物增加土壤氮素，待土壤达到一定肥力后，再种植一般农作物，并因地制宜地耕作和管理，提高土壤肥力和农作物产量。对于肥力较好的矿山废弃地，也常常直接耕种农作物，通过选择适宜的作物品种，因地制宜地耕作和管理，来提高土壤肥力与农作物产量。

（2）种植技术。种植技术可分为：播种、分蘖栽植和植苗造林三种。根据筛选植物种类的特点，采用适宜的种植方法。草本植物一般直接播种，分条播和撒播，条播就是先将种子播入由机械开挖的垄沟或种植穴内，然后用土覆盖；撒播就是用手工或撒播机直接在地上撒布种子。有些草本和灌木，由于获得实生苗困难，而这些植物的分蘖旺盛，常采用分蘖苗移栽的方法种植。林木的种植技术主要采用植苗造林。

（3）草－灌－乔优化结构模式。根据矿山废弃地的立地条件和改良程度，建立立体的种植结构，特别是草－灌－乔优化配置的群落结构，对于充分利用废弃地资源，提高复垦效果，具有重要实践意义。优化模式的建立方法是：以立地条件为本，适时合理地引进适生植物种，按照不同植物种的生态学特性，配置种植结构。并根据各种结构的表现，筛选优化模式。

5.2.2　霍林河煤矿

内蒙古霍林河草原矿区恶劣的自然环境决定了其植被恢复工作的难度和特殊性。为加速排土场的植被恢复，必须抓好整地、起苗、运输、栽植等造林种草的各个技术环节，同时辅之以必要的工程措施，才能取得较好的效果。

实践证明，人工沙棘林灌丛和山杏灌丛是矿区排土场边坡和平台复垦的最有效方式之一。移栽沙棘、山杏的大苗、壮苗，是加速排土场植被恢复的最有效途径。

种子直播适用于特定的地形和天气，非阳坡及背风处，良好的土壤水分条件。霍林河煤矿东排土场西坡的沙棘播种比较成功，目前已经形成郁闭的沙棘林。

达到一定郁闭度的人工沙棘灌丛，可以形成一定厚度的地表凋落物的覆盖层，土壤条件也明显改善。林下空地可以很快出现面积大小不等的羊草斑块，并逐年扩大。所以说，人工灌丛是排土场特殊土壤和地形条件下植物群落恢复的最有效方法。但丁香、刺梅等灌木生长较慢，抗旱抗寒的能力不强，水土保持效果不明显。

此外，结合保水剂技术和菌根技术，也是促进排土场植被恢复，降低复垦土地成本的重要措施。

霍林河矿区排土场人工植被重建应遵循生物措施与工程措施相结合、草本植物和灌木相结合的原则。多年的排土场复垦经验证明，在排土场恶劣的土壤和气候条件下不适宜任何乔木树种的生长，可筛选优良的灌木和草本植物。适合当地生长的草本植物有猪毛菜、大籽蒿、羊草、斜茎黄芪、草木樨、紫花苜蓿；灌木有沙棘、山杏、丁香、刺梅。

5.2.3　土壤培肥技术

复垦的关键在于解决土壤熟化和培肥问题，只有提高了土壤肥力，才能真正创造植物生长的条件，达到复垦的目的，土壤改良在整个复垦工作中占有重要的地位。复垦地的改良方法主要有以下几种：

（1）绿肥法。在复垦区种植绿肥植物，成熟后将其翻埋在土壤中，增加土壤养分，改善土壤理化性状。绿肥植物多为豆科植物，含有丰富的有机质和氮，其中有机质约占15%左右，氮（N）0.3% ~ 0.6%。绿肥植物根系发达，主根入土较深，能够将深层养分集聚到耕作层，根系腐烂后还对土壤有胶结和团聚作用。此外，它耐酸、碱，抗逆性好，生命力强，能在贫瘠土层上达到高产。

（2）微生物法。微生物法是利用菌肥或生物活化剂改善土壤和作物生长条件，它能迅速熟化土壤、固氮、参与养分的转化、促进作物对养分的吸收、分泌物促进植物根系发育、抑制有害微生物的活动等。

（3）施肥法。以增施有机肥料来提高土壤的有机质含量，改良土壤结构和理化性状，提高土壤肥力。

（4）客土法。对沙质、过黏土壤，采用"泥入沙、沙掺泥"的方法，调整耕作层的泥沙比例，达到改良质地、改善耕性、提高肥力的目的。客土用量根据本、客土各自的颗粒组成及要求达到的质地标准来估算。

（5）化学法。主要用于酸碱性土壤改良。中和酸性土层一般用石灰作掺合剂，变碱性为中性常用石膏、氯化钙、硫酸等作调节剂。合理利用酸性或碱性化肥也是一种有效的方法。

（6）管理法。采用合理的轮作倒茬和耕作改土，加快土壤熟化和增加土壤肥力。如豆类作物与粮棉作物轮作，绿肥作物与农作物及水、旱作物轮作，深耕结合施用有机肥料等。

霍林河煤矿采用菌根技术及保水剂技术，增加土壤肥力，加快土壤熟化过程。

（1）菌根技术。菌根（mycorrhizae）是自然界中真菌与植物共生的一种普遍现象，即土壤中的菌根真菌菌丝与高等植物营养根系形成的一种共生体。共生真菌从植物体内吸取必要的碳水化合物及其他营养物质，而植物又从真菌那里得到所需要的营养元素及水分等，从而形成一种互利互惠、高度统一的共生体系。该体系既具有一般植物根系所具有的特征，又具有专性真菌所具有的特性。而且，菌根能促进植物对水分和营养物质的吸收、产生生物活性物质、增强植物的抗逆性。

菌根可以通过根外菌丝的形成去扩大宿主植物根系的吸收面积。增加宿主植物对磷和其他营养物质的吸收，尤其在贫瘠的土壤中，由于菌根真菌的活动改善了根际周围的微生态环境，从而使宿主植物的抗逆性得到增强。在矿山土地复垦中应用菌根技术，可以提高复垦造林成活率。

对于某些特定的生态环境，菌根的存在会成为影响植物生长发育的决定因素。目前，菌根作为一项生物技术已经被广泛应用于农林生产实践。

霍林河矿区气候干燥寒冷，排土场土壤条件恶劣，侵蚀严重，植被自然恢复速度缓慢。常规的单一措施很难取得理想的矿山复垦效果。实验证明菌根技术在霍林河矿区矿山复垦的研究与应用，明显提高了复垦植物的成活率和生长发育速度，加速了排土场植被的恢复速度，同时降低了复垦的成本。

水分是半干旱草原矿区植物生长的最主要限制因子。而排土场土壤质地黏重、保水渗水性差，其水分条件比其他地区更为恶劣。因此如何改善排土场土壤植被的水分状况，将是排土场植被恢复成功的关键之一。保水剂的应用是我们借以改善土壤水分状况的最主要措施之一。

（2）保水剂技术。保水剂是应用于农林业生产的一类高分子吸水树脂的通称，是一种具有强吸水和保水能力的高分子聚合物。它能吸收和保持自身重量几百倍甚至几千倍的水分，吸收速度快而释放速度缓慢，而且吸收和释水过程可以反复进行多次。其所吸收的水分植物有效性高，无毒无害，不会造成环境污染以及影响人类身体健康。

保水剂施入土壤后，可以防止地表结壳，增加地表水的入渗率，减少地表径流量和表土流失，降低土壤饱和导水率和土壤渗漏率，可促进土壤水稳性团聚体的形成，较大粒级团聚体所占比重提高。土粒间隙增大，气相部分增加，提高非毛管孔隙度，降低毛管孔隙所占比率，土壤容重也相应降低。由于其对于土壤的改良作用，改变了土壤上下水分传导特性，在保水剂混入层内，由于毛管孔隙被切断，改变了土壤的蒸发特性，在蒸发的第二阶段蒸发速度取决于底土水分向地表补充的速度时，阻止底层水分的散失，保蓄作用十分明显。

6 矿区废弃物无害化处理及利用技术

6.1 垃圾污泥利用技术

霍林河矿区垃圾包括普通的生活垃圾和燃煤废渣。垃圾中重金属含量很低，不会造成任何重金属环境污染。垃圾中有机成分在腐解过程中会产生异味，夏季能滋生蚊蝇，同时影响景观。营养元素氮、磷随降水排到地表水系会增加地表水系的氮、磷污染负荷，造成地表水系污染。

根据霍林河的实际情况，矿区生活垃圾和污水处理厂污泥无害化利用的主要途径为排土场复垦或施于农田。

实验证明，施用生活垃圾，树种成活率和年生长速率（包括株高和地径），都比排土场上种植的树种高。其中成活率增加4% ~35%，株高增加2.2 ~17 cm，地径增加0.1 ~0.6 cm。这一方面是由于垃圾中含有树木生长的营养元素，污泥和垃圾的加入有效地增加了排土中的营养元素；另一方面由于排土场土质十分黏重，透水通气性差，垃圾的加入在一定程度上对排土物理性质有所改善，从而有利于树木和作物的生长。因此，排土场复垦作为生活垃圾的处理和利用是可行的。

污泥的增产效果比垃圾要好，这可能是污泥含有更多的养分的特点。与其他一些污泥土地利用的实例比较，矿区污泥和垃圾中镉、铅和汞的含量水平是比较低的，均低于有关的允许标准。

6.2 矸石无害化处理途径

矸石无害化处理通常有物理方法、化学方法和生物方法。物理法是向矸石喷水，用树皮、稻草覆盖顶部，也可在上风向栽植防风林。化学法是用可与矸石化合的化学反应剂，在矸石表面形成固结硬壳，以抵抗水蚀和风蚀。此法成本较高，化学反应剂难以选择，并且一旦表层"壳状体"被冲洗掉就会前功尽弃。但化学法与生物法结合使用，在尾矿场播下植物种子后，施加少量化学药品防止排土场尘土飞扬，保持水分，以利植物生长。

生物法是目前最有效最经济的方法，即采用植被覆盖。由于矸石重金属含量很低，植物完全可以忍受。困难之处在于营养元素缺乏，这可通过施加污水、污泥和堆腐的生活垃圾等进行补充，或选择耐贫瘠土壤的植被如沙棘、丁香和山杏等。

6.3 污水土地处理系统

城市生活污水土地处理系统的研究和开发利用在欧美一些发达国家，已有近半个世纪的历史。其环境和经济效益的可行性得到了各国专家的充分肯定，尤其适用于干旱缺水地区和资金短缺的中小城镇，在中国的广大北方有着广阔的推广应用前景。霍林河是流经矿区的主要地面水系，是内蒙古科尔沁草原牧区人畜的重要地表饮用水源之一。因此保护好霍林河水质不受污染，不仅对开发矿区，保障职工和矿区居民身体健康具有重要作用，而且对霍林河流域农牧业生产和发展具有非常重要的意义。霍林河矿区每日排放近万吨污水，如果不寻求合理的污水出路，霍林河将成为矿区的排污沟。通过对不同污水处理方案的综合分析、比较确认，采用土地处理系统是技术上可行，经济上合理，符合当地经济模式和自然气候特点的污水处理方案。

霍林河矿区产生的废水及污水包括矿床疏干水、矿坑水、工业污水和生活污水。矿床疏干水实际是煤风化带裂隙水，属于地下水范畴。在内地许多露天矿区的疏干水均被直接排入当地的地表水体中；坑内排水是矿坑内的水量，由于矿床疏干水的排除，实际等于大气降水形成的径流量；工业废水，主要来自露天矿附属企业排水，含有煤渣、泥沙等；生活污水主要来自居住区、公共建筑、市政、矿务局排水，含有粪便泥沙、油类和大量的病原微生物。

霍林河城市生活污水土地处理工程十多年的连续运行实现了在因地因时制宜条件下，科学地应用土壤－植物的土地处理系统，实现了污染物的净化和对氮磷等资源的利用。实践证明该污水土地处理系统具有费用低、能耗低、污染物去除效率高、再生水质优良等优点；社会、环境和经济效益显著；在技术和经济上均是可行的。

采用土地处理系统工艺的基本指导思想是，应用生态工程学原理，通过污水一级处理——污水库污水浇灌林地、草地多层次生态结构，实现污水"冬储夏用，闲水忙用，点滴归田，不入河道"，从而避免霍林河的污染。而含有氮、磷等营养成分的污水通过浇灌林地和草地，解决了当地造林成活率和林木生长的水资源不足问题，从而实现造林万亩，污水无害化、资源化。

7 清洁生产技术

多年的实践证明，减少或防止有色金属选矿厂产生的污染物对环境的影响，仅靠末端处理是远远不够的，必须通过清洁生产和清洁生产审计，找出关键性问题，建立控制措施和管理方案。对产品设计、原材料和能源使用、生产工艺、设备运行、产品销售等，进行全过程控制。通过清洁生产的运行，合理利用能源与原材料，从源头上减少废物和污染物的产生，降低污染物治理费用，降低原材料和能源的消耗，降低生产成本，实现减污增效，促进企业环境的改善和企业的健康发展。

江西德兴铜矿选矿厂进行清洁生产审计，经过现场调查、评估物料的输入和输出平衡，查明废物排放和产生原因，提出了相应的工艺改造措施、设备更新和维修方案，加强了废物循环利用，提高了原材料的利用率，减少了污染物的排放。

山东招远黄金冶炼股份有限公司针对黄金冶炼行业存在的技术问题，率先在国内创立了复杂含金矿物无废料提取多种元素新工艺体系。以精矿直接氰化→尾渣焙烧制酸和金精矿焙烧→烟气制酸→焙砂酸浸提铜→酸浸渣氰化提取金银两大系统为主体，对复杂含金矿物进行科学合理的分类，有针对性地选择工艺流程进行处理，达到经济高效地提取金银，综合回收有价元素铜、硫，以及将含铁尾渣作为资源加以利用，从而实现了无废料、清洁型、环保型生产模式。该工艺体系的创立，为黄金冶炼工艺增添了新的内涵，填补了国内黄金冶炼技术领域的一项空白。

（原载《中国实用矿山地质学》，冶金工业出版社 2010 年出版）

尾矿库复垦与污染防治

群　集

（中国地质学会矿山地质专业委员会，北京，100814）

由我国与澳大利亚政府技术合作进行了一项"可持续发展的尾矿库复垦研究项目"，其成果已在我国毛家湾和五公里尾矿库建设完成。有关工作是按"多专业系统工程模式"进行的。全部工作将水工、土工、复垦设计、再种植、粉尘控制、环境工程、社区发展以及公共健康等9个不同性质专业同时纳入"矿山废弃地恢复与生态重建研究"领域，创建了在矿山复垦中从源头防止污染产生到恢复场地最佳利用功能的系统相关技术，完成了两个不同复垦类型的示范场。将其分别定名为毛家湾（MJW）和五公里（WGL），共完成土地面积355亩。将本系统的基础研究、应用研究与示范推广相结合，缩短了研究成果工程化进程。有关的研究成果已成功地在铜陵、德兴、永平等多个矿山占地现场推广实施。下面将复垦技术的主要部分逐项说明。

1　矿山堆场复垦场地坝体稳定性

废弃堆场的坝体稳定性是堆场复垦的前提，对已关闭的堆场尤为重要。该项研究将其纳入复垦技术综合模式是为使复垦后的堆场具有长期稳定性。在MJW和WGL两座尾矿库，通过大量钻孔、取样以及孔水位跟踪监测、样品测试等，查明坝体剖面形状及材料组成、潜在影响因素，建立坝体稳定性数学模型。模拟计算坝体在正常、洪水、地震等条件下的稳定性，对多年来难以查明的WGL尾矿库坝体安全问题作出科学评价，并作出加固设计并对不稳定坝段进行加固施工，从而经受住1998年洪水的考验。在MJW尾矿库，查明了地震强度下尾矿产生液化可能性，为复垦后的安全管理提供了科学依据。

2　为全面防止水系污染，进行库址渗流模拟预测

在MJW和WGL两个尾矿库，通过查明坝体周围水文地质构造，测试并计算导水、储水特性以及含水层厚度等重要水工参数的基础上，进行了连续4年的水文及地质化学孔隙水位跟踪，分析和查明了各含水层的组织结构、类别及分布以及含水层的渗透特性；并建立有限元地下水渗流计算模型。此外，还对库区及其周围地区的地下水渗流及其中所含污染物浓度、分布等进行了稳定态和瞬变态的计算机模拟分析与预测。根据这些研究结果，预测了两个尾矿库库水及水质的长、短期环境影响范围、程度，从而提供了自源头开始的防止水系受到污染的科学依据。

3　无土复垦恢复生态

在WGL尾矿库，首次进行了无土再植被恢复生态技术研究。筛选出适宜生长于纯尾砂层的草种和树种及其种植条件；开展诸如：以根瘤菌接种豆科牧草；实施尾砂熟化技术；建立露天尾砂的恢复植被生态等项研究均获得成功。在此期间还在库内细泥区遍植柳树，取得既实现绿化场地又降低潜水渗漏的双重功效。目前，该库区已成为颇具休闲性的绿地，虫、鸟、蝴蝶、野兔等生态动植物重又回到原来连蚊蝇也不能生存的库区。有关的复垦工作及其效应受到当地政府、居民等各方面的欢迎。

4　复垦后场地的农业利用和食物链的污染防治

在MJW尾矿库，筛选出用少量覆土与尾砂相混合的基层以供农作物生长，这一举措获得当年作物产量高于当地平均水平，其中：花生产量达220 kg/亩，高粱达539 kg/亩。除此之外，还研究出可使复土层熟化时间缩短两年的技术条件及适合于生长的农作物品种，如玉米、小麦等达到或接近当地的平均水平。在当地人均耕地不足0.4亩的地区，提供了一种投入少、产出高、无污染的废弃地再利用的新途径，这一技术已被当地农民推广使用。

考虑到在废尾矿堆场上，若是不作任何防治污染的技术性处理，立即将粮食等食用性作物直接种植在覆土上，而一旦导致难于逆转的食物链污染，其后果必然带有损害人体健康的危害。为确保种植农作物籽粒的可食性，本研究还对尾砂、土壤以及混合土层所种植作物生成的籽粒中的重金属进行跟踪试验，此项研究结果表明：籽粒尚无受到污染的迹象，且产物质量达到食品卫生标准。

5 库区复垦设计中的强化完善场地再利用

为实现尾矿库区复垦后的场地最佳利用，在 MJW 尾矿库复垦场地的整体设计中，包括了建立防止尾砂粉尘污染的缓冲带，供机具充分发挥功能的作业区范围以及农作物品种种植试验区等辅助设计，总共建成占地面积为 70 亩的复垦农业种植示范区。

WGL 尾矿库处于城市中心，若按原先的尾矿库规划，打算将该地作为工业垃圾堆场。但在此次的设计中，为配合当地沿长江绿化带的城市规划，将其复垦后的设计布局改为绿地，其中包括建设场地排水、降渗，稳定地表等配套功能设施，现已建成总面积达 300 亩的无土复垦休闲绿地。

6 尾矿库区复垦后的粉尘污染控制

粉尘污染是尾矿库严重的环境公害。在两个尾矿库，连续 4 年对库区大气中粉尘所含的总悬浮颗粒物等 11 种成分进行监测和取样分析，并对其特性、时空分布和扩散性能等进行测定，此外还借助 XRD、SEM 等大型仪器以研究其化学及矿物学组成，并查明尾矿库粉尘与区域扬尘相关性，尾矿粉尘对区域大气的贡献率，影响范围、程度等。

在 MJW 尾矿库，就地取材利用尾矿库回水作为水源，控制尾砂活动区范围内的粉尘因迁运而致的污染。已筛选出效率高、控制面积大、效益/费用比较合适的控制技术、设备，经过连续试验并进行安装和调试。

7 尾矿库复垦区的社区发展与公共健康

该项目研究首次将矿山周围的社区研究引入技术领域。在总体设计付诸实施之前，曾以多种不同的方式进行复垦区范围内的有关社区宣传，开展了从解决矛盾到建立双方相互依存关系的途径、步骤和方法，相应地促进了环保意识提高，密切了双边的友好关系，受到当地政府和社区群众的欢迎，从而为复垦方案的顺利进行奠定了基础。

此外，研究中还对复垦区的特性风险进行评估，并对此两处尾矿库的水源、食物链、粉尘及放射性等环境因子与当地社区人群健康影响的相关性作出了科学分析。

（原载《中国实用矿山地质学》，冶金工业出版社 2010 年出版）

大冶铁矿矿区复垦与生态恢复

群 集

（中国地质学会矿山地质专业委员会，北京，100814）

武钢大冶铁矿位于黄石市铁山区境内，该矿区有110多年的开采历史，是一个大型多金属矿区，年产矿石250万吨，是武汉钢铁公司的主要矿石原料基地。目前已造成大片废弃堆积区，面积达400 hm²。20世纪80年代末，矿区生态环境极为恶劣，空气悬浮物多，满天灰尘，水面污染物多，水质混浊，整个矿区生活质量下降，生存空间相对狭小。20世纪90年代初，技术人员在硬岩排土场选定3.3 hm²作为绿化复垦科研试验区。根据岩土的农化指标分析，在试验区树种的选择上，确定了以豆科植物为主的抗旱、耐瘠、适应本地区自然条件的树种，如刺槐、马尾松等。试验共分4个小区，分别采取了不同树种、不同栽植方式（凹植、平植、凸植）、不同坑穴填充物（排弃岩土、人工矿渣、生活垃圾）进行组合，通过对充填物物理化学性质测定，得出结论为：①废石场复垦栽植方式以抽槽挖坑为主；②穴植时，加充填物，以生活垃圾为主；③注意栽植方法，栽植时做到"苗正、根深、土紧"；④首选树种为刺槐、旱柳、侧柏、火棘。因地制宜，科学规划，大胆试验，规范管理，逐步改良土壤，逐年植树造林。绿化面积达253 hm²，对减少环境污染、调节气候、涵养水源、保持水土、保护耕地等方面具有重要作用与意义，产生了显著的社会效益、生态效益与经济效益。

我国矿区土地复垦与生态重建研究展望与对策。综合目前该领域的研究现状和存在的问题，今后一段时间我国矿区土地复垦与生态重建研究的重点包括：①土地复垦与生态重建的基础理论问题，包括矿区土地利用/覆盖变化驱动力与响应机制；矿区土地质量变化规律研究；矿区生态退化机理与修复等。②矿区土地复垦与生态重建实用技术，包括采矿控制土地与环境破坏的技术；土壤重构技术；景观重塑技术；植被恢复技术；固体废弃物资源化与无害化技术。③矿区土地与生态环境管理的综合研究。④新技术的应用研究，包括GIS与VR技术在矿区复垦规划中的应用、微生物复垦技术的应用、复垦中抗侵蚀与防渗漏材料的应用、环境岩土工程等新技术、新材料的应用等。

我国目前的矿山生态环境问题是历史和当今矿业活动的综合产物，是过去环境意识不强和目前管理不严的双重影响结果。根据我国矿山生态环境的基本现状，目前的矿山生态环境恢复治理工作主要分为三类：一是废弃矿山；二是即将关闭的矿山；三是新上矿山。要从根本上遏制矿山生态环境进一步恶化的趋势，对这三种类型矿山的生态环境问题应区别对待，采取不同的措施。一方面需要国家加大投资力度，恢复治理历史遗留下来的老问题；另一方面需要加强矿山生态环境管理和执法监督，从源头断绝矿山生态环境问题滋生的根源，避免出现边治理边破坏、治理赶不上破坏的局面。根据我国生态环境建设的实际情况，应建立各方面参加、多渠道投入机制，才能推动全国矿山开展生态环境恢复治理，防止增加新的污染和破坏，逐步恢复矿山生态环境的良好状态，保证"十一五"生态建设和环境保护目标的实现。

（原载《中国实用矿山地质学》，冶金工业出版社2010年出版）

九、矿山地质工作中的新技术、新方法

我国矿山地质工作中的新技术应用

陈希廉

（北京科技大学，北京，100083）

1　对我国矿山地质工作现状的基本看法

中华人民共和国成立初期，我国学习苏联的经验，从无到有地建立了矿山地质队伍、工作体制与机构、工作方法及规范性的工作要求，而且根据我国的国情创造了一些生产勘探方法（如探采结合等）、取样方法（如某些钨矿和锑矿的取样）乃至我国独创的储量计算方法（如杨善慈独创的基于杨辉三角的杨赤中储量计算）等；同时，还拓宽了工作领域，如在 20 世纪 60 年代以来，李鸿业、彭觥、汪贻水等就分别提出了要将矿山环境地质、废石及尾矿的利用、矿石的工艺矿物研究以及矿山工程地质和水文地质工作纳入矿山地质工作的范畴；而且在成矿规律方面的研究也是成绩卓著的，如许多成矿模式的建立，与矿山地质工作是分不开的。毫无异议，解放后我国矿山地质工作的成绩是巨大的。

经过"文化大革命"和改革开放，时至今日，究竟目前的现状又如何呢？笔者认为，与改革开放前对比是有进步的，但与世界上技术先进矿山对比，差距颇大。

1.1　与改革开放前的对比

改革开放前，我国处于计划经济体制之下，国家有关领导部门（如冶金工业部、有色金属工业总公司等）都有专门的领导机构来领导所属矿山的地质工作，而且不断补充修改矿山地质工作规范，推广先进经验，定期进行工作检查评比（如冶金工业部），每年拨给专门经费支持矿山地质工作。而近年来，矿山地质工作的领导有所削弱，这样做的结果是：一方面在市场经济的激励下，某些矿山发挥了积极性，在某些方面有了进步。例如，颇多矿山开展了矿产经济的研究，优化了品位指标等经营参数，从而提高了生产的经济效益乃至资源回收效益；特别是根据我国社会主义制度的情况，在优化决策中采用了兼顾经济效益和资源回收效益的多目标决策；又如，部分矿山开展了矿区深部和外围的找矿工作（包括物、化探），延长了矿山的寿命；再如，多数矿山在地测工作中应用了计算机等。但是另一方面，由于缺少了上级检查指导，造成某些矿山地质工作的放任自流，例如多数矿山不再提地测监督，有的矿山用目估法确定采下矿石的品位等等。

因此，从宏观上看，目前我们仍然没有解决好矿山地质工作怎样适应从计划经济向市场经济的转型问题。

1.2　与国外技术先进矿山的对比

从我国每年所召开的全国性矿山地质学术会议，与国际上截至 2000 年所召开的共 4 届国际矿山地质会议论文所反映的技术水平的对比来看，显然存在巨大的差距。例如，对于计算机技术的应用，我国多数尚处于单机应用阶段，而国际上有颇多矿山已将矿山地测系统融入基于网络的数字矿山系统；又如，对于取样工作，国外已有颇多矿山采用了品位直接测定仪，而我国仍然停留于手工取样和化验，甚至目估测定品位；再如，钻孔和坑道原始编录方面，国外某些矿山已采用了基于地球物理或摄影方法的自动编录等方法。

因此，我们在矿业发展中必须坚持地质先行，迎头赶上世界的先进水平。

2　对我国矿山地质工作发展方向的探讨

2.1　关于现场原始地质工作的发展方向

这里所说的现场原始地质工作，是指取样、原始编录等地质工作。对于取样应尽快采用基于物理学原理的一些先进仪器，例如，美国 NITON 公司出品的品位直接测定仪，可在巷道、爆堆、粉矿等场合直接测定多项元素的品位。这种仪器测定品位的效果，完全可满足精度要求；例如，对于铁矿石的 Fe 的测定结果，与传统化验结果进行回归分析，其相关系数检验可达到 $R_2 = 0.974$，$R = 0.9869$；对于镍矿石的 Ni 的测定结果，与传统化验结果进行回归分析，其相关系数检验可达到 $R_2 = 0.944$，$R = 0.9716$。但是，这种仪器进口价格太高，据说我国某单位已在研制并将投产，且其价格是我国矿山所能承受的。

至于钻孔原始编录方面，最早仅在石油钻探中采用了基于物理原理的测井方法；近年来国外对于其他矿种也逐步采用与石油钻探测井原理相似的方法，但须针对不同地质条件采用不同方法；例如，澳大利亚联邦科学与工业研究组织开发的核子光谱仪技术，可用于金属矿钻孔的测井；又如，该机构开发的 SIROLOG 钻孔编录的软件和硬件系统，当一个钻孔编录后，软件或硬件的配置允许快速、简便地立刻阐明煤层的深度和岩性、夹层厚度乃至灰分（铁、铝和硅等）的含量。

国外钻孔测井应用于铁矿和煤矿已经 10 多年了，由于采矿工业较之采油工业有变化更多的矿种和地质环境，所以有必要根据具体条件采用更多的方法。矿岩密度、自然伽马辐射、磁化系数以及导电率是金属矿山测井的主要参数，因为它们在干孔和充水孔中都可以记录。音速是地质测井的重要参数，对岩石强度、压力、孔隙度以及破碎程度可给出其感应度。加拿大萨德伯里镍矿区已用导电率测井在爆破孔中圈定镍的边界。此外，地球物理测井有时可取代化学分析（不仅仅对于磁铁矿和铀矿）。例如，在芬兰奥托昆普的凯米（Kemi）铬铁矿矿山，伽马—伽马测井提供了品位控制的基础。通过减少对于分析试验的依赖，可以实现三个好处：减少对于岩心钻的依赖、降低岩心处理和分析化验费用以及缩短了操作时间。

此外，国外尚有采用 XRD（X 射线衍射）矿物测井的报道。

全十坑道或露天采场掌子面编录方面，国外有一篇关于《用岩石露头照片构建不连续形迹图》的报道，该法是将在均匀光线下拍摄的数字化图像引入所开发的软件，在软件里预处理后进行分析。对于图像的特征所代表的对象，用人工神经网络加以确定（利用已知图像经过神经网络的训练）。笔者认为，利用摄影方法与地球物理的某些方法相结合，有可能开发出适用于坑道和掌子面原始地质编录的方法。尽管目前未找到国外有关文献，但因钻孔的测井和遥感物探，都是利用矿、岩的物理性质来划分地质界限，前者是极近距离的，而后者是遥远距离的；对于用物理方法进行坑道或采场的编录，其测试距离介于两者之间，从理论上看应该是没有问题的，当然这需要相应的仪器。

总之，对于取样和原始地质编录，其发展方向是应该尽量采用物理方法来解决。

2.2　矿山地质工作中应用计算机的发展方向

矿山地质工作中应用计算机的几点意见：

（1）将目前单机使用的计算机系统融入矿山数字化系统。为了使生产矿山计算机的应用达到较完善的程度，现在国内外已有一些矿山建立数字矿山系统，而且也有不少有关数字矿山的文献或报道。但对于矿山企业数字化系统究竟包括哪些内容，说法不一，笔者认为至少包括下列子系统：

1）矿山地质、测量信息管理系统；

2）采掘（剥）优化设计及采掘（剥）优化计划编制系统；

3）采矿生产监控、调度及优化配矿系统；

4）通风、排水及突发事故的监控及应急措施系统；

5）选厂生产的监控系统；

6）矿山经营参数优化系统；

7）应用数据挖掘技术的生产技术诊断系统；

8）基于网络的管理信息系统和办公自动化系统；

9）面向电子商务的采购销售管理系统；

10）面向电子商务的设备材料管理系统。

上述各子系统间应在同一信息平台下无缝集成，数据交换自动化，信息全面共享，信息流（数据流）与业务流同步协调，从而保证矿山实现真正意义上的生产、管理数字化。

由上述可见，地质、测量子系统与多数其他子系统间存在着或多或少的相互的联系。矿山企业内各部门孤岛式地使用电脑处理各自的业务，尽管可提高各自的工作效率，但如果通过局域网形成数字矿山系统使用计算机，将大大提高整个企业管理和调度的效率。当然，要实现这样的联网还要订立各部门应用计算机要共同遵守的规则。

（2）尽快开发绘制矿山地质图件的智能化绘图系统。矿山地质图件是矿山生产中设计、管理、调度、决策的基础，它们是矿山地质企业工作中工作量很大的工作之一。目前我国有的矿山还没能实现计算机绘图；有的虽然实现了计算机绘图；但发展水平不一；有的还靠数字化仪输入人工已绘制的图形；有的还需要人工干预哪些地质点与哪些地质点连接。计算机绘制地质图的最大难点在于地质点间如何连接。根据笔者研究，通过建立专家系统来指挥连图完全是可行的，但这种方法需要针对每个具体矿床总结有经验专家的连图经验建立知识库，工作量太大。根据目前计算机技术发展的趋势，已有较简便的建立此种连图知识库的方法，即对已有可靠地质图件中的大量地质点的连接规律，用计算机遗传算法对这些规律加以训练，直接形成知识库以便指导连图，这样就可以大大减少建立专家系统的工作量。

（3）将 GIS 技术引用到矿山地质、测量信息管理系统。GIS 的实质是将具有空间属性的信息形成各种"图层"，如地形图层、坑道图层、矿床地质图层、水文或工程地质图层、物探（包括遥感物探）和化探结果图层等。应用这种系统的好处是在不同工作中，可将不同图层组合在一起加以显示（或打印）以便应用。例如，要进行某中段的计算机采掘设计，可调用与该中段有关的地质水平断面图、剖面图和已有坑道分布图等图层，以其作为设计的底图。目前，国内外都已有矿山将 GIS 作为矿山地质、测量信息管理系统的基础框架，甚至专门命名为"MGIS"。好的 GIS 软件（如由澳、加、美三国有关公司联合研制的 ER Mapper）对于遥感成果的三维可视化显示，可以达到犹如照片的程度。

（4）将"数据挖掘"技术引用于矿山地质工作。数据挖掘技术在地质工作中的应用，已引起国内外地质学家的重视，对于我国来说还是个新课题。笔者已在有关论文中有过介绍。对于矿山地质工作来说，由于矿山积累有大量的地质信息，所以应用此技术的意义更大。根据初步分析，它至少可用于矿区深部或外围盲矿体的探找、储量升级的分级标准与控制、矿石质量的控制、围岩和矿石稳定性的分类、评估和应用等方面，所以发展前景远大。值得重视的是，国外已有将数据挖掘技术用于 GIS 所建立的系统的报道。所以，前面所建议的 MGIS 可以与此技术结合应用。

2.3 矿山地质工作中开展矿产经济研究的发展方向

近年来，我国不少矿山通过矿产经济研究，已取得良好的经济效益和多回收资源的效益。但这些研究多局限于品位指标的优化方面，而且其优化的决策目标只算到矿山售出精矿等产品为止。今后的发展方向是：

（1）向矿山经营参数整体优化方向发展，即不仅要进行品位的优化，还要将出矿截止品位优化、损失率与贫化率最佳匹配的优化、精矿品位优化等进行综合的整体优化。

（2）将优化的决策目标延伸到冶炼阶段，通俗地说，就是算经济账和资源回收账要算到冶炼为止，因为对于大的采、选、冶联合企业来说，矿山的综合效益最佳并不等于整个联合企业的综合效益最佳。

（3）将矿产经济研究与前述的矿山地质图件的智能化绘图融为一体。我国目前已出现了将地质图绘图系统与储量计算、矿床经济评价融为一体的软件，如山东光大电子商务有限公司编制的《东方矿体经济评估系统》就是其中之一。但该系统对于连图还要进行人工干预，今后的发展可在实现智能化绘图方面作进一步的努力。

2.4 矿山固体废弃物利用的发展方向

矿山固体废弃物都是由矿物、岩石组成的，所以矿山地质部门对其如何利用是责无旁贷的任务。近年来我国在这方面虽然已经进行了一些工作，但能真正将其利用起来的矿山还为数不多。今后利用的发展方向，笔者同意李章大教授的意见，即：

（1）尽可能将其作为非金属矿物原料加以整体利用。因为有许多矿山的固体废弃物其成分就接近于各种非金属矿产原料，如陶瓷、水泥、玻璃、微晶玻璃或混凝土骨料等原料的要求，只要略添加一些辅料，就可以制成某产品，而这样利用的成本较低。

（2）同时开发高附加值的多种产品。同样的固体废料可以有多种用途。往往用于制造高附加值产品者消耗废弃物量有限，而制造低附加值者则反之。所以，开发多种产品可起到优势互补的作用。最终的发展目标是实现矿山的无废生产。

2.5 老矿区深部和周边进一步找矿的发展方向

我国 20 世纪五六十年代建设的国有矿山，有 2/3 正进入老年期——440 座矿山即将闭坑，390 座矿城中的 50 座矿城资源衰竭；而且，在中国现有的 50 座资源枯竭城市中，大约有 300 万下岗职工，1000 万职工家属的生活将受此影响，所以加快接替资源找矿工作不仅仅是解决矿山开采的所需的资源问题，还牵涉到矿区社会稳定问题、人民群众的生活问题。

国内外许多矿山的实践证明，就矿找矿大有潜力可挖。今后老矿找矿的发展方向是：

（1）用最新矿床学理论及研究方法深入研究成矿规律。我国许多老矿山对于成矿规律的研究成就卓越，但随着科学的发展，目前矿床学理论及研究方法也日新月异。例如，前已述及的用数据挖掘技术来研究成矿模式便是一例。今后应更多采用新理论和方法开展这方面的研究。

（2）综合应用各种手段和技术方法进行找矿。目前我国以何继善院士为首的中南大学物探手段研究，以及中国科学院以沈远超研究员为首的物探、化探手段研究，在老矿区的找矿中成果累累，这是值得重视的。当然，物、化探找矿与常规手段还要密切结合。此外，在此基础上，尽可能还要应用数据挖掘技术和 GIS 技术，以提高对各种手段所获信息的综合分析的技术水平。

2.6 急需开展矿山环境地质的研究

凡是存在矿床的地区，必然存在着地质环境的异常，矿石就是某些有用元素异常的产物。正由于矿区存在着地质环境的异常，因而经常也可出现某些有害元素的异常。当进行矿床开发时，必然要通过废石、尾矿和矿坑水的排放，使有害元素到达地表而造成环境污染。不仅如此，即使这些矿山废弃物中不含有害元素，废石和尾矿本身也可能造成某种地质灾害，例如岩堆移动、泥石流、尾矿坝溃决等地质灾害。目前我国的多数矿山对于环境地质的研究还重视得很不够，因而某些矿山因水、土中有害元素超标而引起癌症等地方病，或因废石或尾矿堆放维护不好而引起地质灾害，时有所闻。当务之急，是将此项工作列为矿山企业及矿山地质工作的任务之一，建立起一套开展矿山环境地质调查研究的规章制度和方法、手段。

2.7 对我国现有的矿山地质工作技术应去粗取精地加以发展

现在学术界有某些人，认为凡是中国的或苏联的技术都是落后的，只有西方国家的技术才是先进的。笔者认为对于学习外国的技术，应不分东方和西方，只要是先进的并符合我国国情的都要学习。我们应该根据几十年来我国矿山地质实践所取得的丰富经验，对于现在正在使用的技术作去粗取精的分析，然后再作取舍。

（1）关于品位指标问题。现在我国大部分矿山是沿用苏联双指标制（边界品位和工业品位）或三指标制（黄金矿床），而西方国家多用单指标制（边际品位），有人认为我国也应全面改用单指标制。但根据笔者对多个具体矿山分别采用两种指标制进行储量计算的对比和矿床经济分析的对比，发现两种指标制各有其适用条件。对于形态复杂规模不大的矿床来说，双（或三）指标制有其突出的好处，即它可以使所圈定的矿体不会变得零星分散，而且不会出现锯齿状的矿体边界，而便于开采设计。相反地，对于大规模的、矿体与围岩呈浸染过渡的矿床，则单指标制就更为简便而适用。

（2）关于储量计算方法问题。现在有些人认为只有克立格法的储量计算才是先进的。但这个问题与前一问题是有联系的，如果应用克立格法进行储量计算，那么只能采用单指标制。由于前述单指标制的缺陷，所以不应强求各矿山都采用克立格法。

（3）关于矿山地测监督问题。在"文化大革命"前，尽管地测监督的管理机制尚不够完善，但对于采富丢贫、不顾损失贫化、不顾三级（露天矿为二级）矿量平衡等不合理开采情况，尚有所制约。现在完全不提地测监督，很明显既丢失矿产资源又损失经济效益。笔者认为应该恢复这个监督机制。但如何加强这个机制尚有待探讨。

（4）关于探采结合问题。笔者认为探采结合是我国矿山地质工作很大的创造，这种方法既可节省生产勘探费用，又可提高勘探的精度，应该进一步加以发展，何况现在有的国外矿山也开始部分采用探采结合的方法。

2.8　其他有关问题

为了实现上述的发展方向，相应地还应该注意下列问题：

（1）注意矿山地质工作者的知识更新。前述的许多发展方向牵涉到计算机新知识或手段、矿床学新理论等，都是以前矿山地质工作者所未学习过的，所以知识更新必不可少。

（2）有关部门应及早组织有关院所或企业进行先进仪器设备的研制。目前尽管国外已有许多先进的仪器设备，但要价高得惊人：例如前面提到的便携式品位直接测定仪，要价 4 万美元，显然对我国许多矿山是不小负担。物探、化探仪器也有相似情况

（3）解决有关矿山地质工作的管理体制问题。过去在计划经济条件下。由各有关主管政府部门来领导矿山地质工作，管得过死，而现在又放任自流。究竟今后应该如何办是应进一步研究的大问题。

（原载《中国实用矿山地质学》，冶金工业出版社 2010 年出版）

矿体三维模型与计算机制图

陈希廉

（北京科技大学，北京，100083）

矿山生产的对象是地质体，无论是生产勘探、采矿设计、采掘（剥）计划编制和采、选生产，每个环节都离不开地质信息，所以地质信息的存储、统计、调用、反馈和管理等工作的计算机化，是所有生产技术环节计算机化的基础。但是，作为这一系列工作基础的乃是作为地质信息载体的矿山地质图件（含测量信息），因此可以说，矿山地质制图工作的计算机化，是实现矿山各项技术及管理工作计算机化的基础。

1　利用计算机建立矿体三维模型与绘制地质图的思路及其各自优点

1.1　矿体三维模型

矿体三维模型建模的步骤：①建立矿体几何模型。将矿体划分为等体积的许多块段，这种块段叫做 Selective Mining Unit，简称 SMU，译为"选别开采单元"（以下也简称单元）。即允许分采的最小单元；②建立矿体地质模型（或名储量模型）。对每个单元进行估值，也就是计算每个单元的平均品位及储量，然后把含矿的单元圈定出来，这样就成了地质模型；③建立矿体经济模型。计算回收每个单元中有用组分的成本、销售收入及经济效益，形成所谓矿体经济模型。利用此经济模型可以很方便地圈定出合理的可采矿体的范围，以实现品位指标的优化。

这种办法的优点是可以具体确定每个 SMU 的开采经济效益，而且当采选成本或产品售价一旦有变化时，可以很快地修改品位指标，以便取得最佳的经济效益。

1.2　计算机绘制地质图

目前计算机绘制地质图基本上是模仿人工绘制地质图的思路，即首先在编制好平面图或剖面图坐标线的底图上，将钻孔或坑道工程中的地质分界线（或点），按其坐标投影到图上，再将相邻工程间的相同地质分界点（包括矿体、岩性、构造等的分界点）用圆滑曲线连接起来；最后利用计算机测定矿体的面积，并进行地质储量和平均地质品位的计算。

这种办法的优点是：不仅可以连接出矿体的分界线，还可以连接出各种地质体的分界线，包括表内矿与表外矿的分界线，同时矿体与围岩间的分界线是更接近自然的圆滑曲线。

2　我国有关这方面的研究现状及存在问题

2.1　关于计算机绘制地质图的问题

对此问题，我国已有不少研究院所和高等院校与矿山合作，研制开发了计算机绘制地质图软件。其发展过程大致可分为 3 个阶段：第一阶段，用数字化仪将手工已绘制好的地质图纸输入计算机。这种方法实际上意义不大，因为并不减少制图的工作量，只不过为采矿设计提供了可在计算机上显示的地质图。第二阶段，由计算机绘制地质图但需人工干预。这阶段可以做到输入地质体界限工程控制点后由计算机自动成图。这种绘图软件不仅可由计算机自动成图，而且还可以自动进行地质储量和地质平均品位的计算。但是，除了煤矿、沉积型铁矿、白云石矿等层状矿体外，在连图过程中还或多或少需要人工的干预，以连接地质控制点。因为计算机不具备判断不同工程中哪些地质控制点可以相互连接的地质知识和经验。在开发这种绘图系统的软件方面，大部分用自编程序配合 AutoCAD 进行绘图。第三阶段，智能化计算机绘制地质图阶段。众所周知，计算机绘图的最大难点是地质点间的合理连接问题，例如，有两个相邻探矿工程，其中一个见到两个矿体，另一个只见到一个矿体，这时就可能有 4 种连图方案，究竟应该按哪个方案连图，计算机将无所适从。这正是计算机制图需要人工干预的原因。而有经验的地质工作者却可以根据地质学知识及经验，结合该矿成矿规律及其周围的地质条件进行正确的连图。在智能化计算机绘图中，就是将针对某矿山人工绘制地质图的知识和经验，输入专家系统的知识库，由专家系统来引导计算机进行正确的连图、绘图；在成图后再由计算机测定平面或剖面上矿体的面积，并计算储量和平均品位。目前利用计算机绘制地质图存在的主要问题是：①要做到智能化计算机绘制地质图需要较高的计算机技术水平。②如果要计算小至每个 SMU 的平均地质品位，用传统的加权平均法往往难以实现。③此种计算机图件不如三维矿体模型那样更容易进行技术经济优化研究。④计算工作量很大，因为按此种办法进行储量计算的 SMU 可能不是等体积的。

2.2　关于矿体三维模型方面

江西德兴铜矿曾邀请美国福陆公司进行初步设计。当时就采用克立格法来建立三维矿体模型，并用以确定合理的品位指标、圈定矿体、计算储量及平均品位。后来我国有许多学者，继续从事克立格法或其他国外已有的三维建模法（如距离平方反比法）的研究，创造了几种三维模型建模法。其中通过了部级鉴定的有：原中南矿冶学院杨善慈教授创造的杨赤忠滤波法、三山岛金矿周义明高工创造的东方系统等。杨赤忠滤波法尚不能进行经济分析，而东方系统可计算出开采每个 SMU 的经济效益，以便圈定出可采矿体的范围，使生产取得最佳的经济效益。但是，截至目前，真正应用三维矿体模型进行储量计算和开采设计等工作的矿山还很少。对于我国来说，三维建模法存在下列几个问题：

（1）难以适用于我国多数金属矿山现用的双品位指标制问题。克立格法或距离平方（或 K 方）反比建模法等，只能适用于西方国家所用的单品位指标制（即仅用一个品位指标——边际品位）圈定矿体的条件。所谓边际品位（Cutoff Grade），即衡量每个 SMU 中的平均品位（含矿石与废石的平均品位）是否达到可采水平的品位指标；如果达到可采水平，则整个单元都属可采储量，否则整个单元都算是废石。假定每个方格是一个 SMU，两条直线间是矿体，则第 3、16、29、14、27、40 几个单元，整个单元都算矿石，尽管其中都含有部分围岩，这些单元中的围岩也都把它算是矿石了；而相反第 9、22、28、41 几个单元中，尽管有部分矿石，但却全部都算是废石，因为其中矿石量少，其平均品位未达到边际品位。至于单元 21 与 34 该算是矿石还是废石，就要看其平均品位如何了，如平均品位大于或等于边际品位，则整个单元都算是矿石，否则整个单元都算是废石。在这种情况下，就无法用双品位指标来圈定矿体了。我们在与加拿大 M. LBilodeau 教授的合作中，就曾企图解决双品位指标（边界品位与工业品位）与边际品位计算的储量和品位的换算问题。我校有两位教授的研究生也曾经从事过这方面的研究，结果都徒劳。

（2）与原储量平衡表的储量无可比性问题。由上述可见，用矿体三维模型计算出来的储量和品位，不是传统意义的地质储量和地质品位，它是已包括了大部分损失和贫化的储量和品位，与原来双品位指标下计算的工业储量无可比性。据我们的试验研究，其储量和平均品位与双品位指标制比较，相对误差可达 7% ~ 20%。这样就造成了编制储量平衡表的困难。此外，在采用三维建模储量计算方法后，根本区分不了表外矿和表内矿，也难以填报原来的储量平衡表。

（3）三维建模法的 SMU 不利于炮孔的设计。根据我们在某些无底柱采矿法矿山的试验，每排扇形爆破孔控制的爆破块段是菱形块，如果以它作图其中阴影部分是按三维建模法圈定的可采矿体，其边界是锯齿形的。如果图中为 SMU，由于在 SMU 中无地质界线，当此菱形块内有较大的岩脉或夹石穿过或存在半截矿现象时，则可能造成炮孔孔深设计不合理。

（4）对于小而形态复杂的矿体，克立格法的误差有可能更大：我校有的教师在金厂峪金矿和山东金岭铁矿的试验已证明了这一点。

（5）利用三维矿体模型制作的图件，不仅其矿体边界线不是矿体的自然边界，而且还不能连接出岩性、地质构造等其他各种地质体的界线。

根据上述情况分析，我们认为要做到能切合我国矿山实际，真正能把研究成果用于生产，应遵循的发展方向是：把智能化计算机地质绘图与建立矿体三维模型相结合并统一为一个整体。

3　实施我们思路的步骤

根据我们在此项研究工作中的经验，可按下列步骤实施：

（1）根据具体矿山的成矿规律及人工绘制地质图的知识及经验，建立专家系统的知识库。

（2）将已有钻孔柱状图上或坑道素描图上的地质分界线（或点）的属性（如是什么地质体的分界线、其产状要素、矿石的品位等)及坐标输入数据库。对于钻孔中各分界点的坐标，可以不必一一输入，而只给出开孔坐标、钻孔天顶角、钻孔倾向及换层深度等，由计算机自行计算。坑道中地质分界点的坐标给定也可采用相似方法。

（3）按探矿工程的分布特点先在计算机上编制出有坐标线或经纬线的剖面图或平面图。

（4）调用数据库中的各种信息将其投影到剖面图或平面图上。

（5）调用专家系统知识库中的知识，并利用专家系统的推理功能及模糊数学计算功能，引导计算机确定哪些地质控制点可以相互连接。

（6）应用特殊的数学函数模型，将可以连接的控制点连接成圆滑的曲线。我们曾分别试验过用"样条函数"和 AutoCAD 中的"多义线"功能进行地质界线的连接，结果都不理想，最后找到特殊函数才解决了问题。

（7）利用现用的边界品位和工业品位圈定出表内矿和表外矿的边界线，对于某些夹石或薄矿体较多的矿山，这个工作也需要专家系统指导。

（8）如果先建立的是剖面图，可以将若干个已绘成的剖面图的地质体分界线当作已知线，把它投影到平面图上，再由专家系统引导连图。如果先建立的是平面图，其过程则相反。由此可见，按此办法，可在任意位置作出剖面图或平面图。

（9）根据采矿的要求划分出计算储量的块段，可以是 SMU，也可以是采矿技术部门所要求的块段，例如，有的采矿法要求划分为矿房、底柱、顶柱和间柱，分别计算其储量。当划分好计算储量的块段后，可由计算机测定块段两侧上下平面矿体的面积，再用断面法计算每个块段的体积及矿石储量；对于像铁矿石那样体重受品位影响较大的矿石，还要应用以品位为自变量求体重的回归方程来计算储量。

（10）应用距离 K 方反比法或克立格法来计算每个储量计算块段的平均地质品位。

（11）对每个计算块段进行经济分析，以确定回收利用该块段矿石的经济效益。这种计算，实际上已构成了三维矿体模型中的矿体地质模型和经济模型，但必须指出的是，它与三维矿体模型有如下的区别：

1）它可以应用双品位指标制来圈定矿体，并可以区分表外矿和表内矿。

2）每个计算储量的块段其形状不见得都要求是同样规则的几何形状，因而矿体的边界不是锯齿状的。

3）每个计算储量的单元其体积大小可以不一样，每个单元计算出来的储量和品位是不含损失和贫化的地质储量和地质品位。

由此可见，这种方法克服了矿体三维模型的种种缺点。唯一的缺点是计算工作量较克立格法等其他三维模型法大。因为本法要分别计算每个单元的体积，而不是像克立格法等那样，任何单元的体积都是一样的。现在由于计算机硬件的发展，计算速度越来越快，这已不成为问题。

4　实现上述研究的途径及软件

我们认为要实现上述的思路及步骤，应尽可能采用现成的软件进行二次开发，而不要每个步骤都通过程序语言自己来编制软件。目前已有许多软件可供这方面工作应用，如果全部用程序语言自编软件，肯定是会费力不讨好的。

4.1　计算机绘制地质图并进行储量计算

此研究有两种途径可供选择：

（1）利用 Gum、AutoCAD 和 VBGuru 是功能强大的协同式集成化软件，它具有在一步操作中同时调用知识库、数据库、电子表格及程序变量等协同运转的能力；它可以把矿山地质技术人员积累的人工绘图知识及经验汇总成知识库，用这个知识库存储的知识和数据库中存储的地质信息，应用专家系统的推理功能及模糊数学运算功能，指挥 AutoCAD 进行平、剖面地质图的自动绘制（包括表内、表外储量以及其他地质界限的绘制），并由计算机用 AutoCAD 测定断面面积，以进行断面法的储量计算。与此同时，还要利用 VB 来编制应用克立格法或距离 K 方反比法计算各块段地质品位的程序。

（2）利用 Windows 下运行的专家系统框架软件、ERMapper(或 MapInfo)和 SQLERMapper 是专门应用于地学信息处理和绘图的最先进套装软件包，包括有十几个软件。上述的 AutoCAD 尽管作图能力很强，但它最适用于机械制图或建筑制图等几何线条的绘制，对于地质图的绘制，其功能却大不如 ERMapper。此外，目前专家系统已成为许多计算机软件系统中的重要子系统之一，而且专家系统的知识库与数据处理的数据库可融为一体。要实现这个途径，其难度要大于前一途径，但却可以绘制出更完美的图件，而且可以利用该软件包中的功能，在各种图上任意点输入可供随时查询或打印输出的各种信息。应用 ERMapper 还可以用工作站进行绘图和计算；它不仅有很强的三维成图功能，而且其工作效率可大大高于前一途径。如果 SMU 的大小相当于一个爆破块时，计算速度是个不可忽视的问题。

4.2 矿山经营参数优化的技术经济分析

国外矿体三维模型的建立最终都落实到矿体经济模型的分析上，我们也不应例外。本项工作就是要进行主要的经济分析。所谓"矿山经营参数"，是指可以人为地加以调整，用以控制矿山的生产经营，进而影响其经济效益和资源回收等效益的参数，包括品位指标、夹石剔除厚度、最小可采厚度、开采设计或采矿中损失率和贫化率的合理匹配、选矿中的产率或回收率以及精矿品位等。国外先进矿山，每当生产成本、产品售价或生产技术条件有较大变化时，都要及时调整经营参数，以取得最佳的经济效益，但我国多数矿山由于种种原因往往长期不变，因而失去了本来可以取得的经济效益或资源回收效益。

优化的决策变量和决策目标应根据矿山的地、采、选条件而定，不见得上述的每个参数都可以或都有必要进行优化。

这方面研究的计算机软件可采用电子表格软件，如 Lotus1—2—3 或 MSExcel 等。

"金属矿山经营参数优化技术"是可供选择的技术，该研究技术于 1990 年被国家科委列为"国家科技成果重点推广计划"项目。

这套技术的主要特点是：

（1）以系统论为指导，把边界品位、工业品位、贫化率、损失率、入选品位、精矿品位以及选矿产率等彼此密切联系的技术参数，进行整体优化研究，符合矿山生产经营多样性、复杂性以及各经营参数间"牵一发而动全身"的特点。

（2）建立各种技术参数间动态数学模型及综合技术经济模型，用以进行多目标优化决策。这既符合矿山生产中各种参数间动态联系的特点，又可利用综合技术经济模型同时计算出各种决策目标，进行多目标优化决策；同时还可供用户根据生产技术条件或市场经济条件的变化，对经营参数进行再优化，实行动态管理。

（3）在选取决策目标时，兼顾经济效益（包括总利润和净现值等）和社会效益（包括资源回收量及节能等）。同时运用模糊数学方法或目标规划方法，进行多目标优化决策；这既克服了西方国家在矿产经济研究中，只考虑经济效益单个决策目标的局限性，又符合我国社会主义国家既要考虑经济效益又要考虑社会效益的要求。同时，还符合 21 世纪要实现可持续发展工程的大趋势。

上述思路的实施步骤和途径已经实践过，但还不完善，主要有两个原因：一个是所用软件过老，我们只找到只能在 DOS 下运行的专家系统框架软件 Gum，相应地迫使我们所用 AutoCAD 软件也必须在 DOS 下运行。另一个原因是我们当时用的硬件的运行速度大大低于现在的 586 微机，当时所用微机的主频率仅几十兆，因此不能把矿体划分为小到"选别开采单元"SMU 的大小来进行计算，所以还需要矿山地质工作者今后共同努力，也希望得到同行们的指正。

（原载《中国实用矿山地质学》，冶金工业出版社 2010 年出版）

地理信息系统在综合资源管理中的应用

彭　黎

（核工业计算机应用研究所，北京，100037）

摘　要：地理信息系统（Geographic Information System，简称 GIS）是一个以地球科学和信息系统相结合的应用系统，它针对特定的应用任务，存储事物的空间数据和属性数据，记录事物之间的关系和演变过程。它可根据事物的地理坐标对其进行管理、检索、分析、结果输出等处理并提供决策支持、动态模拟、统计分析、预测预报等服务。

关键词：地理信息系统；数据库；数据结构；二次开发

地理信息系统（GIS）是当今世界计算机应用领域最先进的分支之一，它充分发挥了计算机运算速度快、存储容量大等硬件优势和先进的数据库管理及图形、图像处理技术等软件的特长，使得对图形（数字地图）、图像（照片、卫星影像等）、属性数据（文字资料等）的管理使用有机地结合成一个整体。

地理信息系统（GIS）借助于计算机技术，把许多以前在纸质地图上不可能完成的分析工作系统化了，成为地理信息系统（GIS）区别于其他一般信息系统的重要特征。

地理信息系统（GIS）应用领域由传统的地学领域扩展到综合管网、城市规划、市政设施、土地管理、矿产管理、交通运输、电力水利、通信、全球定位系统、环保、国防等社会生活的各个方面。本所为核电站、国防工程应用该系统取得了良好成果与经济效益。

1　系统功能构成

系统功能构成如图 1 所示。

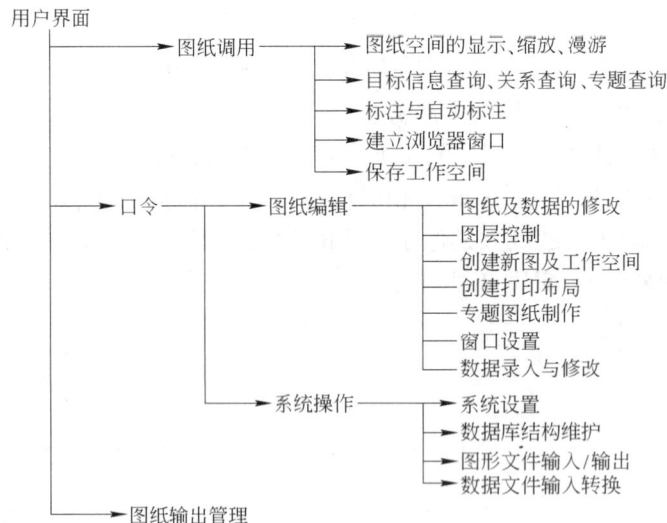

图 1　地理信息系统功能构成图

2　技术实现方案

综合以上的需求分析以及系统功能的特点，根据地理信息系统的开发方法，我们在系统设计原则、系统实施步骤、信息收集方法、建立数据基准以及数据分类与数据结构、系统开发环境以及软件平台方面提出解决方案。

2.1 地理信息收集整理原则

地理信息系统在信息收集、数据库建立、平台选择、功能开发等方面都要遵循如下统一的原则:

(1)实用性原则。在系统结构。应用功能的设计和开发方面既要符合项目框架要求,又要考虑信息收集、处理、查询过程中操作人员的实际情况,充分注意设计风格的统一性、界面的友好性、操作的简便性、功能的完善性、系统的可维护性和可扩展性等问题。

(2)先进性原则。系统在长时间内保持技术领先,以满足系统对网络、数据库、管线综合管理的需要。

(3)可靠和安全性原则。软件部分建议选择国内外有一定知名度的产品,主要包括数据库和 GIS 产品。以上这些措施可以保证将来的系统安全平衡运行。

(4)系统的规范或标准。

(5)数据标准。根据规划管线管理的具体需求,依据或参照国家标准和规定,确定本系统数据项的存储格式、编码、数据转换标准等。

(6)数据库工程建设规范,包括数据源采集操作规程、图形数字化与编辑处理操作规程、属性数据的录入处理规程、数据精度检查与质量控制规程、数据库更新周期与方法等。实现图形数据、属性数据一体化管理。

2.2 地理信息需要完成的具体工作内容

(1)系统使用部门日常工作所需要的信息类型汇总和分类。

(2)建立规范,信息分类与编码规范,数字化规范、建库技术规范、数据质量规范。

(3)图纸输入,将总平面图、相应地形图、管段图进行矢量化,用规范的地理信息的要素符号描述出来,以作为系统的空间数据管理。

(4)坐标转换、二维信息点的采集和绘制。总平面图是以同大地坐标具有一定角度的坐标系(建筑坐标)绘制,管段施工图是以多张轴侧图和施工平面图的形式绘制。所以需要统一坐标系,对施工轴侧图进行矢量化时进行坐标系的变换,同时在轴侧图上进行二维信息点的采集和绘制。

(5)建立空间数据库和属性数据库,在进行图纸数字化的同时,将地形图、总平面图中的名称、特征,管段的平面位置、高程、埋深、走向、材质、规格、性质等属性信息一并输入计算机;建立一套完整的管线设施地理信息数据库。

(6)对管线设施地理信息数据库中的空间数据及属性数据进行准确性校验。

(7)软件开发,根据用户对系统的需求,开发各种查询、统计、信息编辑等功能。

3 数据基准以及数据分类与数据结构

地理数据是对地理现实的表达,是建立在一定的逻辑概念体系之上的,反映了适当的地理信息,而地理信息的合理分类是地理知识系统化的一个重要方法。为了表达实体元素在数据分类分级中的从属关系和属性性质,我们需要进行空间数据的分类和编码工作。为了保证数据共享及规范性,又应当遵循一定的标准。数据编码的标准化是数据共享的前提和基础。编码的标准遵循科学性、系统性、相对稳定性、完整性、可扩展性和适用性等原则,并不受地形图比例尺的限制。

在地理信息系统中,数据库中数据的编码,对数据的查询、检索和修改等操作是十分重要的。因为在地理信息系统中,所有的信息都是以地理代码所表示的数字形式进入计算机的。在地理信息系统中,地理数据是以点、线、面三个基本要素来表达的,因此对地理信息数据库的编码实际上是对这三个要素的编码。

地理编码应遵循的原则如下:

(1)通用性。所编制的专业代码既要符合人们的一般习惯,易编好用,适合计算机处理,又不要过分灵活,以免有损于编码的严密性。

(2)一般性。指任何专业名词、术语的定义必须严格保持概念的标准。

(3)唯一性。对某一类地理特征,其编码必须是唯一的,不能重复。

(4)系统性。整个系统的地理编码要统一规划、统筹安排,不能各行其是,随意改动。

(5)标准化。对编码的长度、格式和码位的分配必须一致。

(6)扩展性。系统编码应有充分的扩展余地,当代码增加或删除时,不致破坏原有的代码。

（7）简易性。代码的标志要尽量短，便于操作，查找迅速，既可以减少出错、减少操作量，又可以减少计算机的处理时间和内外存空间。

根据以上的原则，综合数据可分为 3 类 4 级，分类与表达内容见表 1。

表 1　综合数据分类表

第一级	第二级	第三级	第四级
A 环境室基础数据	A-00 自然数据	A-00-01 地质 A-00-02 水文	A-00-011 工程地质
B 环境室设施数据	B-01 用地数据	B-01-01 建筑用地 B-01-02 道路用地 B-01-03 绿化用地 B-01-04 特殊用地	
	B-02 建筑数据	B-02-01 综合数据	B-02-011 建筑名称 B-02-012 建筑时间 B-02-013 使用性质 B-02-014 建筑面积 B-02-015 建筑高度 B-02-016 建筑结构 B-02-017 施工单位 B-02-016 隶属单位
		B-02-02 建筑供电 B-02-03 建筑供水 B-02-04 建筑供暖 B-02-05 建筑电讯 B-02-06 建筑供冷 B-02-07 建筑排水 B-02-08 建筑消防	
	B-03 道路数据	B-03-01 道路	B-03-011 一般属性 B-03-012 路面性质 B-03-013 附属设施 B-03-014 施工单位 B-03-015 施工时间
C 工艺设备数据	C-01 配电系统	C-01-01 电力电缆	C-01-011 电缆 C-01-012 生产厂家 C-01-013 出厂时间 C-01-014 安装时间 C-01-015 施工单位 C-01-016 区间长度
	C-02 消防系统 C-03 预警系统 C-04 供气系统 C-05 自控系统 C-06 空调系统		

4 软件平台介绍

美国 Mapinfo 公司的 Mapinfo Professional 6.5 中文正式版，是一个处于世界领先地位的，功能强大、健全而直观的桌面地图信息系统。

4.1 Mapinfo 的主要技术特点

（1）以表（Table）的形式组织信息。每一个表都是一组 Mapinfo 文件，这些文件组成了地图文件和数据库文件。Mapinfo 通过表的形式将数据与地图有机地结合在一起。

（2）图形对象。Mapinfo 内置的数据库管理系统是一种关系型数据库管理系统，也是用二维表组织数据。与其他关系型数据库不同的是表结构中除可包含常用类型的属性列外，还引入一个图形对象列（OBJ 列），用于存储图形对象（如线、区域等）。

（3）地图图层化。Mapinfo 是按图层组织计算机地图的。也就是说，将一幅计算机地图加工成多个层层叠加的透明层，这个透明层就称图层。每个图层包含了整个地图的一个不同方面。在创建一个图层时，都要为其建立一张表，Mapinfo 就是通过这种方式使表与地图之间建立了联系。

（4）专题地图。提供多种数据可视化的专题地图，能将数据库中的信息进行直观的可视化分析。使用专题渲染在地图上显示数据时，可以清楚地看出在数据记录中难以发现的模式或趋势，为用户的决策提供依据。专题地图包括范围值、点密度、柱状图、等级符号、拼图和独立值六种形式。

4.2 MapX 简介

MapX 是 Mapinfo 公司向用户提供的具有强大地图分析功能的 ActiveX 控件产品。由于它是一种基于 Windows 操作系统的标准控件，因而能支持绝大多数标准的可视化开发环境如 Visual Basic、Delphi、PowerBuilder 等。MapX 采用基于 Mapinfo Professional 的相同的地图化技术，可以实现 Mapinfo Professional 具有的绝大部分地图编辑和空间分析功能。而且，MapX 提供了各种工具、属性和方法，实现这些功能是非常容易的。编程人员在开发过程中可以选用自己最熟悉的开发语言，轻松地将地图功能嵌入到应用中，并且可以脱离 Mapinfo 的软件平台运行。所以利用 MapX 能够简单、快速地在应用中嵌入地图化功能，增强应用的空间分析能力，实现应用的增值。

5 开发方式的选择

地理信息系统根据其内容可分为两大基本类型：一是应用型地理信息系统，以某一专业、领域或工作为主要内容，包括专题地理信息系统和区域综合地理信息系统；二是工具型地理信息系统，也就是 GIS 工具软件包，如 ARC/INFO 等，具有空间数据输入、存储、处理、分析和输出等 GIS 基本功能。

应用型 GIS 开发有三种方式可供选择。

5.1 独立开发

指不依赖于任何 GIS 工具软件，从空间数据的采集、编辑到数据的处理分析及结果输出，所有的算法都由开发者独立设计，然后选用某种程序设计语言，如 Visual C++、Delphi 等，在一定的操作系统平台上编程实现。这种方式的好处在于无须依赖任何商业 CIS 工具软件，减少了开发成本，但一方面对于大多数开发者来说，能力、时间、财力方面的限制使其开发出来的产品很难在功能上与商业化 GIS 工具软件相比，而且在购买 GIS 工具软件上省下的钱可能还抵不上开发者在开发过程中绞尽脑汁所花的代价。

5.2 单纯二次开发

指完全借助于 GIS 工具软件提供的开发语言进行应用系统开发。GIS 工具软件大多提供了可供用户进行二次开发的宏语言，如 Mapinfo 公司研制的 Mapinfo Professional 提供了 MapBasic 语言等等。用户可以利用这些宏语言，以原 GIS 工具软件为开发平台，开发出自己的针对不同应用对象的应用程序。这种方式省时省心，但进行二次开发的宏语言，作为编程语言只能算是二流，功能极弱，用它们来开发应用程序仍然不尽如人意。

5.3 集成二次开发

集成二次开发是指利用专业的 GIS 工具软件，如 ArcView、Mapinfo 等，实现 GIS 的基本功能，以通用软件开发工具尤其是可视化开发工具如 Delphi、Visual C + + 、Visual Basic、Power Builder 等为开发平台，进行二者的集成开发。

集成二次开发目前主要有两种方式：

（1）OLE/DDE。采用 OLE Automation 技术或利用 OLE 技术，用软件开发工具开发前台可执行应用程序，以 OLE 自动化方式或 DDE 方式启动 GIS 工具软件在后台执行，利用回调技术动态获取其返回信息，实现应用程序中的地理信息处理功能。

（2）GIS 控件。利用 GIS 工具软件生产厂家提供的建立在 OCX 技术基础上的 GIS 功能控件 MAPX，在 Delphi 等编程工具编制的应用程序中，直接将 GIS 功能嵌入其中，实现地理信息系统的各种功能。

由于独立开发难度太大，单位二次开发受 GIS 工具提供的编程语言的限制，因此结合 GIS 工具软件与当今可视化开发语言的集成二次开发方式就成为 GIS 应用开发的主流。它的优点是既可以充分利用 GIS 工具软件对空间数据库的管理、分析功能，又可以利用其他可视化开发语言具有的高效、方便等编程优点，集二者之所长，不仅能大大提高效果，获得更强大的数据库功能，而且可靠性好、易于移植、便于维护。

由于有上述优点，集成二次开发正成为应用 GIS 开发的主流方向。这种方法唯一的缺点是前期投入比较大，需要同时购买 GIS 工具软件和可视化编程软件，但"工欲善其事，必先利其器"，这种投资值得。基于 MAPX 的强大功能，可以使开发者避开某些应用的具体编程，直接调用控件，实现这些具体应用，不仅可以缩短程序开发周期，使编程过程更简捷，用户界面更友好，可以使程序更加灵活、简便，与利用 OLE Automation 技术作为服务器的 Mapinfo 相比，利用控件开发速度快，占用资源少，而且易实现许多底层的编程和开发功能。根据以上的分析我们选择第三种开发方式，采用 Borland Delphi 作为可视化开发工具结合 MAPX 进行系统开发。

（原载《中国实用矿山地质学》，冶金工业出版社 2010 年出版）

"论数据挖掘"技术在矿山地质工作及我国西部矿产资源开发中的应用

陈希廉　袁怀雨

（北京科技大学，北京，100083）

摘　要：文中简要介绍了数据挖掘技术，论述了数据挖掘技术在矿山地质工作中的应用可能性及应用领域，研究了数据挖掘技术在我国西部矿产资源开发应用中的应用方法。

关键词：数据挖掘技术；矿山地质；西部矿产资源

1　数据挖掘技术概述

1.1　产生数据挖掘技术的背景——信息爆炸但知识贫乏

自从人类在山洞中绘画和在草纸上写字以来，所产生的所有信息大约为18个exabytes，即18后面加18个零。但是真正不可思议的是，仅仅1999年就产生了其中的12%。激增的信息背后隐藏着许多重要的、有价值的信息和知识，但人们往往难以直观地发现它们，人们都希望能够对其进行更高层次的分析，以便更好地利用这些信息。目前的数据库系统可以高效地实现数据的录入、查询、统计等，但无法发现信息中隐藏的规律性和规则，无法根据现有的信息来预测未来的发展趋势。缺乏开发信息背后隐藏的知识的手段，导致了"信息爆炸但知识贫乏"的现象。那么怎么样才能得到这些"知识"呢？

计算机科学对这个问题给出的最新回答就是：利用"数据挖掘"技术，以便在"信息矿山"中找到蕴藏的"知识金块"。

1.2　数据挖掘技术简介

（1）什么是"数据挖掘"技术？所谓"数据挖掘"就是从大量的、不完全的、有噪声的、模糊的、随机的实际信息中，提取隐含在其中的不能靠直觉发现的、但又是潜在有用的，甚至是违背直觉的信息和知识。挖掘出的信息和知识越是出乎意料，就可能越有价值。

为了达到此目的，首先必须通过数据处理，从"数据仓库"中提取有价值的信息，以建立数据挖掘库，以用于存储从数据仓库中所挖掘出来的信息，即经过检验、整理、加工和重新组织的信息。这种系统既可以是传统的关系型数据库管理系统，也可以是专用的多维数据库管理系统（mdbms）。

（2）"数据挖掘"技术处理信息的特点：它具有综合处理结构化数据（即可定量的数据）、非机构化数据和半结构化数据功能。发现知识的方法可以是数学的，也可以是非数学的；可以是演绎的，也可以是归纳的。发现的知识可以被用于信息管理、查询优化、决策支持和过程控制等。因此，数据挖掘是一门交叉学科，它把人们对数据的应用从低层次的简单查询，提升到从数据中挖掘知识，提供决策支持。

（3）"数据挖掘"技术所采用的分析方法、手段：最常用的是关联分析、人工神经网络、决策树、遗传算法、聚类分析、专家系统等；但必要时，也用到其他各种数理统计、各种运筹学、各种模糊数学等方法，特别是模糊数学与前述各种方法的结合，如模糊聚类分析、具有模糊规则库的专家系统等。有人认为数据挖掘的三个主要技术支柱是：数据仓库、人工智能和数理统计。

（4）"数据挖掘"技术能挖掘什么知识？它可以挖掘的知识有：

1）广义知识（Generalization）。广义知识指类别特征的概括性描述知识。它可反映同类事物共同性质，是对数据的概括、精炼和抽象。

2）关联知识（Association）。它反映一个事件和其他事件之间依赖或关联的知识。如果两项或多项属性之间存在关联，那么其中一项的属性值就可以依据其他属性值进行预测。

3）分类知识（Classification & Clustering）。它是反映同类事物共同性质的特征型的知识和不同事物之间的差异型特征的知识。

4）预测型知识（Prediction）。它根据历史的和当前的数据去推测未来的数据，也可以认为是以时间为关键属性的关联知识。

5）偏差型知识（Deviation）。它是对差异和极端特例的描述，揭示事物偏离常规的异常现象，如标准类外的特例，数据聚类外的离群值等。

（5）"数据挖掘"技术能建立什么模型？具有通过上述方法以建立综合性的、能揭露事物内在规律的模型的功能。这些模型包括预测模型、优化模型、智能化决策支持模型、技术诊断模型、辨伪模型、合理分类模型等，而且还可以对这些模型进行误差分析、风险分析等。

（6）"数据挖掘"技术的可视化功能。它具有可视化表达数据挖掘结果的功能。这种功能能够让综合分析的结果以各种图表方式加以显示，以便使用户对分析结果有更直观的了解。其图形可以有：散点图、曲线图、直方图、扇形图、雷达图以及各种三维图形等。

1.3　"数据挖掘"技术的用途

数据挖掘不是为了替代传统的统计分析技术。相反，他是统计分析方法学的延伸和扩展。大多数的统计分析技术都基于完善的数学理论和高超的技巧，预测的准确度还是令人满意的，但对使用者的要求很高。而随着计算机计算能力的不断增强，我们有可能利用计算机强大的计算能力只通过相对简单和固定的方法完成同样的功能。数据挖掘就是利用了统计和人工智能技术的应用程序，把这些高深复杂的技术封装起来，使人们不用自己掌握这些技术也能完成同样的功能，并且更专注于自己所要解决的问题。这将为渴望应用数学和计算机技术的地质工作者提供一个捷径。

目前数据挖掘已可以应用在各个不同的领域。大企业将其用于决策支持；银行部门把它用于贷款项目的风险评估；工业部门将它用于技术诊断；商业部门使用它来确定销售商品的取舍以及 CRM（客户关系管理）；保险公司、证券公司、电讯公司和信用卡公司用它检测欺诈行为；医疗上可以用它预测外科手术、医疗试验和药物治疗的效果；材料工业用于新材料的设计，例如，度迈公司的部分软件用于新材料设计，先后在导弹用材料、特种合金钢、半导体陶瓷、稀土荧光粉及多种高分子材料研制中发挥了作用。笔者与某软件公司合作把数据挖掘技术用于利用尾矿制造微晶玻璃的配料优化，也已获得成效。地质工作和地质研究中也开始应用它。目前数据挖掘技术的应用范围还在不断发展之中。正由于如此，有的学者认为计算机网络技术之后的下一个技术热点将是数据挖掘技术。

1.4　现有可供开发应用的软件

由上述可见，要使计算机能具备有前述那样的复杂功能是非常不容易的。好在计算机软件工作者已经编制了多种可供选择的现成软件，应用中已经可以马上投入使用。就笔者目前所知，目前，比较有影响的数据挖掘系统有：

（1）我国度迈（DataMight）公司的软件"Process Analyzer"（用于工业优化）、"Materials Research Advisor"（用于新产品试制）、"Data Analyzer"（用于各种 DataMining 项目）。

（2）德国管理智能技术（MIT）公司的 DataEngine，这个软件目前已开始在中国销售。

（3）SAS 公司的 Enterprise Miner，这个软件目前也已开始在中国销售。

（4）IBM 公司的 Intelligent Miner。

（5）SGI 公司的 SetMiner。

（6）SPSS 公司的 Clementine。

（7）Sybase 公司的 Warehouse Studio。

（8）RuleQuest Research 公司的 See5。

但是，上述的不同软件并不见得都具备前述的所有的功能，其优缺点还是有所区别的，在选用时应进行深入的了解和选择。

2　矿山地质工作中数据挖掘技术大有用武之地

在地质工作或研究领域中应用数据挖掘技术早已开始。例如，据度迈公司报道早在 20 世纪 80 年代该公司就"曾用模式识别软件于癌症诊断和有色金属找矿，亦有结果"。此外，《参考消息》2001 年 4 月 25 日刊载了一篇美国《商业周刊》4 月 9 日的报道《虚拟勘探："从数据中开采黄金"》，文中提到："在德士古公司，数据开采显然带来丰厚的利润。它在发现尼日利亚近海的阿革巴米大油田的过程中起了重大作用。该油田储量大约为 15.5 亿桶。有油的几项是通过利用德士古公司'地质勘探'（Geoprobe）数据开采系统对地震数据进行重新评估而发现的。……在此之前，采用静止图像的传统方法没有发现这个油田。但是，遗憾的是，目前我们还没有见到将数据挖掘技术用于矿山地质的报道。"

根据笔者多年从事矿山地质研究工作的体验，我们认为在矿山地质工作中数据挖掘技术大有用武之地，之所以有此看法是因为：

（1）矿山积累有海量的信息。一个生产矿山，不仅积累有找矿勘探时期的信息，还不断增加生产勘探和生产地质工作所积得的信息，而且还积累有与矿山地质工作有关的采矿信息（如损失率、贫化率、出矿截止品位等）、选矿信息（如入选品位、精矿品位、产率等），对于某些矿山（如金矿）还有冶金的信息等。有些矿山还有在地质勘探或生产勘探时积累的物探和化探信息。这些信息我们已充分利用了吗？有多少矿山已利用它们来探找盲矿体了？有多少矿山已利用它们来进行技术诊断以改进采矿或选矿措施了？

尽管工业生产的数据记录往往是非常复杂的，而且不能直接为"人脑"所直接理解，数据挖掘可帮助我们从这些复杂的数据集中去找出规律，数据开采往往能解决许多复杂的"瓶颈"问题，而不用实验室工作，也不会干扰正常生产，而且不用大的投资（有的学者称之为"三不优势"）。因此，数据挖掘是赚钱或者节省钱的有效的方法。

（2）与矿山地质工作有关信息的复杂性。与矿山地质工作有关的信息往往具有模糊性、不完整性——具有"噪声"和随机性的特点。例如：储量级别的划分标准，就具有典型的模糊性（后面将述及）；矿体形态的外推圈定、开采的损失率及贫化率、出矿品位等就具有不完整性；特高品位就是品位信息中的"噪声"；品位变化就具有随机性的特点。因此，现有的数学地质方法往往还难以完全圆满地处理这样复杂的信息。

（3）矿山地质工作与矿山生产效益的密切相关性。例如，矿山地质工作中的矿区深部和周围的找矿工作牵涉到矿山的寿命，生产勘探工作的可靠性牵涉到采矿设计、施工是否合理，三级矿量的划分与管理牵涉到采掘作业的衔接，矿石质量控制牵涉到产品（采出矿石或精矿粉）的质量及其稳定性，而这些问题的合理解决都牵涉到矿山生产的经济效益；至于矿山经营参数，更直接关系到生产的经济效益和资源回收效益。

由前述的数据挖掘技术的功能与矿山地质工作特点的对比可见，它正是处理矿山地质以及与其有关信息的有效手段，它是比传统数学地质方法更有效的从矿山海量地质及其有关信息中寻找规律或建立模型的捷径。

3 在矿山地质工作中可应用数据挖掘技术的领域

笔者认为它至少可用于下列几个方面。

3.1 成矿模式的建立和矿区深部或外围盲矿体的探找

由于一个矿床的产出与其周围地质环境必然有一定的内在联系，所以相似的矿床或成因上有联系的矿床，常常在一个地区内有成群出现的特点。因而，就矿找矿已成为行之有效的方法。就矿找矿的实例已屡见不鲜，据统计，世界已探明的矿床 80% 分布在矿田范围内。正因为如此，许多矿山投产后，其陆续发现的矿体和储量都可能大大超过勘探阶段所探明的矿体和储量，不仅国外有许多实例，我国也不乏实例，如有色金属的华铜铜矿和水口山铅锌矿、江西的许多钨矿、黑色金属中的利国铁矿以及许多金矿等。生产矿山积累有比勘探时期多得多的地质信息，这就为成矿规律的研究提供了非常有利的条件。

无论是西方国家还是苏联在成矿预测中，利用成矿模式都是重要方法之一。我国也成功地建立了一些成矿模式，如华南黑钨矿脉状矿床的"五层楼"成矿模式、宁芜玢岩铁矿成矿模式等。成矿模式包括的基本内容是：①矿床形成的地质背景：大地构造、地层层位、岩浆活动和成矿时代等。②矿床内部特征：元素和矿物的共生组合、矿石的结构构造、矿石类型等。③矿床外部特征：矿体形态和产状、围岩及蚀变特征等。④矿床成因特征。⑤物、化探及其他遥感信息特征等。由这些特征可见，有的属于非结构化信息，有的则属于非结构化或半结构化信息。过去对于这些模式的研究都分别采用定性的概念模型和定量模型（如物、化探模型）加以描述。而现在数据挖掘技术的发展，已经为模型的建立提供了可以建立综合模型的快捷手段，它可以考虑到人们可能还没有注意到的某些特征（正如前述在尼日利亚近海发现大油田的实例），它可以将地质探矿所取得的信息与物探及化探的信息结合在一起进行分析处理。在建立了成矿模型后，就可以用模糊模式识别等技术以指导盲矿体的探找。

3.2　储量升级的分级标准与控制

尽管我国储量分类和分级规范进行过多次修改，但对于矿山地质工作来说，今后储量的分级仍然还是必不可少的。生产勘探重要任务之一就是让储量逐步升级，目的是为了保证不同开采阶段（开拓、采准、回采）的设计和施工地段矿体的储量及形态、位置等能达到一定的控制程度。如控制程度太高会增加生产勘探费用，而如果控制程度不够，又会导致报废采掘工程等损失。但是无论是过去储委的规定或某个矿山的自己规定，都存在着缺陷：①对于某级储量的要求往往模糊不清，除了工程控制密度外，其他的要求（如矿体的形态、产状、空间位置、地质构造、矿石类型等）的控制要求，都是用"准确控制""详细控制""基本控制"的模糊术语加以确定，谁能说得清"准确""详细""基本"的划分标准是什么？②对于同一矿山多数都采用同一的探矿工程密度，而没有考虑不同地段具体地质条件的差别。因此，如果能利用矿山已积累的大量有关信息，用数据挖掘技术中模糊聚类分析等方法来划分储量级别，再用模糊模式识别等方法以确定各个不同地段的储量级别，显然比现有的划分方法要更加合理，而且可以针对不同地段的不同地质条件，采用不同的分级标准。

3.3　矿石质量的控制

在某些矿山，矿石的质量控制对矿山生产的经济效益和资源回收效益有重大的影响。例如，我国某铁矿出售的主要商品矿是高炉矿，用户对这类矿石的要求很高，不仅铁的品位要达到一定要求，而且硫等有害杂质还不能超标，否则就要降低价格甚至作为废品处理。又如有个地下开采的铁矿，要求采出矿石中磷的含量不能超标。可是，众所周知，任何矿床中不同地段的原始品位和杂质含量都不是均匀的，这就需要通过矿石质量控制加以解决。但是，从采出矿石到输出商品矿，其间有许多环节，要使商品矿符合用户的要求，是个非常复杂的过程。好在凡是要进行质量控制的矿山都积累有海量的人工质量控制的信息，既有成功经验的信息，又有失败教训的信息，但是其间的关系有许多是模糊的，而有些数据挖掘的软件就带有专门用于质量控制的软件，如果能用数据挖掘技术建立起一个综合优化质量控制模型，则必然将使质量控制的效果比人工控制大大提高一步。据文献报道，与矿石质量控制相似的炼焦配煤（劣质煤代替部分优质煤同时保证焦炭强度和耐磨性能或改善焦炭性能）和烧结矿石准备（改善烧结质量）等方面，数据挖掘技术已得到应用。

3.4　围岩和矿石稳定性的分类、评估和应用

围岩和矿石的稳定性既影响地下开采矿山的支护和开采方法，又影响露天矿山的边坡的维护，如果解决不好，不仅可能影响生产的经济效益，甚至可能造成冒顶、片帮或边坡垮落等事故。但是，岩矿的稳定性涉及许多因素，除了其物理力学性质外，还涉及其中的结构面的类型、产状、密度以及水对岩石强度的影响、周围地应力的大小、方向及其与采掘工程方向的相对关系等。如果能利用矿山所积累的大量信息对其进行分类，并进而对各个地段的岩矿进行稳定性的评估，对于地下矿山采矿法的选择、巷道的支护和露天矿山边坡的维护等，肯定也是有很大意义的。

3.5　矿山经营参数的优化

这是矿产经济学在矿山开采中的主要应用。所谓矿山经营参数，是指在矿山生产经营中可以人工加以调控，以调整生产的经济效益和资源回收等效益的参数，包括矿床工业指标、采矿中的损失率与贫化率的合理匹配、选矿中的选比（或其倒数产率）、回收率和精矿品位等。尽管目前已有许多对这些参数优化的方法，但如果应用数据挖掘技术，对生产中已积累的海量数据（如历年每天、每旬生产的报表），建立起从入选矿石的各个变量（数量、各种金属的品位等）直接求各种精矿产品的数量和品位的数模，那么肯定要大大简化优化的过程，而且可减少优化结果的误差。对于这项工作，我们与某软件公司合作进行探索，已取得初步成果。

3.6　矿石工艺类型的合理划分和评定

矿石工艺类型的合理划分对于选矿加工的效果将有重大的影响。但是，怎样划分才是合理的我国研究的还很不够。例如，过去对铁矿石的划分，一般采用前苏联专家在 20 世纪 50 年代为我国制订的按 TFe/FeO 的比值 3.5 和 2.7 为标准，把铁矿石划分为氧化矿、混合矿和原生矿。这种划分办法即使在当时也不见得适用于所有的铁矿，因为不同矿床的同类铁矿矿石的结构和脉石矿物可能不同，所以 TFe/FeO 比值属于同一类的矿石，不

见得采用同样的选矿工艺流程就是合理的。在有色金属矿石中，也有氧化矿和原生矿划分的类似情况。虽然近年来我国有些矿山已开始进行了划分标准的修改，但往往还是根据直观的定性分析，而缺乏更严密的论证。数据挖掘技术提供了一种通过生产数据使生产参数更合理化的手段。

有人曾认为，要搞矿石工艺类型的合理划分，需要搞大量的实验室试验，而且即使搞了试验，其试验结果与生产实际情况还必然有较大差别，因而往往对之望而生畏，而不敢开展研究。但是，前已述及，数据挖掘技术有"三不"的优势，所以用此技术解决此问题就简单得多了。

4 我国西部矿产资源开发应充分应用数据挖掘技术

我国西部矿产资源蕴藏量丰富，天然气、富铜、富磷、钾盐等24种矿产资源的保有储量均占全国的50%以上，还有10种矿产资源储量占全国的33%～50%。因此，开发矿产资源是西部开发重要内容之一。

根据《中国国土资源报》2001年5月30日的报道，建国以来国家在西部投入大量资金用于各项地质工作，经过几代地质工作者的辛勤劳动，"据统计，西部地区包括地质、有色、冶金、建设、铁道、交通、电力、水利、煤炭、核工业、石油、化工、地震以及中科院等近20个部门和单位，共保存收藏了成果地质资料5.5万种、118万件，主要包括地质工作成果报告及其附图、附表、附件等。另外还有解放前老地质资料1176件"。这些地质资料是一笔巨大的信息"财富"，是进一步勘查和开发西部资源和许多基础建设不可或缺的信息。但是，要充分开发利用这批海量的信息资源确是个难题。这样浩瀚的信息，如果只靠少数人来整理和阅读，恐怕一辈子也阅读不完，更不用说去获得规律性的认识了。如果组织大批人去整理和阅读，又可能每人只能了解到某个局部的情况和规律。在这种条件下，我们就要充分利用人脑的延伸——电脑来完成这个巨大的任务。而在完成这个任务中，数据挖掘技术就是一个强有力的工具。

4.1 在西部矿产资源开发中应用数据挖掘技术的建议

（1）及早建立西部的地质数据仓库与GIS结合的系统。要建立这样的系统，首先要组织人员将地质资料输入计算机。输入的资料应包括：文字资料、数据资料、图纸资料（数据及图纸资料包括地面物、化探资料）以及航天和航空遥感资料。为了便于资料的整合，应该首先进行系统的设计，并统一资料格式。

之所以要把地质数据仓库与GIS（地理信息系统）相结合，是因为地质资料多属于与空间有关的信息，而且在GIS中便于建立地质图层，以便把各种地质信息与各种自然地理及经济地理信息结合起来以进行各种应用。其实即使不进行数据挖掘，这个系统对于今后地质工作者查阅与自身当前工作有关的资料也是很有用的。

（2）组织一批有经验的地质工作者学习数据挖掘技术并边学边干。数据挖掘永远不会替代有经验的地质人员所起的作用，它只是一个强大的工具。每个成熟的、有经验的地质人员的脑中都已经具有一些重要的模糊模型，这些模型可能是地质人员花了很长时间，做了很多调查，甚至是经过很多失误之后得来的。数据挖掘工具要做的就是使这些模型的获得更容易、更方便，而且更明确。但是，由于我国现有地质人员懂得数据挖掘技术的人还极少，所以首先有个学习的过程，只有学习了才能有所作为，当然可以边学边干，逐步深入。

（3）要选用功能强并适用于地质信息挖掘的软件。对于建立GIS，应采用可直接输入遥感或物探仪器所收集的信息，而且三维成图功能强的软件，如ERMapper软件。对于数据挖掘软件应选取适用于地质信息处理的软件，特别是现有地质信息中有大量是文字资料，对于这部分资料应选用具有文本挖掘功能、能进行全文搜索功能的软件，如IBM的文本智能挖掘机。

（4）东西部老矿区地质信息的挖掘应领先于西部新区的信息挖掘。由于老矿区积累的信息大大多于新区，而只有在信息量充分的条件下建立的数据挖掘的成果模型（如成矿模式、矿产经济优化分析模型等）才是有适用性的，所以前者应领先于后者。好在对于西部地质信息的挖掘工作，需要在将现有大量纸上信息输入计算机后才能进行，所以这种领先是完全可能的。

4.2 在西部矿产资源开发中可应用数据挖掘技术的领域

（1）用于老矿山前已述及的矿山地质工作。当然，对于西部已投产的老矿山，数据挖掘技术仍然可以用于前述的各项矿山地质工作。

（2）用于矿产品供需形势预测。西部地区今后肯定要开发许多新矿山。过去我国在建设新的工矿企业时，往往只考虑当时的供需形势，而不预测以后市场的供需形势，结果造成许多项目盲目上马，以致生产过剩，供过于求。例如，某些家电和自行车等的生产就是突出的例子，矿产品的开发方面也有过某些教训（如钨矿等）。今后在西部的开发中，千万不要认为某个矿床储量大就盲目上马。但是，要进行矿产品供需形势预测，却是个比其他工业品的供需形势预测更复杂得多的问题。这时除了利用数据仓库和GIS结合的系统外，还必须利用网（Web）上的数据结合进行数据挖掘，才能得到较好的效果。

（3）用于成矿带和矿田等的划分和勘查靶区的确定。成矿带和矿田的合理划分，对于找矿勘探有重要意义。尽管也有些学者对我国西部成矿带和矿田的划分做过一些工作，但如果能在建立了西部地质仓库和GIS结合的系统后，再利用数据挖掘技术中的模糊聚类分析以进行划分，显然要比用人工经验进行划分更合理、更严密。在此基础上，还可以利用在老矿区已建立的成矿模型和模糊模式识别技术，以圈定勘查靶区。

（4）用于拟建新矿山的地质环境保护的分析。这种分析可包括：地质灾害（地震、泥石流、滑坡、流沙、水土流失等）的分析、开采后有害组分可能污染环境的分析、生态系统可能变化的分析等。

前已述及，数据挖掘技术具有进行各种模糊数学分析的功能，而利用模糊数学方法对于自然灾害（含地质灾害）的风险评价、危险等级评价或强度分区等的研究，我国学者黄崇福、王家鼎等已进行过不少的富有成效的工作。如果能结合西部所建立的地质数据仓库和GIS系统已有大量的地质和地理资料，进行这些分析，显然对于新矿区今后应采取怎样的环保措施是有重大意义的。至少可以得到矿区环境地质的本底状况（如未开采前有无污染源、各种地质灾害的危险等级评价或强度分区等）。如果在相似老矿区已建立有污染物扩散模型和矿山开采对生态影响的模型，那么就可以用来预测新矿区污染物的扩散方式（通过地表水尘进行扩散）、扩散的范围与扩散的速度以及对生态可能产生的影响等。

（5）新建矿山供水条件的分析。在我国西南地区进行矿产资源的开发，供水不会成为难题；但对于新疆、陕西、甘肃等西北缺水地区，供水条件是开发矿山的前提条件之一。数据仓库和GIS的优点是它已经把不同单位的地质工作成果归类存储于其中。在此条件下，就可以从中挖掘出所有与供水有关的地质和地理信息，以查明当地有否供水条件，如果有供水条件那么选择哪种水源（地下水或地表水）或哪个水源是最佳的选择。

在上述有关分析的基础上，再结合矿产经济的分析研究，就可以进一步进行新矿床开发的排序决策等分析研究。

总之，笔者认为，由于数据挖掘技术可综合处理结构化程度不同的信息，又可充分利用矿产中统计的信息，而且能综合利用各种数学方法和计算机手段，它能完成一般数学地质分析所不能完成的工作。所以要想使我国的矿山地质工作赶上世界先进水平，同时用高科技来指导西部矿产资源的开发，我们急需开展地质工作领域数据挖掘的学习、研究和应用，并及早建立西部地区地质数据仓库和GIS相结合的系统。

（原载《中国实用矿山地质学》，冶金工业出版社2010年出版）

可视化与虚拟现实技术及其在矿业中的应用

李克庆　贾水库　刘保顺

（北京科技大学，北京，100083）

摘　要：本文对可视化和虚拟现实技术的研究现状进行了综述，对其在矿业领域的应用前景进行了展望。

关键词：科学计算可观化；虚拟现实；矿山管理

科学研究的深化和工程规模的扩张，一方面导致了大规模的数据集及由此而产生的对这些数据集进行加工和解释的技术需求，另一方面则导致了对技术数据和工程参数由实验室走向实践领域时的完备性和准确性的要求。随着现代计算技术的发展和超级计算机的产生，这种要求正在逐步地得到满足，可视化及虚拟现实技术正是在这样的背景下产生的。可视化是一种计算方法，它把数字符号转换成几何图像，使研究人员可以观察其模拟和计算过程，并进行交互控制。计算机图形学、图像处理、计算机视觉、计算机辅助设计、信号处理、用户界面等科学和技术为可视化技术提供了技术支持。虚拟现实技术则是采用以计算机技术为核心的现代高新技术生成逼真的视、听、触觉一体化的特定范围的虚拟环境，用户借助必要的装备以自然的方式与虚拟环境中的客体进行交互作用、相互影响，从而产生亲临等同真实环境的感受和体验。

1　可视化技术的基本概念和发展

可视化（Volume Visualization）是处理和分析来源于实验、扫描器或者计算模型合成体的数据，并对其进行表示、交换、操作和显示的学科。作为科学可视化的一个重要组成部分，可视化是在计算机图形学、图像处理和计算机视觉等学科的基础上发展起来的。它是以体数据为基础，以"可视化流水线"模型为理论模型，以体元绘制为基本体造型方法，从而为科学研究领域提供新的科学灵感的一项专门技术。其中体数据是对某种多维物理场（温度场、压力场、流速场、射线传播衰减场等）的离散采样，也可以看作有限空间中一种或多种物理属性的一组离散采样。可表示为：$f(\chi)$，$\chi \in R^n$，$\{\chi\}$ 是 n 维空间的采样点的集合。为此，体数据也被称为数据集。该数据集可以是三维甚至高维体数据，也可是标量体数据（采样值为单位）或向量体数据（采样值为多值），还可以是有结构的体数据或无结构的体数据。体元是组成体数据的最基本单位，体元绘制是目前可视化领域的核心研究内容，它具有不依赖于视点，对场景和物体的复杂度不敏感，易于表示大体积的采样或模拟数据，可以清楚地显示内部结构的特点。

当前，国内外关于可视化的研究主要集中在科学可视化和可视化语言两个方面。其中科学可视化的着重点在于可视化和流场可视化（FlowVisualization）以及可视化的人机交互。而纵观可视化在科学中的处理方式，目前不外乎后处理（Post processing）、跟踪（Tracing）和驾驭（Steermg）三种。其中后处理是把计算与计算结果的可视化分为相互独立的两个阶段进行；跟踪处理要求实时地显示计算结果；驾驭则是在计算过程中，人为控制计算参数，以获取理想的可视结果。目前，国内外可视化技术普遍是在后处理层次上实现的，而美国的可视化技术正从后处理向跟踪和交互控制的方向发展。

2　可视化技术的数据处理过程

可视化从原始数据的采集到多维图像的显示，要经历三个处理阶段，即：原始数据的采集和体数据的生成阶段、体数据的处理阶段和图像的显示阶段。其中体数据的生成阶段是从数据（如真实物体、模拟或计算数据以及几何模型）中提取信息，生成三维体数据；体数据的处理阶段是将体数据所表达的三维图形处理成可供显示的图像，其中包括三维图像的增强处理、三维图像的转换及数据的分类处理。而体数据的图像显示通常有两种途径：一是进行物体的三维重建，然后用传统计算机图形学的显示算法对重建出的物体表面进行显示；另一条途径是直接实现对体数据的显示，即直接体现。

与传统计算机图形学只关注物体表面的几何表示、交换和显示问题相比，可视化研究多侧重于物体内部信息体数据的表示、操作及显示。两者的主要差异集中体现于模型的不同，前者是连续的几何描述，而后者则是有限的离散采样。因此可视化数据包含的信息更丰富、更完整，而且适合于表述形态不甚规则、属性不十分均匀的对象，诸如生物组织、矿山、矿块等。

3 可视化流水线模型

为了概括可视化过程，对其核心部分进行抽象，需要给出准确、完整、合理的可视化理论模型，目前，众多的可视化软件系统都采用"可视化流水线"（Visualization Pipeline）作为理论模型，如图1所示。

图1 "可视化流水线"模型

其中"模拟"就是对物理现实进行数字模拟；"预处理"就是抽取感兴趣的数据；"映射"是创建几何原语；"绘制"是将几何原语转变为图像；而"解释"则是对绘制进行剖析以获得结论。这是一个对数据集由模拟经预处理、映射、绘制、解释、再模拟的循环过程，经过反复的循环，即可形成研究者所能理解的视觉信息。这种模型具有分布操作和并行处理的特点，而且是数据驱动的，数据驱动的结果就必然导致其灵活性差，一旦"流水线"中的数据发生变化，则整个过程即告中断，需要从原始数据开始重新启动，从而影响了交互效率。另外，该模型目前尚未达到深入细致的程度，对包括数据模型、用户模型、设备模型、时间模型等的研究尚待深入。而模型的并行处理能力也只是初步的，对于像散乱数据的并行处理还显得无能为力。

4 虚拟现实技术

虚拟现实技术是基于研究实际及系统的特性，通过模拟模型来展现系统中实体之间或相关目标之间的数学、逻辑及符号关系，以用作预测现有系统变化后的影响的分析工具，也可以作为预测新系统在不同环境下的性能的设计工具。作为一门数值计算技术，虚拟技术是系统工程、管理科学、运筹学等学科广泛采用的研究方法之一，其应用范围遍及财政经济、政府决策、生产管理、生产工艺、军事运筹、交通运输、矿业开采、通讯、工程设计、科学实验、环境保护及人员培训等社会部门和领域，并已成为许多交叉学科（如社会学、人类学、行为学等）的有效技术手段。据估计，在日本企业中利用系统工程解决的实际管理与决策问题中，有80%以上是通过虚拟技术加以实现的。研究发现，虚拟现实技术可用于下述目的：

（1）用于研究及实验一个复杂系统的相互作用，或一个复杂系统内部的子系统。

（2）用于情报、组织以及环境的改变及这些改变对模型性能的影响。

（3）通过改变模拟输入及观察输出结果，了解各变量重要程度及其相互关系。

（4）用作新型设计或新的策略在实施以前的实验。

（5）用于现实系统的验证分析解。

5 系统虚拟及其过程

虚拟技术的研究对象多是复杂系统。在系统的动态过程中，任一时点上的全部实体、属性和活动的瞬间表象，即为系统的状态，而系统状态的数值，即映象在虚拟过程中要予以真实记录。实际上，系统的运行不断改变系统的状态，使系统从一个映象转变为另一个映象，而任一个引起系统状态改变的因素都称之为事件。任何事件的出现都又对应某一特定的时点，该时点被称之为事件点。在虚拟过程中，各种活动的作用引导出一系列事件点，它们形成了一个事件点系列。虚拟的实施，就是在这些事件点上对系统映象进行各种判断和考察，找出此时刻出现了哪些事件，它们是否可以立即执行，怎样对系统映象进行改变，以及下一个事件何时出现等。

为了实现对现实世界中复杂巨系统的有效模拟，虚拟技术采用虚拟模型来表示研究对象，在这种模型中，信息表现为逻辑流程图的形式，即以逻辑流程图来表示系统的行为和结构。

虚拟现实的过程就是通过对现实问题的深入了解，以系统实体结构为基础，明确系统各个子系统的功效及相互间的功能关系，并进一步明确、量化系统的研究目标及虚拟所要达到的具体要求，进而简化构造出系统的结构模型与逻辑模型，然后依据每个可变实体的模拟子系统，对模拟过程进行组织、调度。进而通过对可控制变量在不同试验数值下的实际模拟，从中选取相对满意的方案。并就系统存在的问题和不足提出合理性的改进意见，以求系统的进一步完善。

6   可视化与虚拟现实技术在矿业中的应用

在矿业领域，对可视化模拟技术的研究只能说尚处在起步阶段，传统的研究多局限于对矿业工程的运行过程和技术经济参数的随机动态模拟，以及对矿山自然资源信息的传统"可视化（层断面绘制和等值曲面绘制）"，不可否认，这些研究在矿业的发展过程中发挥了重要而积极的作用，但如果把矿业系统作为一个"精细"的研究对象，从而对其进行视、听感觉的准确的把握和解释，对其行为模式进行有效的控制，这些传统的研究结果肯定难于满足要求。应用可视化模拟技术，特别是将可视化模拟技术与空间信息技术进行有机的结合，则有望把矿业系统作为一个整体，进行有效的把握、解释和控制。

目前，空间信息技术主要指由遥感技术（RS）、全球定位技术（GPS）、地理信息系统（GIS）构成的 3S 技术。它们在资源勘察、环境保护和监测、规划决策和管理等方面有着广泛的应用。利用 3S 技术和可视化模拟技术的有效集成，可实现对矿山系统的监测、模拟和管理。其中，RS 主要为集成系统提供准确、快速的资源及环境信息；GPS 则主要提供工程和环境的位置信息。利用 GPS 不仅可以对矿山地面及地下进行测量，而且可对井下围岩的位移进行测量，提供实时、准确的位移监测信息。GIS 可以对地理及地质图形/图像和数据编辑、修改和处理。GIS 可与可视化模拟并行运算。当它和可视化模拟结合时，可实现 GIS 的可视化。可视化模拟对矿山应用系统中的任一离散事件及其组合进行过程和实时模拟，而其数据源则依赖于 3S 技术及其他人工信息源。可视化模拟和 3S 技术的一体化则集成 4S 技术（图 2）。

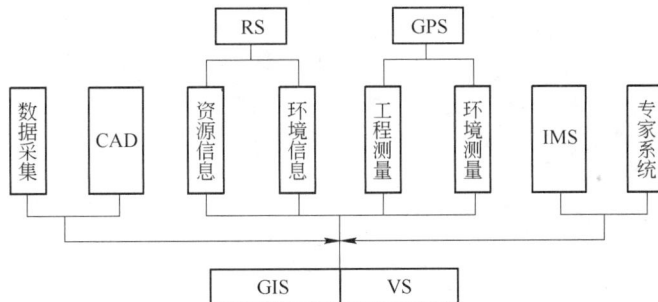

图 2   矿山应用系统集成

概括起来，可视化模拟技术在矿业领域的作用可以归纳为以下几个方面：

（1）在新建矿山时，对矿山系统的各种可能方案进行模拟，并根据对矿山系统设计及过程参数的广泛测试，对系统工程结构和经济结构进行优化，节省人力、物力和财力。

（2）对系统进行投入产出分析和市场预测，合理配置系统资源，优化系统设计，为规划层提供规划决策依据，减少投资风险。

（3）可以"放大"和"压缩"时间，可以在短时间内分析系统的长期运行状况，或在长时间内细致考察系统的瞬时状态变化，从而实现对系统的宏、微观调控和管理，制定矿山不同工期的运营策略和整体战略。

（4）可分析系统各环节及系统变量间的相互作用，以及对系统的影响程度，分析系统的限制因素及利导因素，克服系统的不利约束。

（5）对系统过程进行定性、定量化分析和实现人－机可视化对话，可以形象地观察系统运行的过程、结果及实时控制系统的参数输入，从而实现人－机双重决策与管理。

（6）可以与智能 ES、矿山信息管理系统 IMS、CAD 技术及空间信息技术、网络技术有效集成，使巨系统的模拟实现多方位、多层面控制。

（7）可以实现对矿山系统的各种离散事件如井巷气流、矿井地压与支护、穿孔爆破、放矿、运输提升、矿岩爆破块度、损失贫化、选矿液流及井下地物等的模拟及动态监视。

（8）为岗位培训提供廉价、优良的环境而不干扰系统的正常运行。

参 考 文 献

［1］汪成为．灵境技术与人机和谐仿真环境［J］．计算机研究与发展．

［2］管伟光．可视化技术及其应用［M］．北京：电子工业出版社，1998.

［3］王小同，等．可视化仿真及其应用综述［J］．计算机工程，1998.8.

［4］赵沁平，等．虚拟现实研究概况［J］．计算机研究与发展，1996.7.

［5］张谦，等．数据场的可棚艺［J］．计算机工程，1998.

［6］可视化模拟技术与空间信息技术的应用［J］．金属矿山，2000.

［7］董劲松，等．科学计算可视化现状及发展趋势［J］．计算机科学，1995.

［8］Carlbom I, et al. Integrating Computer Graphics, Computer ViSion, and Image Processing in Scientific Applications［J］. Computer Graphics, 1992.

［9］Simob W. Houlding. 3-D computer Modeling［J］. E/MJ, 1988.

（原载《中国实用矿山地质学》，冶金工业出版社 2010 年出版）

基于自组织神经网络铁矿资源资产等级划分的研究

刘保川[1]　李克庆[1]　王玉敏[2]

（1. 北京科技大学土木与环境学院，北京，100083；

2. 北京科技大学成人教育学院，北京，100083）

摘　要：本文采用自组织神经网络，在建立铁矿资源等级划分体系和效用函数的基础上，对铁矿资源资产进行了等级划分。本方法克服了传统方法在等级划分上的缺点，是一种有效的资源资产分类的方法。

关键词：自组织神经网络；矿产资源；等级划分

1　研究的意义

对矿产资源资产分类研究，是建立在资源禀赋优势理论基础上的。研究矿产资源资产的分类，意义重大。

1.1　有利于矿产资源税费的研究

铁矿资源千差万别，有的品位高、储量大，无论是开采条件，还是地理位置都明显处于优势，而有的却不然。但是由于铁矿资源的有限性和稀缺性，为满足对铁矿产品不断的需求，人们对那些劣等的铁矿资源不得不加以开采。如何使矿业权人，在铁矿资源优劣不等的条件下，能够进行公平的竞争，即如何调节因铁矿资源的差异性引起的级差收益，需要科学地、合理地划分出资源的等级。对资源条件好的矿山，征收较高的资源税；对那些资源条件差的矿山，征收低的资源税或者免征资源税。通过资源税，调节矿业权人因资源条件的差异而引起的"苦乐不均"。

1.2　有利于矿产资源资产的评估

矿产资源有偿使用与资产化管理被认为是实现矿产资源合理开发利用的有效途径，而资源资产评估与级差收益的测定则是其中的关键。在计算资源价值时，需要矿产品的价格、开采成本和基建投资等指标。由于影响矿山企业上述指标的因素不仅有资源条件，而且有国家和企业自身投资不同造成的技术装备上的差异以及企业管理素质非资源条件因素的差异，若采用矿山企业的实际开采指标来评估矿产资源的价值，必然会出现同样的资源数量的资源条件，企业管理水平越高、技术装备越先进，矿产资源价值越大这一不正常的现象。

在西方国家，对已开采的矿产资源进行评价时，直接采用矿山生产成本的统计数字，但在我国，企业经营体制尚处于转化阶段，企业管理处于粗放型，非规范管理阶段。矿山现行生产成本无法反映矿山资源等级的差别，主要是基于以下几个原因：①矿山管理规范程度低，企业管理水平相差很大；②不同企业职工素质相差很大；③现行成本统计数据失真、不全。在此情况下，使用矿山实际生产成本不能反映资源赋存状况、地质条件状况等自然因素以及科学管理水平下本应反映出的结果。

在确定矿山生产成本时，应取社会必要成本，即取在同一资源等级矿产生产在中等正常经营管理水平条件下的成本，为矿山生产成本。对不同等级的铁矿资源，以同一等级所有铁矿山的平均成本作为该等级的生产成本，可消除铁矿企业经营管理水平的差异，为确定铁矿山合理的成本奠定基础。

1.3　有助于合理考核矿山经营管理水平

由于资源禀赋优势的差异，一些上交利税多的矿山企业，其经营管理水平并不见得就比上交利税少的好。在目前铁矿企业普遍亏损情况下，要弄清亏损的原因，研究资源等级的划分尤为重要。只有这样才能明白铁矿企业亏损是政策性亏损、经营亏损，还是资源条件差造成的亏损，从而对铁矿企业经营管理水平作出正确的评价。

2　研究方法

影响铁矿资源等级的因素很多，故研究铁矿资源资产等级划分属于多指标综合评价研究的范畴。对多指标综合研究，主要考虑三方面的因素：一是评价指标体系的建立；二是各指标权重大小的确定；三是如何对具有不同的量纲，代表不同类型和物理含义的分指标将其归一化到某一区间而又能最大程度地反映被评估对象的真实水平数的确定。在评价指标体系的建立上，多数是根据经验决定；确定权重大小的方法目前主要有层次分析法、德尔菲法、神经网络法等；指标权数大小的确定有模糊数学的隶属函数、灰色系统的方法等。神经网络应用于矿产资源资产的分类上，大多数采用 BP 神经网络。BP 神经网络是一种有教师学习的方法，在训练 BP 网络时要提供理想的输出；Kohonen 提出了一种自组织特征映射网络，即自组织神经网。它能够自动对输入信息分类，是无监督的聚类方法。自组织网络在学习过程中，只须向网络提供一些学习样本，而无须提供理想的输出。网络根据输入样本进行自组织，并将其划分到相应的模式类中。由于其并不需要提供理想的输出样本，从而推广了有监督模式的分类，这一特征为研究矿产资源资产的分类创造了条件。

2.1　自组织神经网络及算法

一个由输入层和竞争层组成的自组织神经网络的结构。输入层有 N 个神经元，竞争层由 $m \times m$ 个输出神经元形成一个二维平面阵列。输入层各神经元之间与竞争层各神经元之间实现全互连接。竞争层内各神经元之间也实现相邻神经元侧抑制连接。

这种结构的网络可以通过对输入反复学习，捕捉住各个输入模式中所含的模式特征，并对其进行自组织，在竞争层将分类结果表现出来。当网络接受一个与已记忆的模式相似的输入时，网络会把这个模式回想出来，进行正确分类。对网络记忆中不存在的模式，网络在不影响已有记忆的前提下，将这个新模式记忆下来。这种无监督的自组织神经网络，不需要具备已知的样本，具有自组织地学习与自动分类功能。

竞争层（自组织层）是根据 Kohonen 算法对输入数据进行自组织的，使一些神经元能够对不同的输入模式作出响应。自组织层的 $m \times m$ 个神经元与任意一个输入神经元的连接权值为 W_{ij}，赋予随机的初始权值。每一个自组织神经元均接收相同的输入矢量 $X(x_1, x_2, \cdots, x_N)$，与相应的权值作用后产生输出，最简单的作用是线性权值和，即

$$y_j = \sum x_i W_{ij} \tag{1}$$

式中，W_{ij} 为输入层神经元 i 与自组织层神经元 j 之间的权值，x_i 是第 i 个输入变量，y_j 是第 j 个自组织神经元的输出。选取输出最大的神经元 C 作为响应神经元，即

$$C = \max(y_1, y_2, \cdots, y_{mm}) \tag{2}$$

2.2　根据如下的步骤调整权值

（1）在最大响应的神经元 C 的周围，定义该神经元的一拓扑领域 NC。NC 之外的神经元保持原有的权值，即

$$W_{ij}(t+1) = W_{ij}(t)$$

（2）对在 NC 之内的所有神经元的权值，按式（3）调整

$$W_{ij}(t+1) = W_{ij}(t) + \beta(t)(X_i - W_{ij}(t)) \tag{3}$$

式中，$W_{ij}(t)$ 是第 t 次所取的权值，$W_{ij}(t+1)$ 是调整后的权值，t 为次数；$\beta(t)$ 为 $0 \sim 1$ 之间的递减函数；

（3）缩小 NC，重复（2）～（3）步，至 $\beta(t) = 0$，或 $W_{ij}(t+1) - W_{ij}(t) = 0$；

（4）再输入一组数据 X，重复上述各步骤，通过这些步骤，使神经网络对某种输入模式敏感，在一定的训练之后，就可以对某些模式进行识别。

自组织神经网络的最大优点是把某种相关的信息储存于一定区域，适当选择控制多数可以使神经网络发挥良好的功能，获得期望的分辨率和效果。

3　自组织神经网络用于铁矿资源等级的划分

3.1　铁矿资源资产等级划分体系

本文以露天铁矿资源资产等级划分为研究目标，建立了如下的评价体系（见图 1）。

3.2　评价指标效用函数的构成

在上述评价指标中，既有定量指标，如储量、平均品位等，也有定性指标，如矿石类型、矿石泥化等。对定量

指标的归一化，采用如下的效用函数构成：设 $P = \{P, P_1, P_2, \cdots, P_m\}$ 是被评估对象集，$Z = \{Z_1, Z_2, \cdots, Z_n\}$ 是综合评价体系中的 n 个分指标，它们具有不同的量纲。评价指标矩阵 X 如下：

$$X_{ij} = \begin{bmatrix} X_{11} & X_{12} & \cdots & X_{1n} \\ X_{21} & X_{22} & \cdots & X_{2n} \\ \vdots & \vdots & & \vdots \\ X_{m1} & X_{m2} & \cdots & X_{mm} \end{bmatrix} \qquad (4)$$

式中，X_{ij} 代表第 i 个评估对象的第 j 个分指标值，不失一般性，将 $Z = \{Z_1, Z_2, \cdots, Z_n\}$ 分为三种类型：效益型指标其值愈大愈好；成本型指标其值愈小愈好；目前功效函数大多数采用 $[0, 1]$ 区间方法。本文采用如下基于平均水平上的效用函数：

记第 j 个分指标 Z_j 的平均值为 P_j

$$p_j = \left(\sum_{i=1}^{m} X_{ij} \right)/m \quad j = 1, 2, \cdots, n \qquad (5)$$

对于效益型指标，如储量、品位、年采矿量，记中间变量

$$M_{ij} = \frac{x_{ij} - p_j}{[p_j]} \qquad (6)$$

对于成本型指标，如采矿深度、采掘比、矿体个数，记中间变量

$$M_{ij} = \frac{p_j - X_{ij}}{[p_j]} \qquad (7)$$

则将原始指标值 X_{ij} 按以下公式转化到 $[-1, 1]$ 区间上的效益函数值 Y_{ij}

$$Y_{ij} = \frac{1 - e - M_{ij}}{1 + e - M_{ij}} \qquad (8)$$

对于定性指标有用函数的构成，采用专家打分的办法加以确定。具体办法是将某一指标分成几个类别，然后以等差序列的形式将其量化。如矿石类型将其分为磁铁矿、赤铁矿和混合矿。磁铁矿赋 1 分，赤铁矿赋 0.6 分，混合矿赋 0.2 分。

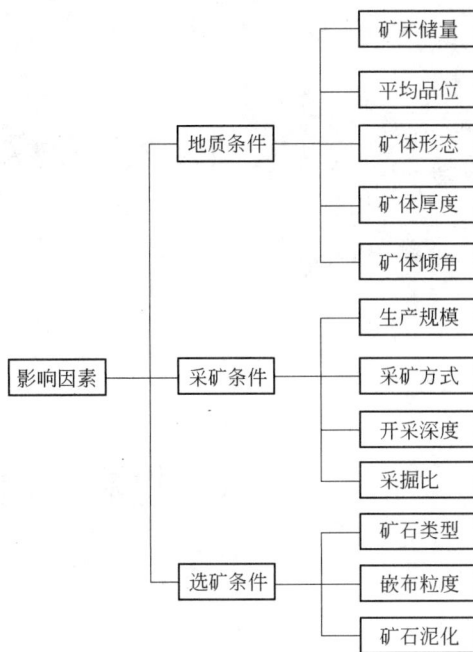

图 1 影响因素评价体系

3.3 应用及效果

按照上述自组织神经网络的方法，以 Matlab 为工具，对我国重点露天开采的 30 个铁矿山进行等级划分，划分后将矿山分为 5 等。分类结果稳定。

应用自组织神经网络进行矿产资源分类，既避免了权重的主观性，又克服了 BP 神经网络训练时必须有目标输出的限制，是一种有前途的聚类方法。

（原载《中国实用矿山地质学》，冶金工业出版社 2010 年出版）

十、矿业法规、资源税及矿山地质经济

矿业权价值的构成及其经济实现

李万亨

（中国地质大学，北京，100814）

摘　要： 矿业权（包括探矿权和采矿权）是由矿产资源所有权派生出来的，由他人行使的一种权能，它是通过有偿取得的，因此，矿业权人在市场上进行交易并获得经济效益，应当被认为是合理的，矿业权交换价值是由矿产资源本身的使用价值和地勘成果价值两部分组成的。前者就是级差矿租和绝对矿租（统称为矿租或矿山地租），是通过收益现值法公式计算出来的超额利润；后者通常是利用定额劳动消耗或费用效用法求得的。最后，根据矿业权流转方式的不同对两者分别提出了不同的经济实现方式和做法。

关键词： 矿业权价值；矿业权流转；矿山地租（矿租）；地勘成果价值

　　1996 年修改后的《中华人民共和国矿产资源法》和 1998 年国务院发布的 3 个配套行政法规（《矿产资源勘查区块登记管理办法》《矿产资源开采登记管理办法》《探矿权、采矿权转让管理办法》），肯定了矿业权的财产和商品属性以及它的交换价值等，为实现我国矿业权管理制度与国际上通行做法相一致，与市场经济体制相接轨，提供了法律保障。

　　矿业权评估是矿业权流转活动中的重要组成部分，它不仅关系到国家作为所有权人的收益权，而且也关系到矿业权人作为使用权拥有者的经济权益。当前，我国矿业权市场已经开始启动，当务之急必须要按照"公平、公正"的原则，对矿业权交换价值做出客观、科学、公允的评价，为此，本人对矿业权价值的构成及其经济实现，提出以下不成熟意见，不妥之处，衷心希望广大同行批评指正。

1　矿业权的概念

　　矿业权（包括探矿权和采矿权）是指在依法取得矿产资源勘查和开采规定的范围和期限内，对矿产资源进行地质勘查、开采等一系列生产经营活动的权利，包括地质普查勘探权、矿山建设权、开采权、矿产品生产经营权等。

　　我国矿产资源法规定，国家对矿产资源享有所有权，即依法对矿产资源享有占有、使用、收益和处置的基本权能。矿产资源所有权人可以自己直接行使这些基本权能，但由于种种原因，也可以经国家有关管理机关审查批准后，把这些权能部分地（如占有权、使用权、技术处置权）出让给进行地质勘查和开采矿产资源的企业或个人（称为矿业权人）。以便换取对价，最终实现对财产的所有权益；而矿业权人可以从采掘出来的矿产品收入中得到补偿，可见国家设立矿业权是为了使矿产资源所有权与使用权相分离，是适应社会主义市场经济和矿产资源最佳管理模式的需要。

　　由此可见，矿业权是由矿产资源所有权派生出来的，由他人行使的一种权能（可称为他物权），它是一种无形资产，是通过有偿取得的，因此允许它在市场上交易，矿业权人放弃或转让产权获得经济效益，应该认为是合理的经济行为。我国矿产资源法(1996 年)第三条中明确规定："国家保护探矿权和采矿权不受侵犯……"

矿业权价值评估是指对可以有偿出让或转让，在矿业权市场上流通和交易的探矿权、采矿权资产价值的评估，矿业权价值评估和矿产资源价值评估虽然都是以矿产资源资产作为依托，评估方法也相似，但是评估目的和其内容的处理是不同的，下面先从矿业权价值的构成问题谈几点意见。

2　矿业权价值的构成

矿产资源的使用价值在于它含有自然有用要素，但是它是否具有价值呢？这就要看它的使用价值能为人有用是否需要通过劳动？由于矿产资源的可耗竭性和不可再生性，而且它的自然禀赋和分布差别很大，从而决定了要使矿产资源的使用价值，用以满足人类需要必须通过劳动。因为通过劳动可以使矿产资源自然有用要素合并到社会物质生产要素所产生的高于一般社会劳动力水平的劳动生产力，从而创造出超额利润(矿租)，所以凡是已查明的可以被人类利用的矿产资源都是有价值的。

威廉配第等说过："劳动是财富之父，土地(自然资源)是财富之母"，可见劳动和自然资源是财富的源泉，也是生产力的源泉。矿产资源从被发现，通过地质勘查证实其有用(使用价值)，凝结了大量人类劳动，可见其物质本身的使用价值和抽象的地勘社会劳动，是构成矿产资源资产价值的两个因素和必备条件，也是在矿业权市场上出让和转让矿业权价款的两个构成部分，随着矿产资源被开发利用成为矿产品，它的价值也就转移到矿产品中。可用公式表示如下：

矿业权价值(矿产资源资产价值) = 矿产资源使用价值的价值量(矿租) + 地勘社会平均劳动　　　(1)

但是，社会劳动时间会随着劳动生产力的变动而变动，而影响劳动生产力的因素很多，除了社会的、经济的因素以外，很重要的就是自然物质条件因素。所以在矿产资源勘查过程中，关键是选择能够创造出等于和高于现有社会平均劳动力水平自然禀赋好的矿产资源(如近、易、富、浅的矿床)，才能形成现有价值和高于现有价值的价值。另外，具有相同自然禀赋的矿床，昨天没有价值，到了今天却又有了价值；在甲地有价值，到了乙地却又没有价值，这是因为由于社会、经济条件改变，导致社会劳动生产力发生了变化，从而使取得矿床使用价值所需劳动时间发生了变化的缘故。

我们知道商品的价值是由物化在它使用价值中的劳动量决定的，亦即由生产该商品的一定量的社会必要劳动时间决定的。根据个别的、具体的矿床使用价值的实际劳动耗费与获得同样多的矿产资源使用价值所需的社会平均劳动耗费，也就是与同样多的现有的社会矿产资源使用价值中已经形成的价值量(即平均必要劳动耗费)做比较；如果前者等于或小于后者，其比值 <1(见公式(2))，说明该矿床在一定矿产品价值水平下有经济价值，或价值较大，亦即该矿床开发利用的劳动生产率能够达到创造出超过社会平均利润的超额利润(即矿租)，则这个矿床可以被开发利用。相反，其比值 >1，说明该矿床无价值，不应继续勘查或被开采。总之，这是一条经济合理的分界线，它既能充分发挥矿产资源的最佳效益，又能实现对矿产资源的最有效保护，可用公式表示为：

$$\frac{\text{具体矿床使用价值的实际地质勘查劳动耗费}}{\text{同样多的矿产资源使用价值的社会平均劳动耗费}} > 1 \quad 或 \quad < 1 \qquad\qquad (2)$$

如果比值 <1，说明有超额利润，可为社会提供较多积累；如果比值 =1，说明只能获得平均利润，只能为社会提供平均水平积累；如果比值 >1，说明不能获得平均利润(或低于平均利润)。

对于目前投入劳动量很少的尚难以确定其使用价值的矿产资源(应为资源量)，则无法评定其价值，只能根据与其资源特点和成矿地质条件类似的地区或矿区资料(包括资源净价、国民经济产值、地区收益现值等)大致估算其远景，可称其为"资源潜在价值"或"资源量价值"，可用公式表示如下：

矿产资源潜在价值(资源量价值) = 类似地区或矿区资源净价或国民经济产值 + 社会必要劳动　　　(3)

潜在价值和矿产资源(应为矿产储量)价值有着本质上的区别，故在进行矿业权价值评估时，首先要判定是矿产储量还是资源量，即首先确定是否已经查明其使用价值或有用性。评价不同级别的可采储量和基础储量价值时，可采用误差系数的方法加以处理。

3　地勘成果的价值

从矿业权价值构成的公式可以看出，它是由矿产资源使用价值的价值量和社会平均劳动两个部分组成。矿产资源使用价值的价值量属资源性、实物性资产，将在随后介绍，现在先谈谈凝结在矿产资源中的地勘社会平均劳动问题。

由凝结在矿产资源中的地质勘查劳动形成地质勘查成果，包括各种地质勘查报告、地质研究报告等，它们是一种属于知识形态性质的无形资产，不具独立实体，所以必须和其依附的资源性资产共同出让或转让。

通过前节所述，我们知道矿产资源价值不是简单地取决于可用矿产资源中包含有多少地勘劳动时间量，而是必须要同现有的社会劳动力水平和生产条件结合起来，并且放到社会经济关系中去衡量，即决定于取得或消耗的同质等量矿产资源的地勘社会必要劳动时间，因为形成价值和价值量，不仅劳动的质和量要符合社会需要，同时，还要达到社会正常的平均水平，因而不是随便一种什么样的劳动都能形成价值。马克思曾经指出："作为具体的有用劳动，它生产使用价值"；作为相同的或抽象的人类劳动，它形成商品价值，也就是说只有生产使用价值的社会必要劳动时间，决定该使用价值的价值量。

社会必要劳动时间是一种社会标准，它是指现有正常的生产条件下，在社会平均劳动熟练程度和劳动强度下，制造某种使用价值所需的劳动时间。某种矿产地勘社会必要劳动时间是指全社会各种矿床类型、规模和储量级别的某种矿产资源（应为矿产储量）使用价值总和的加权平均劳动时间，所以形成某一矿床地勘成果价值的人类劳动，是以地质勘查全过程和社会必要劳动消耗为基础加以确定。地质勘查全过程应从普查开始到勘探结束，其中还应包括那些为找到有工业价值的矿床，所否定的那些普查项目的劳动消耗（一般多采用风险系数方法来处理），社会必要劳动消耗是由物质消耗和劳动消耗所组成，前者根据劳动过程和各项物资消耗定额来确定，后者根据劳动组织、编制定员和生产劳动定额消耗来确定，两者相加即为矿床资源的成本价格（即定额劳动消耗）。定额劳动消耗与社会必要劳动消耗虽然有差别，但可忽略不计。成本价格再加上社会或近似行业的平均利润，才是所求的价格。最后再乘以该矿床的总储量，即为该矿床地勘成果的价值。另外，也有采用费用效用法等（宏观法）直接求出地勘成果价值的。地勘成果价值用公式表示如下：

$$Z = Q \cdot S(1 + P) \cdot (1 + C) \qquad (4)$$

式中　Q——探明的矿产总储量；

　　　S——按定额劳动消耗计算的矿产资源的成本价格；

　　　P——社会或近似行业的成本利润率；

　　　C——风险系数。

对于公益性地质工作（如区调、成矿远景区划和预测）与上述商业性地勘工作性质不同，不能实行有偿使用。大多根据地质成果资料的性质、用途、过去消耗的劳动等，采取专利收费或收取租赁费。

4　矿产资源本身的价值（矿租）

马克思曾经指出："地租是为了取得使用生产力（或占有单纯自然产品）的权利，而付给这些自然力（或单纯自然产品）的所有者的价格"，也就是说土地所有者依靠土地所有权而得到的收入叫地租，它是超过平均利润的剩余价值。

在再生产中，每个单位资金都应从社会剩余价格总额中取得平均利润，而超额利润部分，则认为是生产资料在生产力所起作用的表现，是按资源分配的结果，故矿山地租被认为是矿产资源在生产过程中产生的超额利润。

在社会主义社会矿产资源归代表全民的国家所有，为了取得矿产资源使用权而付给国家的价格相当于土地所有权的地租，特称之为矿山地租，或简称为矿租，它应该成为国家财政的重要收入。而矿产资源的使用权则应授予投资者，也就是说矿产资源使用者应向国家交费，该费用数额就是矿产资源本身的价格，即矿山地租。

矿山地租（R）可利用常见的收益现值法或净现值法（NPV）公式求得：

$$R = \sum_{t=1}^{n} \left[(Z_t - S_t) \cdot (1 + r)^{-t} \right] \qquad (5)$$

式中　$Z_t - S_t$——第 t 年的净利润；

　　　r——社会平均利润率；

　　　n——评价周期。

矿山地租主要来源于矿产资源的有限性和稀缺性，以及人类需求的不断增长，致使矿产品的供应量落后于社会需求量，从而使劣等矿产资源的开发利用成为必要，为了保证开发利用劣等矿产资源的投资者也能取得平均利润，那么开发利用较优矿产资源的投资者以相同价格出售矿产品，就能取得包括超额利润在内的较高利润，更优的矿产资源具有更高的生产力，便会取得更多的超额利润。这种由于矿产资源自然因素（包括自然禀赋、区位等）优劣级差，导致不同级差生产力所取得的超额利润，称为级差超额利润。超额利润是市场经济条件下地租的实体，它在经营者手中是超额利润，转移到所有者手中便是地租，级差超额利润转化为级差矿山地租。

除了级差矿租之外，还有由于矿产资源所有权的垄断而形成的绝对矿租，它是任何矿产资源，即使是劣等矿产资源，也要绝对地支付给所有者的矿山地租。这是因为资源产业相对其他产业，由于没有原料费用的支出，故其成本有机构成比社会平均资金有机构成要低，故形成的利润比其他产业要高，在劣等矿产资源产品中剩余价值减去平均利润的剩余部分，就是绝对矿租，也有人认为它源自矿业部门技术水平低于社会平均水平的差距，即矿业劳动生产率较低，故其生产价格较高于社会生产价格，其差值即为绝对矿租。

根据后者认识，对这部分收益应该用于建立矿业基金发展矿业，加强矿产资源合理开发利用的研究、指导、管理和监督等，现在征收的矿产资源补偿费，即代表绝对矿租的征收。

矿业权流转的经济实现矿业权价值除了主要包括矿产资源（储量）本身价值、地勘劳动成果价值以外，还应该包括矿山开采前期其他支出的有关费用。如矿业权使用费（实为矿地租金）、登记管理费，以及与转让采矿权有关的复垦费、生态环境治理费和破坏补偿费等。

矿产资源（储量）本身价值（即矿山地租）无论是由国家或矿业公司投资进行地质勘查，其所有权均应归国家所有，其资源收益原则上亦应由国家享有。由国家资本形成的矿业权价款（包括矿产资源本身价值和地勘成果价值和其他有关费用）具有独立的财产意义，可以通过各种不同方法，使其转化为货币资本。如一次性将其出售给矿业公司，直接转化为货币资金。如果将其视为资产，在市场经济条件下，就应将其当作资本，转化为矿业投资，又可分为与矿山公司联营办矿，或国有地勘企业自营办矿两种方式。前者可将矿业权价款作为国家股入股，并参与分取红利和享有矿业公司资本增值权益；后者可理解为国有地勘企业的独资（或控股企业）矿业公司，资本运转和保全方式与前者相同。

地勘成果应本着谁投资、谁所有的原则加以处理。如果是由国家出资勘查，当出让矿业权给矿业公司时，其费用应由矿业公司补偿给国家。如果是由矿业公司出资勘查，则地勘成果所有权应归矿业公司所有，因此，当转让矿业权给其他企业时，其费用应由其他企业补偿给原企业，对于矿业公司投资地勘事业，国家应在财务上给予优惠，包括企业优先取得采矿权；而且企业投入的地勘费可计入成本，从税前收益中扣除，即这部分资金免征各种税收；再者所有投入均可获得相应利润和风险收益等。

总之，由于矿业权流转方式不同，其经济实现关系也不同，矿业权价值评估时应予以注意。

（原载《中国实用矿山地质学》，冶金工业出版社 2010 年出版）

谈资源税与矿产资源补偿费制度改革

袁怀雨　李克庆

（北京科技大学，北京，100083）

摘　要：资源税，名不正；矿产资源补偿费，实不符。矿业税负过重。建议取消资源税和矿产资源补偿费，开征权利金，由国家矿管部门征收。制订科学的权利金评估方法，通过矿业权的有偿取得和流转收回矿产勘查的投资和合理利润。

关键词：资源税；矿产资源补偿费；改革；矿业权

常言道："名副其实""名正言顺"。我们认为目前我国矿业税费制度存在的主要问题可概括为两句话：资源税，名不正；矿产资源补偿费，实不符。造成的不良后果是矿业"税费名目多，征缴部门多，企业负担重，国企负担重"，即"两多两重"。根源是理论上对矿业税费的性质认识不清。征收资源税和资源补偿费，实行矿产资源的有偿开采，相对于过去几十年的矿产资源无偿开采，无疑是一个历史性的进步，方向是正确的。但因"体制转轨时期对资源公有条件下国家财产权利和政治权力关系不甚清楚的历史局限性"，存在一些问题也是必然的。

1　矿产资源的原有价值

改革"要有一个前提，即必须搞清矿产资源税费的性质"。为此，首先要搞清矿产资源的价值。自觉或不自觉、明确或隐含地存在着这样一种观念：矿床是大自然的产物，不是人类劳动的产物，所以原本没有价值。经过勘查探明的矿产资源可供开采，凝结了人类的勘查劳动，才具有了价值。我国矿产勘查是由国家投资的，所以矿产资源归国家所有。这是一个误区，必须摒弃这个观念。简单地说，按上述逻辑，今后外资也可在我国投资矿产勘查，难道外资探明的矿产资源属外资所有？这是不可能的。不论矿产勘查的投资者是谁，我国的矿产资源所有权都属于国家，是国有资产。没有价值的物质不成其为资产，没有所有权问题。如自然状态的阳光和空气没有价值，无所谓所有权，人人可以无偿使用。这就必须承认矿产资源在勘查前即具有价值——原有价值。按马克思的地租理论，其表现形式是绝对矿租和第 1 形态级差矿租（限于篇幅，本文不能对矿产资源的原有价值进行深入探讨）。"地租的占有是土地所有权借以实现的经济形式"（马克思：《资本论》，第 3 卷 714 页，人民出版社，1975）。所以，矿产资源所有权属于国家，必须在经济上体现出来，即国家要获得开发矿产资源的资产收益，即收回其原有价值，不论冠以什么名称，其经济内涵是绝对矿租和第 1 形态级差矿租。

2　资源税的问题

2.1　资源税税名不正

按我国现行法规，征收资源税是为了调节级差收益，"把矿山企业因资源丰度和开发条件优越产生的超额收益，收归国有"。可并没有对不具有级差收益的最劣等条件矿山免征资源税的规定，是普遍征收的。所以，资源税实际征收的除了第 1 形态级差矿租外，也包括绝对矿租。这不是"根据地租理论演绎出"的认识，是我国现行资源税法规的本意。但税收应是国家凭借政治权力强制性、无偿征收的。而我国目前征收的资源税是国家以牺牲矿产资源为代价的，不是无偿的，不符合税收的性质，称之为"税""名不正"。就其征收的对象，其性质应是国家凭借对矿产资源的所有权，向矿业权人征收的矿产资源资产收益。国际上普遍以收取权利金（Royalty）体现矿产资源所有者的经济权益。所以，按我国现行法规征收的资源税与国际上通行的权利金性质相当。

2.2　资源税负过重

目前的资源税核定方法不尽科学、合理，致使有的矿山资源税负过重。是国外资源税的 6.5～15.6 倍。有的铁矿山资源税占销售收入的 12%，超出超额收益的范围，成为有些矿山严重亏损的重要原因之一。

3 矿产资源补偿费的问题

3.1 矿产资源补偿费

目前征收的矿产资源补偿费存在的问题，首先是"经济内涵至今仍未有一个权威的定论……其概念相当混乱"。按现行法规，征收矿产资源补偿费是"为了……维护国家对矿产资源的财产权益"，那么它就属于国有资产收益，当然应该"纳入国家预算"。但 1996 年底，由财政部、地质矿产部、国家计委联合发出的《矿产资源补偿费用管理暂行办法》第 3 条规定："矿产资源补偿费主要用于矿产资源勘查支出（不低于年度矿产资源补偿费支出预算的 70%），并适当用于矿产资源保护支出和矿产资源补偿费征收部门经费补助预算"。实际上，"坐支挪用现象严重""地方这部分主要用于矿管部门的经费补助预算，基本上是用光分光所剩无几"。有的地方政府向矿管部门下令："不交票子，就交帽子"，使矿产资源补偿费被截留。总之，在有的地方，资源补偿费成了一种自收自支的财源，使人联想到应该清理整顿的不合理收费。国际上通行以收取权利金体现国家对矿产资源的所有权，权利金一般全部上交国家财政，不用于矿产勘查，也不用于征管部门。可见，我国目前征收的矿产资源补偿费的实际用途不体现国家对矿产资源的所有权。

3.2 矿产资源补偿费与资源税重复

提出征收主要用于矿产勘查支出的资源补偿费时，矿产勘查费用仍然来自国家事业费拨款，也未实行矿业权有偿取得和流转制度，还有一定道理。现在已经制订并实施了矿业权有偿转让制度，国家通过收取由国家投资勘查的矿产地的矿业权价款，不仅可收回矿产勘查投资，还可获得合理利润。如果再征收主要用于矿产勘查的矿产资源补偿费，就成了重复收费。今后，随着国家将要取消对矿产勘查的事业费拨款，矿产勘查的投资者（自然人、法人、外资等）均将通过合法的矿业权流转收回他们的矿产勘查投资和合理利润，再由国家收取主要用于矿产勘查支出的矿产资源补偿费更没有道理。

以上两个问题，都使现行的矿产资源补偿费面临"即应取消"的局面。为了使矿产资源补偿费合理化并得以保留，又把它解释为绝对地租。但现行矿业法规中并没有这样的表述，只能说是一种新解释，是先收费，后找理由。但从前述资源税的征收对象和性质可知，这又会使"资源税与矿产资源补偿费重复设置"，于是提出取消资源税。

主张取消资源税，保留、加强甚至提高矿产资源补偿费，性质和名称改为权利金的论者，却不同时论及改变现行法规对它的用途——"主要用于矿产资源勘查支出"——的规定。性质决定用途，用途应反映性质，二者应该是一致的。前已述及，国际上通行的权利金，其性质与用途就是一致的。这不能不令人怀疑这种主张是出于维护部门的利益。

建议：

（1）资源税和矿产资源补偿费都取消；

（2）国家征收矿产资源的资产收益，其经济内涵是绝对矿租和第 1 形态级差矿租，名称可与国际接轨，称之为权利金，以体现国家作为矿产资源所有者的权利。大部分上交国家财政，少部分留给地方财政；

（3）权利金的征收专业性较强，应由国家矿产资源管理部门征收；

（4）按收支两条线的原则，权利金征管经费不得从权利金开支。与其他政府部门的经费一样，矿管部门经费由国家拨付；

（5）制定科学的评估方法，正确评估各矿山的绝对矿租和第 1 形态级差矿租性质的超额利润，作为核定权利金的基础，既保证国有资产不致流失，又使矿山负担公平、合理；

（6）应充分考虑矿业的高风险性和艰苦性，在核定权利金时给予矿业适当优惠；

（7）通过有偿取得和流转矿业权，收回矿产勘查的投资和合理利润。

（原载《中国实用矿山地质学》，冶金工业出版社 2010 年出版）

中国近、现代矿业法律与矿业发展（摘要）

彭　觥

（中国地质学会矿山地质专业委员会，北京，100814）

根据地矿部政法研究中心 1990 年 7 月下达的本课题研究任务，我们进行了关于"中国近代矿业法演进及其对矿业发展影响"的课题研究。

1990 年 7 月课题研究组成立，7—9 月编写课题设计、调研提纲，1990 年 10 月至 1991 年 3 月进行调研、文献的收集整理。1991 年 4—8 月走访人大清史研究所、煤炭、冶金等部门，9 月提出中间报告，10—12 月赴河北、辽宁等地著名矿山企业进行了现场考察访问，1992 年 1—9 月撰写课题研究总结报告并校对复印了 1907 年、1914 年、1930 年三部矿法。

在研究过程中地矿部政法司及有关方面给予了指导和支持，谨致衷心感谢。

本课题研究的目的、任务：

（1）研究 1907 年、1914 年、1930 年三部矿法演进及其对我国矿业发展的影响。

（2）校对整理和汇编上述三部矿法文本。

（3）评述选编近代矿山企业主要规章制度。

完成的主要工作：

（1）整理复印：《大清矿物章程》《中华民国矿业条例》《中华民国矿业法》。

（2）选编：《商办汉冶萍煤铁厂矿有限公司推广加胶详细章程》《汉冶萍煤铁厂矿股份有限公司修正章程》。

（3）有关近代煤矿产量统计表、大冶铁矿产量统计。

（4）中日合办辽阳、海城县一带铁矿。

本课题研究成果：

（1）中国近代矿业法制演进及其对矿业发展影响研究。

（2）近代中国矿法及有关矿山规章选编。

中国近代矿业法规与现代法规有着历史渊源关系，开展此项研究对于完善当今矿业法规体系具有重要的参考、借鉴作用，但是目前，尚属研究工作的初步环节，应引向深入。

本课题旨在通过对现近代（1840—1949 年这段时期）中国矿业法规和矿业发展的系统研究，为当前矿业政策、法规的完善提供科学的、历史的背景资料。

中国近代矿业是 19 世纪下半叶兴起的。

在鸦片战争中清朝政府失败后，列强各国在我国获取了诸多政治经济特权，如在华开办工厂和轮船公司，其船舶在中国领海内河自由航行等，上述近代工业交通需要大量矿物原料和燃料。如 1864 年耗煤量为 40 万吨，在此时期清政府民商热情创办了一批近代军工和民用工业企业，钢铁用量猛增，1867 年进口钢铁 11 万担（约 5500 t），显然，再依靠旧式传统的手工开矿已不能满足新式工业所需的全部矿产品。在这个形势下，19 世纪 70 年代开始出现了中国近代矿业。1876—1894 年先后建立近代煤矿 16 个，其中我国第一个近代煤矿——台湾基隆煤矿是 1878 年投产，日产量为 300 t。1879 年在开滦煤矿首先用西式新法开凿矿井，1881 年矿井建成投产，当年的日产量为 500～600 t。1877 年开采煤铁总局聘请英国矿师勘查大冶铁矿，1890 年开始建矿，包括矿区至长江 30 km 窄轨，铁路运输设备和采掘机器由英德购置，1891 年建成年产铁矿石 4 万吨，1901 年产能为 35.9 万吨。1887 年云南成立招商矿务公司，经营东川铜矿、个旧锡矿、会泽铅锌矿等，东川矿聘请日本技师使用外国新式机器进行开采。

1909 年个旧锡务有限公司成立，为进一步推进新法规开发锡矿曾派遣要员赴东南亚考察锡业发展情况，随后用国外设备建成 314 只的空中索道和第一座新式锡选矿厂。1910 年的年产量达 6198 t。

随着近代法学思想在我国的传播和近代矿业的发展以及维护矿业秩序的需要，清政府有关部门制订了带有法规性的章程制度。

如 1877 年开平矿务局拟订出我国第一个具有资本主义特点的"招商章程"，该章程包括：招股、分工、人事、工资等 12 条，它对后来兴办新式矿业起了示范作用。章程明确规定是以商品生产为目的，一切按照"买卖常规"行事，还强调维护投资者利益尤其要保证大股东对矿山的管理可派其代表驻矿局，股份一万两者，准派一人到局司事。1896 年《湖北铁厂招商承办议定章程》16 条，明确规定了企业官督商办性质、企业负责人（督办）由有股众商（股东）公举，湖广总督奏派，办事商董、查账商董也由股东公举。"大冶铁矿、马鞍山煤矿各一员一董，互相索制"。还提出免税十年之措施。

1898 年清政在北京成立路矿总局统管全国铁路和采矿事宜，同时制订《矿务铁矿公司章程》，这是我国近代矿业立法的开端。

该章程共 24 条，其要点有：

（1）路矿事业分为官办、商办、商局分办三种，以奖励和保护商矿为宗旨（第一条）。

（2）允许招集洋股或举借洋债，唯外股不得超过股额之半（第九至十三条）。

（3）矿产税由路矿总局会同户部核定，开矿纯利的 25%（即二成五）上交国家（第二十条）。

1902 年李鸿章起草了矿务章程十九条是对 1898 年的矿务铁路公司章程的修订和补充：

——华洋商人皆可办矿，洋股洋债不限制，但是，土地主权及矿业权属政府所有，洋商办矿或华洋合办之矿遵守中国的矿章。

——规定煤产税 5%，矿产纯利为 25%。报效国家。

1904 年又由商部奏定暂行矿业章程三十八条，修改和补充了 1902 年矿章，其内容有：

（1）洋股不得超过华股之数，华矿借洋债不得过股额十分之三。

（2）需报效国家，矿区每年按亩纳租。

（3）矿区不得超过 30 平方公里。

（4）探矿与开采二权期限分别为一年和三十年，但均可呈请延期。

（5）华洋矿商之间，如有纠葛，双方各举一人公断，如不能平，再举一人调停，两国不干涉。

1906 年张之洞、伍廷芳等奉命参照暂行矿业章程草拟正式矿务章程。由外务部侍郎伍廷芳等参照英、美、法、比、西、日等国矿章于 1907 年编成《大清矿务章程》。同年 8 月奏准发布，1908 年 3 月施行。

在第二章中规定了矿政管理体制和组织机构：农工商部统管全国矿政，在北京设立矿务总局办事处，各省设立矿政调查局，各州县设矿务委员。

第四章中规定外国矿商不能充地面业主，只有矿权而无地权。

华洋合办矿业，二者股份以各占一半为度。还规定不守中国法律及曾违犯中国或本国法律的外国人等不准给予矿权。

作为中国第一部近代矿法，它结合当时国情，借鉴了矿业发达国家矿法在内容上较以前有关矿章更充实了。但是值得指出的是，由于受到长期的封建法制影响，使得这部矿法没有全面体现矿权的物权特性、采矿权的行使转让终止等。

辛亥革命后的 1914 年北洋政府制订并颁布了《中华民国矿业条例》。其主要内容有总则、矿区矿业权、用地、矿工、矿税、矿业警察等九章另有附则，共 111 条。这部矿法全面地奠定了我国现代矿业权法体制度基础。《条例》首次按近代矿法明确了矿业权的性质和对采矿权的保护，并从《大清矿务章程》规定的行政授予矿权改为行政总督作用。第 19 条规定，矿业权视为物权，准用于不动产储法律之规定……。因此，采矿权可以抵押、买卖。《条例》限制外商办矿，与中国有约之外不得与中国人合股取得矿业权，外股不得逾越十分，应遵守本《条例》及其他有关中国法律。为了促进矿业发展，减轻经济负担，还规定了较低的矿区税和矿产税。由于《条例》规定的矿产面积过大，如第 16 条规定煤矿矿区面积需 27 亩以上，农商部又指示各省，凡矿区面积达不到法定最低限者，在《条例》颁布一年内自行扩充或合并，否则查禁。后经河北等省反映对矿区面积限制太严，若不变通，不利矿业发展。为此，于 1915 年颁布《小矿业条例》其要点为：

（1）小矿呈请人只限在《矿业条例》实施前禀准探采各矿。

（2）禀准小矿限一年内禀请注册换照。

（3）小矿矿业有效期限，定为三年，但得于期满前禀请延期。

（4）小矿不得与外国人合股或外用外资。

1924年修订的《小矿业条例》重新公布，规定土窑或不邻大矿的地带，均适用本条例。

根据《矿业条例》还颁布《矿政局条例》规定设八个地区矿署设置如下：

第一区管辖：直隶、山东、山西、河南、热河、绥远、察哈尔（署设：北京）

第二区管辖：奉天、吉林、黑龙江（署设：长春）

第三区管辖：安徽、江苏、浙江（署设：江宁）

第四区管辖：湖北、湖南、江西（署设：汉口）

第五区管辖：陕西、甘肃、新疆（署设：长安）

第六区管辖：广东、广西、福建（署设：番禺）

第七区管辖：云南、贵州（署设：昆明）

第八区管辖：四川（署设：成都）。

条例还规定由农商部直接任命署长并受部矿政局指挥，该局可向各署发布指示。各矿务监督署的主要职责有：

——矿业注册，对办矿申请进行审查、勘测受理或驳回等，由署长核准发照，唯中外合股探矿采矿权一律须由署审后报部核准发照。

——裁决用地，署长有权许可矿业权者使用他人土地仅裁决争议。

——征收矿税及警视矿业。

农商部矿政局（后改为司）下设三个科，第一、二科主管审核呈文，发给矿照，第三科主管审核附带各省呈文。

在此期间共制定和颁布的配套规则还有：

矿业条例施行细则

矿业注册条例

矿业注册条例施行细则

矿业呈文图表程式

矿业簿及矿工名簿程式

征收矿税简章

审查矿商资格规则

勘查矿区规则

矿业公司缴纳税暂行章程

矿业保安规程

矿工待遇规则

煤矿爆发预防规则

矿业警察组织条例等

《矿业条例》的实施对促进矿业市场化发展、重视矿商权益、抑制地主权益，规定开矿占地应给补偿金，不准以地作股以及对当时建立与整顿矿业秩序和维护国家矿业主权等方面发挥了积极作用，如：

（1）山东博山县矿政机关依法向境内各矿颁发矿证过程中，取缔了一批煤矿，自实施至1921年批准发证共有31个矿山（见《山东工商史料选辑》，1989）。

（2）湖北汉冶萍公司1916年向省财政及官矿公署申请鼻山铁矿出量1100万吨开采权，省矿署未批准后经农商部鉴核依法纠正准予批准开采。（见《汉冶萍公志》表，1990）。

（3）在阻止日本窃取辽宁鞍山铁矿开采权斗争曾发挥一定作用。辽宁鞍山本溪一带铁矿的矿产资源，很早就为日本侵略者垂涎，1905年日俄战争后，日本在我国东北建立南满洲铁道株式会社，成为它对我国经济文化侵略工具。1909年满铁地质调查所所长木户忠太郎等开始非法对鞍山等地铁矿进行勘查，随后又进行了一系列窃取采矿权活动。1914年《矿法条例》颁布后，一度限制了日寇独资开采铁矿企图，随后纠集汉奸于冲汉等合资组建"振兴铁矿有限公司"。股金中日双方各占一半，经营期限为60年，该公司向设在长春的第二矿务监督署申请采矿权，经审理并报请农商部核批：不准合资开采，铁矿关系重要资源，作为国家专营。矿署文告指出：如洋股混入华股或私订契约一经察觉立即撤销矿权，日方认为事态严重，令于冲汉向北京政府交涉，抗议。1916年农商部指示奉天财政厅受理中日合办鞍山铁矿申请，其中合同中应增加遵守中国的《矿业条例》和《公司条例》。但是，在审批中由于农商部官僚接受了日本人和汉奸的价值上千银元的珠宝、金表（给次长）又以300银元一方的金印给矿政司长而颁发了试采执照（1916）和采矿特可证（1917）。这是近代矿政史上一件贪赃枉法的出卖矿业主权的事件（见《鞍钢史》，1984），可见执法之难。

（4）《矿业条例》在执行之初遭到英美等国的干涉，英美公使都照会中国政府要求修改，而被拒绝。随后在中外合资矿业中按条例维护我国的矿权，如中德合办的喀尔沁东旗石棉矿、中俄合办的绥芬河金矿和中日合办的丰城煤矿等。

民国初年至20世纪20年代矿业有所发展，主要有：

第一，矿产品产量和品种均有增加，以煤炭产量为例，1913年全国产量为1280万吨，1924年达2578万吨。开滦煤矿产量163万吨，1914年为495万吨；萍乡煤矿产量为340万吨，1916年为900万吨。大冶矿铁矿山铁矿石产量1913年为416万吨。1920年为进一步增产，个旧锡矿的大锡产量1910年为6000吨，1920年产量为8985 t。钨、锑的生产和大量出口都是本世纪初发展起来的，自1909年美国用钨量增加之后，刺激了中国的钨矿生产，1918年产量为9872 t，其中出口量为9479 t。中国锑矿资源丰富，长期以来是土法生产，产量质量不高，1908年长沙华昌公司引进法国蒸馏冶炼法生产纯锑，第一次世界大战期间产量达万吨。

第二，为发展矿业提供了资源，建立了地质机构，进行了矿产资源勘查工作。1912年1月南京中华民国临时政府实业部建立以章鸿钊为科长的地质科，1913年地质调查所由丁文江任所长，同年为培训地质人才成立了地质研究所（即地质专门学校），由章鸿钊任所长。1916年我国自己培养了第一批（21名）地质人员，参加全国地质调查工作，先后调查煤矿和金属矿区数以百计，从此中国近代地质及矿业呈现出一个崭新局面。

1918年出版翁文灏的《中国矿产志》，对云南个旧锡矿、大冶铁矿、辽宁铁矿、江西钨矿和一些大型煤田都做了论述。

1921年在《中国矿业纪要》中，首次公布了由我国地质学者测算的全国煤矿储量。据23省资料埋深在1000 m以内，煤层厚1 m以上共有储量234亿吨，若将煤层延入深度再增加，则总储量为400～500亿吨。

1926年谢家荣根据工作新成果，计算全国煤矿储量为2176亿吨。1929年胡博渊、翁文灏在世界动力会议上宣布中国煤炭储量为2654亿吨。

第三，矿业技术有所进步。随着西方近代矿业科技引进，使我国的矿业生产技术发生了重大变化。

使用机械凿岩掘进运输扩大了井巷断面直径，提升机、通风机、水泵的启用解决了开采和矿坑水淹井的问题。从1907年萍乡煤矿使用洗选设备以来，至1929年已有开滦、抚顺、本溪等多家煤矿建立洗煤厂。大冶铁矿为提高工效，自1913年先后购置安装了压风机、破碎机和风动凿岩机，取代了手工凿岩和手工锤矿。20年代广西水岩具砂锡矿使用水枪砂泵进行机械开采。为了适应矿业发展对专业人才的需要，我国矿冶教育和矿冶学术团体也有发展。1895年天津西学堂首先设立采矿金科。1898年北京京师大学堂开设矿冶科，1906年开设湖南高等实业学堂等，1922年中国地质学会和中国矿冶工程学会成立并出版《矿冶会志》。

第四，本世纪初开始兴起中国民族资本办矿。自鸦片战争，尤其甲午战争前后外国侵略者大肆攫取中国采矿权，独资或合资办矿，野蛮掠夺我国矿产资源。据统计1895—1902年间，英、法、德、俄、日等国侵略者，就在10多省30多州县获得19项煤矿和金属矿开采权。

1901—1920年民族资本开办的煤矿共有50家，其产量在总产量中不断上升。

1913年民族资本煤矿产量占全国总量44.6%，至1919年上升为51.9%。

1930年国民政府颁布《中华民国矿业法》是我国第三部矿法，它进一步完善了我国矿业权法律制度，该法对采矿权的性质、效用、设定、变更、转移等都做了详细规定。明确规定，采矿权能够如民法物权一样得到法律的有效保护。

这部矿法分总则、矿业权、国营矿业、小矿业、用地、矿税、矿业监督、罚则和附则共9章、121条。同时还以附件发布的有：

矿业法施行细则　　　　　　　　91条
矿业登记规则　　　　　　　　　3章28条
矿场实习规则　　　　　　　　　10条

土石采取规则	17 条
矿业警察规程	16 条
整理全国地质调查办法	10 条
实业部征收矿产税程序表式	14 条
实业部征收矿区税办法	12 条
承租国营矿区暂行办法	8 条

为了完善矿政管理，1930 年农矿部与工商部会合并成立实业部，内设矿业司，1938 年实业部改为经济部其机构及职责如下：

矿业司第一科主管：矿业之监督保护及奖励事项

矿业发现之奖励事项

矿务交涉及事变色镜事项

矿业警察事项

矿业经济调节及救济事项

矿物进出口及限制事项

矿业团体的登记及监事

矿业技术增进事项

第二科主管：国营矿业权之设定

国家保留区之划定

矿业权之核准及撤销

矿区税之核定及征收

国营矿业预决算之稽算

矿业官股本息之核算

矿业簿记表格之审核

第三科主管：国营矿业之筹设及管理

地质调查及矿床探定

矿业监督及指导

矿区勘定及地质分析

矿场保安及灾变的救济

矿业用地

矿业技师的登记考核

矿业调查及统计

各省矿业行政机构是省建设厅内设科、掌握全省矿业行政及调查全省矿产事宜。

第三部分矿法颁布实施以后即 20 世纪 30 年代至 40 年代这段历史时期，包括八年抗日战争在内，中国矿业同国家整个社会经济一样经历了复杂的变迁。

第一，抗日战争前矿业有所发展，如全国煤炭产量 1931 年为 272 万吨，1936 年达到 3934 万吨，1937 年全国钨砂矿产量达 13991 t。全国铁产量 1927 年为 43.7 万吨，1936 年为 95.9 万吨。间接表明当时铁矿产量已成倍增加。湖北大冶铁矿铁矿石产量 1936 年为 60.4 万吨。

第二，"9·18 事变"后日本侵略者占领了东北，为加紧掠夺矿产资源，扩大投资，实行垄断经营，如 1932 年东北煤产量为 840 万吨，1944 年达到 2656 万吨。13 年增长 3 倍多，日寇占领东北期间共掠夺煤炭 3.4 亿吨。

在华北、华中沦陷区也大量搜刮我国资源，首先日寇指示汉奸伪政府修改 1930 年《矿业法》，原规定凡矿业公司股份总额，中国入股数应过半，董事之过半为中国董事长、总经理必须由华人充当。修改后为：华人经营之矿业，得允许外商入股，公司董事长、总经理、董事监察，倘外商股份总额过半数，得由中外人士分任其职，国营之矿，国家需要外资其矿业准作现金出卖。1938 年日寇成立华北开发株式会社由日人当任总裁全面控制华北煤矿和交通等。中英合资的开滦煤矿也于 1941 年太平洋战争之后，被日本人接管，并积极扩大生产，将原为 55 万吨的洗煤厂改建为 150 万吨新厂。新开拓竖井四处。产量由 1937 年的 478 万吨，增加到 1943 年的 642

万吨。

第三，矿业经营管理规章被不断完善。如汉冶萍煤铁厂矿股份公司修订章程。该章程分总则、股份、股东会、职员、附则等6章37条。章程首先明确是依据"公司法"而制定的。又规定"本公司"之采矿业务应依照矿业法办理（第三条）。

第四，资源委员会的作用，从1935年成立到1945年抗日战争胜利的十多年里，该会作为国民党政府内的一个专门负责重工业生产建设的经营管理机构，在矿业发展中曾起过积极作用。翁文灏说："此会成立后，主要方针尤在湘、鄂、赣区域内建立特为重要之基本工矿事业，矿如煤、铁、钨、锑等类，工业如电力、钢铁、化工等""对于其他各矿，如烟煤、石油、铜、锌、锡、汞等，富源所在，开展测勘，准备开发"。资源委员会目标在川、滇、黔、桂、陕、甘、康等内地省份创立生产中心。据钱昌照回忆录记载"凡如电力、烟煤、铜、铁、锌、汽油……在抗战时期，均曾有重大之贡献"，在抗战期间，在川、滇、贵、陕、甘等省共建立和经营的厂矿121个，其中有煤矿19个，锡锑汞矿10个，铁、铜、铅、锌矿4个，金矿石油矿2个，经营方式分为办会，独办者占85%，还设立出口钨、锑、锡、钼、汞、铋矿产出口管理机构4个，以矿产品偿还美苏外债。借苏联2.5亿美元，以矿产品偿还的占一半，借美国9500万美元，全部以矿产品偿还。

出口矿产品如下表所示：

国 名	钨 矿	锑	锡	汞	铋	锌
苏 联	31177t	10892t	13162t	560t	18t	600t
美 国	16814t	2083t	10708t	—	—	—

抗战胜利后，该会组织对日伪工矿企业的接管和恢复生产，还派遣专家赴日拆运机器设备作为日本对我国赔款。

资源委员会在我国矿产资源开发与管理方面给我们留下许多经验，值得矿业发展史研究者做专门研究。我们只做了点滴简述。

概括地说，中国近现代矿业法律是在矿业发展和晚清洋务派的维新变法兴起的历史条件下建立的，又随着辛亥革命中华民国成立而演进发展的。

1902年清政府任命沈家本、伍延芳为修订法律大臣，主持修订清朝新的法律，主持以西方近代法理为立新法的指导思想，并兼收中古法和西方立法中有用之内容。伍延芳奉命专门修订矿法也是有进步思潮影响。但是，遭到保守派反对，1907年制订的第一部近代矿法《大清矿法章程》是在上述维新变法思潮中诞生的，在中国法制史上具有承前启后作用，是应该肯定的。

同时还要指出，由于长期封建法制传统保守的势力教派的影响，使得这部矿法中关于采矿权的法律规定不够完整，没有把近代各国矿法、民法均已公认的矿业权即视为物权的规定写入矿法，未明确采矿权是一种民事（财产）权利，基本上是行政授权。如该法第22款规定，办矿者"必须先行具禀省总局（即矿政调查局）请领办矿执照方能开采"。领执照者不得将其执照上之权利传让他人，可见矿权是无偿的由主管机关授予也准转让他人。这款规定表明矿法只起着采矿登记作用。

1914年的《中华民国矿业条例》和1930年的《中华民国矿业法》，进一步完善了中国矿业权的法律制度。对矿业权的财产性即物权性质及其权利人的权利与义务和矿业权的继承、买卖、抵押、变更和消失以及对矿权的保护都做了系统规定。如1914年矿法第19条规定："矿业权视为物权，准用关于不动产诸法律之规定"；1930年矿法第12条规定："矿业权视为物权，除本法有特别规定外准用关于不动产诸法律之规定"。

这两部矿法颁布同时还发布了与之相配套施行细则和行政性法规，对矿政监督管理工作提供依据。对维护矿业秩序和保护国家矿业主权起了一定作用。但是，由于旧中国政府媚外政策和一些官吏腐败或明或暗出卖矿权事件屡见不鲜，汉奸于冲汉与日商勾结以"金表、金印"贿赂北洋政府农商部次长、司长"格外通融"，执法犯法，批准开采鞍山铁矿，可谓千古罪人。

在当前改革开放中我国矿业在迅速发展，矿业法律的作用也日益增加，因此，我们要进一步搞好矿业法制建设。研究我国近代矿法演进的历史经验可促进现在的矿业法制建设。

第一，为了适应社会主义市场经济发展需要，应完善我国矿业权法律制度及其管理体制等。

正如江平教授等（1991）指出《矿产资源法》自实施以来，在调整和规范矿业活动中发挥了一定作用，然而由于立法时代背景的历史局限很难适应法律中缺乏商品(市场)经济的规范，对于采矿权，没有作为一种真正的民事权利，任何人都可无偿地享有它。现在所称的采矿权实际上并不是民法上的物权，而只是行政权下的一种利益。应以"物权法"精神修改矿法。

我们根据社会主义市场经济要求健全完善探矿权法律制度，包括探矿权主体(地勘单位)即探矿权法律地位、设立、变质、终止、探矿、管理等。健全完善采矿权法律制度包括：明确采矿即物权的观念，实行有偿利用矿产资源，规定取得采矿权的条件、程序、行使、完善、转让、抵押、终止丧失，以及对探矿权和采矿权法律保护。同时应加强矿业律师队伍建设。

第二，健全和整顿矿业监督管理机构。随着1986年《矿产资源法》的实施，我国从中央到省地县乡建立矿产监督管理机构，同时还有各级矿业生产建设主管部门，这种机构和部门相互交叉又分割的体制，已不适应新形势下矿业发展需要，亟待解决。建设由过渡到统一的宏观监督管理之前，尽快成立部级的矿业监督委员会(含矿管、安监、土地、环保及矿山行业组织)，地方也应成立相似机构。

第三，中国近代矿业政策、法律与当代地质矿产行业发展有着密切的历史渊源，开展此项研究，对当前工作颇有益处，现在这一领域研究薄弱，建议加强深入研究。

(原载《中国实用矿山地质学》，冶金工业出版社 2010 年出版)

关于矿床工业指标的研究

王介甫　许楚彬

（化工矿山设计研究院，江苏连云港，222004）

矿床工业指标是根据国家的有关方针政策，并经过综合分析和技术经济论证后提出的一项关于计算矿产储量的技术经济标准，也是评价矿床经济价值的重要依据之一。同时，工业指标又要随着国家在不同时期的政策，以及矿山生产过程中技术经济条件的变化而变化。

经验证明，对于某些品位变化十分敏感的矿床，用不同的工业指标圈定矿体，会引出完全不同的结果。如某矿床，用一组工业指标圈定矿体，其形态完整，呈厚大的似层状，露采条件优越，储量规模为特大型，而用另一种工业指标圈定矿体，则形态复杂，呈零散的扁豆体和透镜体分布，剥采比增大。这个例子说明，在矿区地质工作阶段(特别重要的是详勘阶段)，针对具体矿床，及时地制订一个合理的工业指标是十分重要的。否则，将会给矿床的地质勘探工作带来很大的困难和盲目性。

1　关于矿床工业指标体系

就化工原料矿床来说，作为一项矿床工业指标体系，其内容应该包括：

(1)矿石的边界品位；

(2)矿石的最低工业品位；

(3)矿床工业品位(对矿区(段)平均品位的最低要求)；

(4)矿石品级划分；

(5)矿体最低可采厚度；

(6)夹石剔除厚度；

(7)有害组分的最大允许含量；

(8)勘探深度；

(9)剥采比(对露采矿床的参考性指标)；

(10)米百分值(或米百分率)。

下面简要论述一下各项指标的基本含义。

1. 1　边界品位

在传统的工业指标体系中，边界品位是一项基本指标，它的作用在于区分矿与非矿的界线。

在过去很长的一段时间里，对于边界品位的取值，一般是在地质统计的基础上，按主要有用组分高于选矿尾矿中的含量的倍数来考虑。现在看来这种做法只说明了它的技术可行性的一面，还应赋予它一定的经济含义。从指标体系的整体来看，边界品位应略低于"不赔不赚"品位这一概念，应该是可行的，因为这有利于资源的合理利用。

就某些化工矿产而言，由于加工工艺对矿石中有害组分的限制很严，简单地把边界品位作为划分"矿与非矿"界线的最低品位还不够严密，还须辅以有害组分含量的限定条件。

1. 2　最低工业品位

在指标体系中，最低工业品位是一项关键指标，其重要性主要在于它的经济含义。我们可以给予这项指标如下解释：最低工业品位，是在目前的技术经济条件下能够为工业利用提供符合要求的工业矿石的最低(平均)品位。即按"最低工业品位"要求圈定的矿体，经开采和加工后，其产品的销售收入能够抵偿生产所发生的费用(含工厂成本和商品税，不含投资本息的偿还)的工业矿石的最低(平均)品位。

这个"最低工业品位"如按价格法进行计算去求得，它只要求"不赔不赚"，因此实际上它就是一项"收支平衡品位"。

在圈矿和储量计算过程中，"最低工业品位"是指单个探矿工程中的单矿层(体)或分层，分类型，分品级的平均品位的最低要求。

1.3 工业品位

对于某些中等品位和中低品位的化工原料矿床，应在现行工业指标体系中增加"工业品位"的要求。

"工业品位"是对矿体或矿区(段)矿石平均品位的最低要求，即在当前技术经济条件下，矿体或矿区(段)的平均品位达到"工业品位"要求时，经开采和加工后的产品销售收入，在规定年限内，能够偿付其所发生的全部生产费用(含工厂成本、商品税、投资本息)。一般情况下，矿体或矿区(段)的平均品位应高于或等于"工业品位"。

"工业品位"不直接参与矿体圈定，但是对于中低品位和中等品位的矿床，则是测算其经济价值的重要指标，同时又是对"最低工业品位"的一项制约性指标。因为按"最低工业品位"圈定的矿体，经开采和加工后要使企业获得最佳经济效益，亦须首先满足"工业品位"要求之后，才有进一步研究的条件。

"工业品位"有宏观(国家)和微观(企业)两种评价方法。

1.4 有害组分的允许含量

矿石中常伴生一些对加工工艺和产品有害的组分。当矿石中的有害组分超过了一定含量时，它们的危害是：(1)对生产设备腐蚀或损伤。(2)在加工过程中降低转化率和产品收率。(3)影响产品的物理性能。

1.5 矿石的品级划分

矿石品级，将矿石按品位区间划定出若干个品级，便于设计和生产中开采和选别加工，以提高对矿物资源的经济效益。

1.6 最低可采厚度和夹石剔除厚度

最低可采厚度的含义是，在目前的技术经济条件下(包括工人在采矿作业时所需要的最小活动空间)，用适当的采矿方法能够开采出来的矿体的最小厚度，称为"最低可采厚度"。

夹石剔除厚度的含义是：为了减少对采下矿石的贫化，对于矿体内部的废石夹层不应采出，在现有的技术经济条件下能够留住不采的最小废石夹层厚度，称"夹石剔出厚度"，小于"夹石剔除厚度"的夹层，将混入矿石一起采出。

1.7 勘探深度

矿床的勘探深度作为一项要求，除了矿床自身的埋深这一要素外，应该主要是指在当前技术经济条件下可能开采到的深度。一个矿区如果一次勘探过深，就会造成勘探资金的大量积压，这在经济上是不合算的，勘探越深，资料的可信度就越低。笔者认为：(1)对矿体的自然延深深度小于300 m的中型或中小型矿床；地质勘探阶段需要对矿体的深部进行系统控制，一次探清矿体的延深边界。(2)矿体的自然延深深度大于300 m的大型或大中型矿床，结合不同规模矿山的合理服务年限来反算一个适当的勘探深度。对于大型矿床来说，还可以在反算出来的勘探深度基础上，再往下超前控制一个中段的储量，以便给矿山的发展留有余地。

1.8 剥采比

剥采比的实际含义是：凡宜露天开采的矿床和矿体，在开采范围内的剥离岩量(包括矿体内的夹层)与矿石量相比的比值(即在露采范围内的剥离岩量除以该范围内的矿石量)。

这个剥采比一般应指"经济合理剥采比"。其常用的单位是：m^3/m^3，t/t。

1.9 米百分值(米百分率)

可以用一个公式来说明米百分值的使用条件：

$$f \geq MC$$

式中 f——米百分值；

　　　M——矿体厚度；

　　　C——矿石品位。

其制订条件是,只有在矿体厚度(M)达不到最低可采厚度而矿石品位又较高的情况下才使用米百分值这项指标。

2 制订工业指标的程序

制订工业指标的合理程序,应该把地质勘探、企业设计和矿山生产三个环节结合起来考虑。按照这个原则,可以将工业指标制订程序分为如下几个阶段。

2.1 参考性工业指标

矿床普查阶段,以及勘探阶段,矿山企业设计前期工作尚未进行,有关矿山建设条件和技术经济问题未做调查与研究。所以普查及初勘阶段前期只能通过类比的方法,采用一般参考性工业指标评价矿。

2.2 暂定工业指标

在进行了矿区总体规划或予可行性研究之后,结合初勘报告中提供的工业指标试算方案的比较资料,就具备了研究制订"暂定工业指标"的条件。

2.3 计划工业指标

当矿床的详勘工作进行到一定程度,结合矿区最终可行性研究工作,验证和修订"暂定工业指标",并使其上升为"计划工业指标"。经批准后的"计划工业指标"作为编写详勘报告的依据。

2.4 生产工业指标

矿山建成投产的初期,生产单位应根据生产取得的各项技术经济指标,验算"计划工业指标"。验算后的"计划工业指标"即为"生产工业指标"。虽然"生产工业指标"具有核算性质,但最具实际意义。

2.5 扩大工业指标

当企业偿还了本息时,该企业便进入了生产中期。由于无偿还本息的负担,企业便可自筹资金扩大生产能力。产品成本下降就是重新研究修订工业指标的根据,修订后的工业指标即为"扩大工业指标"。

"扩大工业指标"的修订,一般是在保证企业基准收益率的前提下进行的。

3 关于制订工业指标的方法

3.1 单一组分确定矿床工业指标的方法

这里主要介绍几种静态的制订工业指标的方法,在目前条件下,静态的方法仍然是工作中常用的方法。工业指标制订程序的阶段划分框图见图1。

(1)类比法:是借鉴在矿床地质特征,开采技术条件和选冶加工技术性能方面相近似的已生产矿山实际采用的工业指标,这实际上是一种经验法,不需进行繁琐的计算工作。对于矿石物质组成单一,选冶加工技术条件简单的矿床,也是一种可取的方法,但只限于在普查、详查和初勘阶段的前期使用。

(2)统计法:是根据样品化学分析结果,确定出适当的品位区间,统计其频数和频率,选取几组边界品位和最低工作品位,作为进行方案比较的基础。由此可见,此种方法一般不能作为一种独立的方法加以使用,常是其他方法的辅助手段。

(3)价格法:这种方法是以从矿石中提取的最终产品或中间产品(精矿)的生产成本与该产品的国家价格相比较为计算依据的。由于一个矿山的技术经济参数,在地质勘探阶段限于条件,很难取得准确,因而使用此种方法所得出的结论一般需有其他方法的验证。

当产品为精矿时,其公式为:

$$\alpha = \frac{\beta_1(C_1 + C_2)}{(1 - \gamma)\varepsilon_1 D_1}$$

当产品为金属或其他加工产品时,其公式为:

$$\alpha = \frac{\beta_2(C_1 + C_2)}{(1 - \gamma)\varepsilon_1 \varepsilon_2 (D_2 - C_2)}$$

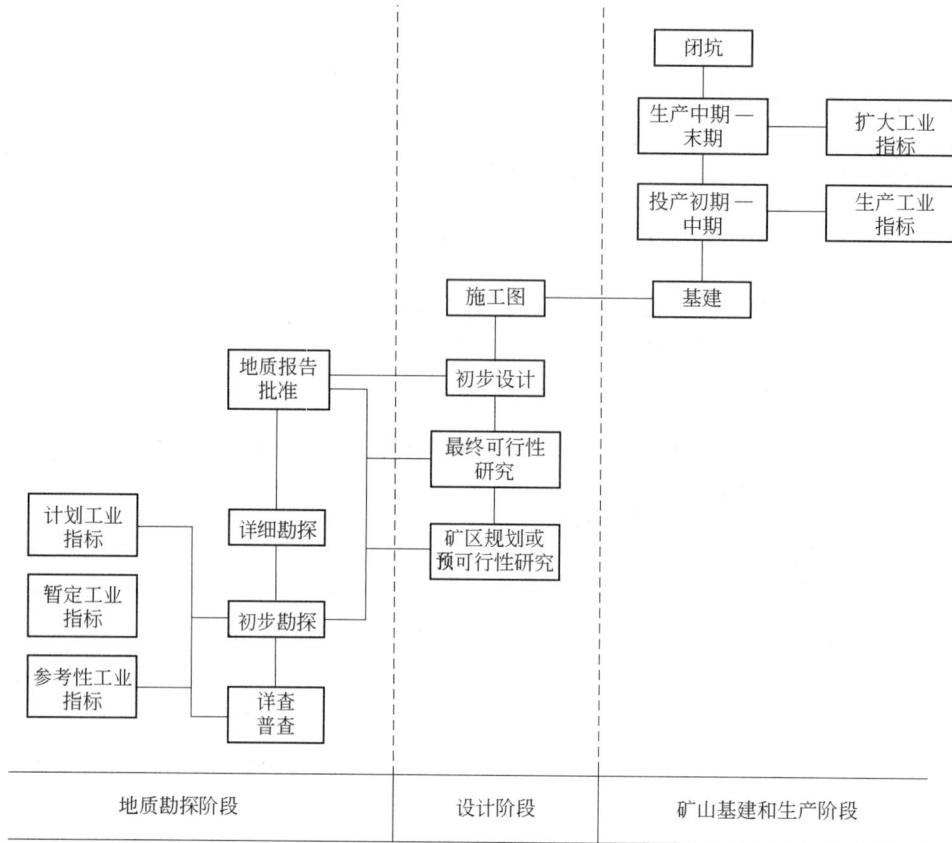

图1　工业指标制订程序的阶段划分框图

式中，α 为最低工业品位；β_1 为精矿品位；β_2 为金属或其他加工产品中有用组分含量；ε_1 为选矿回收率；ε_2 为冶炼或其他加工产品中有用组分回收率；γ 为采矿贫化率；C_1 为每吨原料采矿成本，元；C_2 为每吨原料选矿加工费，元；D_1 为精矿的国家调拨价格，元/t；D_2 为冶炼或其他加工产品的国家价格，元/t。

（4）方案法：方案法实际上是一种综合性的技术经济方案比较法。它是从资源量（储量和质量）、矿山开采、选矿加工到取得部门最终产品的全过程，来考察不同方案的技术经济效果的。它常与统计法联合使用。通过统计法，拟定多个工业指标方案，然后按不同方案分别圈定矿体，计算其储量和品位。在这个基础上，结合选冶加工试验资料，确定适合各方案条件下的采、选、加工工艺及其有关技术经济指标，并进行一系列的计算，将各项计算数据列成一定的表格的形式，以便于进行比较和论证。比较和论证的主要内容有：①矿体的完整性，勘探工作和开采工作的难易程度；②资源的利用程度及地质品位的变化；③采矿的损失率、贫化率、出矿品位、可采矿量、采矿成本；④选矿回收率、选矿比、精矿品位、原矿的选矿处理费，精矿成本；⑤未来矿山企业的规模及服务年限；⑥企业的总投资；⑦企业的年经营费；⑧企业的年销售收入及总销售收入；⑨企业的年实现利润及总利润；⑩企业的投资回收期及偿还期。

最后可以用以下指标来评价各工业指标方案的优劣，并从中提出推荐方案：①资源利用率；②投资利润率（或称投资收益率）；③投资利税率；④单位产品投资额；⑤投资回收期。

由于方案法是一个综合性方法，所考虑的问题比较全面，所得出的结论可信度高，因而是一种行之有效的方法。

此外，还可以在方案法中所取得的一些基本参数的基础上，对工业指标的各方案用动态法进行计算和研究。其常用方法有现值法（NPV）、贴现法（DCT）。本文限于篇幅就不作详细介绍了。

3.2　多组分矿床确定工业指标的方法

当矿石中含有两种以上主要有用组分时，常以其产值盈利之比的原则，将其中一种组分换算成另一种组分含量，然后按单一组分确定工业指标的方法进行研究，这种方法可称为换算法。其换算关系式是：

$$\alpha = \alpha_1 + K\alpha_2$$

式中，α 为综合品位，%；α_1 为甲组分品位，%；α_2 为乙组分品位，%；K 为换算分数。

K 值有以下几种计算方法：

（1）价格法：

$$K = \frac{\varepsilon_2 \rho_2 \beta_1}{\varepsilon_1 \rho_1 \beta_2}$$

（2）盈利法：

$$K = \frac{E_2 \varepsilon_2 \beta_1 V_2}{E_1 \varepsilon_1 \beta_2 V_1}$$

式中，ε_1、ε_2 为甲乙组分选矿回收率，%；ρ_1、ρ_2 为甲乙组分精矿价格，元/t；β_1、β_2 为甲乙组分精矿品位，%；V_1、V_2 为甲乙组分单位产品盈利，元/t；E_1、E_2 为甲乙组分采矿回收率，%。

3.3 工业品位的计算方法

由于工业品位要求偿还本息，须以动态法进行计算。根据动态定额偿还公式：

$$R = \frac{QPi(1 + i)^n}{(1 + i)^n - 1} \tag{1}$$

企业每年需有一定的实现利润 R，才能在规定时间内偿还全部本息。企业的年实现利润 R 可按下式计算：

$$R = [Z \times (1 - K) - C]Q \tag{2}$$

将式（1）、（2）联合移项得：

$$Z = \left[\frac{Pi(1 + i)^n}{(1 + i) - 1} + C \right] \div (1 - K) \tag{3}$$

上述三式中：R 为企业年实现利润，万元；Q 为企业规模，万吨/年；P 为单位投资（含流动资金），元/t；Z 为每吨原矿最终产品销售收入，元/t；K 为商品税率，%；C 为每吨原矿最终产品工厂成本，元/t；n 为贷款本息偿还年限，年；i 为贷款利率，%。

算例：以××矿首采地段的风化矿石为对象，从企业角度测算矿区的"工业品位"有关技术经济指标：

单位投资　　　　　　　　150 元/t

采矿车间成本　　　　　　11.76 元/t

原矿选矿处理费　　　　　11.30 元/t

企业管理费　　　　　　　1.5 元/t

商品税　　　　　　　　　8%

贷款本息偿还年限　　　　15 年

贷款利率　　　　　　　　3.6%

$$C = 11.76 + 11.30 + 1.5 = 24.56 \text{ 元/t}$$

将上述各项参数代入式（3）：

$$Z = \left[\frac{150 \times 0.036 \times (1 + 0.036)^{15}}{(1 + 0.036)^{15} - 1} + 24.56 \right] \div (1 - 0.08) = 40.95 \text{ 元/t}$$

计算结果说明，企业的单位销售收入必须达到 40.95 元/t 时，才能在规定的 15 年内偿还全部利息。根据对 ×× 矿过去的选矿试验结果进行的计算表明，当原矿品位为 23% 时，就可以使企业的单位销售收入保持在 41 元/t 左右的水平。这个原矿品位为 23%，即为 ×× 矿的"工业品位"，即从企业角度说，矿区（段）的平均品位等于或高于 23%（段）的"工业品位"时，才有开发和建设的价值，实际上该矿区氧化矿的平均品位为 26.49%，因此，其经济价值是肯定的。当然如果从国家角度评价，由于可以不考虑商品税的支出，矿区的"工业品位"可比从企业角度评价的"工业品位"还要低。

（原载《中国实用矿山地质学》，冶金工业出版社 2010 年出版）

论矿山地质工作在矿产综合回收利用中的作用

周世德　刘柱凡

（白银有色集团股份有限公司，甘肃白银，730999）

白银厂含铜黄铁矿型矿床，是我国已知铜矿床的重要工业类型之一。中华人民共和国成立后进行了大规模的地质普查勘探工作，提交的地质勘探报告，只评价了铜硫，顺便查定了金银，提交了铜、硫、金、银储量，但对于有工业价值的铅锌，虽然发现，并做了大量的取样化验分析工作，可是没有综合研究，只用数理统计的方法作了否定的结论，对分散元素没有进行系统的查定。矿床开发和选冶生产试验研究证明，铅、锌、硒、碲、镓、铟、铊、镉、铋、汞、砷等元素，均具有综合利用的价值。

1　对有益组分认识过程

1.1　地质勘探阶段

白银厂矿床在地质勘探阶段，对矿体和近矿围岩作了大量的取样和化验分析工作。根据划分的矿石技术品级、矿石类型进行了普通分析，组合分析，全分析，光谱分析。

对选矿试样按不同技术品级和矿石类型采取，对试样的原矿、精矿也进行了光谱分析和化学分析。

在上列各种分析结果的基础上，评价了铜、硫、金、银四种元素，肯定其工业价值，并计算了储量。对铅锌当时虽然做了较多的化验分析，因品位低，认为无工业意义铅锌矿石存在，某些样品铅锌品位虽然很高只是个别现象，没有进一步研究，作出了否定的结论。对伴生的分散元素查定，因受当时技术条件和技术水平的限制，光谱检查分析结果只发现铋、钴、锡、钒，铍、镍等元素，其分析数值均在 0.01% ~ 0.001%，对硒、镉、镓、铟、锗等元素经光谱检查尚未发现。在技术加工样品分析中虽然发现有铋、钴、锡、碲、镉等元素含量较多，本应进一步查定，但当时地质勘探工作已基本结束，没有做伴生分散元素的评价工作。

1.2　矿山生产阶段

矿山在开采过程中，矿山地质人员首先于折腰山矿床Ⅲ—Y行1823—1831阶段矿体中下盘致密块状矿石中发现有较高的铅锌富集，且具有一定规模。由于铅锌矿石的存在严重影响了选铜指标，同时也影响到冶炼的生产，这时才引起重视，组织力量开展铅锌调查，当时只根据地质勘探化学分析资料重新圈定了铅锌矿体，初步计算了储量，仅折腰山矿床铅锌达数十万吨，相当于中型铅锌矿床，锌平均品位达 2.27%。

对伴生分散元素于1961年开始进行了普查，通过系统的取样组合分析初步查定了硒碲具有工业价值，矿石中硒的含量为 0.0084% ~ 0.0094%，碲含量 0.0003% ~ 0.0005%，镓在矿石中的含量为 0.00x%，铊在块状矿石的精矿中含量达到 0.0052%，浸染矿精矿中含量也达到 0.00031%。当时对选冶生产过程中的产品、半成品、废渣进行了普查，查明了它们在不同产品中的富集和分布。普查结果在选矿产品中除了铜硫外，初步查定还有铅、锌、金、银、硒、碲、镓、铟、铊、镉、锗、钴、镍等十三种元素。

对冶炼产品也进行了调检，经查定有铜、铁、硫、铅、锌、金、银、硒、碲、镓、铟、铊、镉、锗、钴、镍、锑、铋、钛等十九种元素。同时发现这些元素均以不同的比例分布在产品、半产品及废渣中，金、银、硒、碲、铟、铊、镉、铋等伴生元素富集较好，含量较高，可以考虑综合利用。为了全面实现资源的综合利用，1966年底开始对折腰山、火焰山矿床全面开展了伴生贵重和分散元素查定工作，当时综合评价了金、银、硒、碲、镓、铟、铊、镉、锗、铋、汞、砷等十二种元素，并计算了储量，同时研究了它们的分布规律和赋存状态，并普查了这些元素在选冶过程不同产品中的分布和富集程度，从而为综合利用提供了地质资料。

2　伴生元素赋存状态和分布规律的研究

2.1　伴生元素赋存状态

伴生的贵金属和分散元素由于它们的地球化学分散性和含量较低的特征，往往以类质同象、吸附等方式分散在主要金属矿物中，即使形成独立矿物，也因量少或颗粒细小不易被发现，因此对元素赋存状态的研究，配合了 X 射线粉晶分析和电子探针测定成分，查定了硫砷铜矿、砷黝铜矿、毒砂等含砷矿物广泛分布外，还发现有自然金、金银矿、自然铋、辉硫锑铅锌矿、辰砂等独立矿物。铟、铊、镉、锗、镓、硒等元素呈类质同象存在于主要金属矿物中，所见独立矿物的基本特征：

自然金：粗粒，有时可见较好的晶面，直径 0.1～0.5 mm，细粒直径 0.01～0.03 mm。金黄色、均质、反射率高达 80% 以上，无解理，低硬度，具延展性。电子探针分析含金 95% 以上，仅仅含少量银。

金银矿：呈不规律的细脉，断续沿黄铁矿颗粒间裂隙充填，均质，反射率很高，电子探针分析，含金 35%，含银 65%。

自然铋：粒度为 0.03～0.05 mm，烟灰色淡金属光泽，低硬度，在反射光下呈强非均质性，有双反射现象，反射色为乳白略带红色，经电子探针分析含铋在 90% 以上。

辰砂：镶嵌在黄铁矿颗粒间，外观朱红色金属光泽，性脆，反射光下显非均质性，白色、有红色之内反射，低硬度，反射率接近 30%。

2.2 伴生元素的分布规律

2.2.1 在矿石矿物中的分布规律

伴生元素在各种主要金属矿物中含量差别很大，即在不同矿区的同一矿物中的含量也有明显的不同，伴生元素在主要硫化矿物中的平均含量见表 1。

表 1 主要硫化矿物中各种元素的平均含量

元 素	黄铁矿		黄铜矿		闪锌矿		方铅矿	
	折腰山矿	火焰山矿	折腰山矿	火焰山矿	折腰山矿	火焰山矿	折腰山矿	火焰山矿
金	0.83	0.89	0.01	0.28	0.56	0.55	2.75	17.82
银	29.8	49.6	102	106.6	56.9	73.3	1546.8	528.6
硒	0.0134	0.0095	0.0308	0.02	0.0037	0.0091	0.0274	0.0747
碲	0.0001	0.0005	0.00008	0.00048	0.00017	0.00012	0.00057	0.00087
铟	0.00039	0.00035	0.00505	0.00148	0.00702	0.00906	0.00015	0.00033
铊	0.0007	0.00147	0.00031	0.00078	0.00277	0.00067	0.01201	0.01151
镉	0.0020	0.0025	0.0062	0.0049	0.616	0.621	0.0058	0.0068
铋	0.0056	0.0041	0.0021	0.0132	0.0011	微量	0.056	0.007
砷	0.14	0.14	0.05	0.12	0.09	0.03	0.10	0.05
镍	0.00019	0.00012	0.00018	0.00022	0.00352	0.002	0.00076	0.00039
锗	0.00009	0.000019	0.0001	0.00013	0.00022	0.00015	0.00007	0.00015
钴	0.20	0.004	0.01	0.005				
铜	0.25	0.28	30.58	28.02	0.71	0.54	0.04	0.05
铅	0.23	0.54	0.01	0.02	0.36	0.50	85.86	80.67
锌	0.38	0.52	0.45	1.10	53.66	57.93	0.35	0.74
铁	45.55	45.16	30.89	31.13	9.12	3.38	0.35	0.22
硫	51.93	51.63	34.57	35.18	33.55	33.78	14.42	14.03

注：金、银单位为 g/t；其余为%。

从表中可以看出金银主要富集在方铅矿中，火焰山矿床砷黝铜矿亦富集金银，分别达到金 21.38 g/t，银 259.08 g/t，硒、碲、汞则明显富集在黄铜矿中，其次在黄铁矿中含量也较高，锗、镉、铟、镓以闪锌矿中含量为最高，铊、铋主要富集在方铅矿中。

2.2.2 在不同矿石类型中的分布规律

根据不同矿石类型的伴生元素含量变化曲线可以清楚地看出，金、硒、碲、铋、汞、砷和铟，在块状矿石中的含量比在浸染状矿石中含量要高，其中金、铟、砷三个元素以铅锌块状矿石含量为最高，而硒、碲、铋、汞则富集在含铜的块状矿石中，银、镉、镓、锗四个元素在铅锌矿石中的含量比在铜硫矿石中的含量要高得多。尤其是以块状铅锌矿石更为富集。

2.2.3　在矿区空间上的分布

由于伴生元素与主金属有各种不同程度的相关关系，随着主金属（铜、硫、铅、锌）在矿区空间上分布的差异，伴生元素也相应地随着有所变化。

铅矿体走向，各元素有不同的分布规律，在块状矿石中金、银、铟、镉、镓、锗以矿体东西两端含量最高，中部显著降低，硒、碲、铋则相反，明显富集在中部。垂直分带上金、银在次生带矿石中较为富集。

2.2.4　伴生元素在选冶产物中的分布规律

根据考察金、银、铟、镉、汞在铜精矿中较为富集，与原矿相比，富集七八倍至十几倍，在冶炼过程中，金、银、硒、碲在阳极泥中比铜精矿中富集几百倍以上，在酸泥中也高度富集，镉、碲、锗、汞、铋、硒在各种烟尘中也较为富集，详见表2、表3。

表 2　选矿产品中伴生元素含量分布调查表（平均含量，g/t）

矿石类型	浸染状铜矿石				块状铜锌矿石			
元素	原矿	铜精矿	尾矿	矿精原矿比	原矿	铜精矿	尾矿	精矿原矿比
金	0.31	2.39	0.25	7.8	0.58	1.13	0.50	1.9
银	16.8	142.0	43	8.4	16.7	103	10	6.2
硒	48	180	40.7	3.8	89.9	159.4	88.6	1.8
碲	1.1	2.7	0.6	2.5	2.3	3.3	1.5	1.4
铟	3.4	16.3	2.2	4.8	3.4	43.3	1.6	12.7
铊	6.1	7.4	5.1	1.2	10.0	11.2	8.8	1.1
镉	55	468	13	8.6	72	655	21	9.3
汞	<1	8.3	<1	>8.3	<1	7.2	<1	>7.2
铋	18.6	78	14.9	4.2	88	209	79	2.4
砷	259	1369	178	5.3	638	1271	633	2.00
镓	11.9	5.7	11.2	贫化	6.1	8.4	6.5	1.4
锗	1.3	0.7	1.8	贫化	3.7	5.1	3.3	1.4
钴	28	98	22	3.5	65	72	62	1.1

表 3　冶炼过程中伴生元素含量分布调查表（平均含量，g/t）

元素	精矿	炉渣		烟尘					酸泥	焙砂	冰洞	阳极泥
		反射炉	转炉	焙烧	电收尘	反射炉	转炉	大烟囱				
金	1.57	1.0	0.75	1.67	1.63	1.58	5.21	1.75	32.5	1.17	225	1025
银	106	29	10.5	115.5	106.5	88.8	311	103.5	221	67.5	161	65025
硒	162.5	146	71	169.3	290.6	180.7	289.7	428	34385	114	176.7	96000
碲	24	0.4	1.3	6.0	2.0	7.3	4.5	17.4	21.1	1.4	<1	479.7
铟	21	15	20	21.0	28.5	19.3	32.5	27.0	29	21	33.3	38.0
铊	7.4	1.6	1.4	10.1	25.0	3.0	13.2	4.2	18.9	5.7	11.2	1.4
镉	409.6	32	30	368	927.5	68.3	1427.8	1460	295	346.7	272.7	<5
汞	4.7	2.4	1.5	<1	19.2	<1	1.7	43	6969	<1	1.5	2.5
铋	108	10.1	6.0	145	156	369	331	578	476	130	121	159.5
砷	1135	359	78	1026	1732	2917	2568	5240	423	649	677	3617
镓	6.3	9.7	2.6	7.9	9.6	10.1	4.5	12.7	5.5	6.9	1.7	<1
锗	1.4	1.3	2.0	1.3	2.7	14	1.5	2.3	5.7	1.5	<1	未分析
钴	90.6	115.3	268.5	未分析	未分析		未分析	未分析		108.5	284	未分析

目前公司除生产铜、硫（硫精砂、硫酸）两种主要产品外，还综合利用了金、银、硒、碲、镉、铟、铊、铋等，前几年还回收了汞、铂、钯等。由于资源综合利用结果大大提高了矿床经济价值；估算综合利用产品的产值约占总产值的三分之一（包括硫酸和硫精砂）。如果进一步改进工艺条件还有更多的伴生元素可以综合利用。

目前已着手回收浸染矿尾矿中的硫，尾矿经过再次选矿可以获得含硫30%以上的硫精矿。

3 伴生元素的工业要求标准问题

对伴生稀散元素没有一个标准要求，根据选冶的综合利用技术条件不同，其要求也不相同。这主要取决于原矿在选冶流程中，伴生元素的富集程度和冶炼提取这些元素的技术水平，以能否回收利用为前提。根据白银厂黄铁矿型矿床综合利用的实际情况，我们暂定的工业要求如下：

金：0.5 g/t   (0.00005%)

银：5 g/t   (0.0005%)

硒：5 g/t   (0.0005%)

碲：5 g/t   (0.0005%)

镉：30 g/t   (0.003%)

铟：3 g/t   (0.0003%)

铊：20 g/t   (0.002%)

镓、锗在原矿中含为量 0.0001% ~0.0006%，但在选冶产物中不富集，故回收困难，汞在原矿中虽然含量很低，但在酸泥中富集 200~300 倍，故可综合回收利用。因此对伴生分散元素的工业要求规定统一标准是困难的。

对伴生稀散元素研究程度的要求：

(1)由于分散元素地球化学特点的分散性及含量微少，同时多与金属矿物呈类质同象，当然也有呈单矿物形式存在的。从矿床综合利用来说，要求在勘探评价主金属的同时，查明伴生分散元素的种类、含量、赋存状态和分布规律。同时调查在选冶过程中的富集程度和分布情况，也可以采用同类型矿床对比。

(2)由于分散元素与主金属矿物和不同矿石类型有关，因此在勘探时要划分矿石的自然类型，工业类型和技术品级，分别查定分散元素的种类、含量和赋存状态、分布规律。

根据分散元素的研究资料，要提交伴生分散元素的评价报告，计算储量，提供工业设计部门考虑综合利用。

(原载《中国实用矿山地质学》，冶金工业出版社 2010 年出版)

略谈铁矿资源利用与保护

——以邯邢地区铁矿为例

王　诚

（邯邢冶金矿山管理局地质勘探队，河北邯邢，056000）

在党的对外开放、对内搞活的经济方针指导下，国务院于1985年9月30日批准国家经委《关于开展资源综合利用若干问题的暂行规定》（下文中简称《规定》）。《规定》强调指出，开展资源综合利用是一项重大的技术经济政策，对合理利用资源，增加社会财富，提高经济效益，保护自然环境，都有重要的意义。《规定》第一条又提出：国家鼓励企业积极开展资源综合利用，对综合利用资源的生产和建设，实行优惠政策。这就更足以说明国家对资源综合利用极为重视。如何搞好矿产资源综合利用工作，结合邯邢地区铁矿床的一些实际情况，谈一点粗浅看法。

1　坚持走"四结合"的道路

坚持走矿山地质、矿山开采、矿石选、冶技术相结合的"四结合"道路。《规定》第二条提出："开展综合利用，必须打破部门、行业的界限，不搞一家独办。国家提倡和支持企业，特别是大中型企业，实行一业为主，多种经营"。由各级经委督促检查，组织协调，坚持走由地质部门（包括矿山地质）把矿产资源搞清楚，采矿部门把矿开采出来，选矿单位分选出来，冶炼部门提取回来的"四结合"路子，四个专业紧密配合，联合作战，攻克难关。只有把"四结合"视作一个整体，把此项工作列入企业管理计划，纳入议事日程，不断总结推广先进经验，才能打破部门、行业之间的界限，收到实效。否则，保矿呼声再高，也是空喊口号。如邯邢地区铁矿资源，地质部门早在20世纪五六十年代就查明了分散元素镓在磁铁矿和金云母中呈类质同象赋存的形式，平均品位达0.001%以上，已达到综合回收利用的工业指标，但因为有跨行业、跨部门的弊病，长期无人问津。使有限的资源，遭受无限的浪费。再如邯邢冶金矿山管理局，为了提高资源利用率和经济效益，辅建了几处选硫车间，准备回收黄铁矿中的硫和钴，经过试验已获得成功，可出合格的产品，但因目前销路不畅，也停产了。这一实例说明了一家独办，确实难办，难出成果。若能坚持走"四结合"的路子，可收到较好的效果。

2　贯彻"四综合"的工作方针

《规定》第三条提出："普查勘探矿产资源，新建或改造共生、伴生矿产资源的矿山（包括煤矿、金属矿、非金属矿山）、油气田，都必须按照国家矿产资源法规的有关规定，执行综合勘探、综合评价、综合开采、综合利用的方针，应当加强对矿产资源综合利用的可行性研究，矿山设计时应当落实综合利用的措施，要把提高矿产资源采选总回收率作为考核矿山企业的主要指标之一。"要求从事矿产资源开发利用的部门必须有全局观念。"四综合"是互相联系的有机整体，不能分割开来。综合勘探，不论是专业找矿队伍还是矿山地质部门，在工作中不能只找一个种类的矿产，要把与主元素有关的矿产种类或元素根据矿床地质条件和特征全部查明。例如在邯邢地区勘探铁矿床时，应当在矿层顶底板围岩或矽卡岩中，注意查明钴、硫、镓、铜、金、银、镍等元素赋存部位、产出状态、分布规律、富集程度、研究综合利用可行性。此外，在接触带附近注意寻找硅灰石。如果铁矿上部有含煤系地层也要注意把煤层搞清。防止只找铁，不找其他。

综合评价是指对每一个矿床不同阶段的勘探、评价过程中，不能只对主要元素进行经济评价，应对矿床的多元素或矿物进行综合分析，查明伴生、共生元素及有益、有害组分。元素存在的形式是哪一种，是同价还是异价的类质同象，是胶体吸附还是气体、气凝胶形式，是独立矿物还是综合物，如果是独立矿物，还要进一步查明颗粒的大小，是否有的呈放射性同位素形式存在，各种状态形式所占的比例，以及伴生、共生组分的储量都要做一定的工作，并对能回收利用的元素做出经济评价，以便作为开采利用和矿山改造、矿山生产计划的依据。现在生产的矿山如果这些内容未搞清，生产地质勘探应给予补充。一个矿床不同阶段的地质勘探总结报告有了这些内容才能算是一份系统的全面的报告。

综合开发是指在矿山生产过程中，要避免采大弃小，采富丢贫，采易废难。为提高矿山生产经济效益应着重从采矿方法和选矿技术方面应用先进技术。根据矿床赋存特点，因地制宜地制定出保证充分利用资源的行之有效的具体措施，努力提高矿石回收率，降低贫化率。我国有些矿山坑下开采的回收率只有50% ~ 60%。不能单纯为追求提高利润而采富丢贫。只有这样才能保证延长矿山生产寿命，节约矿产资源是最大的节约。综合利用，是指在矿石的选矿冶炼过程中，对其所含各种有用组分，要在技术条件允许的范围内最大限度地予以提取、回收。这就要求矿山企业部门对矿产资源的综合利用提出具体的措施。

搞好矿产资源的综合利用经济意义是很大的，不仅能防止污染，保护自然环境，而且可以变废为宝，变害为益，化一用为多用。邯邢地区铁矿资源含有一定数量的黄铁矿，硫在炼铁时有害，如果通过选厂把它分选出来，有利于提高钢铁品质。从尾矿中提硫，制成硫酸和化肥等。再从硫酸渣中提取贵重金属钴，可在冶炼过程中回收镓、硫、钴，这样使"一矿"变成"多矿"，促进企业的发展，增加经济收入。

3 制订合理的矿石工业指标

据初步了解国内有许多矿山，铁矿石的工业技术指标，还是20世纪50年代参考有关资料习惯性的主观制定，没有充分的科学依据。矿床(体)不论大小，不论开采方式如何，都统一套用，起不到指导矿山生产的作用。有的矿山所用的工业指标自中华人民共和国成立初期到现在还没有什么变化。没有随着国家各项技术政策的改变而改变，没有随着采、选、冶技术水平的提高而适时地修订。它不是目前矿山经营的最佳参数。

制订工业指标是一项技术复杂，政策性很强的工作，应根据每个矿床各自的特点，根据大量的采样化验分析资料，参考下列情况而制定。

(1)矿产资源保护和做好综合利用，在考虑利用主元素的同时，对伴生元素在采、选、冶过程中损失贫化和富集程度，特别是提取这些元素的技术水平的可能性和技术状态，加以考虑，以能回收利用为原则。

(2)影响圈定矿体的连续性、完整性、合理性、可采性。

(3)矿石加工利用的可能性，以能满足矿山产品方案和配矿方案要求为原则。

(4)矿山生产经营在经济上的合理性，要采出矿石最多，各项成本最低，以能够指导生产，延长矿山生产服务年限为原则。

总的是把地、采、选、冶的工艺技术要求与经济效果统一起来，从中找出各种元素有代表性的边界品位，可采的最低平均品位，最小的可采厚度，夹石剔除厚度等指标。应以经济效果为标尺，以技术上能充分利用为前提，使矿山、冶炼企业获得最佳经营效果。

4 从长计议，保护尾矿

世界上有些国家以及我国第二次、第三次回收利用尾矿的实例是很多的。邯邢地区目前存有一定数量的尾矿，已知含有硫、钴、镓、碲、硒、铜、镍等多种元素和目前还没有发现的有希望的元素。可以肯定，本区尾矿重新被利用的时机总会有的，只不过是时间迟早而已，所以保护好尾矿是一项从长计议不可忽略的工作。

本区古人遗留下来的粉矿，千百年来保存在适当的场合没有被流散，直到今天我们得以实惠。磁山铁矿20世纪五六十年代在开采生产过程中坚持把低品位的贫矿和拌矿矿石集中存放，从70年代起直至现今仍做回收工作，使磁山铁矿大大延长了生产服务年限，为社会主义四化建设做了应有的贡献。

本区对尾矿的保护亟待加强。例如1983年至少有两个尾矿坝决口，大量的尾矿付之东流，污染环境，毁坏农田，造成直接经济损失。有的尾矿库容量小，积满后就用尾矿砂垒叠尾矿坝，洪雨季节轻而易举被冲走。要经常检查坝基是否牢固，改善库积容量。还有某些矿山企业管理不严，经营不善。为了省事或是片面追求利润，对已有安装输送尾矿的设施闲置不用，将尾矿顺沟而溜。甚者，有的矿山不建尾矿库。把尾矿全部妥善保管起来，是矿山地质工作者应该监督做好的一项重要工作。

矿产资源是社会主义四化建设的物质基础，要从地质、采矿、选矿、冶炼四个方面共同努力，坚持"四综合"的工作方针，走"四结合"的道路，做到最大限度地充分回收利用和有效地保护矿产资源。

(原载《中国实用矿山地质学》，冶金工业出版社2010年出版)

生产矿山储量管理工作浅析

张泽湖

（大冶有色金属公司，湖北黄石，435005）

摘　要：本文提出了生产矿山加强储量管理的主要措施，简述了各项措施的实施途径。

关键词：矿产资源；储量管理；地质指导

众所周知，矿山企业的生产对象就是经过地质勘查工作探明的，在目前的技术经济条件下可供开采利用的矿产资源。其数量的多少，决定了矿山的建设规模和服务年限；其质量的优劣，直接影响到矿山的产品质量和经济效益。矿山生产依赖于矿产资源，没有矿产资源，矿山生产就会成为无米之炊，矿山的生存与发展同矿产资源息息相关。因此，加强储量管理，计划使用现有储量，不断增加后备储量对生产矿山来说尤为重要。那么生产矿山应如何管好、用好储量呢？笔者认为可用"核实建账、掌握动态、探采结合、提高级别、开源节流、综合利用"来概括，具体来说应做好以下五个方面的工作。

1　定期进行储量清算，及时做好储量统计

在矿山生产过程中，由于地质勘探、生产勘探的逐步进行，采掘和采剥工程的不断施工，引起矿山保有储量的数量和结构经常发生变化。为了查明储量的变动情况，及时掌握储量动态，生产矿山应及时进行储量清算和储量统计，建立储量台账，全面真实地反映矿山储量的保有和利用情况，为矿山编制计划、填制报表提供准确可靠的储量数据。

1.1　建立矿山储量台账

为了全面掌握矿山储量的结构及分布情况，矿山储量台账一是内容要全，根据储量的消耗和保有情况不同，要分别建立地质储量台账、生产矿量变动台账、副产矿量台账、采场采矿量台账、采场出矿量台账、采场存窿矿量台账、采场损失矿量台账、共伴生元素储量台账等。二是储量分布的点面、结构、类别要分清，要分类、分级、分点、分矿体统计。即不同的采场或矿块、中段或台阶、井区，不同的矿体、不同的矿种、不同级别的地质储量和生产矿量、不同矿石工业品级和自然类型都要逐项进行统计。还要区别累计探明、实际保有、表内、表外、矿房、矿柱等各类矿量。三是统计要及时，要逐月、逐季、逐年、逐项进行登记。要逐月统计采矿量、出矿量、副产矿量和存窿矿量。逐季统计计算采场、中段生产矿量的保有情况。逐年统计矿区地质储量的变动情况。四是要安排专人负责储量统计和各类报表的编制工作，确保储量台账账面整洁、文字清晰、数据准确可靠。

1.2　坚持做好储量清算工作

生产矿山的储量清算是经常性、持久性的工作。根据储量的分布范围和变动情况不同；一般将矿山储量分为两部分，以最低开拓水平为界，上部为生产储量区，下部为储备储量区。上部因生产探矿及生产的持续进行，储量的数量和结构经常发生变化。下部除因新的勘探或补充勘探引起变化外，一般保持不变。因此，生产矿山日常的储量清算工作范围主要在开拓水平以上的生产储量区。根据生产需要及储量性质不同，矿山储量清算可分为以下几种。

1.2.1　建矿初期分段含量计算

建矿初期，地质报告提交的储量是分矿体计算的总储量。储量计算大多为剖面法，没有分中段（台阶）计算储量。因此，矿山储量管理人员应根据采矿设备要求，分矿体、分中段（台阶）重新计算各块段地质储量，块段储量之和应与地质报告提交的总储量数据相等。分段储量可视为开拓中段（台阶）的最初地质储量。

1.2.2　矿山边深部找矿勘探新增储量计算

为扩大矿区远景，增加后备储量，矿山在矿区边深部及外围勘探找矿，探获的新增储量经主管部门审查批

准后可列入矿产储量表和储量台账。但在储量台账中要分别计算中段储量，以备后用。

1.2.3　生产(补充)勘探储量核实计算

生产(补充)勘探的目的是为满足开采需要，在原地质勘探资料的基础上补做工作，提高勘探程度达到储量升级。一般来说都有增减变化，特别是储量结构变化较大。在进行储量计算时，要采用新老结合的原则，即新老资料都利用。储量计算结果要与老资料进行对比，如果两次储量计算结果对比有差异，应以生探资料为准，但必须经主管部门审查批准后，才能变动储量报表和储量统计台账。

1.2.4　生产矿量清算

生产矿量(三级或二级矿量)每季度计算一次，应分采场(矿房、矿柱)、分中段(台阶)、分矿体计算储量的变动情况。引起储量变动的原因一是因生产消耗(采掉和损失)而引起变动；二是因掘进(剥离)工程的施工使储量升级而引起变动；三是采矿过程中发现矿体形态、数量、质量的变化而引起储量增加或减少的变动。

1.2.5　年度地质储量核算

每年年底进行地质储量核算，根据矿产储量表的填写要求，要分矿体、分储量级别计算年末的探明量、保有量和本年度的消耗量、增减量。计算资料的来源有：生产矿量计算资料、生产探矿和地质勘探储量计算资料。

1.2.6　采场、中段(台阶)、矿体终了后的储量结算

随着矿山开采阶段的下降，上部中段(平台)生产能力逐渐消失。中段(台阶)结束采矿后要分矿体、分采场计算中段(平台)的实际地质储量，也是采场的最终探明储量。数据的来源为：采出地质矿量＋未采下损失矿量＋保安矿柱永久损失矿量＋采下因安全或其他原因未出窿的损失矿量。最终储量结算的程序是：先采场(或矿块)，后分段、中段、再矿体。

1.2.7　共伴生元素储量计算

很多矿山都保有丰富的共伴生矿产资源，有的已综合利用，有的限于当前技术条件暂时不能利用。但在矿山生产过程中大部分已随同主矿产一起采出。采出的部分，在季度年度储量清算时都要计算消耗量、保有量、增加或减少量。另外，对于采出未综合利用而堆在废石场及随同尾砂存放在尾砂库中的有价资源，也要统计数量，查明质量，计算含量，以便将来综合利用。

2　强化技术管理管好现有储量

矿山储量管理的核心是地质管理，地质管理的落脚点是现场管理。现场储量管理建章立制是起点，探采结合是前提，地质资料是基础，地质指导是关键。

2.1　加强学习，提高认识，建立、完善各项管理制度

矿山储量管理是一项群众性的技术管理工作，贯穿于矿山生产的全过程，要管理好此项工作，首先是从思想认识抓起，要在群众中宣传学习《矿产资源法》，讲清资源与矿山的关系，使他们真正懂得珍惜资源，保护资源的重要性，从而增强广大职工的储量意识，促使他们自觉地想方设法降低采矿贫化损失，提高选矿回收率。二是要建立储量管理和贫化损失管理制度，健全采矿、爆破、出矿、运输、选矿等技术操作规程，加大管理力度。三是要坚决制止乱采滥挖，采富弃贫，只顾眼前不顾长远的短期行为。四是要坚持"贫富、大小、难易、厚薄"兼采的原则，确保现有资源的合理开发和充分利用。

2.2　结合采矿工程准确控制矿体提高地质资料精度

地质勘探资料是矿山开采设计的重要依据，但不能满足生产全部发展的需要。因此，在矿山生产期间，一是要加强生产探矿为新中段开拓设计提供工业储量，为采场单体设计提供备采储量。生探工程的布置原则是：以钻探为主，坑探为辅，坑钻结合。其手段是：布置多方位浅钻对阶段间矿体"上延""下垂"部分，对破坏矿体的夹石、断层、破碎带，对矿石类型和工业品级等进行详细控制。利用探采结合的沿脉坑道揭露矿体的走向长度。利用穿脉或钻孔控制矿体的厚度和品位变化情况。利用探采结合的天井(斜井)揭露矿体的倾角和空间形态。二是紧跟采掘(剥)工程的施工，及时搜集整理地质资料。在矿山生产过程中，随着生产探矿、开拓、采准、切割回采工程的逐步施工，揭露矿体的地质点也不断增多，地质人员要及时深入现场，观察分析，了解掌握揭露的地质情况，进行编录、取样、化验分析矿石的质量情况，并将原始资料进行综合整理，及时反映在地质平、剖面图上，用于指导、监督探矿工程和采掘(剥)作业的施工。

2.3 加强地下采掘工程施工中的地质指导

地下采掘工程施工中的地质指导要确保"一个宗旨"，做到"两个及时"，把好"三道关口"。一个宗旨是：以服务生产、监督生产、指导生产为宗旨。两个及时是：一是及时深入现场指导生探、采掘工程的正确施工。二是及时检查采场两帮，发现丢矿、压矿，要及时采取措施处理，确保采场矿石合理回收、充分利用。三道关口是：一是把好采场圈定关。采场圈定分一次圈定和二次圈定。一次圈定为采场单体设计提供基础地质资料，即利用生探、开拓工程揭露的地质资料提出采场"三面图"（平面图、剖面图、纵投影图）和有关文字资料作为采准设计资料。二次圈定为分层回采提供准确地质资料，即根据采准切割和回采工程揭露的地质资料再圈定一次采场矿体的可采边界线，作为采场分层上采的依据。二次圈定允许进入的采场用直接法圈定。即每上采一分层，地质采样人员一起到采场用红油漆在采场顶板直接圈定可采边界线。不能进入的采场用间接法圈定，即利用采矿炮孔，取矿粉样化验分析，根据品位圈定回采分层的可采边界线，作为分层回采的爆破设计依据。二是把好凿岩爆破关。在采场上采过程中，指导凿岩工在地质圈定的可采边界线以内布孔打眼，并给定炮孔角度、深度和方向。装药放炮前，及时检查炮孔的装药情况，要坚持三不放的原则，即"界外炮眼不放炮，夹石炮眼不放炮，不合理的炮眼不放炮"。三是把好出矿运输关，在出矿过程中，地质人员要监督出矿运输工作，检查出矿质量、中和配矿、均衡出矿，确保矿岩分装、分出、分运、分倒。

2.4 加强露天采剥工程中的施工指导

露天采剥工程中的施工指导要坚持"一个原则"，确保"两个标定"，加强"三个管理"。一个原则是：坚持"定点采剥，按线推进"的原则。两个标定是：一是确保矿岩采剥边线的现场标定。即在爆破施工前地质人员配合采矿、测量人员用醒目的标志将矿岩分界线、不同类型矿石的分界线的位置标定在采场平面上，以便指导分穿、分采、分爆。二是确保爆堆矿岩界线的标定。爆破后，指导、监督出矿管理人员及时在爆堆上标定矿岩、矿石类型和品级的分界线。三个管理是：一是加强爆破施工中的地质管理，协助采矿人员确定炮孔位置、倾角、深度、装药量，提高爆破效果。二是加强铲装现场管理，经常检查、监督原标定的矿岩分界线是否有出入，若界线标志丢失应及时补上。三是加强出矿管理，做好配矿工作。根据爆堆取样掌握的矿石品位，按计划配矿，均衡出矿。

3 加强地质勘探不断增加后备储量

矿产资源不可再生，采掉1 t就减少1 t，丢失1 t就消耗1 t。随着矿山生产的持续进行，保有地质储量也逐年减少。因此加强地质探矿、寻找接替资源、扩大保有储量、延长矿山服务年限是矿山储量管理工作中又一迫切和重要的问题。

在地质勘探阶段，虽然探明了一定数量的可供生产建设利用的储量，但不可能把整个矿区及外围的矿产资源全部搞清楚。随着开采工作对矿体及成矿地质条件的揭露，生产矿山积累了大量丰富的、符合本矿实际的有关矿床、矿体的地质资料和数据。矿山地质人员可以通过这些基础地质资料进行综合研究、分析对比，对本区的矿体赋存状态、矿体的形态变化及其与地质构造的关系加深认识，逐渐掌握矿床、矿体的成矿条件和分布规律。

在查明成矿条件，掌握成矿规律后，要在矿区边深部及外围开展找矿工作。一是在矿山开采范围内探边摸底、挖掘资源潜力。在地质勘探阶段一般都是按一定的网度和深度对矿体进行控制，规模较小的矿体往往被遗漏，已知矿体的延深部位或盲矿体容易被丢失。因此，要重视矿体之间、已知矿体的平行部位及其深部的找矿。二是在老矿山的附近及其外围开展找矿，寻找接续资源。首先根据矿山已有的地质资料，结合矿区成矿地质条件和成矿规律进行成矿预测和综合研究，找出远景区段确定找矿靶区。然后在选定的靶区内开展物探和化探找矿。查出异常区段后，再按从中心到外围、从已知到未知、由稀到密、由浅入深的原则实施勘探工程。

4 综合评价综合利用共伴生矿产储量

我国矿产资源的主要特点是：多矿种、多元素组成、除主矿种外，大多有共伴生矿产。有些老矿山由于主矿种资源不足，要积极开展综合利用，从而使一矿变多矿，不但使面临资源枯竭的矿山转危为安，而且为矿山延长了服务年限。由此可见，对共伴生矿产资源的综合评价，综合利用也是矿山储量管理工作中不可忽视的问题。

4.1 系统查定综合评价共伴生矿产资源

20 世纪 50—60 年代建矿的老矿山，由于当时地质勘探部门工作的对象主要是侧重于主矿种的勘查与研究，而对矿床中的共伴生有用组分只用少量组合样大致了解，有的甚至未做工作。因此，这些老矿山必须补做地质工作，重新评价、全面查定。一是对本区矿体的查定。在矿山生产过程中，地探和生探工程将矿体已全部揭露，地质人员可以利用这些探采工程进行全面系统的编录、取样、化验分析矿石的物质成分和化学组成，查明共伴生元素的赋存状态及分布规律，评价其工业价值，圈定矿体计算储量；二是对矿山尾砂的查定。已有几十年生产历史的老矿山，尾砂存放量少则几百万吨，多则几千万吨。由于矿山在开采过程中共伴生资源没有综合回收，随同尾砂一起存放在尾砂库中。因此，必须补做工作全面查定，并要计算储量。例如，公司新冶铜矿老尾砂库，1981 年通过钻孔取尾砂样，进行化验分析，计算储量，查明老尾砂库中三氧化钨含量近万吨，为矿山将来转产提供了可靠的物质基础。

4.2 加强矿产资源的综合研究

对生产矿山来说，地质部门除了查明共伴生元素资源的数量和质量外，还要为选矿提供矿石物质组成、赋存状态、工艺特性、矿石工艺类型、矿石共生(伴生)组合规律等基础地质资料。选矿方面则要加强综合利用研究和可选性试验工作。一是加强共伴生元素综合利用研究，如采用离子浮选、沉淀浮选、萃取浮选、离析浮选等新工艺以解决传统选矿工艺难以分离、提取利用的矿产。二是充分利用细、贫矿物原料发展细粒矿物分选工艺。如浮选方法中加强新药剂和加药方式以及真空浮选、油浮选等工艺的研究。三是开展尾砂再利用的研究工作，从尾砂中回收有价资源。例如，我公司铜绿山矿通过尾砂再选再次回收尾矿中的铜矿资源，龙角山和赤马山矿从尾砂中回收铁矿资源，不但获得了可观的经济效益，而且也获得了一定的社会效益。

5 推广应用新技术不断提高矿山地质工作的现代化管理水平

随着现代科学技术的日益发展，推广应用新技术是实现矿山管理现代化的重要途径。为使矿山储量管理工作跟上科技发展的新形势，生产矿山要及时购置新设备、新仪器。矿山地质人员要认真学习新技术、新理论、新方法，要及时掌握新仪器、新设备的操作要领和使用方法，并在日常的生产和工作中应用，不断提高矿山的现代化管理水平。目前，应用于矿山储量管理的先进设备主要有 X 射线荧光仪和电子计算机。

5.1 X 射线荧光仪的应用

该仪器是生产矿山目前快速测定矿石品位的先进设备，可分析的元素范围达数十种，每测一种元素只需十几秒到几分钟，既能保证分析质量，又可降低生产成本，且操作简单，携带方便，它的推广和应用将取代传统的采样和化学分析方法。

5.2 电子计算机的应用

目前电子计算机的发展十分迅速。应用于各行各业，它的推广和应用是推动矿山地质工作现代化最有效的工具。电子计算机在矿山储量管理工作中的应用一是打印地质报表，计算矿产储量，编制储量统计台账。二是编制各类地质图件。三是建立资料数据库。生产矿山积累着找矿勘探时期和生产建设时期十分丰富的科研、生产资料以及各种综合性地质资料，利用电子计算机整理、贮存这些资料，建立资料数据库，可随时为地质部门决策、规划提供所需的资料。

(原载《中国实用矿山地质学》，冶金工业出版社 2010 年出版)

尾矿资源开发利用工程效益评价指标体系探讨

王大伟　张术根　李国华　韦　奇　李　酽

（中南大学，湖南长沙，410083）

摘　要：尾矿开发利用效益评价指标体系包括：资源效益指标、环境效益指标和经济效益指标。系统介绍了上述三个指标的建立与计算方法，并以上述三个指标为基础开展了效益评价指标的最优化定量计算。最后以湖南川口钨矿的尾矿为例对上述三个指标进行了验证。研究结果表明，尾矿开发利用效益评价指标体系是切实可行的。

关键词：尾矿资源；开发利用；效益评价；指标体系

1　引言

尾矿开发利用是多途径的，其优化是充分发挥尾矿资源效益、环境效益和经济效益的必然要求，然而又是一项颇为复杂的受多方面因素制约的系统工程。优化的尾矿开发利用途径具有以下基本特征：①符合尾矿资源开发利用的各项原则；②处于资源效益、环境效益和经济效益的最佳结合点；③技术路线最佳、市场前景广阔而长远。

为了优化尾矿开发利用途径，需要开展以下工作：目标尾矿的资源环境特性评价、各种可行途径的技术特性评价和各种可行途径的资源、环境和经济效益的综合评价。因此，开展尾矿整体开发利用工程效益评价指标体系的研究工作是必要的，也是十分有意义的。

2　尾矿开发利用工程效益评价指标体系

尾矿开发利用工程的效益评价，不仅涉及多项评价指标，还决定于由这些指标有机构成的评价指标体系的最佳状态。换言之，只有当上述评价指标体系处于系统最佳状态时，所评价的尾矿整体开发利用工程才是最优工程。

尾矿资源开发利用工程的效益评价指标主要包括资源效益指标、经济效益指标和环境效益指标。

2.1　资源效益指标

假设单位量尾矿的潜在资源总价值为 V_R，分别由回收有价组分潜在价值 V_{R1}，和整体利用潜在价值 V_{R2} 构成，则可得

$$V_R = V_{R1} + V_{R2}$$

$$V_{R1}/V_R + V_{R2}/V_R = 1 \quad 命 \quad V_{R1}/V_R = r_{R1}, \quad V_{R2}/V_R = r_{R2}$$

我们称 r_{R1} 和 r_{R2} 分别为有价组分潜在价值和整体利用潜在价值中的权系数。

又设单位量尾矿开发利用工程获得的实际总价值为 V_R'，相应地分别由有价组分回收实际价值 V_{R1}' 和整体利用实际价值 V_{R2}' 构成，即

$$V_R' = V_{R1}' + V_{R2}'$$

引入权系数 r_{R1}，r_{R2} 可得

$$V_R'/V_R = (V_{R1}'/V_R)r_{R1} + (V_{R2}'/V_R)r_{R2} \tag{1}$$

命　$V_R'/V_R = f_R$，$V_{R1}'/V_R = f_{R1}$，$V_{R2}'/V_R = f_{R2}$，则又可得

$$f_R = r_{R1}f_{R1} + r_{R2}f_{R2} \tag{2}$$

我们分别称 f_{R1} 和 f_{R2} 为尾矿开发利用总资源效益系数和整体利用资源效益系数。

r_{R1}，r_{R2}，f_{R1}，f_{R2} 和 f_R 是评价尾矿开发利用工程资源效益的具体指标。

2.2　环境效益评价指标

尾矿开发利用工程所产生的环境效益主要依据由环境监测结果确定的单位量尾矿治理费用的增减程度来衡

量。这里所指的单位量尾矿环境治理费用是将尾矿环境危害程度减少至法定标准所需的治理费用，而不是简单的环境污染处罚或环境污染赔款。

设尾矿共有 n 种环境污染类型，其开发利用前单位量尾矿环境治理总费用为 V_E，n 种环境污染治理费用减少量由 V_{E1}，V_{E2}，$\cdots$，V_{En} 构成，即

$$V_E = \Sigma V_{Ei} \tag{3}$$

又设尾矿资源开发利用后单位量尾矿环境治理总费用的减少量为 V'_E，相应的由 n 种环境污染治理费用减少量 V'_{E1}，V'_{E2}，$\cdots$，V'_{En} 构成，即

$$V'_E = \Sigma V'_{Ei} \tag{4}$$

将式(4)除以式(3)，并引入权重系数 β_{Ei}（β_{Ei} 为 i 种污染类型治理费用在总治理费用中的权系数），可得

$$V'_E/V_E = (V'_{E1}/V_{E1})\beta_{E1} + (V'_{E2}/V_{E2})\beta_{E2} + \cdots + (V'_{En}/V_{En})\beta_{En} \tag{5}$$

命 $V'_E/V_E = f_E$，$V'_{Ei}/V_{Ei} = f_{Ei}$，则可得：

$$f_E = \Sigma\beta_{Ei}f_{Ei} \tag{6}$$

我们称 f_E 为总环境效益系数，f_{Ei} 为第 i 类污染源环境效益系数。

2.3 经济效益评价指标

尾矿资源开发利用工程的经济效益评价，涉及内容广泛，有许多经济指标可以参与经济效益评价，如产品市场走向、价格走向、产品质量、生产和经营管理、劳动效率等多方面因素都影响着经济效益。毫无疑问，经济效益评价本身就包含一个繁杂的指标体系。在这里，我们为了使经济效益评价简单明了，可操作性强，只建立以下评价指标：

设单位量尾矿开发利用总成本为 V_P，分别由 n 种途径成本构成，即

$$V_P = V_{P1} + V_{P2} + \cdots + V_{Pn} \tag{7}$$

设单位尾矿开发利用总直接利润为 V_P，相应地由 m 种途径直接利润构成，即

$$V'_P = V'_{P1} + V'_{P2} + \cdots + V'_{Pm} \tag{8}$$

$$V'_E = V'_{E1} + V'_{E2} + \cdots + V'_{Ek} \tag{9}$$

又设单位量尾矿利用后环境治理总费用减少量为 V_{Ek}，分别由 k 种类型环境污染治理费用减少量构成。

再设单位量尾矿利用后管理费用减少总量为 V_A，分别由 i 种管理费用减少量构成，即

$$V_A = V_{A1} + V_{A2} + \cdots + V_{Ai} \tag{10}$$

最终经济效益可用公式计算：

$$f_P = (V'_P + V'_E + V_A)/V_P \quad (f_P \text{ 为可利用经济效益系数，} V'_P，V'_E，V_A \text{ 及 } V_P \text{ 系经济效益评价指标})$$

3 尾矿利用工程优化的定量评价

尾矿利用工程优化的定量评价，不是用上述资源效益、经济效益或环境效益的单项评价指标的好坏来判别的。这是因为各项评价指标之间并不具有简单的同步增减的关系。国内许多矿山资源开发利用实践表明，如果要追求最佳经济效益，大多数情况下难于同时充分发挥尾矿资源效益和环境效益。如果追求充分发挥尾矿资源效益，又往往难于保证取得最佳经济效益。因此，优化的尾矿利用工程是处在给定经济效益、资源效益和环境效益权重条件下的三者最佳结合点上的工程，即

$$F_{\text{优}} = Af_R + Bf_E + Cf_P = F_{\text{max, A, B, C}} \tag{11}$$

（A、B 和 C 分别为决策时给定的资源效益、环境效益和经济效益的权重系数）

4 尾矿资源开发利用工程效益评价实例

湖南川口钨矿是以钨精矿为唯一产品的国营中型矿山，已有30年生产历史，目前面临资源枯竭的危险。矿山经济窘迫，负债经营。根据该矿实际情况，我们认为，开发利用其尾矿是缓解当前危机的有效途径。为此，

以该矿尾矿为例来验证尾矿开发利用工程效益评价指标体系。

4.1 尾矿资源环境特性

4.1.1 尾矿化学成分

选取杨林坳尾矿库的全粒级尾矿样品送湖南省矿产测试利用研究所进行硅酸盐全分析和多元素分析（表1）。从表1可以看出，该尾矿无超标环境污染组分，有价值组分也无较高再选价值，系整体利用型高硅尾矿。

表1 川口钨矿化学成分分析结果（质量分数，%）

SiO$_2$	TiO$_2$	Al$_2$O$_3$	Fe$_2$O$_3$	FeO	MnO	MgO	CaO	K$_2$O	Na$_2$O	P$_2$O$_5$
92.92	0.01	3.33	0.10	0.32	0.08	0.03	0.20	1.04	0.32	0.07

W	Mo	Bi	Cu	Au	Ag	Pb	Zn	As	Hg
0.22	0.002	0.002	0.021	0.03 g/t	4.5 g/t	0.016	0.07	0.0047	<0.0001

4.1.2 尾矿矿物成分

经重砂分析和显微镜鉴定，该尾矿的全粒级样品矿物组成及其体积分数见表2。

表2 川口钨矿尾矿矿物组成（体积分数，%）

矿物成分	石英	长石	白云母	黏土矿物	黑（白）钨矿	硫化物
体积分数	90	2	2	5	<1	<1

4.1.3 尾矿粒度分析

选用杨林坳尾矿库的全粒级尾矿进行筛分，所获的粒径分布是：2~5 mm，3.22%；1~2 mm，27.92%；0.5~1 mm，44.99%；0.25~0.5 mm，17.42%；0.10~0.25 mm，4.45%；<0.1 mm，2.00%。由此可见，该尾矿以中细砂为主，粗砂和粉砂含量均较低。

4.1.4 尾矿水质分析

据矿山水质分析资料，尾矿水 pH=6.9，SS=17.9 mg/L，ΣHme（Cu、Pb、Zn、Cr、Hg、Cd）=0.09 mg/L，As=0.47 mg/L，S=1.45 mg/L。

由此可见，尾矿水环境污染基本达到了工业废水排放标准，无明显环境危害。

4.1.5 尾矿库概况

川口钨矿有杨林坳和三角潭两座拦截式尾矿库，累计堆存尾矿量达10万吨。杨林坳尾矿库已接近设计服务年限，现占地面积3×10^4 m^2；三角潭尾矿库已超龄服务多年，先后两次扩容，占地面积近2.5×10^4 m^2。虽然尾矿本身和尾矿水无明显环境污染，但是尾矿库渗漏。除雨季外，库内通常无水体覆盖。三角潭尾矿库尤甚，库面干燥，而尾砂固结性差，遇风即粉尘飞扬，造成大气粉尘污染，影响明显的范围可达20km^{2}以上。据矿山资料，不考虑占地面积和建库费用，每吨入库尾矿管理费用达2.85元/a，环境管理费用达1.85元/a，两项累计达47万元/a。

4.1.6 尾矿开发利用途径

川口钨矿尾矿系整体利用型尾矿，拟开发途径有：

（1）供矿区及邻近地方作建筑用砂。采运成本平均每吨约4.20元，出售价格平均5.60元/t。

（2）以Ⅴ级硅砂供株洲玻璃厂作平板玻璃原料。由矿山清洗加工装运，检验合格后，每吨售价12.50元，平均每吨采运加工成本为8.40元。

（3）用作尾矿玻璃陶瓷主要原料。经试制测算，每生产1 m^{2}厚度为8 mm的尾矿玻璃陶瓷板，实际获得利润8.50元，尾矿所占比例为50%，玻璃陶瓷板密度为2.7 g/cm^3。根据对比测算，用尾矿取代传统工业原料，所生产的利润占总利润的2%。转换成尾矿原料出售价格得14.68元/t，假设厂址仍为株洲玻璃厂，则实际每吨采运加工成本为8.40元。

4.2 各开发利用工程效益评价

4.2.1 资源效益评价指标

川口钨矿尾矿含铁量低，SiO_2 的质量分数达 92.92%，矿物组成简单，石英的体积分数达 90%，尾矿粒度分布集中在 2.0 ~ 0.25 mm，虽然据当前技术条件难以获得高级粉石英，但其可视为该尾矿最大潜在资源效益目标产品。以粉石英 Ⅱ 级品计，设扣除精制成本后的资源净价值为 40 元/t，粉石英回收率为 80%，则相当于每吨尾矿实际最大资源净价值为 28.80 元/t。而前述三种利用途径，取代传统原料所获资源效益，可根据当地传统原料价格获得。即普通建筑用砂 5.60 元/t，Ⅴ 级硅砂 17.50 元/t，玻璃陶瓷近似尾矿组成的传统原料价格约为 24.30 元/t。

以上所述资源效益计算方法，可得各项尾矿利用工程的资源效益系数分别为：建筑用砂，$f_R = 0.194$；玻璃原料，$f_R = 0.608$；玻璃陶瓷原料，$f_R = 0.844$。

4.2.2 经济效益指标

不管以何种途径整体利用川口钨矿尾矿，都将使尾矿库管理费用和环保费用降低。若在尾矿入库前即整体利用，则其入库管理费用为零，环境治理费用亦随之消失。而上述三种利用途径，都不直接产生新的环境污染。故据上节的经济效益系数计算方法，可得各项尾矿利用工程的经济效益系数分别为：

建筑用砂，$f_p = 1.054$；

玻璃陶瓷原料，$f_p = 1.060$；

玻璃陶瓷，$f_p = 1.545$。

4.2.3 环境效益指标

不难发现，根据以上分析，三种利用工程的环境效益系数均为 1。

4.2.4 尾矿利用工程优化定量评价

各种利用工程综合效益系数分别为：

建筑用砂，

$$F = Af_R + Bf_p + Cf_E = 0.194A + 1.504B + C$$

玻璃原料，$F = Af_R + Bf_p + Cf_E = 0.608A + 1.060B + C$

玻璃陶瓷，$F = Af_R + Bf_p + Cf_E = 0.844A + 1.545B + C$

由上可见，无论 A、B、C 取何值，都是玻璃陶瓷之 F 为最大。显然在上述三项拟订尾矿开发利用工程中，以尾矿整体用作玻璃陶瓷原料为最优化工程。

参 考 文 献

[1] 雷贵春. 尾矿资源化进展 [J]. 矿产保护与利用. 1999(5): 50 ~ 53.

[2] 姚振宇. 矿产资源的价值内涵 [J]. 矿产综合利用. 1999(3): 37 ~ 40.

[3] 海天. 科维多尔斯克采选公司 [J]. 矿产资源的综合利用. 矿业动态, 1999, 22(4): 25 ~ 28.

（原载《中国实用矿山地质学》，冶金工业出版社 2010 年出版）

德兴铜矿开发利用低品位铜矿石实践

邹建安

（江西铜业公司德兴铜矿，江西德兴，334224）

摘　要： 德兴铜矿是我国有色最大露采铜矿山，随着开采深度加大，铜品位逐年下降，贫矿或低品位矿逐渐增多。本文介绍了该矿开发利用低品位铜矿资源的方法，并提出今后工作的几点看法。

关键词： 低品位铜矿石；当量品位；开发利用；德兴铜矿

1　引言

所谓低品位铜矿石是指在当前技术经济条件下，由于铜品位较低单独开采经济亏损的矿石，属于平衡表外矿石的一部分。

德兴铜矿是我国有色最大的露采铜矿山，除铜之外，伴生丰富的金、银、钼等有益组分，目前采选综合能力已达 9 万吨/d，日采剥总量达 20 余万吨。随着开采深度加大，富矿越来越少，铜品位逐步下降，低品位铜矿和贫矿也在逐渐增多。然而当低品位铜矿石含有可供综合利用的伴生有益组分，特别是当伴生金含量较高，其利用价值大于铜元素价值时，低品位铜矿石可升值为工业矿石得到开采利用。本文概述近几年开采过程中，如何合理开发利用露采境界内丰富的低品位矿产资源。

2　低品位铜矿石在矿体中的分布特征

研究矿体中低品位铜矿石的分布特征，对于指导合理开发利用低品位矿产资源具有实际意义。

露采境界内的低品位铜矿分布特征如下：

（1）分布区域为南山采区的中西部和北山采区的西部，少数在矿体的边缘地带。

（2）分布在矿体的斑岩与千枚岩接触带，靠斑岩体　侧的中强蚀变带中。

（3）形态呈条带状、脉状等产出。

（4）与主矿体紧密相连，多为矿化较弱地段。

（5）低品位铜矿石中伴生金的富集规律：斑岩体含金一般较高（0.15 g/t 以上，局部高达 0.3 g/t 以上），仅斑岩体中心部位弱蚀变斑岩含金较低（小于 0.15 g/t），而矿体外侧边缘的千枚岩矿体中的低品位矿石含金均较低（一般小于 0.1 g/t）。

依据低品位矿石的分布特征，开发利用的主要是境界内含金较高的低品位矿石，境界外的不予考虑。

3　低品位铜矿石的综合评价与利用

根据勘探资料和生产地质资料的综合研究，开发利用低品位铜资源主要考虑的是经济因素和技术因素，即经济上合算，技术上可行。

对低品位铜矿石的评价，主要是分析伴生有益成分能否综合利用，评价时将数种组分（Au、Ag、S、Mo 等元素）的含量综合考虑。测算综合价值，根据价值大小，与铜的最低出矿品位的要求进行比较，价值合算则当矿石，反之，则弃之。

从目前的评价情况得出，具有评价利用价值的组分主要是伴生金。以金为例，评价方法如下。为了评价合理，须在矿床开采现用的工业指标基础上进行。

德兴铜矿地勘工业指标，铜边界品位 0.2%，最低工业品位 0.4%，介于 0.2% ~0.4% 为平衡表外矿。德兴铜矿在实际开采中，采用的是矿床开采设计的工业指标，即铜边界品位为 0.2%，最小采矿矿块（采矿单元）为 15 m×15 m，即采用 4 个相邻的生产炮孔作为最小可采矿块，矿块最低出矿平均品位为 0.25%，介于 0.25% ~0.3%，为低品位铜矿石（含铜废石）。

根据以上指标,在实际开采圈定矿体时,利用产值法将低品位矿石中的金品位折算成铜当量品位,再评价低品位铜矿石的价值。

3.1 确定铜品位折算系数

根据产值法,其铜的折算系数为:

$$k = \frac{E_0 Z_0}{E_1 Z_1}$$

式中　k——金品位折算铜的折算系数;

　　E_0,E_1——分别为金和铜的选矿回收率;

　　Z_0,Z_1——分别为铜精矿中金和铜的价格。

以选厂技术指标,选矿回收率:Cu 85%,Au 63%;产品价格:铜精矿中铜金属价格9000 元/t;铜精矿中金金属价格60 元/g,则:

$$k = \frac{E_0 Z_0}{E_1 Z_1} = \frac{63\% \times 60}{85\% \times 9000} = 0.005$$

即铜矿石中1 g金相当于0.005 t铜的价值,也就是1 g/t 的金品位相当0.5% 的铜品位。因此0.5% 为铜品位的折算系数。

3.2 确定铜当量品位

铜当量品位公式:

$$C_s = C_0 k + C_1$$

式中　C_s——铜当量品位;

　　C_0,C_1——分别为低品位矿石中的金品位和铜品位;

　　k——折算系数。

假如某一采矿单元中低品位矿石中铜品位为0.23%,金品位为0.15 g/t,则铜当量品位:

$$C_s = C_0 k + C_1 = 0.15 \times 0.5\% + 0.23\% = 0.30\%$$

因此,该采矿单元的平均铜品位虽然只有0.23%,但其综合品位已达到0.3%,符合矿块最低出矿品位要求,即当矿石处理。同时,当金品位达到0.2 g/t 以上时,铜品位相应降到0.20%,其当量品位即可达到0.30%。

近几年来,我们根据矿石性质、选矿技术经济指标等因素测算,入选矿石的临界当量品位为0.3%。依此法,我们在开采矿体中部斑岩体时,围绕对接触带附近的斑岩低品位铜矿体加强综合地质研究工作,尤其是研究伴生金的赋存状态和富集规律,每年综合开采利用低品位矿石100 多万吨,也使低品位矿石中的伴生金得到回收利用,成效显著。

4　结束语

矿产资源是不可再生的资源,挖一点就会少一点。为了矿山可持续发展,在矿床开采中,除应贯彻大小、贫富、难易、厚薄兼采的技术政策外,还应做到开源节流,充分合理地回收利用资源。综合研究,开发利用矿体的伴生有益元素和低品位矿石资源是一项重大课题,德兴铜矿围绕回收低品位矿石和伴生金探索出一条新路子,今后尚须做好以下工作:

(1)正确评估境界内的低品位矿石资源,尤其是那些岩矿混爆的开采单元,矿石和废石都一同爆破下来,此时采矿费用已经发生,是作为废石运到排土场,还是作为矿石运到选厂,准确地评估和圈定矿体至关重要。

(2)被评估的低品位矿石的可选性与工业矿石的可选性应相同或相近,不至于影响选矿。

(3)矿山编制年度采剥技术计划时,回收低品位矿石量应纳入年度计划,使之每月采出矿平衡协调。

(4)加强地质综合研究工作,不断完善低品位矿石当量品位的最佳值,做到资源尽可能地合理回收。

(5)编制月度生产计划时合理做好低品位铜矿石的配矿工作,使之与高品位矿石按比例入选。

德兴铜矿开发利用低品位铜矿石资源,其实际意义不仅仅是矿山增加产量,更为重要的是扩充了矿产资源,延长了矿山服务年限。

(原载《中国实用矿山地质学》,冶金工业出版社2010 年出版)

十一、论我国矿山地质的发展前景

矿业的可持续发展与资源循环利用问题

郑之英

（原中国有色金属工业总公司，北京，100814）

1　资源消耗型国民经济与科学发展观

矿业是发展国民经济的支柱产业，在矿业领域几十年我们走的基本是资源型发展国民经济的道路。钢铁产量上去了，煤的产量上去了，有色金属的产量上去了，都已居世界前列，我国的综合国力因而也大大增强，人民生活水平总体上亦大有改善。但是由于统筹安排不周，在短期行为下无序开采，盲目挖掘，矿产资源浪费损失严重，很多矿山不仅过去每年探获保有的储量基本上已经消耗殆尽，就是后备资源也因一度对找矿勘查和建设新矿山的必要性重视不够而受到影响，资金不能到位，矿业的可持续发展受到严重影响。

当前正值全面建设小康社会，加快推进社会主义现代化的新的发展阶段，矿业仍然要处于发展国民经济的基础地位，要落实发展这个第一要务的硬道理，就不能不继续开发资源，可是就有色金属资源而论亦已由于短缺而成为可持续发展的瓶颈。虽然经济全球化在发展，但依靠进口资源发展国民经济全面建设小康社会是有风险的。应该有 2/3 左右的产量依靠国内资源才是稳妥的。当前除资源短缺依靠性大之外，其他影响可持续发展的不稳定因素还很多，例如：我国东、中、西部地区之间的差距，城乡之间的差距，居民生活水平之间的差距等等，这些都是在经济发展和社会生活上未能全面协调发展的后果，资源所有制以及这些差距的存在是与全面建设小康社会、加速推进社会主义现代化新阶段的要求不适应的，这就是当前在发展这个第一要务的硬道理上，要求实现经济社会全面、协调可持续地发展这一科学发展观的时代背景。科学发展观必须成为当前建设现代化的中国特色社会主义和进入全面小康社会的指导思想，有色金属工业的可持续发展，要走全面协调可持续发展的节约资源清洁环境循环经济道路。

2　矿业的可持续发展与循环经济

在科学发展理念的启示下，人们对过去那种消耗资源、直接排放污染环境再被迫治理的生产技术模式所造成的资源短缺和生态环境问题，深有感触并引为教训。认识到必须按可持续发展的要求，采用节约资源，清洁生产，较少排放污染，把废弃物尽可能地加以综合回收、循环利用的生产模式。

据报道，循环经济这一词汇，早在 20 世纪 60 年代已出现，其内涵即以资源节约型和循环利用的生产技术实现最小的资源消耗、最低限度的污染而取得最大的发展效益。这是一种从资源的生产、产品和消费到废弃物回收利用的良性循环过程。在我国有色金属矿业的发展进程中虽也有所体现，但还很不全面，应该说是阶段性的逐步加深理解和科技水平提高的实验和生产过程。这个过程还要与时俱进地走下去。所有循环经济理念是与全面协调可持续发展的要求相谋和的，有色金属资源的循环利用应该按照这个理想加速推进。

3　循环经济与矿产资源的循环利用

对有色金属资源的循环利用而言，有色金属矿产具有良好的综合利用和循环利用的自然性和可行性，因为：

（1）有色金属矿产一般都是由每种矿物错综复杂组合而成的集合体，这是矿物同体伴生的客观规律，从理论上讲，在成矿作用中温度变化是一个重要因素，就内生矿床而言含矿热液中的金属元素没有可动性就不能从高温状态到一定的低温状态下沉淀成矿。因此凡是金属熔点相近、地球化学性质相似的金属元素，在形成过程中都可能共伴生在一起，在生产过程中可以对这些共伴生的有益金属元素综合回收、综合利用。

（2）矿石是由每种矿物包括金属矿物和非金属矿物组成的含矿岩石，过去因为技术水平和生产成本等问题，往往只是重视回收那些价值品位高的金属矿物，而没有把不合乎当时要求的工业品位的贫矿综合处理，致使大量的金属矿物和有用的非金属矿物作为废弃物排放。

（3）在有色金属矿床中有些矿产是异体共生的，如为铝土矿下盘的黏土矿和石灰石矿，矽卡岩铜矿上下盘的铁矿，斑岩成矿系列的矿化带以及国内的"几层楼式"矿床等，这些矿产资源的自然异体共生性，在其开发利用上都应该全面设计，考虑综合开采利用。

我国有色金属资源的综合利用回收、循环利用的发展过程，大致如下：

20 世纪 60～70 年代的矿业开发，已经从多位重金属矿物的回收，而逐步关系到其他有益伴生矿物的综合回收了，但生产技术方式是传统的线式生产，废弃物直接向自然环境排放。

20 世纪 70～80 年代虽然注意了环保问题，但对清洁生产和废弃物的回收利用还没有很好的认识。

20 世纪 90 年代至今，在矿业开发问题上，由于我国主要有色金属资源的短缺和危机局面已经对可持续发展起到瓶颈作用，以及人类的生态平衡和自然环境保护意识的增长，在科学发展观和循环经济理念和启示下，有色金属资源的循环利用问题亦已提到议事日程上来。有色金属工业走"循环"之路不仅可以有效缓解资源危机，还可以降低能耗减少污染，这条从资源、产品和消费到废物利用的资源良性循环的轨道，就是我国有色金属工业在矿产资源的综合回收和循环利用问题上所走过的和还要走的道路。

4　矿产储量是资源循环利用的基础

矿产储量是资源循环利用之本，没有矿产储量就谈不上资源的循环利用。节约不等于不消耗，走资源节约型发展国民经济之路，也要消耗资源。现有生产矿山所保有的矿量是要消耗殆尽的，如不加紧探获新增矿量、建设新矿山，有色金属工业的可持续发展就要受阻，全面建设小康社会的宏伟目标也难快速实现，所以要发展，当务之急就是探获可供发展利用的矿产储量。

虽然在经济全球化趋势发展和"两种资源两个市场"的政策下，我们可以继续大量进口国内奇缺而又急需的矿物原料，但国际风云变幻莫测，没有国内资源作最低限度的保证是不行的。在当前有色金属矿产资源危机的局面下，必须加强地质找矿工作，但是从找到新矿到开发生产，即使在当前我国的综合国力增强，交通设施大大改善的情况下，也需要 10～15 年的历程，远水难解近渴，所以在生产矿山的深部和周边部位就矿找矿，利用矿山现有的技术人才和设施装备，是及时有效的又可取得社会经济效益的。

就本届学术会议和主旨"振兴东北生产矿山资源"而言，东北地区原是我国的重工业基地，在发展经济的伟大事业中起到了重大作用。现在许多老矿山关闭了，很多在生产的矿山处于资源危机局面，而新探获的工业矿量和新建矿山又为数无几。要振兴东北生产矿山，就必须充分利用其矿业方面的既有优势，就矿找矿探获新增储量，缓解东北地区重工业的可持续发展问题。因此加强东北地区的地质工作是当务之急，就全国而论，东北地区的地质工作深度和广度都是比较大的。还有没新的矿床可找？回答是肯定的，因为：

（1）已有成功的探获后续资源经验作为先导：如红透山铜矿深部的新增矿量，青城子铅锌矿外围的银、金矿，杨家杖子外围的斑岩型铜矿，八家子铅锌矿区的铜矿等等，都是缓解矿山资源危机的找矿成功例证。

（2）在大地构造和成矿带理论方面，东北地区处于濒太平洋构造岩浆成矿带上，既有板块边界上地幔热能通过岩浆活动传递到地表或上地壳成矿，也有元古界的裂谷事件形成的岩石构造环境成矿以及夹皮沟式的花岗岩—绿岩带等，分布的有关矿山有乌奴格吐山铜矿、多宝山铜矿、大黑山钼矿、下兰家沟铜矿、青城子铅锌银金矿、恒但铅锌矿、夹皮沟金矿等，说明东北地位是有利的成矿区，要从理论上建立找矿信心，开展新一轮找矿工作是有前景的。

此外，东北地区在有色金属矿产资源的综合利用和循环利用方面，地勘单位和有色矿山也是有相当基础的，今后在科学发展观理论的指导下，一定会通过学习和实践在循环经济的道路上有所建树和发展，新一轮找矿成果将使东北地区有色金属矿业的再生性和可持续发展大有希望。

5　健全矿业体制推进资源的循环利用

矿产资源的循环利用是循环经济理论的重要组成部分，其作用不仅可缓解资源短缺，延长矿业生产年限，还可以降低能耗，减少污染，实现资源节约型全面协调可持续发展国民经济的道路。因此，在当今社会主义市场经济条件下，如何从改革发展的角度进一步完善矿业企业的运行机制，与时俱进地加快资源循环利用的步伐，赶上国际先进水平呢？就有色金属矿业的改革发展而言，有如下建议：

（1）走科学研究—矿冶开发一体化之路。这里的矿冶开发包括采矿、选矿、冶炼（有时还加工）的建设和生产，地质勘查探获矿产储量是为矿产或矿冶基地的建设服务的，矿山产品又为冶炼提供原料，而矿冶工作又能使地质勘查成果的矿产储量发挥其资源效益和社会经济效益，还可以验证原有的地质认识，提高地质成矿理论，指导进一步找矿工作，它们是互相促进，融为一体的。

再就科学技术是第一生产力的论断，地质勘查和矿冶开发的持续，技术改造和矿物原料的综合循环利用，都离不开新理论的指导和高新技术的科研攻关，实践已经证明，科研成果指导地质勘查，矿冶生产并为其服务，科研工作进入企业机制已经大大地解决了生产中的难题，促进了企业生产的可持续发展，所以大中型矿业企业或地方性的矿业集团公司，都应该实行或更加完善以科研开路的科研—勘查—开发一体化、企业化经营的矿业集团公司的新体制，改变过去那种各自为政，各自为战，独自经营，相互制约的旧体制。

（2）以上意见为基础，把一体化规模再扩而大之，以便在经济全球化的市场竞争中与国际矿业公司抗衡，加强对国外矿产资源的开发和控制能力，应该建立国家级或地区级的大型矿业集团公司。譬如在有色金属系统，可以把国家级和地区级的科研院所、地质勘查单位、矿冶基地及基本建设单位还有进出口贸易、海外开发等机构有机地联合起来，建立成一个特大型的拳头企业一致对外，这样不仅可以使产品多样化，资金集中统筹化，科技现代化，还可以扩大找矿空间，优化资源配置，加强矿产资源综合利用和循环利用的深度和广度，为有色金属工业的全面、协调可持续发展和循环经济的完备提供更加可靠的人力、物力、技术和管理条件。

（原载《中国实用矿山地质学》，冶金工业出版社 2010 年出版）

有色金属面临资源危机 加强矿山地质工作任务紧迫

马 力

（北京矿产地质研究院，北京，100012）

由于多年来资源高强度消耗和矿山地质探矿投入严重不足，我国多数有色金属矿山特别是国有矿山在低产、低效、亏损中徘徊，矿山关闭加速，造成重大经济损失，引发了严重的社会问题（如杨家杖子事件），有色金属工业可持续发展面临挑战。因此，加强矿山地质探矿，努力延长矿山寿命，既是当前的一项紧迫工作，也是一项长期的战略任务。

目前，全国县级以上（含县级，下同）国有有色金属矿山900多座，这些矿山大多数是20世纪50—70年代建设的，经过几十年的开采，三分之二已进入中、晚期，可采储量和矿石品位急剧下降，不少矿山资源枯竭，生产陷于困境。原中央直属有色金属矿山，已列入国家关闭破产计划实施或正式实施关闭的有45座，拟列入国家关闭破产计划的有43座。目前，铜、铝、铅、锌、镍、钨、锡、钼、锑、汞、银等有色金属县级以上矿山722个，实际生产能力为13993万吨矿石。据预测，到2010年，上述有色金属矿山关闭335户，占矿山总数的46%，产能将消失4955万吨，占总产能的35%。到2020年，仅有不足20%的矿山能维持生产。随着我国加入WTO，许多矿山企业将受到严重冲击，预计会有更多的边际矿山和老矿山被迫关闭。

当前我国有色金属矿山出现的资源危机具有两面性特点。

一是矿山浅部资源危机，深部资源不清。过去我国勘探深度一般不到500 m，而现在采矿深度可达1000 m，在500~1000 m可采深度范围内存在着找矿空间。国外很多大矿是在500 m以下找到的，国内冬瓜山大型铜矿产出深度也在1000 m左右。

二是矿山本区资源危机，外围资源不清。我国多数矿山所占用的矿床是20世纪50—70年代勘探的，受当时成矿理论和勘查方法局限，现有生产矿区外围还存在大量勘查空白区或远景地，需要应用新理论、新方法重新评价。

三是已知矿床类型资源危机，新类型资源前景不清。过去勘查多是单一的就矿找矿，对新类型、新矿种、伴生组分的寻找与评价重视不够，近年来在铜铅锌等矿区附近找到了许多大中型金、银矿床，证明了新类型矿床的找矿前景。原有色地质勘查总局对我国有色金属矿山资源现状和找矿前景进行系统调研结果表明：县级以上有色金属矿山中，约1/3的矿山有较大找矿潜力，1/3矿山有待进一步工作。

因此，可以说，当前有色金属矿山一方面面临资源危机，另一方面许多矿山及其周边又具有良好的找矿条件。有色金属矿山之所以出现危机，主要是由于矿山地质探矿投入严重不足。近年来，我国地质矿产勘查工作重点转移到新区和边远地区，矿山地质探矿投入严重削弱，矿山找矿缺乏系统规划和必要的项目安排，矿山生产中揭示的大量地质资料，没有专门力量予以综合研究，严重阻碍了老矿山找矿工作的开展，导致新探明资源多集中在开发条件差的西部和边远地区，而现有矿山新资源补充匮乏。实际上，在老矿区周围找矿，由于有丰富的找矿信息和已知矿床（矿体）可以类比，成功率远高于新区，并且可充分利用已有设施和技术力量，获得事半功倍的效益。因此，国家应尽快开展和加强有色金属矿山二轮找矿，延长有色金属矿山寿命。具体建议如下：

（1）制订二轮找矿总体规划，分区开展工作。

在认真收集、分析、研究几十年地质找矿和矿山开发资料的基础上，确定进一步找矿的可能性及其找矿的目标、方向和方法，预测潜在资源量，制定全国大中型有色金属矿山二轮找矿总体规划。二轮找矿要根据找矿条件优劣、资源潜力大小、矿山危机程度、矿山资源的重要性等条件分期分批开展，工作重点应放在矿区及其外围新的成矿地段、新的含矿层位、新的矿种、新的矿化类型等方面。

（2）统筹规划，统一组织实施。

设立"我国大中型有色金属矿山资源潜力评价与接替资源勘查"专题地勘项目。在1~2年内完成大部分大中型有色金属矿山的调研，制订出总体规划，同时选择 3～4 个矿山开展试点工作。在此基础上，每年选择 10～15 个有找矿条件的危机矿山开展工作，大约用 5 年时间初步完成 50～80 个有资源潜力矿山的评价工作。

（3）政府、地勘单位与矿山共同出资。

目前，矿山企业，尤其是资源危机矿山十分困难，二轮找矿初期，即资源潜力评价与有望区的探索工作中，风险极大，应由政府出资。同时，地勘单位也可考虑匹配部分资金。

（原载《中国实用矿山地质学》，冶金工业出版社 2010 年出版）

2020 年冶金矿产资源勘查开发面临的机遇与挑战

姚培慧

（中国冶金地质总局，北京，100025）

党的十六大提出 21 世纪前 20 年(2000—2020 年)是全面建设小康社会的重要历史阶段。地质工作如何实现这个宏伟的奋斗目标，这是一个需要认真研究坚决贯彻执行的重要课题。本文拟就钢铁工业发展对矿产资源的需求，冶金地质工作面临的任务和应该采取的对策发表一些看法和意见，仅供参考。

1 钢铁工业发展对矿产资源的需求

1.1 矿产资源远远不能满足钢铁工业发展的需求

2003 年钢产量达到 22234 万吨，连续 8 年居世界第一位。与 2002 年相比增加 4065 万吨，年增长 22.38%，实现利税 927 亿元，同比增长 64.75%，尽管钢产量有较大幅度的增长，但仍满足不了国内生产建设的需求。2003 年进口钢材 3716 万吨。由此看来，我国实际消费钢材量已超过 2.5 亿吨。

钢产量有大幅度的增长，而作为钢铁生产的矿石原料却举步维艰，多年来基本上停留在原有的生产水平上。2003 年我国铁矿石产量为 2.6 亿吨，其中低品位矿石约为 1 亿吨。国家建设的重点矿山生产能力约为 1.4 亿吨/年；地方骨干生产矿山能力约为 0.2 亿吨/年；集体民营矿山生产能力约为 1.2 亿~1.4 亿吨/年。这些矿山经过几十年的长期开采，大部分已进入中晚期，资源面临枯竭，每年消失的生产能力约在 300 万吨以上，新建矿山所形成的生产能力赶不上消失的生产能力。国产矿产品远远赶不上钢铁工业飞速发展的需求，供需矛盾十分严峻。

1.2 进口矿产品大幅度增长

为了解决铁、锰、铬矿石严重不足的状况，唯一的出路，就是增加进口量。2003 年铁矿石进口量为 14813 万吨，相当于 1993 年进口量的 6.95 倍，依存度按金属量计算占国产矿石的 50% 以上；锰矿石进口量 286 万吨，依存度按金属量计算接近 60%；铬矿石进口量 178 万吨，依存度按金属量计算达到 80%。由此看来，我国钢铁工业的矿石自给率已由以国内供给为主转向主要依靠从国外进口。随着钢铁工业的发展，这种状况必将进一步扩大，那种立足国内解决钢铁所需矿产资源的提法是不切合客观实际的，也是难以办到的。

1.3 我国到底需要生产多少钢？

在宏观政策指导下，当前要采取有效措施防止钢铁工业投资规模过大和低水平重复建设，保证钢铁工业持续、稳定、健康发展。执行这些政策并不等于限制钢铁工业的发展，而是要在提高产量的同时，进一步抓紧企业内部的结构调整，把品种、质量搞上去，凡是国家批准的建设项目还要继续完成，保证经济建设对钢铁工业的需求。在这个前提条件下，我国到底需要生产多少钢？这是一个举国上下都十分关心的问题，但是直到目前没有任何权威部门对这个问题作出确切的回答。由于我国是人口大国，基础设施薄弱，经济建设正处于蓬勃发展阶段，对钢铁的需求依然呈增长态势。钢铁产量的迅猛增长，必然带来对矿产原料更大的需求旺势。

2 冶金矿产资源工作面临的挑战

2.1 继续为老矿山提供接替资源

老矿山担负着为钢铁工业提供矿产原料的艰巨任务，现在有一批经过几十年甚至上百年开采的老矿山，资源面临枯竭，产量急剧下降，如不采取果断措施加以扭转，不仅会使矿山产量大幅度下降，还会出现令人担忧的"四矿"(矿业、矿城、矿山、矿工)问题。对此，国务院领导同志非常重视，应当引起矿业部门和地勘部门的高度重视。在老矿山找矿难度加大、资金严重短缺的情况下，凡是有成矿条件和具有找矿前景的矿区及其外围都应积极安排地质找矿工作，千方百计增加储量或寻找新的后备资源基地，延长矿山的寿命。对于一些资源枯竭和根本无条件进行找矿的矿山，应由矿山会同地勘部门共同做出无矿的结论，以便矿山企业尽早安排转入新的开发工作。

2.2 有效保护和充分开发利用现有矿产资源

我国现有暂难开发利用的铁矿区共计834处，合计储量163.5亿吨，占保有储量的35.3%，主要是非磁性铁矿，尤其是嵌布粒度细的高磷赤铁矿、低品位的菱铁矿和一些贫矿，如鄂西火烧坪、云南惠民、山西袁家村等铁矿。对于此类铁矿应加强科技联合攻关，使"呆矿"变为可以开发利用的"活矿"。这些年来，由于加强了矿山采选工艺的研究，在"呆矿"利用方面有了很大的进展，主要表现在：

在赤铁矿（红矿）的开发利用方面，鞍钢所属弓长岭铁矿对磁选精矿采用阳离子反浮选－磁选联合流程，提高精矿品位，使精矿品位由65.55%，提高到68.71%，使铁精矿的品位提高了3.16%，二氧化硅降低了4.22%，这种"提铁降硅"技术为广泛利用赤铁矿和贫铁矿开辟了新的途径。

在低品位矿石利用方面：安徽马鞍山钢铁公司由于现在矿山产量下降，影响到钢铁工业的生产，决定对低品位的高村铁矿进行建设。该矿储量2.37亿吨，平均品位22.38%，可以露天开采，选矿回收率高，经过测算，在铁矿石价格不断攀升的情况下，开采如此低品位的矿石，在经济效益方面还是可行的。

在新类型矿石利用方面：陕西柞水大西沟铁矿探明铁矿储量3亿吨，平均品位28.01%，过去由于矿石类型为海相沉积菱铁矿床，品位低、难选等原因，长期不能开采利用。据报道该矿采用焙烧磁选工艺，采选规模已由原来的10万吨/年，扩大到70万吨/年，精矿品位已达到60%以上；铁回收率达到85%以上的指标。预计二期工程投产后，年产铁精矿将达到300万吨。

对于交通不便的边远地区铁矿建设方面：新疆富蕴蒙库铁矿距乌鲁木齐市600 km，属海相火山岩型矿床，现已探明铁矿储量2.1亿吨，含铁平均品位35%~46%，过去由于山高、坡陡、路远而不予以考虑建设。现在新疆八钢集团已决定建设120万吨球团矿的采矿与选矿相匹配的矿山，终于揭开了蒙库铁矿床难以利用的神秘面纱。

从以上事例可以看出，近几年来在所谓"呆矿"利用方面已取得了可喜的进展，但是今后的任务仍然任重道远。应该力争在未来20年中取得更大的突破。应该说明，利用"呆矿"就等于增加了新的矿产资源，就是为国家经济建设作出了新的贡献。

2.3 进一步加强地质找矿工作，寻找新的矿山建设基地

除了加强在老矿山及其周围的找矿工作之外，还要开展新区特别是西部地区的找矿工作。矿产资源在地壳中的分布是极不均匀的，有矿与无矿、大矿与小矿、贫矿与富矿都是有其一定的客观规律的，成矿区带就是这种规律的具体反映。因此，在找矿工作中一定要在不断提高地质找矿理论和技术水平，开展成矿区、带调查研究的基础上，做好成矿区划和成矿预测工作，才能实现新的突破。

2.4 开展新领域新类型找矿的探索工作

现在已探明的和开发使用的能源矿产，金属矿产和非金属矿产基本都属于常规矿产。这些矿产都是不可再生的有限资源，总有一天会消耗殆尽的，这就需要人们进行新的探索，寻找新型矿产原料（也被称为非常规矿产），在国外已对天然气水合物（甲烷水合物或称可燃冰）燃料矿产进行调查研究，我国也开展了这方面的工作，首次发现了南海天然气水合物"冷泉"喷溢形成的巨型碳酸盐岩，至今仍在释放甲烷气体。中国地质大学施倪成、马哲生教授对自然界存在的纳米原料或类纳米原料进行研究并认为自然界有可能存在着一种新型的纳米矿产资源，但愿这一具有创新性的探索能够取得成功。

海洋矿产资源是一个潜在的巨大矿物原料宝库。目前具有重要地位的海洋矿产有石油、天然气、大洋锰结核及合格类型热液矿产、海滨沙矿和各类溶存于海水中的矿物。其分布之广、储量之大、前景之广阔已是不容置疑的事实，是人类未来希望之所在。在金属矿产资源方面是否也存在着未被认识的新型矿产原料，需要地学界进行探讨，以期有新的发现和突破。

3 今后应采取的主要对策

3.1 端正地质工作指导思想

在计划经济条件下，地质工作主要是以找矿勘探为主，严重忽视与经济社会发展密切相关的环境地质工

作，没有充分发挥地质工作的多功能作用。在市场经济条件下，地质构造不仅要为经济建设提供矿产资源，还要为社会发展提供多功能的服务。特别是要在水文地质、工程地质、灾害地质、农业地质、城市地质等方面提供优质服务。因此，我们在指导思想上应本着从传统地质学向现代化地质科学转变；从资源保障为主的地质工作向资源、环境并重的多目标、多功能的地质工作转变，为此，要正确处理地质找矿与环境地质工作的关系，那种只重视找矿勘探，忽视环境地质工作，或者是只搞环境地质工作，不搞找矿勘探的思想和作法都是不符合当前客观实际的，都是违背客观发展规律的。在具体安排工作时，各地区、各单位应结合实际具体分析，具体对待，有所侧重，不搞一刀切。

要正确处理国际国内两种资源、两个市场的关系。目前钢铁工业所需矿产品虽然已转向以从国外进口为主，我们绝不能以此为借口而放松甚至放弃在国内的找矿勘探，尽管我国的钢铁矿产资源贫矿多，找矿难度大，但并不等于就无矿可找，特别是广大的西部地区地质工作程度较低，还存在着很大的找矿潜力。我们必须继续开展铁、锰、铬等冶金矿产的找矿工作。

3.2 贯彻执行"走出去"战略，到国外开发矿产资源

"走出去"利用国外资源是解决我国资源紧缺问题的快捷有效的途径。我国的铁、锰、铬矿产资源不能满足国内需求，这已成为难以改变的客观现实，因此，除了继续加强国内的矿业工作外，就是要走出国门到境外去进行勘查和开发工作。目前，冶金部门已在澳大利亚、秘鲁等国建立了铁矿开采基地，在南非进行铬矿开采，上海宝钢也准备在巴西建设矿山。在此基础上应当进一步加大到国外勘查开发的力度，以便利用"两种资源""两种市场"满足日益增长的钢铁工业的需求。

3.3 实行探矿、采矿两权转让，壮大地勘单位经济实力

两权有偿流转不但是社会主义市场经济条件下国家行使矿产资源所有权的必然选择，也是地勘单位维护自身利益、发展地勘经济的重要手段。两权市场应该本着公开、公平、公正的阳光交易，公开进行招标拍卖。地勘部门也可以两权依托，采取引资、合资、集资、独资等办法对矿产进行探矿—采矿—加工一体化开发建设，以争取更大的经济效益，为矿产勘查实行企业化创造条件。

3.4 培养新型专业人才

随着地勘事业的发展，我们不但需要地质、物探、化探、钻探、化验等专业人才，而且还需要其他专业诸如采矿、选矿、机加工、建筑、计算机以及管理方面的人才。人才是开展专业、提高科技水平和生产力的关键，没有人才特别是高层次的人才，就不可能实现地勘工作及相关产业的现代化建设。对现有专业干部要进行知识更新培训，以便掌握最新专业技术。这是一个刻不容缓的战略任务，应当引起我们的高度重视。

30 年来，有色、冶金、化工、轻工、核工业等行业以及安徽、湖南等省区和相关矿种进行了大量综合研究，写了大量论文，对承前启后，发展矿山地质有重要的指导意义。

（原载《中国实用矿山地质学》，冶金工业出版社 2010 年出版）

加强有色系统黄金地质工作

汪贻水

（中国地质学会矿山地质专业委员会，北京，100814）

　　黄金是特殊的贵金属，世界各国都极为重视。南非年产量达 600 多吨，苏联近 300 t。此外，加拿大、美国、巴西和澳大利亚的黄金产量都居世界较前列。当前世界各国掀起了一股新的"淘金热"，都采取了一系列发展黄金的特殊政策和措施，以加快黄金生产的发展。

　　大力发展黄金有着特殊意义：一是可以提高经济实力，黄金是硬通货和保值手段，衡量国家支付能力的重要标志，可提高对外经济交往的信誉；二是黄金在国际市场上需求稳定，创汇率极高。增加黄金产量，可为国家多创外汇；三是黄金采矿、选矿技术简单易行，投资少，见效快，产品不存在销路问题，是解决劳动就业的极好产业；四是发展黄金可以促进电子、宇航、化工、轻工等工业的发展。我国黄金事业伴随国民经济发展，生机勃勃地进入了一个新的发展时期。不但黄金储量、产量高速度递增，而且我国黄金事业经过多年来的建设，积蓄了力量，锻炼了队伍，并为新的发展时期创造了许多有利条件。

　　近年来，我国黄金地质工作得到了迅速稳定发展。寻找新类型金矿床取得了重大突破：胶东、海南的前寒武系破碎带蚀变岩型大型金矿床、云南基性—超基性岩外接触带石英脉型金矿床、江西、安徽铁帽型金矿床相继发现，结束了我国只有含金石英脉型矿床和砂金的时代。找矿技术和分析测试技术实现了新的飞跃。

　　为适应我国黄金事业迅速发展的形势，当前金矿地质工作面临着非常繁重而又艰巨的任务。为此，应当充分认识我国发展黄金事业的有利条件。我国幅员辽阔，有着多种地质构造单元、多种构造部位、不同时代的岩系及不同性质的岩体；有许多找矿远景区可供充分开展金矿地质工作；南非金铀砾岩型、美国前寒武纪绿岩带含铁建造型等重要新类型金矿床可供我们借鉴和类比，许多生产矿山及其周边具有较大找矿潜力。发展我国黄金地质最根本的宗旨是使广大黄金地质工作者要为确保国家对金矿资源的需求，以及黄金生产持续发展准备足够的勘探基地，做好生产建设超前准备工作。为此，一手抓储量任务，一手抓科研、基础地质调查和面上普查工作。

　　黄金地质工作已经摆在有色金属工业生产的重要位置。我国有丰富的有色金属资源，伴生黄金储量多，生产有了较大的发展，全国几百个有色生产矿山开展了回收伴生黄金的工作，涌现了诸如沈阳、上海、株洲、云南冶炼厂、白银、铜陵、大冶等联合企业；以及北京矿冶研究总院、昆明贵金属研究所等先进单位，使得黄金产量大幅度上升。

　　为了国家经济建设发展需要，要充分发挥有色金属系统人员、技术、装备的优势，扩大黄金资源，大力加强黄金地质工作。坚持大、中、小结合；独立金矿与共（伴）生金矿结合，岩金与砂金结合，扩大金矿老类型远景与寻找新类型结合，老矿区周边与新矿区结合。特别是在具体实际工作中，要做好几件事情：

　　（1）有色金属伴生金大部分与铜矿关系密切，找铜矿，应充分重视找黄金。

　　（2）十分重视单一金矿地质找矿工作。

　　（3）对于已获得黄金储量的有色矿山，应该提高勘探程度，增加黄金储量。

　　（4）加强现有生产矿山地质工作。充分发挥有色行业近万名矿山地质工作者的作用，利用现有技术装备，积极地开展工作。它是勘探工作的延伸和深化。

　　这项工作做好了，一则可保证矿山采矿工作，减少贫化损失，增加金属储量，提高综合利用水平，二则可延长矿山服务年限，扩大生产规模，为国家节省重建新矿山的投资。

　　（5）充分依靠技术进步，大力开展攻关，积极实施黄金科研计划，努力提高我国有色金属黄金地质科研水平；取得一批重要科研成果，培养出一支素质好的黄金地质科研队伍。

（原载《中国实用矿山地质学》，冶金工业出版社 2010 年出版）

我国矿山地质的进展与展望

汪贻水[1]　李绥远[2]

（1. 中国地质学会矿山地质专业委员会，北京，100814；

2. 中国有色金属工业总公司矿产地质研究院，桂林，541004）

半个世纪以来，矿山地质学已成为地质学领域中的一个重要分支。从广义来说，矿山地质学主要是研究与矿产资源开发有关的地质问题及其相应的资源经济问题。所谓矿山地质，是指在拟建或已建矿山范围内为保证和发展矿山生产所进行的一切地质工作的总称。也就是说一个矿床经过详查阶段证实具有工业价值，并拟近期开采利用，从转入地质勘探开始到矿山设计、基建、生产直到闭坑等；同阶段的各项地质工作，均属于矿山地质工作范畴（引自《中国有色金属矿山地质》）。矿山地质作为一门学科的提出，国外是在 20 世纪三四十年代；我国矿山地质是在新中国成立后，才建立和发展起来的。矿山地质学承担的基本任务是：全面运用地质科学原理，广泛深入地解决拟建或已建矿山全部勘探、开发过程中各种地质问题。著名地质学家涂光炽教授深刻指出："矿山地质是一门重要的学问，这在今日已毋庸置疑。它的学术意义和经济效果已被多年的实践所证明。许多矿山在开采期间较勘探期间增加了储量；另一些矿山在勘探时为单一矿种的矿山，随着开发变成多矿种矿山；某些地区深部地质情况的精确了解只有在开发阶段才有可能，等等，这些都不能不归功于矿山地质。"

新中国成立几十年来，随着矿山生产建设日新月异的发展，矿山地质也发生了历史性的变化。这个发展过程大致分为两个大的历史阶段：一是前 30 年的成长过程，二是后 30 年的蓬勃发展时期。

中华人民共和国成立初期，主要是学习苏联及其他国家的经验，许多生产矿山成立了矿山地质机构，有的院校设立了"矿山地质专业"。外国专家为我们培养人才，引进一些国外矿山地质的技术规程、条例，结合我国具体情况建立了我们自己的矿山地质队伍，不断提高技术水平。接着，我们用了 20 年的时间，着眼总结我国矿山地质经验。坚持从我国实际出发，重视采掘地质，加强老矿山周边找矿。如利国铁矿、个旧锡矿、锦屏磷矿等矿山发现了一大批盲矿体，提出一些新的成矿理论。跨入 20 世纪 70 年代中后期，尤其是在全国科技大会召开前后，又重点开展生产矿山矿床地质综合研究，革新生产矿山周边、深部找矿技术，大力降低矿石开采的贫化和损失，进行露天采场边坡工程地质研究，召开各类学术会议，撰写出水平较高的专著，使我国矿山地质的理论与实践又有了许多新进展。

近 30 年来，发展经济，改革开放的春风吹拂全国，我国矿山地质学得到蓬勃发展，取得了可喜的成就。

1　许多重点矿山开展了矿床地质综合研究

东川铜矿是我国重要铜矿基地，公元 25 年东汉就进行过开采，以后历代在此开矿、炼铜、铸钱。这个老矿山，解放后获得了新生，通过矿山地质人员不断努力找矿，储量不断增加。落雪矿区对矿区地质及矿床（体）地质进行了系统的研究，终于在矿区深部含铜赤铁矿层中探获富铜矿，既解决了矿山近期资源接替，同时又为滇中找矿提供了新的思路。

江西银山矿床运用地球物理和地球化学分带模式，以 2、4 指标（即铜的边界品位 0.2%，工业品位 0.4%）对银山矿九区铜矿带进行研究，找到了大型铜金矿体，新增铜 18.4 万吨，金 17 t、银 269 t，硫 452 t，使矿床规模由中型变成大型，建立了以银山矿床为代表的火山斑岩型成矿模式。

红透山矿是已开采 30 余年，资源不足的老矿山，由于坚持加强深部找矿及地质研究，在老区深部取得了找矿优异成果，近几年，获得铜品位 0.7% 的矿石 600 万吨，延长矿山寿命 15 年。

瑶岗仙钨矿，由于加强矿化富集和成矿规律的研究，开展矿体预测工作，新找到矿脉 69 条，其中大脉 3 条，储量较建矿时增加三倍多，保证了矿山持续生产。铁山垄、川口、湘东、西华山在"五层楼"理论及找矿标志指导下均不断发现一批盲矿体。

1982—1986 年以大厂、个旧为中心，开展外围找矿，实行专业地质队、科研院校及矿山地质人员三结合形式进行联合作战，采取地质(包括同位素、遥感、数学地质)、物化探、成矿实验、电算等新技术相结合，成功地找到一批新矿体，累计增加锡金属量 20 万吨。

凡口铅锌矿、甲乌拉铅锌矿、乌奴格吐山铜矿、大井锡多金属矿、铜陵天鹅抱蛋山铜硫金矿、大冶铜录山铜矿伴生金矿等一批生产矿山都找到新的矿体。

鞍山、白云鄂博、大冶、迁安、利国、漓渚、镜铁山等铁矿，由于加强矿床地质研究，在深部和外围找矿成果显著。

四川金猴岭磷矿，充分利用开采积累的地质资料，研究分析深部矿化规律，在马槽滩矿区深部发现一个矿石品位 29% ~ 30%，储量近 1000 万吨的中型富磷矿。岳家山、新蒲磷矿新增储量 400 ~ 500 万吨。

以上事实说明老矿山找矿是大有作为的。

黄金生产矿山对通过砂金找原生金矿的地质工作十分重视，并不断总结金矿成矿地质背景、金矿新类型成矿规律，不断研究含金地质建造以及构造、不同成因花岗岩与成矿关系等，地质工作也取得了显著的社会和经济效益，如夹皮沟金矿区已探获新增金储量 19.72 t。

全国有色金属矿山伴(共)生金银经过几年的查定及赋存状态研究，取得令人满意的效果。据不完全统计，全国有色金属生产矿山伴(共)生金储量占全国金储量 1/3 以上，伴(共)生银占全国银储量的 87%，金、银的回收率逐年提高。

2　生产矿山找矿、探矿技术不断革新

生产矿山经常进行大量生产勘探，为按开采顺序，进行采掘计划安排提供地质依据。一般生产勘探工程量占矿山总掘进量 30% ~ 45%。因此研究和改进其手段和方法十分重要。据统计 1982 年有色金属矿山每年人造金刚石坑内钻探进尺 21×10^4 m，可以代替 10×10^4 m 坑探，节约投资 1000 多万元。仅湖南有色金属矿山每年坑内钻探 5×10^4 m，节约投资 700 多万元。大力推广人造金刚石坑内钻，以钻代坑取得了良好的效果。

人造金刚石坑内钻机和小口径钻具的研制、生产和使用，不但改进了探矿手段，还提高了探矿效率、降低了探矿成本。湘东钨矿与科研单位合作，完善了坑内金刚石钻机单层钻杆的循环水力连续取心技术，具有岩心采取率高、钻头消费低、钻进效率高、成本低等优点。

荡坪钨矿根据矿脉与围岩的颜色差异明显，矿石品位高而又稳定的特点，研制成钻孔光电测脉仪，能较准确地确定矿脉位置。

铜陵有色金属公司开展井中三分量和井中无线电波透视，明显提高了探矿效果。

一些矿山应用深部充电法及坑内激电法为矿山深部及坑内寻找盲矿体提供了有效的方法。

我国还研制成 YCO-Ⅱ型和 NCD-Ⅰ型两种岩心定向钻具，在一些生产矿山使用，达到了国外同类仪器的水平。

手提式 X 荧光分析仪用于生产矿山测定坑内矿石品位，与传统刻槽法相比，有快速、简单、准确、成本低、节省劳动力的优点。铀矿矿山地质工作中，用辐射仪代替繁重的刻槽取样，可以实现矿石品位一次测定。

计算机的应用在生产矿山逐步普及，特别是 PC-1500 型微机，不断提高了矿山地质工作的质量与效率。有些矿山编制了专用的地学信息图像处理程序，建立 VAXⅡ/780 计算机图像处理系统，为栖霞山矿、青城子矿、大并矿、香花岭矿、马钢矿等矿山的成矿预测取得了较好效果。

3　降低开采中矿石的贫化和损失

生产矿山降低贫化和损失，对保护矿产资源和提高矿山经济效益有重要作用。以红透山铜矿年采 50 万吨矿石为例，贫化率降低 1%，一年可少采废石 0.5 万吨，降低成本 16 万元，年计划供矿品位提高 0.02%，增收铜、锌、硫合计价值 48.1 万元，综合经济效益为 64.1 万元。因此，生产矿山地质人员要协同采矿部门，加强资源保护，积极做好采矿损失、贫化的技术管理工作。在生产探矿基础上，二次圈定采场矿体边界，提供详尽地质资料，为合理选择采矿方法和布置采矿工程创造条件。云南易门铜矿进行贫化损失原因的典型分析，制定采场地质资料质量要求，采矿部门制订各项降低损失措施，做到管理系统化、科学化，损失率由原来 47.9% 下降到 6.3%，贫化率大幅度下降。一些铀矿山从管理入手，每年评选优质采场，给以精神及经济上奖励，促进了矿山资源保护工作。

4   加强露天采场边坡工程地质研究

生产矿山露天采场边坡，要求岩体不能产生破坏性的坍塌、倾倒滑坡等严重影响矿山正常生产的事故，这是矿山地质工作中十分重要的研究内容。德兴、永平、金川、鞍山、大冶、石菜等生产矿山，开展地质测绘，评价露采边坡稳定性，通过岩移观测，进行岩体结构和力学分析，对发生变形、隐患区段进行灾害预报。配合岩体力学性质研究，地应力测量、爆破测震、水文地质观测、光弹模拟等手段，探索边坡变形、破坏机制和综合整治措施。

与此同时，生产矿山积极治理各种地质灾害。湖北宜昌盐池河磷矿治理了 1980 年 6 月 3 日发生 100 万 m³ 巨大山崩，东川铜矿处理了近 230 万 m³ 滑坡和历史上罕见的特大暴雨型泥石流，确保了矿山正常生产。

此外，矿山废石、尾矿和矿体围岩的综合开发回收利用也取得较大进展，矿产补充资源的研究已成为矿山地质学的新课题。

矿山水文与环境地质、选矿工艺矿物学、矿山地质经济等方面也取得较好研究成果，丰富和扩大了我国矿山地质学研究的领域。

5   矿山地质学术交流活动生机蓬勃

近 30 年紧密结合生产实际开展了一系列矿山地质学术交流活动，反映了广大矿山地质工作者的心愿，如 1981 年在郴州召开全国首届矿山地质学术会议，代表 600 余人，提交涉及矿山地质学 10 余个领域近 500 篇论文，突出展现了矿山地质理论和找矿成果，1984 年在杭州召开全国矿山地质经济学术会议，交流论文 150 多篇，1987 年在九江召开第二届全国矿山地质学术会议，同样取得圆满效果。1988 年在北京召开了全国青年矿山地质学术交流会，提交近 100 篇较有水平的论文。这次会议开得很有朝气，说明矿山地质工作后继有人。冶金、化工、黄金、有色金属、铀矿、轻工、建材分别召开了多次行业内部矿山地质学术交流会议。西北五省还每隔两年召开一次。据初步统计，全国矿山地质学术会议共召开 20 余次，参加人数近 3000 人，提交论文 2000 余篇。

为繁荣矿山地质学术交流，1980 年创办了《矿山地质》季刊，这是目前全国唯一向国内公开发行的矿山地质科技刊物，已成为全国矿山地质界一个重要的学术园地。至今已连续出刊 102 期，刊登学术论文 800 余篇，共约 600 万字。刊物坚持面向矿山，面向生产；坚持"双百方针"。大力宣传国家矿产资源政策，报道生产矿山扩大找矿，特别是老矿山深部找矿、盲矿地质研究与预测；交流科研信息及成果；矿山资源管理、保护与监督；矿产资源经济；介绍国内外矿山地质学新发展、新理论、新技术和国内外矿山地质学术动态。为了不断提高矿山地质人员技术素质还举办了各种技术讲座等。得到涂光炽、程裕祺、翟裕生等老一辈地质专家的关怀、指导以及广大矿山地质人员的喜爱。

为总结经验，发展我国的矿山地质学，还出版了一系列矿山地质专著和专辑，如《矿山地质学》《第一届全国矿山地质学术会议论文集》《论我国矿产资源经济问题》《矿山地质制图》《中国有色金属矿山地质》《矿山地质手册》，还有《铅锌汞矿山地质找矿》《钨钼锡锑矿山地质与找矿》《铅锌矿山伴（共）生银（金）矿山地质》等，这些专著、专辑的出版无疑对提高我国矿山地质人员的技术素质有重要意义。

随着改革的深入，为适应有计划的商品经济发展的需要，矿业开发将发生巨大变革，矿山地质学将面临严重挑战。从体制改革发展看，矿业开发体制将朝着企业集团——矿业公司方向发展。生产矿山地质部门作为这一集团的重要组成部分，担负集团内务行业的地质工作任务，其工作领域将进一步扩大，对矿山地质也提出了更高的要求。加强生产矿区的基础地质、综合地质和隐伏矿体研究，深化对矿床成矿规律的认识，用新理论和各种先进手段与方法进行成矿预测，更有效地做好找矿勘探工作，仍是矿山地质的重要任务。矿产资源保护工作的重点是矿石开采损失与贫化的地质、经济评价，低品位矿石及伴（共）生矿产资源的评价与利用，矿床近矿围岩、夹石、尾矿等矿产补充资源的评价与综合利用等。

针对我国矿产资源的利用率比发达国家水平低，存在严重浪费现象的情况，加速制定和颁发我国《矿产资源保护法》实施细则等法规是十分必要的。

重视新技术、新方法的迅速推广和应用，探矿方法和手段将进一步多样化。物、化探将成为矿山地质常用的探矿方法，X 射线萤光分析仪将取代传统的取样方法。运用各种类型电子计算机，有利于加强矿山地质管理。矿山地质经济研究将得到进一步加强。主要包括矿产资源的经济评价、矿山最佳经营参数和合理勘探程度、矿山地质与生产中的经济活动规律以及其他各种地质经济问题。

　　矿山水文、工程地质及矿山环境地质的调查与研究将更加全面地开展，主要是深入进行矿山水文地质及工程地质条件的调查，矿山岩体稳定性的力学性质研究；矿山水害及地压活动的防治等问题的研究；矿山原始和次生环境的地质调查，环境地质污染的因素、程度和危害的调查，环境的监测；质量评价等，为制订环境保护及污染防治措施提供地质资料。

　　发展矿山地质教育，培养矿山地质人才。几十年来，我国已形成一支数万人的矿山地质专业队伍，分布在全国生产矿山、教育、科研、设计及管理部门。现代矿业工程要求从事矿山地质事业的工作者，熟悉从矿床地质勘探和开发利用直到闭坑全过程的广博知识和专门技能。为了适应科学技术和矿山发展，教育部门应培养相应专门人才，科研设计管理部门的矿山地质工作者要不断提高技能；生产矿山广大矿山地质人员，要紧密结合实际，从理论和实践结合上，不断吐故纳新，进行知识更新，使更多出类拔萃的矿山地质人才脱颖而出。

　　依靠科技进步，在大有作为的 21 世纪，我国矿山地质学在深度和广度上必将有新的发展，将继续沿着从整体上对矿区、矿床、矿体和矿石以及矿山经济等方面进行多学科多层次的综合研究为主的方向前进。我们应当大力地促进中国矿山地质学历史性的变化和进步。

（原载《中国实用矿山地质学》，冶金工业出版社 2010 年出版）

中国矿业形势与矿山地质学新课题

彭　觥　汪贻水

（中国地质学会矿山地质专业委员会，北京 100814）

经过 60 多年，尤其是改革开放 30 年来，我国矿业取得了巨大成就，现在已进入世界矿业大国行列（表 1）。2000 年我国生产矿山 15 万个，年采矿量近 50×10^8 t，矿业总产值达 3573 亿元，占国民经济总产值的 4.4%，加之相关能源和原材料加工业的产值，占到了国民经济总产值的 30%，成为社会经济发展的重要基础产业。但是主要矿产储量如铁、铜、石油等均低于世界人均拥有量（图 1），资源形势不容乐观。我国人均矿产品消耗量仅为 4 t，是美国的 1/10（表 2）。劳动生产率和经济效益差距很大，澳洲艾特茫萨矿年产铜、铅、锌矿各 20 万吨，职工仅有 6000 人，而我国江西某铜矿年产铜 10 万吨，职工多达 2 万人。

表 1　我国 1949 年与 2000 年主要矿产品产量对比

品　种	单　位	1949 年产量	2000 年产量	增长倍数	品　种	单　位	1949 年产量	2000 年产量	增长倍数
原煤	万吨	3243	99800	31	10 种有色金属	万吨	1.3	775	596
原油	万吨	12	16300	1358	黄金	吨	4.07	170	43
铁矿石	万吨	59	22800	368	原盐	万吨	298.5	3126	10
钢	万吨	15	12850	857	水泥	万吨	66	59700	904

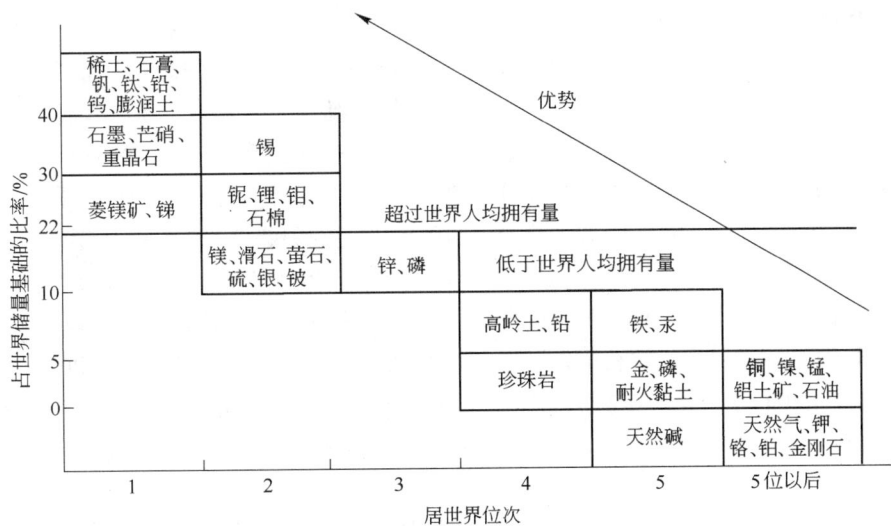

图 1　我国主要矿产储量在国际上的优劣比较

表 2　美国人均消耗矿产量增长情况（kg）

矿产品	1776 年	1998 年	矿产品	1776 年	1998 年
石　油	0	3522.13	磷块岩	0.454	171.61
天然气	0	3522.13	钾　盐	0.454	19.52
煤　炭	18.160	3417.71	盐	1.820	182.51
铁　矿	9.080	292.83	水　泥	5.450	381.81
铜	0.454	11.35	黏　土	45.400	140.74
铅	0.908	6.36	砂、砾、石	454.000	9475.43
锌	0.226	5.45	其　他	0	338.68
铝土矿	0	33.60	总　量	536.860	21578.17
硫	0.454	51.30			

由于长期以来进行粗放开采，资源浪费严重，近期地质勘察投入不足，更加剧了许多矿种资源保证程度下降，出现了储量紧缺的局面，矿山环保和治理相对滞后，造成环境恶化，矿业法规不完善及执法不力，矿业秩序尚未好转，矿山企业税费负担过重也亟待解决，矿山劳动生产率低，经济效益差甚至亏损，上述原因，造成不少矿山在困境中运行。

我们以有色金属行业为例分析矿山具体形势。

根据有色地调中心资料，预计到2010年全国县级以上矿山约有1/2关闭，消失生产能力达40%（表3）。

表3　2010年县级以上主要有色金属矿山和产能消失预测

矿山种类		铜	铝	铅锌	镍	钨	锡	钼	锑	汞	银
县级以上国有矿山数/个		196	19	195	14	106	85	20	38	19	30
县级以上国有矿山实际产能（矿石量）/（万吨·年$^{-1}$）		6818	645	2285	508	878	1085	1255	197	109	212
半闭矿山	数量/个	89	10	82	4	55	47	4	16	13	15
	占矿山总数/%	45	53	42	29	52	55	20	42	68	50
消失产能	矿石量/（万吨·年$^{-1}$）	2168	104	871	116	582	689	161	91	79	94
	占实际总产能/%	32	16	36	23	66	63	13	46	72	44

注：据杨兵《加强老矿山找矿，缓解矿山资源危机》。

在江西、安徽、湖北、甘肃、山西、云南和东北主要铜矿基地中，除江西、安徽少数骨干矿山外，其他矿山保有储量均在10年以下。随着开采深度的延伸，开采成本越来越高，近期内产量呈逐年递减之势；而新探明的矿产资源大多集中于边远落后的地区，开发利用难度大、经济可用性差。有关资料表明，我国矿产铜产量2000年为59万吨，2001年已下降到56万吨，2005年将进一步下降到55万吨。而2001年我国粗铜产量为108万吨、精铜产量为142万吨，形成生产上的这种"倒宝塔型"结构对铜行业发展不利。

在广东、湖南、广西、甘肃和云南等铅锌基地中除广东凡口矿山环境保护和治理成效明显，甘肃厂坝李家沟矿区、云南兰坪矿区资源虽然丰富，但矿业秩序和环境污染正阻碍其发展。钨是我国优势资源，但是没有认真贯彻限制无序竞争，重复建矿和关于对出口优势矿产实行限产保值等措施，使钨业处于被动局面，生产矿山保有储量不足和资源利用程度低，也是造成难以让资源优势转化为产业优势的重要原因。据中国钨协矿山分会调查：在16个国有钨矿山中，现有开拓中段服务年限10年以上的只有2个，5～10年的有6个，5年以下有8个。受现开拓中段资源的制约，多数矿山被迫减产。1990年上述16个矿山钨精矿产量为2.33万吨，而1997年只有1.42万吨，产量减少了39%。根据最近中国钨协对钨矿资源开发利用水平的调查，我国钨矿山采选综合回收率仅43.5%，其中国有矿山采选综合回收率为52.3%，而有些小矿只有25%～26.7%。

还应指出，在保有储量中白钨矿占70%，而作为当前主要利用对象的黑钨矿仅占30%，按年产钨精矿5万吨计算，再过5年，黑钨矿保有储量即将采尽，钨矿大国地位正在动摇。锡、锑、汞等优势矿产现保有储量也不容乐观。

在经济趋向全球化和我国加入WTO之后，我国矿业面临难得的机遇和严峻的挑战。矿产品市场和矿业技术以及矿业投资的竞争将会更加激烈，要提高资源保证程度和经济效益，重视矿产供应安全，避免风险，必须运用好国内外两种资源、两个市场方针，要确保矿产资源开采总量与社会、经济发展水平相适应，落实国家可持续发展战略的国策。

2000年第3届国际地质大会提出：21世纪的地球科学的发展方向，已由寻找自然资源为主要目的，转向以保持良好生态环境、合理利用与保护资源、有效防御自然灾害为目的。作为直接为矿业服务的矿山地质学在实现地球科学新的目标中面临主要课题是：

（1）总结、研究生产矿山地质规律，寻找周边、深部新矿床。国内外成功实例很多，如湖南百年老矿水口山，在老矿区附近先后找到了隐伏的中型铅锌矿和金矿多个，成为矿山地质界一个先进典型。在国外如美国科莱梅克斯钼矿区外围靠地质研究在亨得逊地区发现新的大盲矿床。著名的智利楚基卡马塔铜矿山，在采矿场的南北侧都找到了特大型铜矿床，矿山保有储量猛增至5838万吨。美国石油协会主席指出，运用老油区成矿规律指导新区找油是成功经验，用新理论指导老油区找矿也是有效的途径。

(2)做好矿山环境地质工作，为保护和治理矿区环境服务。广东凡口铅锌矿区内因为采矿、土建施工和降雨引起了7次岩土滑坡，其中造成大楼断裂、院墙倒塌和30 m长的公路损坏。矿山地质人员从水文、工程地质分析入手，采取削坡、开沟截水、建挡土墙等抗滑治理措施，目前已见成效。

(3)开展工艺矿物学研究，提高资源利用率和经济效益。在综合利用工作中，工艺矿物学研究是一项基础工作，改进选冶工艺和提高主要伴生有益组分的回收率都发挥重要作用。我国70%的银产量是铅锌矿中回收的，江西某铜矿年产伴生金5万两，镍矿综合回收的铂族金属就是全国总产量，也填补了矿山不产铂族金属的空白。

(4)重视矿山补充资源研究与开发。无废料生产和原料生产良性循环是新世纪矿业发展的目标。近20多年我国在金属、非金属矿山对废石、尾砂、污水和城市工业废弃物料的开发利用已获得许多成果，并带来可观的社会经济效益。1950—1995年共回收废旧有色金属487万吨，其中从废渣、废液中提取8.65万吨，包括金4.8 t，铂1.9 t，银711 t。山东铝厂利用生产氧化铝废料赤泥每年生产水泥140万吨，冀东某铁矿用尾矿生产陶瓷也取得成功，凡口铅锌矿、红透山铜矿利用废石和尾矿充填采空区，还净化废水并加以回收利用。自1979年笔者提出"矿产补充资源"理念以来，这方面论文日渐增加，令人鼓舞。随着实践发展，定会有更多理论著作发表，形成完整体系。

(5)关注宏观矿业动向。首先是研究西部矿产资源开发的进展，这是现有生产矿山的接替者，是矿业持续发展的必由之路，结合西部实际充分运用东部矿山地质工作经验，提高新矿山科技管理水平和资源社会经济效益。笔者在2001年发表的论文中运用东部经验指出新疆矿业要提高增长质量，重点在"增长方式转变，矿产开发必须从粗放型、劳动密集型增长方式转变为集约型、技术密集和适度劳动密集相结合的增长方式，成为具有当前西部特定发展阶段特点的产业。在国家宏观调控下，大型与中小型矿山企业协调发展，合理勘查开发利用国内外矿产资源。矿山企业要依靠科技进步提高效率，大力降低资源消耗水平，努力综合利用资源和积极寻求代用品，使矿业走上资本、劳动力、资源投入较少，而生产效率、资源利用率、环境保护程度较高的可持续发展道路。

其次是研究国外对口矿种(矿山)的地质矿产资源现状与特点，对比内外优势，为矿山企业开发国外市场奠定基础。

(6)提高矿山地质科技水平，缩小与国外先进水平差距。目前，一些矿山的地质人员不足，科技能力与承担的日益繁重任务不相适应，尤其缺少高素质人才，新理论、新方法等也亟待提高，要提倡福建紫金山矿山重视吸纳高级人才的好经验，该矿建立了企业的博士后流动站，依靠科技进步办矿，把单一铜矿变为金、铜两个主产品的大型矿山企业。

参 考 文 献

[1]国土资源部.2000年国土资源报告[M].北京：中国大地出版社，2001.

[2]田凤山.领导干部国土资源知识读本[M].北京：地质出版社，2001.

[3]朱训.美国矿业见闻[J].中国矿业，2001，1~2：9~13.

[4]杨兵.加强老矿山找矿，缓解矿山资源危机[J].有色金属工业，2002，6：119~123.

[5]汪贻水.新疆矿产发展战略目标和步骤[J].有色金属工业，2002，6：66~75.

[6]彭觥，王成兴.论矿产补充资源的研究及其地质意义[C].第1届全国矿山地质学术会议论文选集[M].北京：冶金工业出版社，1985.

(原载《中国实用矿山地质学》，冶金工业出版社2010年出版)

新疆矿产发展战略目标和步骤

汪贻水　陈哲夫　黄　超　李杏林

（中国地质学会矿山地质专业委员会，北京，100814）

摘　要：文中阐述了新疆矿业发展战略的基本内容和新疆矿产发展战略目标、步骤，指出了新疆矿业发展的战略重点行业和新疆矿业发展战略布局。

关键词：新疆；矿产；战略目标

中华人民共和国成立以来，新疆的经济发展大致经过了三个阶段：一是以发展大农业为重点内容的经济发展阶段；二是确立和实施优势资源转换战略的经济发展阶段；三是目前正在实施的以"两黑"（石油、天然气）"一白"（棉花）为重点的优势资源转换战略的经济发展阶段。当前，新疆经济发展战略面临着市场挑战的新形势，有必要根据市场需要进行调整、充实和完善。现代经济是多元经济，需要多极支撑，才能稳定、持续、健康地发展。新疆作为一个幅员广阔的相对独立经济区，其经济结构和产品结构相对单一，在市场竞争中具有较大的危险。新疆的矿业开发，特别是有色金属和非金属的矿业开发，拥有良好的资源条件和市场前景，有可能成为重要的新经济增长点。我们要从国际和国内市场的需要出发，拓展战略思路和领域，并从新疆宏观经济的高度进行经济结构的战略性调整，培育和发展以矿业为重点的新经济增长点。

1　新疆矿业发展战略的基本内容

从新疆区域经济发展的总体战略出发，并结合新疆矿业的实际，新疆矿业发展战略是：在改革开放方针的指引下，实施以矿产资源优势逐步转换为产业优势进而变为经济优势，坚持依靠科教兴矿及可持续发展的战略。概括起来讲，就是"以黑（石油、天然气、煤、铁、铬、蛭石矿）、黄（铜、镍、金矿）、白（钾盐、钠盐、芒硝、水泥灰岩、石棉、膨润土矿）为重点的优势矿产资源综合开发战略"。这一战略的完整表述是：以市场为导向，以资源为基础，以科技为先导，以效益为中心，以矿业体制改革为动力，以开放勘探、开发市场为杠杆，加快矿业发展步伐；以形成结构优化的支柱产业群体为目标，培育矿业在开拓和竞争中成长，推动矿业企业走勘探开发一体化、产业化、集团化、融合式、集约型的发展道路，不断提高开发实力和经济效益；以资源与环境的立法和执法为主要手段，协调矿业开发与环境保护的关系，引导和保证合理开发资源和提高利用效率，加强环境保护和治理，实现矿业的可持续发展。

1.1　开放市场与发挥市场机制作用

以市场为导向，是指始终要以市场需要为前提，坚持市场调配矿产和社会资源（矿业技术、人才、信息、管理费等）的原则，促进矿业开发，并充分利用市场经济所能提供的一切机会和可能来发展新疆矿业。

矿产资源可在世界范围内配置，受到全球性市场的竞争和挑战。石油、天然气、煤炭等能源资源和若干有色金属战略资源，从来就是全球性战略竞争资源。我们要充分利用"两个市场"和"两个资源"的发展构想，即根据国际和国内的市场需要，既要积极开发国内资源，同时要巧妙地利用国外资源，以补充国内资源供给的不足。因此，矿产品市场是一个开放的市场，新疆的矿业开发和发展需在开发的大市场中进行定位，并寻求相应的机会。新疆的矿产资源特别是能源资源，已成为我国矿业和能源的重要生产和发展基地，也是国家参与国际市场竞争的重要力量。这样，新疆的矿业开发和发展，就要从更广阔的视野上建立以市场为导向的战略思路。

新疆矿业开发和发展确立以市场为导向的战略思路，主要应体现在以下几方面：

（1）提高矿业产品的竞争能力和效益：矿山发展要按照市场经济的原则进行，以提高矿业产品的市场竞争能力和求得效益的最大化。这主要表现在，一是要达到一定的经济规模，提高零规模效益；二是要进行所有制的改革，使工程建设和公司的运作符合社会主义市场经济的要求；三是要形成依靠科技进步的机制。

（2）矿业投资主体的多元化：在过去的市场经济体制下，我国矿业是国家垄断性产业，由国家单独投资。

在当前由计划经济向社会主义市场经济过渡阶段，矿业投资主体将呈多元化的趋势。这种趋势的表现形式，一是引进外资，以外资独资和中外合资为主；二是以国外资本为主体，建立股份公司，并面向市场进行社会集资；三是由区外企业独资或控股经营。除上述形式外，还可以有其他的形式。在投资主体社会化前提下，矿业开发的高投入、高风险、长周期和高回报的特征通过市场经济的运作而实现风险共担、效益共享。

建立和完善现代企业制度：建立现代企业制度是国有企业改革的方向，也是新建企业必须进行的制度建设。建立现代企业制度的关键，是建立符合市场经济规律的企业领导体制和组织管理制度，建立决策、执行和监督体系，形成有效的激励和制约机制。现代企业制度作用的发挥，要着力体现在技术创新、管理创新和经营创新上。

（3）培育和完善矿产权市场：过去，矿业由于受到国家独资的主体控制，没有形成矿产权市场。我国实施矿产资源法，为矿产权进入市场提供了法律保证。走市场化发展道路，一方面，要以市场为导向组织矿业开发和生产；另一方面，要以矿产权作为财产权参与市场流转。矿产权进入市场，既有利于社会资本进入矿业生产领域，使矿业资本短缺的局面得到缓解，也打破了矿业的国家垄断格局，使具有矿产权的企业既可自行组织生产，又可以依法进行矿产权流转，在流转中增值，为企业提供更多的发展机遇。

1.2 强化勘查，为矿业开发和发展提供雄厚的基础

矿业资源不清，是新疆矿业开发和发展的首要制约因素。地质勘查是矿业开发的先行环节，这是矿业生产的基本规律。当前，我国地质工作遵循"保证基础、加强普查、择优详查、对口勘探"的工作方针，既符合矿业生产的规律，也符合市场经济的规律。但是，在体制的转轨过程中，由于市场经济体制的不完善和盲目追求近期利益，地质工作的有效投入趋于减少，地质勘查投入不足，有效经济储量增长缓慢，矿产资源对矿业生产的保证程度减弱，若干重要金属的战略储备严重短缺。新疆地域广大，地质勘查程度低，基础工作薄弱，虽然有良好的地质环境和找矿远景，但资源远景不清，可供设计建设的资源基地更少。因此，重视和加强地质工作，把勘查作为新疆矿业发展战略的基础势在必行。只有通过加强矿产勘查工作，不断发现和探明可供设计的矿产储量，才能争取国家对新疆矿业开发的较大资金投入，也才能进一步吸引国际、国内的资金。

地质勘查是地质的基础工作，需要政府财政的支持。这一支持既是立足于当前需要的投入，更是着眼于长远的战略性投入。对于新疆，矿业开发和发展在相当程度上取决于地质勘查的程度，而对勘查的投入又决定了未来矿业经济的发展。我们需要从这样的高度去认识勘查投入的重要性。

1.3 以科技为先导，实现矿业经济增长方式的转变

现代矿业开发已越来越依赖于矿业产业的科技进步。规模经营、综合利用、提高资源的利用程度、降低生产成本、提高劳动生产率等，都离不开采用先进的技术装备和先进的工艺流程，离不开技术创新和规范的科学管理。可以说，在矿业开发的每一个环节都需要依靠科技进步，都必须发挥科学技术的作用。

新疆的矿业开发尚处在开发的初级阶段，资产存量还未达到相当的程度，为今后的产业科技进步提供了很大的回旋余地。新疆的矿业产业，除石油和若干矿产外，大多处在粗放经营状态，以高消耗、低效益的传统方式维系着。这反映了新疆矿业科技水平的低下，也反映了依靠科技进步的机制还未完全形成。要使新疆矿业产业向集约化效益型转变，对科技进步的投入是降低生产成本的最有效措施，其中包括勘查、勘探和开发的各个环节。同时，在生产经营中，科技进步要与产业结构、生产组织进步的调整同步进行，并形成互相促进、互相推动的态势。在新疆未来的矿产资源转换过程中，既要着力于量的增加和转换范围的延伸，更要着力于转换程度和质量的提高。无论是量的增加或质的提高，都必须依靠科技进步，但资源转换质的提高更集中体现于科技进步的作用。也就是说，对新疆矿业开发讲，存量优化或增量建设都需要发挥科技进步的先导作用和基础性作用。

新疆矿业的科技进步，必须实行自主开发研究与技术引进的有机结合。一方面，根据新疆的特殊地质构造和成矿条件，需要在引进技术与人才的基础上进行自主开发研究，运用现代管理思想和科学规划方法，自主提出矿业发展规划和进行技术经济论证。另一方面，新疆矿业勘探和开发所需要的先进设备和先进的工艺流程大部分来自区外，技术引进是新疆矿业科技进步的最直接途径。自主技术开发研究和技术引进都不是绝对的，在实施过程中，要实现两者的有机结合。对自主开发研究讲，要在引进和吸收地质找矿新理论、新技术、新方法和新设备的基础上，切实提高自主开发研究的起点和水平。对技术引进讲，需要依靠自己的力量，进行技术探

索和技术经济分析，并对引进技术进行消化、吸收和创新。

1.4　以效益为中心，确保矿业低消耗、高效益的增长

以效益为中心，确保低消耗、高效益的增长。其目的在于，一是确保矿产品有足够的市场竞争力；二是保证矿业开发有高的经济回报率。矿业经济是高投入、高风险、高回报的产业经济。因此，对矿业经济而言，以效益为中心，要自始至终贯穿于决策、生产和经营的全过程。

新疆矿业产品远离国内需求的主要市场，在面向国内市场中不可避免地存在高运输成本的困难。这就需要对矿业初级产品进行适度加工，尽可能地降低运输在总成本中的比重。同时，提高效益，既要重视提高生产过程中的经济效益，更要重视宏观的规模效益和结构效益。这是过去新疆矿业开发和发展中被忽视的一个重要问题。以效益为中心，具体表现有以下几个方面：对新上矿山项目，必须做好项目立项前的风险投资研究，以适应多渠道投资结构和高风险、长周期投资的特征，形成风险共担、利益共享。因此，要作详细、科学的投入产出分析，建立严格的项目审批制度和科学的决策机制，确保矿山建设的规模建立在可靠的资源保证基础之上。

以科技为先导，全面推进矿业科技进步，通过生产专业化和社会协作，提高生产和经营的集约化程度。

加强资源的综合利用开发，提高资源利用水平和资源利用程度。

建立和完善以经济效益为中心的财务管理制度，抓好各个环节的成本管理。

矿业企业要做好生产发展规划，并重视扩大矿山储量、加强周边的地质找矿工作，努力发现新矿源，尽可能地延长矿山企业寿命和充分发挥固定资产的作用。

以经济效益为中心，既要重点突出以经济效益为中心，也要兼顾社会效益，其中包括生态效益、带动所在地的经济发展、促进下游产业的发展等方面。

1.5　建立融合式、集团化、大矿业发展的新体制

新疆的矿业经济体制和运作机制，一直是以"三块式"的条块分割结构为特征，即新疆地方政府所辖的块状企业体系、生产建设兵团所辖的条状企业体系以及中央各部委直属的条状企业体系，三个体系均以优势矿产资源为同一对象进行各自的矿业开发活动。由于受利益的驱动，各自为政，相互封闭，行业的部门垄断和进行地方封锁导致了有限资源得不到优化配置，造成了生产的重复和冲突，很不利于矿业经济的可持续发展和优势资源的转换。因此，应当按照党的十五大精神，迅速改变原有条块分割的矿业开发格局，以经济效益为中心，以矿产资源为纽带，以优势资源转换为目标，遵循"依托行业主力，依靠社会基础，统筹规划，合理分工，风险共担，利益共享，协调开发，各展优势，共同发展"的原则，建立具有抗风险，达到较高科技水平的融合式、集团化大矿业新体制。其内涵包含下述主要方面：

（1）实行政企分开，使企业摆脱各自条块的领导体系，成为适应市场的法人实体和竞争主体。政府应主要是制定资源规划，做好基础地质工作，加强资源管理，进行协调和监督，实行宏观调控，执行国家及自治区的矿业政策，保护环境和进行环境监督。

（2）把企业的改组、改造和打破行业条块分割结合起来，实行强强联合，强弱兼并，通过市场形成具有较强竞争力的跨地区、跨行业、跨所有制和跨国经营的大企业集团。

（3）在集团内部，强化以矿产勘查为基础的观念，实行探采结合，建立勘查与开发一体化、科技与生产一体化、产供销一体化的运行机制，建立和完善符合现代企业制度要求的矿业企业管理制度。

1.6　走矿业开发的可持续发展道路

基于矿产资源的不能再生性和新疆生态环境的脆弱性，矿业开发和发展必须坚持可持续发展战略。以矿产资源的持续供给、合理利用、有效保护为前提，保护生态环境和减少工业污染为必要条件，全面提高矿产资源开发和利用的经济效益、资源效益、环境效益和社会效益。

矿业要在发展的前提下，协调勘查资源和环境的关系，引导和保证合理开发资源和提高利用效率，加强环境保护和治理，实现矿业可持续发展。为此，要加强政府的宏观调控作用，通过立法和执法，使资源的可持续利用和环境保护成为矿业企业的自觉行为，并发挥政府的管理和监督作用。

矿产资源必须重视和实施资源的优化配置，即从新疆、全国，甚至从全球的角度去配置新疆矿产资源。优化资源配置是对资源的最大保护措施。为此，要实行"两个市场"和"两种资源"的方针，对新疆矿产资源开发进行统筹规划，实行保护性的合理开发，保证新疆矿产资源的可持续利用。

加强资源保证程度的分析和研究，保证矿业生产与地质勘查有机结合和矿业经济有序发展。

在矿业开发的决策选择中，必须考虑资源的综合利用和生态环境保护这两个重要因素，在进行技术经济评估的同时做好环境评估。

环境建设费用必须纳入工程建设预算，保证环境建设与工程建设同步进行。努力实现清洁生产，开发地的环境保护要兼顾当地区域的环境保护。

矿产资源要尽可能地综合利用，坚持回收资源和资源的再利用。

2 新疆矿产发展战略目标和步骤

2.1 新疆矿产发展战略目标

（1）2010年新疆的地质矿产勘查工作，要能适应新疆矿业发展需要：从全国来看，根据有关部门和省、区、市对45种主要矿产资源可采储量对国民经济建设的保证程度分析，2010年有22种矿产不能保证供给，或虽能保证供给但储量不足，占28.9%；在可以保证供给的优势矿产中，相当多的是市场需求不大或不大量使用的矿产，而经济建设需求量大的矿产或支柱矿产保证程度则较差。我国的能源资源人均储量低于世界水平，且以煤炭资源为主。在21世纪的发展中，我国将遇到能源短缺与能源质量方面的制约。2000年以后，我国石油供求缺口将逐渐增大到20%以上。

新疆矿产储量短缺情况在某种程度上较为严重，2010年以后除煤、铁、镍、磷、盐、水泥石灰岩外，其他矿产储量全部短缺。新疆是我国基础地质工作任务最重的省区，至今已完成区域地质调查、地球化学勘查等基础地质工作，为新疆矿产资源勘查提供了较充实的基础地质资料，为新疆经济建设作出了很大贡献。但新疆地质勘查的工作程度仍然较低，基础地质工作任务差距很大并相当艰巨。在2010年前，尚有1/4的空白区应安排区域地质调查，要扩大1：5万区域地质调查、地球物理勘查、地球化学勘查面积，加快查明新疆有关成矿带和成矿构造机理，寻找区内大型或特大型金属矿床和尚未开展工作的20余处沉积盆地基础石油地质勘查，寻找大型油气田，为新疆矿业开发提供充足资源储量保证。

（2）新疆建成我国西部重要的石油、天然气、煤炭、铜、镍、金、钾盐、蛭石等矿产开发和生产基地：1999—2010年，建设一批国内市场好、技术起点高、生产规模大、产业延伸性强的矿产基地，寻找区内大型或特大型金属矿床和尚未开展工作的20余处沉积盆地基础石油地质勘查，寻找大型油气田，为新疆矿业开发提供充足资源储量保证。

到2005年，多渠道筹集资金，加快有色金属、黄金等矿产资源的勘探，以阿勒泰、伊犁、哈密等地区为重点，加速开发铜、镍、黄金以及非金属等优势矿产资源，选准基本建设项目。加快以塔里木盆地为主的天然气综合开发利用步伐。拓宽天然气利用领域，编制天然气开发利用规划，尽快启动一批基建项目，加快实施城市气化工程，有效调整能源消费结构，净化城市大气环境和改善人民生活条件，利用区内天然气的特殊条件，建设天然气发电基地。

（4）提高增长质量，重点在"增长方式转变"：矿产开发必须从粗放型、劳动密集型增长方式转变为集约型、技术密集和适度劳动密集相结合的增长方式，成为具有新疆当前特定发展阶段区情特点的产业。在国家宏观调控下，大型矿业公司要成为新疆矿业活动的主体，并与中小型矿山企业协调发展，合理勘查开发利用国内外矿产资源。矿山企业要依靠科技进步提高效率，大力降低资源消耗水平，努力综合利用资源和积极寻求代用品，使矿业走上资本、劳动力、资源投入较少，而生产效率、资源利用率、环境保护程度较高的可持续发展道路。

（5）到2010年"黑、黄、白"矿产资源储量有较大幅度增长，并进行适度开发：为了落实新疆矿业发展的"黑、黄、白"战略，首先要做好资源准备和相应的开发。在"九五"期末新发现上亿吨的大型油气田4~5个、新增探明石油储量9.5亿吨，探明石油地质储量25亿吨，天然气探明储量2050亿立方米，天然气控制储量4550亿立方米，原油产量2600万吨，原油生产能力2600万吨，原油加工能力930万吨，工业总产值80亿元，实现利税19亿元，生产天然气22亿立方米，确保成为我国油气资源接替区。"九五"末主要矿产资源新增探明储量：金90 t、铜70万吨、铅锌200万吨，煤18亿吨，2010年黄金、铜储量有较大幅度增长。"九五"末黄金产量20万两，铜3万吨，镍0.5万吨，煤3000万吨；2010年黄金35万两，铜6万吨，镍0.8万吨，煤4000万吨。

2.2 战略步骤

实施新疆矿业发展战略，拟定为10余年时间，大体可以划分为两个发展阶段。

第一阶段（2000—2005 年）：全面开展以矿业体制改革为中心的各项改革，重点是地矿和矿业行政管理改革，政府管理职能切实到位。地勘队伍管理体制改革实行政事、政企分开，面向市场求发展。初步建立社会主义市场矿业经济体制，加快矿业经济增长方式转变的进程，提高矿业科技水平和经济、社会效益。逐步解决国有大中型矿山企业困境。研究和落实提高地质找矿效果的问题，加强地质勘探工作，努力缓解优势矿产资源储量不足的局面。对前述选择的优势矿产中有代表性的 7 个重要矿床，在进一步进行技术、经济论证的基础上，加快这些矿床的勘探开发及其有关的基础设施和矿业产业建设的步伐。

第二阶段（2006—2010 年）：巩固、完善和发展矿业改革各项成果，不断推进矿业经济增长方式的转变，使矿业发展走上节约、质量、效益型的道路。加快矿业经济发展，加快优势矿产资源转变为产业优势，重点发展加工业，延长矿业产业链，进而转变为矿业经济优势的进程。坚持以国有矿山为主体、多种所有制的各类矿业共同发展，特别要大力发展乡镇矿山企业。地质找矿要继续有新发现、新突破，探明可供开发的矿产储量有显著增长。对前述 7 个重要矿床和新探明的重要矿床建成投产，增强矿业经济实力。有重点、有步骤地把优势矿产资源经济区逐步分别建成不同规模、以优势矿产为重点的综合矿业经济区，使矿业成为新疆及各地区的重要支柱产业。坚持走社会、经济、人口资源、环境相互协调的矿业可持续发展道路，为新疆矿业在 21 世纪的持续、快速、健康发展奠定基础。

到 2010 年，新疆矿产经济环境将发生很大变化，对此要有足够估计，核心问题是矿业改革开放力度、优势矿产资源保证程度、矿业产业和市场变化及其对新疆矿业经济发展的影响。对于以上两个步骤的战略指导思想和工作重点，应从实际出发，适时进行调整，关键是要始终抓好以下四个环节。一是深化矿业改革。要扩大矿业对内、对外开放，积极引进资金、技术、人才和管理经验；二是大力加强地质工作。要切实加大勘查投入和质量监控力度，扩大矿业基础的资源勘查需求，争取在寻找和探明石油、天然气、铜、金、钾盐和蛭石等优势资源储量上不断取得新的进展和重大突破，为矿产合理配置和有效利用提供充足的资源基础；三是加快矿业产业化进程。要积极发展矿业加工业，构建产业链群；四是把矿业经济工作重点转到开拓矿业市场。要以市场为导向，推动矿业经济的发展。

3 新疆矿业发展的战略重点行业

2010 年新疆矿产资源开发与产业发展的战略重点拟选择石油、天然气、煤炭、钢铁、有色金属、化工、建材、非金属以及矿产的加工等产业。

3.1 石油、天然气产业

搞好油气勘探。把资源勘探放在首要地位，增加勘探投资和工作量，以保证勘探先行，使石油工业的开发利用建立在有效经济储量的基础上。勘探工作要实现"四个展开""四个突破""四个接替"：展开准噶尔盆地东部地区的勘探，在已发现火烧山油田的基础上，着重整体解剖阜康断裂带和塔北隆起带，争取有较大突破，形成新的产油区以接替克拉玛依油区；展开准噶尔盆地的南缘、北部、腹部和伊犁盆地的勘探，以加强地震和地质的综合研究为主，选择有利构造打少量预探井，争取有重大发现，成为北疆地区后备接替探区；展开南疆塔里木盆地的勘探，在目前塔北隆起带已获得重大突破的基础上，着眼于特大型油田的发现，以形成我国石油工业的战略后备接替地区；展开吐哈盆地油气勘探，主攻鄯善弧形带，油、气并举，为油田长远发展寻找接替战场。

加速油田开发。在稳定现有油田生产的基础上，加快新油田的勘探开发步伐，实现原油生产的平衡衔接和良性循环。要加强老油田的综合调整挖潜，提高油田生产的后续能力。

深化炼油化工。石油加工着重于炼油厂规模结构和产品结构的调整，近期以发挥现有炼油厂的综合能力为主；产品结构应在现有 49 种优质产品基础上，以市场为导向，努力开发具有新疆石油资源特色的名、优、特产品系列。石油化工是近期新疆的重点发展项目，一是增加支农产品的生产，二是加快乙烯工程的建成投产。

提高石油外运能力。外运石油能力不足是新疆石油工业发展的突出弱点，目前兰新铁路运量已趋于饱和，须对兰新铁路进行电气化等综合改造，以增加原油或成品油的外运。作为长期根本的解决办法，应考虑修建直达内地的长输管道，以满足 21 世纪的原油外运。

3.2 煤炭产业

统筹规划，合理开发布局。为了保护好有限的资源必须重视煤田规划。在矿区布局上，应根据煤炭资源、地形地貌,具体划定各隶属矿区的开采走向范围和水平深度,坚持以正规矿业为主导、统配矿山为骨干,重点建设乌鲁木齐(包括正在建设的铁厂沟露天煤矿)、哈密、艾维尔沟三大煤炭工业基地。

搞好煤炭综合利用,开拓二、三次能源产品,在满足新疆需要基础上扩大区外市场。新疆的优质铸造焦煤在国外具有竞争力,应努力扩大向日本、东南亚等国的出口量。另外,要在煤、水资源组合条件好的地区发展电力,配置生产高耗能产品(如金属冶炼、电化工、盐化工产品),把一次能源产品转化为二次、三次能源商品输出,扬资源优势补运输之劣势。

3.3 钢铁产业

新疆发展钢铁,除拥有煤、铁矿之外,锰、铬、钒、钛金属及冶金辅助原料矿种基本齐全。冶炼钢铁用的辅助原料石灰石、白云石、硅石、膨润土、耐火黏土、菱镁石等储量丰富,质量好,均能保证新疆钢铁工业发展的需要。新疆生产的生铁、焦炭,已经进入国内外市场,参与更大范围的交换。

要抓紧矿山的勘探开发工作。加快接替矿山天湖铁矿的第二、第三矿群采矿和铬矿等矿产基地的开发建设,以保证新疆钢铁工业持续发展的需要,现有钢铁企业都应注意配套完善和巩固,对产品进一步延伸加工。内引外联项目,也应围绕资源、市场和运输合理布点,成熟一个布置一个。

3.4 有色金属产业

新疆北部和东部、伊犁地区和吐哈地区的成矿条件好,铜、镍、铅、锌和黄金与稀有金属资源潜力还很大。根据资源条件和市场需求,应在这些地区重点建设有色金属和稀有金属基地,特别要发展有色金属加工业,并在利用本区能源电力资源优势的基础上,积极发展高耗能有色金属(如铝冶炼业)。

3.5 化工产业

新疆发展化学工业,有明显的资源优势,市场需求好,化工原料主要有煤、石油、天然气、盐、石灰岩、芒硝、钾硝石、蒙皂石、膨润土。化学工业发展的方向和重点是:石油化工、盐碱化工和支农化工,相应地发展合成材料和精细化工。

3.6 建筑材料产业

新疆以建材为主的非金属产业在全国占有重要地位,如陶瓷用黏土、膨润土、白云母和长石储量均居全国之首,石棉、蛭石、滑石等已有一定数量出口。

(1)贯彻因地制宜、就地取材、就地生产和供应的方针。充分利用当地资源,力争自产多种配套产品,避免由区外购入中低档产品,做到墙体材料逐步实现全部自给。

(2)积极改造现有企业,重点建设一批骨干企业。以新疆水泥厂、新疆水泥制品厂和新疆陶瓷厂为骨干,在南北疆重点建设几个地区级骨干企业,使之形成适度规模。同时,加紧对现企业进行调整和技术改造、设备更新和填平补齐,发挥其生产能力,使新疆的建材工业综合生产能力提高20%~30%。

(3)采用先进生产工艺和设备提高质量、降低能耗,有计划地在重点企业生产高标号水泥和特种水泥。

3.7 加工产业

发展深加工、实现矿业产业化,是加快矿产资源优势转变为经济优势的中心环节和关键因素。所以,在资源有保证的前提下,必须加快矿业产业化的进程,要在继续开发矿产特别是优势矿产资源并对其进行初加工的同时,依靠科技进步,重点发展精深加工产品,延长产业链,提高资源的开发利用效益,大大提高矿产品附加值,建设具有各类矿产资源的矿产品加工基础。

4 新疆矿业发展战略布局

4.1 矿产资源勘查开发布局

根据"发挥优势,深化改革,内引外联,发展矿业"的指导思想和"抓住机遇,选准突破口,以效益为中心,以发展为目的"的布局思路,突出资源条件,全面考虑成矿地质背景,相应论证交通、能源等辅助条件,在"深化北疆,开拓南疆,突出重点,有序展开"的总体布局下,形成"深化阿尔泰、主攻天山、开拓昆仑山和阿尔金山"的勘查开发格局。具体地说,在前述矿产资源经济区划的基础上,新疆矿产资源的勘查开发可划分为8个勘查开发区:

（1）阿尔泰有色金属、稀有金属、贵金属、宝石等勘查开发区；

（2）准噶尔能源及铬、金等勘查开发区；

（3）伊犁能源、黄金、铁、铜等勘查开发区；

（4）乌鲁木齐能源、盐类、黑色金属、建材等勘查开发区；

（5）东疆能源、黑色金属、化工、有色金属等勘查开发区；

（6）南天山能源、建材、盐类等勘查开发区；

（7）塔里木能源、盐类等勘查开发区；

（8）西昆仑—西天山金、铜、煤等勘查开发区。

4.2　矿产资源勘查开发小区

新疆主要矿产资源总潜在价值 50489 亿元，以上 8 个分区中潜在价值上千亿元有 5 个分区。考虑到分区资源特点，以国家急缺矿产需求为原则，结合分区经济实力、交通、建设环境综合评估，建议按下列顺序，建设各具特色的勘查开发小区：

（1）以能源为主导产业，兼顾黄金、铬、铁、化工等矿产资源的勘查开发，建设准噶尔矿产资源经济区和东疆矿产资源经济区。

（2）以有色金属、稀有金属为主导产业，兼顾黄金、宝石矿产勘查开发，建设阿尔泰矿产资源经济区。

（3）以能源、钢铁、化工为主导产业，建设乌鲁木齐矿产资源经济区。

（4）以能源、盐类矿产为主导产业，建设塔里木矿产资源经济区。

（5）以能源、黄金为主导产业，兼顾有色、钢铁资源勘查开发，建设伊犁矿产资源经济区。

（6）以能源、建材、非金属矿产为主导产业，建设南天山矿产资源经济区。

西昆仑山和阿尔金山两个勘查开发区的交通条件、工业基础等较差，近期内只能建立以服务地方工业为主的小规模矿业开发区，一时难以形成以矿业开发为基础的矿产资源开发经济区。

（原载《中国实用矿山地质学》，冶金工业出版社 2010 年出版）

有色金属矿产资源需求的新特点及对策

梅友松

（北京矿产地质研究院，北京，100012）

摘　要：本文主要从有色金属工业发展对矿产资源的需求方面作了一些探讨，分析资源供求形势，并对相应的问题提出一些建议。

关键词：有色金属；新特点；供求；对策

中华人民共和国成立初期我国有色金属产量不超过 1.5 万吨，现在 10 种常用有色金属产量仅次于美国，稳居世界第二位。2000 年我国 10 种有色金属总产量已达 775 万吨。有色金属工业属资源型行业，因此有色金属工业的迅速发展对矿产资源的需求最为紧迫。有色地质部门一直很重视有色金属工业在生产、规划建设和长远后劲等方面对矿产资源供求形势及有关要求的研究，以此为依据部署找矿勘查工作。现在有色地质作为一个部门已不存在，但矿产资源形势这个有色金属工业发展的战略问题，我们仍然是关心的，为此下面主要从有色金属工业发展对矿产资源的需求方面作一些探讨，以供有关方面参考。

中华人民共和国成立以来有色地质部门探明了大量的矿产资源，为有色金属工业发展做出了贡献。21 世纪，我国将实施社会主义现代化建设的第三步战略目标，在 2010 年要实现国民生产总值（GDP）比 2000 年翻一番的目标，有色金属工业也将面临更大规模的发展，对矿产资源的需求强度将是急速而空前的，呈巨大规模的增长。我们要对各种矿产资源要求的新特点、新规模、新形势有充分的认识。

中华人民共和国成立 60 多年来，特别是改革开放 30 多年来，我国工业化建设已有相当强大的基础，我国国民生产总值（GDP）人均已达 800 美元以上。从世界各国经济发展的历史来看，一个国家国民生产总值人均 800 美元以下时期，对矿产资源需求强度一般是（特殊时期除外）低增生的、渐进式的，对矿产资源有时抓得不力或不当也影响不大。当国民生产总值人均达到 3500 美元以上的发达时期，对矿产资源需求强度为平衡增长甚至负增长。然而在国民生产总值 GDP 人均 800～3500 美元的发展时期，特别是此时期的前阶段，对矿产资源需求强度往往呈急速增长，跳跃式需求。我国正处于这个阶段开始时期，因而对矿产资源工作更要高度重视，要根据我国具体情况与这方面的发展历史经验，谨慎地创、造性地做好各方面的工作，为国家经济建设提供更多的矿产资源。

按 2010 年国民生产 GDP 比 2000 年翻一番的目标，并参考 1992 年世界人均消耗铜 2.1 kg、铝 3.6 kg、铅 1 kg、锌 1.3 kg 等数据资料确定 2010 年这些金属产量，由此推算其年平均增长率和 2001 年至 2010 年这 10 年内累计金属产量，在此累计金属产量中，根据现在所掌握的有关情况和矿产金属及杂产金属的比例，进而推算耗用的地质储量，以说明矿产资源可能需求的强度，现分矿种阐述如后。

铜：1949—1999 年，在 51 年内我国累计产铜 1738.09 万吨。2000 年铜产量达 137 万吨，按翻一番的目标，2010 年铜产量应为 274 万吨，人均消耗铜 2.1 kg，此数与 1992 年世界人均消耗铜数量相当。据此推算在 2001—2010 年，铜年均增长率可达 7.2% 左右，10 年内的铜累计产量就达 2048 万吨左右，为前 51 年产量的 118%。我国前 51 年的铜产量中矿产铜与杂产铜的比例约 2:1，在矿产铜中，1949—1980 年的 32 年中累计矿产铜 277.1 万吨，同期国内矿山生产的精矿含铜量 297.6 万吨，也就是说这期间的矿产铜全部由国内铜矿资源解决，约占同期铜产量 440.5 万吨的 68%。1981—1999 年 19 年中累计矿产铜 834.1 万吨，同期国内生产的精矿含铜量 622.6 万吨，也就是说由我国铜矿资源生产的精矿含铜量约占矿产铜的 75%，其余铜精矿主要依靠进口。在同期（1981—1999）所生产的 1297.6 万吨铜金属量由国内矿产资源生产精矿含铜量所占的份额仅为 48%。这说明国内精矿含铜量虽有较大增长，但铜产量增长更快，因而它在铜产量中所占的份额是在不断下降。总计 51 年我国矿山共生产的精矿含铜量 920.2 万吨，约占同期铜产量的 53%。如以生产 1 t 精矿含铜量耗用 2 t 左右铜金属储量计算，大约耗用了 1900 万～2000 万吨开发效益好的铜矿储量。根据上述有关情况，在 2001—2010 年的铜产量年增长率比1981—1999年平均增长率6%要高出1.2%，因而也设定精矿含铜量年均增长率6.6%，以此年平均增长率计算，2010年国内矿山年产精矿含铜量可达105万吨左右，10年（2001—2010年）累计产精矿含铜量为801万吨，依此推算国内生产的精矿含铜量约仅占同期铜产量的39%，比前51年约占同期铜产量数下降了14%。预计在此期间耗用开发经济效益好的可采铜矿金属储量也约为1600万吨。如按前述10年内累计铜产量和其中矿产铜与杂产铜的比例计算，精矿含铜量10年累计应达到1365万吨左右，如用国内资源生产则耗用可采铜矿储量为2730万吨左右（如进口铜精矿多，耗用铜储量就减少）。由此可见对铜矿资源的需求是强烈的、急速增长的。

铝：1949—1999年，在51年我国累计产铝2633.29万吨。2000年铝产量298万吨。如按2010年达到1992年世界人均消耗铝的水平计算，2010年年产铝达468万吨左右，其年平均增长率达4.6%左右，10年内累计产铝约3848万吨，为前51年铝累计产量的146%；如按2010年铝产量比2000年翻一番计算，2010年年产铝600万吨左右，人均消耗铝约为4.6 kg，这相当于1992年美国人均消耗铝的25%，约相当苏联的62%。2001—2010年铝产量年平均增长率达7.3%左右，10年累计产铝约4480万吨，约为前51年累计产量的170%。在前51年所生产的铝金属中矿产铝约占96%，杂产铝约4%，在矿产铝中由我国铝土矿资源所生产的矿产铝占76%，由进口氧化铝等生产的矿产铝占24%。前述两个方案累计产铝量，分别高出前51年累计产量约0.5、0.7倍，实际耗用的铝土矿储量就大大超过前51年，如按96%的矿产铝和每吨矿产铝耗用4 t铝土矿石储量计算，在10年内耗用开发效益好的铝土矿储量（矿石量），分别约为1.5亿吨和1.7亿吨（进口氧化铝等则耗用地质储量就减少）。特别要指出的是，目前民采矿是铝矿石的主要来源，消耗的地质储量成倍或几倍地超出正常（1 t电解铝/4 t地质储量）耗用量。由此可见，在这10年内铝矿资源消耗的强度是很大的。

铅：1949—1999年的51年累计产铝1026.09万吨。2000年产量为105万吨，如按2010年达到1992年世界人均消耗铅量的水平计算，2010年我国年产铅应达到130万吨左右，其年平均增产率为2.2%左右，10年累计产铅金属约1186万吨，为前51年铅累计产量的116%。如按2010年铅产量比2000年翻一番计算，2010年年产铅约为210万吨左右，人均消耗铅约为1.6kg，这约相当1992年美国人均消耗铅的32%，按此数在2001—2010年铅产量年平均增长率达7.2%，10年累计产铅1570万吨左右，约为前51年累计产量的153%。在前51年所生产的铅金属中，矿产铅占85%、杂产铅15%，按此比例，以生产1 t铅金属耗用2 t铅金属储量计算，前述两个方案在10年内分别耗用开发效益好铅金属储量约为2016万吨和2669万吨，估计分别为前51年耗用铅金属储量的1.2倍和1.5倍。如此强大的需求量，压力是很大的。

锌：1949—1999年，51年累计产锌1612.81万吨。2000年产量195万吨。如按翻一番的目标，2010年年产锌为390万吨左右，人均为3 kg，这相当于美国1992年人均锌消耗量的71%，按此数，在2001—2010年锌产量年平均增长率达7.2%，10年累计产锌约916万吨，为前51年累计产量的181%。在前51年所生产的锌金属中，大概是矿产锌占96%，杂产锌占4%，按此比例和以生产1 t消耗2 t金属储量计算，在10年内耗用开发效益好的锌金属储量为5599万吨，约为前51年耗用锌储量的1.8倍。如锌产量年平均增长率降低为5%，在10年内累计锌产量分别为2575万吨和2259万吨，耗用锌金属储量也分别为前51年的1.6倍和1.4倍。对锌矿产资源需求强度如此急速增大，压力是很大的。

镍：到1999年累计产镍已达68.34万吨，2000年镍产量5.1万吨，从需求来看，今后镍的生产年平均增长率要达到5.6%，预计2010年镍产量达8.8万吨，在10年内累计产镍约为70万吨，相当前40多年镍累计产量的102%，这也明显标示出在单位时间内耗用可采镍矿储量急速增长。我国虽然镍矿储量较多，但由于储量主要集中在金川，受开采条件的限制，目前可采储量是难以满足这一产量要求的。

钨、锑、锡是我国最具特色的矿产资源，其他国家远不如中国，这是我们独特的优势，其产品可控制国际市场，因此更需要精心用好这些宝贵的、不可再生的矿产资源。从目前情况看，要采取有效措施控制生产量和出口量，要根据国外、国内市场的需求，安排好生产和出口数量及其相关的品种，使其在较长时间内保持优势地位，以最高的经济效益最大作用地为我国现代化建设服务。

钨：1949—1999年的51年我国采出钨精矿（含 WO_3 65%）达200万吨，2000年钨精矿产量仍高达0.477万吨。有资料表明，1997年世界原钨的需求量仅为4.24万吨，我国1996年、1997年、1998年生产的钨精矿为5.17万吨、4.86万吨、4.63万吨。这3年钨精矿的产量，均占世界钨精产量的75%，实际比这个比例还要高。中国钨矿储量居世界首位，也是世界上最大的钨生产国和出口国，完全可控制国际市场供应量和价格趋势，由于供过于求，价格下跌，既严重浪费了国家宝贵的资源，又使企业亏损，今后要坚决按市场的需求量安排生产规模和出口数量，使产销协调，保护不可再生的钨矿资源，以利于可持续发展，获取最大经济效益和社会效益。

锑：1949—1999 年的 51 年生产锑达 174.9 万吨，2000 年产量仍高达 10.06 万吨，开采规模更是过大，与钨矿一样，所产锑品多用于出口，例如 1981—1997 年我国产锑 113.7 万吨，同期出口 60.62 万吨（以精锑合计），占生产量的大部分。要产销协调，不能盲目扩大生产，要根据国际市场的需求安排生产规模与出口量并获取最大经济效益，也有利于保护不可再生的宝贵锑矿资源（锑矿资源比钨矿少），否则对我们是很不利的。例如 1994年我国锑产量首次突破 10 万吨，年产锑达 10.12 万吨，同年锑出口创最高峰，年出口量达 8.48 万吨（以精锑合计）。1995 年产锑又创新高峰，产量达 12.95 万吨，约相当一年消耗两个大型以上的锑矿可采储量（找一个大型锑矿已十分不易），同年出口量也达 6.16 万吨（以精锑合计），随着中国锑及其制品涌入国际市场，1995 年 1～3月，国际锑市场平均价格由 5100 美元/t，跌到 4600 美元/t，5 月跌到 2870 美元/t，此后锑市场仍是供过于求，1997 年底已跌到 1540～1610 美元/t，完全处于世界平均生产成本之下。锑跌价并未止步，1998 年锑平均价约为 1399～1458 美元/t，1998 年 12 月 11 日竟跌到 1170 美元/t，1999 年底仍为 1173.64 美元/t。中国是"锑矿王国"，完全可控制国际市场锑的供应量和价格趋势，关键是要坚决把生产量和出口量压下来，要根据国外、国内市场的需求量安排好适度的生产量和出口量。据调查预测，国际市场每年对锑的需求量约 9 万吨，国内需求量约 1 万吨（陈习宜，1997），因此对锑来说绝不能要求产量的翻番，只能在控制产量、提高产品竞争能力中获取最大的经济效益，争取在经济效益上翻番是可能的。以 2000 年锑产量高达 10.06 万吨计算，就是按 1999 年锑的产量 8.4 万吨计算，在今后 10 年即使年平均增长率为零，10 年累计产锑也有 84 万吨，以 1.8 t 锑金属地质储量生产 1 t 锑金属计算，大概要耗用 150 万吨左右的锑矿可采储量。在 10 年内如此大的开采量，是我国锑矿资源难于承受的。据原有色总公司和原地矿部预测 2000 年锑需求量为 3.69 万吨（内需求量 1.19 万吨），2010 年需求量为 4.68 万吨（内需求量为 1.68 万吨）。另据有关人士分析，我国锑年产量应为 2.5 万～3 万吨为宜，这样才能利用我国的资源优势，持续取得最大的经济效益。

锡：1949—1999 年，51 年共产锡 150.28 万吨，2000 年更是创历史最高年产量，达到 11 万吨。锡生产基本上是矿产锡。锡产品主要用于出口。如 1981—1998 年共产锡 74.44 万吨（年平均产锡 4.14 万吨），同期出口锡及其制品 55.14 万吨（年平均出口 3.06 万吨），出口量占产量的 74%。近年世界年锡消费量约为 23 万吨左右，我国锡产品出口量不断增长，这些年出口量已占世界锡消费量的 20% 左右，1998 年更高达 26%。现在国际市场锡价在较低价位上徘徊，我们要根据国际市场和国内市场的需求状况确定锡产量和出口量，以保持国际市场的有利锡价，使我国锡及其制品出口能创造最佳经济效益。我国锡产量 1998 年、1999 年、2000 年不断创造新的高峰，年产量分别达到 7.93 万吨、9.08 万吨和 11 万吨，这样的年产量，即使年平均增长率为零，10 年内锡累计产量分别约为 80 万吨、91 万吨和 110 万吨，约为前 51 年累计锡产量的 53%～73%，这个数量也是很大的，依前述累计产锡量，以 1.8 t 锡金属地质储量生产 1 t 锡金属估算，约耗用可采锡矿储量 140 万～198 万吨，也就是说在 10 年内要耗用掉可采的 35～50 个大型锡矿床的储量，其资源需求强度同样是急速而巨大的，压力很大。为此要坚决根据国外、国内锡市场的需求量，在创造最佳经济效益的前提下，合理安排我国锡的产量和出口量，以保护我国锡矿资源持续创造最佳经济效益和社会效益。严防不断加重市场供过于求的局面，使锡价下跌的现象发生。

由上所述可清楚看出，在今后的发展中所需各矿种可开发储量强度正在急速巨大的增长，但现有许多主要矿种可提供矿区利用的储量严重不足，保证程度差，在大宗矿产中特别是铜矿最为突出。据朱训（1996）分析，"在未来 10 年，将是我国大批大中型矿山集中闭坑矿山接替资源突出紧张的时期，相当大一部分始建于 20 世纪五六十年代的骨干矿山资源已趋枯竭，生产能力迅速递减……铜矿生产能力将消失 26%，铅锌矿 46%，金矿 70%……国有大中型骨干矿山的产量已降到了全国总产量的一半以下，而目前支撑矿石产量半壁江山的集体矿山和其他企业，因其过渡分散和粗放经营，大多无规模产量，且后备资源占有量少，一旦其产量大幅度下滑时，将极大地影响全国矿产品供需平衡。"同时，可开发的规模大的矿产资源新基地甚少，因而难于建成较多的规模大的新矿产品生产基地。这种可开发利用的矿产资源严重不足的状况，已越来越强劲地制约着我国有色金属工业及其他许多与此相关工业的可持续发展。这种新的瓶颈制约的严峻形势，应尽快引起高度重视。为此概要提出以下几点建议：

（1）改革矿产地质管理工作，促进获取最佳勘查效果，提供大量可开采的矿产储量和后备矿产资源量。矿产资源是社会发展的基础，是国民经济增长的主要支柱之一，它关系着国家安全和持续发展，具有重要战略意义。对我们这样一个发展中的大国来说更是这样。但矿产地质勘查这种商业性的地质工作，是找矿勘查工作的主体，又是风险大、周期长、投入大、获利高的工作。目前我国商业性矿产地质市场处于刚刚起步，还远远不能适应这些特点，更难与发达资本主义国家相比，而且这项找矿勘查的主体工作，目前尚处于空前薄弱、空前困难的境地。为缓解我国许多矿产资源紧缺的情况，并保证可持续的供应，国家要有力地扶持商业性矿产地质勘查市场的发展。否则在相当长的时期内难于形成支配全局的矿产地质市场。目前矿产勘查工作问题较突出，需认真研究解决。在市场经济基础上，国家根据矿产资源的合理需求和必须的矿产资源储备，做好宏观调控，引导矿产地质工作高效合理发展。为做好市场条件下的矿产地质工作，要以国家投入的找矿勘查工作为基础，以探获可商业开发和可后备开发的勘查成果为目标，坚持在重要生产矿山、矿区外围和有关成矿区带进行找矿勘查工作，根据不同工作目的和主要要求确定勘查范围及勘查程度。为此要改革矿产地质工作的管理，建议成立全国性、地区性的国有矿产地质勘查投资公司，管理好矿产地质勘查事业费，增加必须的资金投入，并将原部分地质事业费、资源税等作为资本金注入，进行矿产地质概查、普查、详查和勘探，并支持国内外企业和个体成立类似公司，投资矿产地质勘查工作。同时，支持原有的或在一定的基础上建立具有不同特色的矿产地质勘查公司，从事找矿勘查工作，在竞争中求生存和发展。特别重要的是，以矿产资源为基础的工业部门，尤其是对矿产资源需求紧张的部门，应具有一支精干的找矿勘查地质队伍。要支持与发展矿产地质咨询评估公司，为正确立项和勘查成果评估做好工作，尽量减少投资风险，获取最佳的矿产地质勘查经济效益。社会公益性的地质、地球物理、地球化学、遥感地质、区域矿产地质调查、矿产资源战略储备的确定、未来矿产资源研究、国家矿产资源信息系统工程和灾害地质工作等由政府有关部门统一组织管理实施。

（2）改革矿业管理，合理有效地开发矿产资源。目前一方面是矿产资源严重不足，另一方面是资源浪费严重。出现这种情况的原因在一定程度上与现有采矿企业既是矿产资源的经营者，又是矿产资源的所有者和管理者是不可分的。这种事实上的权限不清，管理监督不明的状况，不利于矿产资源的保护和合理有效开发利用，也不利于环境保护。

（3）开发推广新的采、选、冶技术，大力提高矿产资源回收利用能力。

（4）合理有效地利用国外资源。在立足国内矿产资源的前提下，就我国短缺矿种（如铜矿），要合理、充分、有效地利用国外矿产资源。随着国家现代化建设的需要及我国国力的不断增强，从保护本国的矿产资源为目的，应不断扩大应用国外资源的范围。

（5）开发推广代用资源。为实施矿产资源可持续开发、保护环境和解决矿产资源不足的问题，用再生资源代替矿产资源。今后要全面大力发展再生资源（废杂料）的应用，还要注意用非矿物原料代替矿物原料，用非金属材料代替金属材料等。

感谢何伯墀教授和李树义高工对本文提出的宝贵修改意见。

（原载《中国实用矿山地质学》，冶金工业出版社 2010 年出版）

辽宁有色金属矿山二轮地质找矿前景分析

栾　辉

（中国有色金属工业沈阳公司，沈阳，110014）

摘　要： 在总结了辽宁有色金属矿山二轮地质找矿成果的基础上，指出进一步找矿的前景，并提出搞好二轮找矿工作应注意解决的几个问题。

关键词： 有色金属矿山；二轮地质找矿

矿山二轮地质找矿是目前世界勘探领域中重要的成矿预测研究课题之一。这是因为矿区基本上都处于成矿有利地带。随着矿产资源的开发，地质工作程度的提高，对矿区成矿地质规律的认识不断深入，因而有利于找到一些过去未被人们认识或发现的隐伏矿体。矿山生产实践中，在老矿区发现新的大型隐伏矿床的实例屡见不鲜。据资料统计，北美洲近年来发现的 39 个斑岩型铜矿，其中 90% 是在已知矿区发现的。我国有色金属系统近年来发现的 8 个大中型铜矿有 6 个是老矿区二轮地质找矿的勘探成果。

1　辽宁有色金属矿山二轮地质找矿工作概况

辽宁有国有大中型矿山 8 座，目前处于正常生产的有 6 座，占全省有色矿产资源 90% 以上。近十几年来，特别是"七五"以来，这些矿山不同程度地开展了二轮地质找矿，对保证矿山持续稳定生产起到了重要作用。

1.1　地质找矿工作成果

辽宁有色金属矿山近十几年二轮找矿工作取得的成果比较显著，主要表现在两个方面。

（1）新增大量地质储量，稳定了矿山生产，延长了矿山服务年限。"七五"以来，新增地质储量 2944.97 万吨，铜铅锌金属量分别为 298891 t，187139 t，859388 t，金 12133 kg，银 608 t。红透山和八家子矿等地质找矿工作尤为突出。红透山铜矿历经十几年持续勘探，新增矿量 1100 万吨，实现了"采完一个矿，又找出一个矿"。生产能力比原设计扩大 50%，矿山寿命延长二十年，企业得到了更大发展。八家子铅锌矿投产后，地质队提交的储量落空 532 万吨，落空率高达 60%，矿山通过二次找矿，新增储量 400 万吨，基本弥补了落空的储量，延长矿山服务年限近二十年。

（2）积累了丰富的找矿经验。红透山铜矿总结出"红透山式铜锌矿床构造控矿展布与变化规律"；桓仁铜锌矿摸索出"矿床成矿与中深层侵入岩相关性及垂直分布规律"；青城子铅锌矿经过四个找矿阶段，从成因找矿到层位找矿再到断裂加有利层位找矿，理论上不断突破，发展至今实现了在铅锌矿床中找金银矿体，找矿矿种上也有所突破；华铜铜矿是一个铜矿山，通过不断探索，发现含水复杂矽卡岩中金的自然富集度很高，按照这一规律，找到了金铜矿体。

1.2　所做的主要工作

（1）认真编制地质找矿年度计划和长期规划。从 1985 年至今，各矿逐年编制了矿山地质找矿年计划并制订了长期规划。同时强化了地质找矿工程项目管理，以确保找矿效果。

（2）加强了综合研究工作。红透山、桓仁、华铜、青城子、八家子矿都先后召开了地质找矿"会诊会"或研讨会，聘请省内外地区找矿专家进行研讨，明确了控矿因素，提高了对矿床成因及赋存规律的认识，确定了今后找矿方向。同时各矿山都成立了专兼职综合研究组，从事找矿理论的研究。

（3）推进勘探手段的改革。钻探技术被各矿山普遍应用，"以钻代坑，坑钻结合"等新勘探方法稳步发展，仅"七五"期间钻探总进尺达 18×10^4 m，可替代坑探 6×10^4 m，节省资金 500 多万元。

（4）积极开展伴生金银查定工作。伴生金银查定对于矿山提高经济效益，拓宽找矿思路具有重要意义。各矿编制了伴生金银查定的规划、计划，通过五年多的工作，在红透山、华铜、青城子等矿山，共查定金金属量586.6 万吨，银 224 t，新增金金属量 282.5 万吨，银 76 t。

1.3　找矿指导思路

（1）"就矿找矿"，即在老矿区深部、周围追索已知矿体或与已知矿体类似的隐伏矿体。例如红透山铜矿经过研究发现，由于地质情况发生变化，上部向南西倾斜的主矿体 3 号脉，在深部（－487 m 以下）几乎尖灭又逐渐变大，从而改变了深部主矿体向南西倾斜的认识，把向南西设计的钻孔调整到南东向追索 7 号脉，结果重新设计钻孔全部见矿，并由此获得矿量近千万吨。

（2）"就条件找矿"，即在老矿区外围，寻找与矿区成矿条件相似的地段作为勘探靶区进行找矿。例如青城子铅锌矿通过对已知矿体的研究，总结出"断裂加有利层位"是成矿的主要条件。以此在原矿床外围寻找类似地段，相继发现了二道、南山、喜鹊沟等坑口。

（3）在废弃的坑口或中段，通过群众报矿，对地质资料进行二次整理，重新进行地质调查，寻找分散小矿体或高品位矿皮、矿柱，最大限度地回收资源。例如青城子铅锌矿二道沟坑是一个废弃的坑口，该坑口实行国有民营后，积极发动群众报矿，找到不少新的资源，两年共采出铅锌矿量2400 t。辽宁有色矿山多数是老矿山，这类资源数量相当可观。

（4）"矿外找矿"，即拓宽找矿思路，在矿区寻找主矿种以外的新矿种。有色矿山多数为金属矿床，并常具有分带性。因此发现新矿种的实例很多。例如：华铜铜矿是一个铜矿山，后来发现主要围岩矽卡岩中金的自然富集度很高，就有意识地在该层位找金矿，结果发现许多独立金矿体，矿山在铜资源枯竭后，靠采金生产了 5～6 年。桓仁铜锌矿也是由上部采铅锌为主变为下部采铜锌为主，在青城子铅矿外围也发现了大型独立金矿床。

2　进一步找矿的前景分析

2.1　重点找矿区域

根据找矿依据的可靠程度、找矿潜力和预测效果，辽宁有色矿山二轮找矿有以下几个重点区域（表1）。

表 1　重点找矿区表

矿山企业	矿　种	矿床成因	找矿依据	找矿潜力	预计效果
红透山铜矿	铜　锌	火山沉积变质（改造）	物探异常部分工程验证	较好	新增250 t
桓仁铜锌矿	铜	接触交代型矽卡岩矿床	地质理论推测部分工程验证	较好	新增300 t
青城子铅锌矿	铅锌银	沉积变质热液叠加	地质理论推测	较好	新增200 t
八家子铅锌矿	铅　锌	高中温热液型	物探异常有利成矿部位	较好	新增200 t

2.2　各矿山重点找矿靶区

红透山铜矿：（1）矿区外围黄泥岭地段，该地段地表及外部矿化发育，物化探异常明显，与红透山矿床主矿体 7 号脉成矿条件极为相似。（2）坑口超深部，7 号脉向南东侧伏未封闭，尚具有找矿潜力。

桓仁铜锌矿：向阳坑及松兰坑深部。按照桓仁铜锌矿床为"中深成矿"的理论推测和现有工程揭露表明，矿床勘探下延至少还有 300 m，其范围是松兰下 560 m，向阳下 380 m 深度。目前在向阳下 380 m 深部已发现高品位铜矿体 200 多万吨。

青城子铅锌矿：（1）新东区。该区铅锌矿赋存的地层是大地区金银矿围岩，因此有必要在新东区找金银矿；（2）在榛子沟上部，南山坑西部，喜鹊沟东西部按照"断裂加有利层位"理论，可进一步寻找铅锌盲矿体。

八家子铅锌矿：红旗东山深部。红旗深部岩体位置电磁频率测深异常明显，矿体向下未封闭，因此，可能有较大的隐伏矿体。东山深部有望发现黄铁—铅锌银矿。

3　今后二轮找矿应注意解决的问题

目前，矿山二轮地质找矿中存在的主要问题有三点。（1）认识问题：许多矿山对二轮找矿的重要意义认识不足。（2）资金问题：各矿经济形势十分困难，找矿资金严重不足。（3）技术问题：技术人员对成矿规律认识不清，找矿手段方法落后。为解决上述问题，要做好以下工作。

3.1　提高矿山二轮找矿作为企业发展战略的认识

资源是矿山的基础，资源条件决定了矿山企业的发展状态，重视二轮找矿工作，不断扩大储量，保证矿山企业持续稳定发展。反之，忽视了这项工作，矿山企业的生存与发展就会受到资源条件的严重制约，长期忽视这项工作，矿山就将陷入坐吃山空、资源危机的境地。

3.2 加强地质综合研究、深化矿床成矿规律的认识

对矿山地质规律的认识程度决定着地质找矿工作能否有所突破。矿山要结合企业具体情况，建立综合研究组织，并与大专院校、科研院所联合攻关，把科研单位的人才技术优势和矿山地质技术人员地质情况熟悉的优势有效地结合起来，推动找矿工作的深入开展。

3.3 提倡创新，大胆运用新理论、新方法、新技术

矿山地质找矿的难度越来越大，常规的探矿方法常常难以奏效，现有成矿规律的认识往往成为发现新矿体的障碍，因此善于运用新理论、新方法、新技术，在地质找矿中进行物化探综合分析，坑探钻探联合勘探，对于矿山发现新的隐伏矿体具有重要意义。

3.4 培养一支高素质的地质找矿队伍

高素质的人才是决定找矿成效的关键。矿山要采取"送出去培养，请进来授课"的方法，提高现有技术人员素质，开阔视野，进而提高矿山地质找矿的水平和效率。

（原载《中国实用矿山地质学》，冶金工业出版社 2010 年出版）

湖南冶金矿山地质工作的几点经验

钟锦亮　　杨显忠

（湖南省冶金局，长沙，410000）

在贯彻国民经济调整时期，冶金矿山地质工作怎么办？结合实际，我们从调查研究和总结经验入手，提出狠抓矿山地测工作的技术管理，不断提高地测工作的质量，加快矿山地质工作现代化的发展，以找矿探矿和保矿为中心，湖南省冶金局加强矿山地质工作的做法如下。

1　加强领导，完善机构

多年实践，使我们认识到领导重视和健全机构是搞好地测业务的关键。然而"文化大革命"的破坏，从冶金局到矿山普遍存在着"重采轻掘"，一些矿山地质机构不健全甚至无人过问地测业务，致使地测指导、监督、保证生产的三大作用无法发挥。针对这种形势，我局在1975年整顿时，就恢复了地测机构，但当时没有编制，就采取在勘探公司和矿山暂借五人，成立局地质组负责地测业务管理工作。局党委分工有一位副局长抓矿山地质工作，1977年以后，局三次向省委写专题报告要求成立地质处，于1980年6月正式批准组建了地质处，目前已有8人，并由局长主持召开了有矿长参加的全省冶金矿山地质工作会议。会议讨论和通过了七项地测工作规章制度，并确定重点矿山都要像桃林等矿山那样恢复和成立地测科。这次会议，对全省加强矿山地质工作推动很大。会后各矿普遍召开了党委会，专门研究了加强对矿山地质工作领导的具体措施，把地测工作纳入了党委的议事日程。至目前止我省24个重点矿山都已建立了地测科，使地测工作在矿山生产建设中发挥了更重要的作用。水口山铅锌矿、黄沙坪铅锌矿、车江铜矿、湘潭锰矿等单位，将过去地测人员属工区改为由科里统一管理，有利于监督作用的发挥，也有利于集中使用地测技术力量从事地质综合研究工作。桃林铅锌矿、湘潭锰矿等五个矿地测部门成立了党支部，进一步加强了思想政治工作。

2　加强管理、健全规章制度

科学管理，在于合理的规章制度。我局于1977年组织了两个调查组，了解到："文化大革命"使许多矿山的规章制度成了废纸，有的烧毁，有的丢失，正常工作秩序被打乱了，检查、验收、监督都不搞了或徒有其名实为形式。针对这种情况，我们迅速组织力量，重新编写了地测工作七项规章制度，并发到各矿山广泛征求意见，在此基础上，召开了专业会议讨论通过后，在1978年以局正式文件颁发各矿贯彻执行，并要求各矿山根据本矿具体情况制订工作细则，各矿也都先后制订了自己的具体责任制和细则。如湘潭锰矿恢复和制定了地测责任制度与技术管理制度共28个；锡矿山矿务局制定了11项具体制度和细则；桃江锰矿建立了12项制度。出现了办事有章可循，责任分明的新气象。水口山铅锌矿将局颁发的制度，发至各级领导和专业人员，人手一册，在工作中结合实际，组织学习制度，如在工程验收中，采矿部门与地测验收部门发生矛盾时，就拿制度为准则进行仲裁，减少了互相扯皮现象。冶金部《有色矿山地测工作条例》下达后，我局又召开了地测科长会议，进一步学习制度，要求各矿根据冶金部文件修订各矿细则。通过规章制度的贯彻落实，地测工作正常秩序逐步得到恢复，地测工作的质量逐步得到提高。

3　加强检查，认真评比

这几年，我们组织了两次检查评比，第一次1978年评出4个先进单位，评出4名地测个人标兵，号召全省地测人员学习，有力地促进了地测部门学先进赶先进的活动。第二次是1980年对6个黑色矿山和14个有色矿山地质原始资料、综合图件、各种台账进行专业性较强的检查评比。这次是以局推广的湘西金矿先进典型经验为样板要求各矿进行自检，采取听、看、评、改的方法，收到很好的效果。检查的结果看到了我省冶金矿山地测基础资料是一个薄弱环节。我们对此提出相应的要求，使之进一步加强。通过检查，有效地促进原始编录质量的提高，并评出湘西金矿、湘潭锰矿、锡矿山矿务局、水口山铅锌矿 4 个先进单位、先进班组 37 个、先进个人 92 个，由省局印制了光荣册和颁发了奖状，在全局范围内大力开展学习和推广活动。

4 加强综合研究，探索找矿方向

1978 年冶金局矿山地测会议上，我们要求各矿要配备 3~5 人的综合研究班子，开展地质综合研究工作，研究工作中的新课题和成矿规律，及找矿方向，向老矿的外围、边部、深部找新矿，同时经常介绍各矿的研究成果和工作方法及国内外矿山地质工作动态，冶金局地质处于 1981 年试办了《地质情况介绍》不定期刊物，以便交流经验，促进综合研究工作的开展。锡矿山矿务局重视地质综合研究工作，地测科配备了专门综合研究人员，该局下属的两矿也建立了地质综合研究组，从 1978 年以来，结合实际开展研究，基本上解决了南矿飞水岩矿床和北矿童家院矿床的次级构造与矿体形态、矿体赋存层位，保证了勘探、采准工程的正确布置，并组织撰写了专题总结和论文，在有关学术刊物上发表的已有十篇。湘西金矿地测科有综合研究组，坑口也配备综合研究人员 1~2 名，并主动与院校结合，成效显著。如西安坑口收集原勘探队大量的原始资料，查阅了 295 个钻孔资料和上万米坑道资料，整理出八万个地质数据，编制了 30 幅地质图件，圈定出三个新矿段，七个成矿预测区，总结了"五重叠"成矿规律，提出了两翼一新区的找矿方向。有的通过工程验证找到了新的矿体；增加了储量，扭转了西安坑口的储量危机局面。又如沃溪坑口开展研究后，对网脉矿体、节理脉、贫矿带的成矿条件，赋存规律和地质特征及找矿理论提出了新的看法，大幅度增加了储量，两年内就达 50 万吨。瑶岗仙钨矿通过综合研究工作，发现了大脉旁有细脉浸染型黑钨矿，并发现在花岗岩中也有成矿前景，值得引起重视。湘东钨矿在科研单位的大力协作下，在老生产区内发现了一个大型铌钽矿，并依靠矿山地质力量迅速完成了勘探任务，并提交了储量报告，已经省储委审查批准，可作为建设依据。通过实践我们认为中段地质总结和矿山闭坑地质总结也是一项重要的矿山地质综合研究工作。通过审查湘潭锰矿立新井区和新晃汞矿酒店垭矿区的闭坑总结报告，我局及时召开了全省冶金矿山地、测、采人员会议，专门研究了这项工作，并制订了统一的规程，即《矿坑关闭暂行规定》同时会同湖南省储委召开了开展探采对比总结工作的专业会议，全省已有十四个矿山完成了任务，提交了专题总结，为今后国家制定各种勘探规范提供了重要的资料。

5 加强设计管理、狠抓地质探矿

我省老矿山多，随着生产发展，保有储量逐年减少，为了扭转这种被动局面，在我部的支持下，先后组建了 14 个矿山勘探队，有职工 870 人，开动地表大钻 17 台，坑内小钻 40 台。冶金局主要抓了四件事：①把好勘探设计审查关，各项探矿工程每年均由局组织审查，各矿必须按批准设计施工；②做好地质专用管材的供应；③推广小口径人造金刚石钻进和以钻代坑；④协助各矿解决技术难题，组织会诊、攻关与经验交流。我们这支矿山勘探队伍，每年可完成钻探任务五万多米。1976~1981 年共探获各种有色金属 30 万吨，平均每年探获金属量近五万吨。提交了汝城大山白钨矿、瑶岗仙钨矿 501 号脉、水口山铀矿、香花岭矿采空区、湘东钨矿金竹垅钽铌矿等五份勘探报告，均已经储量委员会审查批准，可作为建设依据。瑶岗仙钨矿在十九中段发现 501 号脉以后，通过几年的探矿又发现 510 号、540 号、507 号、508 号、143 号、79 号、71 号脉等具有工业价值的矿脉 20 余条，新增金属量近万吨，使老矿焕发了青春。东波有色矿柴山系统 1975 年末仅保有地质储量四年，通过近几年加强研究，充分发挥坑内钻探矿的优势，找到 30 余条矿脉，至 1980 年末使服务年限增加到 6.4 年，扭转了储量危机局面。川口钨矿三角潭矿区，坚持运用坑内钻探矿发现矿脉 40 条，使保有储量从 1975 年末的 20.7 万吨增加到 1980 年末的 78.3 万吨，增加 3.78 倍。1977 年以来全省黑色矿山依靠矿山自己的力量共探获锰矿石量：B+C_1 级 131 万吨，C_2 级 65 万吨；C_1 级铁矿石量 13 万吨，C_2 级矿量 110 万吨。湘潭锰矿勘探队在矿区外围金石矿区探获工业和远景矿量 150 万吨，并提交了金石矿区勘探报告，已经省储委批准可做建设依据。我们近几年比较注意运用坑内钻逐步代替坑道探矿，在老区就近找矿也取得一定效果。如锡矿山是我省使用人造金刚石探矿较早的矿山，我们推广了他们以钻代坑的经验，他们在北矿经过试验，每 1.43 m 坑内钻可以代替 1 m 坑探，代坑率达 50% 以上。从 1968~1980 年不完全统计，以钻代坑节约探矿工程费 206 万元。桃林铅锌矿将红旗 100 型钻机改装成为金刚石钻机，亦加快了探矿速度，节省了资金。川口钨矿应用 KD—100 型钻机改装成金刚石钻机，在三角潭矿区坑内探矿获得了显著效果。香花岭锡矿和东波有色矿用老式苏制 300 型钻机改装成坑内钻，应用于探形态复杂的矿体，也获得显著效果。潘穴冲铅锌矿、柏坊铜矿应用化探、物探方法配合矿山地质工作获得了一定效果。

6　加强矿队结合，加快重点矿区勘探速度

我省冶金 217 队在水口山外围发现一个大型的、有远景的铅锌基地。冶金 214 队与川口钨矿在杨林场区发现了一个大型的白钨矿床。这两个矿山储量都严重不足，要考虑生产接替，而地质队找矿评价范围大，时间长，如何加快这两个矿区的勘探速度？是一个值得研究的课题。局里多次开会进行研讨，我们采取矿队结合办法，加快了勘探速度。对川口杨林场矿区，我们与矿队多次协商，制定了共同的勘探方案，由队施工钻孔，矿进行地探施工，经过三年探矿基本上查清了矿化范围，目前已控制金属量近五万吨，为尽快地提出勘探报告创造有利条件。矿队共同设计取样方案，然后分中段包干进行取样，并设想进一步把矿里的取样力量统一由勘探队管理，以保证取样质量和加快勘探速度。水口山康家湾矿区勘探队已用钻孔控制了 100 万吨金属量，但因矿体形态较为复杂，不经坑探验证无法提交工业储量，勘探队没有力量去施工坑探，矿山负责施工探矿巷道，将施工巷道和开拓工程结合起来，以加快勘探速度，尽早地提供可供建设需要的地质报告。

7　加强贫化损失管理，提高经济效益

贫化损失是矿山重要的经济指标之一，它直接影响矿山的经济效果和资源的合理开发利用。我局于 1980 年在湘西召开了现场经验交流会，总结和推广了湘西等单位经验，会议还制订了采场管理办法，要求把贫化损失管理工作和经济效果与评比奖励结合起来。如瑶岗仙钨矿，将贫化损失指标列入评奖条件，采幅逐年下降，从 1977 年的 1.72 m 降到 1980 年的 1.3 m，总贫化率从 1978 年 75.8% 下降到 1980 年 71.54%，可避免贫化从 5% 下降到 1.47%。宝山铜矿贫化率由 1975 年 36% 下降到 1980 年 5.2%，损失率由 1975 年 12% 下降到 1980 年的 0.5%，创造了历史最好水平。该矿坚持配矿，尽量利用混合矿和表外矿，仅 1979 年一年就利用表外矿 2.03 万吨，占采矿量的 7.3%；坚持对矿岩分采、分装、分运，在扫边和矿体界限不清时坚持地质人员值班制度，与电铲、汽车司机紧密配合，指挥电铲挑选，三年共多回收矿石 23 万吨，降低贫化率 3.2%，共挑出废石 5.9 万吨，降低贫化率 7.4%，节约选矿处理费用 51 万元，经济效果显著。锡矿山矿务局加强施工指导，严格执行验收制度，损失率从 1978 年 23.5% 下降到 1980 年 14.47%，创历史最好水平。湘西金矿在坑口成立贫化损失计算管理小组，负责采场检查，他们抽出 20 多人专门负责出矿计量和取样，将贫化损失指标列入评奖条件。西安坑口多年来贫化率保持在 4% 左右，损失率稳定在 2% 左右。香花岭矿地测科专门办了贫化损失简报，按月计算，按季公布。

8　加强技术培训，虚心学习先进经验

由于矿山地质人员学习条件差，知识更新困难，为了解决这个问题，我们近几年来先后举办了地质专业学习班、钻探机班长学习班等，同时还协助培训了两批矿山地质干部，共轮训了 149 人，并协助省地质学会组织召开了矿山地质学术交流会。学术活动十分活跃，如在 1979 年全省矿山地质学组交流会上提交论文 12 篇，1980 年提交 23 篇，在 1981 年第一届全国矿山地质学术会议上提交 15 篇。

为了学习外地矿山地质工作经验，近来我局先后组织六批次地质人员分别到邯邢矿山局，宣化龙烟、大庙，及广东、江西、湖北、安徽、贵州、云南等省有关矿山参观学习。所有这些都促进了我省冶金矿山地测业务的全面建设。

（原载《中国实用矿山地质学》，冶金工业出版社 2010 年出版）

我国矿山地质工作现状、差距及 2000 年展望

群　集

中国地质学会矿山地质专业委员会，北京，100814）

矿山地质工作是矿山开发（包括矿山设计、建设和开采）过程中所进行的各项地质及矿产资源技术经济评价工作的统称。研究矿山地质工作的理论和方法谓之矿山地质学。矿山地质学作为一门独立的学科出现较晚，直到 20 世纪 30、40 年代才有矿山地质学专业的著作问世。

中国是矿业发展最早的国家之一。我国古代的《禹贡》《山海经》等属于世界上记载有关矿产资源和矿产开采知识最早的书籍。大冶铜录山古铜矿场的采冶遗址表明，我国青铜器时代矿冶生产技术已有相当水平。但是，由于近代中国曾沦为半封建半殖民地，采掘工业落后，因此，解放前矿山地质工作不发达。新中国成立之后，随着现代化的矿山生产建设的空前发展，矿山地质工作才得到了迅速发展。现在，矿山地质学已成为地质科学的一个重要分支，矿山地质工作已成为我国地质事业的一个重要组成部分。

1　我国矿山地质工作的发展与成就

全国科学大会以来，我国矿山地质工作有了显著发展。归纳起来，其主要成就为：

（1）建立了矿山地质机构，培养了一支矿山地质专业队伍。从 20 世纪 50 年代开始，各生产矿山都先后建立了矿山地质机构，培养了数以万计的矿山地质专业科技队伍，进行了生产探矿和开采中的地质工作，同时还开展了老矿区周边及深部的找矿工作，直接起到了为矿山生产服务的作用。

（2）开展了重点生产矿山的矿床地质综合研究。根据地质勘探和矿山生产所积累的丰富地质资料，对矿床进行深入系统的研究取得了成果。例如，已出版的《中条山铜矿地质》一书，提出铜矿峪矿床属变质的斑岩铜矿床，其原始成矿因素有外生作用及内生作用，特定的岩石组合是今后找矿评价的一个重要准则。鞍山、白云鄂博和大冶等铁矿区的矿床地质研究，所获得的富矿赋存规律和矿床矿物学的研究成果对矿山开发起了作用。

老矿山找矿与成矿预测研究突出的成果是江西、广东一些黑钨矿矿山，根据开采过程揭露的资料，提出了垂直方向的矿化分带规律（即五层楼）和找矿标志，发现了大批盲矿脉，扩大了钨矿储量。此外，引人注目的是近几年，在水口山铅锌矿外围发现了大型盲矿，杨家杖子矽卡岩型钼矿区外围找到了斑岩型钼矿。这些都充分说明矿山在找矿方面取得了显著效果。

（3）革新了生产矿山的找矿探矿技术。生产勘探是矿山地质的一项经常性工作。据部分大、中型金属矿山的资料，生探占矿山总掘进量的 30% ~ 45%。因此，研究和改进勘探技术手段及方法具有重大实际意义。采用金刚石钻探，推广坑钻结合，以钻代坑也取得较好的地质效果。据统计，1983 年有色金属矿山完成金刚石钻探 17 万米，节约了大量坑探。华铜铜矿根据矿山特点创造了把钻探、坑探和采矿凿岩炮孔相互配合的"组合勘探"方法，既提高了探矿和矿体圈定的质量，又降低了掘进量（由 600 ~ 700 m/万吨降为 400 m/万吨）。

江西荡坪钨矿根据围岩与矿脉（含黑钨矿石英脉）的黑白颜色分明、矿石品位高而稳定等特点，研制成功了钻孔光电测脉仪，经与岩心对此，测定数据误差很小，效果显著。

手提式 X 荧光分析仪仅在坑内测定矿石品位的试验研究，与刻槽法相比，具有快速、准确和简单等优点。目前正在大厂、锡矿山、中条山和云锡公司等矿山进行试验，其中大厂在坑口试用 4 小时可出成果。铀矿山用辐射仪取样代替繁重刻槽取样，已取得了较广泛的应用。

此外，铀矿山用放射性物探方法取样，实现了无岩心钻探，提高了效果，金州石棉矿的水文地质研究，为采用帷幕注浆堵隔海水提供了可靠数据。

（4）矿山资源保护工作有所加强。矿山资源保护涉及地质勘探、矿山设计、建设、矿山地质与采矿、选矿、冶金等多方面。现在已经开始重视综合勘探、综合开采、综合利用。其中矿山开采过程中由矿山地质部门进行的资源管理和保护工作取得了一些成绩，涌现出一批降低开采贫化损失的先进矿山，如易门铜矿、中条山有色

公司、七二五铀矿和向山硫铁矿等；同时还出现了像金岭铁口、大冶铁矿、桃林铅锌矿和金河磷矿等大量综合回收利用伴生资源的矿山。

（5）矿山工程地质、水文地质和环境地质工作取得了进展。例如，大冶、白银、金川和鞍钢的一些露天矿根据开采需要，矿山地质人员与采矿人员共同对露天采场边坡进行了工程地质和岩石力学的调查研究，有的矿山还根据边坡变形及移动规律，对边坡岩体移动提出预测，拟订防止边坡岩体移动的措施及处理方案，取得了一定效果。

锡矿山、杨家杖子、金川和一些钨矿山在研究井下坑道、采矿场的地压活动规律与工程地质条件的关系方面，也做出了成绩，取得了经验。

凡口、水口山铅锌矿和金州石棉矿，七一一铀矿等在矿山水文地质和疏干排水工作方面效果也很显著。

金堆城和白银等矿山，近年来做了初步的矿山环境地质调查。江西和甘肃等省的一些新建矿山，已于建设初期开展了矿区环境评价工作。

此外，近年来矿山地质人员对于矿山废石和尾砂等补充资源评价、地质经济、选冶工艺矿物学方面，也进行了一些研究。

2　我国矿山地质工作与国外先进水平的差距

我国矿山地质工作，虽然在矿山实际生产和科学研究方面都取得了很大成就，但是与生产发展的要求及国外先进水平相比，还存在着一定的差距。主要表现为：

（1）数学地质在矿山地质工作中的应用方面：国外技术先进的矿山，在矿山地质工作中，已广泛应用数学地质方法。例如，由矿山地质工作者所提出的克立格法，据前几年资料，国外已有二百多个矿山用于储量计算，而且目前正进一步扩大用途。如用克立格法建立起矿床模型，再利用矿床模型固定露天矿最佳开采境界线，进行配矿及编制采掘计划或进一步建立矿床经济模型等。还有利用克立格法求变程以确定生产勘探网度等。又如，国外在矿山地质工作的综合地质研究中已广泛应用各种多元统计方法，在生产探矿或矿区外围找矿中还广泛应用各种矿床统计预测方法等。

可是，目前我国矿山地质工作者多数都不熟悉数学地质的理论及方法；更由于矿山大都没有配备电子计算机，更难以应用数学地质方法。例如，1981 年首届全国矿山地质学术会议所收到的 400 多篇论文中，其中只有 30 多篇论文用到简单的数理统计方法（多为一元一次回归分析）。

（2）地质经济在矿山地质工作中的应用方面：西方经济发达国家为了追求矿山开发中的高额利润，较早就很重视地质经济在矿山地质工作中的应用，尤其是应用地质经济分析以确定矿山的各项最佳经营参数（生产规模、矿床工业指标等）。例如，他们往往根据产品价格的变动或采、选、冶生产技术的改进及时通过地质经济分析以调整各项矿山经营参数。苏联从 20 世纪 70 年代开始在矿山地质工作中普遍应用地质经济方法，他们每五年要通过地质经济分析调整一次矿床的工业指标。

我国过去由于对矿山生产中的经济效益问题重视不够，所以在矿山地质工作中未能进行矿山地质经济评价与分析。党的十一届三中全会以后，才开始提倡在矿山地质工作中要大力开展地质经济评价与分析工作，一些矿山及主管部门还举办了矿山地质经济短训班，普及这方面的知识。但目前还只有少数的矿山初步开展此项工作，更缺乏符合我国经济体制特点的系统研究。

（3）系统工程学在矿山地质工作中的应用方面：国外技术先进矿山，早已将系统工程学方法用于采矿技术工作，尤其是各种采掘设计工作，近年来又进一步把系统工程学引用到矿山地质工作及选矿技术工作等领域。例如，在矿山地质工作领域中，把系统工程学用于确定最优配矿方案，或用于确定最优生产勘探方案等。

我国矿山地质工作者对这方面则更为生疏，目前还只有个别高校或设计研究部门开展了一些初步的研究。

（4）矿山环境地质调查研究方面：一些工业先进国家，大量开发矿产资源，矿山开采给环境带来严重污染和破坏，所以从 20 世纪 70 年代开始逐步把矿山环境地质调查研究工作作为矿山地质工作任务之一，并进行了许多工作。例如，有的矿区查明了癌症与矿石、废石、尾矿中所带来的砷的污染有关；又如，某些铅锌矿区查明了流行的骨痛症与开采中所带出的镉的污染有关等。

我国自从 1979 年李鸿业等在有关矿山地质学术会议上提出了地质工作中重视矿山环境地质调查研究以及调查研究的内容和方法后，此项工作已引起广大矿山地质工作者的重视，并有一些矿山进行了初步工作，但目前由于检测微量有害元素设备或技术上的困难，此项工作尚未广泛开展。

（5）矿山地质工作的仪器装备方面：国外技术先进矿山的矿山地质部门一般都配备有较先进的岩矿鉴定设备、分析设备、物化探仪器、钻探设备以及电子计算机等。我国目前众多矿山连常规岩矿鉴定显微镜都还没有，更谈不上更先进的测试仪器了。金刚石钻头的钻机只是在最近几年才应用于生产矿山。

（6）矿山地质队伍与素质方面：与国外先进水平比较，我国在这方面的显著差距是矿山地质力量薄弱、年龄老化和知识老化。目前不少矿山企业地质人员仍然很少，仅能开展部分工作。矿山地质队伍长期得不到新生力量的补充和知识的更新。尤其是缺少培训矿山地质专业的学校，目前仅有一个中专学校，每年培养几十名矿山地质中等技术人才，其他地质专业毕业生分配到矿山地质部门工作又往往一时难以胜任矿山地质工作。所以，这方面的差距是最大的差距。

3 我国矿山地质工作展望

矿山地质工作是在国家有关部门领导下有计划地进行的，其发展前景是由有关领导部门根据我国整个国民经济水平的需要和可能制定的，它取决于有关领导部门的决策和投资因素。这里只就我们现有的认识水平提出一些看法。

（1）矿山地质职工队伍应有较大发展，矿山地质工作者素质应有较大的提高。前已述及我国矿山地质职工队伍力量薄弱，存在着年龄结构老化和知识老化问题。为此，一方面，对现有职工进行知识更新的培训，以便他们在矿山地质工作现代化中起承上启下的作用，另一方面，考虑到今后矿山生产发展和人员更新的需要，每年全国应补充年轻而合格的矿山地质工作者 10% 以上（以现有人数为基数）。如果能达到这两点，职工队伍素质的较大提高是可达到的。

（2）生产矿区及其外围的找矿勘查工作要加强。国内外的无数实践证明，许多生产矿区及其外围存在着找矿的潜力。而且，在老矿区探采过程中，积累了大量矿床地质资料，大大地提高了矿区的地质研究程度，加深了对成矿规律的认识，可以更有效地从理论上指导找矿，因而也更容易找到矿。何况，如能在老矿区找到新矿体，可以延长矿山寿命，在现有生产设施的基础上进行扩建，其经济效果必然较好。因此，在生产矿区及在外围找矿既是可能的，又是最为有利的。当然，有些矿区外围的找矿勘探工作可由专门的地质勘探队负责进行。但大多数矿区和其外围的找矿勘探工作仍可由矿山地质部门负责进行。

为了更有效地寻找并探明盲矿体或隐伏矿体，必须深入地开展成矿控制条件的综合地质研究，必须采用各种先进手段和方法进行成矿预测，以期达到在 1/3 以上老矿区扩大探明储量的目标。

（3）数学地质方法在矿山地质工作中得到广泛应用。生产矿山积累有更多地质数据资料，而矿山生产又要求地质工作提供更可靠的综合数据；此外，成矿预测也需要借助于数学地质方法。因此，在矿山地质工作中广泛应用数学地质这一手段既更有条件，又更有必要。例如，前已述及数学地质中的克立格法，不仅可应用于储量计算，还可用于许多其他方面。又如，各种多元统计的数学地质方法，有助于更深入进行各种综合地质研究，以搞清矿体变化规律，用于指导采掘工作；再如，矿床统计预测中的三度空间预测方法，在生产矿区找矿中也最有条件和更有必要加以应用。

（4）地质经济学方法在矿山地质工作中得到广泛应用。地质经济学不仅可用于矿床经济评价，确定矿山最佳经营参数和合理的生产勘探程度等，而且还可用于矿山某些方面的可行性研究以及衡量矿山地质工作的经济效果等。

国外许多矿山和国内某些矿山的实践证明，如能应用地质经济学方法来及时分析、修订矿山的各项经营参数，使其经常保持最佳化，则可使矿山的生产和经营取得最佳的经济效果。我国很多矿山矿床工业指标长期不变，有人估计每年全国这类矿山的经济损失恐怕要以千万元计。我们主张今后在各矿山都应及时用地质经济学方法研究各项经营参数，及时调整各项经营参数，尤其是矿床工业指标方面的参数，即便在同一矿山，矿床的工业指标也应随着时、空条件的不同而有所变化。

矿山地质工作者熟悉矿山的采、选生产及经营情况，所以普及这方面的工作是有可能的，问题在于实际工作中需要摸索出符合我国经济体制特点的地质经济分析方法。

此外，在目前企业实行经济责任制情况下，还必须应用地质经济学的方法建立起衡量矿山地质工作经济效果的指标体系，而完成这个工作是可能也是必要的。

（5）在矿山地质工作中逐步应用系统工程学方法。某些矿山地质工作中存在着比其他地质工作更复杂的系统，它们不仅牵涉到客观地质因素、地质技术因素等，而且还牵涉到采、选生产甚至冶炼等因素。因此，更需要用系统工程学的方法以确定最优的工作方案，如最优的配矿方案、最优的生产勘探方案等。

（6）普遍应用微型电子计算机。要在矿山地质工作中应用数学地质、地质经济学以及系统工程学方法，电算是不可缺少的手段。目前世界上许多技术先进矿山的地质工作中，都已普遍运用电算手段。根据我国现状，在多数矿山配备电子计算机还是能办到的。而且，矿山购置计算机后，还可用于测量。采选生产技术工作和管理工作，对整个矿山的生产和管理工作都将起到很大作用。为此，我们建议由有关领导部门委托科研单位或高等院校编制矿山地质工作中常用的计算机程序并培训人员，争取在全国各矿山普及应用。

（7）建立全国性的矿山地质资料馆和数据库。生产矿山不仅积累找矿勘探时期的大量地质资料，同时还积累生产勘探和开采揭露中的大量地质资料。这些资料不仅对开展岩石学、矿床学、构造地质学等地质理论的研究有很大参考价值，而且对开展矿山地质学的研究更是不可缺少的资料；它们不仅对今后将要开发的新矿山的地、采、选技术或管理工作有参考价值，而且通过对全国这些资料的分析、综合和研究，有助于领导部门对矿山工作作出正确的决策、规划及指导。可是，这些宝贵的资料目前还有些矿山不注意保存，即使保存的资料也很少加以系统的整理和充分的利用。我们呼吁有关部门赶快抢救这些资料，立即开始着手筹建全国性的矿山地质资料馆和利用电子计算机储存矿山地质数据。此外，在有条件的矿山还应建立本矿山的地质资料室和数据库。

（8）实施较严格的矿产资源保护工作。我国现有矿山生产中资源损失严重，有的矿山甚至在开采过程中就损失一半以上。矿产资源的保护工作既有政策问题，也有认识问题；既有技术问题，又有管理问题；而且与地、采、选、冶各专业工作都有关。但矿山地质部门负有矿产管理和监督任务，对此已有其不可推卸的责任。我们认为在 2000 年以前矿山地质部门应逐步做到以下各点：

1）提高生产勘探技术水平，为生产技术部门提供较可靠的地质资料，以避免由于地质资料不可靠导致设计或施工的错误而造成资源的损失。

2）健全各项有关矿山资源保护的规章制度，并严格执行。

3）及时修订各矿山各项矿床工业指标，以保证在取得较好经济效益基础上，最大限度地回收矿产资源。

4）深入研究矿石中伴生有用组分综合利用的可能性，并作出评价，以供矿石使用部门参考。

5）对矿山废石及尾矿综合利用的可能性进行评价，如有条件，则尽可能加以综合利用。

如果能做到以上五点，按现有基础，有用组分的综合回收率可提高 10% ~ 20% ，开采贫化率降低 3% ~ 5% 也是有可能实现的。

（9）普遍开展矿山环境地质调查研究工作。由地质体中某些元素的异常含量或特殊物理性质（如放射性）所引起的环境污染，在国内外的许多矿山均屡见不鲜，而且有的矿山情况非常严重。例如，砷、镉、汞、铅、氡等所造成的污染。所以，近年来国内外矿山地质学界都把矿山环境地质调查研究列为矿山地质工作内容之一。我国虽然有些矿山的地质文献初步介绍了这方面的工作方法，但只有很少数矿山开展此项工作。地质体所引起的环境污染，往往要经过较长时间才能显示出其危害性。但一旦引起危害，就很难挽回。所以，从现在开始就应着手抓好此项工作，争取各矿山都能普遍开展此项工作，并力求做到：

1）制定出矿山环境保护法规。除有关规定外，还应对矿山投产前、投产后所应进行的环境地质调查研究的内容及要求、环境质量评价标准等作出明确规定。

2）在矿山较集中地区建立与环境污染有关组分的检测中心实验室。

3）总结出一套系统而成熟的矿山环境地质调查研究的方法。

（10）其他方面。随着矿山生产的发展和科学技术的进步，国内外矿山地质工作的内容、方法、手段也在不断的发展，根据目前情况有一定数量矿山还会大力开展爆破地质、水文地质、工程地质、工艺矿物和矿产补充资源等方面的研究，而且在研究的方法和手段方面也会摸索出一套适用于矿山的成熟经验。

总之，随着矿山地质工作的实践与理论的提高，矿山找矿勘探的各种设备以及各种测试手段的发展，应该争取接近世界先进水平。

（本文编写小组成员有彭觥、陈希廉、杜汉忠、汪贻水，并经康永平主任委员审阅）

（原载《中国实用矿山地质学》，冶金工业出版社 2010 年出版）

我国矿山地质工作在矿业开发中前进

——纪念中国地质学会矿山地质专业委员会成立 25 周年

汪贻水　娄富昌

（中国地质学会矿山地质专业委员会，北京，100814）

摘　要：介绍了矿山地质学在我国的发展过程及其发展的必然性，并重点回顾了近几年来矿山地质研究方面的新课题。

关键词：矿山地质；数学地质；土地复垦

1　概述

矿山地质学是地质科学的一个实用性学科，直接服务于矿业工程及其经营管理，所以也称为采矿地质学。凡是为矿山企业建设（设计、施工）与生产（采矿、选矿）提供地质信息和相关研究以及经营管理的工作均属于矿山地质范畴，它贯穿矿业开发的全过程。

我国是地质学和矿业发展最早的国家之一，但是近现代中国矿业发展缓慢，矿山地质工作仅在少数大型矿山企业开展。1949 年以后，随着国家大规模地质勘探和矿山开发建设的进行，我国矿山地质工作才系统地建立起来。

20 世纪 50 年代，各矿业主管部门及其所属矿山自上而下成立了专门的矿山地质机构，并参照苏联经验颁发了有关技术规范，配备了技术人员。

20 世纪 60 年代，在总结自己经验和消化吸收国外经验的基础上，我国矿山地质学理论与实践有了进一步提高，尤其是在老矿区寻找盲矿及成矿理论等方面发展更为显著。

改革开放以来，矿山地质工作在为提高矿山资源保证程度、提高矿山资源利用水平和矿山经济效益等方面均作出了新贡献。1979 年中国地质学会矿山地质专业委员会的成立，标志着我国矿山地质学术活动走向一个新阶段。25 年来我们在学会领导和广大矿山地质工作者支持下召开了 20 余次学术会和专题研讨会，与会者累计达数千人。学术水平有很大提高，出版了一批学术著作，如 260 万字的《矿山地质手册》系统总结和论述了我国生产矿山地质工作成就，参加编撰专家权威人士有 180 人，历时 8 年之久，可谓一部宏篇巨著。

完成了中国地质学会下达的科研课题："我国矿山地质工作现状及 2000 年展望"（1984），"2020 中国矿山地质学发展研究"，为西部国土资源管理干部授课。

众所周知，中国矿业对国民经济建设做出了巨大贡献。目前全国有 2100 万人从事矿业工作，现有大中型矿山 2000 多个，小型矿山 150000 多个，它们每年为国家提供 80% 的工业原料，90% 以上的一次性能源，70% 以上的农业生产资料。创造生产总值达到 4600 多亿元。矿业是社会经济持续发展的重要物质基础。

在当前矿业面临国内外两个市场与资源的新形势下，矿山地质工作任务更加繁重；矿山企业的生产建设（产前）、采选现场（产中）、采场、废料处理（产后，环保）以及经营管理各个环节都对矿山地质工作提出了越来越高的要求；此外还要为矿山后备接替资源基地和国内外进行地质矿床研究与储量评估。

按社会主义市场经济要求，矿山企业贯彻"一业为主，多种经营"和"以市场为导向"的方针，矿山地质工作必然要与时俱进。

进入 21 世纪，作为传统产业的矿业加快了以高新科技进行改造的步伐，也向矿山地质工作提出一系列新课题，为此，我们在 2000—2003 年间曾多次举办有关学术研讨会。课题概括如下。

2　微机应用与推广

微机的出现不仅为矿山地质工作应用数学地质方法提供了可能，也为矿山建立地质数据处理系统（包括建立数据、作图、计算和编制报表等）创造了条件。从而使矿山地质工作者从繁琐的业内工作中解脱出来，提高工作效率与质量，使矿山地质工作出现突破性的发展，同时，也为开采技术和管理工作电算化打下基础。矿山地质数据处理系统，包括原始数据的登录选册、编制种类统计计算报表和绘制各种地质图件等，可利用适用于矿山地质工作的某些通用软件，如 DBase Ⅲ、lotus1-2-3、AutoCAD 等进行二次开发，把单功能软件组合成矿山地质数据处理系统。此系统中可把各项原始数据输入数据库存放，再从数据库中调用有关原始数据进行计算、统计分析、编制各类报表和绘制各类图件，其中间和最终工作成果又可存入数据库。由于矿山地质工作迫切需要利用计算机和数学地质方法，对大量矿山地测数据进行快速处理并进一步量化、精确化、可视化和动态化。近年来在资源、灾害、环境定量预测，地质、物化探及遥感信息的连接、结合、合成，不确定性、可信度、精度及风险性分析等方面都取得了很大的进展。此外，人工智能及专家系统的出现，GIS 技术的引进以及神经网络等新技术、新方法的问世，都将把计算机在矿山地质工作领域中的应用推进到一个新的高度。

比如露天开采矿山地质数据处理系统，原地矿部石油物探研究所曾研制出 BYSK 系统，该系统包括：原始数据管理子系统、地测图件编绘子系统、储量计算子系统和开采计算子系统等。又如地下开采矿山地质数据处理系统，曾由北京科技大学矿业研究所研制完成，包括地测数据处理子系统、地测图件处理子系统以及生产计划子系统等。

3 数学地质方法的普遍采用

由于矿山地质工作必须经常提供准确的定量地质资料，因此，广泛而深入地应用数学地质方法，作为矿山地质人员应该具备应用这些方法解决矿山地质工作实际问题的能力。

在矿山地质工作中应用最广泛的是数理统计方法，如在矿山基建过程中，常采用聚类分析和判别分析方法进行岩石分类和编录工作。又如在生产勘探工作中常用厚度和品位变化系数，确定合理勘探网度和探采对比等；利用方差分析方法确定取样方法、样槽规格、样品加工流程和校正样品分析误差。再如应用趋势面分析方法，由计算机可直接编绘出品位、厚度等值线图和各种地质界面等高线图，并可确定矿体边界线和可采边界线等。又如用回归分析方法求得某些变量（如品位）与体重的相关方程进行储量计算工作。在生产矿山外围也常用各种数理统计方法指导生产找矿。

地质统计学是数学地质中的一种重要方法。它最早应用于矿山计算矿床的平均品位和储量，它较传统方法的优点，在于考虑了变量间非线性的变化规律，它可以估计出误差范围，因而有助于确定储量级别和生产勘探网度。这种方法还可以用于生产找矿中物化探数据的处理，取样化验和特高品位的处理，通过电算结果所构成的矿床地质经济模型，还可实现品位指标优化、圈定开采境界和矿山储量变动管理等。在矿山环境地质研究方面，地质统计学方法通过对人体有害元素在矿区的原始分布规律研究，可以圈出自然污染源并作出本底环境质量评价图和污染趋势预测图。

此外，模糊数学（如聚类分析法、模式识别法、综合证券法）、灰色系统、运筹学（如线性规划、非线性规划、动态规划、排队论、决策论等），在日常矿山地质工作中也越来越得到广泛的应用，逐渐向定量化方向发展。

4 矿山技术经济分析

矿山地质工作通过技术经济分析为矿山经营决策服务，参与生产活动中投入和产出计算预测。所谓投入是指由于技术的使用，而引起各种资源（包括机器设备、厂房、基础设施、能源、矿产资源物质要素和劳动力等）的消耗和占用；产出是指由于技术的使用而带来的各种形式的产品。研究各种技术方案在使用过程中如何以最少的投入取得最大的产出，可以帮助我们在一项技术方案尚未实施之前，估算出它的经济效果，并通过不同方案加以比较，选出最有效的利用现有矿产资源的技术方案，从而使投资决策建立在科学分析的基础上。目前，生产矿山开展技术经济分析工作主要是在矿山深部、边部或外围对矿床（体）进行技术经济评价。第一，根据地质勘查工作程度，一般分为概略的、初步的、详细的矿床技术经济评价以及矿山建设可行性研究等，评价主要决定于矿床地质条件，市场对矿产品的需求情况以及矿区所处的地理位置、交通运输、自然经济环境等。其次是与矿山经营有关的技术经济分析，其中包括矿山开拓和生产勘探投资的评价，改变采矿方式、方法投资的评价和改建、扩建采选工程的投资评价等，因为作为矿山经营者无论采用哪种技术方案，总是希望以尽可能低的成本或最大的经济效益从事生产作为最终目标。其三是矿产品供需的经济分析，包括矿产品的价值分析、需求预测和供应能力分析、矿产资源优化配置以及矿产资源经济形势分析等。以矿产品价格分析为例，其长期价格的变化主要取决于出矿品位和长期生产成本，而未来加工技术的进步和可采储量的耗减，又直接影响到长期生产成本；另外，短期成本生产的变化，则决定于需求波动、投资时间和库存情况等多种不稳定因素，因此，必须详细地、科学地进行分析，才能得出切合实际的结论来。其他方面诸如最佳品位指标的确定、矿产资源综合利用的技术经济评价、矿山环境保护的技术经济分析、表外矿石和超贫矿石合理利用的技术经济分析等，在许多矿山都开展了研究，并取得了可喜的成果。

5　勘查技术方法不断提高

应用新技术、新方法、新思路和多学科在老矿区，特别是在有色金属生产矿山的深部、边部或外围地区找矿，取得了突破性进展。例如中南大学勘查新技术研究所，经过多年的理论研究和生产实践，他们在地球物理电法勘查技术方面，用频谱差异和非线性响应区分碳质异常，用"斩波"和"相干积分"方法消除感应耦合，用"奇性指标"除去浅部干扰，用定场源微分测深分辨三维矿体等方面解决了一系列难题，并将其研究成果和现代成矿理论、成矿规律研究结合起来，将多元信息的复合处理技术成功地应用到危机矿山，如湘东钨矿、湘西金矿、江永银铅锌矿、广西泗顶铅锌矿、安徽铜陵凤凰山铜矿、甘肃白银石青碉铜铅锌矿等都找到了一些新矿体，增加了探明储量，缓解了这些矿山的资源危机。

在矿区地球化学勘察工作中，突出表现在全新的微量元素分析方法的问世，它们能够可靠地测定岩石、土壤、水系沉积物中超低含量，从而满足了地球化学勘查的需要。另外，在异常解释和评价方面，引入了地球化学理论和矿床地质学知识，应用数理统计和计算机技术，提高了评价水平。在矿区深部、边区和外围找矿工作中进行了大比例尺地球化学勘察工作，积累了丰富的异常评价经验，已经从单纯根据含量高低、面积大小等指标，发展到赋存状态的鉴别和成矿条件的分析，提高了异常解释水平，这是因为矿床的形成不仅要丰富的成矿物质而且要富集的环境和条件。对深部矿体的预测，利用原生岩石地球化学异常中元素的垂向分带规律，也取得了良好的效果，建立了热液硫化物矿床金属元素的原生分带模式和多次成矿的叠加模式等，对指导深部找矿具有很大的现实意义。这些研究成果标志着我国矿区勘查地球化学水平也跻身于世界先进行列。

6　贯彻有关矿业法，依法办矿，加强矿山环境保护工作

矿产资源法及其配套法规是指导矿业发展的法律保证，它赋予了矿山地质部门对矿山生产资源合理开发的监督保护职责。矿山环境保护是矿山自然环境和生态环境的基础。当前一些矿山开采活动对矿山环境的负面影响范围日渐扩大，影响程度日趋加重，令人不安。如常见的采空区塌陷会引起岩移活动，造成地面沉陷、地裂缝等，从而破坏边坡稳定，成为重大地质灾害隐患。矿井疏干排水破坏水均衡，会改变地下水位和径流、排泄方向，常造成岩溶塌陷，井泉流量减小或干涸。

矿山废水、废渣、废气对环境造成污染破坏，引起瓦斯突出和爆炸等，使矿山环境遭受破坏，直接后果常是诱发地质灾害，恶化生态环境，危害人们的生命安全和财产损失，制约矿业发展使矿业经济遭受重大损失，间接后果是影响资源与环境协调发展，影响社会经济可持续发展战略的实施。作为矿山地质工作者配合有关方面共同参与环保工作，如编制切实可行的矿山环境保护与治理规划，促进建立矿山环境保护与治理保证金和环保基金制度，建立完善矿山环境监测制度、环境治理责任界定制度并完善地方立法（如制定保护条例）等。

土地复垦是指在采矿及矿区生产建设过程中，对因挖损、塌陷、压占等人为因素造成破坏的土地，采取整治措施，使其恢复到可供利用状态的活动，以满足社会经济环境的协调和土地的可持续性利用为最终目的。

土地复垦是生态系统中最主要的要素，生态重建是土地复垦的重要目标，我国对土地复垦重建的原则是强调土地复垦规划与土地利用总规划的有机结合，坚持社会效益、经济效益、环境效益相结合，坚持国家、集体与个人利益相结合，坚持当前和长远利益相结合等。

当前，我国生产矿山（主要是煤矿）土地复垦的类型一般分为三种。一种是合理配置农业、植物、动物（主要是塌陷耕地复垦为鱼塘）、微生物（如煤矸石微生物化形成具有肥力的可耕地）等进行立体种植、养殖和加工业的复垦。一种是固体废气物充填塌陷地复垦与非充填复垦，后者包括疏、排、降复垦，挖、抬、平复垦，梯田式复垦。一种是根据复垦土地的利用方向，可进一步分为建设性用地复垦、农业用地复垦和综合用地复垦等。

土地复垦的程序步骤，首先是规划优化立项阶段，包括确定目标任务规划、可行性研究、方案优选、报批立项、招标投标。其次是复垦工程实施阶段，包括施工建设、工程检查和质量管理，最后是总结阶段，包括整体验收、土地权属变更、评定工程质量、项目评价。

大力开展资源危机矿山找矿和后备接替资源研究，广泛而深入地研究中国矿山资源现状，提出缓解矿山资源危机的途径。在地质矿床条件好、有找矿前景的老矿区，扩大生产矿山深部、外围和新类型资源的找矿前景研究，坚持生产矿山企业自身地质找矿工作，运用新理论、新技术、新手段在现有矿山周边及其邻区寻找新矿产；应在相关政策和经济的扶植鼓励下，实施科技创新，提高矿产资源综合利用水平；大力加强生产矿区积累的地质科技信息资源的再开发、再研究，总结出新创见、新认识，全面提高我国矿山地质科技水平研究工作；加强尾矿、废石的再开发利用工作；重视在西部地区找矿工作，提供接替资源基地；重视与国外矿业合作，充分利用国外资源以补充国内资源不足，让矿山地质工作更上一层楼。

（本文部分资料引自李万亨、陈希廉、彭觥的文章）

（原载《中国实用矿山地质学》，冶金工业出版社 2010 年出版）

十二、国外矿业开发及矿山地质工作

世界铜业资源及利用

汪贻水　　王中奎

（中国地质学会矿山地质专业委员会，北京，100814）

摘　要：本文阐述了铜矿资源在世界各地的分布、世界铜产品产量和进出口状况，并且介绍了铜矿开采冶炼的新技术、新方法。

关键词：铜矿资源；发展趋势；冶炼

据美国地质调查局 2001 年公布的统计数据显示，世界铜矿资源丰富，陆地资源量 16 亿吨，深海结核资源 7×10^8 t（详见表 1）。

表 1　2001 年世界主要铜资源国铜储量、基础储量及静态保证年限（万吨）

国家	2001 年		2000 年矿山铜产量（含铜量）	静态保证年限/a	
	储　量	基础储量		储　量	基础储量
智　利	8800	16000	466.3	15	27
美　国	4500	9000	147.5	24	49
秘　鲁	1900	4000	54.7	28	58
中　国	1800（1671.3）	3700（2746.2）	58.9	24	20
波　兰	2000	3600	48	33	60
赞比亚	1200	3400	28.5	34	95
俄罗斯	2000	3000	52.5	38	46
墨西哥	1500	2700	33.8	35	64
印度尼西亚	1900	2500	100.6	15	20
加拿大	1000	2300	62.6	13	29
澳大利亚	900	2300	82.7	8	22
哈萨克斯坦	1400	2000	43.3	26	37
其他国家	5000	10500	150.8	26	56
总计（取整）	34000	65000	1330	20	39

铜在电气、轻工、机械制造、交通运输、建筑工业、国防工业、信息通讯等多个领域有着广泛的应用，这些领域和行业也自然而然成为铜消费的重要领域。

由表 2 可以看出，在发达国家（美国、欧盟），除工业外，建筑业是用铜大户，而发展中国家（中国），铜在电力行业则是相当重要的角色，建筑业是潜在增长点。

表 2 亚洲、欧洲和美国的铜消费结构(%)

行 业	亚 洲	欧 洲	美 国	行 业	亚 洲	欧 洲	美 国
建 筑	15	7.5	12	工业机械和设备	15	39.5	43
电力和电子	9	9	11	消费品及其他日用品	50	37.5	25
交 通	11	6.5	9				

1 铜消费发展趋势

(1)随着经济的发展，铜消费水平稳步增长。1990—2000 年，全球精铜消费年增长率达到 3.5%。不过，自 2000 年后，因世界经济增速放缓，全球精铜消费量增长速度有所下降。2002 年虽有所回升，但是 1496.13 万吨的消费水平与 2000 年的 1517.56 万吨巅峰水平还有距离，这表明全球铜消费仍没有恢复到正常水平，进入良性上升通道还有待一些条件的改变。经济发达国家是铜消费集中的区域。1990—2000 年铜消费旺盛区域主要集中在美国、日本、欧盟等经济发达的国家和地区。2000 年，这些国家和地区的铜消费水平更是达到历史巅峰水平，美国消费量达到 300.91 万吨，日本消费量达到 134.92 万吨，欧盟消费量达到 457.7 万吨。上述国家和地区的铜消费量约占全球总消费量的 58.9%。2000 年后，在种种不利因素的冲击下，这些国家和地区的铜消费量快速下降，2002 年分别下降到 237.24 万吨、116.39 万吨和 428.35 万吨。不过，如此变化仍不会改变其铜消费重点区域的位置。

(2)亚洲成为世界铜消费的亮点。随着中国经济发展速度的加快，亚洲(特别是东亚地区)在世界铜消费格局的地位越来越重要。1998—2002 年，亚洲地区(中国、日本、韩国和中国台湾)铜消费量增长速度相当快，总量从 380.1 万吨增长到 544.04 万吨，年增长率高达 9.38%。虽然日本铜消费下降速度比较快，但是其他三个国家和地区(特别是中国)增长势头过于强劲，继续维持着该地区良好的增长势头。2002 年，中国已经成为世界最大的精铜消费国家，日本位列第三，韩国第五，中国台湾第七，上述四个国家和地区的铜总消费量也达到 544.04 万吨，约占当年全球总消费量的 36.4%。值得一提的是，目前中国铜加工材人均消费量仅有 1.69 kg，大大低于 3.0 kg 世界平均水平，与意大利(25.5 kg)、美国(16.54 kg)等消费大国差距更大，但是这其中蕴涵着中国铜消费的潜在空间，所以亚洲(特别是中国)在世界铜消费中的地位将会日趋显著。

(3)未来发展趋势。由于全球经济步入暂时性的减缓期，全球铜消费呈回落之势。不过，这种趋势不会延长太久，需求上升仍是铜市场消费发展的主导趋势。铜消费增长趋势来自于两方面的促动：一是美国、欧洲等发达国家的经济复苏，铜消费水平自然回升；二是中国、印度等发展中国家经济发展速度的加快，铜需求继续向更高水平迈进。

2 世界铜市场生产的供应情况

近几年，在全球经济快速增长的带动下，铜工业发展步伐明显加快，产量快速提升。由表 3 可知在 1995—2001 年期间，全球铜精矿和精铜产量年平均增长速度分别达到 6.2% 和 4.4%。2002 年全球铜精矿、精铜及铜加工材产量分别达到 1352.0 万吨、1533.65 万吨和 996.9 万吨。

表 3 1995—2002 年世界铜产品生产量(%)

产 量	1995 年	1998 年	1999 年	2000 年	2001 年	2002 年
铜精矿产量	1018.1	1228.5	1278.9	1331.6	1374.7	1352.0
精炼铜产量	1182.9	1414.2	1446.8	1482.0	1568.7	1533.6
铜加工材产量		1285.5	1276.1	1367.9	1136.9	996.9

1990—2001 年世界铜精矿供应量年增长率为 3.89%。2002 年铜精矿产量为 1352.0 万吨，同比下降 1.65%。世界铜矿山产量最多的国家是智利、美国和印度尼西亚，这三个国家铜矿山产量均超过 100 万吨。其次是加拿大、澳大利亚、俄罗斯、秘鲁、中国、波兰、墨西哥、赞比亚和哈萨克斯坦，年产量为 30~90 万吨。值得一提的是，印度尼西亚、秘鲁近两年矿产量增长比较显著，随着新矿山开发力度的加大，产量将会继续增长，有望成为继智利、美国之后两个重要的铜精矿生产大国。1990—2001 年世界阴极铜产量年增长率为 3.36%。

2002 年产量为 1533.6 万吨,同比下降 2.23%。阴极铜产量主要集中在智利、美国、日本和中国,年产量均超过 100 万吨,俄罗斯、德国、加拿大、波兰、比利时、赞比亚、秘鲁、哈萨克斯坦、墨西哥和韩国,年产量为 30~90 万吨。

3 世界铜贸易情况

1998—2001 年,铜精矿出口平均年增长率为 11.5%。2002 年出口量为 395.5 万吨,同比下降 8.23%。2002 年,世界铜精矿出口国家近 30 家,全年出口总量为 395.5 万吨(含铜量),主要出口国已经发生变化,目前四大出口国为智利、印度尼西亚、秘鲁、澳大利亚,其中智利的出口量占全球出口量的 39.3%,上述四个出口国家的总出口量为 293.3 万吨,占全球总出口量的 74.2%(详见表 4)。

表 4　1998—2002 年全球铜精矿出口情况(万吨)

国家＼年份	1998	1999	2000	2001	2002
智 利	116.9	153.2	178.0	179.8	155.3
印度尼西亚	50.4	48.5	64.4	64.9	71.9
加拿大	41.4	26.4	48.0	62.2	28.3
澳大利亚	30.9	25.9	25.5	31.2	29.0
巴布亚新几内亚	18.2	18.4	18.6	20.4	17.7
蒙 古	12.5	12.6	17.4	18.5	18.9
阿根廷	7.2	18.0	12.3	16.3	18.1
秘 鲁	6.3	4.8	8.0	9.3	37.1
葡萄牙	11.2	11.0	8.1	9.2	4.9
美 国	3.7	7.8	17.5	4.5	2.3
合 计	311.3	341.2	416.1	431.0	395.5

1998—2001 年,铜精矿进口平均年增长率为 8.3%。2002 年进口量为 342.0 万吨,同比下降 1.2%。2002 年,世界铜精矿进口国家近 20 家,全年进口总量为 342.0 万吨(含铜量),主要进口国为日本、中国、韩国、德国、西班牙和加拿大等,其中日本进口量占 31.1%,中国占 15.1%(详见表 5)。

表 5　1998—2002 年全球铜精矿进口(万吨)

国家＼年份	1998	1999	2000	2001	2002
日 本	99.4	106.2	111.1	104.0	106.3
中 国	29.6	31.3	45.3	56.4	51.6
韩 国	24.3	29.2	29.4	29.3	32.0
德 国	15.1	21.0	17.7	25.9	25.9
西班牙	23.4	25.1	23.4	22.6	26.4
加拿大	12.4	13.8	21.2	22.0	12.8
印 度		7.9	11.8	18.0	4.3
巴 西	10.5	14.6	12.2	13.6	10.5
菲律宾	10.3	12.5	10.8	12.7	9.4
芬 兰	13.6	12.9	11.4	12.6	12.5
美 国	21.8	14.3	0.2	12.2	22.6
合 计	271.7	300.3	317.3	346.4	342.0

4 世界粗铜及阳极铜贸易

由表 6 及表 7 可知 1998—2001 年,精铜及阳极铜出口平均年增长率为 3.2%。2002 年精铜及阳极铜出口量为 50.7 万吨,同比下降 5.4%。1998—2001 年,粗铜及阳极铜进口平均年增长率为 4.9%。2002 年粗铜及阳极铜进口量为 72.5 万吨,同比下降 0.1%。全球大约有 20 个国家从事粗铜及阳极铜进出口贸易。出口国主要为智利(占世界出口总量的 35.9%)、加拿大、芬兰和日本,约占世界粗铜出口总量的 70.8%。同期,全球粗铜及阳极铜进口国主要有美国、比利时、墨西哥和中国，上述四国进口总量为 53.2 万吨，约占总进口量的 73.3%。

表6 1998—2002 年世界主要工业国家粗铜及阳极铜出口量(万吨)

国家 \ 年份	1998	1999	2000	2001	2002
智 利	15.7	15.7	17.0	15.5	18.2
加拿大	8.3	8.0	5.4	8.0	8.4
芬 兰	3.3	3.2	4.2	5.2	4.3
日 本	3.4	3.9	4.3	4.5	5.0
西班牙	2.8	2.6	2.7	3.5	2.1
秘 鲁	4.5	3.1	2.4	3.1	2.5
美 国	2.9	3.3	2.5	2.7	3.5
合 计	48.9	46.2	44.8	53.6	50.7

表7 1998—2002 年世界主要工业国家粗铜进口量(万吨)

国家 \ 年份	1998	1999	2000	2001	2002
美 国	18.1	17.5	19.5	21.8	14.5
比利时	9.4	14.0	21.5	14.9	20.9
墨西哥	8.9	5.8	8.2	11.9	7.3
中 国	9.6	13.0	12.5	9.1	10.5
韩 国	6.3	6.0	4.8	5.9	6.9
德 国	4.5	3.7	3.2	2.7	3.9
合 计	62.8	69.0	75.9	72.6	72.5

5 世界阴极铜贸易情况

由表8及表9可知 1998—2001 年，世界阴极铜出口平均年增长率为 4.1%。1998—2001 年，全球阴极铜进口平均年增长率为 2.6%。2002 年，全球阴极铜出口量为 697.1 万吨，同比下降 3.6%。首先，智利出口量最大，为 276.7 万吨，占全球总出口量的 39.7%。其次为俄罗斯、秘鲁、日本、哈萨克斯坦和澳大利亚，出口量为 30～60 万吨。2002 年，全球阴极铜进口量为 680.8 万吨，同比下降 1.5%。其中，中国和美国是进口量最大的国家，分别为 118.01 万吨和 106.2 万吨，占全球总进口量的 32.9%。意大利、法国、中国台湾省、德国、英国、韩国是另外进口量较大的国家，进口量都在 30 万吨水平之上。上述 8 个国家和地区的阴极铜总进口量高达 500.8 万吨，占全球总进口量的 78.5%。

表8 1998—2002 年世界阴极铜出口量(万吨)

国家 \ 年份	1998	1999	2000	2001	2002
智 利	224.8	254.8	251.8	269.7	276.7
俄罗斯	54.3	63.4	65.0	65.1	50.5
秘 鲁	34.8	41.6	37.6	43.3	41.5
日 本	29.3	31.8	30.0	41.6	37.8
哈萨克斯坦	32.2	35.4	39.3	39.9	39.1
澳大利亚	12.7	25.4	32.3	39.7	36.4
加拿大	35.6	29.4	28.9	31.0	24.2
比利时	14.5	17.2	19.9	24.1	20.1
波 兰	18.2	22.1	24.0	22.7	26.3
印度尼西亚	0.4	7.9	13.2	16.4	13.4
菲律宾	10.2	14.3	12.9	15.7	14.3
合 计	640.7	674.6	666.4	723.2	697.1

表9 1998—2002年世界阴极铜进口量(万吨)

国家 \ 年份	1998	1999	2000	2001	2002
美 国	72.5	91.6	102.2	119.9	106.2
中 国	16.3	40.5	66.8	83.5	118.1
意大利	56.5	62.5	60.3	65.0	64.3
法 国	58.6	55.0	58.6	56.4	57.6
中国台湾省	58.5	65.6	62.9	54.1	65.7
德 国	57.9	56.5	69.0	52.8	46.0
韩 国	48.7	48.5	41.9	38.0	44.6
英 国	34.9	30.3	33.9	31.1	31.6
泰 国	8.5	11.7	15.1	16.7	18.6
日 本	27.3	23.0	20.3	15.6	11.4
巴 西	13.8	11.6	15.8	14.1	9.8
土耳其	11.6	14.1	18.1	13.7	18.7
希 腊	10.5	11.5	13.6	13.0	12.6
墨西哥	9.4	12.2	14.1	12.6	6.7
荷 兰	7.8	13.7	15.2	12.3	15.6
马来西亚	13.3	15.8	16.6	11.9	18.7
合 计	612.5	630	671.2	662	680.8

6 技术发展动向

随着社会的发展,技术的进步,铜工业的现代化水平也越来越高。世界上大部分矿山都采用露天大规模开采,装备大型化、机械化、自动化程度高,即使井下开采,也是非常先进,如加拿大有的井下矿已通过卫星遥控,井下采掘设备自动运转。

近20年来,国际大型铜冶炼企业纷纷研究新的冶炼方法,使得世界铜冶炼技术得到了很大提高。火法冶炼依旧是主要的冶炼方法,过去传统的火法如鼓风炉、反射炉和电炉炼铜已逐步被淘汰,富氧强化熔炼成为主流。强化熔炼分成两大类,一类是闪速熔炼,代表是奥托昆普法;另一类是熔池熔炼,代表有诺兰达法、三菱法、智利特尼恩特法、艾萨法、奥斯麦特法等。

使用不锈钢永久阴极母板,成品阴极铜从不锈钢永久阴极上用机器自动剥离,电解铜的质量一般都能达到99.9%;电解液的净化以脱铜电解、蒸发结晶分离 $NiSO_4$;电解槽结构推广聚合物混凝土整体铸造。许多大型铜电解厂都采用艾萨精炼技术。

重视技术创新及新技术的推广应用,重视开发新产品,特别是高新技术含量的产品,例如高精度铜板带、高耐蚀长度冷凝管、空心导线、高散热空调管和大宽度超薄电解铜箔。另外,大力发展铜合金,延伸其在高尖端领域的应用范围也是比较重要的方向。

根据最新掌握的资料,湿法冶炼技术不仅得到很大的发展,而且应用领域也得到有效拓宽。过去湿法冶炼技术仅仅局限于氧化矿和废石等低品位矿石原料,现在已经拓展到次生硫化矿(如辉铜矿)等高品位原料。更为重要的是,湿法技术还将应用于铜精矿处理上,目前上述领域还处于研究阶段。但是,如果上述技术能够得到应用和推广将会对传统火法冶炼形成很大的冲击。

7 世界铜产业发展趋势

联合重组加快,产业集中度提高。为了适应市场竞争,国外大企业近年来普遍加快了收购、兼并、联合步伐,组建更大规模的跨国公司(多数为采选冶加工联合企业),实现规模化运营,扩大市场份额。

1999年底,菲尔普斯道奇公司(PD)购并 Cyprus Amax 成为全球第二大铜生产商;Grupo Mexico 公司收购美国熔炼公司 Asarco，成为全球第三大铜生产商。2001 年 6 月底，澳大利亚 BHP 公司和英国比利顿（Billiton）公司合并为 BHP Billiton 公司，形成全球第四大铜生产商。合并后，不仅仅企业规模得以加强、沟通更加方便、生产成本显著下降，更为重要的是有助于企业向优势项目投入更多的人力和物力，强化抵御市场风险的能力。据最新统计，2002 年世界铜矿公司产量位居前列的分别是智利国营铜公司、费尔普斯道奇公司、力拓矿业、必和必拓等公司。初步统计数据显示，2002 年排名前 10 位铜矿公司的铜精矿总产量为 707.8 万吨，约占全球总产量的 52.4%。精铜产量排名居前列的大部分是铜矿产量居前列的企业，据统计，2002 年精铜产量排名前 10 位的精铜产量占全球总产量的 43.3%。

矿业投资趋于多元化。矿业投资不仅投资额高、风险大，而且投资回报周期比较长。为了规避风险，提高开发成功率，加强现金流动，世界绝大多数的大型矿山的投资开发是多家大型铜矿业公司共同完成的。例如，秘鲁第二大铜生产商 Antamina 铜矿，其股东就是四家公司组成，最大股东是加拿大诺兰达公司和 BHP Billiton 公司，分别拥有 33.75% 的股份，加拿大 Teck Cominco 持有 22.5% 股份，日本三菱公司拥有 10% 股份。

冶炼产能由发达国家向资源丰富国家和发展中国家转移。随着市场竞争进一步加剧，受资源条件、能源供应、劳动力价格等因素影响，有色金属初级产品生产向资源条件好的国家转移。同时，随着发展中国家经济的快速增长，铜需求增长异常强劲，这些国家铜冶炼产能扩张势头也异常迅速。一是冶炼能力由发达国家向发展中国家转移。1998 年以前，智利、美国和日本是世界最大的铜冶炼国，冶炼能力都超过了百万吨。不过，随着发展中国家经济发展，特别是铜需求的增长，冶炼产能扩展势头相当迅速，中国、印度是最为突出的代表，其中中国已经取代美国位列世界铜冶炼第三位。需要指出的是，环保因素是部分铜冶炼大国产能下降不可忽视的因素。二是资源丰富的国家冶炼产能增长势头相当迅速。智利、澳大利亚、印度尼西亚是世界铜精矿重要的生产国，同时也是铜精矿重要的出口国，不过，近些年这些国家的冶炼能力扩张速度也相当快。延伸产品链，规避市场风险是这些国家冶炼能力增长的第一因素；第二因素是上述国家销售策略的改变，用阴极铜代替铜精矿的出口，增加出口价值；第三个因素则是成本原则，铜行业快速发展，竞争必是日益激烈，削减成本以确保在同行中的地位是相当重要的，在铜矿山附近建立冶炼厂无疑是较好的选择。

国家大型铜公司趋向多元化发展。产品向深加工、高附加值方面发展，原料外销量快速下降。为了企业的可持续发展、提高市场竞争力、扩大产品结构、延长产品链深度也成为国际大型铜企业的重要手段之一。根据现在掌握的资料，以智利国营铜公司为首的世界排名前 10 位的铜矿公司中，有 6 家同时也是全球十大阴极铜生产企业，他们现有阴极铜产能与铜矿能力基本是配套的。在世界十大阴极铜生产商中，菲尔普斯道奇、日本矿业公司、北德精炼公司等同时也是世界大型铜加工企业，并且某些加工品种处于世界领先地位。随着经济的发展，技术的进步，矿山企业向冶炼油行业发展，冶炼行业向深加工、高附加值方面发展的可能性将日趋加大，使得铜企业产品更加丰富、企业规模日益扩大，而且还提高企业抵抗市场风险能力。所以，市场初级原料产品外销量将会日益减少。

主营品种多元化。单个品种虽然可以集中公司所有发展精力，发挥其最大的潜能，但同样也存在巨大的市场风险，简单而言就是当此品种处于市场低潮时，公司极有可能陷入困境。所以，现有大型铜冶炼企业主营品种很少局限于铜单个品种，例如，诺兰达公司的主营品种涉及铜、铝、铅锌等，诺里尔斯克镍公司不仅铜产量巨大，同时也是世界最大的镍冶炼商。

依靠科技进步，大力发展湿法冶炼技术，生产成本显著降低。据统计，2002 年湿法铜产量为 259.7 万吨，在全球铜总产量的比重为 16.9%。根据现有发展趋势来看，湿法冶炼技术应用范围将日益广泛，这就意味着湿法铜产量将保持较好的增长势头。专家指出，今后一段时间内，湿法铜产量增长速度将保持在 10% 左右。现有资料显示，湿法炼铜成本比传统火法冶炼成本低 30% 左右，这就是说全球铜生产总成本将因湿法冶炼的发展而不断下降。

（原载《中国实用矿山地质学》，冶金工业出版社 2010 年出版）

加拿大矿业概况及矿山地质工作特点

史业新 彭觥

（中国地质学会矿山地质专业委员会，北京，100814）

1 加拿大矿业概况

（1）加拿大联邦政府能源、矿山资源部，统一管理全国矿产资源和矿业，这个部设有：

1）能源政策分析司分管能源工作；

2）矿业政策司，分管矿业工作；

3）地球科学技术司，分管该部主管业务范围内的科学研究和技术开发等工作；

4）研究及技术司，分管该部科学研究和技术开发等工作。

（2）在部内主管矿业开发的是矿业政策司。该司有司长1人，财务总计长1人，执行助理1人，高级顾问1人，除设有策略（对策）计划处、管理程序处和区域矿业发展处等三个职能处，直接对司长负责外，对开发矿业的管理，还设有相对独立的局。

1）矿物及金属策略（对策）局，下设国际矿务关系处、有色金属产品处、铁类产品处和非金属工业产品处，分别负责国际矿产贸易和国内矿产开发等项工作。

2）经济及财务政策分析局，下设经济政策分析处、税务政策分析处、财务及公司分析处和统计及模型处，分别负责研究矿业经济政策、税务财务和矿业公司经营状况分析等工作。

3）资源策略及情报局，局内设有资源政策处、人事（是负责与矿工有关的工作）处、国内矿录处、情报系统处和调查编审处等机构，分别负责国内外资源形势和对策分析，研究矿产勘探及确定其投资效益。研究与矿工有关的卫生安全、劳保和劳工关系，掌管全国已发现和投产的矿产地并负责建立矿床档案。调查统计与开发矿业有关的储量、产量、需求、销售、成本和利润等重要情报，并经分析汇总后定期分布。

（3）该部还设有一个高水平的矿产及能源研究中心。中心有6个办公室。中心下属5个研究所，即矿产研究所、采矿研究所、煤矿研究所、能源研究所和物理研究所，既包括基础性开发性研究又有大量以应用研究为主的课题，密切结合矿产及能源工业发展和制定政策的需要，一方面为充分合理开发利用矿产及能源提供科学技术依据和方法，另一方面又为政府制订和完善矿业立法和相关的技术经济政策提供准确的资料与数据，力求通过采用新的采选冶技术和制订出符合加拿大国情的政策立法，来促进加拿大矿业的发展。

研究中心的工作由部长负责，任务来自各部门、地方、大学、公司和国际组织。经费主要由联邦政府提供，一小部分按研究课题由受益单位提供，他们研究的课题均有目的性，时间性和讲求效益。选题的范围宽广而慎重。从矿产和采矿两个研究所介绍的情况看，为了使资源合理地开发利用，他们特别重视矿石物质成分、采矿方法和安全环保的研究，凡与矿产开发有关的采、选、冶加工新技术与新方法，低品位矿、共生矿、难选矿的利用，以及尾矿处理同环境污染，控制地下采矿时内燃机尾气排放和开采爆破技术等，都采用多种手段和方法从多方面进行探索研究，并已取得了不少新成果。

他们在选题方面密切结合生产需要充分论证讲求实效的做法，最值得我们借鉴。中心内成立了一个加拿大全国采矿冶金研究咨询委员会，主要对研究项目提出审定建议和拟定分配经费方案，起部长参谋班子的作用，供部长决策。这个委员会，是由工业界和企业大学等几个方面选聘出来的有关研究领域的权威组成，成员包括工业界10人、大学2人和企业2人，并由工业界的当主席。在确定研究项目中，有25%的项目，同其他方面如私人公司合作进行；或是资助私人公司从事专题研究。在划拨研究项目经费时，先给60%，待取得成果时，再给其余的40%，以鼓励多出和快出成果。管理积累了不少经验，确有许多好的做法，值得我们认真研究和借鉴，归纳起来有以下几点：

一是国家把矿业作为一个独立的产业，在联邦政府和省政府内设有综合性的部负责统管，所有与矿业有关的统计数字和信息，均单独分类汇总统计，需要采取哪些立法政策和对策也有专职机构研究。对矿业，政府总的方针是既鼓励扶持又通过立法严加管理，在鼓励方面：其一，公司或个人申请得到矿权地税；其二，国家对采矿用地，收费标准比较低，而政府在受理开采权时是组织各有关方面联合审批，手续比较简便。在严管方面，国家对开矿有一套完善而明确具体的法规，开矿者要首先购买矿地，生产过程一定要符合复垦、环保和安全要求，并要按政府矿业部门的监督和依法纳税。

二是联邦政府同省政府对矿业管理各有侧重，责任分明，联邦政府不管企业，不管开采权的审批，也不直接对企业的开采活动进行监督和检查。这方面的工作，按照立法由省政府直接管，联邦政府主要职责是：①从国家的角度，研究并提出矿业立法，建议并制订全国性必要的政策规定；②负责进行基础地质、矿产调查研究，通过进行中小比例尺填图在大面积上进行找矿，定期公布地质矿产远景区，为私人公司找矿勘探提供地质资料；③开展与矿业活动有关的高水平的科研工作，为充分合理利用资源、保护环境和安全生产提供科学而准确的依据；④分析研究国内外矿产形势，掌管国与国、省与省的矿产贸易，以保证加拿大对战略矿产的需求，并正确引导国内采矿业的发展；⑤调查统计、分析研究和定期向各方面通报或公布矿产资源和矿业信息。总之，从宏观上正确指导全国矿产资源的合理开发利用和矿业活动。

三是从联邦到政府矿业，完全是政企分开，政府不过问企业的经营活动。企业在法律许可的范围内独立自主地进行活动，照章纳税，自负盈亏。政府在立法和制定政策时，事先还要同企业协商，企业上报的有关本企业经营活动的材料，政府有责任照他们的要求保密，保护企业的合法利益。

不列颠哥伦比亚省依法统管全省矿业：

（1）省政府设有能源、矿山和石油资源部统管全省矿业。该部在部长之下有三名次长，分管矿山、能源和石油方面的工作。主管矿山的次长及所属矿权司、矿政司、矿业监督司和地质司的负责官员接待了我们，并就机构职责、人员配备和矿法等情况作了介绍。主管矿业的有关司其职责任务如下。

矿权司：有工作人员 20 人，负责矿权审批与管理，并设立专员分管金矿业务。

地质司：有工作人员 50 人，负责全省地质调查与填图，汇总分析各矿山地质资料和为矿业界培训找矿人员，以其工作成果为矿山企业服务。

矿政司：有工作人员 10 人，负责矿产经济分析和矿业政策研究等工作。

矿业监督检查司：有工作人员 50 人，设有 6 个矿山救护站，派督察员对全省矿山企业进行直接的检查监督。全省面积有 90 余万平方公里，划分成 6600 个矿地，设立 12 个监察小区。各区委派监察员 1 人，每 4 个小区又组成 1 个大区，这样全省分为北部区、南部区和中心（滨海）区等 3 个大区，每个大区由主任监察员领导。

督察员每月要到矿山现场，主要任务是指导检查矿山安全救护、矿山环境保护与复垦以及矿山工程等，还听取矿山安全员工作汇报并负责考核、颁发爆破许可证。

主任督察员要由具有地下或露天开采经验的工程师担任。

（2）不列颠哥伦比亚省制定有一整套矿业法规，其中包括：矿产法（管辖非煤矿产）、砂金矿法、煤矿法、矿山法、铜矿补助金法、矿产加工厂（提炼）法、矿源探查法、矿山路权法、印第安保留地矿法。

矿政方面的规章、条例主要有：金属矿开发审批规章、矿产开发条例、煤矿开发条例、矿山废料管理条例等。

该省矿业立法的一般程序是：法律草案是由能矿石油部长审查报请省议会通过成为正式法律即可生效，规章条例则由各司起草由部长签发批准发布后生效。

（3）省矿管部门根据上述有关矿业法规和条例对矿产开发进行如下管理工作。

审批矿权：申请者必须是加拿大公民，或加拿大股份占 51% 的公司。每个申请者一次可申请矿权地数量不得超过 20 个（每个矿地面积为 0.25 km²）。超过者须另行申请，获得矿权者每年一个矿权地交纳 100 加元矿权税，为了鼓励探矿法规定亦可以进行相同金额的勘查工作量抵消矿权税。勘查过程中允许开采矿石（副产）每年不得超过 1000 t。

在进入正式开采前还须申请开采权，由省矿管部门与环保部门联合审查批准，在批准前还须经省有关部门（如交通公路、城市规划和林业等）审查、论证，涉及问题多的矿区还召开公众听证会广泛征求各界意见，例如在温哥华岛一个湖深煤田有人申请开采，但是，对湖中鱼类生长有害，意见有分歧，至今未获批准。

审批开采权分三个步骤：

1）提出矿山开采、设计方案，如属小矿这一步即可批准开采。而大矿则需经过下面两个步骤；

2）对矿山开发管理的各方面（产量、职工人数、安全、环保等）进行审查；

3）经审查批准后发给开采许可证，与此同时，林业部门发给伐木证，环保部门发给用水证、复垦证，公路交通部门发给筑路证以及绿化证等。

为了统一协调全省矿业政策、法令和简化审批手续，1974年成立了不列颠哥伦亚省矿山开发（咨询）委员会，成员由能源矿产部矿政司长兼任主席，由环保部、交通部和城市规划部等6个部门官员组成，办事机构设在矿业部门，联合审查和办理开采权。

该省还设有矿法修改委员会，成员有矿业公司经理、矿工代表、大学教授和政府主管官员等。

（4）不列颠哥伦比亚省是加拿大的矿业发达省份之一，省政府全权管理矿业，它推进了一些有利于发展矿业的政策，制定了一系列矿业法规，建立了比较完善的地矿管理机构，他们的经验有：一是通过法律积极鼓励探矿和采矿，政府为矿业界提供地质资料，培训找矿人员；二是关于审批矿权颁发开采许可证、矿山生产过程中的安全、环保的检查监督以及开采后的废料（废石、尾砂等）管理和采区复垦都有专门法规；三是为了协调省级各有关管理部门的行动步骤、简化开采审批手续，他们建立以矿管部门主管官员为首的跨部门的协调（咨询）委员会；四是分区派遣矿业督察员按月到矿山现场指导检查工作；五是建立矿业律师队伍以促使矿法顺利实施，目前全省共有熟悉矿法、承办矿业案件的律师30人。

2 五个有色金属矿矿山地质工作

（1）坚持边生产边勘探救活了西敏铜铅锌多金属矿。

该矿位于温哥华岛中部，金矿有职工350人（其中井下工人150人，选矿厂50人，厂长、工程师5人）。1964投产每日采选矿石950 t，到20世纪70年代末老矿体即将采完。为了扭转矿山资源危机，矿山地质及相关单位，坚持在深部和外围找矿，终于在1978—1979年发现了新的富含铜、铅、锌的大型矿体（叫H·W矿体）探明储量达500万吨，现已建成投产，每日采出矿石2050 t，选矿厂已扩建为8000 t/d，采用房柱法和充填法开采。

这个矿山及其上级公司对矿山地质工作十分重视，公司勘探部派两名地质师常驻矿山负责坑内外矿山地质和找矿勘探工作。采场和坑道掘进中的生产地质是由矿山地质师及其四名助手负责进行。

据矿山有关人员介绍：1978年这个矿山探明的储量接近采完，当面临关闭的局面时，为了扭转危机，矿主向省矿管部门申请资助，省政府以特殊拨款50万元供其找矿，随后公司又拨出350多万加元，经过工作发现了H·W大型矿体，矿山从此扩大了生产，企业日益兴旺，从此，矿山地质工作更加引起矿主的重视。

（2）现代化大型露天开采的岛屿铜矿。

该矿位于温哥华岛的北端，于1963年通过物化探发现，矿床属于斑岩型铜钼矿床，铜平均品位为0.48%，钼平均品位为0.14%，脉石为二长岩。从1967年建矿到1971年投产用5年时间建成了这个日采4.8万吨的选矿，生产工人302人，维修工人303人，工程技术人员110人，管理人员85人，开采设备有170吨电动汽车，45R.60R牙轮钻和12立方米电铲。

选矿厂采用电脑管理，装有X荧光分析仪定时载流自动取样分析。铜的精矿品位为39%，钼精矿品位为45%，回收率铜为85%～86%，钼为90%。为了提高产品竞争能力，降低成本，在露天采场安装了从德国购买一台新的旋回破碎机，用皮带将粗碎后矿石运往选厂，代替了汽车运输，节约运费，短期内就可以收回新设备的投资。

矿山环保工作搞得十分出色。

该矿尾矿水排入海湾中。因此，对排放标准要求较高，他们雇用生物学专家与UBC合作进行了系统海洋生物、生态学等方面研究，取得了好的成果，保护了环境，受到省政府的表扬。

（3）世界著名的国际镍业公司萨德贝里铜崖镍矿（Inco Copper Cliff）。

萨德贝里（Sudbury）是世界最大的硫化镍矿产地。铜崖矿是其中主要矿床之一，位于盆地南缘，距萨市约30 km。属于加拿大国际镍矿公司（Inco）。该矿露天开采，日采出矿石2000 t，主要设备有5辆75 t的矿用汽车及相应的电铲和牙轮钻等。

Inco全公司现有职工9000人（其中采矿4000人，选、冶共5000人）。所属各矿山日产矿石量为5.5万吨。

近几年因镍销路不佳，裁减了 6000 名职工。而采用新技术提高劳动生产率成效显著（如 1981 年每人平均产镍 7 t，1985 年达到 13 t）选矿厂和冶炼厂均采用了高度自动化和保证产品质量的新技术。

矿山地质人员主要负责采矿场地质编录取样及参加长期（年度、季度）生产计划的编制工作等。月的生产计划及现场施工指导等由采矿工程师负全责。

公司勘探部设在矿山附近的萨德贝里郊区。承担找矿勘探任务，该部地质专家向我们介绍（用两小时）萨德贝里盆地地质和镍矿成因时，突出地讲述了关于陨石冲击触发含镍岩体侵入萨德贝里陨石冲击坑——盆地的机理与各种证据，如角砾岩带沿带沿盆地周边有规律地分布。石英、长石和磷灰石等矿物中分布多组高压下形成的裂隙、节理等，这些是陨石冲击的构造证据。

（4）历史悠久储量不断增加的萨德贝里鹰桥镍矿。

属于鹰桥矿业公司的镍矿有 5 个，均分布于盆地的东南缘，早在 1929 年就开采。

该矿区有 3 个矿带，即上部镍矿带（主矿带）、下部镍矿带和铜矿带。镍矿体的镍品位为 0.6% ~ 10%，铜为 1%；铜矿体的品位铜为 4% ~ 7%，镍为 0.3%。含矿带总长度为 1200 m，宽为 1000 m，开采深度为 1000 m，计划将采到 1700 m 深。最深矿化深度达到 3000 m。现在地下开采每日采出矿石 2000 t，用崩落法和充填法开采。这个矿在市场金属镍销售不景气的情况下仍然盈利，主要原因是资源条件好，地质工作做得扎实。

该矿投产时探明矿石储量为 7000 万吨，现已采出矿石 1 亿吨，尚保有储量 1.6 亿吨，这个成果充分表明矿山地质工作的重要性，公司部地质师统一领导公司勘探部和各矿山的地质工作，矿山负责 2 km × 3 km 之内的生产矿区的地质工作，分公司勘探部负责矿山与矿山之间的地质工作，分工很明确。

矿山还制订了本矿地质工作规范，每十年修改一次，内容包括矿山地质工作机构、人员配备及任务要求等。

（5）地下大规模开采的基德克里科（Kidd. Creek）铜锌矿。

该矿位于安大略省提敏斯市以北 37 km，1959 年 3 月在圈定的找矿靶区进行电磁法航测，又做了地面物探，发现了隐伏的基德克里科矿床。1963 年开始打钻，1966 年投产，已建成规模为每日采选矿石 1 万吨（设计 1.4 万吨/日）的选厂。矿床赋存于前寒武纪火岩层中，块状硫化物矿体长 2200 尺，宽 500 尺，铜品位为 1.53%，锌为 8% ~ 10%，铅 0.39%，银 132 g/t。2800 m 中段以上保有储量 9500 万吨，深部仍有远景，是一个多金属优质富矿。

该矿也把矿山地质工作放到了重要地位，在矿山总地质师之下有两名高级地质师和一名高级研究地质员，各矿井（坑口）也配备为数不等的地质人员，还有专人负责金刚石钻探及岩心库工作。化验室也由矿山总地质师领导。矿山地质部门共有 40 人，其中包括化验人员 20 人，矿山地质图件、表格齐全并有矿山开拓系数及采场立体模型。

这个公司的选冶厂全部采用先进技术。选矿区流程自动控制，回收率高，铜达 91%，锌达 85%，精矿品位铜精矿 23%，锌精矿 52%，冶炼厂引进了日本三菱连铸平整设备，给人以全新的感觉。

由于加方的精心安排在考察中看到的五个有色金属矿山是具有代表性的，有露天矿也有地下矿，有大型的也有中型的，以技术装备水平而论，地下矿有采用无轨大型胶轮铲运机（最大斗容 6.1 m³）和双机凿岩台车，也有有轨矿车运输和电耙出矿，露天矿的汽车有 170 t，也有 75 t，还有用皮带动输出矿的。基本上代表了当时加拿大矿山发展现状。

在考察中，给人印象最深的有四点：一是矿山劳动生产率高，如基德克里科矿人年采出矿石达 9000 t，我国铜陵凤凰山矿为 382 t，广东凡口矿为 140 t，比我们高 20 ~ 60 倍；二是普遍重视安全环保和复垦工作；三是矿山工资待遇高，每个矿工和工程师的工资 3 万多加元（相当 2.3 万美元），大体是机关高级雇员的水平；四是重视矿山地质工作。各矿山企业均设有以总地质师为首的矿山地质机构，配备与矿山生产发展相适应的高、中级配套的地质人员，既有有学位的高级地质专家，又有自学成才的活跃在生产第一线的年轻地质人员。矿山地质师的主要任务是负责圈定采区矿体边界。使采矿人员有矿可采，生产中不丢掉矿体。鹰桥镍矿和基德克里科矿矿山地质力量比较强，还担负矿区找矿勘探，扩大资源远景，并配备高级地质研究员进行矿床地质研究工作。这些做法对我们很有启发。

（原载《中国实用矿山地质学》，冶金工业出版社 2010 年出版）

美国铁金铜钼矿山的尾矿及利用

汪贻水

（中国地质学会矿山地质专业委员会，北京，100814）

1 美国矿山重视尾矿设施建设

我们考察了美国六个生产矿山的尾矿状况，简要介绍如下。

1.1 帝国（Empire Mine）铁矿

位于美国北部密执安州马凯特县帕默（Palmer）之北，由克利夫兰克利夫斯（Cleveland Cliffs）铁矿公司经营。区域变质沉积磁铁矿床，露天采矿，月生产矿石 7.6 万吨，可采 50 年，铁品位 34%，磁铁 22%。选厂日处理矿石 7.6 万吨，采浮选及磁选，是美国采用自磨最早的矿山，年产球团铁矿 810 万吨，选矿厂年排尾矿 $1900 \times 10^4 \mathrm{~m}^3$，尾矿经 ϕ100 m 浓密机回水，底流浓度 50%，经串联三级泵扬至尾矿库，尾矿粒度 −0.029 mm（−500 目）占 90%，现有职工 1300 人。

尾矿库距厂区 5 英里，是一座丘陵地区周边筑坝型尾矿库，因尾砂粒度过细，采用当地土石进行上游法筑坝。初期坝高 24.4 m，坝顶宽 14 m，边坡 1∶2。第一期子坝高 4.6 m，顶宽 9 m，堆积边坡 1∶2.8，坝体稳定，安全系数 1.7，超过 1.5 的规定值。尾矿库周边铺设一条 ϕ20in 衬胶钢管，每 300 m 设一集中放矿口，库内沉积坡约 0.003。该库设计使用年限为 60 年，总库容可达 12 亿立方米。

尾矿坝上游设截洪坝，库内面积约 40 km²。年平均降雨量为 37in，按 PMP 洪水标准设计，库内设有井管式排水系统，尾矿库干滩都在 800 m 以上。水面面积很小，库外设三级沉淀池，二级水池即可回水，回水能力 18000 t/d，三级池全部澄清可以达到排放标准，外排水量 0.06 m³/s。

尾矿坝由 1 人负责管理，需要筑坝时，进行工程招标外包。

1.2 白松铜矿（Whith Pine）

位于密执安州昂托纳贡（Ontonagon）县，苏必利尔湖之南 10km，由白松铜业公司（White Pine Coper Co.）经营。大型砂岩铜矿床，矿石量 1.01 亿吨，平均品位 1.12%，年产电铜 5 万吨，选厂日处理矿石 1.5～1.7 万吨，用浮选法生产，年排尾矿量约 400 万吨，选厂排放尾矿浓度在 30% 左右。现有采、选、冶职工 1300 人。

尾矿库距厂区 1 英里，尾矿库有 2 座，均属平地周边筑坝式尾矿库，采用下游法筑坝。一号库占地面积 1800 英亩，共堆存尾砂 9000 万吨，已于 1970 年停用，二号库位于一号库下游，占地 2500 英亩，周边坝长 8 英里，设计坝高 120 英尺，总库容 2.6 亿吨。采用下游法筑坝，其上、下游坝壳采用当地土石堆筑，中间坝体由旋流器的粗尾砂充填。共设有 3 台可移动式的旋流器组，每组装有 3 台 ϕ50in 旋流器，每年 5～11 月进行堆坝。旋流器底流浓度为 70%，粒度 +130 目占 67%，尾砂坝现高 23 m，尾矿库干滩 1000 m 以上，库内设 4 条井管式排水系统，排水井 ϕ5 英尺，排水管 ϕ2.5 英尺，每天排水量 $9 \times 10^4 \mathrm{~m}^3$（地方政府允许排放量 $23 \times 10^4 \mathrm{~m}^3/\mathrm{d}$），尾矿水不回收使用。

1.3 霍姆斯特克金矿（Homestake）

位于南达科他州西南劳沦斯（Law Rence）县黑山（Black Hill）北麓，故又名黑山金矿，为前寒武纪变质岩中脉金矿床，美国最大金矿山，年产金量占美国黄金产量 30%，矿石量 1600 万吨，平均含金品位 7.24g/t。竖井盲井开拓，采用分层充填采矿法，近年用 VCR 采矿方法。选厂规模 6000～7000 t/d，尾矿量 2000 万吨/年，−0.074 mm（−200 目）占 60%，尾矿浓度 35%～55%。现有职工 1680 人。

尾矿库距选厂约 2 公里，是一山谷型尾矿库，初期坝为黏土心墙砂石坝，坝高 82 m，边坡 1∶2.0，库容 790 万吨，采用当地土石下游法筑坝。设计最大坝高 117 m，总库容为 6700 万吨，服务年限 53 年，库周边设截洪沟，库内干滩大于 400 m，采用浮船回水，回水率 90% 以上。

厂区设有水处理站，对矿山井下水和尾矿库回水采用细菌处理工艺进行处理，经处理后水质可以达到排放标准。

1.4 克莱马克斯（Climax）钼矿

位于科罗拉多州莱克县，丹佛西南61公里，由阿马克斯公司的克莱马克斯钼业公司经营。该矿是世界最大钼矿床，保有矿石量4.48亿吨，MoS_2平均品位0.352%，选厂规划5万吨/日，鉴于当前钼的价格低，实际日处理矿石0.9万吨，现有职工187人。

该矿先后共建起5个坝，3座山谷型尾矿库和1个水库。3个尾矿库呈梯级，共占地3000英亩，已堆存尾砂量约5亿多吨，尚可堆存5亿吨尾矿，尾矿坝采用上游法筑坝。

目前该矿主要使用中间的2号库。该库坝高161 m，长2000 m，堆积坡度1：2.5，尾矿沉积坡0.01，干滩长度控制不少于300 m。库内设2座ϕ760 mm排水井，可同时排水，目前正将堆积坡削坡成1：4，以利复垦。

3号库坝高约50 m，坝长400 m，堆积坡1：4，干滩控制不低于450 m，该库使用前首先用+200目粗尾矿铺于库底，坝内设排渗沟。

三座尾矿库均设有截洪沟，库内采用回水泵站回水，3号库下游设有水处理站，尾矿水经处理后可以达到排放标准。

1.5 雷（Ray Unit）铜矿

位于亚利桑那州雷（Ray）县矿物河（Mineral），由肯尼科特铜业公司经营，为斑岩铜矿、金属铜250万吨，品位0.80%，选厂规模3万吨/日，溶浸厂日处理硅酸盐矿石1.5万吨。冶炼厂生产能力9万吨，职工2000人，矿山900人。尾矿经厂区ϕ325英尺和ϕ250英尺两座浓密机回水后，以40%～50%的浓度扬送至尾矿库，尾矿粒度+100目占35%。

尾矿库位于选厂南部，共建有3座尾矿库，占地1500英亩，已堆尾矿2.5亿吨。1号、2号库位于Gila河北岸，两库相连，系平地周边筑坝型尾矿库，坝长约5英里，坝高300～350英尺，采用上游法筑坝，堆积坡度1：3。库内设虹吸管和固定式排水井管，将库内水排至下游，经自流渠，加压泵站送回选厂重复利用，库内干滩北部较长，约200 m，南部较短，约70 m。

3号库位于Gila河南岸，呈三面筑坝傍山式尾矿库，坝高约30 m，坝长3km，采用上游法筑坝，库中间设隔堤分为两库，库外设截洪沟，库内设有井管式排水系统。

为使尾矿干燥固结，三个库交替使用，每个库每年上升速度不超过3 m。

1.6 平托谷（Pinto Valley）铜矿

位于亚利桑那州迈阿密（Miami）城以西9.7 km。由玛格玛（Magma）铜业公司经营，为斑岩铜矿床，保有储量3.7亿吨矿石，平均含铜品位0.41%，选厂规模7万吨/日。尾矿量2400万吨/年。尾矿经厂区两座ϕ100 m浓密机浓缩后以50%浓度自流到尾矿库，尾矿粒度-0.074 mm（-200目）占30%。

该矿共有4座尾矿库，1、2号库已经闭库。目前3号、4号库交替使用，3号库占地150英亩，4号库占地250英亩。3号库1993年底闭库，4号库设计容量2.34亿吨，最终坝高550 ft，目前坝高350 ft。经修改设计后，坝顶最终坝高630 ft，总库容可达到3亿吨。

尾矿坝过去采用尾矿直接排放上游法筑坝，1986年后改用旋流器分级上游法筑坝。旋流器底流浓度为70%，粒度-0.074 mm（-200目）占10%以下。旋流器为Krebs型14in，正常工作时8～10台，在坝顶单台布置，间距15～20 m，旋流粗砂堆用推土机推平碾压，库内设有回水系统。

因该库地处干旱地区，蒸发量大于降雨量，且尾矿库库容很大，故库内未设排洪设施。

2 美国矿山重视法规建设

2.1 美国矿山概况

美国各类矿山约11000个，尾矿库约2250座（大多数煤矿没有尾矿库），其中煤矿尾矿库约1500座，坝高20 ft，占地20英亩以上的大中型尾矿库750余座；非煤矿山尾矿库约750座。过去由于各种原因也出现过溃坝事故，近20年来，政府致力于安全法规的制定、完善和推行，使矿山死亡率、事故率大大下降，非煤矿山死亡人数已由20世纪70年代每年死亡200多人降至1989年的48人。据介绍，目前美国矿山尾矿库安全管理的重点是放在大、中型重要的尾矿库,所以这部分尾矿库的安全状况基本良好,而部分中、小型尾矿库的安全状况相对要差一些。

2.2 安全法规

美国联邦政府的法典(Codf of Federal Regulations)中有详尽的矿山安全卫生法规及条例,其中包括矿山尾矿库安全方面的规定。美国劳工部矿山安全卫生局所属的技术中心还制定了尾矿坝安全检查指南,介绍检查主要内容、方法、报表格式等。另外,各州政府也有一些具体的规定。

2.3 安全管理机构

美国矿山安全共设三级管理机构。第一级,联邦政府劳工部设有矿山安全卫生局(MSHA),内设法规部、技术部、煤矿山部、非煤矿山部、培训部等。负责全国矿山安全卫生法规的制定、修改、监督检查、技术监督、人员培训和事故处理。第二级,美国非煤矿山分为6个区,设有检查总部负责本矿山安全监督检查。第三级,各检查总部下设7~8个检查站,每站设有检查员7~8人。另外各企业也设有专职安全管理人员。

2.4 安全技术监督检查

尾矿库设计必须由有资格的设计者承担,必须按照有关法规进行设计,有关设计中的安全技术问题由安全卫生局下设有布鲁斯顿安全卫生技术中心和丹佛安全技术中心进行审查。审查的主要内容为尾矿坝的稳定性和尾矿库的防洪能力。他们提出的审查意见供六个检查总部参考以决定是否批准。设计必须由检查站、检查总部批准后才能实施。在尾矿坝施工中,技术中心也随时进行检查,监督其是否达到设计要求。

各检查站对地下矿山每年检查4次,对露天矿山每年检查2次,检查结果上报到检查总部,再汇总到安全卫生局。

检查的主要内容为坝体浸润线高度、位移、边坡稳定、渗漏、排洪能力等。对检查出的安全隐患发出通知,限期治理。对未及时处理而又没有充分理由说明原因的,处以严厉的经济处罚甚至起诉。目前对煤矿的安全检查比非煤矿山更为严格。

2.5 事故处理

发生溃坝及人身死亡事故后,矿山立即报检查站和检查总部,总部立即用电话向矿山安全卫生局报告,然后直接报劳工部部长,并立即着手调查,迅速写出快报报矿山安全卫生局。矿山安全卫生局派人进行最后调查,写出结论,根据定性意见对经营者提出经济和法律处理意见。

3 重视安全技术

美国对尾矿坝安全技术要求很高,主要表现在以下几个方面。

3.1 设计

(1)尾矿库的洪水设计标准高。最低标准为百年一遇洪水,大中型库均需按最大可能洪水(PMP)或二分之一最大可能洪水进行设计。

(2)尾矿坝设计稳定性安全系数高。规定标准为1.5,大于我国的标准。

(3)尾矿库上游或库外一般设截洪设施,最大限度减少入库洪水量。

(4)尾矿库内保持较长的干坡段,尽力降低库内水位,使水面远离坝体。有条件的矿山(如 Empire 铁矿)在库外设多级澄清池,以保证排放水质要求。

(5)美国东部矿山多采用稳定性较好的下游法筑坝,西部矿山多采用上游法,但也尽量采用旋流粗尾砂筑坝,以增加坝体稳定性。

(6)尾矿坝设有完善的观测设施(测压管、位移桩等)。

(7)有条件的矿山(如 Ray Unit 铜矿)设多个尾矿库轮流使用,以降低坝体上升速度,加速尾矿固结。

(8)尾矿库设有完善的交通、通信设施,便于安全管理和事故处理。

(9)尾矿尽量采用高浓度输送,既可减少入库水量,又可节约能源。

3.2 施工

许多尾矿坝需要筑坝时采用工程招标的办法,施工过程中随时会受到检查站抽查,严格监督控制施工质量。

3.3　生产管理方面

（1）各矿对尾矿库都有严格的管理细则、操作规程。

（2）尾矿库有专门管理人员，而且素质较高，安全意识较强。

（3）注意坝体观测，发现异常及时分析、研究、处理解决。

（4）各尾矿库都有安全警戒门，未经许可，不得进入库区。

（5）各矿山每年对尾矿库的运行从资金上给予保证。

（6）尾矿库的服务年限终结之前，如需继续生产，必须提前进行设计，不允许出现超高超库容尾矿库。

4　关于我国应重视尾矿工作的建议

4.1　安全管理方面

（1）尽快编制和完善尾矿库安全技术法规。目前我国已初步编制了尾矿库勘察、设计与生产管理的规范、规程，但仍需进一步完善。尚无施工、验收规程，也需尽快编制。此外尚需增加有关违法、违章的处罚条款。

（2）进一步健全国家政府的安全监督检查管理机构，目前我国的矿山安全管理，除国家安全生产委员会和劳动部门宏观管理外，主要靠行业管理和企业自身的管理。建议参照美国经验，完善国家安全管理机构。当前，首先要加强尾矿坝安全技术监督站的工作，从安全技术上进行安全检查，进一步发挥监督站的作用。

（3）坚持有资格者进行尾矿坝设计。必须严格遵守设计规范的原则。要实行国家安全管理机构审批尾矿库安全设计的制度。当前，对有色系统大型重要尾矿库的设计，应经监督站的安全技术审查。

（4）杜绝尾矿坝无照施工的现象，严格施工质量验收制度。

（5）尾矿库服务期满之前如需维持生产，必须提前勘察设计，不允许超高、超库容现象继续存在，目前已超高、超库容的尾矿库应尽快进行安全鉴定。

4.2　安全技术方面

（1）结合我国国情，应修订尾矿库安全技术标准，主要是洪水标准和尾矿坝稳定性标准，适当提高洪水标准和加大尾矿坝稳定性系数。

（2）认真解决回水与安全的矛盾，推行尾矿库低水位运行和保持较长干坡段的经验。有条件的可设库外澄清水池。

（3）大力推广高浓度输送，即可减少入库水量，又可节约能源。

（4）推广旋流粗砂筑坝的经验，可大大提高尾矿坝的安全度。有条件的矿山，应多采用下游法筑坝。

（5）堆坝上升速度快的矿山，为加速尾砂固结，可采用多个尾矿库轮流使用的方法。

（6）尾矿库应设置完善的交通通信设施，以利于安全管理和事故处理。

（7）生产矿山必须按《尾矿设施管理规程》制定实施细则，严格管理制度。

（8）加强尾矿坝的监测工作，发现异常，及时分析处理。

（9）加强安全教育，提高法制观念，树立安全第一、预防为主的思想，提高职工群众的安全意识。

（10）鉴于我国矿山尾矿坝管理人员素质低和缺乏专业技术人员的状况，建议高等院校设立尾矿专业，培养专业人才，加强矿山尾矿坝的安全技术管理。同时要加强对在职人员的专业培训。

（11）生产矿山要保证维持尾矿库安全运行的必要资金。

（12）进一步加强尾矿库安全技术的科研工作。近年来我国尾矿专业技术水平有了较大提高，尤其在上游法筑坝技术方面，达到了较高水平，但与先进国家相比仍有一定差距。要充实科研力量，增加科研经费，加强科研工作。同时，要加强对发达国家尾矿安全管理及技术工作的考察活动，进行技术合作，提高我国有色矿山尾矿库设计、施工、管理、安全运行的水平，促进有色金属工业发展。

4.3　加强我国尾矿工作

要利用各种方式，全面利用尾矿资源，提高尾矿中有色金属和非金属的利用强度，增加经济效益。

（原载《中国实用矿山地质学》，冶金工业出版社 2010 年出版）

美国采矿企业的矿山地质业务

W·C·彼得斯

有些矿山仍然由一个单独的专职地质学家进行工作，或由一个在工程部门内工作的地质学家进行工作，或者完全没有地质学家，但大多数现代采矿企业的规模和复杂性使得地质机构成为必不可少的部门。虽然地质机构是重要的，但它往往是个小机构，包括一名主任地质学家、三至四名矿山地质学家和少数技术员。此外，更大的地质机构还对管理工作负有责任，例如土工技术审查和矿石品位控制，这些工作是与其他职能部门共同承担的。

1 矿山地质机构工作任务与方式

1.1 职责

矿山地质机构最直接的职责是阐明已知矿体的地质特征和寻找更多的矿体。按严格的词义来说，寻找新的矿体称为"勘查"（Exploration），但是如果是在主要矿体的外围找到新的储量，那么按注册和征税的规定就叫做"扩大储量"（Development）。

其他职责涉及矿山和冶炼厂的设计、计划和生产，涉及到紧邻地区的勘探以及土地使用的保护措施。属于大型企业的个别矿山的专职地质学家有某些更广泛的职责，这些职责牵涉到在紧邻地区之外的开采计划和勘查或研究规划。这些工作虽在紧邻地区之外，但仍需专门的地质指导。在每项职责范围内都可分为长期的（若干年）、中期的（几个月）及短期的（每天）三种。

1.2 矿体

矿山地质部门要核实早期勘探和投产前工作中所圈定的矿体，要确定矿体的界限，而且要寻找新的矿石储量。地质部门的经常性职责是一般按年度提交矿石储量的结存报表。要调查研究矿石在矿化作用中的变化和不连续性，而假如矿化与一个大断层带或矿体的延深有关时，它可能成为一个地质部门成年累月的主要业务。在短期工作方面，矿石品位控制和确定采场及阶段内的矿体边界往往是地质部门的职责。

1.3 矿山设计和计划

矿山地质部门要核实和阐明涉及设计和开发计划的各种地质因素。对于未进行地质及土工技术特性测试的新地区，在制定开发计划时，或准备改变采矿方法时，地质数据的输入是关键性的。地下水的监测和土工技术仪器的定期记录往往是地质部门的任务。与地面控制和边坡稳定性有关的意外问题，要求立即进行地质调查和立即通知企业及工程部门。

1.4 冶炼设计和计划

在冶炼加工方法正在进行改进的地方，或为将来的作业正在设计加工方法的地方，要对矿体中所有可取样的部位进行取样化验，而且提供这些样品时，必须附有地质说明。在矿石和脉石中，矿物的分带是重要的。生产的指标——月份或年度金属、矿物回收率的预告——需要地质方面的意见。在短期方面，加工厂可能每天需要来自生产采场或台阶关于矿石性质变化方面的通知。为了供给选厂地质的原料而实行配矿或选别回采的地方，专职地质学家的意见对矿山、对选厂，并且有时甚至对冶炼厂都是必要的。

1.5 地区勘查

矿山地质部门的主要任务之一就是熟悉和说明全地区矿化作用的模式。要研究和评价邻近的一些勘探矿区，在能办得到又不违犯法律的情况下，要评价属于其他公司正在开采的矿产，而且在法律许可的范围内要监视其他公司的勘查活动（暗中监视是非法的活动）。当考虑一个联合的大胆行动、采矿租借权或矿产地的购置时，对全区范围资料的需要可能突然变得重要起来。在勘查或采矿的联合大胆行动已决定之后，专职地质学家可随之成为公司的代表，并要求其在规划上花费一定的时间。

可能需要辅助矿物原料（如汽煤、冶金焦煤或水泥及冶金用石灰石），专职地质学家要评价这些资源。在某些情况下，来自采矿和冶炼作业的副产品，可能要与来自其他矿床的矿物结合利用，或者要用于特殊的采矿作业，例如，来自冶炼厂的硫酸可用于制造磷酸盐肥料或用于浸取氧化铜矿体，此时就要寻找磷酸盐矿床或易处理的铜矿床。

1.6　土地的使用、保护与环境

公司或政府把土地划分为采矿用地和非采矿用地两种。专职地质学家的职责是：弄清分类的确实依据；查明是否控制有足够的土地以供将来的发展并根据每年的劳动力或面临的其他需要确定所要保有的矿权。矿山的废石堆、尾矿池、厂址、住宅区和道路不要有意地布置在今后可能采矿的地段上。这些地段的调查可能需要钻探以证明该处无矿——有时这是对管理部门难以解释清楚的费用。

指定用于各种地面用途、各种矿产回收以及采矿后复田用的土地，都必定具有一定的地质条件，而这些条件在编制计划前都必须加以核实。在大多数采矿企业的生产过程中，需要新的建筑场地和新的运输线路；为选址而进行的地质和土工技术调查，是由专职地质学家单独进行或与顾问共同进行的。

现有的环境——土地、水、空气和生物——都与地质条件有关，而由采矿所引起的大多数环境的可能变化也与地质条件有关。就地表沉陷和地下水而论，环境调查和环境监控是专职地质学家责无旁贷的职责，而且其职责可能也包括地表水的监控。

1.7　更广泛的职责

一个矿山地质部门，除了完成在矿山管理、矿山工程和勘探岗位上给年轻的地质学家和工程师以毕业后的培训任务（计划内的或计划外的）外，还可选定一个"智囊班子"以便提出新的科学技术设想。在勘探地质学中大量最新颖的概念，产生于矿山地质学家的细致工作和由矿山坑道及钻孔所构成的大规模自然实验室中。供实验室研究工作的样品往往来自大矿山，在那里采样工作可由了解其意图的来龙去脉的专职地质学家仔细地来完成。实验室的研究成果也由专职地质人员最早给以评价。采矿公司研究部门改进的勘探技术，一般在公司所属的矿山进行实验，那里特殊的地球物理和地球化学的反应可能与测试条件有关，而要由进一步的研究加以证实。

一个有经验的专职地质学家较之能从事广泛研究工作的勘查地质学家更善于了解矿山矿石的共生组合。因此，专职地质学家可成为在条件相似于原基地的地方进行靶区调查和远景评价方面的公司内的顾问。一个采矿公司如附属有分布于多样地质地带的矿山，则有更大可能会有更高水平的专家。

1.8　工作方式

专职地质学家工作的部分乐趣来自工作的多样化。在早上，主要关心的事可能是就地浸取法水文面的建议。在下午，地质学家可能在一个坑下平巷中，研究一个与过去所有带状矿化概念相抵触的矿石揭露面。在一天结束时，着重点可能转向在矿区最深钻孔中预期的关键地层层序。到了夜间，地质学家可能被钻探班长的电话叫醒，带来这样的消息：默菲定律是严峻不可抗拒的——在最深钻孔中，刚好在达到关键地带之前，钻具被扭脱了。

矿山地质学家进行解释和判断的基础是：以地质图、剖面图及模型表示的一整套矿体及矿区的图像。为了取得此种图像需要进行地质制图、收集钻孔资料、取样以及长期的实验室研究。此工作是持续的，但它不是例行公事。事实上，持续性和有一定科学造诣的机会是专门的矿山地质工作的特点，此工作引起许多地质学家的兴趣。

Matulich 等人（1974）关于安大略省基德克里克矿的一篇文章中，说明了现代化矿山地质部门的工作方式。该矿尚新建不久，足以避免传统所形成的固定惯例，而它可成为实际生产阶段工作的极好典型。

基德克里克企业包括一个露天矿、一个地下矿、一个日处理一万吨的选厂、一个电解锌厂和一条 28 km 的铁路。有两个大矿体，是霏细火山岩中的层控块状硫化物锌－铜－银矿床。

基德克里克矿的首席地质学家，作为职能部门的领导人对总经理负责。由四个地质学家、四个技术员和一个岩心取样工完成的该部门的工作，包括：

（1）对采自露天矿牙轮钻孔（爆破孔）的岩屑进行地质鉴定和解释。由工程部门的品位控制小组搜集编录来自这些爆破孔的化验资料。

（2）钻孔编录、岩矿鉴定以及来自表土层牙轮钻碎屑样品（表土或基岩物质）痕量元素的研究。在该矿附近露头是很少的，表土层钻探提供一种揭露基岩的方法。

（3）露天矿、地下矿和邻近地区的金刚石钻探原生矿石的圈定（最初的）是地质部门的任务。二次圈定（生产）钻探是地质部门和工程部门品位控制小组的共同任务。

（4）在露天矿和地下矿以及一些可利用的岩石露头进行地质制图。把来自地表露头制图的资料与来自表土层钻探的资料加以综合；把来自露天矿工作面制图的资料与来自爆破孔取样的岩性资料加以汇总。应工程部门的请求完成地质力学研究所需的专门制图。

（5）矿石储量计算。为了全面掌握和前后衔接，采用两种方法，一种由地质部门进行，而另一种由工程部门的品位控制小组进行。由企业工程部门研究小组进行矿石储量的计算机计算。

（6）地质科研。指定一名地质学家担任科研工作。由这个地质部门内部或总公司的勘查单位或其他的矿山部门提出方案。科研实验室装备有入射光和透射光岩矿鉴定设备。由矿山化学实验室和独立的实验室进行化学分析。

（7）由总公司的勘查单位向矿山地质部门提交专门的工作方案。某些方案——例如采矿问题和地产估价的商议——与工程部门协同处理。

（8）邻近地区的勘探。除了表土层钻探和露头制图外，Kidd Creek 矿地质人员还指导着一个完整的地表和地下勘探计划。大部分工作是与公司勘查部门合作完成的电磁法测量和磁法测量。

Hohne 报道了一个完全不同类型矿山（在科罗拉多高原，一个砂岩型的铀矿）的地质部门的工作（1963）。在新墨西哥州靠近格兰特斯的克马克矿，矿体是不稳定、不连续和不均匀的，围岩是松软而易碎的，并且起着含水层的作用。在这些条件下采矿是必然有困难的，而且矿山计划人员要严格受地质资料和地质见解的指导。品位控制工程师（有学位的地质学家、地质工程师或采矿工程师）与矿山地质学家密切地配合工作。与基德克里克矿一样，地质部门填绘所有的地下坑道图，指导增加矿量的钻探并进行储量计算，但在克马克矿，地质学家有个附带的和十分有意义的工作。每月之初，他们为预计来自每个工作面的矿量和品位编制每周"预计卡片"；然后在每周末记录下实际生产情况并进行比较，以衡量预计的精确性。这种能很好地利用大量资料完成作业记录的地质学家必须是十分有能力的，否则有人可能会苛刻地谴责他们，认为其设想是从"水晶球①"得来的。

2　咨询地质学家和咨询公司

在勘探和采矿的任何时期，都可聘请单独的顾问或人员配备齐全的咨询机构，但是最常见的是当生产矿山发生了特殊问题时，或当需要单独评价一个采场时才去聘请他们。在每一事件中，顾问比专职地质学家有更直接的"途径"通向最高管理机构。许多事情就这样得到解决。

也可能派顾问去参与处理一个正是矿山地质部门所处理的问题，这个问题是这样急迫，以致忙碌的小小常设机构抽不出时间来处理。如扩建计划的地质指导或邻近矿山开发所需的地质指导属此范畴。在这种情况下，咨询机构似乎成为常设机构的增设部门。

另一方面，问题可能如此的特殊，以致需要专家来解决。水文问题、土工技术问题以及改变采矿法所产生的地质问题（例如由传统的开采改为溶解法开采）都属于这类问题。向外求教的要求往往是由专职地质学家提出来的，因为他们多半了解情况的复杂性，他们知道怎样选择问题，因而能把问题提交给专家，并且他们也知道怎样去解释专家的发现。有时在决定要求帮助抑或"独立进行"时会出现棘手的专业的问题，专职地质学家知道个人能力的局限性，但不能要求别人也了解他们，因此，需要顾问帮助的要求应由专职地质学家自己提出，以免别人错估了情况而使这种要求被耽误了。

在公司合并、借贷和联合大胆行动的谈判过程中，顾问有时被雇用去评价由某一公司提交给另一公司的资料。顾问的独立性、客观性以及专门知识是职业上的本色，因此顾问可能要在野外或矿山审核几乎所有的制图和记录的资料，这不一定是由于怀疑当地的地质学家，而是因为希望评审能体现资料的原始分析。

在矿山地质工作中，无论顾问参与的目的是什么，都要与专职人员紧密结合。这是一种有价值的结合。可

---

① "水晶球"（crystal ball）是目前西方世界流行的一种算命卜卦的工具。——译者注

产生新的思路和交流新的观点，而且这种交流对于当地工作人员、顾问及公司都是相当有益的。曾经由当地工作人员发展的地质上的理论，最后可能出现在顾问的报告中，而且它们还可能出现在关于勘查目标和活动的建议中。给予提供思路及资料的地质学家以适当的荣誉是顾问的责任，而且大多数顾问是这样做的。只有少数情况下，专职地质学家会发现他们的工作成果被人剽窃了。

生产矿山的地质工作是一种需要别人帮助的工作，而且此工作如此丰富多彩，以致无论什么时间发生特殊事件时，都必须征求有经验的咨询地质学家和专家的见解。矿山地质学已发展成为一个有重要作用的专业，但是矿山地质学家比谁都清楚地知道矿床还是太复杂而难以为任何科学家的专门团体所了解或以任何流行的理论加以解释。矿山地质学家需要尽可能取得别人的帮助。

（摘自《勘查和矿山地质学》）

（原载《中国实用矿山地质学》，冶金工业出版社 2010 年出版）

澳大利亚特大型铜、铀、金矿床找矿的启示

彭 觥(译自:《World Mining》)

(中国地质学会矿山地质专业委员会,北京,100814)

南澳大利亚洛克斯比当斯—奥林匹克坝矿床,是 20 世纪最振奋人心的大发现之一,在澳大利亚采矿业新发现中有希望居第一位。

矿区南边有一条尘土飞扬的公路,简易机场上风向标徐徐飘扬。勘探工地上散布一群空调的活动房屋和帐篷。勘探大竖井高耸在分散的 15 台钻井之间。蓝色天空中老鹰无休止地盘旋。有不会飞的鸸鹋,也有跳跃行走的袋鼠。金色阳光照在稀疏的灌木林所覆盖的红色砂丘上。人们不停地出入,蝇群扰人,不断地飞来飞去。酷热的气温在摄氏 40℃ 以上。雨量稀少。在灿烂星光下的冬夜,气温降到零度以下,寒风刺骨。这就是奥林匹克坝自然环境的写照。

这与作者在《世界矿业》1977 年第 5 期上对巴布亚新几内亚几个矿区的地貌、气候、生态方面的描述,形成多么鲜明的对比! 1977 年作者曾观光考察了巴布亚新几内亚热带雨林地区的一些铜矿点(指潘古那矿区——译者注),并作了报道。

1976 年 10 月 26 日西澳大利亚矿业公司(WMC)宣布:"在南澳大利亚的洛克斯比当斯牧场附近,在金刚石钻机所打的 4 个直孔中,于 350 m 深处见到厚 8 ~ 92 m 的铜矿,品位约 1%"。自此以后,在大多数澳大利亚地图上见不到名字的洛克斯比当斯便一举成名。同年 11 月 18 日该公司的董事长声称,"依照新的理论观点,公司在以前未勘探过的完全被覆盖的地区,大胆进行勘探。第一个孔就打到了铜矿。"看来这是勘探史上最大成就之一,对此他还作了谦逊的赞扬,又补充说:"这一发现给我公司的勘探人员带来很大的光荣。"

卫星图片研究,加强对线状构造特征的分析,结合常规的重力测量、航空和地面磁测,另外还进行了理论的和实验的模拟。所有这些工作帮助了在一片几乎毫无特征的沙漠地区作出了勘探决策,从而获得了惊人的效果。有关洛克斯比当斯的发现,D·W·海恩斯于 1979 年在阿得雷德举行的澳大利亚资源专题讨论会上提交了一篇报告。该报告的一部分译刊在《世界矿业》(1981 年第 7 期)上。头一钻(RD1 号孔)布置在地表无任何找矿标志、完全不含矿的岩石上。在 350 m 地下,于 353 ~ 391 m 之间见含铜品位 1.05% 的富矿 38 m。与后来不久打的几个孔相比,RD1 号孔则大为逊色。RD5 号孔打到了 92 m 厚、品位 1.01% 的铜矿;RD10 号孔打到了 170 m 的矿,化验结果:含铜 2.12%,另外每米含 U_3O_8 1.29 磅/吨;RD11 号孔见两层矿,每层厚 124 m,两层厚度共 248 m,平均含铜 1.09%,每吨含 U_3O_8 1.29 磅/吨。

洛克斯比当斯指一个"牧场"的名字,"牧场"与美国的"大农场"意思相当。地势平坦,红色半沙漠的丘陵部分为低矮灌木丛林或小树所掩盖。奥林匹克丹姆是一个牧畜的饮水池,大致地理位置是:在没有正式地名之前,现在已习惯把这片勘探开发区叫作奥林匹克坝。这也是合适的,因为西澳矿业公司报道:在距奥林匹克丹姆 35 ~ 70 km 之间另外三处山打完了普查钻。其中有两处在 450 m 和 600 m 深处见到弱的铜矿化,岩层与奥林匹克丹姆的相似。另外,"全区的勘探工作……处在早期阶段……,在距奥林匹克丹姆 14 ~ 80 km 之间 5 个有远景的地段,钻探工作已经完成。有几个地段有迹象表明需要进一步钻探。"所以看来在洛克斯比当斯还有可查明和开拓的其他矿段。其中有一处已命名为艾克罗波里斯。

这一项矿山勘查工作是西澳大利亚矿业公司与 BP 澳大利亚有限公司联合投资经营的(两公司投资比例分别为 51% 和 49%)。根据合同 BP 公司提供 5 亿澳元,供勘探、冶炼试验以及完成必要的可行性研究所需的预算费用。这笔投资数额以 1978 年 7 月份币值为准,随通货膨胀基本价值逐步上增。BP 公司还要保证为年产能力 15 万 t 铜和有价值的副产品的采场和选厂提供经费。协议的各方面还涉及西澳矿业公司分担的费用从计划的流动资金偿还问题,以及 BP 公司与西澳矿业公司参与某些其他企业活动问题。西澳矿业公司在矿产开发方面干得很成功,例如在 1966 年,发现库姆巴德镍矿,同样成功地选择了经营的伙伴。计划是由设在阿得雷德的洛克斯比地产经营有限公司(RMS)所属的西澳矿业小组的指导下进行的。RMS 目前有职工 40 人,在认为有必

要时可以抽用西澳矿业公司或其他部门的专业人员。

已圈定了一块 18 km² 最有意义的地区。钻孔深度不同，有的是 500 m，有的是 1000 m。岩心采取率很高。到 1981 年 4 月已取出 80000 m 的岩心可供研究。工地上有 15 台钻机，包括 3 台冲击钻和 12 台金刚石钻。

钻孔都是先用冲击钻穿透冲积层，预先加上套管。正在开凿一个 2.5 m×3.5 m 的竖井，现在已下到 150 m。在遇到矿层后将在合适的中段拉开平巷。今后大部分金刚石钻将布置在坑道里打。

设想还要工作两年多才能计算出矿石储量确切的吨数和品位。从最初宣布到最后报告，期限拉长，对西澳矿业公司小组的组织和专长来讲，只是意味着这是一个很大的项目，要精细计算。

成矿作用：图 1 是根据该公司的资料绘制的钻孔深部见矿示意图。南澳大利亚政府刊物《南澳大利亚》报道：洛克斯比当斯的矿化范围特大，可以排在 50 年来世界上所发现的单个个最大、品位较高的矿产之列。主矿体含铜，品位 1.5% 的矿石储量有 7.5 亿吨之多。与芒特艾萨或赞比亚的铜矿带相比……洛克斯比当斯铜的储量比芒特艾萨的大，铀的储量比澳北区阿里给特河地区的铀矿储量大，还有金矿床和稀有元素等其他副产品。

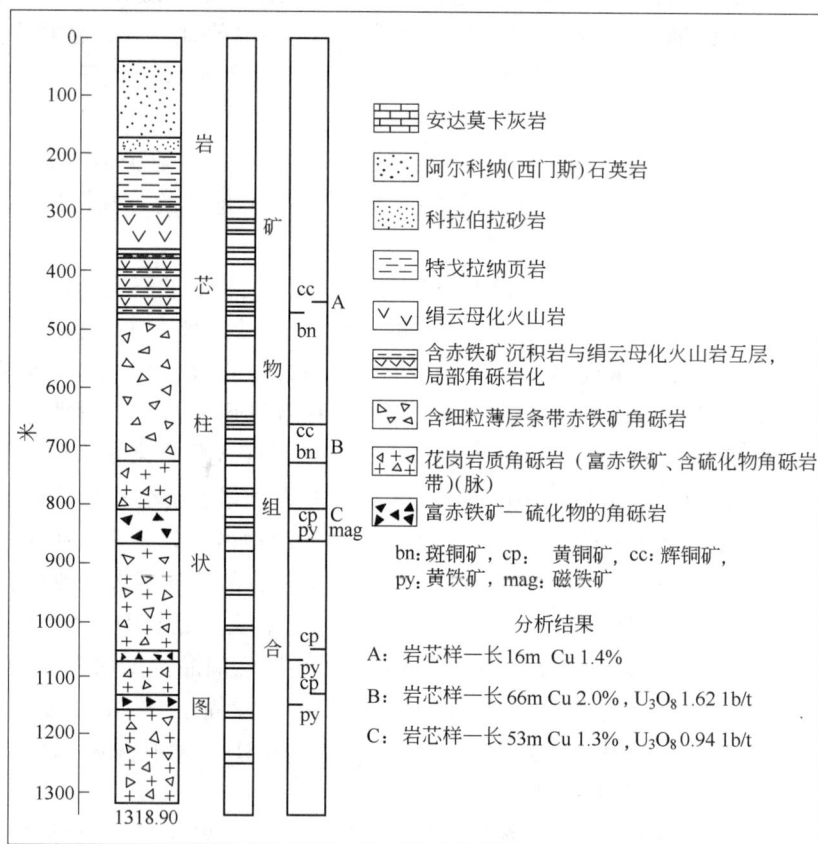

图 1 钻孔深部见矿示意图

从图中可看出，矿化作用出现在 300~350 m 沉积物以下厚 1000 多米的角砾岩中。矿体平均含铜至少在 1%，每米约含 U_3O_8 1lb/t，并伴生有稀土元素、金和银。金、银的品位低但储量大。每吨矿石含金 1g，含银 5g。虽然整个角砾岩层中都含矿，但是脉石含量高的多杂质岩石少，矿比较富。

根据含铜硫化物特征，矿石可分为互不相混的两类：辉铜矿、斑铜矿和少量蓝辉铜矿呈各种样的复杂连晶，与赤铁矿，有时还与重晶石密切伴生；黄铜矿、斑铜矿和少量黄铁矿呈单矿物出现或以简单矿物组合形式出现。斑铜矿偶尔为铜蓝所交代。次要矿物有含钴硫化物、硫铜钴矿和辉砷钴矿。

黄铁矿含量向矿化带底部有增高趋势。两种矿石中的硫化物有的呈细粒浸染产于角砾岩的胶结物中，有的呈块状矿出现在特定的碎屑岩中，也有以细脉状或薄透镜状产出的。

铀矿总是与硫化物紧密伴生。产出的铀矿物有沥青铀矿、钛铀矿和水硅铀矿，还有稀土矿物氟碳铈矿与磷铝铈矿。

脉石矿物主要有赤铁矿、石英、绢云母、钾长石、萤石和重晶石，还有少许菱铁矿和绿泥石。均以碎屑物形式产在砾岩和胶结物中。

除特里哥拉纳页岩外，盖层的强度不大，容易塌陷。角砾岩强度中等，有的强度很大，并有间距较宽的节理。矿层厚度变化由 10 m 至 170 m。在取得更多数据后再决定采矿方法。现在正对芒特艾萨"1100"矿体所使用的开采方法进行专门研究。这种方法是用高的卷扬机的坑道回采法。原始面开始以后用水泥灌浆岩石充填。这种方法不留平巷矿柱，可以进行可控制的后退式开采；矿石回采率最高；可以使用大量大规模爆破技术和机械搬运；对贫化、塌落和通风都能很好地控制。

每小时处理矿石量 5 t 的小型试验。

目前，需要集中进行对岩心样品的检验。据悉某些提取方法需要每小时 5 t 的给料速率下进行试验，为此要建立一个小型试验厂。厂址选在采矿工地比较合适。这在矿山作业生产年限内对研究工作和人员培训都会不断地带来好处。

现在正在进行如下的火法冶炼和湿法冶炼程序的研究：

用浮选方法生产铜精矿；

闪速熔炼铜精矿转换成粗铜或电解铜；

硫化焙烧精矿，随后进行淋溶和电解冶炼；

用酸淋滤尾矿，用溶剂提取法与(或)离子交换法回收铀；

用酸淋滤整体矿石，用 SX 或 1X 法选择回收。

西澳大利亚矿业公司具有在卡尔古利冶炼厂闪速冶炼镍的经验和在克威纳纳选厂的淋溶经验。闪速冶炼铜精矿比处理镍精矿的问题少，这是因为含镁的脉石矿物需要高的工作温度。冶炼产生的二氧化硫可制成硫酸，用来淋溶尾矿回收铀和稀土矿物。从铜浮选后的尾矿中浓缩铀，由于需要处理量非常大，这种可能性正在研究中。

大规模采矿作业：与 BP 公司签订的协议是年产铜 15 万吨，矿石品位为 1%，这意味着每年需要开采 1500 万吨矿石。这样大的生产能力在澳大利亚仅次于铁矿、铝土矿和褐煤矿。建这样规模的采场投资巨大，预计大约需要 10 亿澳元，不过在现阶段，对投资和期限所作的估计很可能都不正确。建立基地所需要的费用远比建立开采竖井、购置采矿设备和建立冶炼厂所花的费用大。基地建设有许多项目对开发者是有影响的。如果工人增加到三四千人，那么必须在这样一个艰苦的环境里建立一个生活条件有吸引力的城镇。

奥林匹克丹姆经航空路线到阿得雷德是 500 km，距最近的大城市奥古斯塔港（人口 13000 人）的公路里程是 300 km。奥古斯塔港位于横贯澳大利亚的标准轨距(1.5 m)的铁路线上，港口可停泊万吨级船只。有一热电厂，用的是利克里克的煤，发电能力还可以扩大。

在 200 km 的距离范围内有自流井水可利用，但不适于灌溉，作工业用水还是令人满意的，生活用水是靠输水管道提供。现在已有段管道，还要接一条 100 多 km 的管道通到奥林匹克丹姆南边，水源从 500 km 以外的墨累河引来。目前工地用水由汽车运送。

澳大利亚是一个干旱的大陆，卡尔古利、卡姆巴尔达和西澳大利亚的其他几个矿区都是用 500~1000 km 长的管道，从佩斯引来用水。

两年内，可以作出决定，在奥林匹克丹姆干起来。除非钻探工程结束、搞清楚了情况，否则西澳矿业公司不能也不会对开采方法和冶炼流程表态。作者预言，迟早都会在奥林匹克丹姆建立起几个竖井，还要在附近建一个选厂和一个冶炼厂。

附注：涂光炽院士指出奥林匹克坝矿床的发现提示了地质与物探结合及成矿理论指导找矿的重要意义。西澳矿业公司地质组对该区元古界及古生界作了详尽文献调研，目的是为勾画出以沉积岩为主岩的铜矿床可能出现区。理论依据是玄武岩遭受蚀变时将大量的铜释放出来，经过搬运，在附近盆地中形成铜矿床。因此，经过蚀变的玄武岩是铜矿床的矿源岩。为此，初步选择了若干远景区，它们都有蚀变玄武岩出露。1974 年从中又选中了 Stuart Shelf 地区（包括奥林匹克坝）作为进一步的找矿对象，原因是：较多玄武岩出现于本区南缘，岩层北倾，因而在地下一定深度可囊括全区；本区在地质背景及岩性岩相上类似赞比亚铜矿带。同年，物探工作在奥林匹克坝一带发现重力高。当时，认为这是蚀变玄武岩引起的。此后，进行了详细的磁力、重力测量。1975 年在重磁异常交汇部位打钻，终于肯定了矿床的存在及规模。

尽管现在已确信，重力高并非玄武岩引起，而是由于含大量赤铁矿的角砾岩所致，但这一找矿指导思路还是重要的。图 2 示出矿化地段与重、磁异常的空间关系。

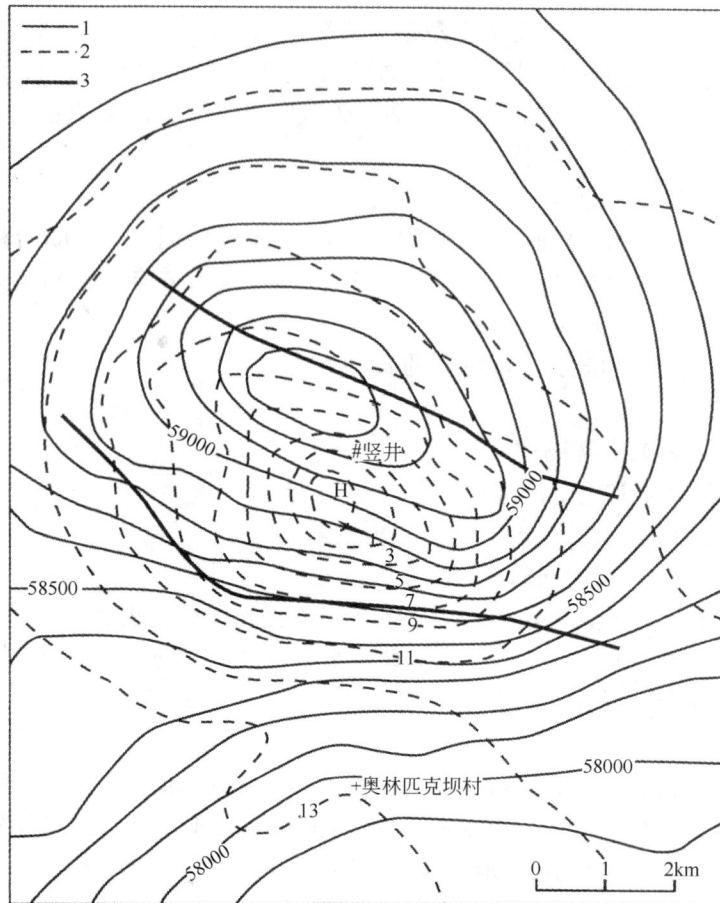

图 2　奥林匹克坝矿床的重、磁异常及矿化范围（Roberts 等, 1983）

1—磁力等高线；2—重力等高线；3—矿化范围

（原载《中国实用矿山地质学》，冶金工业出版社 2010 年出版）

苏联矿山企业的地质勤务

克列特尔

从矿床开采开始，地质勘探人员活动的性质就起了根本的变化。地质人员要解决的问题的范围比以前几个勘探阶段更扩大了，而地质研究也更深入更详细了。所以在实际工作中地质人员在生产矿山上工作的特殊性质早已肯定，在矿床开采时期他们要解决的一系列问题也已规定。在矿床普查和勘探课程中以这些问题为基础而产生了专门的篇章："矿山地质学""矿井地质学""矿场地质学"。地质人员在开采有色、稀有、贵重金属和石油矿床时需要解决的问题最复杂，所以最大的注意力集中在矿山和矿场地质学上。

矿山、矿井和矿场地质学各具特点，但同时在生产矿山上服务的每个地质人员面前又提出了共同目的。主要目的可以这样来提：

(1)在尽可能不降低矿山企业的生产率的情况下延长它的寿命；

(2)日常帮助矿床开采工作提高技术和经济效果。

第一个目的主要通过充分利用勘探和开采坑道深入地研究矿床以达到。这时常常可能发现以前没有发现的盲矿体：平行的矿层、一些矿囊和矿巢，还有一部分沿着构造破碎错动了的矿体；这一切都能增加企业的储量和延长企业寿命。

达到第二个目的需要矿山地质人员明确了解开采的需求。

此外，矿山地质人员可以并应该进行科学研究工作以查明矿床的成因特点。在生产矿山进行这种研究工作的条件总是最好的。每个矿山(矿井、矿场)对地质人员来讲都是一个庞大的实验室，每天可以获得新的事实和进行从事普查和初步勘探的地质人员无法进行的观察。无疑，所获得的资料能解决科学理论问题，不仅对于做广泛的科学概括来说很重要，而且首先是对于矿山企业本身有效地进行工作很重要。

不要认为，研究该被开采矿床问题的地质人员不应该研究矿田或整个区域的一般地质问题。相反，矿山地质人员对整个区域的地质构造和地质发展历史了解得愈好，他的活动就会愈顺利。

地质人员为了解决上述任务，他在生产矿山上要做三种工作：

(1)根据深入的地质矿物研究进行矿床的开采勘探；

(2)采取一些措施帮助矿山车间生产和改进开采过程；

(3)为矿产加工车间完成一些研究并帮助他们改进加工的工艺过程(选矿)。

1 开采勘探

1.1 开采勘探的任务

开采勘探不同于以前几个勘探阶段，它最详细，相应地其结果也就最可靠。如上所指，在这一阶段勘探网的密度、取样次数，其他各种观测和调查的数目都会大大增加。

开采勘探不仅在数量上，而且在质量上区别于以前几个勘探阶段。在开采勘探阶段的研究工作大多数情况下都是从已知的东西出发，也就是由详细勘探和主要的开采工作在矿体形状、矿体的地质部位和有用矿产的质量方面已经查明的东西。

因此就产生两项专门的开采勘探任务：订正以前勘探工作的资料和检验有用矿产开采过程。

由于订正了以前勘探的资料就可以改正矿体的边界线，查明矿床上个别地段的矿石中金属品位的资料，按个别不大的地段区分出围岩和有用矿产的物理力学性能，具体分析矿床各部分的水文地质条件。根据这一切订正各种品级有用矿产的储量，也可以校正矿床开采的设计。

检验有用矿产开采过程的工作就在于观察其回采量并且利用包含于矿物原料中的全部有用组分。因此要查明两个牵涉开采过程的主要问题——损失量和贫化程度。此外应当对有用矿产进行不断的矿物和其他研究，才能正确地解决采得的矿物原料综合利用的问题。只有在开采勘探过程中生产矿山的地质机构，在仔细地检验有用矿产的开采的基础上，地质人员才能有助于矿山生产和有用矿产加工车间。

可是解决这两项任务还不能保证延长矿山企业的寿命，它的寿命决定于有用矿产的储量。所以矿山地质人员的第三项实际工作和他日常需关心的是增加有用矿产的储量。这一任务首先要通过仔细地对矿床所占全部空间作地质研究，其次是对矿床邻近的区域进行普查勘探工作才能完成。

第二种途径能导致发现新矿床，而勘探新矿床又是一项独立的课题，所以常常是由专门的地质勘探队依次进行。所以，这里只应指出，如果该矿山企业不能以自己的力量组织区域的普查勘探工作，则作为地质工作的领导者他应当哪怕是发起这样的工作，吸收别的专门的地质单位和物探单位来参加。

仔细地研究被开采矿床占据的空间是生产矿山地质的责任，研究的结果，往往使有用矿产储量大增。

在详细勘探以后，几乎总是有几个具有 C_2 级储量的地段在设计开采时没有考虑到。此外，在开采勘探前的各阶段可能由于勘探网的密度较小和广泛地利用钻探，因钻探常常提供不正确的结果而漏掉小矿体。所以在矿区内开采勘探期增加有用矿产储量的任务，首先是把低级别储量提升为高级储量，其次是要发现在以前勘探阶段未曾考虑到的新矿体。

1.2 开采勘探的技术手段

开采勘探的重要特点是利用同样的坑道既勘探，又开采矿床，而且这样做也有可能性和合理性。所以固体有用矿产开采勘探的主要手段就是各种地下坑道。

为了使勘探进行得经济节约，应尽可能避免掘进不能在开采时利用的矿山勘探坑道。的确，有些情况下由于有用矿产的质量变化很厉害或由于缺失设想的矿体错动部分、平行的矿脉等，坑道不能带来预期的结果。但对矿床作了相当仔细的地质研究后，这样的情况就比较少见了。

如果说对于初步勘探，甚至对于详细勘探来说，远远并不是非要去掘进连接个别勘探断面（中段）的坑道，因为在大多数情况下勘探剖面之间允许内插相当大的距离；那么在开采勘探时期，在计算 A 级储量时，总要掘进一些坑道把各个中段和亚中段联系起来并且从各个方面圈定矿体中的开采块段。所有这些为开采所必需的坑道（为了运矿、通风等）都是开始作为勘探坑道而存在的：要进行相应的编录、取样和用以做必要的水文地质和工程地质观测。

回采坑道对于开采勘探有很大的意义。这些坑道揭露了矿床（或围岩）很大的地段，提供了关于矿产的最广泛而宝贵的资料。虽然这些坑道已不能称勘探手段，因为坑道范围内已无所勘探，但能以这些坑道来说明邻近的矿床部分。此外，地质人员还利用回采坑道检验采矿过程。因此在回采坑道中要进行相应的观测，要做编录和取样，只要所采用的开采系统允许进入采空空间的话。

钻孔用来进行固体有用矿产开采勘探的情况较少，而主要是起辅助作用（通风、取样）。掘进矿山采准坑道之前最好用一批浅钻孔"摸索"所拟定的地段。矿体被错开部分丢失时，为避免在"抛弃掉"的坑道上浪费资金，最好预先进行地下普查钻探。浅钻孔常常用在露天采矿场的梯段上而作为勘探工程。在那里用它们来取样，然后是填炸药，这样可以同时为矿床的开采服务。

开采勘探过程中用的主要钻探机组是用来钻进浅的岩心钻机和自动拧绳冲击钻机。前一种常用于地下坑道中勘探矿脉带和筒状矿体，因这种矿体中的有用组分分布很奇异故必须取得岩心。钢绳冲击钻机一般用于露天开采大的或比较均一的矿体。

有时用重型风镐倒是很方便。克里沃罗格地区在勘探工作中运用了 KUM-4 和 KC-50 型风镐，里面拧上具有小岩心管的厚壁钻头代替一般钻头。

当矿体的某一段不免要掘进坑道时，在这个地段的开采勘探过程中不应钻超前的钻孔。只有当地下水或瓦斯可能进入坑道而发生灾祸等这样一些极不利于开采的条件的复杂情况才是例外。在这样的情况下在掘进工作面上钻进一个水平钻孔（一般是深度 75～100 m），通过这个钻孔排去有危险的水或瓦斯。

固体有用矿产的开采勘探阶段的地球物理测量很少采用，主要是当作两个勘探坑道之间近似地圈定矿层的手段。这里可以用充电法和简便测量法。为了对某些有用矿产进行取样和编录最好用放射性测量法。当然也要广泛利用测井，除地球物理法外还应开展应用荧光分析。

1.3 开采勘探阶段矿床地质研究的某些特点

矿山（矿井）地质人员的份内工作首先是对在矿床的揭露和准备开采过程中的全部详细勘探资料作检查。

在大多数情况下这一检查就带来了有关矿体形状、质量和产状要素的许多新资料。有时这些资料会大大地改变对矿床的原有概念，因此必须改正或补充矿床的开采设计。这样，在检查前几个勘探阶段的资料时，由于在开采勘探阶段对矿床有较详细的研究，可以订正矿体的形状、各种矿石品级之间的界线，这些品级的质量评述和开采的矿山技术条件：有用矿产和围岩的强度和稳定程度、区段含水性以及其他对该矿床来说是重要的问题。

矿山企业地质工作的主要特点是可利用先前几个勘探阶段未能查明的一些重要细节。这些细节（例如断层泥的定向和成分、构造要素的重要穿插等）要善于发现和用来深入地观察矿体。

在所有的或是某些形态的矿体（矿层、矿脉、矿带、矿筒、网脉状矿体等）中在成矿前或成矿期间存在着有利的构造地段，对矿柱的形成起着决定作用。

研究矿柱的构造就是在矿体构造的背景上研究构造细节；通过这一研究就能解释厚度大或金属富集度高的地段为什么能形成，并且预言其出现。矿柱可以随深度和沿走向尖灭而又重新出现。

矿柱也常常在较晚的矿化时期形成，例如往晚期裂隙切穿主要的矿化通道的地段。

研究矿柱也像一般研究矿化一样，需考虑一个过程的两个方面：即构造和物理化学两方面。有些矿柱主要是构造起作用，而另一些矿柱则由溶液成分和性质，以及围岩成分和性质所决定的物理化学环境起作用。

重要任务是收集内生矿体随着深度增加而尖灭的资料。除了有关矿体尖灭的一般地质上的判断外，还存在着观察的统计记录，它说明矿体随着深度而发生的任何变化，（形状和质量）都是矿体可能迅速尖灭或矿化变差的标志。可惜世界各矿区收集到的尖灭标志也没有分析和综合归纳。

根据对于矿柱构造的简单叙述看出，研究绝大多数矿床的形状和产状时，主要的目的是要确定什么样的构造变动能决定或改变矿体形状。成矿前的、成矿时的和成矿后的各种裂隙构造起着特别的作用。

A·B·裴克年建议分为：

（1）与褶皱有成因关系的裂隙；

（2）后来叠加在褶皱上的裂隙。

第一种裂隙中可以分出从属于变形总布局的两组剪切裂隙和经常会产生的、垂直于变形椭球体最大延伸方向 A 轴的断裂裂隙。所以研究某一矿区的构造规律时，必须努力确定变形椭球体在空间的分布位置。

除了与变形总的布局有关的裂隙系统外，还有与一些褶皱有关的、不很大的裂隙构造。分层弯曲处，岩层就相互滑动。此时可能形成两组剪切裂隙（片理裂隙）和断裂裂隙。这样的裂隙只是该岩层的变形因素；而在旁边的岩层里这样的裂隙情况就稍微不同或甚至缺失。这样各个岩层里发育的片理就与层理形成了某种角度，并且大体上平行于褶皱轴面。

勘探内生矿床时区别成矿前、成矿时和成矿后的构造总归是很重要的。成矿后运动的标志是：矿石角砾岩，沿断层错动的矿石碎片，包含着断层泥的磨碎的矿石物质，矿体沿着构造破坏朝运动方向的弯曲。构造破坏属成矿前性质的证据如下（主要是根据犹林的资料）：

（1）沿构造破坏的两边矿脉中的矿化和形态的变化没有沿着破坏发生成矿后运动的痕迹；

（2）矿脉在接近构造破坏处形成膝状；

（3）有穿过断层泥的矿石细脉；

（4）靠近矿脉部分的破坏带被未破坏的矿石物质所充填；

（5）沿着斜切构造有矿脉的存在。

这些标志中有的标志已示于金矿床的矿脉素描图上。研究成矿后构造的主要任务之一是确定矿体沿此构造的错动方向和大小。确定错动的最可靠方法是直接观察岩层、岩墙或其他构造要素的错动。与主构造面成一锐角并产生在它旁边的羽状裂隙，有时也有助于确定错动的方向。错动线的定向和错动方向常根据擦痕确定，擦痕有楔状外形，能指明错动是朝着滑动沟痕尖灭的方向进行的。

一个重要的地质细节就是脉状泥。这种泥是由于裂隙壁的岩层间发生摩擦而形成的。泥层厚度在十分之一毫米到若干米之间。

厚度为 5 mm 到 1~2 cm 的脉状泥可能是一层很薄的揉碎了的物质。厚度为数十厘米以上时摩擦泥一般是碎屑相当粗的岩石物质，里面含有大量的磨碎了的物质和较粗大的、局部已滚圆了的岩石碎屑。这部分物质为层状，顺着运动方向弯曲。

上述各类中的任何一种断层泥在分析裂隙面上的运动时起着很重要的作用。例如美国蒙塔纳州比尤特花岗闪长岩中的脉状泥是证明沿裂隙错动的基本要素。此间创立了关于脉状泥的一整套学问，因为这种泥不仅有助于解释运动，且能确定运动的幅度。在比尤特有人认为泥的厚度与错动幅度成正比，所以用特殊的比例尺在平面图和素描图上绘出。美国其他的矿山地质人员也持有这种观点。

特别重要的是研究产于侵入岩中间的矿脉内的泥，因为在那里几乎没有其他标志可以确定断距的方向和幅度。对这种泥作的显微镜研究也有助于解决只是围岩磨碎，还是矿化后或矿化时发生运动的问题。在后一种情况下在泥的磨碎物质中有矿石矿物和脉石矿物。在矿石体内部也往往发现泥，并且只是由矿石矿物和脉石矿物组成。泥中层理的方向有助于确定沿断层运动的方向。

这样，脉状泥有助于解释构造的历史发展并且应该在自然环境下研究：（1）按产状；（2）按物质的破碎程度；（3）按厚度；（4）按矿物成分。

脉状泥很容易与表生作用结果形成的泥或下降水中沉淀的泥或酸性水作用于长石而产生的泥混淆。下降水往往沿着脉壁黏土渗透，即正好在经常有摩擦泥存在的地方。

在某些区域内矿脉与岩墙的共生表现得很清楚，而且岩墙是含矿的标志。凡脉状裂隙对岩墙来说是后生关系时，那种构造关系就最有意义。如果比岩墙生成较晚的矿脉严格地顺着岩墙方向延伸（在接触带或在岩墙体内），则可以认为矿化是可靠的，分布得相当深的（小白桦矿床、澳大利亚的莫尔宁格斯塔尔）。

在开采勘探期研究矿体形状和产状细节时，对矿体与围岩间的接触带，以及对矿体内部各种不同类型和品级有用矿产间的接触带的研究所起的作用异常大。问题在于要正确和有效地开采矿床，需要的不是矿体内推和外推界线的资料，而是要实际边界线的资料，这种边界线在许多情况下是与在矿床的详细勘探以后进行储量计算结果所划定的直线形界线有着根本区别的。

开采勘探时圈定矿体的完全程度是由开采的完全程度所决定的。矿体边界线定的不正确就会使部分有用矿产留下，无法回收而损失（把矿体的体积确定得过小的情况下）或浪费了多余的力量和资金去开采无矿废石（估计得过大的情况下）。所以矿山（矿井）地质学家首先应致力于尽可能完全地追索每一个矿体的接触带。接触带要是明显，用密的勘探坑道和采准坑道网，这项任务就比较容易解决。虽然这里也有许多复杂情况，如矿脉和矿体很复杂，又分叉，它们的接触带形状就很复杂。

但当矿体接触带或不同品级的有用矿产之间界线不明确，而开采工作必须查明形状和产状细节，这件事就困难了，在每一具体情况下要求区别地处理。

在另一些情况下有用矿产的结构构造特点直接决定了它的质量（建筑石料、石棉、云母等），因为这些有用矿产的物理特性决定于矿物集合体的结构构造。在其他情况下有用矿产的内部构造和质量表现在它的某些重要特性中（发热能力、导电性、透明度等），这些特性也是由有用矿产的成分和内部结构所决定的。

在绝大多数情况下有用矿产的一切质量变化相应地就是矿物集合体的成分或结构的变化，或两者都有。

做详细研究时不能限于确定有用矿产的质量变化，还必须查明这些变化的原因，以便在矿物原料的加工处理或直接利用过程中考虑这些原因。另一方面，查明了矿石或另一种有用矿产的成分和内部结构的各种细节和特点后，可以判断其质量，探索和预见质量的变化，这对正确地组织有用矿产的开采和加工处理很重要。沿着矿体走向或倾斜某些矿物组合被另一些矿物组合交替，证明矿体成分有了根本的改变，具备了另一种用途。

由于上述一切情况，在生产矿山上的每一开采区和每一开采块段内都要系统而仔细地对有用矿产进行质量和内部结构的观察。

几乎所有的固体有用矿产都首先是按矿物成分来评价它的质量的。所以首先必须做矿物成分的研究。同时也要查明有用矿产的结构构造特点，这对正确地组织矿物原料的加工过程是特别重要的。有用矿产质量的第二个重要因素是化学成分及物理特性，这也是专门实验室研究的对象，而且属于跟取样有关的问题之列。这里集中地注意了在研究有用矿产质量方面，或是由矿山地质人员本人或是在矿山地质人员直接领导下所要完成的那些工作，这主要是指地质矿物研究。

我们要着重指出这种研究工作的地质矿物学实质，因为单是矿物鉴定还不足以论证矿山地质人员在开采勘探过程中必须做的结论和预测。只有经常不断地把矿物研究的结果与勘探坑道和开采坑道中的观察联系起来才能正确地评价有用矿产的质量在空间分布情况。

地质矿物研究就是在勘探、采准和开采坑道中进行观察，肉眼研究标本（矿块），有时是磨光的标本，以及显微镜下研究薄片、光片或重砂。

对有用矿产的质量和内部结构作地质矿物研究时应查明的主要问题有：

（1）各种类型和品级的有用矿产的矿物成分和矿物共生组合；

（2）原生矿床中固体有用矿产的结构构造特点；

（3）成矿时构造和矿化阶段，这对内生矿床有很大意义；

（4）围岩及其近矿蚀变，这是大多数热液矿床的特点。

（5）砂矿有用矿产的粒度鉴定。

由于矿物常在矿石中成小包裹体，所以必须用显微镜研究。矿相法能够适用于大部分矿石。但砂矿有用矿产，还有含极小量有用组分的稀有和贵金属的某些原生矿石用重砂分析法研究。

这样就能足够精确地确定有用矿产的矿物成分和划分出对矿床不同地段和矿体不同部分特有的矿物组合。此时很重要的是确定共生组合，因为它们有助于查明有用矿产组分的重要分布规律。根据共生组合常常可以确定一些标志，有助于在开采勘探过程中追索和圈定矿体。

进行矿物研究时就已经能够在有用矿产的各种自然类型的基础上确定矿石品级。一般地划分品级要根据以下三个指标之一来进行：

（1）由可采的有用矿物数量所决定的有用组分集中程度。这样，有用矿物富集度高的矿石可以归入"富"矿石品级。有用矿物富集度低的矿石属于"贫"矿石品级。

（2）综合性有用矿产中某些有用组分的比例，相应地也就是根据矿床或矿体各不同部分中不同的矿物成分。例如在多金属矿床上常常有铅矿、锌矿、铅锌矿、铜锌矿、铜矿等。

（3）同一种有用组分的各种不同的矿物形式。这样的品级划分首先是在氧化很深的矿床上，例如一部分铅矿是白铅矿矿石，而另一部分是方铅矿，或铜矿床上分出三个带：孔雀石、辉铜矿和黄铜矿带等。

有用矿产结构构造的研究资料用在以下两个方面：

（1）查明矿床的成因特点，然后是有用矿物的分布规律，也就是作为了解矿床内部结构的根据；

（2）确定有用矿产（金属矿石）加工处理的流程或工业利用程序（建筑材料，工业原料）。

有用矿产，特别是需要分选的金属矿石的定性和工艺鉴定取决于矿物的形状、大小和组合的变化。

在开采勘探阶段，因为要查明矿体和矿体各部分的内部结构，需要特别仔细地研究成矿时构造。这使我们可以作出两个有实用价值的结论：即关于矿床的成因特点和各种有用组分在矿石中的分布性质，为正确地开采矿床，知道这两个结论是十分重要的。

由于在坑道里和在显微镜下研究了矿石的物质成分、结构和构造，还观察了构造要素，就可能把各种不同矿物共生组合与矿床形成时期出现的构造破坏联系起来。这样就产生了关于矿化阶段及与此有关的矿物组合的概念。查明矿化阶段和成矿时构造破坏的性质能使我们了解矿床的成因，此外能订正矿床不同地段和矿体不同部分中各种有用组分的分布规律。

应注意，同一个构造脉动可以造成两种构造破坏：张裂隙或其他有利于矿物沉淀的空隙，以及不利于矿物沉淀的封闭裂隙。所以在评价表示一定矿化阶段的各种矿物组合分布情况时，必须考虑矿床不同地段和含矿构造不同部分在相应的构造期时构造环境上的差别。

围岩要从两个角度来研究：即作为矿石物质的组成部分和作为有助于追索矿体的一定标志。

在许多矿床上，围岩对正确指导工作也有很大意义。例如产于含矿层上盘或下盘的特殊的沉积岩，是有助于正确确定采准坑道和回采坑道方向的可靠标志。

对于矿化处于有利岩层中的岩浆成因矿床来说，可以举出一系列的例子来说明按此标志可以有效地追索矿体。观察围岩的热液蚀变可以推测盲矿体和矿体的被错开部分，直到矿体枝节的位置，所以这样的观察特别重要。在苏联的金矿床上，例如矿体周围的页岩发生了黄铁矿化，照例是指示有富含金的石英脉存在。周围的火成岩有云英岩化可使我们找到含锡和含钨锰铁矿的矿脉。在小白桦矿床上在同一条含金石英脉上可以看到绢云母石英（黄铁长英岩）带，这是矿脉穿插花岗斑岩的情况，如果穿插了蛇纹岩，就出现滑石菱镁片岩带。灰岩矽卡岩伴随着白钨矿、多金属矿、铜矿和某些稀有金属矿体等。

砂矿成分的粒度鉴定对查明最富集的地段和确定选矿过程，以及最有效地开采砂矿床具有很大意义。

在物质分选很好的砂矿中有用矿物的最大富集常常是在由一定大小的砂组成的地段或夹层里。在坡积和残积砂矿中，由于原生的脉石矿物和矿石矿物的硬度和稳定度的相互关系不同，矿石矿物有时集中在最粗粒部分，有时集中在细粒部分。所以为了顺利进行开采勘探和正确指导开采工作，必须查明有用矿物分布规律与砂矿各部分的粒度成分的关系。而研究有用矿物的品位与含矿砂的不同粒度的关系对于正确组织淘洗和筛分都很必要。

1.4　开采勘探阶段地质编录的特点

开采勘探时进行地质编录的规模，比前几个勘探阶段大得多，因为在矿床的开采阶段坑道数量增加，并且能发现勘探人员以前所未能发现的矿床构造上的许多细节。

地下坑道（沿脉、石门、上山）和矿床开采时期所打钻孔的编录手段和方法原则上与以前几个勘探阶段所采用的手段和方法没有区别。只需注意编录也要像其他的开采勘探要素一样，遵循最大详细程度的原则。所以在素描图上会出现一些详细情节，牵涉到以前勘探阶段未能查明的构造或岩石的物质成分。

涉及到矿山寿命的资料，都应记录和素描下来，更不用说最主要的地质事实了。在金属矿山主要应注意构造，所以特别需要对矿层的倾向和走向、裂隙、正断层和逆断层、还有逆掩断层和全部构造破坏的相对年代作图。各种类型的片理不填在图上但要做系统的测量和记录。要专门研究横断层及纵断层、矿体相互衔接或与断裂破坏连接时各种各样的裂痕。注意记录沿着断层产生的矿脉碎屑、泥、角砾岩、刻痕和擦痕的方向。

要非常注意把各种各样的接触带、岩墙和小的侵入体填在素描图上。如果围岩完全是侵入岩体或是喷出岩层，则需把这些岩石的全部显著的和渐变的过渡现象都制下图来。

素描图上反映矿石的矿物成分及其沿走向和倾向的一切变化，还要反映围岩蚀变性质和范围；也要记录矿脉、矿柱形状的全部详情，含矿裂隙本身的倾向和走向的各种变化。

由于开采期的地质编录极详细，所以也就相当的复杂。但在很多情况下由于从素描和描述中除去了对于该矿床不重要的因素，编录也就简化了。但同时要求很详细地编录重要因素，即能够反映从勘探和回采工作角度来看最重要的矿床特点。

许多地质人员对"地下地质制图"一词用得很正确。这些平面图和剖面图的比例尺变化范围很大：从1∶500到1∶100，而某些素描甚至用1∶50～1∶10的比例尺。也像地下制图一样，比例尺基本上决定于矿床地质构造的复杂程度。构造简单的一般只作主要沿脉和上山的图；构造复杂的就作辅助和回采坑道的图。曾有过这样的情况，当然是极少的，就是平面图和剖面图之间的距离总共才5 m，甚至是2 m。

正确的矿山工作在相当程度上取决于是否详细而及时地编制这全部图件资料。

开采勘探时的地质编录主要特点在于，这个阶段往往是最好进行回采坑道的编录，有时这样做还是完全必要的。这一必要性首先是由正确地掘进回采坑道本身的需要，又常常是勘探任务所引起的，因为回采空间的图表资料能最好说明矿床各部分的远景。

地下回采坑道的编录往往对有关矿体形状以及有用组分和无矿岩石在里面分布情况的原有概念带来根本性的修正；又可以解决日常开采问题：矿石采得的吨数，查明损失和贫化的原因。

由于开采系统方法不同，所以也不可能确定统一的回采坑道编录方法，如留矿法、房柱法、分层崩落法、支护和充填法、采空区法。

露天回采坑道的编录性质决定于被采矿床的复杂程度。在最简单的情况下编录对象是一种矿石品级；在较复杂的情况下，在被开采层的成分中包括同一类型矿石的若干种品级，有时与无矿地段交错；最复杂的是这样的矿床地质构造，就是在含矿岩层的成分中包含着各种类型和品级的矿石，并与无矿岩石交错，有构造破坏。

编录时要注意采掘机前进和爆炸孔（同时也是勘探钻孔）钻进的程度，注视矿体和块段形状和分布情况的变化。

测量工作：用一个末端系着载荷的卷尺，测量梯段上眉线到所要知道的点的距离，用测斜器测量卷尺的倾角；根据测量结果编制一批梯段剖面图，然后把这些剖面资料全部移到梯段壁的展开图上。

梯段逐次的编录结果就能编出露天采矿场的开采勘探平面图，随着回采工作的开展再补充新的资料。

2　矿床开采时期的取样

在开采勘探中，借助于取样来解决的问题的范围要广得多。相应的这种工作也就复杂化起来而工作量也就增加了。除了纯粹的勘探任务外，矿床开采时期的取样要服务于合理而又最完全地采出有用矿产的目的，并且是采用矿物原料加工工艺的检验手段。

在开采勘探时坑道和钻孔的取样，原则上与前几个勘探时期的取样没有区别。仅仅有时候因为借助于以前进行过的取样的可靠资料，将样品采得稀一些是适宜的。在另一种情况下在开采勘探时在原先已经研究过的勘探坑道取样具有检验的作用，因此要用比较精确的取样方法。例如，若在开采以前已经用方格法或刻槽法取过样，则在开采勘探时期有时最好在某些地段进行全巷取样。

开采时期取样的主要特点在于，这一阶段对回采坑道和对采下的矿产在从采矿地点到矿物原料运往消费者或加工车间（选矿厂、车间等）的道路上要进行取样。在现代化的企业中，所采矿产的部分取样工作是由负责运输和检验质量的单位进行的。但确定所采矿石和原料的全部活动都由矿山地质人员领导进行。无论如何，在任何情况下矿山地质人员都应了解生产过程各环节的取样进程和结果，应在工作方法方面检验取样安排情况。

2.1 回采坑道中的取样

回采坑道中取样的目的是：(1)计算留在正开采的块段(梯段)中的储量；(2)确定开采时有用矿产的损失量和贫化程度；(3)所采有用矿产质量的日常检验。

计算开采块段中的储量的取样，是因为每个开采期(半年、季度)开始前必须编制有用矿产平衡表。这种取样具有勘探性质，在方法上与普通的勘探取样无区别。建议在块段内沿着回采工作面的全长取样，这样与在限定块段残留未采部分的采准坑道取样的同时，可以相当精确地计算块段这一部分的储量。样品之间的距离和需要合作的样品数目应当与在采准坑道中一样地选择。

矿床开采过程中有用矿产的损失和贫化程度取决于地质因素的综合、开采系统和工作组织情况。属地质因素的有：矿石"捆包"在围岩上的情况；下盘和上盘的不平整，使有一部分矿石采不出来，而采得的矿石里又落进了无矿的围岩；使在接触地带的回采不完全或由于无矿岩石落入而使矿产贫化的构造破坏；上盘岩石不稳固因而必须残留矿石保安柱等。

除这些纯粹的自然因素外还有被采用的开采系统和采矿技术的影响，结果有时损失量相当大(达20%)，而贫化现象又显著地歪曲了有用矿产质量的概念，使有用矿产进一步加工和直接利用更趋复杂。所以，为了尽力减少损失和贫化，对回采坑道要进行系统的或重点的取样。

回采坑道的取样使我们能在原地确定一定时期采完的空间界线内矿石和围岩中有用组分的品位。此时采样一般用和在采准坑道中相同的方法进行。开采块段中采出的样品总数取决于矿化的不均匀程度。为了大致地确定有多少样品就能保证以极小的误差算出金属的品位来，可以利用样品数目见表1。

表1 样品数目

矿床的金属分布不均匀程度特征(多金属矿床——这是工业上有价值的金属不稳定的一种矿床)变化系数 V	矿 床 实 例	回采坑道中单个样品的总数	合并样品数目
均匀的 V 达到 20%~40% 不均匀的 V=40%~100% 极不均匀的 V=100%~150% 特别不均匀的 V 大于150%	许多沉积矿床：某些煤矿、建筑材料、磷块岩、盐、硫、黏土、高岭土、铁矿、锰矿、铝土矿等矿床主要是岩浆成因的矿床，特别是热液、接触和交代矿床；绝大多数的铜和多金属矿床，某些镍、钨、钼，还有一些金矿床； 同上成因的矿床：某些多金属矿，许多的锡、钨、钼和其他稀有金属矿，还有许多金矿；同上成因的矿床：少数稀有金属和金矿床	20~100 100~320 320~450 450~600	10~25 25~30 30~40 40~50

注：1. 金属品位化系数 V 是根据该槽样品计算而得，样品的体积大小是实际工作中的大小。

2. 单个样品的数目是根据经验确定的，而且是最大数。可以设想，实际上样品数可能少些。由于单个样品能合并，所以分析数目可能比上述单个样品数目少些。

确定有用矿产的损失和贫化的第二阶段是对采下的矿物原料体进行取样。根据所用的开采系统和有用矿产性质不同，例如留矿法可以直接在回采坑道中采样，或在装车时从矿车上采样。

回采坑道中用攫取法采样。这时网的大小要视从每吨矿石体上所取的样品重量而决定：极均匀的和均匀的矿石是 0.1~0.2 kg，不均匀的矿石是 0.6 kg，极不均匀和特别不均匀的矿石是 3 kg。

矿车里采样是从装载的矿石体表面上进行，均匀的和不均匀的矿石取3个点，极不均匀和特别不均匀的矿石取 5 个点。每个点的样品重量大致如下：均匀矿石时为 0.3 ~ 0.5 kg，不均匀矿石时为 1 kg，极不均匀和特别不均匀的矿石时为 2 kg。均匀矿石的样品每隔 10 个矿车取一次，不均匀矿石每隔 5 个矿车取一个样品，极不均匀和特别不均匀的每隔 3 个矿车取一个样品。

把所采矿石体的全部样品合并成一个昼夜样品，并且经过必要的试验。以后再从许多昼夜样品做成周和月合并样品，代表相应时期内所采得矿产的平均质量。

有一种取样目的在于确定同时开采的一组块段的损失和贫化，所以依靠对一部分块段的重点取样和对从全部生产工作面上（在转运点或在选矿厂）收集的矿物原料体的取样，可以缩减样品总数。这时必要的样品数量由开采地段的总面积和企业的月生产率决定。

例如，若企业的月生产率 $q = 50000$ t 矿石，矿脉的平均厚度 $m = 2$ m，矿石体重 $d = 2.5$ t/m³，则一个月开采的矿脉总面积

$$S = \frac{q}{md} = \frac{50000}{2 \times 2.5} = 10000(\text{m}^2)$$

面积为 40 m×60 m 的块段数目，按其储量与月开采量相当，可由下式确定

$$N = \frac{S}{S_{бл}} = \frac{10000}{2400} \approx 4.2(\text{个})$$

可以大致地确定必要的样品数目；例如矿化极不均匀的矿床，$V = 130\%$ 时，样品数约 400，则每个块段一个月平均可以取得

$$n = \frac{400}{4.2} \approx 95 \text{ 个样品}$$

日常地检验有用矿产质量是开采的重要问题之一。这种检验主要是以取样为基础，但取样同时又具确定损失和贫化的目的。在某些情况下，所采的矿物原料质量显著地不符合工业指标时，就要按密网另作重点取样。

目的在于指导分选开采的取样有它特殊的性质。分选开采的合理与否取决于 3 个标志：①有用矿产的物理性质；②矿物成分的差别；③有用组分的不同品位。前两个标志是根据回采工作面的地质编录资料确定的。这种取样只具有次要意义，但如果仅仅按有用组分的品位来划分工业品级，则解决能否分选开采的问题主要以取样为基础。

要多少个样品才能保证正确地解决分选开采的问题，尚不能认为已经确定。在生产矿山的实际工作中解决这一任务的办法各不相同。只能指出一点，即样品网的密度看来不比详细勘探过程中对复杂矿床取样时的密度小。在取样上面多节省些经费会造成在分别回采、选矿和不合理的有用矿产加工过程上白白浪费资金。

还必须指出，只有当样品试验结果能及时得到，做分选开采的详细取样才有意义。

2.2 矿物原料的取样

对采下的有用矿产进行取样，除了为确定损失和贫化外，还为了：

（1）与消费者进行工艺和商业上的核算。

（2）确定废石堆中矿物原料的储量。

为工艺和商业核算而进行取样时，取样方法的选择由下列因素决定：

（1）作为商业核算单位的一批有用矿产的重量。

（2）应取样的物料的颗粒度大小。

（3）有用组分分布性质。

（4）给定的取样精度。

（5）装卸矿物原料的条件。

一批有用矿产愈多，则取入原始样品中去的部分愈少。物料愈粗，有用矿物分布愈不均匀，这些矿物的颗粒愈大，则样品的总重量也应该大些。

一般装卸矿石不用运输机械时用两种方法采取样品：攫取法或间段法。

第一种方法就是在矿石堆上想像地划分一个网，自网格中心取出部分样品，然后组成该矿石或矿堆的总样

品。根据有用组分分布的不均匀程度，从一个矿车取出的部分样品可以由 3~5 个到 16~20 个。矿石极不均匀时，每个矿车都要取样，铁矿和锰矿、煤、铜矿、铝土矿、熔剂原料一般都用攫取法取样。

极不均匀和特别不均匀的矿石（金、稀有金属）用间段采样法取样。这种方法就是在装或卸矿物原料时每隔几个装载单位（铲斗、锹、手推车）采一样品。这种方法既方便，又可保证采样时的精确度，但采得的样品太重（达 5 t），增加了加工过程的困难。

用输送带装运时的取样，应该用自动采样器，它不仅在技术经济方面有利，而且能保证较高的取样精度。

还有一种是完全攫取法，用在需要精确鉴定质量（稀有和贵重金属）的小批矿物原料取样（40~50 t 以下）。这种方法在于：把运来的矿物原料堆在平坦的地段叠成一个锥，只要堆到约 1/10 批，就把锥展开成圆盘，高度 20~25 cm；圆盘上罩一个绳网，就按这个网采集局部样品。采样后再把物质输运到使用地点。

局部样品数目和重量与矿化性质和物质粗细程度的关系列于表 2。

表 2　样品数目和重量与矿化性质、物质粒度的关系

物料颗粒度/mm	不均匀的矿化		极不均匀和特别不均匀的矿化	
	样品数/个	样品重量/kg	样品数/个	样品重量/kg
5 以下	80	2.5~3	100~120	3~4
5~10	110	4~5	150~180	5~6
25~50	150	6~7	300~400	7~8

Н·В·巴雷舍夫和 П·Л·卡里斯托夫以金矿石做的试验，证明用完全攫取法取样的精度很高。

废石堆积过程中用攫取法进行废石堆的取样。局部样品最好是昼夜一次，但一般是每天采 2~3 次。当然，采样间隔首先决定于矿山的生产率，即送到废石堆去的矿石数量。

取样网密度、局部样品的数目和重量，可以依据上边所述的在回采坑道中对采出矿石的取样的情况来加以确定。可是应注意，要使取样精度满意，首先要有足够数目的样品。质量不均匀的矿石，废石堆上局部样品的数目不能少于 20，极不均匀和特别不均匀的不能少于 40。

废石堆上取样时必须注意使巨大矿块不至于滚到废石堆界线以外；为此可以用同样大的石块在废石堆底面附近砌个围墙。

每经过一次采样循环后最好在废石堆的一些典型点上打桩，以便于决定在废石堆地段的面积和下次应取样的新层厚度。

合并若干个循环的样品时应保持它们的原始重量比例。

3　矿床开采时期的水文地质和工程地质研究

矿床开采时期的水文地质和工程地质研究，就是最详细地查明矿床的含水量，有用矿产和围岩的物理力学性质。因为岩石的水文地质条件和物理力学性质决定于许多自然因素和揭露矿床的技术方法，它可以在深度和面积方面变化得很厉害，在矿床开采时期必须知道每一个矿段直到个别开采块段的含水条件、岩石的强度和稳定程度。

应指出，如果在矿床开采之前的勘探时期，在大多数情况下，特别是在复杂的水文地质条件下有专门水文地质组组织（队、分队）在调查，那么在开采的矿床上日常解决个别的水文地质和工程地质问题的任务就由矿山地质人员担任。所以，矿山地质人员应对水文地质和工程地质的问题有足够了解。

3.1　矿山水

"矿山水"一词应理解为渗透到坑道中去的地下水和地表水，对揭露和开采矿床起着一定的影响。在生产矿山水文地质研究的最重要任务是确定被开采矿床的含水量和水进入坑道的条件。

矿床含水量取决于一系列的因素，其中主要的如下：

（1）气候条件。地下水的主要补给源，在许多情况下唯一的补给源就是大气降水。大气降水对矿坑含水量的影响已由许多的观测所证实，观测时把季节的坑道涌水量与大气降水量作了比较。

（2）地表地形。在岩石特性相同而地形结构和地貌不同的情况下，矿床含水量可以有显著的区别。位于当地侵蚀基准面以上的岩层常常是含水差或实际上不含水的。但如这些岩层产在当地侵蚀基准面以下的话，也可以含水很多。

（3）开扩水盆地和水流中的水渗透进入坑道。在许多情况下坑道的水源是附近的河流、湖泊、水塘。

（4）覆盖矿体的岩层透水程度。水能否进入坑道要看覆盖层的厚度和透水性。防止地表水流进坑道的良好隔水层是黏土和亚黏土。

（5）组成矿床的岩石的岩性成分和构造。岩石含水性决定于孔隙度。某些岩石成分中含易溶矿物（盐、石膏等），对坑道来说是蕴藏着危险性的。

（6）构造破坏。在致密岩石中挖掘的坑道里集中地流进了水，这往往是因为穿过了构造破坏带的缘故。有时水通过构造破坏带而溃决，带有灾难性质。

这一切因素都应在掘进采准和回采坑道时加以考虑。在危险的时候有大量水或流沙可能进入坑道（喀斯特、构造破坏），要从坑道中打专门的超前钻，以便勘探含水带，预告水或流砂的灾难性溃决和降低水压。

正确地测定坑道中的涌水量有很大意义，因为这样可以采取有效措施与矿山水作斗争，并且作出坑道含水的预测。为了近似地测定在坚硬岩石中掘进的坑道里可能期待的涌水量 Q_2，可以用下式

$$Q_2 = Q_1 \frac{H_1 - H_2}{H_1 - H_3}$$

式中　　Q_1——在等于所设计坑道面积的一块面积上测得的涌水量；

　　　　H_1——测量过涌水量的坑道底板标高；

　　　　H_2——要测定涌水量的设计坑道底板标高；

　　　　H_3——地下水位标高。

实际上涌水量是用下列方法确定的：

（1）根据排水泵的生产率；

（2）根据排水沟中浮标的运动速度；

（3）根据蓄水池的灌水速度。

各种不同岩层或岩体中出来的涌水量的资料和等水位线平面图在一起可以确定降落漏斗发展的方向和速度，并且预示将来在掘进新的坑道和揭露较深的层位时新矿区的涌水量或开采矿区的涌水量变化情况。

在多年冻土区掘进坑道时，除了观察排水情况及由于坑道深度和掘进的岩石性质不同而排水情况的变化外，还要确定岩石解冻时形成的水量。

平窿中的涌水量在坑道口和其他各点测量，这里指的其他点是地质环境和涌水量有某些变化的地方（裂隙、喀斯特、岩石交替等）。

松疏沉积层中的矿床（砂矿）在其含水程度（以及解决工程地质问题）评估时，确定岩石的粒度成分意义很大。松疏岩石中的水能充填颗粒间的全部空隙，而空隙的大小和岩石的总孔隙度又决定于颗粒的大小和形状。

在生产矿山进入坑道的总的水量还不能作为矿床含水性的指标，因为矿床和矿山（矿井）的规模各不相同。这样的指标可以是含水系数，它是单位时间（一般是一年）内从矿山（矿井）给出的水量与同一时期内所采有用矿产的数量（年生产率）之比。

3.2　工程地质问题

生产矿山工程地质研究目的在于解决一系列实际问题，初步可以分为两类：①有用矿产的开采直接有关的问题；②与地表各种工程建筑有关的问题：住宅、生产厂房和道路等。矿山地质人员的注意力应主要集中在这样一些工程地质问题上，由于这些问题得到解决就能更好地采出矿产资源。为此目的，矿山地质人员应独立地对有用矿产和围岩的物理性质进行一些调查，也要估计开采坑道和矿山附近岩石的稳定性。

4　有用矿产和围岩物理性质的测定

岩石（和矿产）的强度在此只当作某种矿山技术概念。用掘进坑道时岩石的某种"伸缩性"指标表示。当然，岩石的强度决定于其硬度、黏度、孔隙度、裂隙度和一些其他特性，但又不完全等同于其中任何一种。

可用强度系数 f 表示岩石的强度，系数 f 可以根据岩石压缩时受破坏所必需的破碎力而确定。如与 $100\ kg/cm^2$ 破碎力相当的强度系数 $f=1$。用钻机在岩石中打眼的速度来确定岩石的强度。此外，掘进坑道时还必须考虑一

个重要的指标——可爆破性,这个指标是以每 1 m 炮眼所爆破下的矿石体体积确定的。

查明开采矿床岩石和有用矿产的强度有最重要的意义,因为掘进坑道时和开采有用矿产时的劳动效率首先取决于岩石的强度。确定强度最可靠的方法是实验法(测时法)。为进行大概的核算,可以利用类比法,为此制定了专门的岩石强度计。

确定松散系数对技术开采核算来说是很重要的。

疏松岩石的粒度成分或开采时变松的原生岩和矿产的块度决定于它们的自然特性,也决定于开采的工艺情况。岩石的粒度成分无论是对于开采时的技术经济核算,还是有用矿产加工过程都有很大意义。此外,粒度成分决定了用不同的途径来对待取样时矿物原料的矿物学研究。

砂土或破碎的有用矿产是各种不同粗细的碎屑混合物:从最小的尘埃状颗粒到直径为 0.5 m 的漂砾都有。确定粒度成分的方法有若干种,最简单和应用最广的方法就是筛析,就是把样品通过一套标准筛子过筛。

岩石稳定性的评价:开采矿床会破坏这一矿床在地壳中所占地段内已稳定的平衡。所以无论在地下坑道,或在露天采矿场上都会有各种各样使开采难以进行的现象:如滑坡、崩塌、隆起等。这时各种各样的岩石对开采时平衡的破坏有不同的反映:有些岩石比较稳定,另一些则不稳定。

要确定露天采矿场安全进行坑道工作的条件,则有一些计算方法,其中考虑到了斜坡的高度、内摩擦角和组成岩石颗粒内聚力。下面是运用最广的公式之一:

$$H = \frac{H_0 \sin\alpha \cdot \sin^2\left(45 - \frac{\varphi}{2}\right)}{\sin\frac{\alpha - \varphi}{2}}$$

式中　　H——斜坡总高度;

　　　　H_0——在该土壤中可以保持住的垂直壁高度;

　　　　α——斜坡角;

　　　　φ——内摩擦角。

地下坑道中揭露面的允许大小和位置取决于岩石性质和产状要素,也决定于被坑道所揭露的矿段所受的矿山压力。

矿山压力是在岩石层中产生的力。它表现在坑道壁、天然和人工保安矿柱(矿体柱和技护架)的变形上。

利用这些公式时应记住,这些公式只适用于很近似的计算,因为没有考虑到许多天然因素。

在坑道中观察到的与矿山压力有关的一系列现象根本无法计算。这类现象有:

(1)矿山袭击,这是坚固岩石在 200 多米深度所特有的坑道壁突然破坏的现象;

(2)流沙溃决,特别能使水平坑道的掘进发生困难;

(3)陷落和崩塌,这是石英岩、角岩和片岩常有的现象,一般发生在回采坑道中深度超过 300 m 的现象;

(4)深陷(拱起),是可塑性岩石在很大深度下(800 ~ 1000 m 左右)所特有的现象。

岩石错动是在地下坑道发展系统上面的岩层的变形。开采深度不很大时,错动过程会进行得很猛烈,最后发生崩塌。在较大的深度开采时地表发生平稳的下陷。

为了判断由于发展地下的矿山开采工作而可能发生的地表变形,可以用 Д·А·卡查科夫斯基的资料,他研究了顿巴斯煤田 24 个矿井的资料,以此为基础确定了地表下陷幅度与坑道深度和开采层度的关系:

开采层度/m	地表最大陷落程度 占矿层采空厚度/%
50 ~ 100	59
100 ~ 200	44
200 ~ 300	43
300 ~ 400	36

5 开采矿床的评价

开采过程中若能最完全地揭开矿床全部特点和有用矿产性质，对矿床评价也就有了新的资料。所以很自然地在开采勘探阶段会在相当程度上订正对整个矿床、各个矿段和开采块段的评价。有时这种订正是如此的重要，以致实际上无论是矿床的规模和产状方面，还是有用矿产的质量方面都需要重新评价。

在矿床顺序开采的每一个阶段，订正矿床评价的主要资料有实地统计地下矿产的资料和定期编制的矿物原料开采量和储量增长量的平衡表。

5.1 资源的实际统计

实际统计资源的目的主要是为日常计划矿山企业的工作，这一统计反映了确有多少矿产储量已准备好开采，又有多少已经采出。因此实际统计的对象是正在进行开采工作和掘进采准坑道的矿段。因而实际统计时的视野中只有矿床的一部分储量。

实际统计不应与一般的储量重算混淆，后者通常是一年一次，而且实际统计只是它的组成部分。

实际统计储量的基础是取样、编录和矿山测量，这些工作的总和给地质人员提供了关于有用矿产的开采及未采出的（在准备开采的储量之中的）有用矿产和其中有用组分的储量方面最精确的报道。

实际统计储量和开采有各种不同的系统，但是全部系统的共同问题是统计单位和统计时期的选择。统计单位可以是整个矿山（小矿山）、或一个开采阶段、或单个块段，露天开采时可以是一次"爆炸"，即露天采矿场上同时用大量爆破开辟出来的梯段的一部分。统计时期取决于企业的报告制度期限；最常采用的实际统计时期为1个月。

有些矿床上要对每个回采块段编制专门说明书以进行实际统计；因而，统计单位就是一个块段。说明书是一张卡片，上面填有：综合素描图、表征矿体和围岩性质的资料、工作面边界线的定期矿山测量、按矿石品级算出的金属平均品位、采出的和留在矿柱里的矿石和金属储量计算资料。

当然，不同的矿山的登记卡片的形式和内容也有所不同。对具体矿床制定这种卡片时要力求能最全面地考虑所采矿产的天然特性。

5.2 开采和储量增长平衡表

生产矿山有用矿产储量是在不断变化的：在一些进行开采的地段储量减少，而另一些地段则由于地质勘探工作而订正了储量，把它提升为更高的级别；时常发现新的矿体或扩大了已知矿体的界线，于是也就增加了储量。有许多矿床，特别是在开采初期，总的储量不仅不减少，还每年增加。矿山企业的地质勤务就在于经常不断地观测储量的变化、质量成分的变化和勘探程度的变化。

开采矿床储量增减的全部复杂情况都反映在有用矿产储量平衡表内，每个矿山企业每年要编一次平衡表，而且是全国统计开采矿床储量的基础。平衡表按中央统计局批准的统一格式编制。这种格式里有上一年1月1日的储量；由于开采和开采时损失而引起的储量变化；由于勘探、开采进程中修正了矿体的边界线而引起的储量变化；来年1月1日的储量。编制平衡表要分别统计每个地段和每种矿产品级的储量。

有用矿产的开采量和损失量根据矿山测量资料确定。属于损失的是残留在矿床采空区地下的，而且到开采结束和矿山（矿井）完全消灭时也不可能回采出来的那一部分储量。

由于勘探而发生的变化要根据相应地段的专门储量计算和换算来确定。属于由于换算而发生的变化中并不包括因找到新矿体而得的储量；这里指的只是下列原因得到的储量的增减：即由于上一年编制平衡表时所犯误差经过校正，由于有用组分的品位有了订正、体重的订正、回采坑道的界线变化等。

从企业的储量平衡表上要销去：已采出的有用矿产和开采损失；质量或厚度不合工业指标的一些矿体部分；根据矿山技术和水文地质理由而留在保安矿柱里的储量。矿山企业要专门统计平衡表上被销去的储量，同时指出销掉的原因并在矿山测量平面图上标注所销去储量的边界线。

许多矿山企业由于有用矿产的加工工艺的发展和工业指标的改变，以前不够标准的废石堆会变成工业上合算的矿石。因此矿山企业在经过对废石堆矿产的仔细取样以后就完全地或局部地把旧的废石堆列入平衡表中。

要编制金属储量或矿石中其他有用组分储量的平衡表应精确地确定以下资料：

（1）采空区边界线内的矿石吨数和此界线内有用组分的品位。

（2）采得的矿石体的吨数和其中有用组分的品位。

（3）损失掉的矿石吨数和其中有用组分的品位。

（4）与矿石一起被凿取下的围岩吨数和其中有用组分的品位。

开采过程中进行矿石的地下或地表分选时，还必须掌握被分选掉的围岩吨数和其中有用组分品位的资料。

生产矿山的有用矿产开采量和储量增长量平衡表是定期评价（或更正确些就是重新评价）被开采矿床的基础，而且以此可制定矿山的日常工作计划。一个矿山企业若有了足够数量的经详细勘探和已准备好开采的矿产储量保证时，方能认为矿山企业处于良好状态。根据矿床的性质和对该矿物原料的需求不同，其储量最低应相当于这个企业的年生产率。换句话说，开采勘探应比开采至少早 6 ~ 12 个月。

5.3 矿床的重新评价

在开采过程中，由于迫切要求对有用矿产的开采和加工处理定出计划，因此必须评价矿床或矿床的某些部分。不仅如此，每天凿取有用矿产时，在送去加工处理或送给需求单位时，必须评价单个的不大的矿体部分，以保证正常的开采速度，而且要保证所采矿物原料达到所要求的质量。

当然，矿山开采坑道揭露的矿体某些地段中，可能会出现一些比以前用内推或外推法确定的矿体边界线更新的资料。因此，有用矿产数量实际上是会比根据开采前的勘探资料算得的量多些或少些。

同样，在开采地段有用矿产的实际质量也会不同于以前根据勘探工程中鉴定结果所确定的质量。在物质成分变化程度大的和具有若干种自然类型矿产的矿床上，质量鉴定可能有很大的偏差。

因此，在矿床开采过程中，在掘进采准和回采坑道时，每天要经常地重新评价矿床各部分。

矿山（矿井）地质人员在努力延长矿山寿命的同时，要在矿床范围内和矿床附近找出新的、以前未考虑到的矿体。正因如此而增加储量并出现新的对有用矿产的质量鉴定。这样就会由于发现新矿体而需重新评价矿床。

随着矿石加工工艺学的发展，或由于产生了对新的矿物原料种类的需求，往往在所采的有用矿产中或顺便回采的一些岩石（以前不认为是有用矿产的）中可以利用某些新的有用组分。近来这样的例子不断增加。以前，多金属矿和其他矿石成分中的稀有和分散元素就不会回收，也没有影响对这些矿石的质量鉴定和评价。而现在如果多金属矿石中有铟、镓、锗和其他分散金属时，矿石价值会大大提高。在某些情况下也有可能利用围岩做建筑材料、填料等。

所以，如果需要上述几种以前未曾利用过的矿物原料，而有用矿产的开采和加工工艺许可回收这些新的有用组分，则有用矿产和整个矿床的质量评定会有根本改变。这样就由于从开采的有用矿产中回收新的有用组分而需重新评价矿床。

当一个矿山存在期限很长，则随着富矿的采掘，会逐渐地过渡到开采和加工贫矿或其他质量差的有用矿产。在某些情况下由于工业指标改变，旧的废坑可以重新开工，开始采掘以前认为不符合工业指标的矿石。

当然，只有改进了有用矿产的加工工艺，这一点才可能办到。这时有用矿产的量一般会显著扩大，储量增加，质量鉴定会大有改变。这样，就由于工业指标的改变和生产中吸收了质量差的矿产而需重新评价矿床。

类似这样的在评价上的变化主要是发生在有生产矿山的矿床上，因为那里具备必要的厂房、机器、住宅、副业，也就是说为了开发较贫的矿石或质量差的有用矿产时不需大量新的投资。换句话说，在其他条件相等的情况下，生产矿山比新矿床能更快地开始加工处理贫矿。对具有贫矿石的新矿床评价也可能是否定的，而生产矿山上同样的矿石却可以有效地开采和加工处理。

在任何情况下，在矿床开采时期的重新评价会使矿石储量和价值改变。根据这些主要的评价要素的变化方向，就可以确定矿床在其相应的开采阶段上的工业价值。

应指出重新评价开采矿床的方法尚未拟定，在每个具体情况下，只是根据矿床的特点，矿山的性质、经济条件和矿山所处的其他条件而进行重新评价。显然，若能制定工业重新评价开采矿床的总则，那是很有好处的。我们认为，分析了上述条件和必须重新评价的原因，就能探讨出重新评价的方法。

6 帮助矿山车间和有用矿产加工车间

在进行开采勘探、作必需的水文地质、工程地质调查、进行对地下有用矿产系统的统计和定期地根据开采工作发展情况重新评价矿床的同时，矿山（矿井）地质人员每天还对矿山企业的正确开采予以协助。

除此以外，矿山地质工作者的使命还在于进行一些专门活动，在解决技术经济和工艺问题方面以实际的帮助。

6.1 帮助矿山车间

为了帮助矿山车间进行有效的生产工作，矿山企业的地质勤务应该：

（1）参与有用矿产开采工作的计划。

（2）指导采准坑道和回采坑道的开掘。

（3）预报有关开采的矿山技术条件的变化（岩石的强度和稳定性，坑道的含水量）。

（4）确定和分析有用矿产损失和贫化的原因。

参与有用矿产开采工作的计划首先表现在及时提供开采勘探的资源实际统计量，和有用矿产储量开采及储量增长平衡表的一切必需的材料。如果所有这些资料足够可靠的话，那么它们就成为开采计划的基础，从而保证矿床开采在技术和经济上有效的进程。

但是矿山地质人员参与拟定开采计划不只是形式上的提出现有的资料，往往同样的关于储量及其质量、有用矿产产状条件的资料可能有不同的解释。例如，同一些储量可以是在一个形状简单的矿体里，或者分布在一个复杂矿体的若干个夹层、岩枝、支脉里。以有用组分的品位百分数确定的矿石质量，可以有各种不同的分布性质。在其他条件相同的情况下，由于围岩的稳定性不同或含水程度不同，在一个地段矿产容易开采，而在另一地段则难以开采。

这些枝节问题都能影响开采的速度、所采矿石的成本与工人收入等。所以，除了要求矿山地质人员提供上述资料外，还要拿出创造性活力，改进开采业务计划，特别是关于矿体各不同部分的开采次序，开采速度、有用矿产分选等方面提供各种建议。

采准和回采坑道的方向由矿山地质人员会同矿山测量人员和采矿工程师一道决定。把最近时期开采的地段选择好，工作量确定了，开掘采准和回采坑道的必要技术措施也规定以后，就必须定出相应坑道的方向、指出坑道的大小和界线，然后注意正确掘进坑道。任务就是使所选择的坑道方向和界线在该地下地质情况和矿山技术情况下，能保证有用矿产的损失和贫化量最小。

可是，光确定出坑道方向还不够。一切已设计好的回采或采准坑道，由于矿体边界线或产状要素未预料的变化，因而在掘进过程中要有校正。在校正开掘回采坑道和采准坑道方面起决定作用的是矿山地质员，他应确定坑道的实际界线。当然，这需要地质员日常观察开采坑道的掘进，应对坑道做编录和取样，还要深入地研究地质构造特点、矿体的形态特征和内部结构。

为防止开采过程中发生各种复杂情况——从改变开采速度到发生事故和灾祸，必须预报开采时的矿山技术条件变化情况。有瓦斯危险的、有火灾危险的矿床，涌水成灾的地段，以及在很不稳定的岩层里工作时，一般要有矿山检查机构作专门观察，采取一般的预防措施以便预告不幸事件。在这样的情况下，不管有没有专门检查机构，地质机构仍应系统地作水文地质和工程地质观察，预见并指出矿山开采技术条件的一切重要变化。

矿山地质机构给矿山业务技术人员做的预报，主要应涉及下列各项：

（1）掘进的坑道中岩石强度的变化。

（2）掘进坑道的路上岩石稳定程度变化情况。

（3）坑道中涌水量的变化情况。

当然，这些预报要做得及时才有意义。

预报有预测和紧急两种。前者是多少有根据地推测坑道掘进中各种条件的可能变化情况。把这些情况预先告知采矿工程师，使他们可以采取必要的预防措施，并对这些变化有组织方面、技术方面的准备。后者以直接观察坑道为根据，而且一般要求采取紧急措施。可能崩塌的标志、涌水量显著增长、强度区别很厉害的岩石更替等都是警报对象。在某些情况下，这种预报就是矿山调动技术设备消灭事故的依据。

确定和分析有用矿产损失和贫化的原因是矿山（矿井）地质员活动的最重要因素之一，所以应加特别注意。

开采时的有用矿产损失是没能从地下回采出来的，在矿山企业运输时损失的或与无矿岩石一起被扔在废石堆里的一部分平衡表内的矿产储量。

有用矿产的贫化是指矿产被非工业的岩石污染的情况。

矿床在正常的地下开采中损失占平衡表内储量的 5% ~12%，但有时可增加到 20%。露天法开采时有用矿产损失大为减少。

开采厚的和中等厚度的矿体时，根据矿床的构造复杂程度和采用的开采系统不一，贫化率可以在2% ~

30%的范围内。开采小厚度矿脉时，由于围岩混入，矿石可以贫化到相当矿脉质量成分的1/2～1/3。

要分析损失和贫化的原因，只有清楚地了解矿床形状、产状和内部结构方面的自然特点，以及影响有用矿产回采程度的一些技术因素。引起有用矿产损失和贫化的原因是多种多样的。

有用矿产损失按其所引起的原因可以分为四类：

（1）与矿山地质和水文地质条件有关的损失。

（2）由所采用的开采系统决定的损失。

（3）保安矿柱里的损失。

（4）由于不正确地进行矿山开采工作而引起的损失。

有一部分原因不能消除，所以设计中和矿床的日常开采计划中要预先考虑。这是设计损失和计划损失。另一部分损失与开采工作进行过程中所造成的误差有关，开采工作质量提高时可以使这种损失近于零。这一部分损失与计划损失一起都是矿床开采时期的实际损失或称为开采损失。

与矿山地质和水文地质条件有关的损失包括：

（1）留在矿体柱里预防水或流沙溃决，以及防止上盘（顶板）不稳定岩石崩塌的损失；

（2）不能完全采空的构造破坏地段的损失；

（3）由于矿体边界线复杂而不能从主要矿体的突出部和分叉部把全部矿产取尽的损失。

由所采用的开采系统所决定的损失包括：各类块段周围和矿房同矿体柱中的损失、采空区填料损失、因留矿法而未完全采出的矿产损失。露天工作时还会有矿体顶板和底板的损失，虽然这种损失相对来说是较小的。

保安矿柱中的损失是设计损失，主要决定于所采用的揭露矿床的方法。为了保存主要大坑道（露天采矿场、竖井、主要的运矿平窿）而留的保安矿柱有时体积相当大。

由于不正确地进行矿山开采工作而造成的损失是矿山企业工作不佳的标志。其中可分为：由于回采区工作不经心而造成的损失（矿体有一部分没有采或已采的矿石中掺杂了无矿岩石）；有用矿产运送时的损失，特别是运输道路上有若干转运站情况下的损失；由于有用矿产分选的组织工作不好以及没有明确地划分开矿石和无矿岩石而产生的损失。产生这类损失的原因除了矿山工作组织得不够好外，往往起重大影响的是地质编录不佳和矿山测量误差，特别是在矿体的接触带很复杂或由于矿体工业部分逐渐过渡到非工业部分而界线不易分辨。

有用矿产贫化主要取决于矿体的大小、形状和内部结构，特别是夹层或矿体内无矿岩石块段的互层性质。矿体厚度愈小，而且接触带的形状愈复杂，则贫化程度愈大。确定损失率和贫化率有实际意义的最小矿体地段就是开采块段。

损失率由地质和矿山测量机构一起在取样、地质编录和矿山测量的基础上来统计。损失和贫化既要按照整个有用矿产，又要按照各种有用组分而加以统计。

应指出，确定损失和贫化的精确度取决于矿床的地质构造复杂程度、有用矿产性质的变化程度和开采系统。形状简单、有用组分分布均匀的矿床上，测定精度会差些，但如果开采系统允许测量采矿区的宽度和矿体厚度，在块段中进行系统的取样则精度会高些。如果不能在回采坑道内详细取样和进行相应的测量，那么确定损失和贫化的精度就会不高。

6.2　帮助有用矿产加工选矿车间

帮助有用矿产加工车间主要属于有色、稀有和贵重金属矿山地质人员的活动范围，因为在这样的矿山要进行各种选矿。

帮助选矿厂主要在于：（1）调节送去加工的矿物原料的质量；（2）对有用矿产进行专门的矿物研究。

调节送往加工厂的矿物原料的质量，对于加工厂进行有计划和有效的工作有很大意义。如果送到选车间的矿石具有显著不同的金属品位，更不用说如果在成分复杂的矿石中各种组分的品位具有强烈的变化时，则加工过程（调整机器、加工阶段、试剂配料）不得不常常改变。这会引起工厂的工作急剧变化，效率不高，并且降低了质量指标：减少了有用组分的回收量，增加了损失。

矿山地质人员通过取样的方法研究各种矿石品级及其空间分布时，应指出各地段和块段开采的适宜规模，使送到选矿厂去的矿石至少在1个月之内是某种平均质量的矿石。

上面讨论的有用矿产贫化问题与其说对矿山车间有意义，倒不如说对选矿厂有意义。如果贫化率增加对矿山开采工作中的影响仅仅在于增加了多余的费用去开采和运输矿石成分中的无矿岩石，那么在选矿厂矿石贫化除了能破坏工艺过程外，还会使低质量的矿物原料不可能加工。

因为调节质量的主要手段是矿物原料的取样，则当然应该确定开采和加工过程所有环节（即从工作面到选矿厂）中同一的取样方法原理。在正确的工作方法基础上进行取样，矿山地质人员应起重要作用。

进行专门的矿物研究，任务是要最好地组织加工工艺过程。按照选矿工艺的要求，矿山地质员首先要在矿物集合体和矿物颗粒的大小、结构构造、相互连生方面研究矿石（或砂）的成分。还必须查明有用矿产的构造特点：夹层和包裹体的性质和大小；矿石和无矿岩石适应于机械分离的能力；各矿物组分在物理特性上的区别（磁性、比重、放射性等）。还有很重要的一点就是确定有用矿产的风化和氧化程度，因为在氧化后矿物的可选性会改变。有几种矿石氧化很快，因此必须改变开采系统，使这些矿石不至于留在储矿仓里。

所有这一切关于有用矿产的资料都是为了使选矿厂有效工作所必需的资料，有一部分是在开采勘探过程中做一般的矿物研究时获得的。但除此而外，为了帮助选矿车间，矿山地质员必须进行专门的矿石研究、订正矿石成分和内部结构的各种鉴定特性，把届时运输到的一批矿物原料作研究或研究其加工产物。

为选矿厂做的专门矿物研究主要分为两种：

（1）目的在于确定矿物原料加工工艺过程的最合理流程的研究。

（2）目的在于检验和改进加工工艺过程而在各个加工阶段的研究。

前一种一般是全面地研究有用矿产的质量、成分、内部结构和工艺特性，是在开始组织选矿或在选矿工艺有重大变化时做的研究。这样的研究具有根本性质，每一种类型和品位的有用矿产都需做这样的研究。

加工过程中的研究主要目的是检验，它经常限于查明矿物原料的各种特性：按不同粒度、有用组分的回收率、可选性与有用矿物各种特性的依赖关系、加工各阶段的损失量、分散元素品位的不同百分率等。

有时在大的选矿厂把矿物研究委托给专门人员。可是，即使在这种情况下，地质人员也要一般地观察矿山企业的矿物研究资料，把开采勘探过程中进行的研究与有用矿产质量特点方面的工艺试验资料作比较。

不言而喻，这一切任务只有在具备技术设备相当良好的实验室基地才能完成。现代化的矿山地质实验室应具备偏光和立体显微镜、辐射仪、荧光镜，以及不仅能做定性，而且能做快速半定量测定的设备。

（原载《中国实用矿山地质学》，冶金工业出版社 2010 年出版）

斯里兰卡的宝石资源与开发

彭 觥

(中国地质学会矿山地质专业委员会，北京，100814)

1995 年 5 月笔者赴斯里兰卡，对著名的宝石矿区拉特纳普拉(Ratnapura)等进行了考察，简述如下。

1 地质背景

斯里兰卡的含宝石原岩(矿源层)为前寒武系 Highland 群变质杂岩，按全岩 Rb/Sr 年龄测定：变质成岩时期分为两期，Ⅰ期 30~21 亿年，其 a 阶段为高温—高压(HT/HP)变粒岩相，b 阶段为辉石变粒岩亚相；Ⅱ期 13~11.5 亿年，其三个阶段分别为角闪石变粒岩亚相、石榴石—黑云母亚相(a)—角闪石变粒岩亚相和董青石亚相(b)—富含闪岩的相(混合岩化)(c)。据 T. Munasinghe 等(1981)报道该变质杂岩群的矿物组合见表 1。

表 1 Highland 群的岩性和泥质及基性岩石的矿物组合

泥质的	石榴石—硅线石变粒岩 石榴石—硅线石石墨片岩 石榴石—硅线石黑云母片麻岩 含董青石变粒片麻岩
石英—长石质的	中性和酸性紫苏花岗岩 石英—长石—石榴石变粒岩 石英岩 石墨片岩
钙质的 基性的	大理岩，钙质变粒岩，钙质片麻岩 基性紫苏花岗岩，石榴石—透辉石—角闪石 变粒岩，闪岩，石榴石—透辉石 变粒岩，辉岩，紫苏辉石—角闪石—尖晶石变粒岩
泥质的	石榴石—硅线石—纹长石±石墨—石英 石榴石—黑云母—硅线石—纹长石—斜长石—石英 董青石—紫苏辉石—黑云母—磁铁矿—纹长石—斜长石—石英 董青石—黑云母—磁铁矿—斜长石—纹长石—石英 董青石—硅线石—黑云母—磁铁矿—纹长石—斜长石—石英
基性的	紫苏辉石—透辉石—石榴石—斜长石—石英—石榴石—透辉石—斜长石—石英 紫苏辉石—透辉石—角闪石—斜长石 紫苏辉石—透辉石—石榴石—角闪石±斜长石 紫苏辉石—角闪石—斜长石 石榴石—角闪石±黑云母—斜长石—石英

2 矿床特征

斯里兰卡宝石矿床分布广，埋藏浅，易开采。从中部 Elahera 到南部的 Sinharaja 均有宝石资源，其面积为 2 万多平方公里(见图 1)。尤其以 Ratnapura 矿区储量最大开采时期最长(已有几百年历史)。

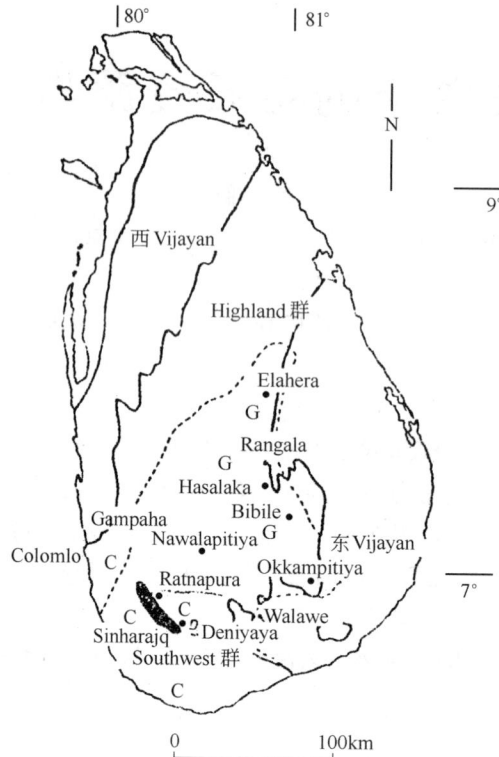

图 1　斯里兰卡的岩性分区和主要宝石矿区图

虚线圈定的是含宝石的地区；阴影区为"Sinharaja"基性带；G—以含石榴石—硅线石
的岩石为主；C—以含堇青石的岩石为主

含矿原岩（Highland 群）经过长期风化剥蚀，经外营力、重力搬运富集形成宝石砂矿矿床，按成因分为冲积型和残积型。冲积层为第四纪形成，含宝石的砾（砂）层与粉砂、黏土、红土成互层，一般厚度为 3～10 m，也是目前多数矿井开采深度，残积矿床以角砾—棱角岩屑含矿为特征。

3　宝石品种与质量

斯里兰卡的宝石以其品种多质量优，尤其以盛产优质金绿猫眼而驰名于世。据统计共有 10 类 30 多个品种（见表 2）。

表 2　斯里兰卡的常见宝石

矿　物	宝石种类	矿　区
刚　玉	蓝色的、粉红色的、橙色的、黄色的和星彩蓝宝石，红宝石	Ratnapura，Rlahera，Okkampitiya，Hasalaka，Bibile
金绿宝石	变色石，猫眼石，绿色金绿宝石	Deniyaya，Sinharaja
尖晶石	蓝色的、红色的和紫色的尖晶石	Ratnapura，Elahera，Okkampitiya，Hasalaka，Bibile
石榴石	铁铝榴石、镁铝榴石、铁钙铝榴石	Ratnapura，Elahera
绿柱石	海蓝宝石、白色绿柱石	Deniyaya，Sinharaja
电气石	蜜黄色、褐色的、绿色的电气石	Ratnapura
黄　玉	黄色的、白色的黄玉	Ratnapura
锆　石	绿色的、黄色的、褐色的锆石	Ratnapura，Deniyaya，Sinharaja
石　英	紫晶（水碧）黄晶，玫瑰色的、白色的、乳状的和烟色的石英，猫眼石英	Ratnapura
红柱石		Nawalapitiya

这里重点介绍斯里兰卡特产的一种半透明乳白色刚玉——当地称为 Geuda（牛奶石），其利用与改色（Enhacement）对扩大蓝宝石资源有重要意义。20 世纪 70 年代以前人们将牛奶石只作为建筑石料用来装饰庭院花园堆砌花坛、曲径台阶。70 年代末富有经营及宝石改色经验的泰国人来到斯里兰卡大量收购牛奶石，用加热处理方法烧出优质蓝宝石并获得巨额利润。1993 年牛奶石出口额达 5 亿卢比（合 1000 万美元），而且价格和出口额现在还呈上升势头。根据牛奶石改色前后特征变化，他们将其分为如下 4 类：

——奶色牛奶石（Milky Geuda）：原石呈浑浊不透明的微黄—淡蓝色，加热后成为优质蓝宝石。

——柴油色牛奶石（Diesel Geuda）：原石白中带黄，强光下为棕黄色，与柴油色近似，加热后，棕黄色部分蓝色最佳。

——丝光牛奶石（Silky Geuda）：原石表面有丝光其内部有条带结构，加热后为优质宝石。

——Dhum 及 Ottu Geuda：加热后颜色不匀，呈点、片状分布，但是纯净度较好，部分是中、低档品。

（注：宝石改色的几种方法：（1）改色。加热处理、放射性辐照、熔盐电解、综合处理、电子迁移与变价。（2）加色、染色、漂白、着色。（3）涂抹与注入方法。）

另据有关文献登载：当今众多博物馆均收藏有产自斯里兰卡的宝石极品，如纽约自然历史博物馆重量 563 克拉"印度之星"蓝宝石。华盛顿斯密逊博物馆重量为 423 克拉"Logan"蓝宝石和重量 316 克拉 Artaban 蓝宝石，前几年笔者游历华府时曾看见这两块产于斯里兰卡的著名展品。"蓝衣美人"蓝宝石重 258.8 克拉，其颜色如同印度洋海水般湛蓝、清澈、纯净，被誉为无价之珍宝，现收藏于俄罗斯宝石库中。

（原载《中国实用矿山地质学》，冶金工业出版社 2010 年出版）

泰国宝石资源考察与市场散记

彭　觥

（中国地质学会矿山地质专业委员会，北京，100814）

1995 年 5 月我们在泰国进行了一周的珠宝市场及宝石资源考察。大家感受到泰国是名副其实的珠宝荟萃之地。也正如《亚洲珠宝》（1995 年第 1 期）所说，泰国是全球最重要的宝石交易中心。"全球约有九成的红宝石在开采及贸易的某个环节是通过曼谷进行的"。

在曼谷，每年一、三、六、九月份都举办国际珠宝展。我们是 5 月中旬抵达曼谷，也是"春展"闭幕不久，"夏展"呼之欲出。当进入机场大厅就看到广告牌上张贴着曼谷国际珠宝展的醒目的宣传品，可见这个国家对珠宝展、珠宝交易活动的重视和它在泰国社会经济中位置与影响。当然，这只是个窗口，还有广泛开展的招展活动。例如，向世界各地珠宝商发出邀请函，我们中国珠宝界人士就多次得到过主办者和展览公司的邀请函。此外在各国珠宝报刊发布大量信息。

泰国政府对珠宝首饰业发展给予了强有力的支持，对于黄金、珠宝及其制品实行减免进出口关税，准许珠宝公司自行进口黄金。近几年首饰加工业发展迅速，镶宝首饰出口产值与加工的成品宝石出口产值近乎相等，仅曼谷市有金店百余家。在销售方面重视传统方式又推出新招；在促进庄他武里（尖竹汶）（以红、蓝宝石为主）和清迈（以翡翠为主）两个宝石市场不断繁荣的同时创办邮售首饰业务，如向美国出售 14K 金镶宝护符首饰和向新加坡银行信用卡持有者邮售 20K 金镶宝首饰，并由首饰公司委托银行邮寄，后一做法更能提高销售公司的信誉。对中国珠宝公司还试行分期付款送货到深圳、北京等地。

标志着 20 世纪 90 年代泰国珠宝首饰业振兴的"四大工程"已经相继完成或正在进行，如：宝石大楼（40层）、Precions 大厦（63 层）、珠宝贸易中心（55 层）、Gemopolis 宝石首饰工业城（免税区）（占地 100 万平方米）。

我是在中宝协科技开发中心总经理任内应泰国珠宝首饰公会会长兼免税区董事长马森荣（乃汶荣）先生盛情邀请并受到热情接待。在曼谷保税区内乘电瓶车参观了宏伟的珠宝首饰工业免税区并选购批量红宝石。据主人介绍，在区内投资建厂与贸易，可享受泰国海关、投资机构（BOI）、工业城机构（IEAT）给予外商的各种优惠。如免交三年企业及个人所得税、免交进口税、增值税，自立引进国外技术专家、先进设备以及土地购置权等。目前区内部分工程已建成投入使用，如宝石首饰贸易市场和十余家工厂已经营业、生产。设备与操作技术、生活服务、管理水平及建设布局等都很先进，给中国同行留下了深刻印象。

从曼谷乘汽车向东南行走 270 km 到达著名的宝石城庄他武里（当地华人称为尖竹汶），这座举世闻名的宝石集散地还盛产被誉为水果之王的榴莲和水果王后红毛丹，当我们到达宝石城后好客的主人首先用这两种名贵水果招待。传说早在 15 世纪时中国船员在这一带登陆就发现了宝石并携带回国。更确切地说是当地渔民、农民发现的，他们在田间、河边砂土层捞到了宝石。当时中国船队登陆在尖竹汶附近海岸，收购了宝石或以物易物。至今这里的华人和中国文化传统宗教信仰随处可见。一路陪同的向导是一位华人，所接触的矿山老板、加工厂老板均为华人。在尖竹汶近郊的乡镇路旁还见到一座用汉字书写庙名的"尖城显灵关（圣）帝庙"。据马森荣先生说，他在尖竹汶住过很久并在此经营宝石多年了。又说：尖竹汶宝石矿最早发现和开采者是当地农民、渔民，他们是农（渔）忙务农（渔），农（渔）闲时挖宝石。后来开采规模的扩大和采选加工技术的提高，是得力于来自缅甸红宝石矿厂的有经验的技艺人（一部分是中国云南人）。

目前尖竹汶和泰国其他一些宝石矿产量正在减少。但其交易市场和切磨加工业仍然兴旺，分布在这座宝石城内外数以百计家庭作坊式的宝石加工厂依旧繁忙，每周五、周六两天的宝石交易日人流还是熙熙攘攘。这是什么原因呢？主要是泰国珠宝界运用政府实行的开放政策、优越方便的服务环境、传统信誉与公正交易、宝石优化改色、切磨加工技术优势吸引了周边国家及宝石消费国的宝石客商。增加了柬、缅、越、澳、斯里兰卡等货源。在此地市场进行采购的商人有来自日本、中国大陆和香港、台湾的，也有来自欧美各国的。市场上有各主产国的红、蓝宝石，可以说应有尽有。

在庄他武里宝石市场还有一个多年形成的交易习惯：红宝石交易是在上午7-9点进行。因为在一天的时间里不同钟点阳光色调不相同，在这段时间就是以红光为主，值得指出：交易场所的环境与工作人员服饰色调对宝石颜色（色彩、色调）评价颇有影响。例如，在红色环境中观察红宝石，在绿色台面上看翡翠和在黄盘子里对钻石色度分级、分类都会产生误差，近年来专家们提出颜色的评价，饱和度是重要因素。

在泰国，还有另两个宝石名城：一是干乍那武里（Kanchanna Bari），在其周围也聚集许多宝石企业，二是泰北清迈，以大规模进行缅甸翡翠交易而驰名。

顺便把泰国、柬埔寨、越南、印度、巴基斯坦和我国山东昌乐的刚玉类宝石资源概况简介如下。

泰国是世界上红宝石、蓝宝石的重要出产国之一。其矿床有产于玄武岩中的原生红宝石、蓝宝石矿和由原生矿风化后所形成的冲积砂矿，而以后者为主。北部地区的古老变质岩亦被认为是含刚玉宝石的一个重要原岩，如清莱府等地。南部与柬埔寨拜林宝石矿区接壤的庄他武里（尖竹汶）至达叻一带向来为很重要的宝石产区。但总的来说，泰国的红宝石和蓝宝石颜色较多和较深，这被认为是红宝石主要由铬和铁致色和蓝宝石主要由铁与钛致色的结果。据说，现今世界上约70%的红宝石来自泰国。其中大部分红宝石原料产自缅甸、柬埔寨和越南等地。与斯里兰卡相似，泰国的红、蓝宝石砂矿，还伴生尖晶石、石榴石、锆石、黄玉、水晶、钛铁矿等，其中有一些达到了宝石级。

柬埔寨刚玉宝石主要分布于西部的拜林、马德望，东部的博胶等地。其矿床产于玄武岩石中的原生矿及其形成的砂矿。拜林刚玉宝石矿床位于柬埔寨西部高原拜林城附近，在原生矿床周围分布着坡积、冲积砂矿。蓝宝石矿层产于风化的玄武岩或结晶片岩之上，玄武岩卵石中有浑圆状蓝宝石斑晶，其晶体较小。马德望刚玉宝石矿床属于冲积砂矿型，分布面积至少有100平方英里。蓝宝石产于河谷两侧和谷底微含砂质的黏土中，有少量红宝石与之共生。马德望的宝石产量历史上曾占世界宝石总产量的5/8，质量极佳。博胶刚玉宝石矿床位于柬埔寨东北部腊塔纳基里省，原生矿与碱性玄武岩火山机构有关，蓝宝石砂矿分布于碱性玄武岩体火山堆积物周围，宝石级锆石多于蓝宝石数量。另外，金边附近也有刚玉宝石矿床分布，出产优质红宝石。总的来说，柬埔寨的刚玉宝石色佳而颗粒较小。

越南刚玉宝石以红宝石为主，蓝宝石次之。主要分布于黄连山省陆安、义静省蔡州等地。陆安的红宝石和蓝宝石矿化面积约 $50 \sim 300 \ km^2$；含红宝石蓝宝石的第四纪沉积层平均厚度为 $2 \sim 3 \ m$；覆盖层的厚度不一，有些地方不足 $1 \ m$，有些地方可达 $5 \ m$。正在开采的为红宝石和蓝宝石冲积砂矿床。陆安地区的正长岩中含有粉红色刚玉，红宝石的来源与伟晶岩等密切相关。红宝石的颜色为浅粉红至中等粉红色，深红色、浅紫红及浅粉紫色，其中带有紫色色调者被划入"蓝宝石"之列。与红宝石和蓝宝石共生的有红、粉红、浅蓝色的尖晶石，有的地段尚有质量较好的黄色和绿色电气石及石榴石。蔡州的红宝石和蓝宝石分布于孝河上游狭窄山谷及沿河地带，潜在远景面积约 $400 \ km^2$，宝石产于第四纪沉积层中，其颜色从无色至红色，而大多数红宝石为粉红至淡红色。另外，在越南南部的碱性玄武岩分布区，已在其风化壳、残积物和冲积物中发现红宝石及与其共生的蓝宝石、锆石、石榴石等，分布范围达 $1 \sim 4 \ km^2$。

印度刚玉宝石，其矿床位于克什米尔高原喜马拉雅桑斯加尔山脉南坡海拔约4500 m的苏姆扎姆镇西北4 km处。矿体主要为含蓝宝石的伟晶岩，它侵入于白云岩化石灰岩、钙质白云岩和白云岩中，这些碳酸盐类岩石则在变质岩系的石榴石—角闪石片麻岩和黑云母片岩中形成一些薄层。此矿床发现于1861年，开始时为一条被强烈剥蚀的伟晶岩脉，在其下面则为富含蓝宝石的风化层。以后，在该区的石灰岩类岩石中又发现了其他的含蓝宝石伟晶岩脉，其围岩为阳起石—透闪石岩。伟晶岩已被风化成松软的白色黏土，深部有致密的长石，上面长满了大的蓝宝石晶体。有些伟晶岩脉长5 m，厚1 m，几乎垂直产出。在某些地方，伟晶岩沿断裂汇集成脉系。当地称为"克什米尔蓝"的蓝宝石晶体较大，长5 cm，有的竟长达12.5 cm、直径7.5 cm，呈著名的矢车菊蓝色或天蓝色，以及紫、绿、橙黄等色，常含绿色电气石包裹体。与蓝宝石共生的有石榴石、电气石、蓝晶石、蓝柱石等。此外，拉贾斯坦邦通克县的詹瓦里地区产蓝宝石和红宝石。印度南部泰米卡纳德邦分布有含红宝石和蓝宝石的矿脉，其风格耶地区产刻面级红宝石及星彩红宝石。卡纳塔克邦、安德拉邦等也有红宝石或星彩红宝石发现。

巴基斯坦刚玉宝石，在巴基斯坦北部的上巴尔蒂斯坦的白色结晶大理岩中曾发现红宝石和蓝宝石。另在克什米尔罕萨发现了世界上最富的红宝石矿床，它位于中、新生代酸性岩和基性岩与石炭—二叠纪碳酸盐岩类岩石接触带的大理岩或结晶石灰岩中，红宝石矿化大理岩沿走向长达19 km，厚760 m，品位20 g/t，质量上乘，唯产量少。

我国山东省蓝宝石矿分布于昌乐、潍坊、临朐等地。其资源丰富，埋藏浅，易开采，且颗粒大、颜色深，深受世人瞩目。据山东省地质矿产局第四地质队的调查研究，蓝宝石矿床包括原生矿和砂矿两类，原生矿以昌乐方山(长2 km，宽1.1 km)含矿碱性玄武岩岩体为最大；砂矿分布于昌乐、潍坊、临朐一带约400 km²的范围内，已圈定出多条蓝宝石富集带。查明和估算的蓝宝石储量均居全国首位。目前正在大规模开发利用。该矿区位于华北地台鲁西台背斜东北部、昌乐凹陷的南端，蓝宝石矿床及含蓝宝石的玄武质火山岩明显地受郯庐大断裂及其次一级断裂所控制。玄武质火山岩主要以熔岩的形式产出，间或有玄武质火山碎屑岩。在火山活动中心则分布着若干近似环形的玄武质的火山颈—侵出相火山岩。基底岩石主要是太古代泰山群混合岩化斜长角闪岩、角闪斜长片麻岩等。玄武质岩浆活动出现于晚第三纪(N)，可分为三次喷发期，即牛山期(N_1n)、山旺期(N_1s)、尧山期(N_2y)。昌乐原生蓝宝石矿区出露的岩石主要是尧山期的碧玄岩、碱性橄榄玄武岩、橄榄拉斑玄武岩等。碧玄岩和碱性橄榄玄武岩中含有深源的二辉橄榄岩包裹体、二辉岩包裹体和少量的镁铁尖晶石、刚玉、锆石、普通辉石、金云母、歪长石等巨晶。火山机构控制着蓝宝石的分布。原生蓝宝石主要赋存于碧玄岩中，并与二辉橄榄岩包裹体紧密共生。含蓝宝石的碧玄岩与那些不含蓝宝石的碧玄岩的区别在于前者含有大量幔源包裹体和多种巨晶矿物。而原生蓝宝石矿床和含蓝宝石的岩石遭受风化之后则形成了两种蓝宝石砂矿床：①残积型蓝宝石砂矿，厚度一般1~5 m，宝石赋存于含砾红土层中；②冲积洪积型蓝宝石砂矿，沿冲沟、河谷发育，冲积层一般厚0.5~3 m，宝石富集于黏土、砂质层中。另外，红锆石、磁铁矿、镁铁尖晶石、石榴石等为找寻蓝宝石砂矿床的最为有效的指示矿物。

昌乐蓝宝石的主要致色离子为Fe^{2+}、Fe^{3+}，其次为Ti^{4+}、Cr^{3+}、V^{5+}等。致色离子氧化物的最高含量达1.50%，最低为0.95%，且深色蓝宝石的含量普遍高于浅色者。这就基本上反映出致色离子(ΣFeO)含量高的蓝宝石颜色深，反之则颜色浅。昌乐蓝宝石的($FeO + Fe_2O_3$)/TiO_2和Fe^{2+}/Fe^{3+}的比值高，故其颜色在总体上偏蓝偏黑。昌乐蓝宝石化学成分见表1。

表1　山东昌乐蓝宝石化学成分简表

序号	不同颜色特征的蓝宝石		化学成分/%									致色元素氧化物所占比例/%
			SiO_2	TiO_2	Al_2O_3	Cr_2O_3	FeO	CaO	MgO	K_2O	V	
1	蓝色	深色环带	0.035	0.014	98.03	0.007	0.958	0.014	0.015	—	0.005	0.98
2		浅色环带	0.031	0.016	98.04	—	0.938	0.009	0.014	—	0.001	0.95
3	浅蓝色		0.019	0.011	97.88	0.018	1.046	0.007	0.020	0.005	0.015	1.09
4	深蓝色		0.022	0.346	97.60	—	1.017	0.006	0.027	—	0.002	1.36
5	棕　色		0.019	0.032	98.00	0.011	1.078	0.003	0.015	—	—	1.12
6	黄　色		0.040	0.032	98.50	—	1.453	0.011	—	0.002	0.015	1.50
7	蓝　色		0.116	0.165	98.70	0.014	0.899	0.018	0.045	0.006	0.004	1.08

昌乐原生矿中的蓝宝石晶体，大多具有较好的六方晶形，呈腰鼓状、桶状，一部分呈碎块状。粒径一般为20~40 mm，少数晶体(沿c轴方向)长达10 cm。砂矿中的蓝宝石多为块状、碎片状、浑圆粒状、六方短柱状等，粒径一般为5~10 mm，大者达30 mm。沿晶面，尤其是沿{0001}和{1011}面具有裂开，并可常见到这两个面上的斜纹和横纹。一部分蓝宝石晶体具有熔蚀现象。

颜色偏深是山东昌乐天然蓝宝石最为重要的特征之一。通常被划分为深蓝、蓝墨、蓝、浅蓝、黄绿、蓝绿、褐、棕色等色种，其中深蓝、蓝、浅蓝色较常见，又以呈深蓝色者居多。许多蓝宝石表面竟被一层灰黑色或黑色不透明的薄壳包裹着。据研究，昌乐蓝宝石呈深蓝至蓝黑色者约占85%，呈其他颜色者约占15%。

(原载《中国实用矿山地质学》，冶金工业出版社2010年出版)

附　录

附录1　中华人民共和国矿产资源法

（国家主席令 1996 年第 74 号）

1996 年 8 月 29 日　全国人民代表大会常务委员会

全国人民代表大会常务委员会《关于修改〈中华人民共和国矿产资源法〉的决定》已由中华人民共和国第八届全国人民代表大会常务委员会第二十一次会议于 1996 年 8 月 29 日通过，现予公布，自 1997 年 1 月 1 日起施行。

中华人民共和国矿产资源法

（1986 年 3 月 19 日第六届全国人民代表大会常务委员会第十五次会议通过　根据 1996 年 8 月 29 日第八届全国人民代表大会常务委员会第二十一次会议《关于修改〈中华人民共和国矿产资源法〉的决定》修正）

第一章　总　　则

第一条　为了发展矿业，加强矿产资源的勘查、开发利用和保护工作，保障社会主义现代化建设的当前和长远的需要，根据中华人民共和国宪法，特制定本法。

第二条　在中华人民共和国领域及管辖海域勘查、开采矿产资源，必须遵守本法。

第三条　矿产资源属于国家所有，由国务院行使国家对矿产资源的所有权。地表或者地下的矿产资源的国家所有权，不因其所依附的土地的所有权或者使用权的不同而改变。

国家保障矿产资源的合理开发利用。禁止任何组织或者个人用任何手段侵占或者破坏矿产资源。各级人民政府必须加强矿产资源的保护工作。

勘查、开采矿产资源，必须依法分别申请、经批准取得探矿权、采矿权，并办理登记；但是，已经依法申请取得采矿权的矿山企业在划定的矿区范围内为本企业的生产而进行的勘查除外。

国家保护探矿权和采矿权不受侵犯，保障矿区和勘查作业区的生产秩序、工作秩序不受影响和破坏。

从事矿产资源勘查和开采的，必须符合规定的资质条件。

第四条　国家保障依法设立的矿山企业开采矿产资源的合法权益。

国有矿山企业是开采矿产资源的主体。国家保障国有矿业经济的巩固和发展。

第五条　国家实行探矿权、采矿权有偿取得的制度；但是，国家对探矿权、采矿权有偿取得的费用，可以根据不同情况规定予以减缴、免缴。具体办法和实施步骤由国务院规定。

（一）探矿权人有权在划定的勘查作业区内进行规定的勘查作业，有权优先取得勘查作业区内矿产资源的采矿权。探矿权人在完成规定的最低勘查投入后，经依法批准，可以将探矿权转让他人。

（二）已取得采矿权的矿山企业，因企业合并、分立，与他人合资、合作经营，或者因企业资产出售以及有其他变更企业资产产权的情形而需要变更采矿权主体的，经依法批准可以将采矿权转让他人采矿。

前款规定的具体办法和实施步骤由国务院规定。

禁止将探矿权、采矿权倒卖牟利。

第六条 国家对矿产资源的勘查、开发实行统一规划开采和综合利用的方针。合理布局、综合勘查、合理开发利用。

第七条 国家鼓励矿产资源勘查、开发的科学技术研究，推广先进技术，提高矿产资源勘查、开发的科学技术水平。

第八条 在勘查、开发、保护矿产资源和进行科学技术研究等方面成绩显著的单位和个人，由各级人民政府给予奖励。

第九条 国家在民族自治地方开采矿产资源，应当照顾民族自治地方的利益，作出有利于民族自治地方经济建设的安排，照顾当地少数民族群众的生产和生活。

民族自治地方的自治机关根据法律规定和国家的统一规划，对可以由本地方开发的矿产资源，优先合理开发利用。

第十条 国务院地质矿产主管部门主管全国矿产资源勘查、开采的监督管理工作。国务院有关主管部门协助国务院地质矿产主管部门进行矿产资源勘查、开采的监督管理工作。

省、自治区、直辖市人民政府地质矿产主管部门主管本行政区域内矿产资源勘查、开采的监督管理工作。省、自治区、直辖市人民政府有关主管部门协助同级地质矿产主管部门进行矿产资源勘查、开采的监督管理工作。

第二章　矿产资源勘查的登记和开采的审批

第十一条 国家对矿产资源勘查实行统一的区块登记管理制度。矿产资源勘查登记工作，由国务院地质矿产主管部门负责；特定矿种的矿产资源勘查登记工作，可以由国务院授权有关主管部门负责。矿产资源勘查区块登记管理办法由国务院制定。

第十二条 国务院矿产储量审批机构或者省、自治区、直辖市矿产储量审批机构负责审查批准供矿山建设设计使用的勘探报告，并在规定的期限内批复报送单位。勘探报告未经批准，不得作为矿山建设设计的依据。

第十三条 矿产资源勘查成果档案资料和各类矿产储量的统计资料，实行统一的管理制度，按照国务院规定汇交或者填报。

第十四条 设立矿山企业，必须符合国家规定的资质条件，并依照法律和国家有关规定，由审批机关对其矿区范围、矿山设计或者开采方案、生产技术条件、安全措施和环境保护措施等进行审查；审查合格的，方予批准。

第十五条 开采下列矿产资源的，由国务院地质矿产主管部门审批，并颁发采矿许可证：

（一）国家规划矿区和对国民经济具有重要价值的矿区内的矿产资源；

（二）前项规定区域以外可供开采的矿产储量规模在大型以上的矿产资源；

（三）国家规定实行保护性开采的特定矿种；

（四）领海及中国管辖的其他海域的矿产资源；

（五）国务院规定的其他矿产资源。

开采石油、天然气、放射性矿产等特定矿种的，可以由国务院授权的有关主管部门审批，并颁发采矿许可证。

开采第一款、第二款规定以外的矿产资源，其可供开采的矿产的储量规模为中型的，由省、自治区、直辖市人民政府地质矿产主管部门审批和颁发采矿许可证。

开采第一款、第二款和第三款规定以外的矿产资源的管理办法，由省、自治区、直辖市人民代表大会常务委员会依法制定。

依照第三款、第四款的规定审批和颁发采矿许可证的，由省、自治区、直辖市人民政府地质矿产主管部门汇总向国务院地质矿产主管部门备案。

矿产储量规模的大型、中型的划分标准，由国务院矿产储量审批机构规定。

第十六条 国家对国家规划矿区、对国民经济具有重要价值的矿区和国家规定实行保护性开采的特定矿种，实行有计划的开采；未经国务院有关主管部门批准，任何单位和个人不得开采。

第十七条 国家规划矿区的范围、对国民经济具有重要价值的矿区的范围、矿山企业矿区的范围依法划定后,由划定矿区范围的主管机关通知有关县级人民政府予以公告。

矿山企业变更矿区范围,必须报请原审批机关批准,并报请原颁发采矿许可证的机关重新核发采矿许可证。

第十八条 地方各级人民政府应当采取措施,维护本行政区域内的国有矿山企业和其他矿山企业矿区范围内的正常秩序。

禁止任何单位和个人进入他人依法设立的国有矿山企业和其他矿山企业矿区范围内采矿。

第十九条 非经国务院授权的有关主管部门同意,不得在下列地区开采矿产资源:

(一)港口、机场、国防工程设施圈定地区以内;

(二)重要工业区、大型水利工程设施、城镇市政工程设施附近一定距离以内;

(三)铁路、重要公路两侧一定距离以内;

(四)重要河流、堤坝两侧一定距离以内;

(五)国家划定的自然保护区、重要风景区,国家重点保护的不能移动的历史文物和名胜古迹所在地;

(六)国家规定不得开采矿产资源的其他地区。

第二十条 关闭矿山,必须提出矿山闭坑报告及有关采掘工程、安全隐患、土地复垦利用、环境保护的资料,并按照国家规定报请审查批准。

第二十一条 勘查、开采矿产资源时,发现具有重大科学文化价值的罕见地质现象以及文化古迹,应当加以保护并及时报告有关部门。

第三章 矿产资源的勘查

第二十二条 区域地质调查按照国家统一规划进行。区域地质调查的报告和图件按照国家规定验收,提供有关部门使用。

第二十三条 矿产资源普查在完成主要矿种普查任务的同时,应当对工作区内包括共生或者伴生矿产的成矿地质条件和矿床工业远景作出初步综合评价。

第二十四条 矿床勘探必须对矿区内具有工业价值的共生和伴生矿产进行综合评价,并计算其储量。未作综合评价的勘探报告不予批准。但是,国务院计划部门另有规定的矿床勘探项目除外。

第二十五条 普查、勘探易损坏的特种非金属矿产、流体矿产、易燃易爆易溶矿产和含有放射性元素的矿产,必须采用省级以上人民政府有关主管部门规定的普查、勘探方法,并有必要的技术装备和安全措施。

第二十六条 矿产资源勘查的原始地质编录和图件、岩矿心、测试样品和其他实物标本资料、各种勘查标志,应当按照有关规定保护和保存。

第二十七条 矿床勘探报告及其他有价值的勘查资料,按照国务院规定实行有偿使用。

第四章 矿产资源的开采

第二十八条 开采矿产资源,必须采取合理的开采顺序、开采方法和选矿工艺。矿山企业的开采回采率、采矿贫化率和选矿回收率应当达到设计要求。

第二十九条 在开采主要矿产的同时,对具有工业价值的共生和伴生矿产应当统一规划,综合开采,综合利用,防止浪费;对暂时不能综合开采或者必须同时采出而暂时还不能综合利用的矿产以及含有有用组分的尾矿,应当采取有效的保护措施,防止损失破坏。

第三十条 开采矿产资源,必须遵守国家劳动安全卫生规定,具备保障安全生产的必要条件。

第三十一条 开采矿产资源,必须遵守有关环境保护的法律规定,防止污染环境。

开采矿产资源,应当节约用地。耕地、草原、林地因采矿受到破坏的,矿山企业应当因地制宜地采取复垦利用、植树种草或者其他利用措施。

开采矿产资源给他人生产、生活造成损失的,应当负责赔偿,并采取必要的补救措施。

第三十二条 在建设铁路、工厂、水库、输油管道、输电线路和各种大型建筑物或者建筑群之前,建设单位必须向所在省、自治区、直辖市地质矿产主管部门了解拟建工程所在地区的矿产资源分布和开采情况。非经国务院授权的部门批准,不得压覆重要矿床。

第三十三条　国务院规定由指定的单位统一收购的矿产品，任何其他单位或者个人不得收购；开采者不得向非指定单位销售。

第五章　集体矿山企业和个体采矿

第三十四条　国家对集体矿山企业和个体采矿实行积极扶持、合理规划、正确引导、加强管理的方针，鼓励集体矿山企业开采国家指定范围内的矿产资源，允许个人采挖零星分散资源和只能用作普通建筑材料的砂、石、黏土以及为生活自用采挖少量矿产。

矿产储量规模适宜由矿山企业开采的矿产资源、国家规定实行保护性开采的特定矿种和国家规定禁止个人开采的其他矿产资源，个人不得开采。

国家指导、帮助集体矿山企业和个体采矿不断提高技术水平、资源利用率和经济效益。

地质矿产主管部门、地质工作单位和国有矿山企业应当按照积极支持、有偿互惠的原则向集体矿山企业和个体采矿提供地质资料和技术服务。

第三十五条　国务院和国务院有关主管部门批准开办的矿山企业矿区范围内已有的集体矿山企业，应当关闭或者到指定的其他地点开采，由矿山建设单位给予合理的补偿，并妥善安置群众生活；也可以按照该矿山企业的统筹安排，实行联合经营。

第三十六条　集体矿山企业和个体采矿应当提高技术水平，提高矿产资源回收率。禁止乱挖滥采，破坏矿产资源。

集体矿山企业必须测绘井上、井下工程对照图。

第三十七条　县级以上人民政府应当指导、帮助集体矿山企业和个体采矿进行技术改造，改善经营管理，加强安全生产。

第六章　法律责任

第三十八条　违反本法规定，未取得采矿许可证擅自采矿的，擅自进入国家规划矿区、对国民经济具有重要价值的矿区范围采矿的，擅自开采国家规定实行保护性开采的特定矿种的，责令停止开采、赔偿损失，没收采出的矿产品和违法所得，可以并处罚款；

拒不停止开采，造成矿产资源破坏的，依照刑法第一百五十六条的规定对直接责任人员追究刑事责任。

单位和个人进入他人依法设立的国有矿山企业和其他矿山企业矿区范围内采矿的，依照前款规定处罚。

第三十九条　超越批准的矿区范围采矿的，责令退回本矿区范围内开采，赔偿损失，没收越界开采的矿产品和违法所得，可以并处罚款；拒不退回本矿区范围内开采，造成矿产资源破坏的，吊销采矿许可证，依照刑法第一百五十六条的规定对直接责任人员追究刑事责任。

第四十条　盗窃、抢夺矿山企业和勘查单位的矿产品和其他财物的，破坏采矿、勘查设施的，扰乱矿区和勘查作业区的生产秩序、工作秩序的，分别依照刑法有关规定追究刑事责任；情节显著轻微的，依照治安管理处罚条例有关规定予以处罚。

第四十一条　买卖、出租或者以其他形式转让矿产资源的，没收违法所得，处以罚款。

违反本法第六条的规定将探矿权、采矿权倒卖牟利的，吊销勘查许可证、采矿许可证，没收违法所得，处以罚款。

第四十二条　违反本法规定收购和销售国家统一收购的矿产品的，没收矿产品和违法所得，可以并处罚款；情节严重的，依照刑法第一百一十七条、第一百一十八条的规定，追究刑事责任。

第四十三条　违反本法规定，采取破坏性的开采方法开采矿产资源的，处以罚款，可以吊销采矿许可证；造成矿产资源严重破坏的，依照刑法第一百五十六条的规定对直接责任人员追究刑事责任。

第四十四条　本法第三十八条、第三十九条、第四十一条规定的行政处罚，由县级以上人民政府负责地质矿产管理工作的部门按照国务院地质矿产主管部门规定的权限决定。第四十二条规定的行政处罚，由县级以上人民政府工商行政管理部门决定。第四十三条规定的行政处罚，由省、自治区、直辖市人民政府地质矿产主管部门决定。给予吊销勘查许可证或者采矿许可证处罚的，须由原发证机关决定。

依照第三十八条、第三十九条、第四十一条、第四十三条规定应当给予行政处罚而不给予行政处罚的，上级人民政府地质矿产主管部门有权责令改正或者直接给予行政处罚。

第四十五条　当事人对行政处罚决定不服的，可以依法申请复议，也可以依法直接向人民法院起诉。

当事人逾期不申请复议也不向人民法院起诉，又不履行处罚决定的，由作出处罚决定的机关申请人民法院强制执行。

第四十六条　负责矿产资源勘查、开采监督管理工作的国家工作人员和其他有关国家工作人员徇私舞弊、滥用职权或者玩忽职守，违反本法规定批准勘查、开采矿产资源和颁发勘查许可证、采矿许可证，或者对违法采矿行为不依法予以制止、处罚，构成犯罪的，依法追究刑事责任；不构成犯罪的，给予行政处分。违法颁发的勘查许可证、采矿许可证，上级人民政府地质矿产主管部门有权予以撤销。

第四十七条　以暴力、威胁方法阻碍从事矿产资源勘查、开采监督管理工作的国家工作人员依法执行职务的，依照刑法第一百五十七条的规定追究刑事责任；拒绝、阻碍从事矿产资源勘查、开采监督管理工作的国家工作人员依法执行职务未使用暴力、威胁方法的，由公安机关依照治安管理处罚条例的规定处罚。

第四十八条　矿山企业之间的矿区范围的争议，由当事人协商解决，协商不成的，由有关县级以上地方人民政府根据依法核定的矿区范围处理；跨省、自治区、直辖市的矿区范围的争议，由有关省、自治区、直辖市人民政府协商解决，协商不成的，由国务院处理。

第七章　附　　则

第四十九条　外商投资勘查、开采矿产资源，法律、行政法规另有规定的，从其规定。

第五十条　本法施行以前，未办理批准手续、未划定矿区范围、未取得采矿许可证开采矿产资源的，应当依照本法有关规定申请补办手续。

附

第五十一条　本法实施细则由国务院制定。

第五十二条　本法自 1986 年 10 月 1 日起施行。

刑法有关条款

第一百一十七条　违反金融、外汇、金银、工商管理法规，投机倒把，情节严重的，处三年以下有期徒刑或者拘役，可以并处、单处罚金或者没收财产。

第一百一十八条　以走私、投机倒把为常业的，走私、投机倒把数额巨大的或者走私、投机倒把集团的首要分子，处三年以上十年以下有期徒刑，可以并处没收财产。

第一百五十六条　故意毁坏公私财物，情节严重的，处三年以下有期徒刑、拘役或者罚金。

第一百五十七条　以暴力、威胁方法阻碍国家工作人员依法执行职务的，或者拒不执行人民法院已经发生法律效力的判决、裁定的，处三年以下有期徒刑、拘役、罚金或者剥夺政治权利。

第一百五十八条　禁止任何人利用任何手段扰乱社会秩序。扰乱社会秩序情节严重，致使工作、生产、营业和教学、科研无法进行，国家和社会遭受严重损失的，对首要分子处五年以下有期徒刑、拘役、管制或者剥夺政治权利。

附录 2　中华人民共和国矿产资源法实施细则

（国务院令 1994 年第 152 号）

1994 年 3 月 26 日

第一章　总　　则

第一条　根据《中华人民共和国矿产资源法》，制定本细则。

第二条　矿产资源是指由地质作用形成的，具有利用价值的，呈固态、液态的自然资源，矿产资源的矿种和分类见本细则所附《矿产资源分类细目》。新发现的矿种由国务院地质矿产主管部门报国务院批准后公布。

第三条　矿产资源属于国家所有，地表或者地下的矿产资源的国家所有权，不因其所依附的土地的所有权或者使用权的不同而改变。

国务院代表国家行使矿产资源的所有权。国务院授权国务院地质矿产主管部门对全国矿产资源分配实施统一管理。

第四条　在中华人民共和国领域及管辖的其他海域勘查、开采矿产资源，必须遵守《中华人民共和国矿产资源法》（以下简称《矿产资源法》）和本细则。

第五条　国家对矿产资源的勘查、开采实行许可证制度。勘查矿产资源，必须依法申请登记，领取勘查许可证，取得探矿权；开采矿产资源，必须依法申请登记，领取采矿许可证，取得采矿权。

矿产资源勘查工作区范围和开采矿区范围，以经纬度划分的区块为基本单位。具体办法由国务院地质矿产主管部门制定。

第六条　《矿产资源法》及本细则中下列用语的含义：

探矿权，是指在依法取得的勘查许可证规定的范围内，勘查矿产资源的权利。取得勘查许可证的单位或者个人称为探矿权人。

采矿权，是指在依法取得的采矿许可证规定的范围内，开采矿产资源和获得所开采的矿产品的权利。取得采矿许可证的单位或者个人称为采矿权人。

国家规定实行保护性开采的特定矿种，是指国务院根据国民经济建设和高科技发展的需要，以及资源稀缺、贵重程度确定的，由国务院有关主管部门按照国家计划批准开采的矿种。

国家规划矿区，是指国家根据建设规划和矿产资源规划，为建设大、中型矿山划定的矿产资源分布区域。

对国民经济具有重要价值的矿区，是指国家根据国民经济发展需要划定的，尚未列入国家建设规划的，储量大、质量好、具有开发前景的矿产资源保护区域。

第七条　国家允许外国的公司、企业和其他经济组织以及个人依照中华人民共和国有关法律、行政法规的规定，在中华人民共和国领域及管辖的其他海域投资勘查、开采矿产资源。

第八条　国务院地质矿产主管部门主管全国矿产资源勘查、开采的监督管理工作。国务院有关主管部门按照国务院规定的职责分工，协助国务院地质矿产主管部门进行矿产资源勘查、开采的监督管理工作。

省、自治区、直辖市人民政府地质矿产主管部门主管本行政区域内矿产资源勘查、开采的监督管理工作。省、自治区、直辖市人民政府有关主管部门，协助同级地质矿产主管部门进行矿产资源勘查、开采的监督管理工作。

设区的市人民政府、自治州人民政府和县级人民政府及其负责管理矿产资源的部门，依法对本级人民政府批准开办的国有矿山企业和本行政区域内的集体所有制矿山企业、私营矿山企业、个体采矿者以及在本行政区域内从事勘查施工的单位和个人进行监督管理，依法保护探矿权人、采矿权人的合法权益。

上级地质矿产主管部门有权对下级地质矿产主管部门违法的或者不适当的矿产资源勘查、开采管理行政行为予以改变或者撤销。

第二章　矿产资源勘查登记和开采审批

第九条　勘查矿产资源，应当按照国务院关于矿产资源勘查登记管理的规定，办理申请、审批和勘查登记。勘查特定矿种，应当按照国务院有关规定办理申请、审批和勘查登记。

第十条　国有矿山企业开采矿产资源，应当按照国务院关于采矿登记管理的规定，办理申请、审批和采矿登记。开采国家规划矿区、对国民经济具有重要价值矿区的矿产和国家规定实行保护性开采的特定矿种，办理申请、审批和采矿登记时，应当持有国务院有关主管部门批准的文件。

开采特定矿种，应当按照国务院有关规定办理申请、审批和采矿登记。

第十一条　开办国有矿山企业，除应当具备有关法律、法规规定的条件外，并应当具备下列条件：

（一）有供矿山建设使用的矿产勘查报告；

（二）有矿山建设项目的可行性研究报告（含资源利用方案和矿山环境影响报告）；

（三）有确定的矿区范围和开采范围；

（四）有矿山设计；

（五）有相应的生产技术条件。

国务院、国务院有关主管部门和省、自治区、直辖市人民政府，按照国家有关固定资产投资管理的规定，对申请开办的国有矿山企业根据前款所列条件审查合格后，方予批准。

第十二条　申请开办集体所有制矿山企业、私营矿山企业及个体采矿的审查批准、采矿登记，按照省、自治区、直辖市的有关规定办理。

第十三条　申请开办集体所有制矿山企业或者私营矿山企业，除应当具备有关法律、法规规定的条件外，并应当具备下列条件：

（一）有供矿山建设使用的与开采规模相适应的矿产勘查资料；

（二）有经过批准的无争议的开采范围；

（三）有与所建矿山规模相适应的资金、设备和技术人员；

（四）有与所建矿山规模相适应的，符合国家产业政策和技术规范的可行性研究报告、矿山设计或者开采方案；

（五）矿长具有矿山生产、安全管理和环境保护的基本知识。

第十四条　申请个体采矿应当具备下列条件：

（一）有经过批准的无争议的开采范围；

（二）有与采矿规模相适应的资金、设备和技术人员；

（三）有相应的矿产勘查资料和经批准的开采方案；

（四）有必要的安全生产条件和环境保护措施。

第三章　矿产资源的勘查

第十五条　国家对矿产资源勘查实行统一规划。全国矿产资源中、长期勘查规划，在国务院计划行政主管部门指导下，由国务院地质矿产主管部门根据国民经济和社会发展中、长期规划，在国务院有关主管部门勘查规划的基础上组织编制。

全国矿产资源年度勘查计划和省、自治区、直辖市矿产资源年度勘查计划，分别由国务院地质矿产主管部门和省、自治区、直辖市人民政府地质矿产主管部门组织有关主管部门，根据全国矿产资源中、长期勘查规划编制，经同级人民政府计划行政主管部门批准后施行。

法律对勘查规划的审批权另有规定的，依照有关法律的规定执行。

第十六条　探矿权人享有下列权利：

（一）按照勘查许可证规定的区域、期限、工作对象进行勘查；

（二）在勘查作业区及相邻区域架设供电、供水、通讯管线，但是不得影响或者损害原有的供电、供水设施和通讯管线；

（三）在勘查作业区及相邻区域通行；

（四）根据工程需要临时使用土地；

（五）优先取得勘查作业区内新发现矿种的探矿权；

（六）优先取得勘查作业区内矿产资源的采矿权；

（七）自行销售勘查中按照批准的工程设计施工回收的矿产品指定单位统一收购的矿产品除外。但是国务院规定由探矿权人行使前款所列权利时，有关法律、法规规定应当经过批准或者履行其他手续的，应当遵守有关法律、法规的规定。

第十七条　探矿权人应当履行下列义务：

（一）在规定的期限内开始施工，并在勘查许可证规定的期限内完成勘查工作；

（二）向勘查登记管理机关报告开工等情况；

（三）按照探矿工程设计施工，不得擅自进行采矿活动；

（四）在查明主要矿种的同时，对共生、伴生矿产资源进行综合勘查、综合评价；

（五）编写矿产资源勘查报告，提交有关部门审批；

（六）按照国务院有关规定汇交矿产资源勘查成果档案资料；

（七）遵守有关法律、法规关于劳动安全、土地复垦和环境保护的规定；

（八）勘查作业完毕，及时封、填探矿作业遗留的井、硐或者采取其他措施消除安全隐患。

第十八条　探矿权人可以对符合国家边探边采规定要求的复杂类型矿床进行开采；

但是，应当向原颁发勘查许可证的机关、矿产储量审批机构和勘查项目主管部门提交论证材料，经审核同意后，按照国务院关于采矿登记管理法规的规定，办理采矿登记。

第十九条　矿产资源勘查报告按照下列规定审批：

（一）供矿山建设使用的重要大型矿床勘查报告和供大型水源地建设使用的地下水勘查报告，由国务院矿产储量审批机构审批；

（二）供矿山建设使用的一般大型、中型、小型矿床勘查报告和供中型、小型水源地建设使用的地下水勘查报告，由省、自治区、直辖市矿产储量审批机构审批。

矿产储量审批机构和勘查单位的主管部门应当自收到矿产资源勘查报告之日起六个月内作出批复。

第二十条　矿产资源勘查报告及其他有价值的勘查资料，按照国务院有关规定实行有偿使用。

第二十一条　探矿权人取得临时使用土地权后，在勘查过程中给他人造成财产损害的，按照下列规定给以补偿：

（一）对耕地造成损害的，根据受损害的耕地面积前三年平均年产量，以补偿时当地市场平均价格计算，逐年给以补偿，并负责恢复耕地的生产条件，及时归还；

（二）对牧区草场造成损害的，按照前项规定逐年给以补偿，并负责恢复草场植被，及时归还；

（三）对耕地上的农作物、经济作物造成损害的，根据受损害的耕地面积前三年平均年产量，以补偿时当地市场平均价格计算，给以补偿；

（四）对竹木造成损害的，根据实际损害株数，以补偿时当地市场平均价格逐株计算，给以补偿。

（五）对土地上的附着物造成损害的，根据实际损害的程度，以补偿时当地市场价格，给以适当补偿。

第二十二条　探矿权人在没有农作物和其他附着物的荒岭、荒坡、荒地、荒漠、沙滩、河滩、湖滩、海滩上进行勘查的，不予补偿；但是，勘查作业不得阻碍或者损害航运、灌溉、防洪等活动或者设施，勘查作业结束后应当采取措施，防止水土流失，保护生态环境。

第二十三条　探矿权人之间对勘查范围发生争议时，由当事人协商解决；协商不成的，由勘查作业区所在地的省、自治区、直辖市人民政府地质矿产主管部门裁决；跨省、自治区、直辖市的勘查范围争议，当事人协商不成的，由有关省、自治区、直辖市人民政府协商解决；协商不成的，由国务院地质矿产主管部门裁决。特定矿种的勘查范围争议，当事人协商不成的，由国务院授权的有关主管部门裁决。

第四章　矿产资源的开采

第二十四条　全国矿产资源的分配和开发利用，应当兼顾当前和长远、中央和地方的利益，实行统一规划、有效保护、合理开采、综合利用。

第二十五条 全国矿产资源规划，在国务院计划行政主管部门指导下，由国务院地质矿产主管部门根据国民经济和社会发展中、长期规划，组织国务院有关主管部门和省、自治区、直辖市人民政府编制，报国务院批准后施行。

全国矿产资源规划应当对全国矿产资源的分配作出统筹安排，合理划定中央与省、自治区、直辖市人民政府审批、开发矿产资源的范围。

第二十六条 矿产资源开发规划是对矿区的开发建设布局进行统筹安排的规划。

矿产资源开发规划分为行业开发规划和地区开发规划。

矿产资源行业开发规划由国务院有关主管部门根据全国矿产资源规划中分配给本部门的矿产资源编制实施。

矿产资源地区开发规划由省、自治区、直辖市人民政府根据全国矿产资源规划中分配给本省、自治区、直辖市的矿产资源编制实施；并作出统筹安排，合理划定省、市、县级人民政府审批、开发矿产资源的范围。

矿产资源行业开发规划和地区开发规划应当报送国务院计划行政主管部门、地质矿产主管部门备案。

国务院计划行政主管部门、地质矿产主管部门，对不符合全国矿产资源规划的行业开发规划和地区开发规划，应当予以纠正。

第二十七条 设立、变更或者撤销国家规划矿区、对国民经济具有重要价值的矿区，由国务院有关主管部门提出，并附具矿产资源详查报告及论证材料，经国务院计划行政主管部门和地质矿产主管部门审定，并联合书面通知有关县级人民政府。县级人民政府应当自收到通知之日起一个月内予以公告，并报国务院计划行政主管部门、地质矿产主管部门备案。

第二十八条 确定或者撤销国家规定实行保护性开采的特定矿种，由国务院有关主管部门提出，并附具论证材料，经国务院计划行政主管部门和地质矿产主管部门审核同意后，报国务院批准。

第二十九条 单位或者个人开采矿产资源前，应当委托持有相应矿山设计证书的单位进行可行性研究和设计。开采零星分散矿产资源和用作建筑材料的砂、石、黏土的，可以不进行可行性研究和设计，但是应当有开采方案和环境保护措施。

矿山设计必须依据设计任务书，采用合理的开采顺序、开采方法和选矿工艺。

矿山设计必须按照国家有关规定审批；未经批准，不得施工。

第三十条 采矿权人享有下列权利：

(一)按照采矿许可证规定的开采范围和期限从事开采活动；

(二)自行销售矿产品，但是国务院规定由指定的单位统一收购的矿产品除外；

(三)在矿区范围内建设采矿所需的生产和生活设施；

(四)根据生产建设的需要依法取得土地使用权；

(五)法律、法规规定的其他权利。

采矿权人行使前款所列权利时，法律、法规规定应当经过批准或者履行其他手续的，依照有关法律、法规的规定办理。

第三十一条 采矿权人应当履行下列义务：

(一)在批准的期限内进行矿山建设或者开采；

(二)有效保护、合理开采、综合利用矿产资源；

(三)依法缴纳资源税和矿产资源补偿费；

(四)遵守国家有关劳动安全、水土保持、土地复垦和环境保护的法律、法规；

(五)接受地质矿产主管部门和有关主管部门的监督管理，按照规定填报矿产储量表和矿产资源开发利用情况统计报告。

第三十二条 采矿权人在采矿许可证有效期满或者在有效期内，停办矿山而矿产资源尚未采完的，必须采取措施将资源保持在能够继续开采的状态，并事先完成下列工作：

(一)编制矿山开采现状报告及实测图件；

(二)按照有关规定报销所消耗的储量；

(三)按照原设计实际完成相应的有关劳动安全、水土保持、土地复垦和环境保护工作，或者缴清土地复垦和环境保护的有关费用。

采矿权人停办矿山的申请，须经原批准开办矿山的主管部门批准、原颁发采矿许可证的机关验收合格后，方可办理有关证、照注销手续。

第三十三条　矿山企业关闭矿山，应当按照下列程序办理审批手续：

（一）开采活动结束的前一年，向原批准开办矿山的主管部门提出关闭矿山申请，并提交闭坑地质报告；

（二）闭坑地质报告经原批准开办矿山的主管部门审核同意后，报地质矿产主管部门会同矿产储量审批机构批准；

（三）闭坑地质报告批准后，采矿权人应当编写关闭矿山报告，报请原批准开办矿山的主管部门会同同级地质矿产主管部门和有关主管部门按照有关行业规定批准。

第三十四条　关闭矿山报告批准后，矿山企业应当完成下列工作：

（一）按照国家有关规定将地质、测量、采矿资料整理归档，并汇交闭坑地质报告、关闭矿山报告及其他有关资料；

（二）按照批准的关闭矿山报告，完成有关劳动安全、水土保持、土地复垦和环境保护工作，或者缴清土地复垦和环境保护的有关费用。

矿山企业凭关闭矿山报告批准文件和有关部门对完成上述工作提供的证明，报请原颁发采矿许可证的机关办理采矿许可证注销手续。

第三十五条　建设单位在建设铁路、公路、工厂、水库、输油管道、输电线路和各种大型建筑物前，必须向所在地的省、自治区、直辖市人民政府地质矿产主管部门了解拟建工程所在地区的矿产资源分布情况，并在建设项目设计任务书报请审批时附具地质矿产主管部门的证明。在上述建设项目与重要矿床的开采发生矛盾时，由国务院有关主管部门或者省、自治区、直辖市人民政府提出方案，经国务院地质矿产主管部门提出意见后，报国务院计划行政主管部门决定。

第三十六条　采矿权人之间对矿区范围发生争议时，由当事人协商解决；协商不成的，由矿产资源所在地的县级以上地方人民政府根据依法核定的矿区范围处理；跨省、自治区、直辖市的矿区范围争议，当事人协商不成的，由有关省、自治区、直辖市人民政府协商解决；协商不成的，由国务院地质矿产主管部门提出处理意见，报国务院决定。

第五章　集体所有制矿山企业、私营矿山企业和个体采矿者

第三十七条　国家依法保护集体所有制矿山企业、私营矿山企业和个体采矿者的合法权益，依法对集体所有制矿山企业、私营矿山企业和个体采矿者进行监督管理。

第三十八条　集体所有制矿山企业可以开采下列矿产资源：

（一）不适于国家建设大、中型矿山的矿床及矿点；

（二）经国有矿山企业同意，并经其上级主管部门批准，在其矿区范围内划出的边缘零星矿产；

（三）矿山闭坑后，经原矿山企业主管部门确认可以安全开采并不会引起严重环境后果的残留矿体；

（四）国家规划可以由集体所有制矿山企业开采的其他矿产资源。

集体所有制矿山企业开采前款第（二）项所列矿产资源时，必须与国有矿山企业签订合理开发利用矿产资源和矿山安全协议，不得浪费和破坏矿产资源，并不得影响国有矿山企业的生产安全。

第三十九条　私营矿山企业开采矿产资源的范围参照本细则第三十八条的规定执行。

第四十条　个体采矿者可以采挖下列矿产资源：

（一）零星分散的小矿体或者矿点；

（二）只能用作普通建筑材料的砂、石、黏土。

第四十一条　国家设立国家规划矿区、对国民经济具有重要价值的矿区时，对应当撤出的原采矿权人，国家按照有关规定给予合理补偿。

第六章　法律责任

第四十二条　依照《矿产资源法》第三十八条、第三十九条、第四十一条、第四十二条、第四十三条规定处

以罚款的,分别按照下列规定执行:

(一)未取得采矿许可证擅自采矿的,擅自进入国家规划矿区、对国民经济具有重要价值的矿区和他人矿区范围采矿的,擅自开采国家规定实行保护性开采的特定矿种的,处以违法所得50%以下的罚款;

(二)超越批准的矿区范围采矿的,处以违法所得30%以下的罚款;

(三)买卖、出租或者以其他形式转让矿产资源的,买卖、出租采矿权的,对卖方、出租方、出让方处以违法所得一倍以下的罚款;

(四)非法用采矿权作抵押的,处以5000元以下的罚款;

(五)违反规定收购和销售国家规定统一收购的矿产品的,处以违法所得一倍以下的罚款;

(六)采取破坏性的开采方法开采矿产资源,造成矿产资源严重破坏的,处以相当于矿产资源损失价值50%以下的罚款。

第四十三条 违反本细则规定,有下列行为之一的,对主管人员和直接责任人员给予行政处分;构成犯罪的,依法追究刑事责任:

(一)批准不符合办矿条件的单位或者个人开办矿山的;

(二)对未经依法批准的矿山企业或者个人颁发采矿许可证的。

第七章 附 则

第四十四条 地下水资源具有水资源和矿产资源的双重属性。地下水资源的勘查,适用《矿产资源法》和本细则;地下水资源的开发、利用、保护和管理,适用《水法》和有关的行政法规。

第四十五条 本细则由地质矿产部负责解释。

第四十六条 本细则自发布之日起施行。

附件:矿产资源分类细目

附件

矿产资源分类细目

(一)能源矿产

煤、煤成气、石煤、油页岩、石油、天然气、油砂、天然沥青、铀、钍、地热。

(二)金属矿产

铁、锰、铬、钒、钛;铜、铅、锌、铝土矿、镍、钴、钨、锡、铋、钼、汞、锑、镁;铂、钯、钌、锇、铱、铑;金、银;铌、钽、铍、锂、锆、锶、铷、铯;镧、铈、镨、钕、钐、铕、钇、钆、铽、镝、钬、铒、铥、镱、镥;钪、锗、镓、铟、铊、铪、铼、镉、硒、碲。

(三)非金属矿产

金刚石、石墨、磷、自然硫、硫铁矿、钾盐、硼、水晶(压电水晶、熔炼水晶、光学水晶、工艺水晶)、刚玉、蓝晶石、硅线石、红柱石、硅灰石、钠硝石、滑石、石棉、蓝石棉、云母、长石、石榴子石、叶蜡石、透辉石、透闪石、蛭石、沸石、明矾石、芒硝(含钙芒硝)、石膏(含硬石膏)、重晶石、毒重石、天然碱、方解石、冰洲石、菱镁矿、萤石(普通萤石、光学萤石)、宝石、黄玉、玉石、电气石、玛瑙、颜料矿物(赭石、颜料黄土)、石灰岩(电石用灰岩、制碱用灰岩、化肥用灰岩、熔剂用灰岩、玻璃用灰岩、水泥用灰岩、建筑石料用灰岩、制灰用灰岩、饰面用灰岩)、泥炭岩、白垩、含钾岩石、白云岩(冶金用白云岩、化肥用白云岩、玻璃用白云岩、建筑用白云岩)、石英岩(冶金用石英岩、玻璃用石英岩、化肥用石英岩)、砂岩(冶金用砂岩、玻璃用砂岩、水泥配料用砂岩、砖瓦用砂岩、化肥用砂岩、铸型用砂岩、陶瓷用砂岩)、天然石英砂(玻璃用砂、铸型用砂、建筑用砂、水泥配料用砂、水泥标准砂、砖瓦用砂)、脉石英(冶金用脉石英、玻璃用脉石英)、粉石英、天然油石、含钾砂页岩、硅藻土、页岩(陶粒页岩、砖瓦用页岩、水泥配料用页岩)、高岭土、陶瓷土、耐火黏土、凹凸棒石黏土、海泡石黏土、伊利石黏土、累托石黏土、膨润土、铁矾土、其他黏土(铸型用黏土、砖瓦用黏土、陶粒用黏土、水泥配料用黏土、水泥配料用红土、水泥配料用黄土、水泥配料用泥岩、保温材料用黏土)、橄榄岩(化肥用橄榄岩、建筑用橄榄岩)、蛇纹岩(化肥用蛇纹岩、熔剂用蛇纹岩、饰面用蛇纹岩)、玄武岩(铸石用玄武岩、岩棉用玄武岩)、辉绿岩(水泥用辉绿岩、铸石用辉绿岩、饰面用辉绿岩、建筑用辉绿岩)、安山岩(饰面用安山岩、建筑用安山岩、水泥混合材用安山玢岩）、闪长岩（水泥混合材用闪长玢岩、建筑用闪长岩）、花岗岩（建筑用花岗岩、饰面用花岗岩）、麦饭石、珍珠岩、黑曜岩、松脂岩、浮石、粗面岩（水泥用粗面岩、铸石用粗面岩）、霞石正长岩、凝灰岩（玻璃用凝灰岩、水泥用凝灰岩、建筑用凝灰岩）、火山灰、火山渣、大理岩（饰面用大理岩、建筑用大理岩、水泥用大理岩、玻璃用大理岩）、板岩（饰面用板岩、水泥配料用板岩）、片麻岩、角闪岩、泥炭、矿盐（湖盐、岩盐、天然卤水）、镁盐、碘、溴、砷。

（四）水气矿产

地下水、矿泉水、二氧化碳气、硫化氢气、氦气、氡气。

附录3　矿产资源监督管理暂行办法

（一九八七年四月二十九日国务院发布）

第一条　为加强对矿山企业的矿产资源开发利用和保护工作的监督管理，根据《中华人民共和国矿产资源法》的有关规定，制定本办法。

第二条　本办法适用于在中华人民共和国领域及管辖海域内从事采矿生产的矿山企业（包括有矿山的单位，下同），但本办法另有规定的除外。

第三条　国务院地质矿产主管部门对执行本办法负有以下列职责：

一、制定有关矿产资源利用与保护的监督管理规章；

二、监督、检查矿产资源管理法规的执行情况；

三、会同有关部门建立矿产资源合理开发利用的考核指标体系及定期报表制度；

四、会同有关主管部门负责大型矿山企业的非正常储量报销的审批工作；

五、组织或参与矿产资源开发利用与保护工作的调查研究，总结交流经验。

第四条　省、自治区、直辖市人民政府地质矿产主管部门对执行本办法负有下列职责：

一、根据本办法有关法规，对本地区矿山企业的矿产资源开发利用与保护工作进行监督管理的指导；

二、根据需要向重点矿山企业派出矿产监察员，向矿山企业集中的地区派出巡回矿产监察员；

派出监察员的具体办法，由国务院地质矿产主管部门会同有关部门另行制定。

第五条　国务院和各省、自治区、直辖市人民政府的有关主管部门对贯彻执行本办法负有下列职责：

一、制定本部门矿产资源开发利用和保护工作的规章、规定，并报同级地质矿产主管部门备案；

二、根据本办法和有关法规，协助地质矿产主管部门对本部门矿山企业的矿产资源开发利用与保护工作进行监督管理；

三、负责所属矿山企业的矿产储量管理，严格执行矿产储量核减的审批规定；

四、总结和交流本部门矿山企业矿产资源合理开发利用和保护工作的经验。

第六条　矿山企业的地质测量机构是企业矿产资源开发利用与保护工作的监督管理机构，对执行本办法负有下职责：

一、做好生产勘探工作，提高矿产储量级别，为开采提供可靠地质依据；

二、对矿产资源开采的损失、贫化以及矿产资源综合开采利用进行监督；

三、对矿山企业的矿产储量进行管理；

四、对违反矿产储量管理法规的行为及其责任者提出处理意见并可越级上报。

第七条　矿山企业开发利用矿产资源，应当加强开采管理，选择合理的采矿方法和选矿方法，推广先进工艺技术，提高矿产资源利用水平。

第八条　矿山企业在基建施工至矿山关闭的生产全过程中，都应当加强矿产资源的保护工作。

第九条　矿山企业应当按照国家有关法规及其主管部门的有关规章、规定，建立、健全本企业开发利用和保护矿产资源的各项制度，并切实加以贯彻落实。

第十条　矿山开采设计要求的回采率、采矿贫化率和选矿回收率，应当列为考核矿山企业的重要年度计划指标。

第十一条　矿山企业应当加强生产勘探，提高矿床勘探程度，为开采设计提供可靠依据，对具有工业价值的共生、伴生矿产应当系统查定和评价。

第十二条　矿山企业的开采设计应当在可靠地质资料基础上进行。中段（或阶段）开采应当有总体设计，块段开采应当有采矿设计。

第十三条　矿山的开拓、采准及采矿工程，必须按照开采设计进行施工。应当建立严格的施工验收制度，防止资源丢失。

第十四条　矿山企业必须按照设计进行开采，不准任意丢掉矿体。对开采应当加强监督检查，严防不应有的开采损失。

第十五条　矿山企业在开采中必须加强对矿石损失、贫化的管理，建立定期检查制度，分析造成非正常损失、贫化的原因，制定措施，提高资源的回采率，降低贫化率。

第十六条　选矿（煤）石应当根据设计要求定期进行选矿流程考察；对选矿回收率和精矿（洗精煤）质量没有达到设计指标的，应当查明原因，提出改进措施。

第十七条　在采、选主要矿产的同时，对具有工业价值的共生、伴生矿产，在技术可行、经济合理的条件下，必须综合回收；对暂时不能综合回收利用的矿产，应当采取有效的保护措施。

第十八条　矿山企业应当加强对滞销矿石、粉矿、中矿、尾矿、废石和煤矸石的管理，积极研究其利用途径；暂时不能利用的，应当在节约土地的原则下，妥善堆放保存，防止其流失及污染环境。

第十九条　矿山企业对矿产储量的圈定、计算及开采，必须以批准的计算矿产储量的工业指标为依据，不得随意变动。需要变动的，应当上报实际资料，经主管部门审核同意后，报原审批提出申请。

第二十条　报销矿产储量，应当经矿山企业地质测量机构检查鉴定后，向矿山企业的主管部门提出申请。

属正常报销的矿产储量，由矿山企业的主管部门审批。

属非正常报销的转出的矿产储量，由矿山企业的主管部门会同同级地质矿产主管部门审批。

同一采区应当一次申请报销的矿产储量，不得化整为零，分几次申请报销。

第二十一条　地下开采的中段（水平）或露天采矿场内尚有未采完的保有矿产储量，未经地质测量机构检查验收和报销申请尚未批准之前，不准擅自废除坑道和其他工程。

第二十二条　矿山企业应当向其上级主管部门和地质矿产主管部门上报矿产资源开发利用情况报表。

第二十三条　矿山企业有下列情形之一的，应当追究有关人员的责任，或者由地质矿产主管部门责令其限期改正，并可处以相当于矿石损失50%以下的罚款，情节严重的，应当责令停产整顿或者吊销采矿许可证：

一、因开采设计、采掘计划的决策错误，造成资源损失的；

二、开采回采率、采矿贫化率和选矿回收率长期达不到设计要求，造成资源破坏损失的；

三、违反本办法第十三条、第十四条、第十七条、第二十一条的规定，造成资源破坏损失的。

第二十四条　当事人对行政处罚决定不服的，可以在收到处罚通知之日起十五日内，向人民法院起诉。对罚款的行政处罚决定期满不起诉又不履行的，由作出处罚决定的机关申请人民法院强制执行。

第二十五条　矿山企业上报的矿产资源开发利用资料数据必须准确可靠。虚报瞒报的，依照《中华人民共和国统计法》的有关规定追究责任。对保密资料，应当按照国家有关保密规定执行。

第二十六条　对乡镇集体矿山企业和个体采矿的矿产资源开发利用与保护工作的监督管理办法，由省、自治区、直辖市人民政府参照本办法制定。

第二十七条　本办法由国务院地质矿产主管部门负责解释。

第二十八条　本办法自发布之日起施行。

附录4 矿山储量动态管理要求

（国土资源部国土资发［2008］163 号文件）

1 总则

1.1 矿山储量动态管理的目的

矿山储量动态管理的目的是适时、准确掌握矿山资源储量保有、变化情况及变化的原因，促进矿山资源储量的有效保护和合理利用。

1.2 矿山储量动态管理的任务

1.2.1 根据矿山建设生产的不同阶段，结合矿床地质条件、资源储量保有程度、矿山开采顺序，研究提升资源储量类别和探求各类生产矿量的方案，为矿山建设生产提供技术依据。

1.2.2 做好各阶段的资源储量的变动分析，核实变动的原因，落实资源储量变动的具体地段和部位。

1.2.3 及时掌握和分析资源储量的利用状况，查清资源储量损失的原因和地段，提出降低开采损失的意见。

1.2.4 适时测定与修订资源储量估算参数，优化各类参数，做到既能有效保护和合理利用资源，又能保证矿山企业的经济效益。

1.2.5 及时更新资源储量估算图纸与管理台账。

1.2.6 按照国家统一要求，按时编报矿产资源储量报表，履行矿产资源储量报销手续。

2 矿山地质测量

2.1 矿山地质测量机构。大、中型矿山必须建立矿山地质测量机构。小型矿山必须配备地质测量人员。

矿山地质测量机构的职责是依据国家有关技术规范、要求，承担矿山生产有关的矿山测量、矿山地质等工作，负责矿山储量管理，建立矿山储量台账，编制矿山生产有关图件及《矿山储量年报》。

2.2 矿山测量

2.2.1 矿山测量是矿山企业的基础性技术工作，其主要工作内容是在矿山建设和生产过程中进行地上、地下工程施工测量，测绘采掘（剥）工程图，绘制矿体几何图，对采掘工程的数量和质量、采矿量和矿石损失贫化等进行统计和监督。必要时测绘矿区大比例尺地形图。

2.2.2 矿山测量统一采用北京坐标系或西安坐标系和黄海高程系。

2.2.3 矿山控制测量和工程测量的方法、精度和误差执行相应矿种矿山测量规程的有关规定，如《煤矿测量规程》（原能源部 1989 年制定发布）、《岩金矿山测量规范》（原国家黄金管理局 1989 年制定发布）等。没有相应矿种测量规程（范）的可参照《采矿手册》（第一册）（冶金工业出版社，1988 年）中矿山测量部分执行。

2.3 矿山地质

2.3.1 矿山生产勘探的方法、手段和技术要求执行相关矿种地质勘查规范。没有地质勘查规范的矿种在固体矿产勘查总则的指导下，参照相近矿种的勘查规范执行。

2.3.2 凡与资源储量估算有关的采掘、勘查工程应进行地质编录，并绘制相应图件。其内容和格式按照国家有关标准、规范执行，没有标准、规范的，可参照《采矿手册》（第一册）（冶金工业出版社，1988 年）中矿山地质部分执行。

2.3.3 按照相关矿种采样工作的一般要求采集各类样品，相关矿种没有规定的可参照《采矿手册》（第一册）（冶金工业出版社，1988 年）中矿山取样部分执行。

2.3.4 样品测试分析一般应由分析化验资质的实验室承担，并按要求进行内、外检。

3 资源储量分类

3.1 资源储量的分类应严格执行《固体矿产资源/储量分类》（GB/T 17766—1999）和国土资源部印发的相

关文件。

3.2 生产矿山设计开采范围内的探明和控制的资源储量为基础储量；设计开采范围以外的查明资源量为内蕴经济资源量。未进行正规设计的正在开采矿山，采矿许可范围内查明资源量视为基础储量。

4 资源储量估算

4.1 资源储量估算必须严格执行国家有关标准、规范和技术要求。

4.2 当地质勘查报告采用垂直断面将矿体划分成若干个矿块并估算其资源储量时，矿山须改用水平断面将矿体分层并估算其资源储量；当地质勘查报告矿块划分与开采方案不一致时，应按照开采方案划分的矿块重新估算资源储量。因重算引起的资源储量变化，记入重算增减。

4.3 矿山基建时应根据井巷工程所揭露的地质情况修编有关图件，若矿体资源储量估算参数（厚度、面积、品位等）发生变化，变化部分应重新估算资源储量。基建坑道带矿量应从资源储量中扣除。

4.4 矿山应按照开拓水平将资源储量划分为开拓或未开拓两部分。若没有增加探矿工程，未开拓部分资源储量一般不变；若增加了探矿工程，应重新估算资源储量，其变化量记入勘查增减。因生产勘探或开采等发生储量变化，应按照矿山开采的实际情况，适时估算资源储量。当矿山开拓新水平时，新开拓阶段（或台阶）的资源储量应从未开拓部分转入开拓部分，以避免开拓部分各类储量误差推移积累到未开拓部分。

矿山开拓矿量与相应的勘查资源储量相对误差计算以开拓矿量为基数，金属、非金属矿山一般允许范围如下：

（1）矿山开拓矿量与相应的勘查探明的经济基础储量的相对误差≤20%；

（2）矿山开拓矿量与相应的勘查控制的经济基础储量的相对误差≤30%。

4.5 矿床工业指标矿山储量动态管理中估算资源储量一般沿用地质勘查报告使用的工业指标，因矿山内、外部条件或市场发生重大变化需要改变工业指标的，应由具有设计资质的单位进行论证，出具论证报告，并按照《固体矿产资源储量核实报告编写规定》（国土资发[2007]26号）的要求编写核实报告，履行评审备案手续，进行占用矿产资源储量变更登记。

4.6 露天开采矿山应每年在矿山资源储量估算图上估算年度采掘范围内矿体采空部位的资源储量，并填记资源储量表与台账。

地下（井工）开采矿山应在分段（分层、工作面）回采结束后，及时进行分层（工作面）的回采地测编录和资源储量损失计算，估算结果记入相应台账。

4.7 矿山闭坑应在开采活动结束的前一年，根据《固体矿产勘查/矿山闭坑地质报告编写规范》（DZ/T 0033—2002）等编制闭坑地质报告，履行评审备案程序，进行残留（停办）矿产资源储量登记。

5 资源储量损失

5.1 矿山资源储量损失率是反映矿山资源利用、生产管理水平的重要指标，矿山应正确测量、统计、计算矿山资源储量及损失量的情况。

5.2 资源储量损失的计算范围，一般指从采场开采至回采结束，将矿石运出坑口（露天采场）的整个采、出矿过程。

5.3 资源储量损失的计算单位，坑采一般以采场（矿块）为基本估算单位，并按同一采矿方法进行估算和汇总；露天开采应按开采台阶、分工作面进行估算和汇总。

5.4 矿山资源储量损失分为正常损失、非正常损失。

5.4.1 正常损失包括：①根据开采设计所确定的损失率指标，在其允许范围内的资源储量损失；②按设计不予采出的资源储量损失。

5.4.2 非正常损失包括：①因地质、水文、工程地质条件、安全条件等不能开采的资源储量损失；②矿井设计或生产设计不合理造成的资源储量损失。

5.5 金属、非金属矿山资源储量分类及损失率的计算；煤矿资源储量损失分类及损失率计算。

6 回采率

6.1 回采率是矿山开采过程中资源储量开采消耗情况的直接反映，是考核矿山企业资源开发利用、开采技术和管理水平的重要标准。

6.2 回采率与损失率的关系是：回采率（％）＝1－损失率（％）。

矿山应通过正确计算损失率来计算回采率。资源储量动态监测过程中，不能直接用产量/动用储量来计算回采率。

6.3 金属非金属矿山以矿块作为回采率考核单元；煤炭矿山以采区作为回采率考核单元。以经法定程序批准的矿山设计或矿产资源开发利用方案确定的回采率或国土资源主管部门核定的回采率为考核标准。

7 资源储量报销

7.1 根据资源储量损失的分类，其报销程序按照有关规定执行。

7.2 属于正常损失报销的，每年随矿山储量年报，报国土资源行政主管部门核销。

7.3 属于非正常损失报销的，在中段（阶段、采区）结束前，应按有关规定及时呈报国土资源主管部门，并附资源储量损失报销材料。未获批准前，矿山不得废除坑道及其他工程和设备。

矿山报销非正常损失应提供以下材料：

（1）拟报销资源储量分布地段开采情况与地质勘查对比资料；

（2）拟报销资源储量的巷道或采场塌落、涌水或其他情况的说明；

（3）资源储量损失的详细原因说明；

（4）拟报销资源储量分布地段的平面、剖面地质图、资源储量估算图及其他有关图件；

（5）申请报销资源储量估算表。

8 矿山资源储量台账

8.1 矿山资源储量台账是全面、准确反映矿山企业资源储量情况的基础资料，是矿山储量动态管理的基础。矿山企业必须有专人负责，及时修改、更新台账的各项内容。

8.2 查明资源储量台账

查明资源储量台账应将地质勘查提交的资源储量详细登记。

经多次进行地质勘查的矿床，应依次分别登记各次勘查的资源储量增减及累计查明资源储量；不同矿石（工业、自然）类型、矿石品级、煤类的各类基础储量、资源量亦应分别登记；附记各次勘查的范围（拐点坐标）、标高、工程间距、采用的工业指标和资源储量估算参数。

8.3 开采设计资源储量台账

开采设计台账是根据矿山开采设计编制的，应按设计期次依次登记，并依照设计计算的详细程度，按资源储量类型、矿石类型、品级或煤类以及阶段（中段）、矿块、设计境界内、外资源储量分别登记。附记境界范围（平面坐标和标高）、设计时间、所依据的勘查报告、设计批准单位等。

8.4 资源储量变动台账

资源储量变动台账是基于国家固体矿产资源储量报表编制的，要求全面记录保有、开采、损失、查明以及重算引起的各类资源储量的变化情况，并按开采单元和开采年限分别建立资源储量变动台账，记录阶段（终端、片盘）的、矿块（房）的、矿体和矿床的资源储量变动情况及历年的资源储量变动情况。不同矿石类型、品级或煤类应分别登记。

8.5 开采结束资源储量比较台账

一个开采单元开采结束，应计算其采空部位的地质矿量，编制资源储量比较台账。该台账是对"查明资源储量"、"设计资源储量"、"实际资源储量"和"报销资源储量"进行比较的综合资料，是探采对比与资源储量最终核实的基础。

8.6 资源储量损失统计台账

资源储量损失统计台账是矿石损失管理工作的成果，是矿山开采过程中资源储量利用程度的基础信息资料，也是核定、考核矿山回采率指标的基础资料。资源储量损失统计台账分别按月、季、年进行统计，并分别对采场、阶段（终端）、采区（坑口）和矿区的矿石损失率的计划与完成情况进行统计。

9　矿山储量年报

9.1　《矿山储量年报》正文内容应包括：

（1）累计查明资源（储量、基础储量、资源量）；

（2）保有查明资源（储量、基础储量、资源量）；

（3）当年动用（采出和损失）资源储量；

（4）当年勘查增减及重新计算增减的资源储量；

（5）矿石质量变化情况；

（6）下一年度计划动用的资源储量；

（7）其他与矿山企业储量管理及国土资源主管部门资源储量管理有关的问题。

9.2　《矿山储量年报》附图（资源储量估算图）内容应包括：

（1）矿山储量开采现状；

（2）当年采空区分布；

（3）下一年度计划动用的资源储量分布地段；

（4）保有资源储量及类型分布。

9.3　矿山按照规定填报的《矿产资源统计基础表》中相关矿山储量数据，应与《矿山储量年报》中的数据一致。

10　附则

10.1　小矿的矿山储量动态管理要求可适当简化，但至少应满足下列要求：

10.1.1　没有地测机构的小矿应当聘请有资质的矿山地质测量机构对矿山年度资源储量动用情况开展地质测量工作。

10.1.2　每年至少施测一次。对于顶、底板不稳定或采用充填法采矿、全面垮落法处理采空区的矿山以及其他不及时施测就难以取得地质测量数据的矿山，应及时施测。

10.1.3　矿山控制测量，主、副井和主要运输大巷测量应用全仪器法，其他采矿工程可用半仪器法测量。无论用何种方法，其测量精度必须满足有关矿种测量规程的要求。

10.1.4　当年的探采矿工程应进行编录，并采测必要的样品，为准确估算资源储量奠定基础。

10.1.5　资源储量估算至少应包括累计查明资源储量、本年度动用资源储量、采出资源储量和损失资源储量。

10.1.6　矿山储量年报内容可适当简化，至少应附资源储量估算图、采剥（露天开采）或采掘（井下开采）现状图和固体矿产资源报表。

10.2　省级国土资源主管部门可根据上述要求，结合当地实际制定小矿的矿山储量动态管理要求具体实施办法。

10.3　矿山企业可根据本要求，结合企业的实际情况制定实施细则。

金属、非金属矿山资源储量损失分类和损失率计算

1　资源储量损失

1.1　资源储量损失指采矿过程中，采下或未采下损失在矿坑或露天采场内的资源储量。

1.2　资源储量损失率指资源储量损失量和动用地段内资源储量比值的百分数。

1.3　资源储量损失分类

1.3.1　开采损失

开采损失指在采矿过程中与采矿方法、采准、回采和出矿作业质量有关损失的资源储量。分为：

①未采下损失：回采范围内未能采下和不能回采的资源储量；

②采下损失：已落矿但未能放出或运出采场的资源储量。

1.3.2　非开采损失

非开采损失指与采矿方法和采矿作业质量无关损失的资源储量。主要包括：

①因地质条件、开采技术条件和安全条件等不能开采的资源储量；

②因保护地面和地下工程设施的永久性保安矿柱。

2　损失计算的基本要求

2.1　资源储量损失的计算范围，包括从采场采准切割开始，经回采、充填到放矿结束，将矿石运出坑口（或露天采场），整个过程的资源储量损失。

2.2　地下开采以采场为计算单元。采场出矿结束后，累计历次各分层计算结果，按回采步骤，分矿房、矿柱计算、汇总整个采场的损失率。露天开采按回采工作面分别计算损失率，再按矿段和阶段计算、汇总损失率。

2.3　取准、取全损失率计算的原始数据，保证原始数据的准确性和代表性。

2.3.1　采场地质品位、地质矿量和其他地质参数，应以该采场地质储量计算参数为准。

2.3.2　采用直接法计算时，应以采场地测实测验收、地质取样和地质编录为依据，按采场回采编录，计算采下的矿石量、废石量及未采下损失的矿石量。

2.3.3　采用间接法计算时，应以采场出矿取样（采场底部结构工程出矿取样、矿车取样）和出矿计量（直接计量、矿车计量）的连续统计数据，求得出矿品位和出矿量。出矿量应按月与选厂实际处理矿量进行校正。当围岩有品位时，围岩品位应参加计算。

2.4　矿山地测机构应随着回采工作，在分段（分层）回采结束后，及时进行分层的回采地测编录和矿产损失计算（一般不超过 5 m 回采高度）。并将回采界线、资源储量损失计算边界、计算时间，标明在采场或其他综合编录图纸上。

2.5　共生矿产应分别计算；伴生矿产只计算主矿产的损失率。

2.6　矿山应按不同的采矿方法、回采步骤，分中段（阶段）、坑口（采区），分别按季度、年度汇总损失率。

3　损失率的计算方法

3.1　直接法计算

$$P = (D_1 + D_2)/Q \times 100\%$$

式中　P——资源储量损失率；

D_1——开采场未采下损失量；

D_2——开采场采下损失量；

Q——开采场地质矿量。

3.2　间接法计算

$$P_{间} = [T_1/Q_2 \times (C - C_2)/(C_1 - C_2)] \times 100\%$$

式中　$P_{间}$——间接资源储量损失率；

T_1——采场出矿石总量；

Q_2——采场地质矿量；

C——采场地质品位；

C_1——采场出矿品位；

C_2——采场围岩品位。

附录5 固体矿产矿山闭坑地质报告编写提纲

C.1 第一章 概况

C.1.1 矿山交通位置、自然地理概况、所处区域构造位置简述。

C.1.2 矿山地质勘查简述：历次地质勘查、生产勘探工作的时间、勘查单位、主要工作量、储量估算方法、获得的资源/储量类别和数量、勘查报告评审认定情况。

C.1.3 矿山开采简述：矿山设计时间、设计单位、生产规模、服务年限、生产管理、总采出矿量。

C.1.4 闭坑(停办)原因。

C.2 第二章 矿山地质简述

C.2.1 简述矿体地质特征：矿体分布、空间位置、规模、形态、产状等。

C.2.2 简述矿石质量特征：矿石结构构造、矿物成分、化学成分、有用、有益、有害组分含量、矿石类型、品位。划分氧化带、原生带的，应分带叙述。对于以物理机械性能为主要评价指标的，应论述这方面内容。

C.2.3 简述矿床开采技术条件：评述矿床主要充水因素、矿坑排水的主要来源、历年排水变化情况、主要灾害性水害发生原因及其对矿床开采的影响；采区岩体的物理力学性质及其稳定性、主要工程地质问题产生的部位、原因及其对矿床开采的影响；地震、地温、放射性及其他有毒有害物质的情况及其对矿床开采的影响。

C.2.4 简述矿石选冶技术条件。

C.2.5 矿山地质测量工作及其质量评述：生产勘探的方法、网度、生产探矿工程和采矿工程的地质编录、取样、测量、储量估算等工作及其质量。

C.2.6 矿山生产过程中累计探明新增(或减少)资源/储量及其品位情况。

C.3 第三章 矿山开采和资源利用

C.3.1 设计利用的资源储量、开采方式、开拓系统、采矿方法、选矿流程、历年采掘工作量、历年采出矿量、采矿回收率、选矿回收率等的述评。

C.3.2 损失矿量(包括正常和非正常损失)、损失率、贫化率，批准非正常损失矿量的机构、批准理由等情况的述评。

C.3.3 工业指标实际运用情况及合理性评述。

C.3.4 资源/储量注销概况。剩余资源/储量及剩余原因的述评。

C.3.5 对共生、伴生矿产的综合开采、利用情况及矿石加工工艺的评述。

C.3.6 通过矿山生产地质工作对地质情况的新认识、新发现，影响矿山开采的主要地质问题。

C.4 第四章 探采对比

C.4.1 探采对比：矿体形态变化、厚度变化、顶板及底板位移、品位变化、资源/储量对比(对比条件、绝对误差和相对误差)、构造变化的对比以及开采技术条件变化的对比。

C.4.2 对勘查方法、手段、勘查工程间距、勘探类型及其确定的合理性的评述。

C.4.3 对资源/储量估算方法的评述。

C.5 第五章 环境影响评估

C.5.1 地下水疏干范围、水位及其恢复程度等情况的评述。

C.5.2 采区地质环境变化，包括：采空区矿层顶板冒裂带高度、地面开裂、沉降、山体滑坡、坍塌等变形破坏范围及程度、露天采场及其边坡崩落范围等情况的评述。

C.5.3 水体污染及其自净情况的评述。

C.5.4 废弃物堆放情况与处理。

C.6　第六章　结语

C.6.1 简要评述矿山生产的经济、社会、资源效益。

C.6.2 矿山闭坑资源/储量的核销结论及能否作为闭坑的依据。

C.6.3 剩余资源/储量的处理建议、废矿坑利用建议、环境及地质灾害治理建议。

C.7　附图

C.7.1 矿山交通位置图。

C.7.2 矿区地质图(含地层柱状图、剖面图及矿体分布)。

C.7.3 矿山总平面布置图。

C.7.4 中段平面图。

C.7.5 资源/储量估算图(平面、剖面、投影图)。

C.7.6 探采矿体对比图。

C.7.7 矿山闭坑范围及其周边环境地质图。

C.7.8 其他图件。

C.8　附表

C.8.1 资源/储量总表(包括历次地质勘查、生产勘探的资源/储量增减)。

C.8.2 历年采出矿量、损失(包括正常和非正常损失)矿量、采矿回收率、损失率、贫化率统计表。

C.8.3 探采矿体形态误差对比表。

C.8.4 探采矿体顶板、底板位移误差对比表。

C.8.5 探采矿体厚度误差对比表。

C.8.6 探采矿体品位误差对比表。

C.8.7 矿体地质勘查资源/储量与采准(或备采)矿量对比及其误差表。

C.8.8 历年矿山排水量基本情况表。

C.8.9 矿山主要水害、工程及环境地质危害的基本情况统计表。

C.9　附件

C.9.1 采矿许可证(复印件)。

C.9.2 矿山投资人或上级主管部门对报告的审核意见。

C.9.3 矿产资源储量主管部门对报告的评审认定文件(本文件在报告评审认定之后补入)。

(摘自 2002 年《地质矿产行业标准 DZ/T 0033—2003》)

附录6 金属矿床矿山地质暂行规程（摘要）

（原重工业部地质局、有色金属局编印）

前　言

本规程是重工业部苏联地质顾问 A·C·瓦良卓夫同志根据苏联矿山地质工作经验结合我国矿山地质具体情况编写的原生金属矿床矿山地质暂行规程。此规程对改进目前矿山地质工作有直接的意义，因此，在正式规程编写之前，印发作为矿山地质人员工作中的指导文件。希望各矿组织学习并贯彻。

目　录

第一章　序　言

1. 矿山地质工作任务是详细而全面地在矿产开采过程中研究矿床的有用矿物；是为矿山企业的现实需要而服务，是从地质的角度来监督地下资源的开采及综合利用是否合理，而另一方面，也是为了扩大矿产基地的办法来延长企业的生产年限及提高企业的生产能力。

矿山地质机构的职能如下：经常而有系统地到采掘之各个矿山坑道加以检查、进行坑道或露天采矿场的地质编录、坑道的地质测绘、矿石及矿化围岩的取样，并进行各种测定，最后将所收集来的标本、图表、文字及数据资料加以整理。

金属矿床（广义而言）尤其是有色稀有金属矿床具有一些独特的特征，而这些特征往往将矿床的条件弄得十分复杂，从而也就增加了我们对其研究的困难，所以矿山就必须建立一个强有力的矿山地质机构。

2. 金属矿床的特征：

①大多数金属矿床都具有若干种金属矿石，矿石中又有各种各样的矿物成分，并且这种成分在深部经常产生变化，此种变化就是沿走向也往往会产生的。在很多地点包括矿化的贫矿带及废石地区的金属品位都不均匀。矿石的金属品位大都为百分之零点几或百分之一。

②矿体的形状是形形色色的，极不规则，而其规模也大小不一，种类极多，所含矿石由数吨到数十吨，甚至到数百万吨。厚度变化也很大，由数公分、数十公尺到数百公尺不等。通常，矿体沿走向及在深部的厚度都不均匀。

③矿体的倾角也是多种多样的，而在倾斜很陡的情况下，往往是不固定的。

④矿体和围岩经常都没有明显的界限。围岩矿化现象：矿体经常分枝，并有岩枝和细脉等。

⑤矿石硬度参差不齐，矿石与围岩的硬度不同；通常，矿石的比重很大。

3. 矿山地质对研究矿床常采用的方法与进行地质勘探工作时能采用的方法相同。

矿山地质的特点在于：其研究的主要而固定的对象是面积很大的矿体揭露面，而且随着开采的进度能迅速的对其加以评估。

于是我们就有可能特别准确地进行研究，能够迅速地检查我们对矿体的预测、概念及论断是否正确。

4. 由于做了大量的观测，掌握了一些事实、图表编录资料及其分析成果，所以我们就能够在勘探阶段所不可能具有的全面性及准确性来了解矿床的规律及其远景，同时也能够使我们正确地来确定矿石开采工作的方向，来确定生产勘探及远景勘探工作的方针。

第二章　矿山地质职能机构的任务与目的

5. 矿山地质的基本任务如下：

（1）以工业矿量保证现有矿山企业不断生产，尽力扩大企业的生产能力及延长其盈利性生产。

（2）进行生产勘探，借以修正矿床的工业矿量的界线和矿产的物质成分，以及将低级矿量升为高级矿量即矿量升级。

（3）进行矿床的综合研究，以期达到矿床的全面和正确的开采。搞清矿床中全部有用成分，并且在质量及数量上都要加于准确的说明。应查明所开采矿床之邻近地区的其他矿床，以便对其加以开采利用。

研究一切生产条件：地质、矿山技术、技术操作、水文地质以及其他条件。

（4）确定勘探、采准及采矿坑道的掘进方向，并根据勘探和开采取样的结果，以及编录的成果来制定矿山开采计划。

（5）准确地进行矿石物质成分的矿物研究和化学分析，并在这个基础上，根据金属含量、矿物成分和技术加工性质来鉴定矿床中矿石的质量和品级、矿石在矿床中的分布情形，以保证合理的全面的开采及选矿。

（6）与矿山测绘机构共同计算矿石开采量、矿石损失率及贫化率，研究产生此种损失与贫化的原因和地点。编制矿山金属矿量总平衡表。参加制定及贯彻降低矿石与贫化的措施。

（7）根据勘探和开采的资料系统地研究产生矿量误差的原因，并在研究的基础上，检查勘探工作和生产工作，必要时储量计算应加以校正系数。

（8）监督矿石的全面开采及顶底板和两帮的彻底清理，监督有关编制采矿区的文件事宜，检查根据地质条件及矿床特征所分级的矿石是否恰当。

（9）提供有关矿产边缘品位、最低可采厚度（米百分比）及金属最低可采品位的资料。参加选择最合理的矿床开采方法。

（10）勘探坑道、采准坑道和回采坑道的详细和准确的地质编录及取样；研究矿体以及整个矿床的规律性和特点；研究围岩硬度的性质及强度；研究地质构造，特别是次生的和一些细小的构造现象，地质构造与矿化年代的关系，对于矿体形状及局部富集的影响；将全部实际资料加以系统化，并经过全面研究，再与其相近的及类似的矿床加以比较。

根据研究和分析所积累的资料来确定矿床性质、成因和规模，以便正确确定矿床开采方针，发掘新矿体、盲矿体、平行矿体、岩枝与联合细脉，富集地段（矿柱）及矿床之错断部分，确定最大的矿化深度和延伸长度。

（11）研究矿石和围岩的开采技术性能及其影响开采方法的物理性质：稳定性、硬度、体重、湿度以及这些性质在矿床各个部分的变化情形等。

（12）研究矿床水文地质条件、渗水地点、可能引起坑道涌水的条件、是否有被水淹的可能，并需对此采取措施，确定矿山涌水与开采工作的规模和发展情况之间的联系，研究矿井水在深部的动态。在必要时，应确定供水的可能条件，进行水的化验和细菌分析，进行矿井水与地表水的水温测定，以便确定是否适合工业和民用需要，确定其中是否富集有够工业品位的有用组分。

（13）研究当地建筑材料，分析构筑物下部的土壤。

（14）制定矿床和矿区地质勘探工作计划，当矿山没有地质勘探队时，应组织和指导此项工作。

（15）根据勘探和采准程度，按已确定矿石品级，会同矿山测量机构统计矿床储量变动情况。按规定期限进行储量初步计算和储量总计算。

（16）协助矿山创造工作安全条件，这只有通过上述矿石和岩石的稳定程度的研究，成矿后地质构造的研究及预防在坑道掘进和开采工作时可能造成的塌落，以及防止坑道被矿井水冲坏或淹没的可能，防止矿石的自燃，并参加通风的设计，其工作始能达到。

（17）应根据上级审核机构对提交报告所要求的期限来统计、编制及提交矿山地质报告书。

（18）将有关开发勘探工作的方法及技术方面所获得的经验予以系统化，并针对这些经验进行合理的研究，此外还要研究如何选择最有效而又最经济的矿床取样方法。

第三章　企业的矿山地质部门的组织机构　工作人员的权利和义务

组织机构

6. 每一矿山开采企业均应设立与生产车间平行的矿山地质处或科。

7. 在个别情况下，亦可委托矿山开采企业完成对矿山附近区域内之地质普查与勘探工作，以扩大原料基地。此项工作应由包括矿山地质职能机构在内的地质勘探处领导。

8. 如矿山企业工作量不大，为精减机构起见，可设立统一的地质测量处，并将矿山测量职能机构的工作人员加以合并。

9. 在地下坑道工作量庞大的企业中，则矿山测量处应单独成立，该机构之工作在专门的条件与规程中加以规定。

10. 矿山企业的地质处（地质测量科、矿山地质科）是矿山企业主要生产部门之一，其工作计划应是企业计划的组成部分。

11. 矿山地质处在有关指导远景地质勘探工作，决定其工作及工作性质，以及地质监督及工作方法及问题方面，受有色金属管理总局的矿山地质处领导，并通过企业领导接受上级地质勘探部门所交与之旨在保证企业当前生产的地质勘探、地质普查及科学研究等项工作任务。

12. 矿山地质处由企业的总地质师领导，而后者在行政上应隶属于企业矿山的总工程师，与副总工程师权利相等。

13. 如企业所属的化学试验室包括在矿山地质处的组成部分以内，而隶属于矿山的技术监督科或企业总工程师时，则矿山地质处在进行各种地质样品的分析时仍可通过总地质师在方法上对其加以指导。

14. 当重工业部地质总局所属各地地勘探队在矿山废石堆以及矿区范围内执行勘探工作时，其工作应与企业的矿山地质处取得密切的联系。

矿山总地质师应参加讨论地质勘探设计和工作总结，并应得到一份各个地质勘探队工作的年度地质工作报告。地质勘探队所采用的图例及符号亦应取得总地质师的同意。

15. 如在矿山区域内进行地质勘探工作并由矿山企业本身力量来完成时，则应根据工作量的大小及工作性质的不同而在地质勘探处内设立地质勘探队、地质普查或调查队、地球物理勘探队、水文地质队、钻探队及诸如此类的队和分队，并由隶属于总地质师的各队队长分别领导。地质勘探工作设计及计划应取得重工业部地质局同意并经上级机关批准施行。

工作人员的组成

16. 矿山地质处须遵照上级机关批准的职工名额，并根据企业的工作量和规模的不同而由以下人员组成：

（1）总地质师、主任地质师及区段地质师、坑（井）口、露天采矿场及中段地质师；

（2）储量计算组或在工作上与矿山测量处有直接接触的地质人员若干名；

（3）从事验证和鉴定取样工作的技术员一名；

（4）采集员、初级技术员及取样工各若干名；

（5）专门实验室（重砂试验室、化学试验室、岩矿鉴定室、地球物理试验室以及其他试验室）的工作员若干名，负责管理矿山成套标本及陈列室；

（6）从事矿山企业的地球物理和水文地质工作的全体人员；

（7）地质工作辅助车间的成员（修配车间、样品加工车间、钻探队以及其他机构）须视企业的组织机构而定；

（8）矿山总测量师（如企业的规模不大时，则矿山总测量师应在总地质师领导下）及从事矿山测量的全体人员；

（9）在以矿山自己力量进行地质勘探工作时，设地质勘探人员；

（10）地质勘探处和矿山测量处设地质统计及报告资料保存室的工作人员。如企业规模不大，则储量计算技术人员可兼此项工作，同时负责检查岩心仓库和标本及副样保管地点是否整理得井井有条。

（11）地质资料整理人员、绘图员以及复制图表与文字资料的工作人员。

17. 全体工作人员须有具体的职权范围，经常地了解矿山工作情况，观察所掘进的坑道和回采工作面，并按日地将自己的工作和观察到的情况记入野外工作日志，在规定的期限内，按总地质师的指示，以口头或书面形式提出工作报告或汇总。

矿山地质职能机构工作人员的权利和义务（以下略）。

图书在版编目（CIP）数据

矿山地质选集第二卷:实用矿山地质学理论与工作/汪贻水,彭觥,肖垂斌主编. —长沙:中南大学出版社,2015.7

ISBN 978 – 7 – 5487 – 1733 – 1

Ⅰ.矿... Ⅱ.①汪...②彭...③肖... Ⅲ.矿山地质 – 文集

Ⅳ.TD1 – 53

中国版本图书馆 CIP 数据核字（2015）第 159750 号

矿山地质选集第二卷:实用矿山地质学理论与工作

主编 汪贻水 彭 觥 肖垂斌

□责任编辑	刘石年　胡业民	
□责任印制	易红卫	
□出版发行	中南大学出版社	
	社址:长沙市麓山南路	邮编:410083
	发行科电话:0731-88876770	传真:0731-88710482
□印　　装	湖南地图制印有限责任公司	

□开　　本	880×1230　1/16	□印张 24.5	□字数 840 千字
□版　　次	2015 年 8 月第 1 版	□印次	2015 年 8 月第 1 次印刷
□书　　号	ISBN 978 – 7 – 5487 – 1733 – 1		
□定　　价	180.00 元		

图书出现印装问题,请与经销商调换